Der praktische Maschinenbauer

Ein Lehrbuch für Lehrlinge und Gehilfen
ein Nachschlagebuch für den Meister

Herausgegeben von

Dipl.-Ing. H. Winkel

Zweiter Band

Die wissenschaftliche Ausbildung

2. Teil

Fachzeichnen, Maschinenteile, Technologie

Bearbeitet von

W. Bender, H. Frey, K. Gotthold
und
H. Guttwein

Mit 887 Textfiguren

Springer-Verlag Berlin Heidelberg GmbH

ISBN 978-3-662-01834-7 ISBN 978-3-662-02129-3 (eBook)
DOI 10.1007/978-3-662-02129-3

Softcover reprint of the hardcover 1st edition 1923

Vorwort des Herausgebers.

Mit dem „Praktischen Maschinenbauer" soll dem Lehrling und Gehilfen des Maschinenbaues ein Buch an die Hand gegeben werden, das ihnen während ihrer Ausbildung ein gewissenhafter Führer, in ihrer praktischen Tätigkeit ein zuverlässiger Ratgeber ist. In der Werkstatt werden der Lehrling und der junge Gehilfe vom Meister beruflich unterwiesen, in der Werk- und Fachschule übernehmen Techniker und Ingenieure die fachwissenschaftliche Ausbildung des Nachwuchses in unserer Maschinenindustrie. Nach diesen Gesichtspunkten ist das Werk gegliedert.

Der erste Band ist der Werkstattausbildung des jungen Maschinenbauers gewidmet und stellt einen Versuch dar, die überaus vielseitigen Arbeiten, die bei dem heutigen hochentwickelten technischen Stande unserer Industrie der Werkstatt zufallen, durch Wort und Bild dem Lernenden näherzubringen. Es kann gar keine Frage sein, daß dieser Versuch unvollkommen sein muß; Erschöpfendes zu bringen ist ein einzelner außerstande, so umfassend auch seine Erfahrungen sein mögen. Soll hier etwas geleistet werden, so bedarf es der Hilfe vieler. Die Fachkollegen aller Grade werden gebeten, dem Verlage Wünsche und Anregungen mitzuteilen, die geeignet sind, den weiteren Ausbau des Werkes zu fördern.

Der zweite Band soll den Lehrling und Gehilfen in die wissenschaftlichen Grundlagen des Maschinenbaues einführen, Rechnung und Zeichnung ihrem Verständnis erschließen, die vielseitigen Baustoffe nach Gewinnung, Verarbeitung und Prüfung zeigen, die Werkzeugmaschinen nach Bau und Wirkungsweise erläutern und die erforderlichen mathematischen und naturwissenschaftlichen Kenntnisse übermitteln.

Der dritte Band umfaßt die Kraftmaschinen, die Feuerungsanlagen und die Beförderungsmittel in Betrieben, die nach Bau, Wirkungsweise und Wirtschaftlichkeit beschrieben werden. Beabsichtigt ist, den jungen Maschinenbauer auch mit den Dingen bekannt zu machen, die zwar nicht unmittelbar mit seiner Ausbildung zusammenhängen, die aber doch wesentliche Bestandteile von neuzeitlich eingerichteten Betrieben sind.

Der vierte Band ist der Betriebsführung gewidmet und behandelt schwierigere Arbeitsvorgänge und ihre Hilfsmittel, die bei der Massenanfertigung unerläßlich sind. Der Leser wird darauf hingewiesen, daß alle in einem größeren Betriebe Tätigen nach sorgfältig durchdachten Plänen zusammenarbeiten müssen, wenn erfolgreiche Arbeit geleistet werden soll. Es wird der Versuch gemacht, das, was unsere heutige Technik unter „wissenschaftlicher Betriebsführung" versteht, dem jungen Maschinenbauer in einer Form zu bringen, die seinem Verständnis und seiner Auffassungsgabe angepaßt ist.

Das vollständige Werk lehnt sich somit eng an den Lehrplan an, den der Deutsche Ausschuß für technisches Schulwesen für Werkschulen aufgestellt hat; es zeigt nach Anlage und Durchführung das Bestreben, dem Grundsatz gerecht zu werden: Für Lehrlinge und Gehilfen des Maschinenbaues ist das Beste gut genug.

Möge das Werk zu seinem Teile dazu beitragen, daß der werdende Maschinenbauer in seinen Beruf hineinwächst, damit er früher, als es jetzt möglich ist, zu einer gewissen Berufsreife gelangt.

Für die Unterstützung, die der Verlag Julius Springer dem Unternehmen entgegenbringt, sei ihm auch an dieser Stelle bestens gedankt.

Berlin, im Dezember 1920. Dipl.-Ing. **H. Winkel.**

Vorwort zum zweiten Bande (2. Teil).

In dem zweiten Teile des zweiten Bandes kommen die eigentlichen Fachgebiete des Maschinenbauers zur Darstellung. Ebenso wie im ersten Teile war hier die Auswahl schwierig; Herausgeber und Mitarbeiter entschieden sich für die Bearbeitung der grundlegenden Fächer und rechnen dazu das Fachzeichnen, die Maschinenteile und die Technologie.

Neben das Zeichnen mit Zirkel- und Lineal tritt als gleichberechtigt das freihändige Zeichnen, zumal heute der Wert der Skizze unbestritten sein dürfte. Dem eifrigen Förderer des Skizzierens in Perspektive, Herrn Direktor Volk, sagt der Herausgeber an dieser Stelle seinen besten Dank für die Erlaubnis zur Benutzung von Figuren, die dem Buche C. Volks „Das Skizzieren von Maschinenteilen in Perspektive", 4. Aufl., Julius Springer, Berlin, entnommen sind.

Der Abschnitt Maschinenteile ist vorwiegend beschreibend gehalten und verfolgt das Ziel, dem jungen Maschinenbauer einen Überblick über das zu geben, was sich im Maschinenbau zu stehenden Formen entwickelt hat. Von einer planmäßigen Durchführung der Berechnung von Maschinenteilen wurde Abstand genommen, da sich das Buch in erster Linie an Lehrlinge und Gehilfen wendet und nicht der Ausbildung von Konstrukteuren dienen soll. Leser, die weiter in den Stoff eindringen wollen, seien auf die größeren Spezialwerke verwiesen.

Um den Preis des Buches möglichst niedrig zu halten, haben sich Herausgeber und Mitarbeiter auf Anregung des Verlages um bereits vorhandene Bildstöcke bemüht und fanden bei Herrn Professor

H. Dubbel, dem Herausgeber des „Taschenbuches für den Maschinenbau", Verlag Julius Springer, bereitwilliges Entgegenkommen. Ihm sowie Herrn Dr.-Ing. K. Wolters sei an dieser Stelle für die Erlaubnis zum Abdruck von Figuren aus dem oben genannten Werke bestens gedankt.

In der Stoffkunde — Abschnitt Technologie — ist der Hauptwert nicht auf die hüttentechnischen Vorgänge gelegt, sondern auf die Eigenschaften und Fehler der Metalle, die ja für den Maschinenbauer in der Werkstatt von besonderer Wichtigkeit sind. Auch auf die Erstarrungs- und Umwandlungsvorgänge im Eisen ist soweit wie möglich eingegangen worden. Bei der „Verarbeitung der Metalle" — namentlich beim „Schmieden" und der „Bearbeitung von spanabhebenden Werkzeugen" — war der Gedanke maßgebend, die Arbeitsvorgänge in möglichst lückenloser Reihe zu behandeln. Auf Fehler beim Bearbeiten ist an vielen Stellen aufmerksam gemacht. Daß die Schneidwerkzeuge überall besonders eingehend dargestellt sind, ist in Anbetracht der Kreise, an die sich das Buch wendet, wohl selbstverständlich. Um dem Leser das Verständnis für die Schneidwinkel zu vermitteln, hat der Verfasser eine Mechanik des Schneidvorganges versucht. Dagegen sind die Werkzeugmaschinen nur soweit vorgeführt, wie es zum Verständnis der Arbeitsvorgänge nötig war, und in schematischer, leicht lesbarer Art dargestellt. Der Abschnitt „Messen" berücksichtigt die Arbeiten des Normenausschusses der deutschen Industrie.

Zu besonderem Danke sind Herausgeber und Mitarbeiter dem Verlage Julius Springer verpflichtet, der auch diesen Band trotz der sehr viel schlechteren allgemeinen wirtschaftlichen Lage mit ebenso großer Sorgfalt ausgestattet hat wie die bisher erschienenen.

Berlin, im August 1923.

H. Winkel.

Inhaltsverzeichnis.

Zweiter Teil.

Geometrisches Zeichnen.

Bearbeitet von Ingenieur K. Gotthold.

Projektionszeichnen.

Bearbeitet von Ingenieur K. Gotthold.

Skizzieren.

Bearbeitet von Ingenieur W. Bender, Studienrat.

Maschinenteile.

Bearbeitet von Ingenieur H. Frey.

Technologie.

Bearbeitet von Ingenieur H. Guttwein.

Berichtigungen.

Im ersten Teil des zweiten Bandes:

S. 3, Zeile 12 von unten lies: c statt a.
„ 11, „ 15 „ „ ergänze: Rechenoperation an einer Gleichung.
„ 125, „ 16 „ oben ergänze: Nährsäfte durch die Zellwände auf.
„ 140, „ 1 „ unten lies: Schnurscheibe statt Schnur.
„ 146, „ 5 „ „ lies: $\frac{P \cdot \pi \cdot 2 r \cdot n}{75 \cdot 60}$.
„ 147, „ 4 „ „ lies: $A = 1\,350\,000$ mkg.
„ 149, „ 9 „ „ ergänze: wenn die Endgeschwindigkeit gleich Null ist.
„ 150, „ 13 „ „ lies: (11) statt (1).
„ 150, „ 12 „ „ lies: $t = \frac{2 s}{v_0} = \frac{2 \cdot 230}{0{,}654} = \sim 705$ sek.
„ 153, „ 12 „ „ ergänze: wenn eine unveränderliche Kraft.
„ 170, Fig. 84 muß sein: $S_1 = S_2$.
„ 177, „ 99 „ „ : α zwischen S und H.
„ 190, Zeile 6 von oben ergänze: Abweichungen von den Zahlen der Tafel S. 347.
„ 199, „ 9 „ unten lies: erfüllt statt gleich Null.
„ 282, „ 20 „ oben lies: Harn statt Horn.
„ 290, „ 24 „ unten lies: Hydrierung statt Hydierung.
„ 291, „ 2 „ „ lies: Alkalimetalle statt Alakalimetalle.
„ 313, „ 5 „ „ lies: unbenannte statt unbekannte.
„ 335, „ 14 „ „ lies: $\frac{1}{12} b h^3$ statt $\frac{1}{12} b h^2$.
„ 357, „ 6 „ „ : Beispiel 4 fällt weg; der Querschnitt ist unsymmetrisch.
„ 375, „ 16 „ oben lies: wenn statt da.

Im zweiten Teil des zweiten Bandes:

S. 25, Fig. 80 lies im Seitenriß S_3 statt S_2.

Geometrisches Zeichnen.

Bearbeitet von Ingenieur K. Gotthold.

A. Zeichengeräte.

Für die Anfertigung der Zeichnungen dieses Abschnittes und der folgenden sind nachstehende Zeichengeräte erforderlich:

1. Ein Zeichenbrett, das je nach der Größe der herzustellenden Zeichnungen verschieden groß ist; es muß aus gut ausgetrocknetem und weichem Holze, am besten Pappel- oder Lindenholz, hergestellt sein und darf keine Äste haben. Die Randleisten, an denen die Schiene gleiten soll, müssen genau gerade sein und im rechten Winkel zueinander stehen.

Wer die folgenden Figuren nachzeichnen will, nimmt am besten ein Brett von 70 bis 72 cm Breite und 50—54 cm Höhe.

2. Eine Reißschiene, die aus Mahagoni- oder Birnbaumholz angefertigt ist. Die Schiene soll 4—5 cm über das Brett hinwegragen und senkrecht auf den Kopf aufgeleimt sein.

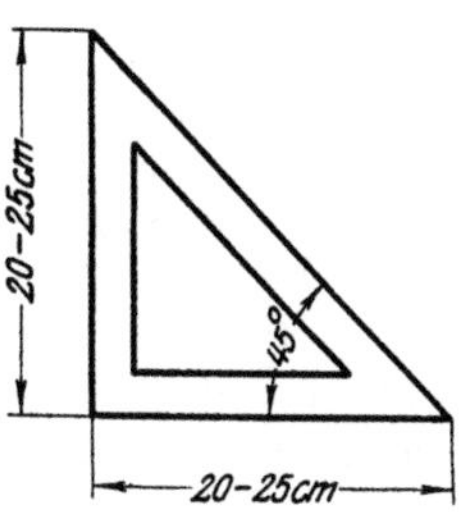

Fig. 1.

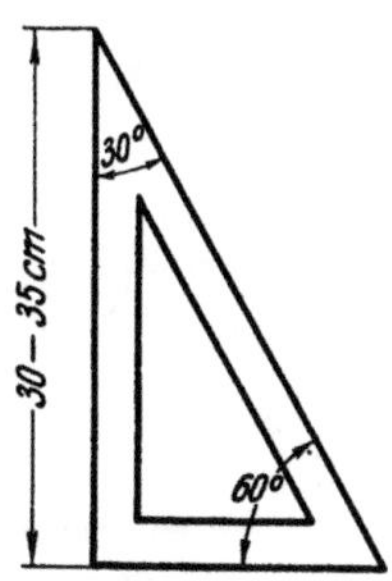

Fig. 2.

3. Zwei Dreiecke. Ein Dreieck mit einem rechten und zwei 45°-Winkeln (Fig. 1), ein Dreieck mit einem rechten und einem 60°- und einem 30°-Winkel (Fig. 2). Die Dreiecke bestehen meist aus denselben Holzarten wie die Schiene, jedoch sind auch Dreiecke aus Hartgummi und Zelluloid zu empfehlen.

4. Die Kurvenlineale, die zum Zeichnen gekrümmter Linien dienen, bestehen aus Birnbaumholz oder auch Zelluloid und Hartgummi.

5. Das Reißzeug. Es ist das wichtigste Werkzeug des Zeichners und daher nicht angebracht, bei der Anschaffung zu sparen.

In dem Reißzeug, das unsern Zwecken genügt, müssen folgende Teile enthalten sein:

1 Handzirkel, 1 Einsatzzirkel mit Nadel, Bleistift und Ziehfedereinsatz. Die beiden Schenkel dieses Zirkels müssen unbedingt je ein Gelenk haben, damit die Spitze und die Ziehfeder beim Schlagen

von größeren Kreisen beide senkrecht auf der Zeichenfläche stehen. Im andern Falle macht die Spitze ein großes, unrundes Loch in den Zeichenbogen, während die Ziehfeder einen unscharfen Strich liefert.

1 Verlängerungstange zu diesem Einsatzzirkel zum Schlagen größerer Kreise; 1 Ziehfeder; 1 Nullenzirkel mit Bleistift- und Ziehfedereinsatz; 1 Teilzirkel, der zwar nicht unbedingt notwendig, aber doch bei manchen Zeichenarbeiten recht zweckmäßig ist; 1 Zirkelschlüssel.

6. **1 Maßstab** mit Millimeter- und Zolleinteilung.

7. **1 Bleistift** Nr. 4, flach und keilförmig zugespitzt zum Zeichnen an Schiene und Dreieck, 1 Bleistift Nr. 2 oder 3 zum freihändigen Zeichnen, schlank und zugespitzt.

8. **1 Schmirgelfeile** oder Schmirgelleinen zum sauberen und genauen Nachschleifen der Bleistifte.

9. **1 Bleigummi** und 1 Tuschgummi.

10. **Schwarze flüssige Ausziehtusche.**

11. **Zeichenpapier und Heftzwecken.**

12. **1 Skizzenblock** für Zeichnungen, die freihändig hergestellt werden.

B. Geometrische Grundaufgaben.

Aufgabe 1: Wagerechte und senkrechte Linien zu ziehen.

Beim Zeichnen der wagerechten Linien (Fig. 3) wird der Kopf der Schiene leicht gegen die linke Leiste des Brettes gedrückt, die Schiene mit der linken Hand in ihrer Lage festgehalten und die Linie an der oberen Kante der Schiene gezogen.

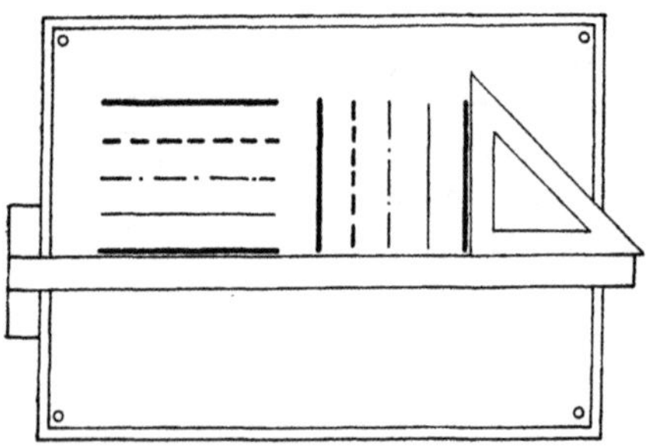

Fig. 3.

Beim Zeichnen senkrechter Linien wird zunächst die Schiene in gleicher Weise wie vorher eingestellt, dann einer der rechten Winkel mit der einen Kathete auf die Schiene gesetzt und an der freien Kathete die Linie gezogen. Sowohl beim Ziehen der wagerechten als auch der senkrechten Linien ist das Blatt so zu legen, daß das Licht von links oben herauf fällt.

Aufgabe 2: Linien unter einem Winkel von 45°, 30° und 60° zu ziehen (Fig. 4, 5 u. 6):

Beim Zeichnen der 45°-Linien wird eine Kathete des 45°-Winkels in der gleichen Weise wie bei der vorigen Aufgabe auf die Schiene gesetzt und die 45°-Linie an der Hypotenuse dieses Winkels gezogen. Beim Zeichnen einer 30°-Linie legt man die lange Kathete des andern Winkels an die Schiene und erhält dann an der Hypotenuse den verlangten Winkel. Beim Zeichnen einer 60°-Linie setzt man die kurze Kathete auf die Schiene und zieht wiederum an der Hypotenuse dieses Winkels die Linie.

Aufgabe 3: Eine gerade Linie in 2, 3 oder mehr gleiche Teile zu teilen:

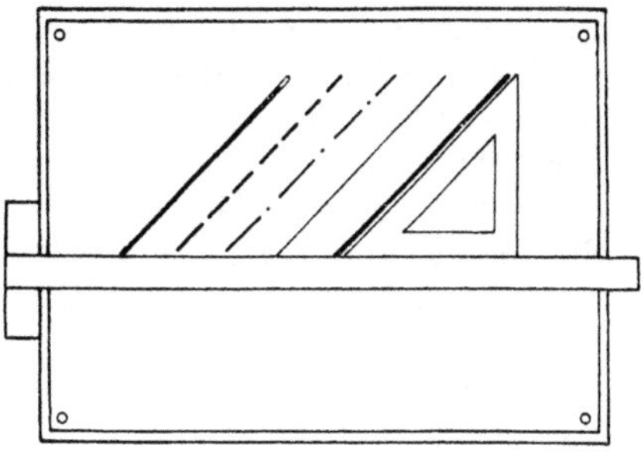

Fig. 4.

Die Teilung erfolgt mit dem Handzirkel oder bei einer größeren Anzahl kleinerer Teile mit dem Teilzirkel. Man stellt den Zirkel schätzungsweise ein und trägt seine Spannweite auf der Linie ab. Erhält man zu wenig Teile, so war die gewählte Spannweite zu groß und man verkleinert sie. Erhält man zuviel Teile, so vergrößert man die Einstellung und probiert so lange, bis die Teilung genau stimmt.

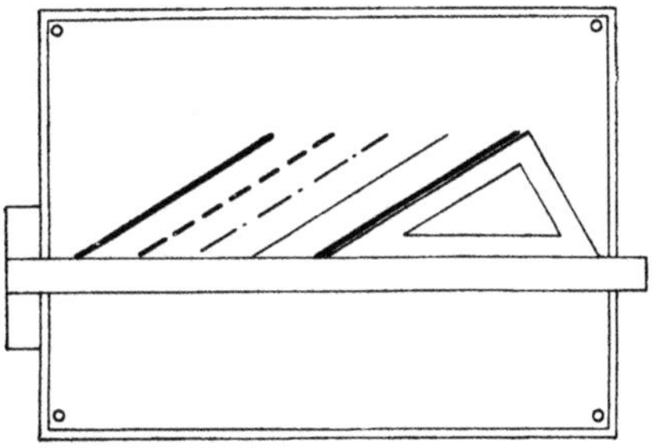

Fig. 5.

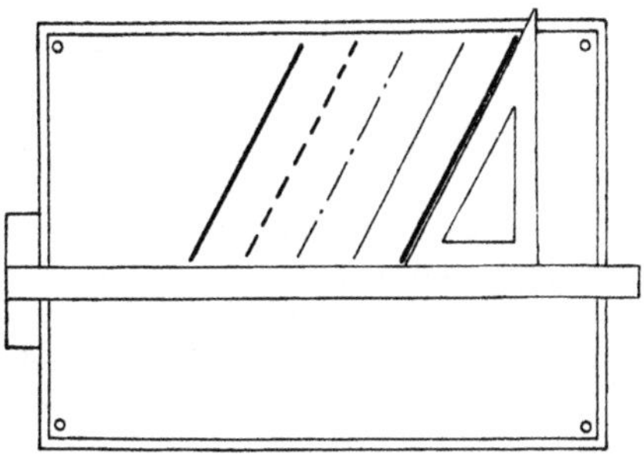

Fig. 6.

Aufgabe 4: In einem Punkte P einer Geraden ein Lot zu errichten:

a) Man legt eins der Dreiecke mit der Hypotenuse gegen die Schiene oder gegen das andere Dreieck, bringt eine Kathete zur Deckung mit der gegebenen Geraden und verschiebt es dann so lange, bis man an der andern Kathete durch den gegebenen Punkt eine Linie ziehen kann (Fig. 7). Hat man ein Dreieck nicht zur Hand, oder kann man es aus irgendeinem Grunde nicht anwenden, so sind auch folgende Zirkellösungen möglich:

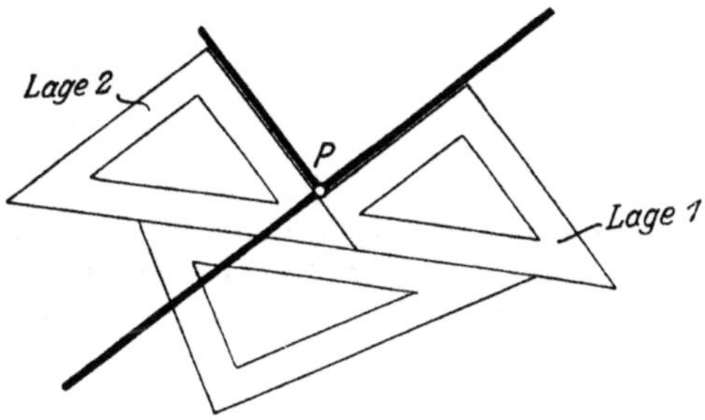

Fig. 7.

b) Man trägt von P nach beiden Seiten der Linie beliebige, aber gleiche Strecken bis A und B ab und schlägt um A und B mit beliebiger gleicher Zirkelöffnung 2 Kreise, die sich in C und D schneiden. Die Verbindungslinie $C\ D$ steht dann senkrecht auf $A\ B$ (Fig. 8).

c) Man schlägt um P einen beliebigen Kreisbogen, der die Gerade in A schneidet, und trägt von A aus die gleiche Zirkelöffnung zweimal nach B und C ab. Schlägt man dann um B und C mit derselben Zirkelöffnung 2 Kreisbögen, die sich in D schneiden, so ist $D\ P$ das gesuchte Lot (Fig. 10).

d) Oder man schlägt einen beliebigen Kreis, der durch P geht und die Gerade in A schneidet und zieht den Durchmesser A, M, B; dann ist $B\ P$ das gesuchte Lot (Fig. 9).

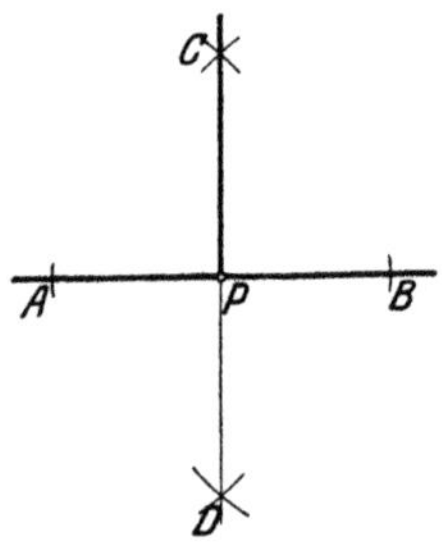

Fig. 8.

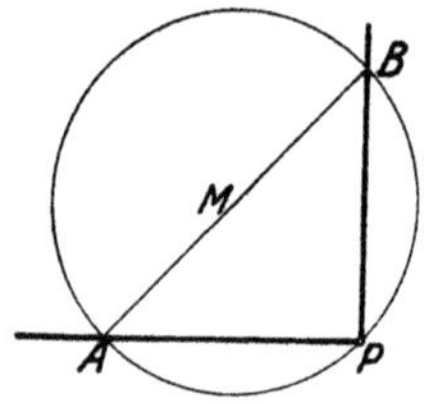

Fig. 9.

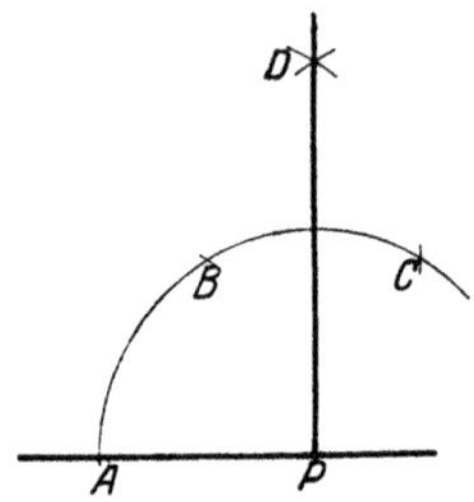

Fig. 10.

e) Eine weitere Konstruktion zeigt Fig. 11, wo von P aus 5 beliebige, aber gleich große Strecken abgetragen werden. Schlägt man dann um P einen Kreis mit einem Halbmesser von 4 Teilstrecken und um den Endpunkt A des 3. Teiles einen Kreis mit dem Halbmesser von 5 Teilstrecken, so ist der Schnittpunkt B beider Kreisbögen ein Punkt des Lotes[1]).

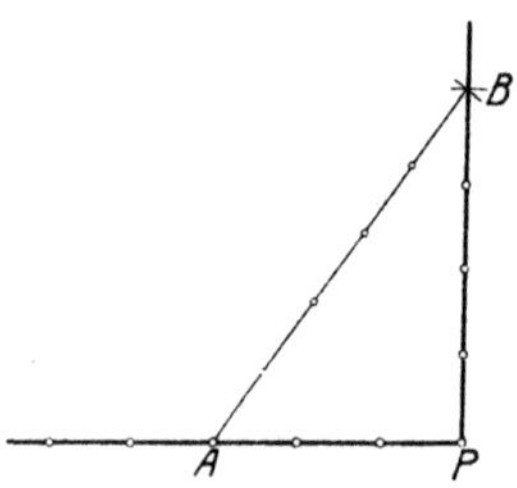

Fig. 11.

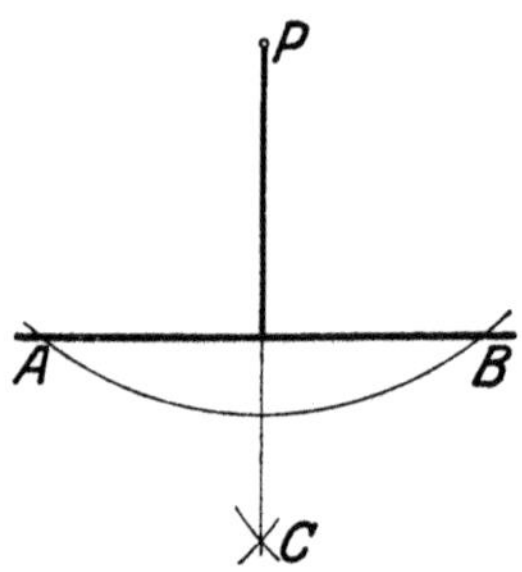

Fig. 12.

Aufgabe 5: Von einem Punkt P ein Lot auf eine gegebene Gerade zu fällen:

Man verfährt in ähnlicher Weise, wie bei der Aufgabe 4 a, oder man schlägt um P mit beliebiger Zirkelöffnung einen Kreisbogen, der die gerade Linie in A und B schneidet und schlägt um A und B Kreisbögen mit gleicher Zirkelöffnung, die sich in C schneiden. Die Verbindungslinie $C\ P$ liefert dann das Lot $P\ D$ (Fig. 12).

Aufgabe 6: Durch einen gegebenen Punkt P zu einer Geraden die Parallele zu ziehen:

Die Lösung ist ähnlich wie bei Aufgabe 4a (Fig. 13).

[1]) Vgl. Abschnitt Mathematik S. 72.

Aufgabe 7: In einem gegebenen Punkte P einer Geraden einen gegebenen Winkel anzutragen:

Man schlägt um A und P Kreisbögen von gleichem Halbmesser, mißt die Bogenlänge $B\,C$ und trägt sie von D nach E ab; dann ist $D\,P\,E = B\,A\,C$ (Fig. 14). Ist ein Schenkel des gegebenen Winkels parallel zu der gegebenen Geraden, so kann man wieder in ähnlicher Weise wie bei der Aufgabe 4a mit Hilfe von Dreieck und Schiene durch Verschieben des Dreiecks den gegebenen Winkel übertragen.

Aufgabe 8: Ein gegebener Winkel α ist zu halbieren:

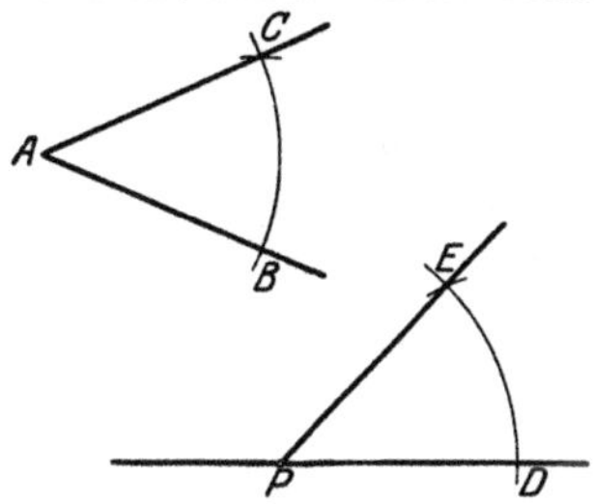

Fig. 14.

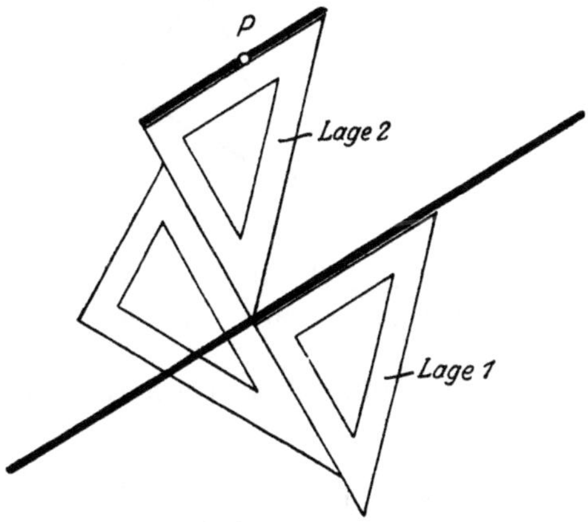

Fig. 13.

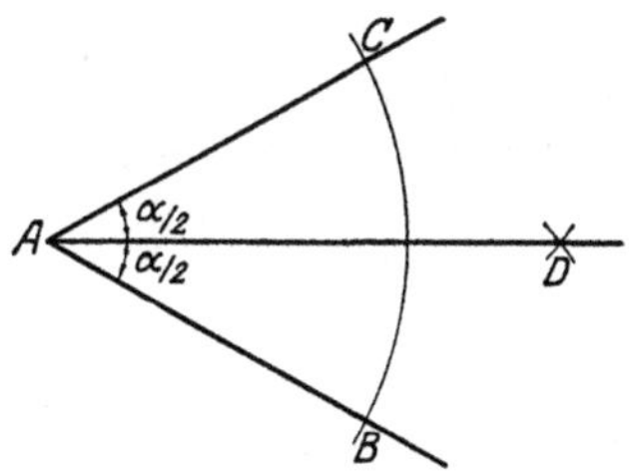

Fig. 15.

Man schlägt um den Scheitelpunkt A einen beliebigen Kreisbogen und um die Schnittpunkte $B\,C$ dieses Bogens mit den Schenkeln des Winkels 2 weitere Kreisbögen, die sich in D schneiden. Die Verbindungslinie $A\,D$ halbiert dann den Winkel (Fig. 15).

Aufgabe 9: Einen rechten Winkel in 3 gleiche Teile zu teilen:

Man schlägt um den Scheitelpunkt A mit beliebiger Zirkelöffnung einen Bogen, der in B und C die Schenkel schneidet, und schlägt mit gleicher Zirkelöffnung um B und C Kreise, die den Bogen $B\,C$ in D und E schneiden; dann sind die 3 entstandenen Winkel gleich (Fig. 16).

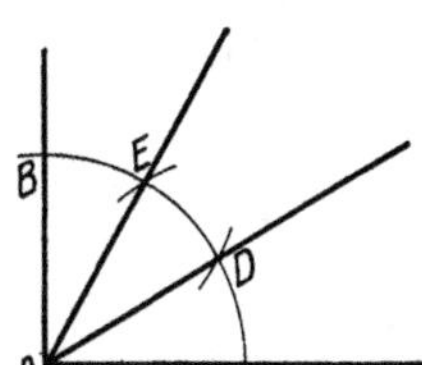

Fig. 16.

Aufgabe 11: Einen beliebigen Winkel in 3 oder mehr gleiche Teile zu teilen:

Man schlägt wie in Fig. 14 einen beliebigen Kreisbogen um den Scheitelpunkt und teilt die Bogenstrecken $B\,C$ in gleicher Weise wie die Gerade in Aufgabe 3.

Aufgabe 12: Durch 3 gegebene Punkte A, B, C einen Kreis zu legen:

Man verbindet A mit B und B mit C und errichtet hierauf Mittellote. Der Schnittpunkt M der Mittellote ist der gesuchte Kreismittelpunkt (Fig. 17).

Aufgabe 13: Zu einem gegebenen Kreise den Mittelpunkt zu finden:

Man schlägt um 4 Punkte A, B, C, D, die etwa gleichmäßig auf der Kreislinie verteilt liegen, Kreisbögen mit gleicher Zirkelöffnung, die

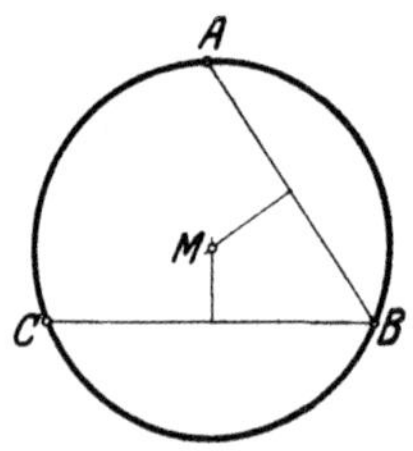

Fig. 17.

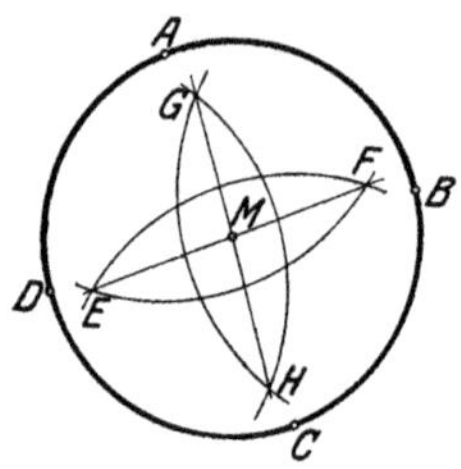

Fig. 18.

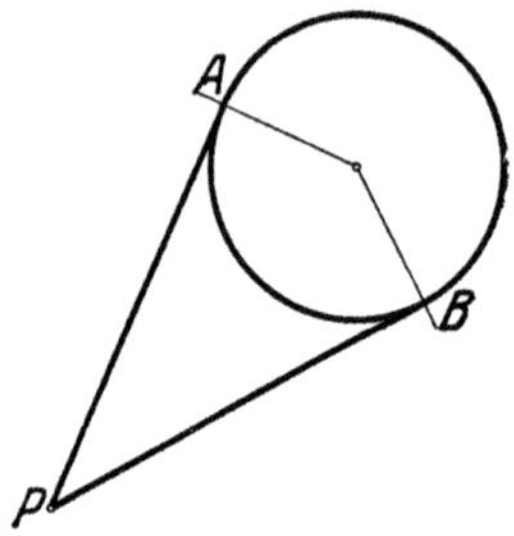

Fig. 19.

sich in E, F, G, H schneiden. Verbindet man E mit F und G mit H, so liefert der Schnittpunkt dieser Verbindungslinie den gesuchten Mittelpunkt (Fig. 18).

Aufgabe 14: Von einem gegebenen Punkte P an einen Kreis die Tangenten zu ziehen:

Man legt Dreieck und Schiene zusammen wie bei der Aufgabe 4a, so daß die eine Kathete des Dreiecks eine Tangente von P an den Kreis bildet, verschiebt dann das Dreieck und zieht an der andern Kathete die entsprechenden Radien MA und MB, geht nun

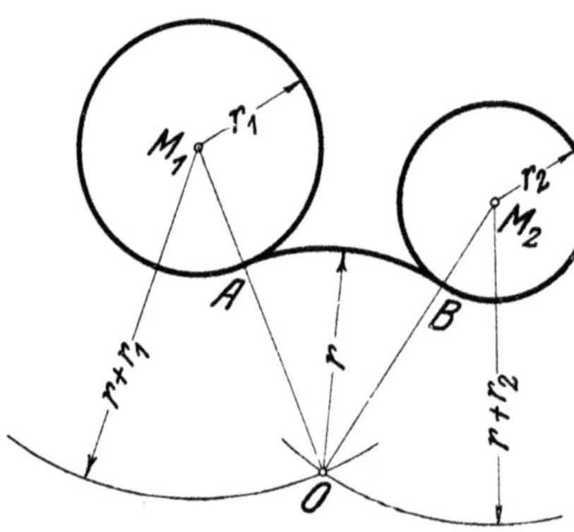

Fig. 20.

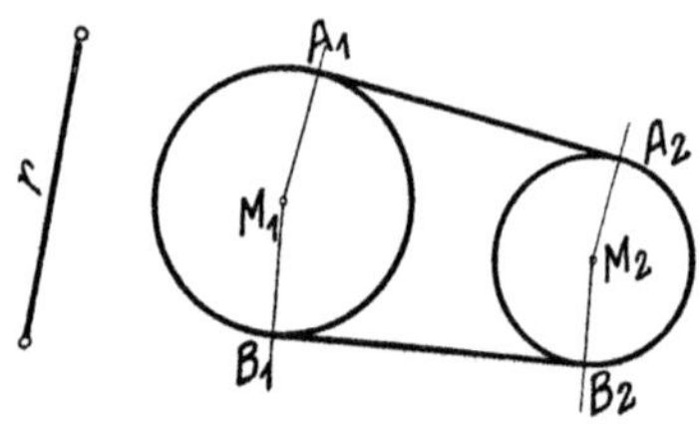

Fig. 21.

in die erste Lage zurück und zieht die Tangenten PA und PB (Fig. 19).

Aufgabe 15: Die Tangente an 2 Kreise zu ziehen:

Man legt Schiene und Dreieck so, daß die eine Kathete des Dreiecks beide Kreise berührt; verschiebt dann das Dreieck, zieht die Radien $M_1 A_1$ und $M_2 A_2$, schiebt das Dreieck zurück und zieht die Tangente $A_1 A_2$. Ebenso findet man $B_1 B_2$ (Fig. 20).

Aufgabe 16: Zwei gegebene Kreise durch einen Kreisbogen mit gegebenem Radius r zu verbinden:

Man schlägt um M_1 einen Kreis mit dem Radius $r_2 + r$. Der Schnittpunkt O dieser beiden Kreise ist der Mittelpunkt des Anschlußkreises. Man verbindet nun O mit M_1 und M_2, wobei die gegebenen Kreise in A und B geschnitten werden; dann bilden A und B Anfang- und Endpunkt des gegebenen Anschlußkreises (Fig. 21).

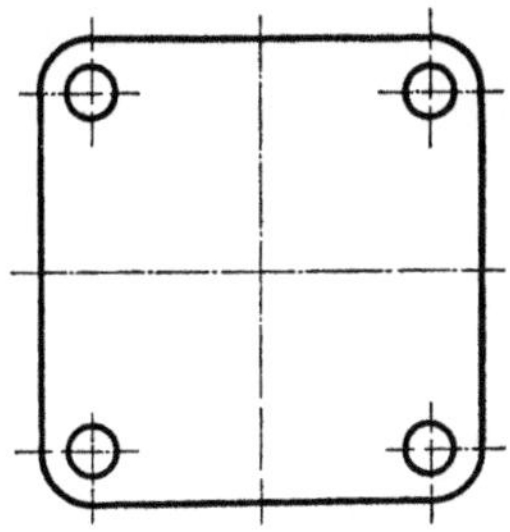

Fig. 22.

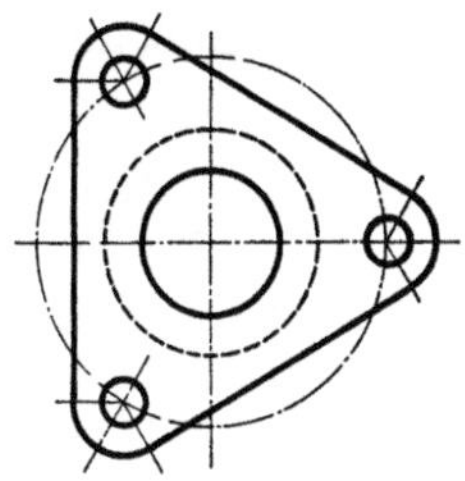

Fig. 23.

Anwendungen zu Aufgabe 14—16.

Diese Anwendungen kommen im Fachzeichnen häufig vor, und zwar handelt es sich entweder, entsprechend den Aufgaben 14 und 15, um den Übergang von Kreisen in gerade Linien oder nach Aufgabe 16 um zwei ineinander übergehende Kreise. Im ersten Falle muß, wie oben gezeigt

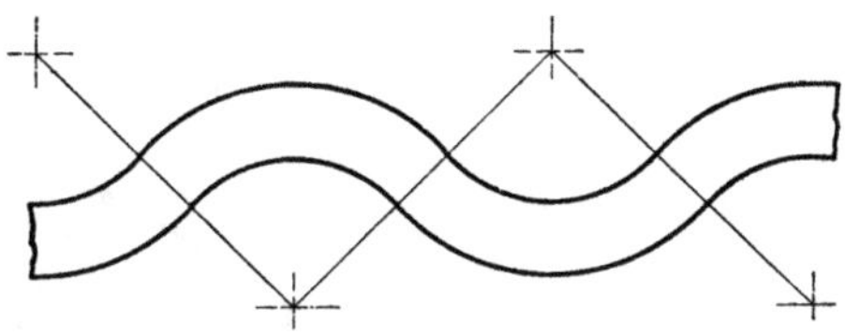

Fig. 24.

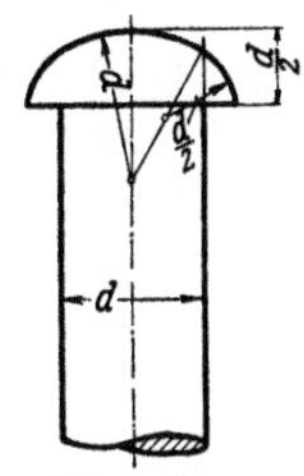

Fig. 25.

ist, die Gerade Tangente am Kreise sein, wenn sie sorgfältig in ihn übergehen soll. Es ist daher zweckmäßig, zunächst den Radius zu ziehen, der auf der Geraden senkrecht steht (vgl. Fig. 22: eine quadratische Platte und Fig. 23: eine dreieckige Platte). Im zweiten Falle ist der Übergang nur dann einwandfrei, wenn die Kreise an der Verbindungslinie der beiden Mittelpunkte, der Zentralen, ineinander übergehen (vgl. Fig. 24: ein Wellrohr; Fig. 25: einen Nietkopf für Eisenkonstruktionen; Fig. 26: den Schlüsselkopf für eine Sechskantmutter).

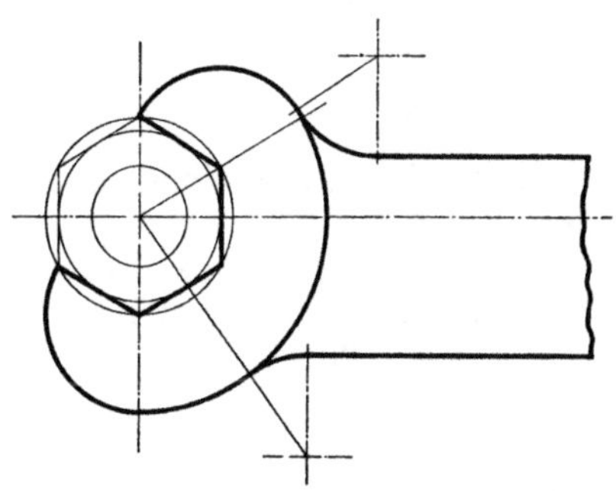

Fig. 26.

C. Kreisteilungen.

Kreisteilungen sind u. a. beim Zeichnen von regelmäßigen Vielecken nötig. Man kann in allen Fällen so vorgehen, daß man mit Hilfe des

Stechzirkels durch Probieren, ähnlich wie bei Aufgabe 3, die Teilung der Kreislinien vornimmt. In einigen Fällen sind schnellere Konstruktionen empfehlenswert:

Aufgabe 17: In einen Kreis das auf einer Ecke stehende Quadrat zu zeichnen:

Man zeichnet die senkrechte und wagerechte Mittellinie des Kreises und verbindet ihre Schnittpunkte (Fig. 27).

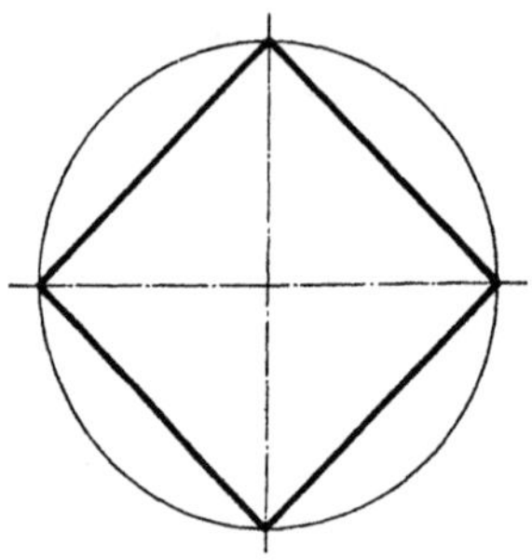

Fig. 27.

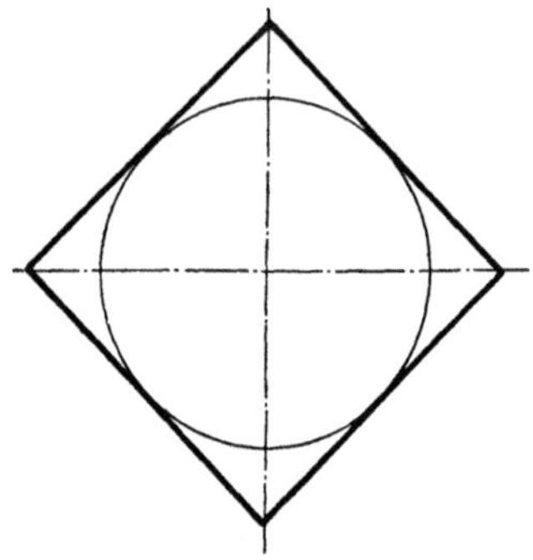

Fig. 28.

Aufgabe 18: Um einen Kreis das auf einer Ecke stehende Quadrat zu zeichnen:

Man zeichnet mit Hilfe des 45°-Dreiecks die 4 Tangenten (Fig. 28).

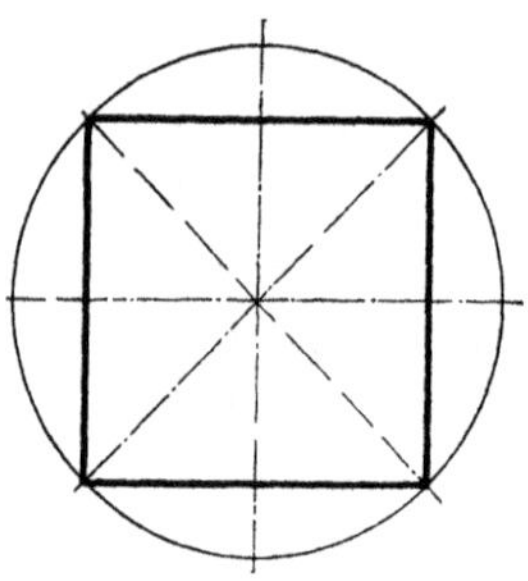

Fig. 29.

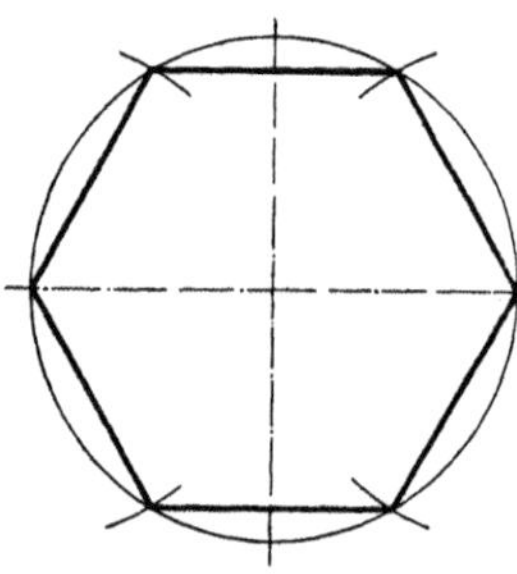

Fig. 30.

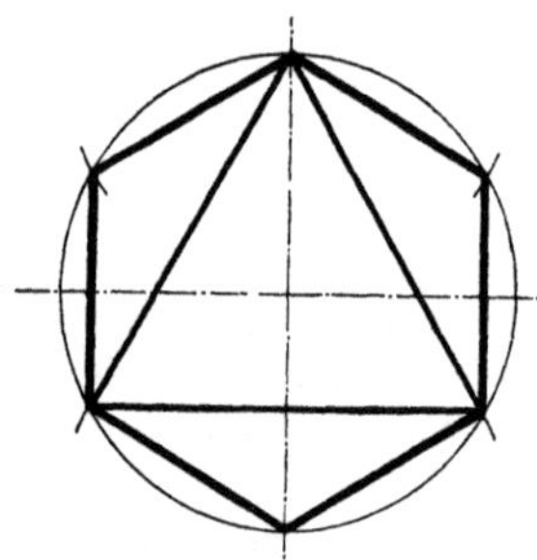

Fig. 31.

Aufgabe 19: In einen Kreis das auf einer Seite stehende Quadrat zu zeichnen:

Man zeichnet mit dem 45°-Dreieck 2 Durchmesser und verbindet ihre Schnittpunkte mit der Kreislinie (Fig. 29).

Aufgabe 20: Um einen Kreis das auf einer Seite stehende Quadrat zu zeichnen:

Man zeichnet das Quadrat mit Hilfe der Schiene und des rechten Winkels.

Aufgabe 21: In einen Kreis ein regelmäßiges Sechseck zu zeichnen:

Die Sechseckseite ist gleich dem Radius des Kreises. Soll das Sechseck auf einer Seite stehen, so schlägt man um die Schnittpunkte der wagerechten Mittellinie 2 Kreise mit dem Radius (Fig. 30). Soll das

Sechseck auf einer Ecke stehen, so schlägt man um die Schnittpunkte der senkrechten Mittellinie 2 Kreise mit dem Radius (Fig. 31).

Aufgabe 22: Um einen Kreis ein Sechseck zu zeichnen:

Man zieht außer der wagerechten und senkrechten Mittellinie 2 Durchmesser unter 30° und zieht dann 2 Sechsseckseiten mit Hilfe der Schiene und die 4 übrigen mit Hilfe des 60°-Winkels (Fig. 32).

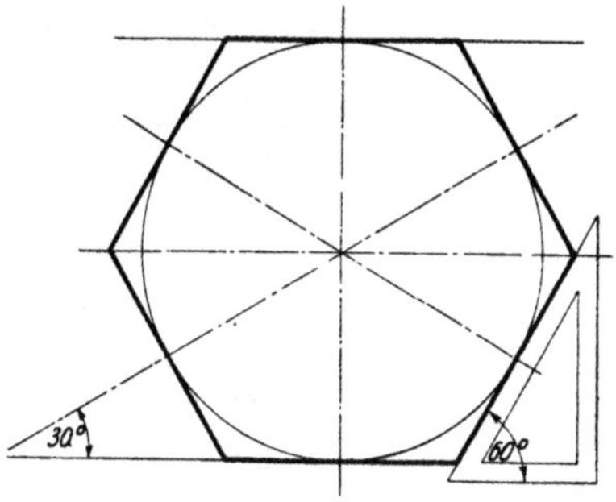

Fig. 32.

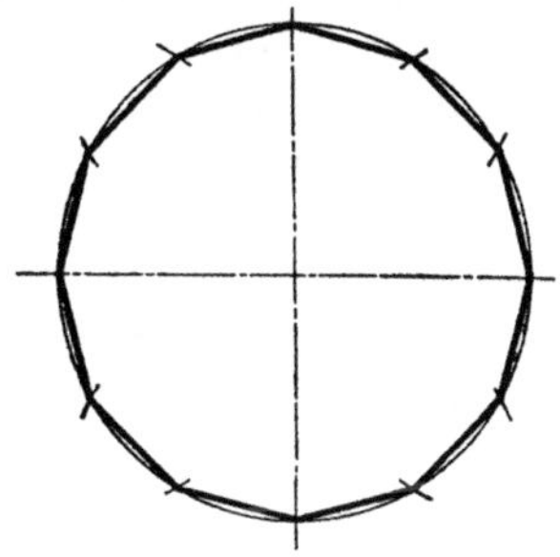

Fig. 33.

Aufgabe 23: Ein regelmäßiges Dreieck in einen Kreis zu zeichnen:

Man verfährt wie bei der Konstruktion des Sechsecks, verbindet aber jeden zweiten Eckpunkt (Fig. 31).

Aufgabe 24: Ein regelmäßiges Zwölfeck in einen Kreis zu zeichnen:

Man schlägt mit dem Radius des Kreises um die Schnittpunkte der wagerechten und der senkrechten Mittellinie Kreise (Fig. 33).

Aufgabe 25: Um einen Kreis ein regelmäßiges Achteck zu zeichnen:

Man zieht außer der wagerechten und senkrechten Mittellinie noch 2 Durchmesser unter 45° und zeichnet dann mit Hilfe des 45°-Dreiecks

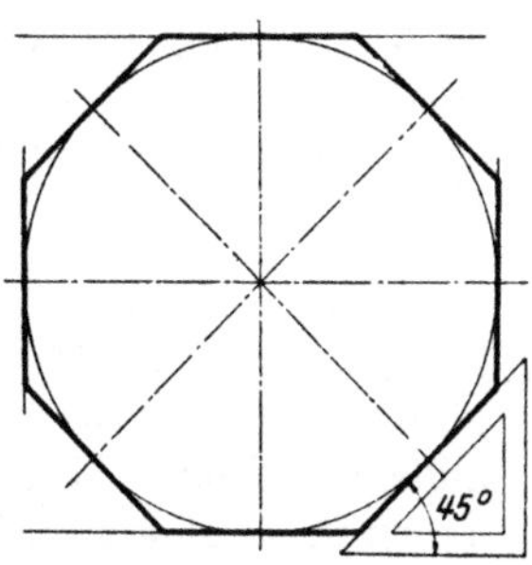

Fig. 34.

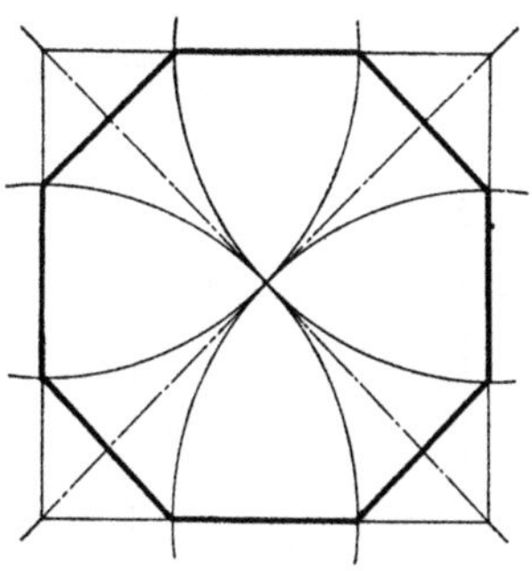

Fig. 35.

in jedem Schnittpunkte dieser Linien mit Schiene und Winkel die Tangenten (Fig. 34).

Aufgabe 26: Ein regelmäßiges Achteck in ein Quadrat einzuzeichnen:

Man schlägt mit der halben Diagonale um die Eckpunkte des Quadrates Kreisbögen, deren Schnittpunkte mit den Quadratseiten die Eckpunkte des Achtecks ergeben (Fig. 35).

D. Krumme Linien.

a) Erklärungen. 1. Nimmt man an, daß eine Linie durch Fortbewegung eines Punktes entsteht, so erhält man eine Gerade, wenn der Punkt bei dieser Bewegung seine Richtung nicht ändert; ändert er dagegen fortwährend seine Richtung, so entsteht eine krumme Linie, die auch Kurve genannt wird.

2. Wie beim Kreise, der die regelmäßigste Kurve ist, nennt man auch bei allen andern Kurven die Gerade, die die Kurve in einem

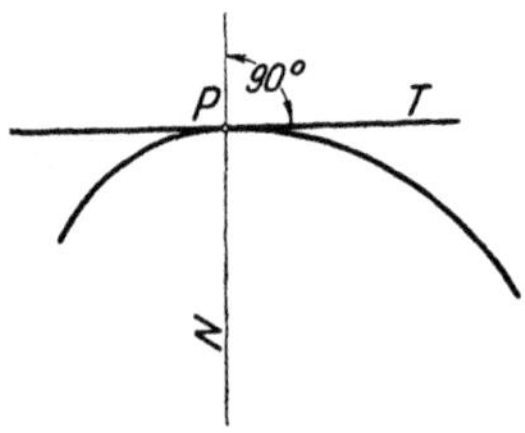

Fig. 36.

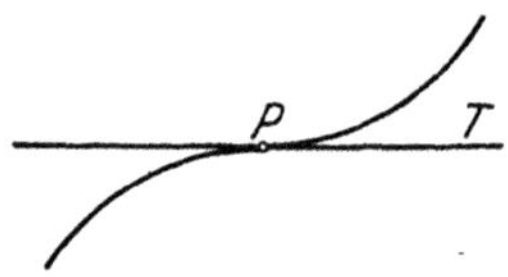

Fig. 37.

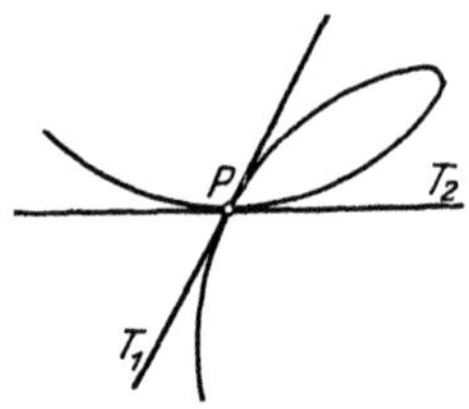

Fig. 38.

Punkte P berührt, Tangente. Die Senkrechte N zur Tangente T durch P heißt Normale (Fig. 36).

3. Berührt die Tangente die Kurve in einem unendlich fernen Punkte, so heißt sie Asymptote (vgl. die Hyperbelkonstruktion S. 15).

4. Der Punkt P, in welchem die Krümmung der Kurve von einer Seite nach der andern wechselt, heißt Wendepunkt der Kurve. Die Tangente T in diesem Punkte heißt Wendetangente (Fig. 37).

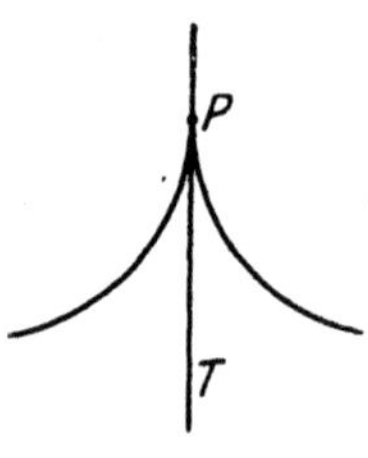

Fig. 39.

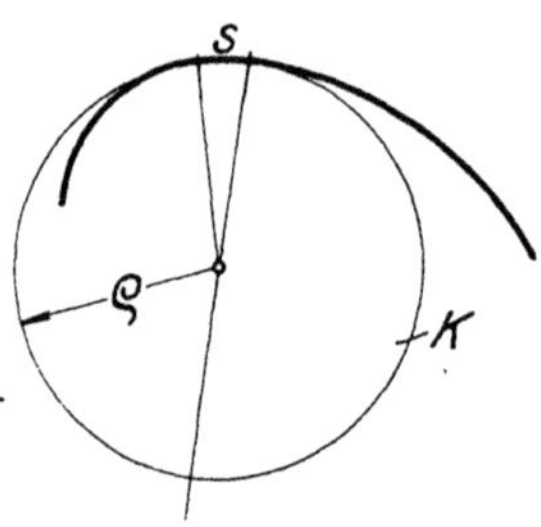

Fig. 40.

5. Ein Doppelpunkt P entsteht, wenn sich eine Kurve durchschneidet. In P hat die Kurve 2 Tangenten, T_1 und T_2 (Fig. 38).

6. Fig. 39 zeigt den Rückkehrpunkt P einer Kurve, die hier plötzlich ihre Richtung ändert. Beide Kurvenäste haben in P eine gemeinsame Tangente T.

7. Ist eine Kurve symmetrisch, so nennt man ihre Schnittpunkte mit der Symmetrieachse Scheitelpunkte (vgl. Konstruktionen der Parabel, Ellipse und Hyperbel S. 13 u. f.).

8. Jedes Kurventeilchen s läßt sich durch einen Kreisbogen ersetzen. Der erforderliche Kreis K heißt Krümmungskreis der Kurve für die betreffende Stelle. Sein Radius ϱ ist der Krümmungsradius (Fig. 40).

9. Das Messen (die Rektifikation) einer Kurve geschieht dadurch, daß man sie in eine Gerade ausstreckt. In Fig. 41 ist ein Kreis aus-

gestreckt. Zu diesem Zwecke sind auf der Kreislinie beliebig große, aber gleiche Strecken abgetragen und diese sowie die Reststrecke 10—0 auf einer Geraden von 0—0 abgetragen. 0—0 ist dann die Länge der Kreislinie.

10. Beim Zeichnen von Kurven beachte man folgende Gesichtspunkte: Die Kurve wird entweder durch die Bestimmung einzelner Punkte oder durch Tangenten, die die Kurve einhüllen, gefunden. Im ersten Falle sind die Punkte durch eine fortlaufende Bleistiftlinie freihändig zu verbinden. Nimmt die Kurve hierbei keinen stetigen Verlauf, so sind einzelne Punkte ungenau entworfen oder konstruiert; man wählt dann einen Mittelweg und verbessert nachher die Punktkonstruktion. An den Stellen starker Krümmung wird man mehr Punkte konstruieren als da, wo die Kurve schlank verläuft. Ferner ist es notwendig, daß man außer den allgemeinen Punkten mit besonderer Sorgfalt die ausgezeichneten Punkte festlegt; dazu gehören der höchste und der tiefste Punkt, die äußersten Punkte rechts und links, vorn und hinten, die Scheitelpunkte, die Berührungspunkte mit andern Linien, die Wendepunkte und die Rückkehrpunkte. Zweckmäßig ist es auch, Kurven, die keinen geschlossenen Linienzug bilden, über das verlangte Ziel hinaus zu entwerfen, weil dann das letzte Kurventeilchen mit größerer Genauigkeit dargestellt werden kann.

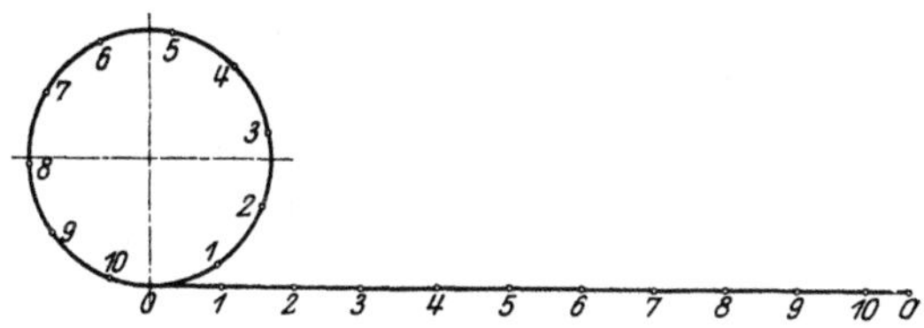

Fig. 41.

Erst wenn man nach diesen Regeln die Kurve sorgfältig in Blei gezeichnet hat, kann man sie mit Hilfe von Kurvenlinealen nachziehen oder durch Kreisbögen ersetzen.

b) Die Kegelschnitte. Wird ein gerader Kreiskegel von einer Ebene geschnitten, so heißt die Schnittkurve Kegelschnitt. Je nach der Schnittführung entstehen, wie im Abschnitt Projektionszeichnen näher gezeigt werden wird, eine Parabel, Ellipse oder Hyperbel. Besondere Fälle dieser Schnitte sind der Kreis und das Dreieck. Unabhängig von den geometrischen Beziehungen zum Kegel sollen die 3 obengenannten Kurven im Folgenden nach ihren mathematischen Eigenschaften gezeichnet werden.

1. Die Parabel. Sie entsteht, wenn sich ein Punkt P so bewegt, daß seine Entfernungen von einem festen Punkte F, dem Brennpunkt, und einer festen Geraden L, der Leitlinie, gleich groß sind, d. h. $PF = PA$ (Fig. 42).

Aufgabe 27: Eine Parabel zu zeichnen, von der der Scheitelpunkt O und der Brennpunkt F gegeben sind:

Man zieht den beliebigen Strahl Fz und senkrecht dazu zz', dann ist zz' Tangente an die Parabel (Hüllkonstruktion, Fig. 43).

Aufgabe 28: Eine Parabel zu zeichnen, von der 2 Tangenten *PA* und *PB* gegeben sind, die Punkte *A* und *B* seien Berührungspunkte:

Man teilt *PA* und *PB* in eine gleiche Anzahl gleicher Teile und verbindet die entsprechenden Punkte, dann sind die Geraden 11, 22, 33 usw. Tangenten der Parabel (Fig. 44).

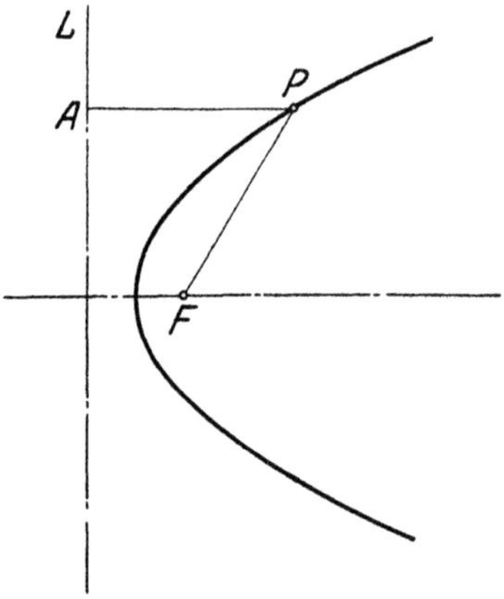

Fig. 42.

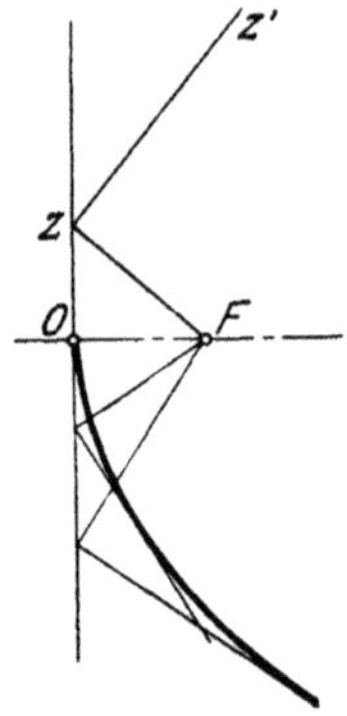

Fig. 43.

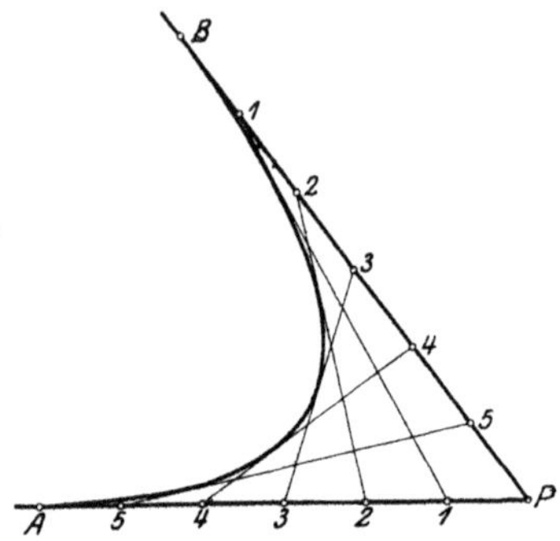

Fig. 44.

Aufgabe 29: Eine Parabel zu zeichnen, wenn der Scheitelpunkt *O*, die Achse und ein Parabelpunkt *A* gegeben sind:

Man zeichnet das Rechteck *ABCD*, teilt *AD* und *DO* in dieselbe Anzahl gleicher Teile; zieht man nun die Strahlen *O* 1, *O* 2 usw. und die Wagerechten durch I, II usw., so ergeben die Schnittpunkte von *O* 1, *O* 2 usw. mit den entsprechenden Wagerechten Punkte der Parabel (Fig. 45).

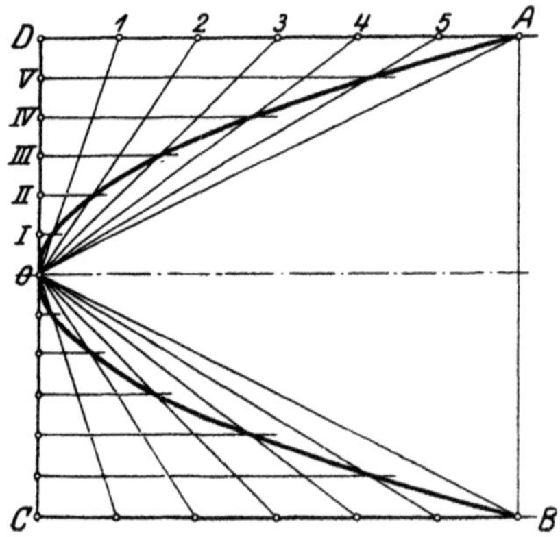

Fig. 45.

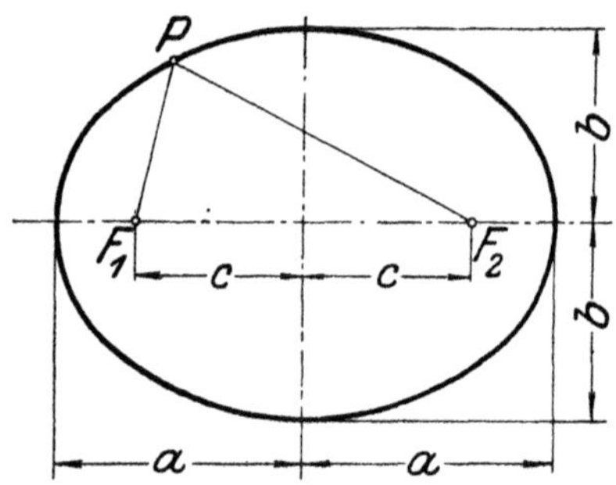

Fig. 46.

2. Die Ellipse. Sie entsteht, wenn sich ein Punkt *P* so bewegt, daß die Summe seiner Entfernungen von 2 festen Punkten F_1 und F_2, den Brennpunkten, stets gleich $2a$ ist, d. h. $PF_1 + PF_2 = 2a$. Hierbei bedeutet $2a$ den großen Durchmesser der Ellipse, während der kleine Durchmesser $2b$ beträgt; a und b werden Halbachsen der Ellipse genannt (Fig. 46).

Aufgabe 30: Eine Ellipse zu zeichnen, von der die beiden Halbachsen a und b gegeben sind:

a) Man schlägt mit a und b als Radien Kreise um den Mittelpunkt O, zieht einen beliebigen Strahl OP_1, der den kleinen Kreis in P_2 schneidet. Zieht man durch P_1 eine Senkrechte, durch P_2 eine Wagerechte, so ist der Schnittpunkt P ein Punkt der Ellipse (Fig. 47).

b) Man schlägt mit b einen Kreisbogen und teilt den Radius in n gleiche Teile, in ebenso viele gleiche Teile teilt man die große Halbachse a der zu zeichnenden Ellipse, errichtet in den Teilpunkten Senkrechte und zieht zu a und b die Wagerechten 1′ I′ usw., dann sind I′ usw. Punkte der Ellipse (Fig. 48).

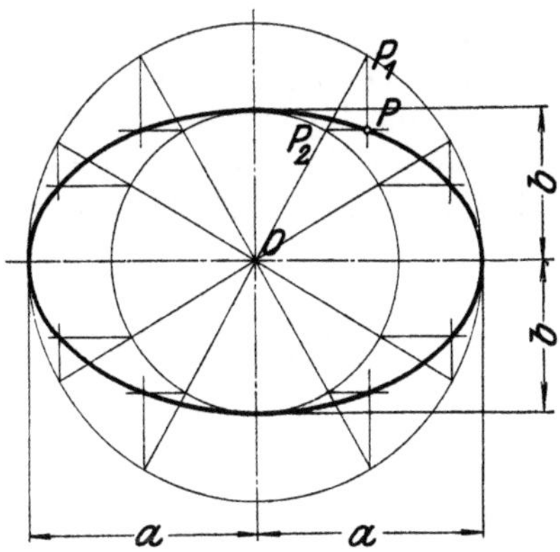

Fig. 47.

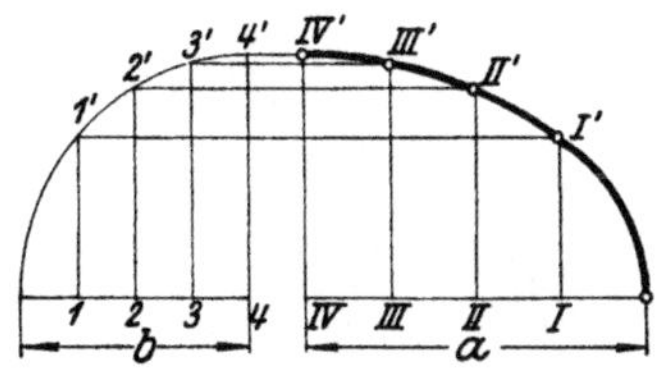

Fig. 48.

c) Eine zeichnerisch gute Konstruktion der Ellipse ergibt sich, wenn man die Krümmungskreise der 4 Scheitelpunkte und außerdem um O je einen Kreis mit der kleinen und der großen Halbachse als Radien zieht, weil die Ellipse durch diese Kreise von innen und außen eingehüllt wird.

Die Mittelpunkte M_1 und M_2 für die Krümmungskreise erhält man, wenn man von dem Eckpunkte A des die Ellipse umschließenden Rechtecks auf BC das Lot fällt; symmetrisch liegen dazu M_3 und M_4. Der Punkt P liegt senkrecht unter oder über den Brennpunkten und wird nach Fig. 47 gefunden (Fig. 49).

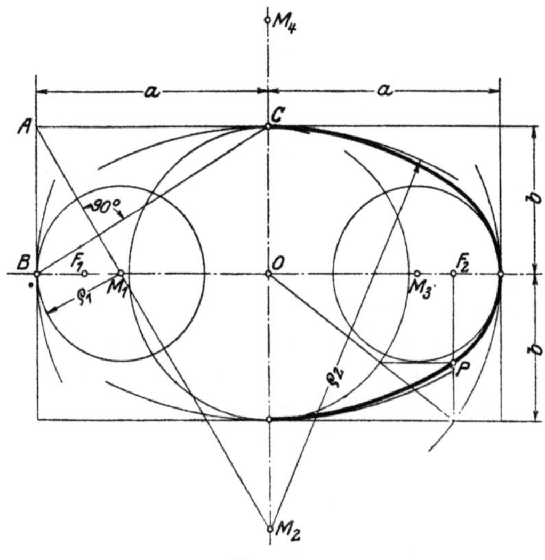

Fig. 49.

3. Die Hyperbel. Sie entsteht, wenn sich ein Punkt P so bewegt, daß die Differenz seiner Entfernungen von 2 festen Punkten F_1 und F_2, den Brennpunkten, stets $= 2a$ ist, d. h. $PF_1 - PF_2 = 2a$ (Fig. 50).

$2a$ bedeutet hierbei die Entfernung A_1A_2 der Scheitelpunkte der beiden Hyperbeläste, aus denen die Kurve besteht. Schlägt man um den Mittelpunkt O einen Kreis mit OF_1 und errichtet in A_1 und A_2 Lote bis B_1, B_2, C_1 und C_2, so erhält man 2 Gerade X' und Y', denen sich die Hyperbeläste nähern, ohne sie im Endlichen zu erreichen; diese Geraden sind die Asymptoten der Hyperbel. Stehen die Asymptoten senkrecht aufeinander, so nennt man die dazu gehörende Hyperbel gleichseitig. Den Krümmungsmittelpunkt M_1 für den Scheitel A_1 findet man, wenn man in B_1 auf X' das Lot errichtet; senkrecht unter F_1 in der Entfernung ϱ liegt ein Hyperbelpunkt P_1.

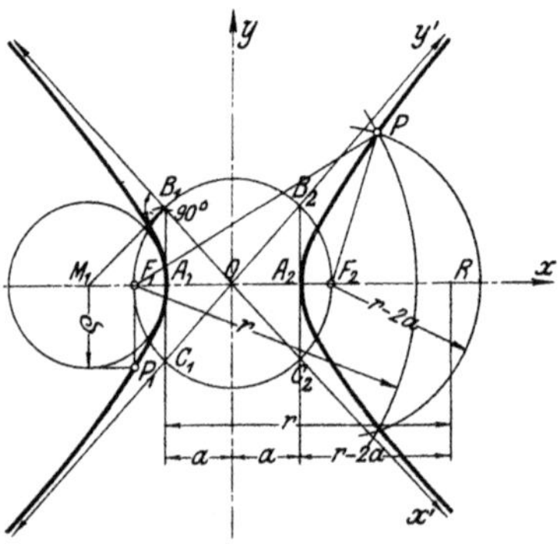

Fig. 50.

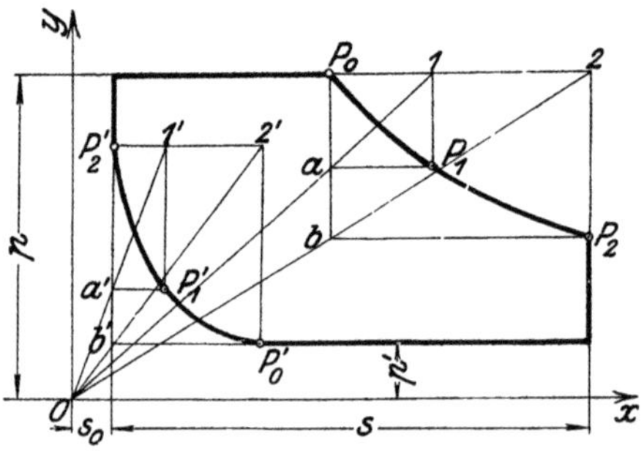

Fig. 51.

Aufgabe 31: Eine Hyperbel zu zeichnen, von der die Achse X und die Brennpunkte F_1 und F_2 gegeben sind (Fig. 50). Man schlägt mit der beliebigen Entfernung $A_1R = r$ um F_1 und mit $A_2R = r - 2a$ um F_2 Kreise; ihr Schnittpunkt P ist ein Hyperbelpunkt.

Aufgabe 32: Die Expansions- und Kompressionskurve eines Dampfdiagramms zu zeichnen, wenn die Asymptoten X und Y und von jeder Kurve, die beide gleichseitige Hyperbeln sind, ein Punkt P_0 bzw. P_0' gegeben sind. Der Kolbenhub s, der schädliche Raum s_0, der Druck p des einströmenden und der Druck p' des ausströmenden Dampfes seien bekannt:

Man zieht von O aus (Fig. 51) den beliebigen Strahl $O1$, der die Senkrechte durch P_0 in a schneidet, legt durch 1 eine Parallele zur Y-Achse und durch a eine Parallele zur X-Achse. Der Schnittpunkt beider Parallelen liefert den Hyperbelpunkt P_1. In gleicher Weise findet man P_2, P_1', P_2' und andere Punkte.

c) Die Radlinien (Zykloiden). Die Radlinien werden von einem Punkte auf, innerhalb oder außerhalb eines Kreises beschrieben, wenn dieser sich, ohne zu gleiten, auf einer Geraden oder einem andern Kreise abwälzt.

1. Die gemeine Radlinie (Orthozykloide). Sie entsteht, wenn sich der Kreis auf einer Geraden abwälzt (Fig. 52). Konstruktion: Man macht den Bogen AA = der Kreislinie = $2\,r\,\pi$ und teilt beides in die

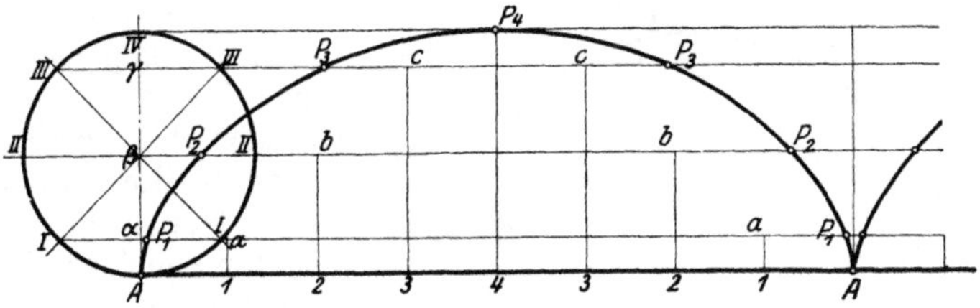

Fig. 52.

gleiche Anzahl gleicher Teile, so daß beim Abwälzen *I* auf *1*, *II* auf *2*, *III* auf *3* gelangt. Jetzt bestimmt man die Schnittpunkte *a*, *b*, *c* und macht $aP_1 = \alpha I$, $bP_2 = \beta II$ usw., dann sind P_1, P_2 usw. Punkte der Radlinie. Die verlängerte Radlinie (Fig. 53) entsteht, wenn der erzeugende Punkt A' außerhalb, die verkürzte Radlinie (Fig. 54), wenn der erzeugende Punkt A'' innerhalb des rollenden Kreises liegt. Das Aufzeichnen beider Kurven erfolgt in ähnlicher Weise wie bei der gemeinen Radlinie.

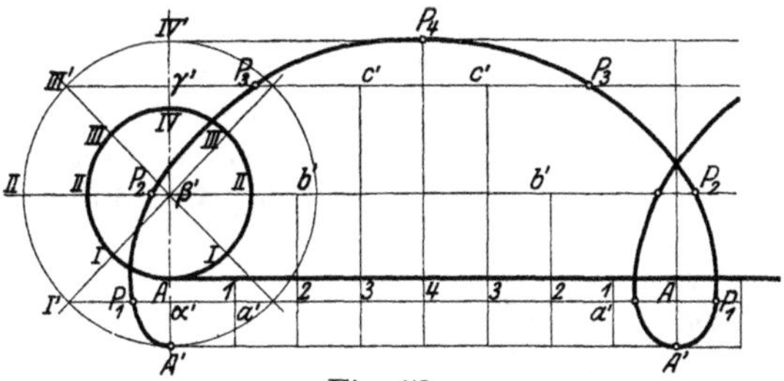

Fig. 53.

2. Die Aufradlinie (Epizykloide). Sie entsteht, wenn ein Kreis sich auf einem andern abwälzt. Der feste Kreis heißt Grundkreis, der rollende Kreis heißt Rollkreis oder erzeugender Kreis (Fig. 55). Konstruktion: Man macht den Bogen AA auf dem Grundkreise = der

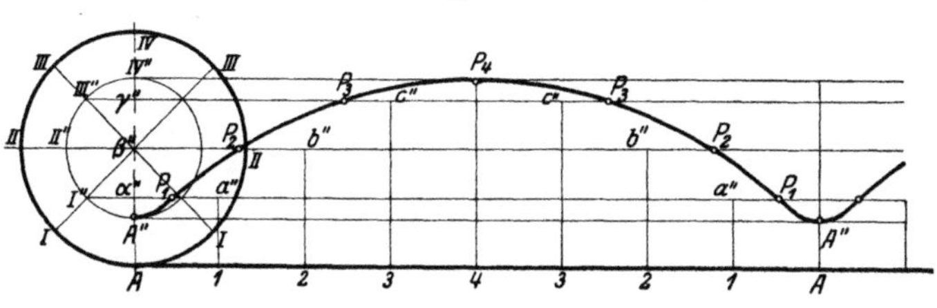

Fig. 54.

Kreislinie des Rollkreises und teilt beide in die gleiche Anzahl gleicher Teile *1*, *2*, *3* bzw. *I*, *II*, *III*. Man zieht nun das Strahlenbüschel *O 1*, *O 2* usw. und durch die Punkte *I*, *II*, *III*, *IV* konzentrische Kreise um *O*, die den Durchmesser *A IV* in den Punkten α, β, γ und die Strahlen in den Punkten *a*, *b*, *c* schneiden. Macht man $aP_1 = \alpha\, I$, $bP_2 = \beta II$, $cP_3 = \gamma III$, so sind P_1, P_2 und P_3 Punkte der Aufradlinie.

3. **Die Innradlinie** (Hypozykloide). Sie entsteht, wenn der Rollkreis sich in einem Grundkreis abwälzt (Fig. 56). Das Aufzeichnen erfolgt wie unter 2.

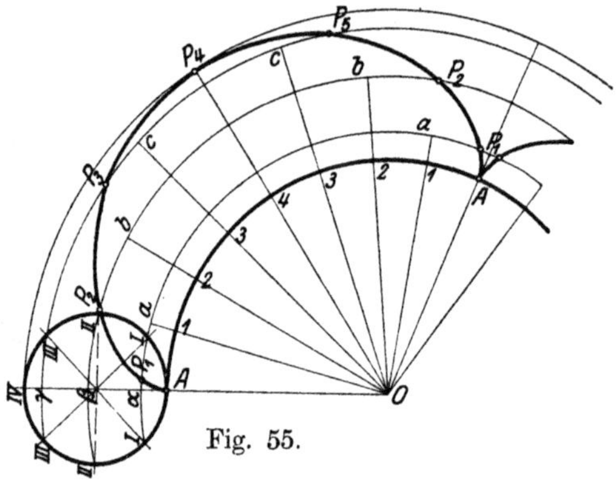

Fig. 55.

4. **Die Kreisevolvente.** Sie wird von jedem Punkte einer Geraden beschrieben, die sich ohne zu gleiten auf einem Kreise abwälzt (Fig. 57). Konstruktion: Man zieht in beliebigen Punkten des Kreises *1*, *2*, *3* usw. Tangenten und macht $1\,P_1$ = dem Bogen $1\,A$, $2\,P_2 = 2\,A$; $3\,P_3 = 3\,A$ usw.; dann sind P_1, P_2, P_3 Punkte der Evolvente.

Über die Konstruktion weiterer technisch wichtiger Kurven vgl. Dubbel, Taschenbuch für den Maschinenbau, 4. Auflage, S. 116 und folgende. Verlag von Julius Springer, Berlin.

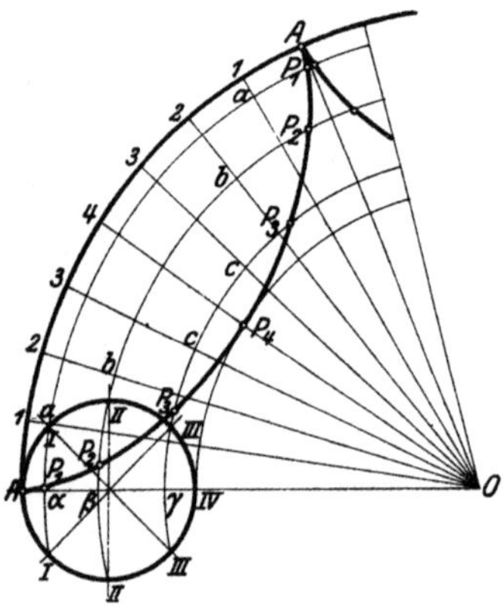

Fig. 56.

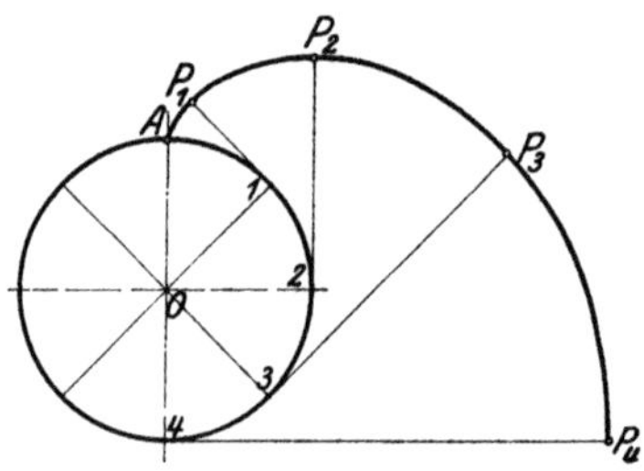

Fig. 57.

Projektionszeichnen.

Bearbeitet von Ingenieur K. Gotthold.

A. Einführung.

In der Technik wird ein Bauteil im allgemeinen nach dem Projektionsverfahren dargestellt, und zwar wählt man in der Maschinentechnik fast ausschließlich die rechtwinklige Parallelprojektion. Die ebene Geometrie lehrt, daß die Projektion eines Punktes P auf eine Gerade x (Fig. 58) den Fußpunkt P_0 und die Projektion einer Strecke AB die Entfernung A_0B_0 bedeuten, wobei AA_0 und BB_0 senkrecht auf x stehen. Ebenso geht man im Projektionszeichnen vor, nur mit dem Unterschiede,

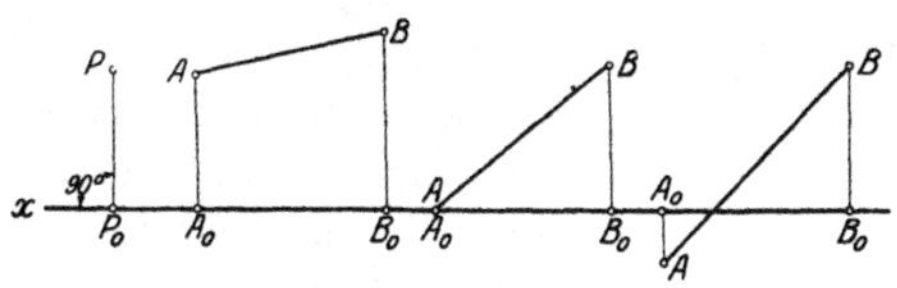

Fig. 58.

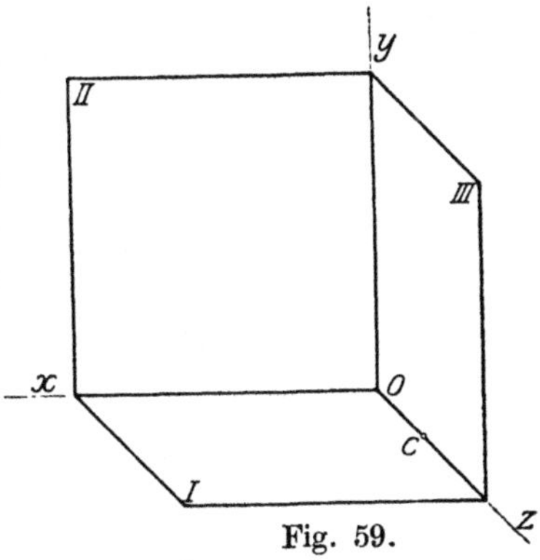

Fig. 59.

daß hier die Projektionen in einer Ebene liegen. Entsprechend den 3 Ausdehnungen eines Körpers verwendet man meist 3 Ebenen, die man sich zunächst einmal senkrecht zueinander stehend denken muß, wie in Fig. 59, wo sie gewissermaßen eine räumliche Ecke bilden. Es heißen I die Grundrißebene, II die Aufriß- und III die Seitenrißebene. x, y, z sind ihre Schnittkanten oder Achsen. Die in den Ebenen liegenden Projektionen werden Grundriß. Aufriß und Seitenriß genannt. Aus der Lage der Ebenen geht hervor, daß der Grundriß durch Projektion von oben, der Aufriß durch Projektion von vorn und der Seitenriß durch Projektion von der linken Seite entsteht. Da man zum Zeichnen nur eine Ebene, nämlich das Zeichenblatt, hat, so müssen die

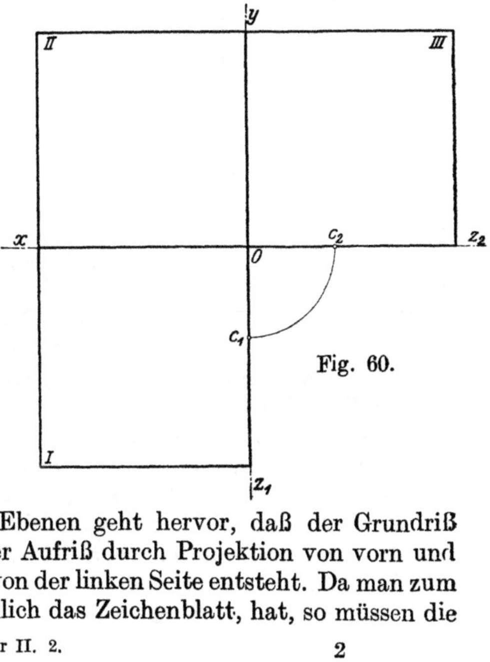

Fig. 60.

3 Ebenen der Fig. 59 gleichfalls zu einer Ebene umgebildet werden. Das geschieht in der Weise, daß Ebene I um die x-Achse nach unten geschwenkt und Ebene III um die y-Achse nach hinten gedreht wird[1]). Hierbei teilt sich die z-Achse und bildet mit den beiden andern Achsen das Achsenkreuz xz_2 und yz_1 (Fig. 60). Der Punkt C beschreibt einen Kreis um O von C_1 bis C_2. Den Zusammenhang der 3 Risse zeigt die Projektion eines Punktes P in Fig. 61 und 62. In Fig. 61 sind a, b und c die Lote von P auf die Ebenen I, II und III und P_1, P_2 und P_3 die dazugehörigen Projektionen von P. Man sieht, daß die Lote P_2A und P_3C gleich a, P_1A und P_3B gleich b und P_1C und P_2B gleich c sind. Diese Lote der Projektionsebenen sind auch in Fig. 62 eingezeichnet und legen die einzelnen Projektionen nach folgenden Regeln fest:

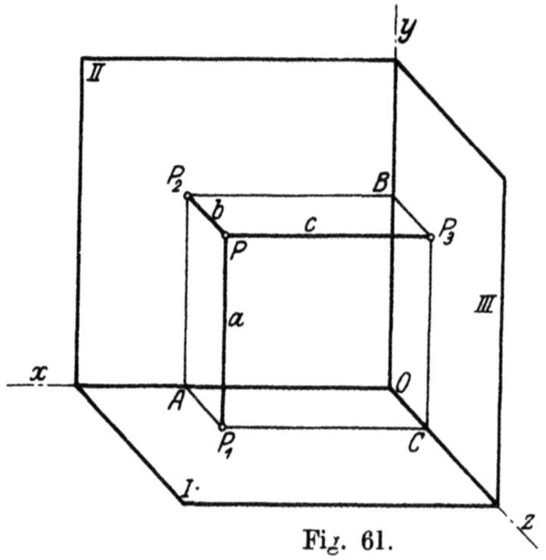

Fig. 61.

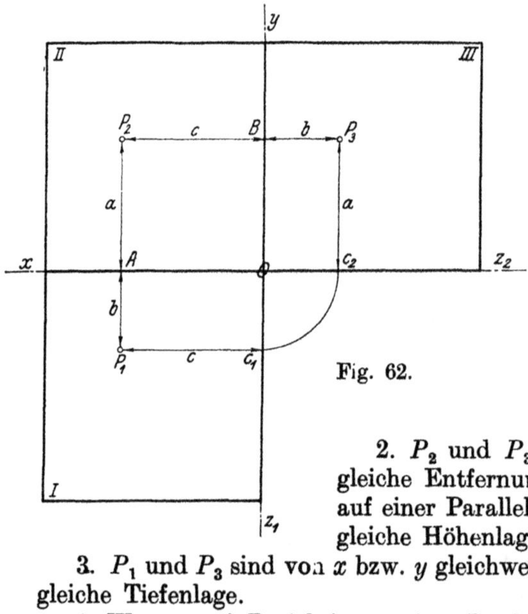

Fig. 62.

1. P_1 liegt von z_1 so weit entfernt wie P_2 von y, d. h. Grundriß und Aufriß eines Punktes liegen senkrecht übereinander, haben also die gleiche Breitenlage.

2. P_2 und P_3 haben von x bzw. z_2 die gleiche Entfernung, d. h. P_2 und P_3 liegen auf einer Parallelen zu $x - z_2$, haben also die gleiche Höhenlage.

3. P_1 und P_3 sind von x bzw. y gleichweit entfernt, d. h. sie haben gleiche Tiefenlage.

4. Wenn zwei Projektionen eines Punktes bekannt sind oder angenommen werden, so ist die dritte bestimmt.

Außer der rechtwinkligen Projektion haben für die Darstellung noch die Zentral- und die Parallelperspektive Bedeutung. Da diese im Maschinenzeichnen in manchen Fällen angewendet wird, ist sie im Abschnitt Skizzieren behandelt.

[1]) Vgl. auch Abschnitt Skizzieren.

B. Die Darstellung der Körper, ihre Abwicklung u. Schnitte.

1. Das Prisma. Fig. 63 zeigt ein vierseitiges Prisma *a b c d e f g h* in der räumlichen Ecke; will man es wie in Fig. 64 in Grund-, Auf- und Seitenriß darstellen, so zeichnet man zunächst das Achsenkreuz und dann den Grundriß. Zu diesem Zwecke lotet man die 8 Eckpunkte des Prismas auf die Ebene I, erhält $a_1b_1c_1d_1$ als Projektionen der oberen Punkte und $e_1f_1g_1h_1$ als Projektionen der unteren Punkte, die mit den oberen zusammenfallen. Werden die 4 Punkte so, wie sie es am Prisma sind, miteinander verbunden, so erhält man als Grundriß ein Rechteck, das der Deck- und Grundfläche des Prismas kongruent ist. Um den Aufriß zu finden, lotet man die Punkte des Grundrisses in die Aufrißebene nach Regel 1 hinauf und bestimmt ihre Höhenlage durch die Projektion des Prismas von vorn. Man erhält die Punkte $a_2d_2h_2e_2$ und von diesen verdeckt die Punkte $b_2c_2g_2f_2$. Sinngemäß verbunden ergeben diese Punkte ein Rechteck, das der vorderen und hinteren Seitenfläche des Prismas kongruent ist. Der Seitenriß liegt nunmehr fest, da für alle Punkte ihre Höhenlage durch den Aufriß und ihre Tiefenlage durch den Grundriß bestimmt sind; z. B. erhält man a_3 als Schnittpunkt der Wagerechten a_2y und des Linienzuges $a_1z_1z_2$. Sichtbar sind die Punkte $b_3a_3e_3f_3$, während $d_3h_3g_3c_3$ von ihnen verdeckt werden. Der Seitenriß ist der linken und rechten Seitenfläche des Prismas kongruent.

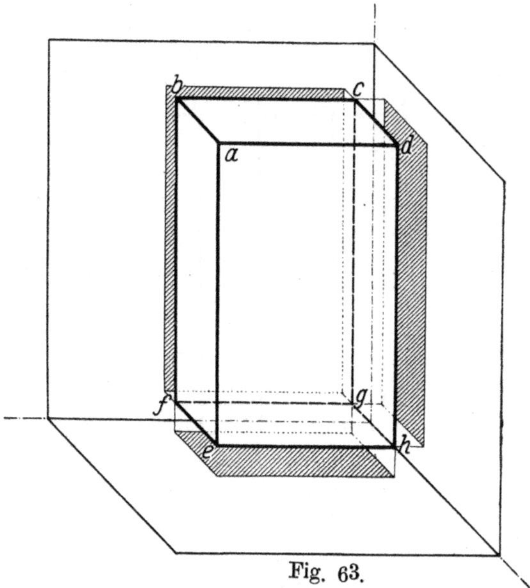

Fig. 63.

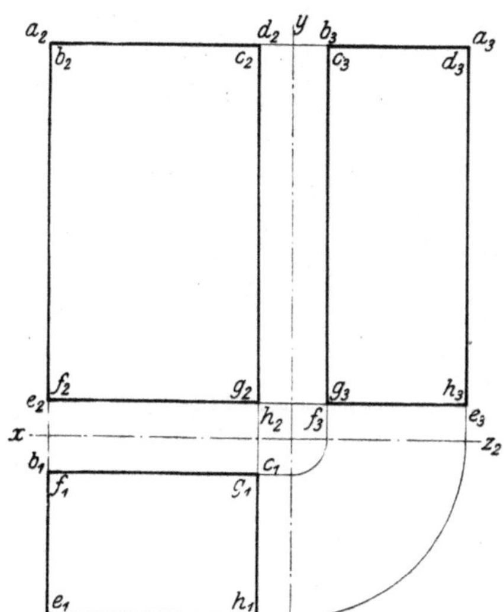

Fig. 64.

In Fig. 65 ist dasselbe Prisma projiziert, nachdem es um die Kante *cg* nach vorn gedreht ist. Man geht vom Grundriß aus, der nur seine Lage, nicht aber seine Gestalt geändert hat. Aufriß und Seitenriß werden in der gleichen Weise wie nach Aufgabe 1 gefunden. Hierbei zeigt sich, daß die Seitenkante c_2g_2 im Aufriß nicht sichtbar, aber auch nicht wie in Fig. 64 durch eine davorliegende Kante verdeckt wird. Zum Unterschiede von den sichtbaren Kanten, die mit kräftigen Vollinien zu zeichnen sind, wird diese unsichtbare Kante mit gestrichelten Linien, etwa in halber Stärke der Vollinien, ausgezogen. Im Seitenriß ist die Kante d_3h_3 unsichtbar und daher zu stricheln. Noch eine zweite Abweichung zeigen Aufriß und Seitenriß gegenüber den Rissen in Fig. 64. Im Gegensatz zu dort sind in Fig. 65 die Seitenflächen nicht in wahrer Größe, sondern verkürzt projiziert. Man merke: Ebenen und Gerade werden nur auf die Ebene in wahrer Größe projiziert, zu der sie parallel laufen; stehen sie senkrecht zur Ebene, so ist die Projektion der Ebene eine Gerade, die Projektion der Geraden ein Punkt; liegen sie geneigt zur Ebene, so ist ihre Projektion kleiner als die wahre Größe.

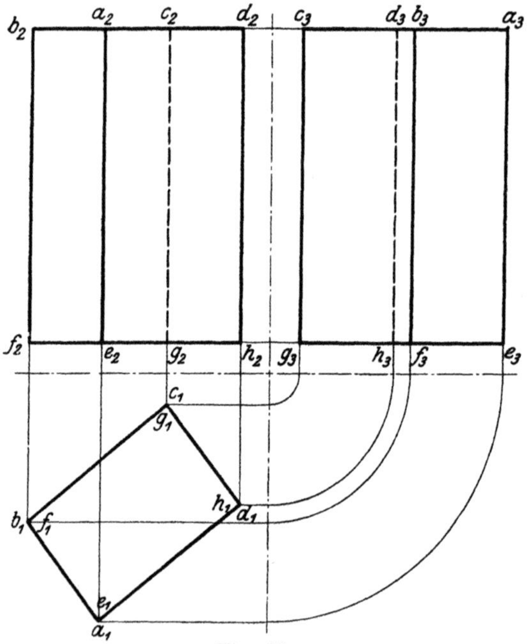

Fig. 65.

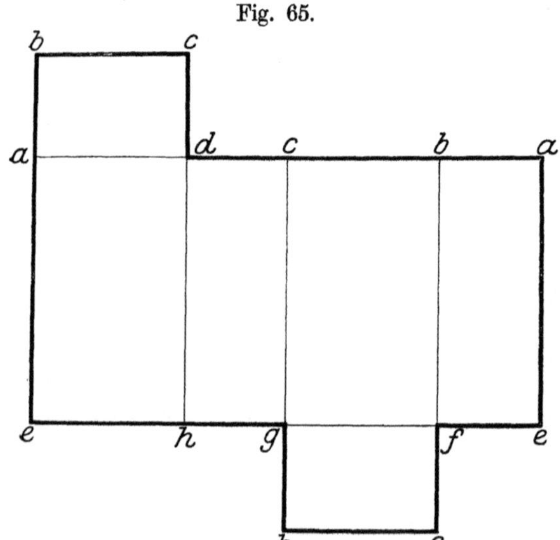

Fig. 66.

In Fig. 66 ist die Abwicklung des Prismas gezeichnet.

Unter der Abwicklung eines Körpers versteht man die Ausbreitung seiner Oberfläche in eine Ebene. In diesem Falle besteht die Oberfläche aus Grund- und Deckfläche, die dem Grundriß in Fig. 65 zu entnehmen sind. und aus 4 Seitenflächen, die gleich dem Aufriß bzw. Seitenriß sind

In Fig. 67—70 sind zusammengesetzte Prismen (Walzeisen) dargestellt, deren Projektionen ebenso wie beim einfachen Prisma gefunden werden

Fig. 71 zeigt ein zusammengesetztes Prisma in Form der äußeren Streichholzschachtel mit dem wagerechten Schnitt $m-m$. Das Legen von

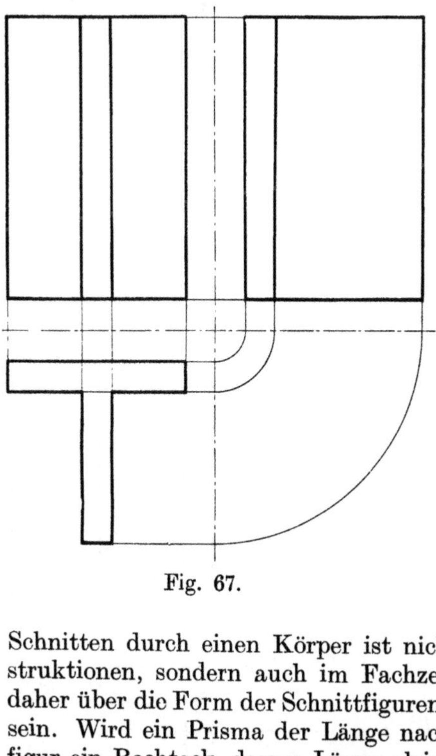

Fig. 67.

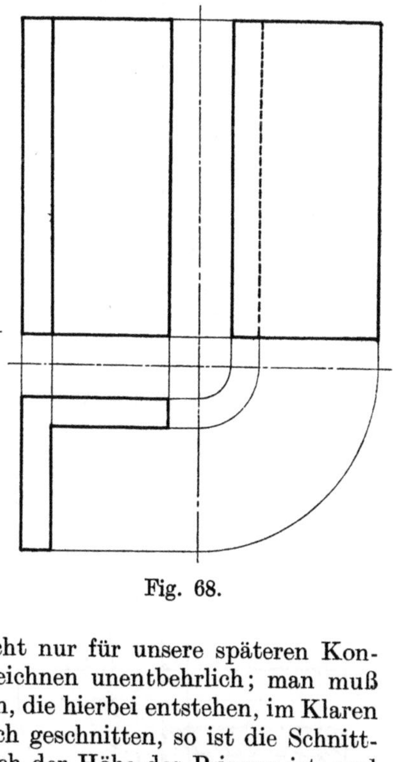

Fig. 68.

Schnitten durch einen Körper ist nicht nur für unsere späteren Konstruktionen, sondern auch im Fachzeichnen unentbehrlich; man muß daher über die Form der Schnittfiguren, die hierbei entstehen, im Klaren sein. Wird ein Prisma der Länge nach geschnitten, so ist die Schnittfigur ein Rechteck, dessen Länge gleich der Höhe des Prismas ist, und dessen Breite sich aus dem Grundriß ergibt. Ein schräger Schnitt liefert eine Schnittfigur. die die Grundfläche in verzerrter Form wiedergibt (vgl. Fig. 77—79). Liegt die Schnittfläche der Grundebene parallel, wie in unserm Falle, so ist sie ihr gleich. Bei der Projektion eines geschnittenen Körpers denkt man sich für die Konstruktion des Risses, in dem die Schnittfläche liegen soll, bei den beiden andern Rissen den zwischen Auge und Schnittebene liegenden Teil des Körpers fortgenommen. Die geschnittenen Materialflächen werden mit dünnen 45°-Linien gestrichelt. Um das Lesen der Zeichnung zu erleichtern, schreibt man, besonders bei mehrfachen Schnitten, die Lage des Schnittes unter den Riß, der die Schnittfigur zeigt, man schreibt also hier unter den Grundriß: Schnitt $m - m$.

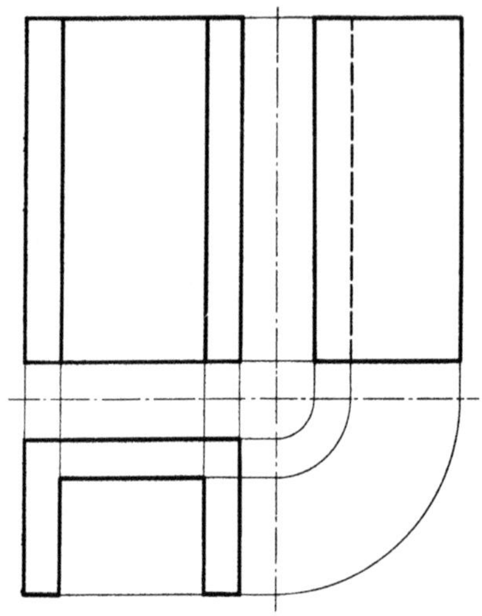

Fig. 69.

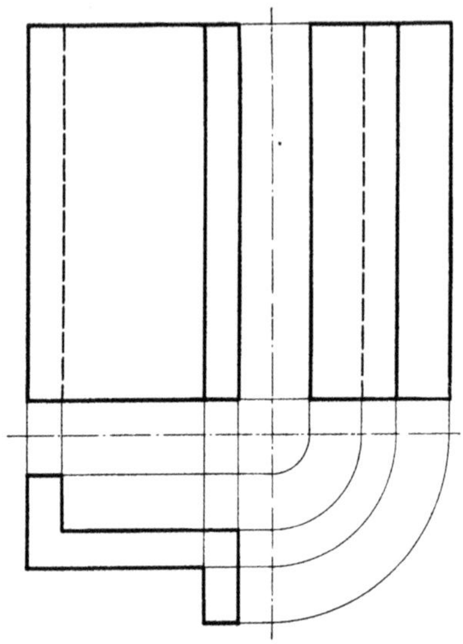

Fig. 70.

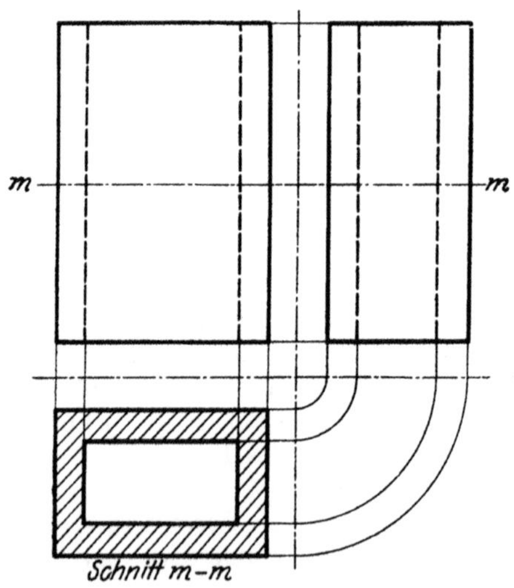

Fig. 71.

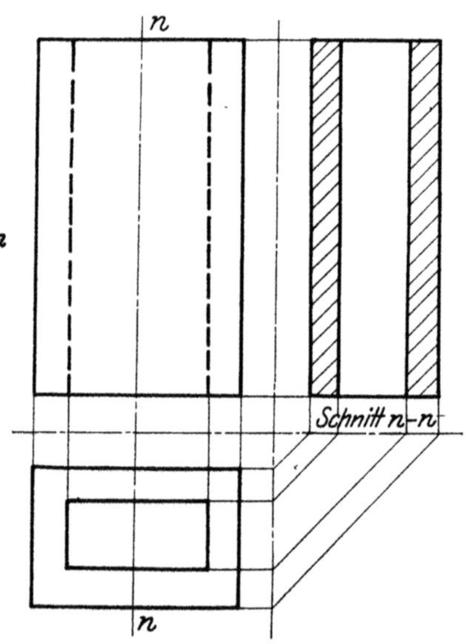

Fig. 72.

In Fig. 72 ist dasselbe Prisma, aber mit dem senkrechten Schnitt $n - n$ gezeichnet, der im Seitenriß erscheint. Infolgedessen ist für die Projektion des Seitenrisses der links von $n - n$ gelegene Teil weggedacht, und die inneren Kanten, die vorher unsichtbar waren, sind nun wie sichtbare gezeichnet.

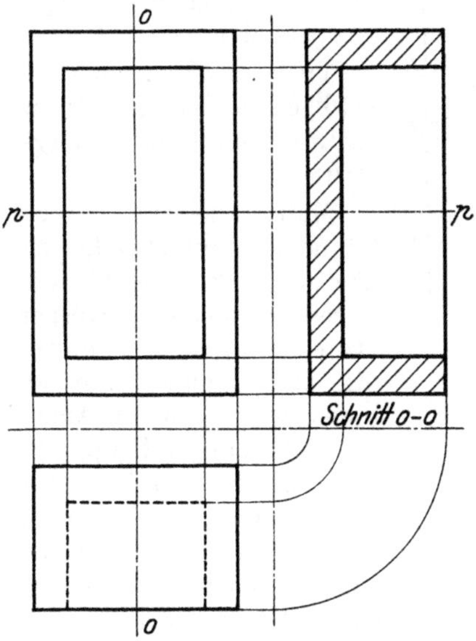

Fig. 73.

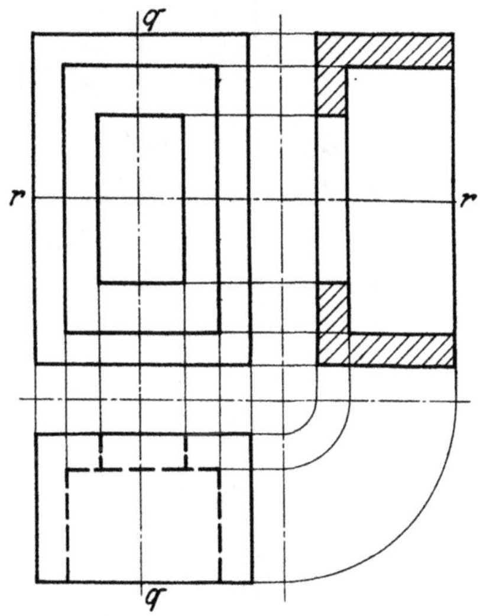

Fig. 74.

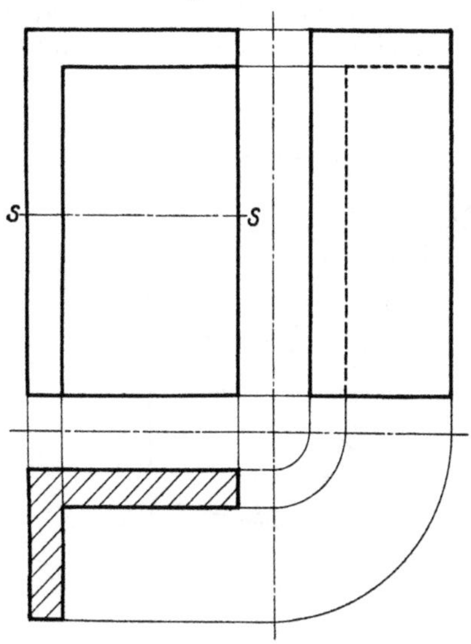

Fig. 75.

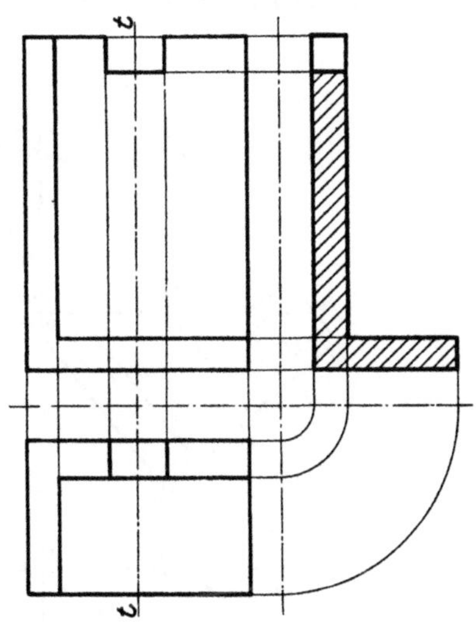

Fig. 76.

Fig. 73 zeigt die innere Streichholzschachtel im Schnitt $o - o$.

Fig. 74 denselben Körper mit einem rechteckigen Loch in der Rückenwand im Schnitt $q - q$. Wie sind die Grundrisse beider im Schnitt $p - p$ bzw. $r - r$?

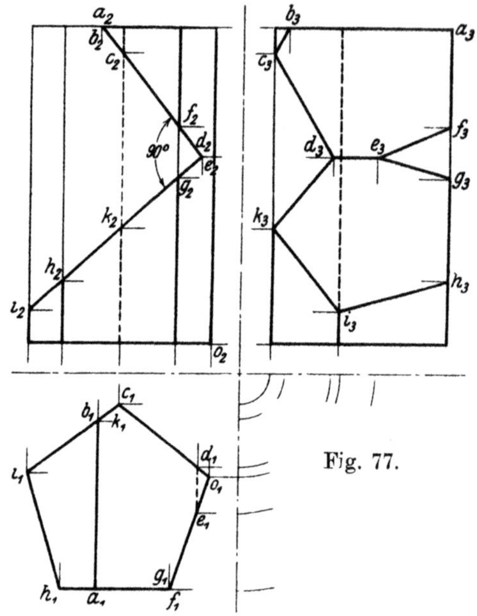

Fig. 77.

Fig. 75 stellt das linke obere, Fig. 76 das linke untere Viertel des vorigen Körpers dar.

In Fig. 77 ist ein regelmäßiges fünfseitiges Prisma mit Maulschnitt dargestellt.

Man zeichne, vom Grundriß ausgehend, zunächst die 3 Risse für den ungeschnittenen Körper. Dann trägt man die Schnitte, die einen Winkel von 90° bilden mögen, in den Aufriß ein und stellt die Eckpunkte fest, die die Schnittflächen haben. Beachte besonders *a*, *b*, *d* und *e*. Die Übertragung nach dem Seitenriß findet in der bekannten Weise statt. Da die Schnittflächen zu keiner Projektionsebene parallel laufen, sind sie auch in keinem Riß in wahrer Größe dargestellt. Es wird daher das Prisma in Fig. 78 um die Ecke *o* so gekippt, daß jeder seiner Punkte

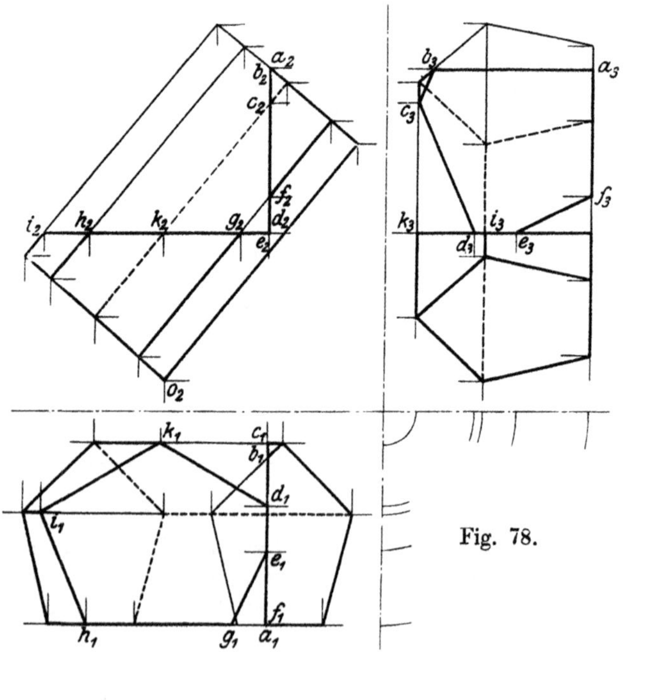

Fig. 78.

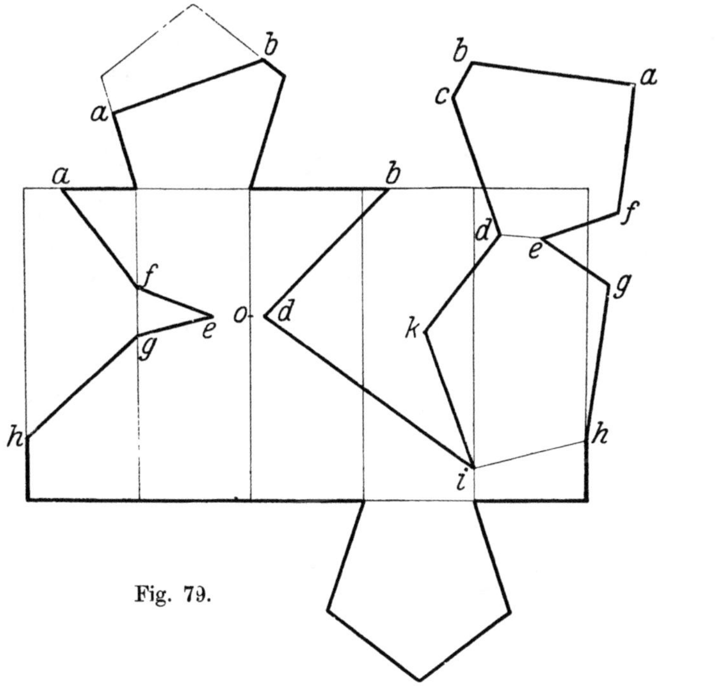

Fig. 79.

die gleiche Tiefenlage wie vorher hat und die eine Schnittebene parallel zur Seitenrißebene, die andere parallel zur Grundrißebene liegt. Da der Aufriß seine Gestalt behält, so ist er zunächst zu zeichnen. Hierauf findet man den Grundriß, indem man Punkt für Punkt aus dem Aufriß herunterlotet und aus dem Grundriß von Fig. 77, den man sich neben den Grundriß der Fig. 78 gelegt denken muß, durch Wagerechte herüberholt. Der Seitenriß ergibt sich nun durch Aufriß und Grundriß. Bei der Darstellung der Abwicklung in Fig. 79 zeichnet man zuerst die Oberfläche des vollen Fünfecks, dessen einzelne Flächen Fig. 77 in

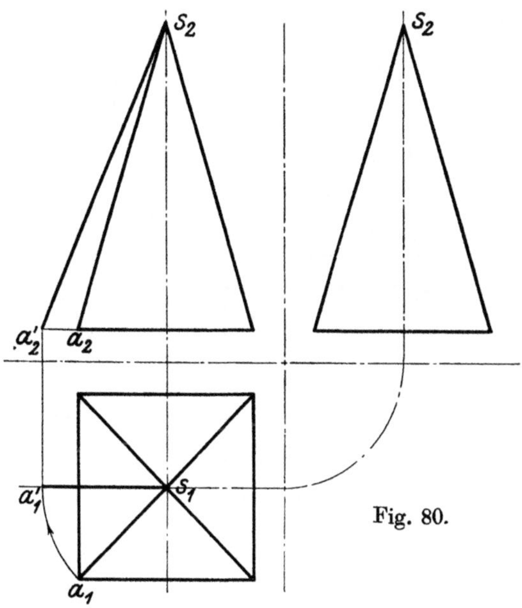

Fig. 80.

wahrer Größe liefert, und trägt dann die einzelnen Punkte ein. Die Höhen entnimmt man dem Aufriß, die Breiten dem Grundriß von Fig. 77; die Schnittflächen werden aus Grund- und Seitenriß von Fig. 78 übertragen.

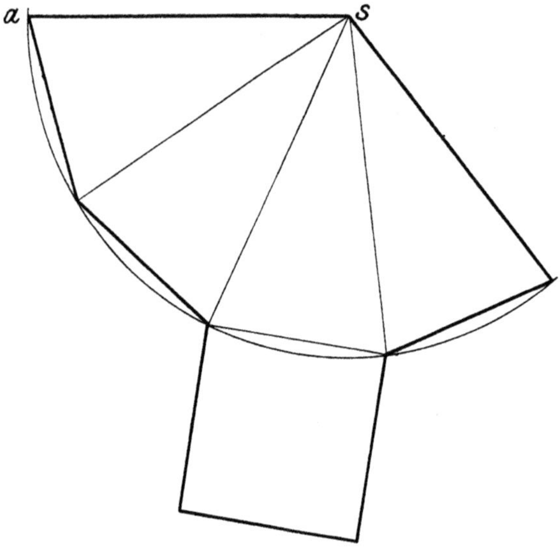

Fig. 81.

2. Die Pyramide. Fig. 80 zeigt eine regelmäßige quadratische Pyramide in den 3 Rissen. Da die Pyramide regelmäßig ist, erhält man als Aufriß und Seitenriß 2 kongruente gleichschenklige Dreiecke. Der Grundriß ist ein Quadrat, in dem die 4 Seitenkanten der Pyramide als Diagonalen erscheinen. Die Abwicklung Fig. 81 besteht aus der quadratischen Grundfläche, die dem Grundriß entnommen werden kann, und 4 kongruenten Seitendreiecken. Ihre Grundlinie ist gleich der Quadratseite des Grundrisses, ihre Schenkel sind gleich den Seitenkanten der Pyramide, die aber in allen Rissen verkürzt projiziert sind. Um die wahre Länge zu erhalten, dreht man einen Kantengrundriß,

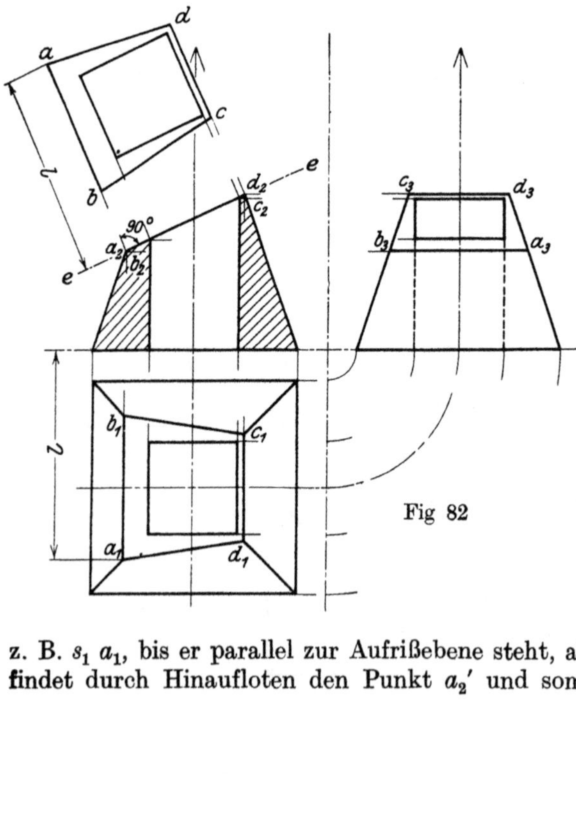

Fig 82

z. B. $s_1\,a_1$, bis er parallel zur Aufrißebene steht, also in die Lage $s_1 a_1'$, findet durch Hinaufloten den Punkt a_2' und somit die wahre Länge

s_2a_2'. Man schlägt nun in Fig. 81 mit sa gleich s_2a_2' einen Kreisbogen, trägt auf ihm die Grundlinie 4 mal ab und erhält dann die Oberfläche der gegebenen Pyramide. In Fig. 82 ist eine schräg abgestumpfte Pyramide mit quadratischem Loch in 3 Rissen dargestellt und die wahre Größe der schrägen Fläche gezeichnet. Man geht von der vollen Pyramide aus, gibt im Aufriß die Abschrägung an, findet im Grundriß die Punkte $a_1b_1c_1d_1$ durch Herabloten auf die Seitenkanten und $a_3b_3c_3d_3$ im Seitenriß durch Hinüberloten. Dann trägt man in den Grundriß das quadratische Loch ein und zeichnet davon Aufriß und Seitenriß. Um die wahre Gestalt der abgeschrägten Fläche zu erhalten, könnte man wieder die Konstruktionen nach Fig. 78 anwenden, also die Pyramide so kippen, daß die gesuchte Fläche einer Projektionsebene parallel liegt. Einfacher aber und im Fachzeichnen gebräuchlicher ist folgender Weg: Man führt eine neue Projektionsebene ein, die parallel zu unserer Fläche verläuft und senkrecht zur Aufrißebene steht. Sie bildet mit ihr die Achse $e - e$ und wird um diese Achse in die Aufißebene hineingeklappt. Da die Projektion in dieser Ebene dieselbe Tiefenlage wie im Grundriß hat, so findet man z. B. den Punkt a, indem man in a_2 auf $e - e$ das Lot errichtet und darauf die Strecke l abträgt.

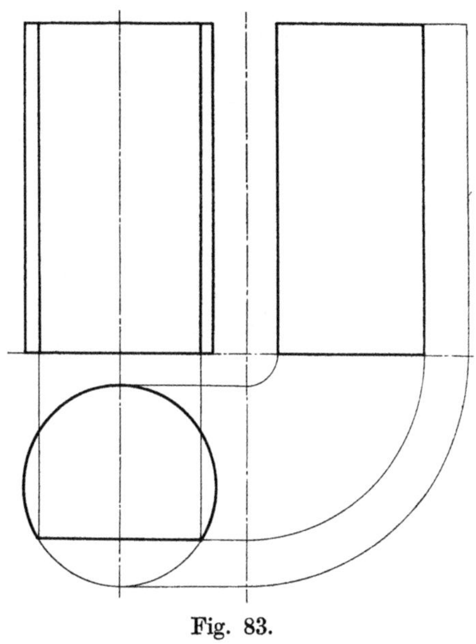

Fig. 83.

3. Der Zylinder. Die Projektionen des Zylinders im Auf- und Seitenriß sind Rechtecke, im Grundriß ein Kreis. Als Schnittfläche erhält man, wenn der Schnitt

a) senkrecht zur Zylinderachse liegt, eine Kreisfläche gleich der Grundfläche;

b) parallel zur Zylinderachse geht, ein Rechteck;

c) schräg zur Achse geführt wird, eine Ellipse.

Fig. 83 zeigt einen Zylinder, bei dem durch einen parallel zur Achse geführten Schnitt der andere Teil abgeschnitten ist.

Fig. 84 zeigt einen Hohlzylinder, dessen obere linke Wand durch zwei Parallelschnitte eine Aussparung erhalten hat. Der Aufriß ist im Schnitt $m - m$ dargestellt.

In Fig. 85 ist ein Zylinder mit schrägem Schnitt gezeichnet. Die Ellipsenprojektion im Grundriß fällt mit der des Zylinders zusammen. Um den Seitenriß der Ellipse zu erhalten, denkt man sich den Zylinder

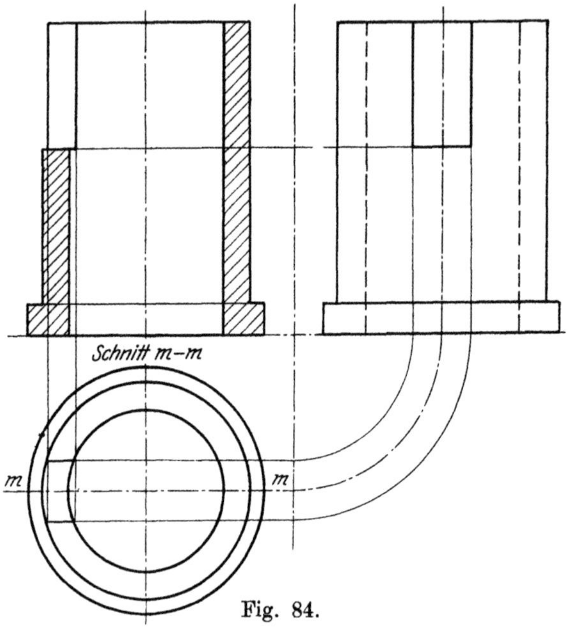

Fig. 84.

als Prisma mit unendlich vielen Seitenflächen. Hier sind 12 Flächen angenommen und ihre Kante als Mantellinien eingetragen. Die Konstruktion, die für den Punkt P durchgeführt ist, erfolgt nun genau so wie beim Prisma. Die Scheitelpunkte $a_3 b_3 c_3 d_3$ sind mit besonderer Sorgfalt zu ermitteln. Bei der Zeichnung der wahren Größe der Ellipse ergeben sich die Tiefenmaße aus dem Seitenriß, die Längenmaße (l) aus dem Aufriß.

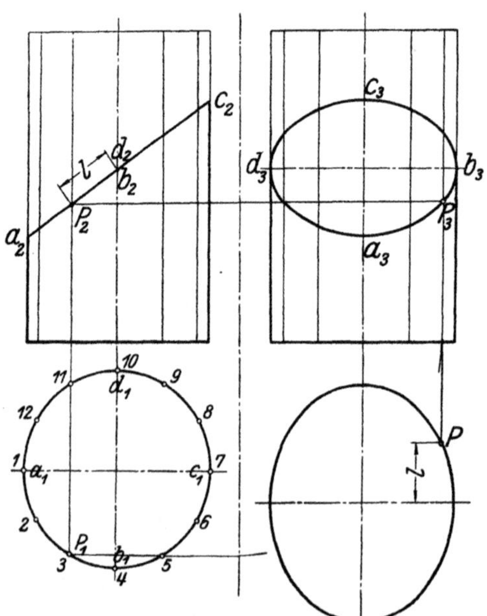

Fig. 85.

Fig. 86 zeigt die Abwicklung dieses Zylinders. Auch hier ist der Zylinder als 12seitiges Prisma behandelt.

In Fig. 87 ist ein Zylinder zur Grundrißebene geneigt zu projizieren. Man fängt mit dem Aufriß an, klappt die halbe Deckfläche in die Aufrißebene und

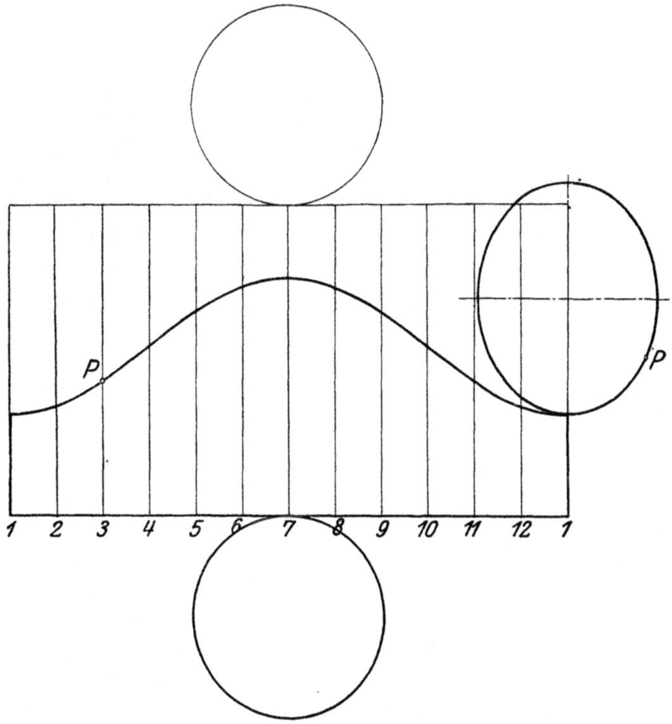

Fig. 86.

zeichnet die gewünschte Zahl von Mantellinien in den Aufriß. Hierauf nimmt man im Grundriß die Mittellinie an, lotet den Punkt P_2 herab und trägt die Länge l ab. P_3 wird aus Aufriß und Grundriß in der üblichen Weise ermittelt.

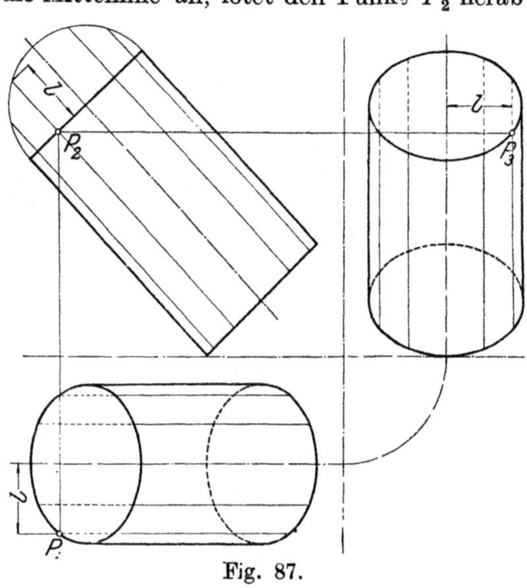

Fig. 87.

4. Der Kegel. Die Projektionen des auf der Grundrißebene stehenden geraden Kreiskegels sind im Auf- und Seitenriß ein gleichschenkliges Dreieck, im Grundriß ein Kreis (Fig. 88).

Als Schnittfläche erhält man, wenn der Schnitt

a) durch die Kegelspitze geht, ein gleichschenkliges Dreieck (Fig. 88);
b) senkrecht zur Kegelachse liegt, einen

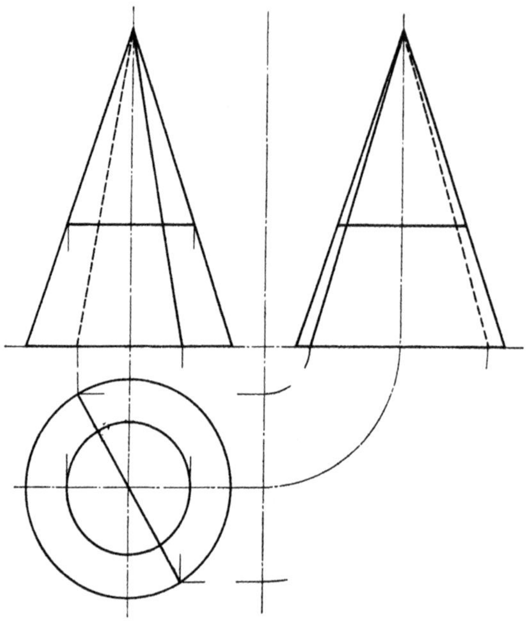

Fig. 88.

Kreis, dessen Durchmesser dem Aufriß entnommen wird (Fig. 88);

c) schräg zur Achse geführt wird, und zwar so, daß er
   1. beide Seitenkanten schneidet, eine Ellipse;
   2. nur eine Kegelseite schneidet, und zur andern nicht parallel liegt, eine Hyperbel;
   3. parallel zu einer Seitenkante verläuft, eine Parabel.

Fig. 89 zeigt einen Kegel mit Ellipsenschnitt.

Man findet zunächst vom Aufriß aus im Seitenriß die Scheitelpunkte u_3 und r_3 und die Berührungspunkte s_3 und t_3, im Grund-

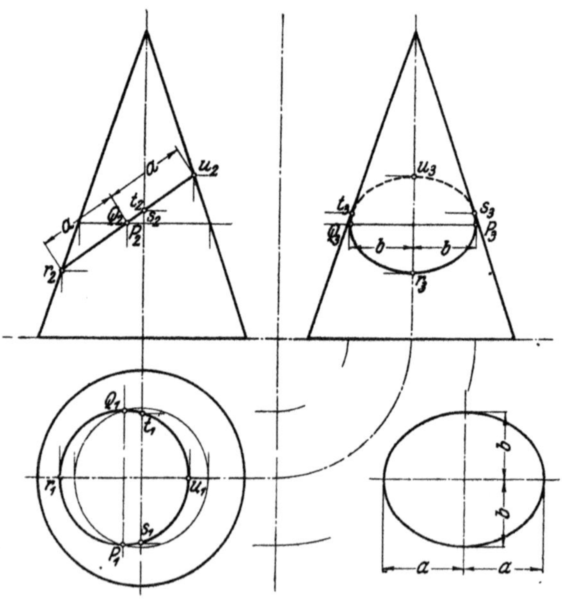

Fig. 89.

riß r_1 und u_1; s_1 und t_1 dagegen müssen aus dem Seitenriß entnommen werden. Um den Doppelpunkt P_2Q_2 in die andern Risse übertragen zu können, legt man als Hilfschnitt durch P_2Q_2 einen Kreisschnitt, dessen Durchstoßpunkte P_1, Q_1 nunmehr im Grundriß ermittelt und nach dem Seitenriß übertragen werden können.

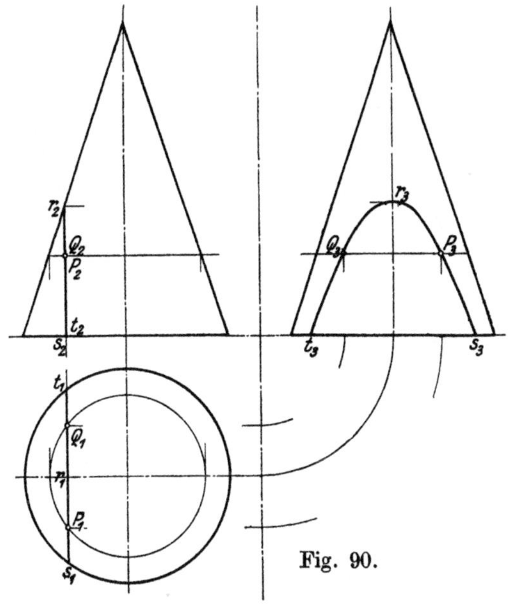

Fig. 90.

Durch weitere Hilfschnitte werden in der gleichen Weise so viel Punkte im Grund- und Seitenriß ermittelt, bis man die Ellipsenprojektionen zeichnen kann. Die wahre Größe der Ellipse ist nach einem im geometrischen Teil (S. 12) angegebenen Verfahren gefunden, da man die große Halbachse a dem Aufriß und die kleine Halbachse b dem Seitenriß entnehmen kann.

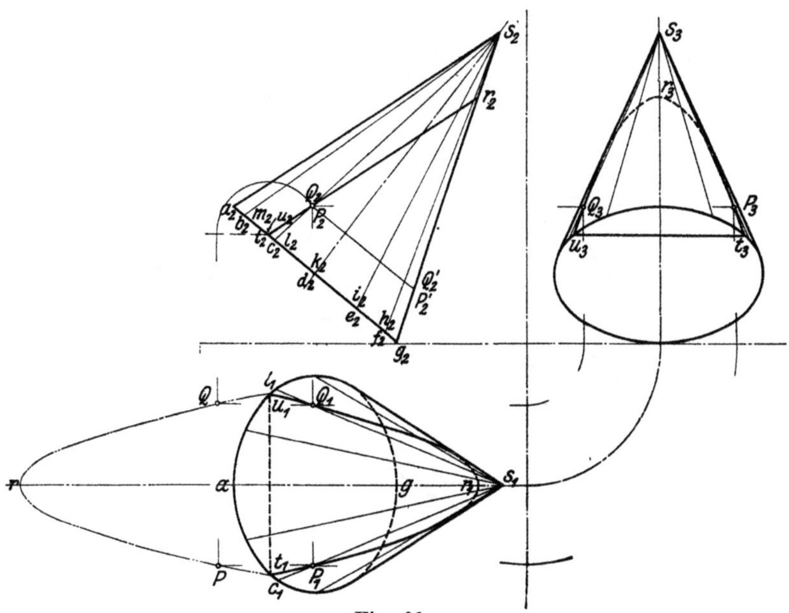

Fig. 91.

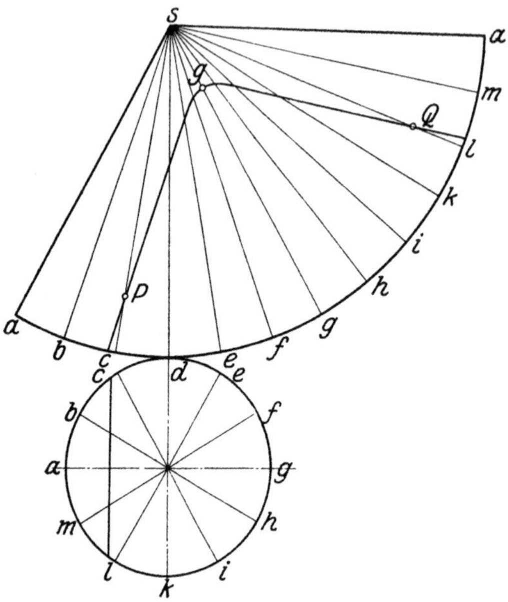

Fig. 92.

Fig. 90: Kegel mit Hyperbelschnitt senkrecht zur Grundrißebene und parallel zur Seitenrißebene. Die Hyperbel muß daher im Seitenriß in wahrer Größe erscheinen. Man findet den Scheitel r_3 aus dem Aufriß und s_3, t_3 aus dem Grundriß.

Weitere Punkte werden, wie die Konstruktion von $P_3 Q_3$ zeigt, mit Hilfe von Kreisschnitten gefunden.

Fig. 91 zeigt denselben Kegel mit Parabelschnitt.

Es ergeben sich zunächst die Punkte r_1, r_3, t_1, u_1 und dann t_3, u_3.

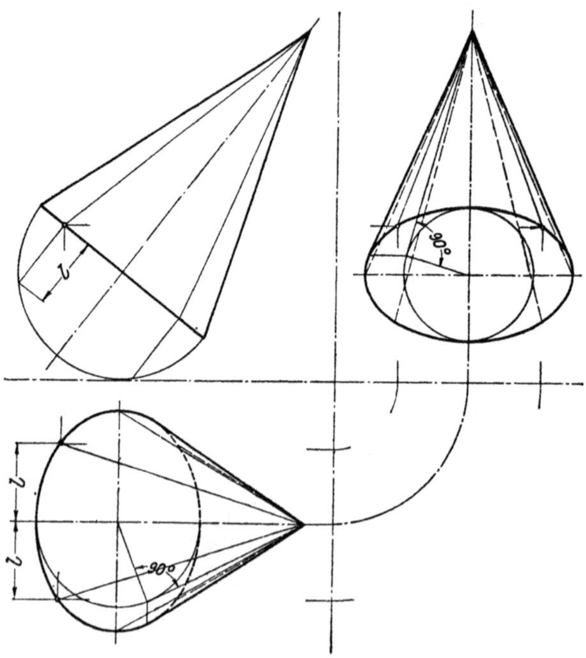

Fig. 93.

Für die Konstruktionen allgemeiner Punkte denkt man sich den Kegel als Pyramide mit unendlich vielen Seitenkanten, deren Durchstoßpunkte mit der Schnittebene im Aufriß festgelegt und in bekannter Weise nach dem Grund- und Seitenriß übertragen werden. Hier sind 12 Seitenkanten eingezeichnet und die Konstruktion für den Doppelpunkt P Q durchgeführt. Die wahre Größe ist durch Herumklappen in die Grundrißebene ermittelt.

Fig. 92 ist die Abwicklung des Kegels. Auch hier ist der Kegel als Pyramide mit 12 Seitenkanten behandelt. Zu beachten ist nur, daß die wahre Länge von s_2 P_2 und s_2 Q_2 durch Herumdrehen um s_2 gleich s_2 P_2' bzw. s_2 Q_2' ist; also s P gleich s_2 P_2' und s Q gleich s_2 Q_2'.

In Fig. 93 ist ein zur Grundrißebene geneigter Kegel dargestellt. Die Ellipsen sind wie in Fig. 87 zu ermitteln. Zu beachten sind im Seiten- und Grundriß die Umrißkanten, die von der Spitze als Tangente an die Ellipse gezogen sein müssen. Um die Berührungspunkte zu erhalten, legt man an die mit der kleinen Halbachse geschlagenen Kreise die Tangente und lotet ihren Berührungspunkt auf die Ellipse.

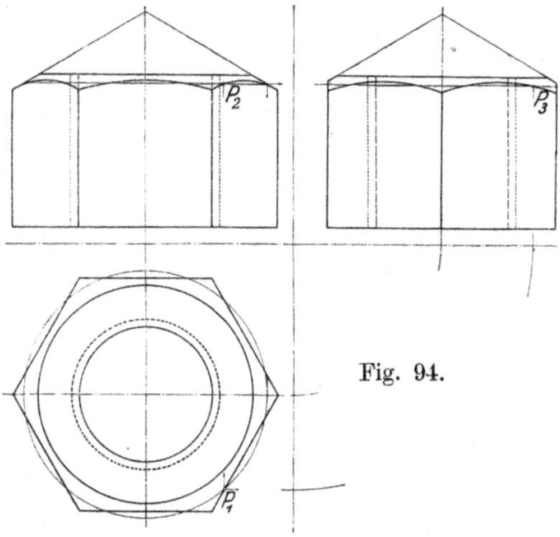

Fig. 94.

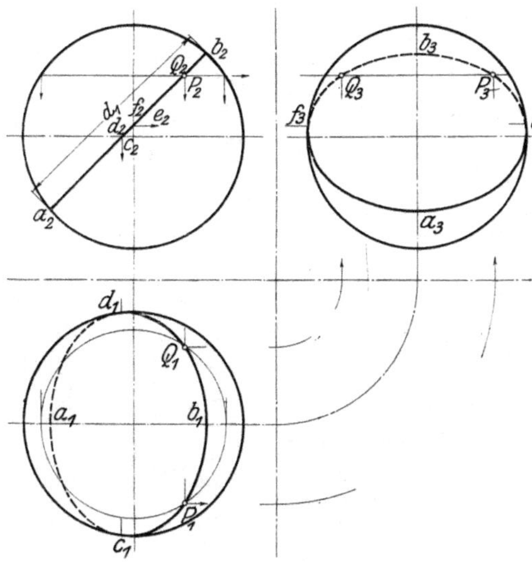

Fig. 95.

Fig. 94. Die Schraubenmutter besteht aus einem regelmäßigen sechsseitigen Prisma, dessen Kanten nach einer Kegelfläche abgedreht sind. Für die Konstruktion denkt man sich die Mutter dadurch entstanden, daß aus einem Kegel durch Schnitte parallel zu seiner Achse das Prisma herausgeschnitten und die Spitze des Kegels ab-

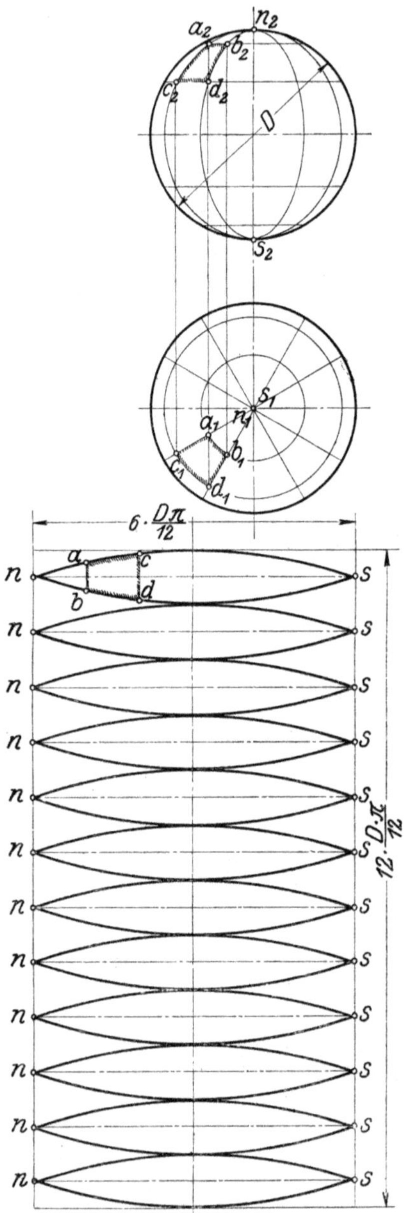

Fig. 96.

geschnitten ist. Die entstehenden Kurven sind also Hyperbeln und wie in Fig. 99 zu ermitteln.

5. Die Kugel. Die Projektionen der Kugel sind stets Kreise, deren Durchmesser gleich dem Kugeldurchmesser sind. Sämtliche ebenen Schnitte durch die Kugel sind Kreise.

Auch in Fig. 95 ist der Schnitt ein Kreis mit dem Durchmesser d_1, dessen Projektionen im Grund- und Seitenriß Ellipsen sind. Um diese zu finden, legt man wagerechte (oder senkrechte) Hilfsschnitte hindurch, die sich in einer Projektionsebene, hier im Grundriß, als Kreise projizieren. Auf diese Kreise lotet man, wie es bei dem Doppelpunkt $P_2 Q_2$ gezeigt ist, die Durchstoßpunkte aus dem Aufriß in den Grundriß, findet $P_1 Q_1$ und erhält dann aus Aufriß und Grundriß den Seitenriß. Bevor man diese allgemeinen Punkte ermittelt, überträgt man zunächst die Scheitelpunkte a, b und die Berührungspunkte c, d, e, f.

In Fig. 96 ist eine Art der Abwicklung durchgeführt.

Man zerlegt die Oberfläche durch Meridiane in 12 lanzettenförmige Streifen, deren jeder eine Länge von $6 \frac{D\pi}{12} = \frac{D\pi}{2}$ hat und in der Mitte $\frac{D\pi}{12}$ breit ist. Die Breite an andern Stellen liefert der Grundriß, also $a\,b = a_1\,b_1$ und $c\,d = c_1\,d_1$. Die Abwicklung ist nur annähernd, aber für die Praxis ausreichend genau.

6. Die Drehkörper. Drehkörper kommen im Maschinenbau sehr häufig und in den mannigfaltigsten Formen vor, da ihre Herstellung, besonders auf der Drehbank, verhältnismäßig einfach ist.

Auch Zylinder, Kegel und Kugel können hierher gerechnet werden. Wie bei diesen Körpern sind auch bei allen andern Drehkörpern die Schnitte, die man senkrecht zur Drehachse legt, Kreise. Man konstruiert deshalb die Kurven, die die beschneidende Ebene mit der Drehfläche erzeugt, ebenso wie es beim Kugelschnitt und bei einigen Kegelschnitten gezeigt worden ist.

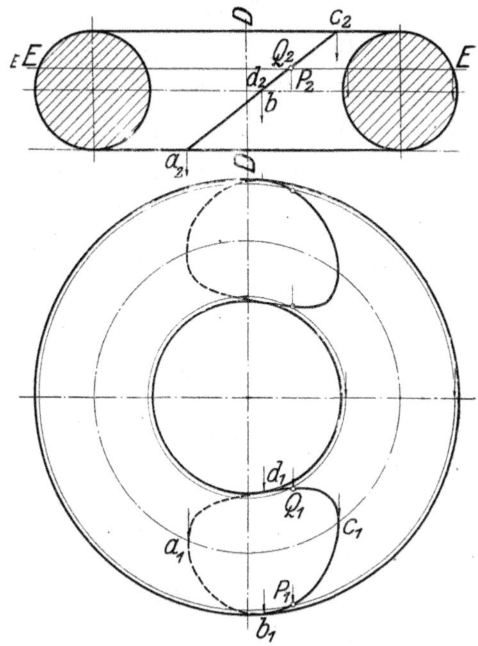

Fig. 97.

Fig. 97 ist ein Kreisring in Grund- und Aufriß mit schrägem Schnitt. Man bestimmt zunächst aus dem Aufriß die ausgezeichneten Punkte a_1, b_1, c_1, d_1 und legt dann die beliebige Ebene E senkrecht zur

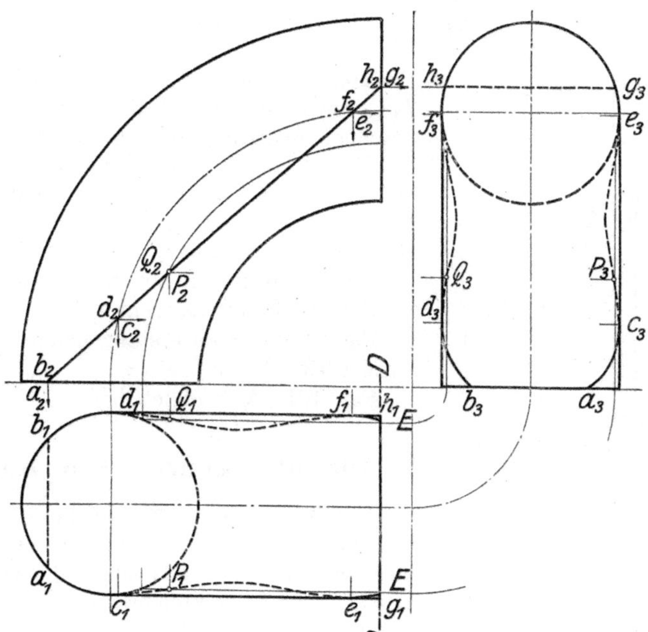

Fig. 98.

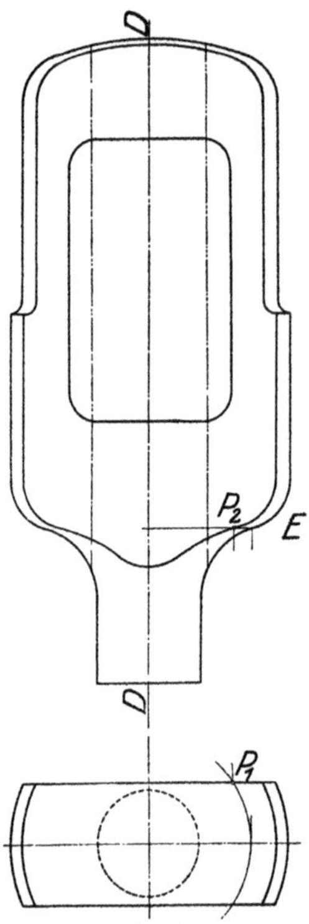

Fig. 99.

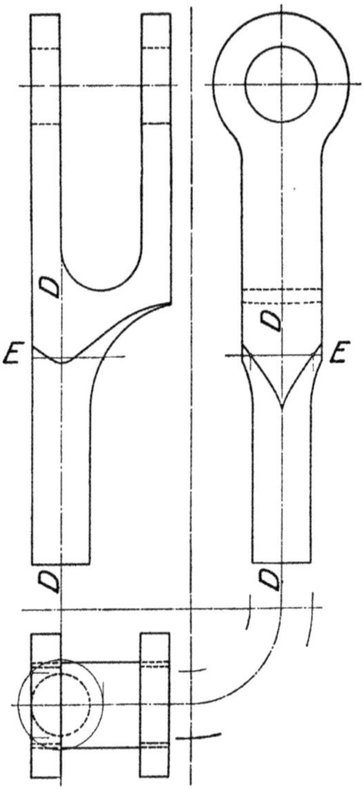

Fig. 100.

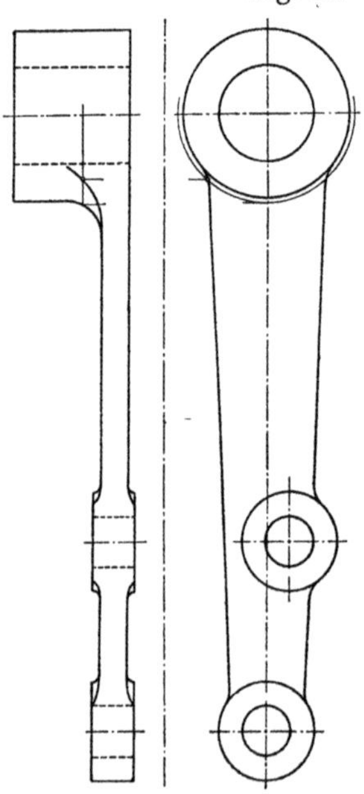

Fig. 101.

Drehachse $D-D$, deren Durchstoßpunkte $P_2 Q_2$ im Grundriß auf den beiden konzentrischen Kreisen in P_1 und Q_1 gefunden werden.

Fig. 98 ist ein Viertel-Kreisring (Krümmer). Man legt zuerst die ausgezeichneten Punkte a, b, c, d, e, f, g, h fest und konstruiert dann P und Q wie vorher.

Dieselbe Konstruktion wende man an bei:

Fig. 99: Schubstangenkopf.

Fig. 100: Exzenterstangenende mit einseitiger Gabel.

Fig. 101: Antriebhebel.

C. Durchdringungen von Körpern.

Durchdringungen von Körpern sind fast bei jedem Bauteil zu finden, da sich ja die meisten von ihnen aus zwei oder mehreren Einzelkörpern zusammensetzen, die aneinander stoßen. Oft erfolgt diese Zusammensetzung so, daß nur Linien vorhanden sind, die bereits der Einzelkörper besitzt, wie wir es bei den Prismen Fig. 67—70 und andern zusammengesetzten Körpern kennengelernt haben. Ebenso oft aber entstehen beim Übergang eines Körpers in einen andern neue Linien, die **Durchdringungslinien.** Gehen zwei ebenflächige Körper, also Prismen und Pyramiden, in einander über, so entsteht eine Durchdringung, die sich aus geraden Linien zusammensetzt; durchdringen sich aber ebenflächige mit krummflächigen, oder sind beide Körper krummflächig, so ergibt sich meistens eine gekrümmte Linie, eine Durchdringungskurve. Der erste Fall soll hier nicht behandelt werden, einmal, weil derartige Durchdringungen im Maschinenbau äußerst selten vorkommen, und weil zweitens die wenigen Fälle so leicht sind, daß jeder, der die nachstehenden Aufgaben durcharbeitet, die andern ohne Schwierigkeit wird lösen können.

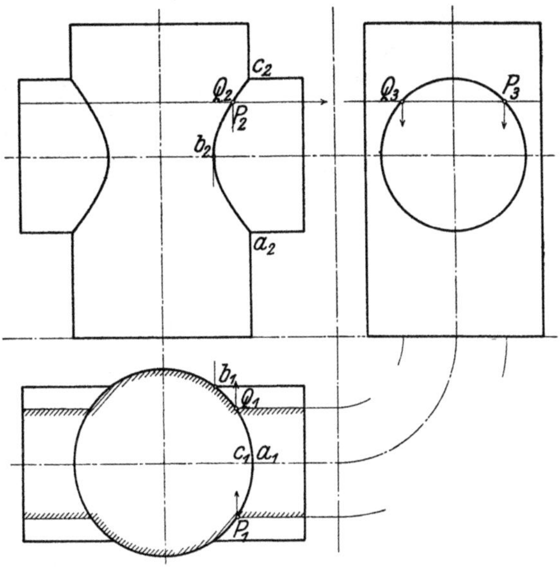

Fig. 102.

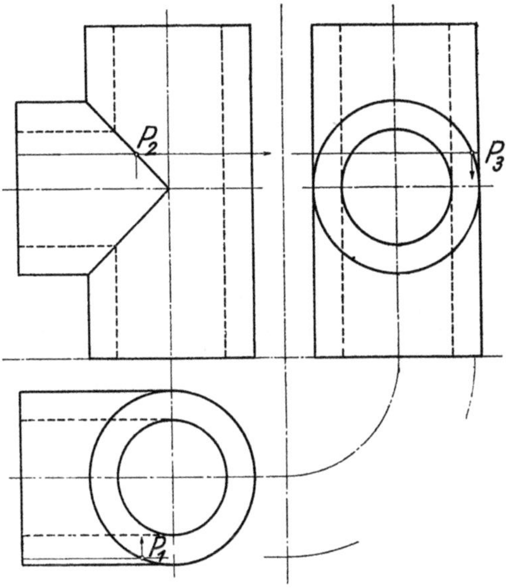

Fig. 103.

Bei der Darstellung ist so vorzugehen, daß

1. beide Körper zunächst ohne Rücksicht auf die zu konstruierende Kurve zu projizieren sind;
2. die ausgezeichneten Punkte festgelegt werden, die man häufig ohne besondere Konstruktion findet;
3. daß man allgemeine Punkte aufsucht.

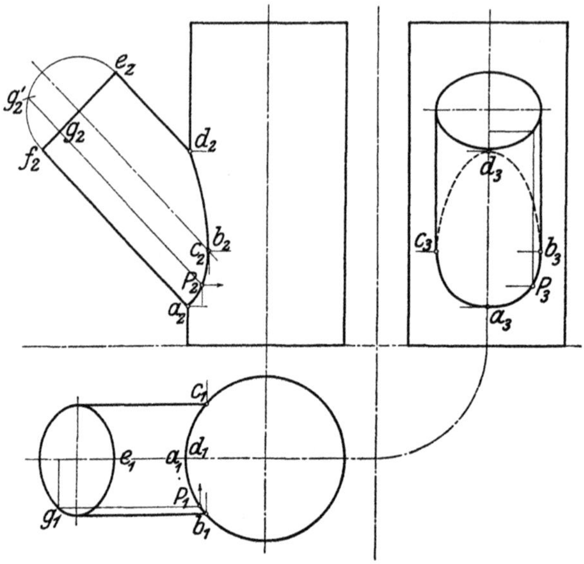

Fig. 104.

Die allgemeinen Punkte werden in Fig. 102 bis 115 in der Weise ermittelt, daß man ähnlich, wie bei der Konstruktion der Kurven an Drehkörpern, Hilfsschnitte legt, die

1. beide Körper schneiden,
2. in einer Projektionsebene eine leicht zu zeichnende Schnittfigur ergeben.

Fig. 102: Zwei Zylinder von ungleichem Durchmesser durchdringen sich so, daß ihre Achsen senkrecht zueinander stehen.

Im Grund- und Seitenriß fällt die Projektion der Durchdringungskurve mit den Körperrissen zusammen. Im Aufriß findet man zunächst die Punkte a_2, b_2, c_2. Der Doppelpunkt P_2 Q_2 ist durch eine wagerechte Schnittebene ermittelt, deren Schnittfigur durch den stehenden Zylinder ein Kreis und durch den liegenden Zylinder ein Rechteck von der Breite P_3 Q_3 ist. P_1 und Q_1, wo Rechteck und Kreis mit ihren Umrißlinien aneinanderstoßen, sind Punkte der Durchdringungskurve. Auch Hilfsschnitte parallel zur Aufriß- oder Seitenrißebene ergeben einfache Schnittfiguren und würden also leicht zum Ziele führen.

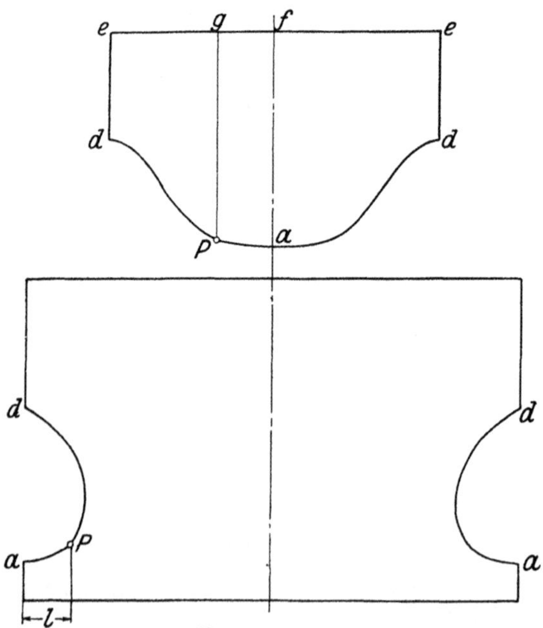

Fig. 105 u. 106.

Fig. 103: Sind zwei Hohlzylinder (T-Rohr) von gleichem Durchmesser. Die Konstruktion ist die gleiche wie in Fig. 102. Die Durchdringungskurve projiziert sich hier als zwei gerade Linien.

Fig. 104: Zwei Zylinder, deren Achsen sich unter einem spitzen Winkel schneiden.

Nach Festlegung der Punkte a, b, c, d wird ein Schnitt längs der Achsen des schrägen Zylinders durch beide Körper geführt. Dieser schneidet zwar den stehenden Zylinder nach einer Ellipse; aber ihre Projektion im Grundriß fällt mit dem Grundrißkreis zusammen. Dadurch werden Punkt P_1 und somit die übrigen leicht gefunden.

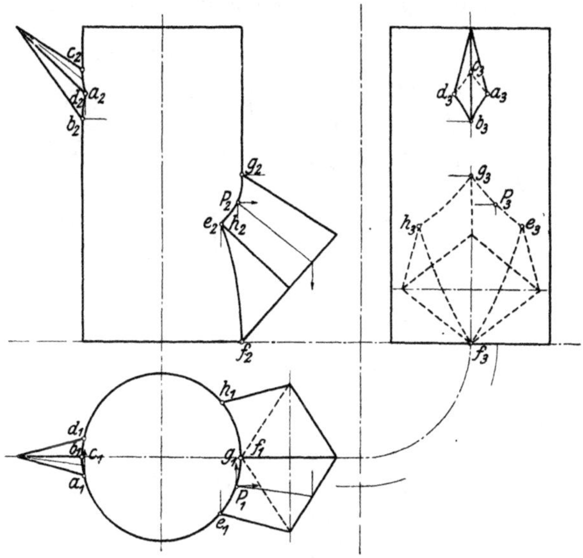

Fig. 107.

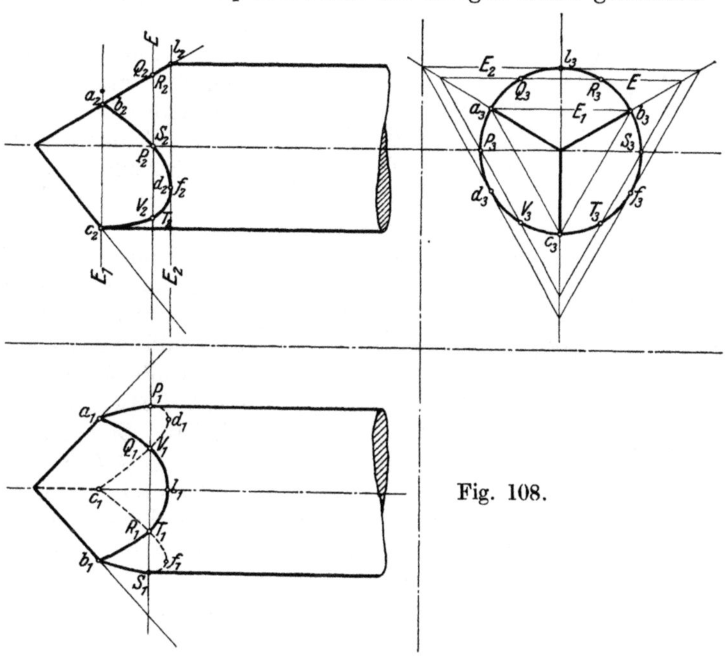

Fig. 108.

Fig. 105 zeigt die Abwicklung des schrägen Zylinders. $e\ e$ ist der Zylinderumfang, $f\ g$ ist gleich $f_2\ g_2'$, $g\ P$ gleich $g_2\ P_2$.

Fig. 106 zeigt die Abwicklung des stehenden Zylinders. Die Breiten werden auf dem Grundrißkreise gemessen; also für P ist l gleich dem Bogenstück $a_1\ P_1$.

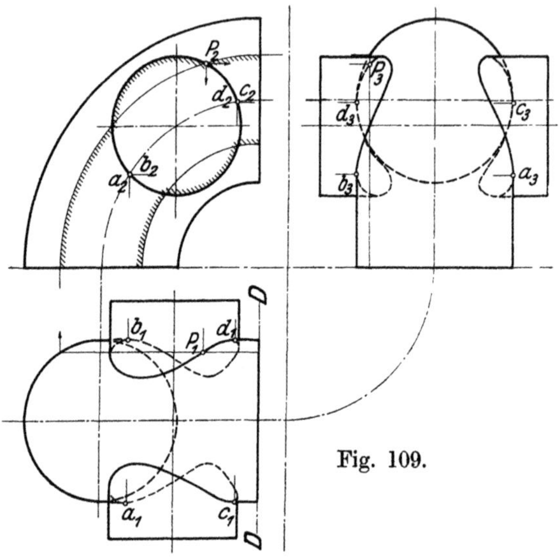

Fig. 109.

Fig. 107: Ein stehender Zylinder wird von einer geneigten Pyramide durchdrungen. Die Punkte a bis h findet man aus dem Grundriß als Durchstoßpunkte der Pyramidenkanten mit dem Zylinder. Den Punkt P liefert ein Schnitt durch die Pyramidenspitze, der sich im Grundriß als Dreieck und Kreis projiziert.

Fig. 108: Dreikantkörper.

Es durchdringen sich Zylinder und dreiseitige Pyramide mit gemeinsamer Achse. Schnitte senkrecht zur Achse bilden als Schnittfigur durch die Pyramide gleichseitige Dreiecke von verschiedener Größe, durch den Zylinder einen Kreis. Der kleinste Schnitt E_1 liefert die Punkte a, b, c, der größte E_2 die Punkte d, e, f. Dazwischenliegende Schnitte E ergeben die Punkte P, Q, R, S, T und V.

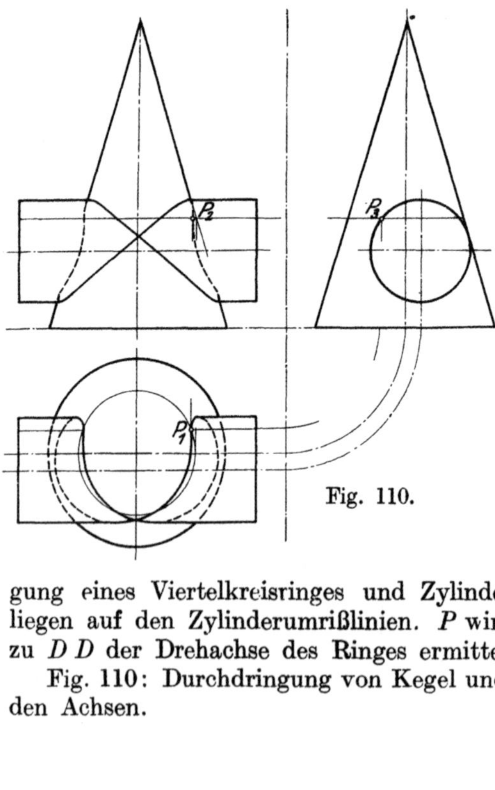

Fig. 110.

Fig. 109: Durchdringung eines Viertelkreisringes und Zylinders. Die Punkte a, b, c, d liegen auf den Zylinderumrißlinien. P wird durch Schnitte senkrecht zu $D\ D$ der Drehachse des Ringes ermittelt.

Fig. 110: Durchdringung von Kegel und Zylinder mit sich kreuzenden Achsen.

Ein Schnitt senkrecht zur Kegelachse liefert den Punkt P.

Fig. 111: Abgestumpfter Hohlkegel mit zylindrisch begrenztem Durchgang (Hahnküken).

P wird durch einen Schnitt senkrecht zur Kegelachse gefunden.

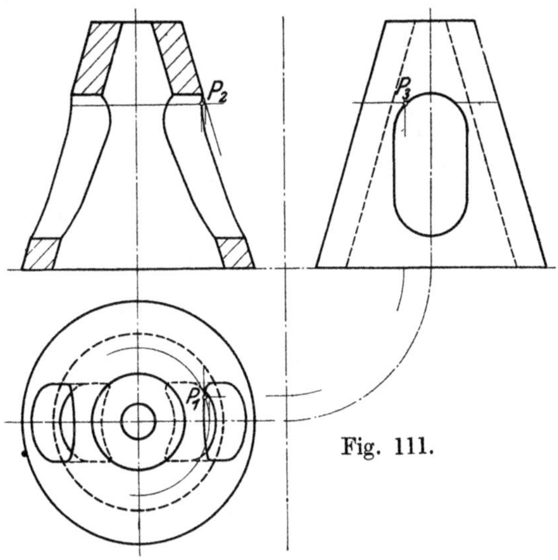

Fig. 111.

Fig. 112: Zwei Kegel durchdringen sich, ihre Achsen schneiden sich nicht.

Schnitt E_1 ergibt im Aufriß als Schnittfigur im wagerechten Kegel die Kegelprojektion, im senkrechten Kegel eine Hyperbel. Ihre Durchstoßpunkte sind a und b. Schnitt E_2 ergibt im Grundriß, Schnitt E_3 im Seitenriß Dreieck und Kreis mit den Punkten c, d, e, f. Schnitt E_4 ergibt im Aufriß Dreieck und Hyperbel. Mit den Punkten g und h und Schnitt E_5 ergeben sich im Grundriß Kreis und Hyperbel mit dem Punkt i. Die Hyperbeln werden durch Zwischenkonstruktionen ermittelt.

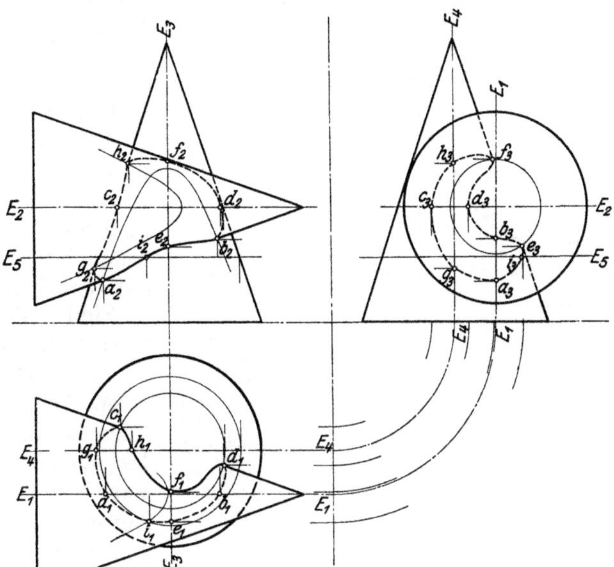

Fig. 112.

Fig. 113 und Fig. 114 sind die Abwicklungen des stehenden bzw. liegenden Kegels.

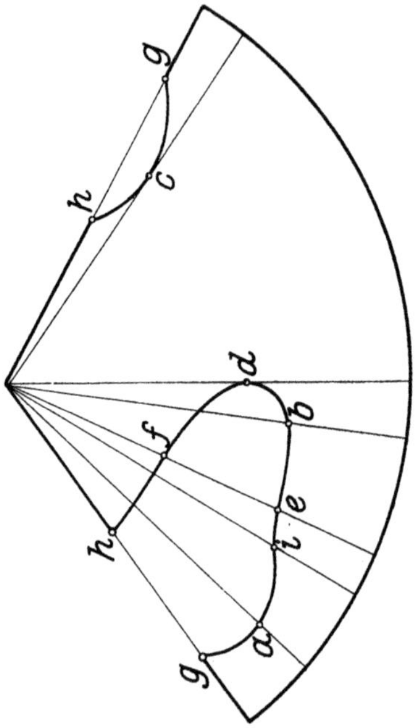

Fig. 113.

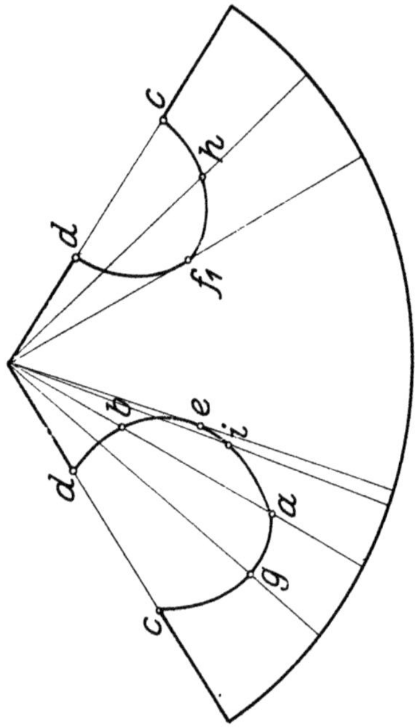

Fig. 114.

Die Durchdringungsfiguren werden gefunden, indem man zu den konstruierten Punkten die Mantellinien zeichnet und die wahren Längen abmißt.

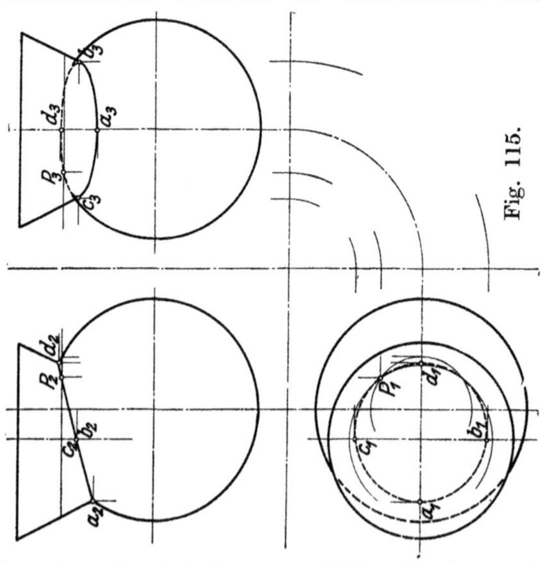

Fig. 115.

Fig. 115: Durchdringung von Kegel und Kugel.

Die Schnittebene senkrecht zur Kegelachse liefert als Schnittfigur zwei sich schneidende Kreise und damit den Punkt *P*.

Sind die beiden Körper, die sich durchdringen, Drehkörper, deren Achsen sich in einem Punkte schneiden, so führt ein anderer Weg, nämlich die Konstruktion unter Benutzung von Hilfskugeln, oft einfacher zum Ziele als das vorher behandelte Schnittverfahren. Man geht hierbei von der Tatsache aus, daß sich die Kugel mit jedem Drehkörper nach einem Kreise, der senkrecht zur Drehachse steht, durchdringt, wenn der Mittelpunkt der Kugel auf der Achse des Drehkörpers liegt.

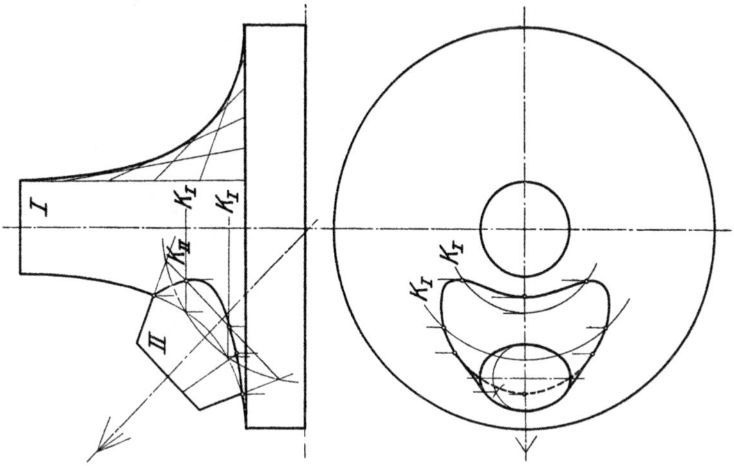

Fig. 117.

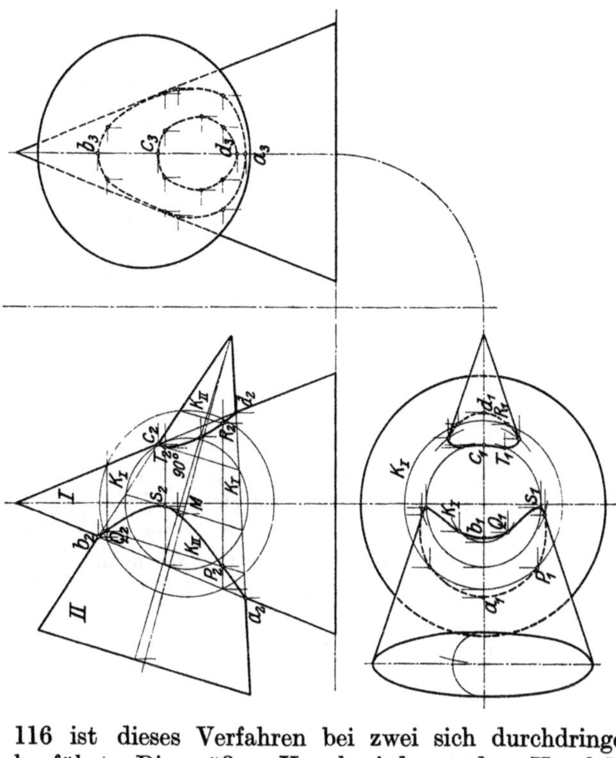

Fig. 116.

In Fig. 116 ist dieses Verfahren bei zwei sich durchdringenden Kegeln durchgeführt. Die größere Kugel wird von dem Kegel *I* nach den Kreisen *K I*, von dem Kegel *II* nach den Kreisen *K II* durchdrungen.

Die Schnittpunkte von $K\,I$ und $K\,II$, in unserm Falle P_2, Q_2, R_2, liegen auf beiden Kegeln, sind also Punkte ihrer Durchdringungskurven. Die kleine Kugel berührt die Begrenzungslinien des Kegels I und liefert auf dieselbe Weise die Punkte S_2 und T_2. Im Grundriß schlägt man

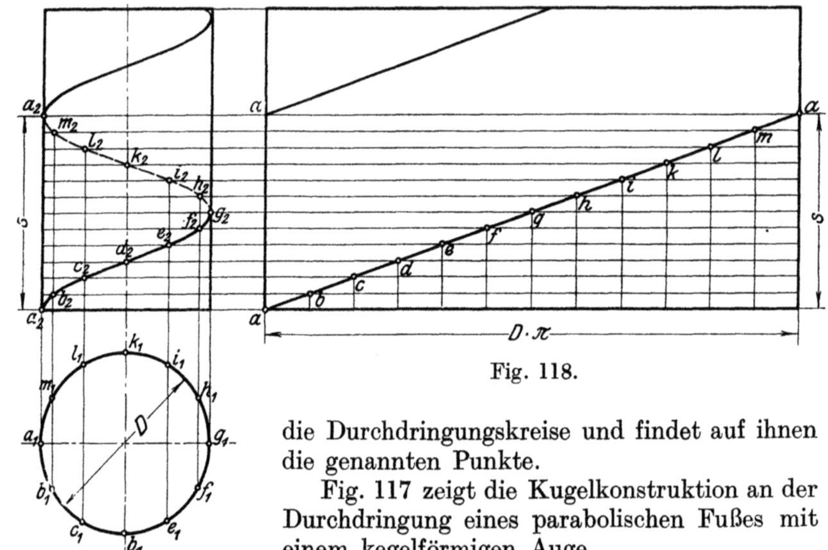

Fig. 118.

die Durchdringungskreise und findet auf ihnen die genannten Punkte.

Fig. 117 zeigt die Kugelkonstruktion an der Durchdringung eines parabolischen Fußes mit einem kegelförmigen Auge.

D. Die zylindrische Schraubenlinie und die Schrauben.

Eine zylindrische Schraubenlinie entsteht, wenn sich ein Punkt um einen Kreiszylinder auf seinem Mantel bewegt und dabei gleichförmig steigt. Beträgt also die Steigung bei einer ganzen Umdrehung s, so ist sie bei $^1/_{12}$ Umdrehung $s/_{12}$, bei $^2/_{12}$ Umdrehung $2\ s/_{12}$ usw. Hiernach ergibt sich die Konstruktion der Schraubenlinie in Fig. 118. Der Zylindergrundriß ist in 12 gleiche Teile geteilt und die angenommene oder gegebene Strecke s, die Steigung oder Ganghöhe der Schraube genannt wird, gleichfalls in 12 gleiche Teile. Die Schnittpunkte der Senkrechten mit den entsprechenden Wagerechten sind Punkte der Schraubenlinie. Zu beachten sind die Punkte a_2 und g_2, bei denen die Schraubenlinie stets gekrümmt und nicht spitz verläuft. Die Abwicklung des Zylindermantels zeigt die Schraubenlinie als gerade Linie. Die Schraubenlinie in Fig. 118 geht von

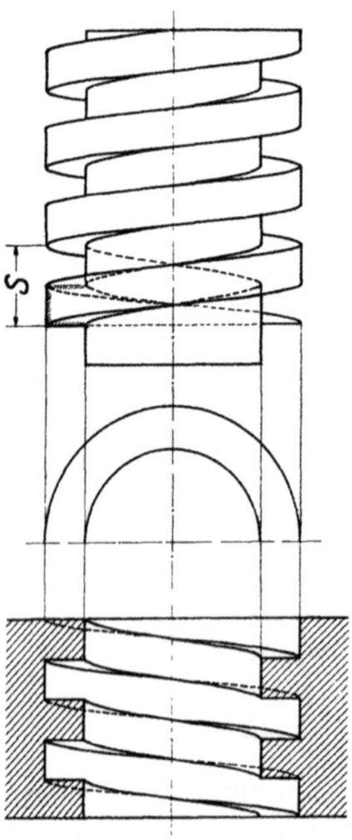

Fig. 119.

vorn gesehen von links unten nach rechts oben; sie heißt deshalb rechtsgängig. Ist dagegen eine Steigung von rechts unten nach links oben sichtbar, so nennt man sie linksgängig. Tritt an Stelle des erzeugenden Punktes ein Rechteck oder Quadrat, dessen Ebene durch die Zylinderachse geht, so entsteht eine flachgängige Schraube; der den Mantel des Zylinders überragende Windungskörper heißt Gewinde. Wird das Gewinde durch ein Dreieck erzeugt, so erhält man die scharfgängige Schraube oder das Spitzgewinde. Außerdem sind noch das Trapez- und Rundgewinde von Bedeutung. Besteht das Gewinde einer Schraube aus einem gewundenen Körper, so spricht man von eingängiger Schraube; besteht es aus zwei Körpern, so wird die Schraube zwei- oder doppelgängig genannt.

Fig. 119 zeigt eine eingängige Schraube mit rechtsgängigem Flachgewinde. Darunter ist die zugehörige Mutter im Schnitt dargestellt. Da man hier die hinten liegenden Gewindekanten sieht, so steigen diese von rechts nach links.

Skizzieren.

Bearbeitet von Ingenieur W. Bender, Studienrat.

Die Sprache der Technik ist das Zeichnen. Soll eine neue Maschine hergestellt werden, so ist dies nur möglich, wenn eine Zeichnung vorhanden ist.

Die erste Arbeit bei der Anfertigung einer Zeichnung wird die sein, daß man das Prinzip oder die Grundlage der neuen Konstruktion zeichnerisch zum Ausdruck bringt. Diese erste Zeichnung wird meistens eine Freihandzeichnung — eine Skizze — sein.

Hat die Skizze den Weg gezeigt, der die Ausführung der Konstruktion möglich macht, dann setzt die zweite Zeichenarbeit ein, d. h. die Konstruktion wird unter Zuhilfenahme von Zirkel, Winkel und Schiene auf dem Reißbrett entworfen; es wird die Konstruktionszeichnung angefertigt.

Nach dieser Konstruktionszeichnung arbeitet nun die Werkstatt. Der Arbeiter muß also unbedingt eine technische Zeichnung verstehen und lesen können, damit er das, was der Ingenieur haben will, richtig zur Ausführung bringt.

Auch in der Werkstatt kann es vorkommen, daß gezeichnet werden muß; zwar werden dort keine Konstruktionszeichnungen angefertigt, aber bei der Besprechung und Erklärung einer Konstruktionszeichnung ist es von großem Wert, wenn der Meister, der Vorarbeiter oder auch der Arbeiter selbst es verstehen, ihre Gedanken schnell zeichnerisch zum Ausdruck zu bringen; dies kann natürlich nur geschehen durch eine Zeichnung aus freier Hand, also durch eine Skizze.

Ist der Arbeiter imstande, eine Skizze anfertigen zu können, so erwachsen ihm daraus eine ganze Reihe von Vorteilen. Z. B.: Er sieht eine neue Konstruktion und fertigt eine Skizze an, dabei soll er sich überlegen, warum dies oder jenes gerade so ausgeführt wurde, wie es ist. Dabei wachsen das Interesse und die Liebe zum Beruf. Er lernt die Augen aufmachen, er lernt überhaupt erst richtig sehen und arbeitet nicht mehr lediglich mechanisch.

Wie jämmerlich sehen oft die Bilder aus, die entstehen, wenn jemand durch eine Skizze erklären will, wie er sich irgendeine Ausführung denkt, oder wie eine Vorrichtung arbeitet, die er an anderer Stelle gesehen hat — kein Mensch kann dieser Skizze entnehmen, was sie darstellen soll.

Ist die Skizze aber übersichtlich und verständlich, dann hilft sie dem, der sie angefertigt hat, im Beruf vorwärts.

Viele Menschen haben die Fähigkeit, zeichnen zu können, haben aber diese Anlage nicht ausgebildet. Zu dieser Ausbildung ist nötig: Erstens, das Auge zu schulen, d. h. man muß erst richtig sehen lernen, man muß sehen, was wichtig und was vorläufig nebensächlich ist. Es ist z. B. zuerst wichtig, daß man sieht, ein Boden ist an einen Behälter angeschraubt und nicht angenietet, ob dies durch 10 oder 12 Schrauben geschieht, wird erst in zweiter Linie wichtig.

Zweitens ist es nötig, die Hand zu üben, damit sie imstande ist, das, was das Auge richtig gesehen hat, und was der Verstand richtig verarbeitet hat, auch richtig auf das Papier zu bringen. Dazu gehören Fleiß und Übung und Lust und Liebe zur Sache; der Erfolg kommt dann von selbst.

Auf einen Punkt kann an dieser Stelle nur hingewiesen werden. Hat das Fachzeichnen zum Erfolg geführt, so ist die ausgebildete Zeichenfähigkeit schon oft auf andern Gebieten versucht worden. Mancher hat dann entdeckt, daß er auch zum Skizzieren nach der Natur gar nicht so unbegabt ist, wie er es bis dahin gedacht hatte, und manche genußreiche Stunde der Erholung kann so entstehen.

Beim Fachzeichnen unterscheidet man das Zeichnen aus freier Hand oder das Skizzieren und das Zeichnen mit Zirkel, Winkel und Schiene oder das Maschinenzeichnen.

Skizzieren.

Material: Die Zeichenmaterialien sind hierbei einfach. Es genügen ein Stück Papier, Bleistift und Gummi.

Das Papier wählt man nicht zu rauh, jedoch auch nicht vollkommen glatt; schnell hat man Erfahrung, auf welchem Papier man am leichtesten arbeitet, und auf welchem die Skizze am besten zur Geltung kommt.

Bei der Wahl des Bleistiftes ist zu beachten, daß ein zu weicher Stift leicht eine unsaubere Skizze liefert, weil die Hand den Strich verwischt. Ein zu harter Stift erfordert zu starkes Aufdrücken, die Linien sind schwer zu entfernen, und die Hand wird schwer. Man wähle die Härte des Stiftes so, daß sich bei ganz leichter Führung der Hand ein gleichmäßiger, deutlicher Strich ergibt. Der Bleistift soll kegelförmig und lang angespitzt sein, eine meißelartige Spitze ist beim Skizzieren nicht zu gebrauchen (Fig. 1a). Am besten geschieht das letzte Zuspitzen auf einer kleinen Feile oder auf Glaspapier.

Gummi soll so wenig wie möglich benutzt werden. Störende Linien sind mit weichem Radiergummi zu entfernen, sehr harter Gummi dient nur zur Beseitigung von Tuschlinien.

Der Zweck des Skizzierens bringt es mit sich, daß eine Skizze unter allen möglichen Verhältnissen angefertigt werden muß; bald muß sie in das Notizbuch eingetragen werden, und man ist dabei unter Umständen noch nicht einmal in der Lage, dasselbe auflegen zu können — bald hat man es leichter und kann im Sitzen am Zeichentisch arbeiten. Daraus ergibt sich, daß man sich nicht einseitig auf ein bestimmtes Zeichenmaterial oder auf eine ganz bestimmte Zeichenart ausbilden darf, sondern man muß arbeiten können, sitzend oder stehend, mit weichem oder härterem Bleistift, oder mit Tinte und Feder, auf gutem oder schlechtem Papier, oder gar im Notfall mit Kreide auf der Werkbank.

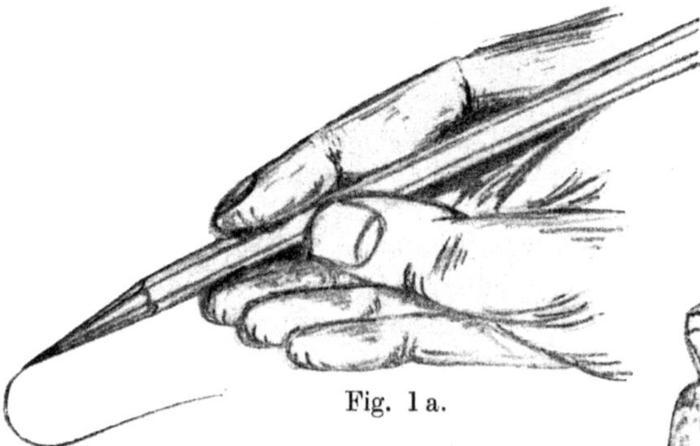

Fig. 1a.

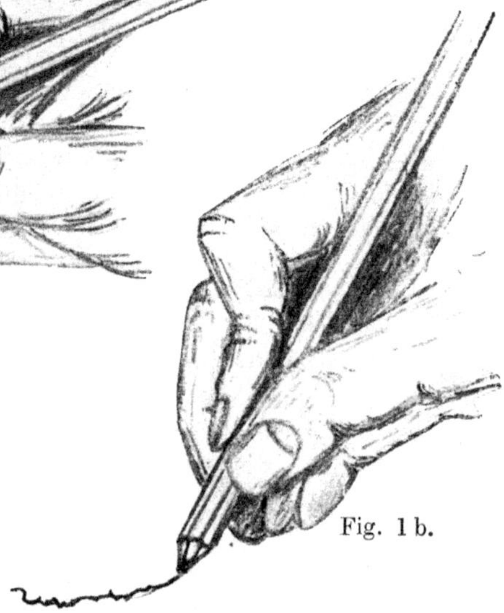

Fig. 1b.

Arten und Zweck der Skizze.

Aufnahmeskizze. Ein Teil einer Maschine, ein Zahnrad, ein Lagerbock oder sonst ein Stück, ist gebrochen. Eine Zeichnung dieses Stückes ist nicht vorhanden. Für die Neuanfertigung muß zuerst eine Skizze angefertigt werden, nach der die Zeichnung entworfen wird. Es müssen also auf das peinlichste genau die Formen und die Abmessungen des Körpers in der Skizze eingetragen sein. Die Anfertigung der Konstruktionszeichnung muß auch dann an Hand der Skizze möglich sein, wenn der betreffende Körper zum Nachmessen nicht mehr zur Verfügung steht.

Eine solche Skizze, d. h. die zeichnerische Wiedergabe eines schon bestehenden Körpers, heißt: Aufnahmeskizze, der Körper wird aufgenommen.

Entwurfskizze. Soll eine Maschine oder ein Teil derselben neu konstruiert werden, so beginnt der Konstrukteur nicht sofort mit Winkel und Schiene auf dem Reißbrett, sondern er überlegt die beste und zweckmäßigste Ausführung und bringt diese Überlegung in Form einer Handskizze auf das Papier. Er hat dabei den Vorteil, daß er schnell sieht, wie die Konstruktion aussehen wird, er sieht auch beim Skizzieren sofort, ob der Vorschlag, wie er zuerst gedacht ist, überhaupt durchführbar ist. Unter Umständen muß eine andere Lösung versucht werden. Wird dann bei der Anfertigung der zweiten Skizze Pauspapier verwendet und das, was von der ersten Skizze brauchbar ist, durchgepaust und dann in der neuen Richtung weiter skizziert, so kommt man in kurzer Zeit und mit verhältnismäßig geringer Arbeit zu einer Anzahl von Skizzen, aus denen die beste Lösung ausgewählt wird, die der weiteren Zeichenarbeit auf dem Reißbrett als Grundlage dient.

Solche Skizzen, die also dem Entwurf der Konstruktionszeichnung vorausgehen, nennt man Entwurfskizzen.

Schematische Skizze. Diese Art von Skizzen kommt in Anwendung, wenn man das Grundsätzliche darstellen will. Soll man beispielsweise durch eine Zeichnung erklären, wie die hin und her gehende Bewegung des Kolbens einer Dampfmaschine die dauernd in einer Richtung sich abspielende Drehbewegung des Schwungrades erzeugt, so wäre es unzweckmäßig, die Maschine mit allen Einzelheiten zu zeichnen (also die Schrauben einzuzeichnen und dgl.), sondern es genügt vollständig, wenn mit einfachen Strichen der Zylinder mit dem Kolben und die dazu gehörenden Stangen und Kurbel angedeutet werden. Werden dann noch die Bewegungen mit Pfeilen angegeben (Fig. 2), so wird die Skizze wesentlich übersichtlicher und verständlicher. In ähnlicher Weise läßt sich der Antrieb von Werkzeugmaschinen darstellen. Da in diesen Darstellungen die Konstruktionen nur in einfachen Strichen gezeichnet werden, also den Aufbau nur gerippeartig zeichnen, so nennt man diese schematischen Skizzen auch Gerippe- oder Skelettskizzen.

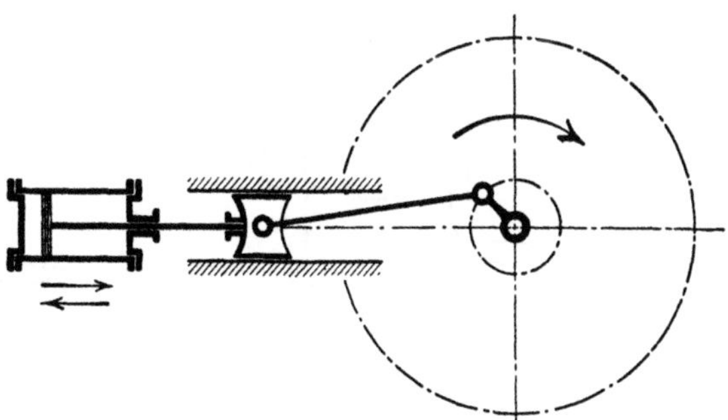

Fig. 2.

Ausführung der Skizze. Die Ausführung kann verschieden erfolgen: Entweder in der Art einer Konstruktionszeichnung, dies wird besonders für die Aufnahme- und die Entwurfskizze zutreffen; oder in der Art, daß die Skizze körperlich wirkt, d. h. daß sie ähnlich aussieht wie eine photographische Aufnahme des betreffenden Körpers (solche Darstellung dient dann hauptsächlich zur Erläuterung), oder schließlich in der bereits erwähnten schematischen Darstellung. Diese verschiedenen Ausführungsarten werden später noch genauer durchzusprechen sein.

Ehe man an die Ausführung einer Skizze geht, muß man überlegen, was zu zeichnen ist, damit die Hauptforderung erfüllt wird: die Skizze soll den darzustellenden Körper genau wiedergeben; dazu genügt eine einzige Darstellung, oder es werden verschiedene nötig, d. h. der Körper muß von verschiedenen Seiten aus gesehen und gezeichnet werden, damit die Skizze vollkommen deutlich zeigt, wie der Körper aussieht.

Man soll aber nicht nur zeichnen, sondern auch dabei überlegen, welchen Zweck z. B. der betreffende Körper erfüllen soll, warum der Konstrukteur Einzelheiten an einer ganz bestimmten Stelle angeordnet hat, warum ein Stutzen an einem Rohrstück gerade da sitzt, obwohl er sich anscheinend an einer andern Stelle viel leichter anbringen läßt? Wie werden die einzelnen Stellen bearbeitet? Gerade für den Anfänger ist es sehr lehrreich, wenn er sich bei seiner Zeichenarbeit überlegt, wie die einzelnen Stellen bearbeitet werden; er wird sich fragen, ob Hobeln, Fräsen oder Drehen praktischer sein wird, ob mehrere Flächen mit einem Aufspannen bearbeitet werden können usw. Ferner soll man

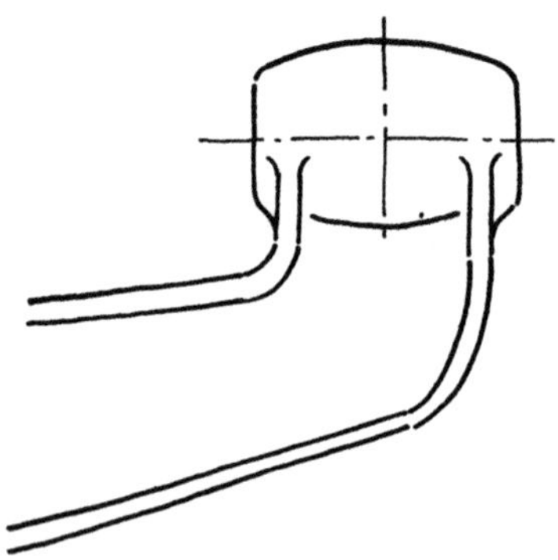

Fig. 3a.

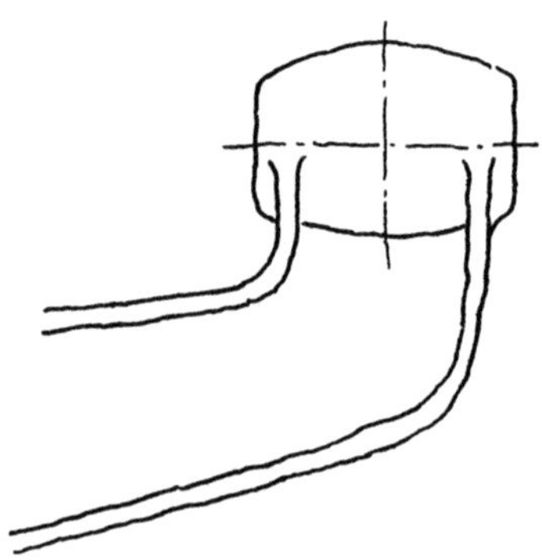

Fig. 3b.

überlegen, warum die vorgeschriebenen Materialien gewählt wurden, warum z. B. eine Lagerschale aus Gußeisen und nicht aus Rotguß hergestellt werden soll, während für ein anderes Lager Rotguß verlangt wird.

Man soll auch daran denken: wie sieht für einen Körper, der gegossen wird, das Modell aus, wie wird dieses eingeformt; diese Fragen werden für viele schon recht schwer zu beantworten sein. Kann man das Modell mit dem fertigen Gußstücke vergleichen, so erleichtert dies die Beantwortung der Fragen und ist für die Ausbildung des Anfängers von größtem Wert.

Mit einem Wort: man soll zeichnen und dabei denken und nicht gedankenlos Striche ziehen.

Schließlich ist vor Beginn der eigentlichen Skizzierarbeit eine gewisse Handfertigkeit im Zeichnen erforderlich, diese wird durch einfache Vorübungen erlangt.

Vorübungen zur Ausbildung der Hand und des Auges. Man halte den Bleistift leicht und nicht krampfhaft fest zwischen den Fingern und versuche einen geraden Strich leicht und schnell auf das

Papier zu bringen. Fig. 1a und b. Flott hingesetzte Linien, wenn sie auch nicht ganz gerade ausgefallen sind, werden immer noch besser aussehen als Linien, denen man ansieht, daß sie ganz langsam und krampfhaft gezogen wurden, nur damit sie recht gerade ausfallen. Die Fig. 3a und 3b zeigen den Unterschied.

Die Hand muß auch geübt werden, sowohl wagerechte und senkrechte als auch schräge Linien (Fig. 4) zu ziehen, ohne daß die Lage des Papiers

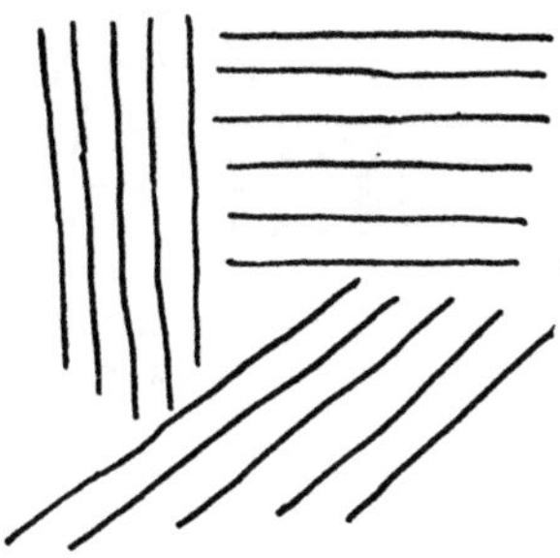

Fig. 4.

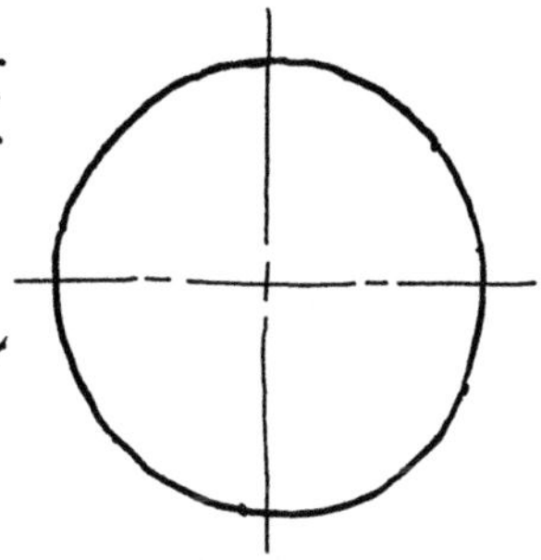

Fig. 5.

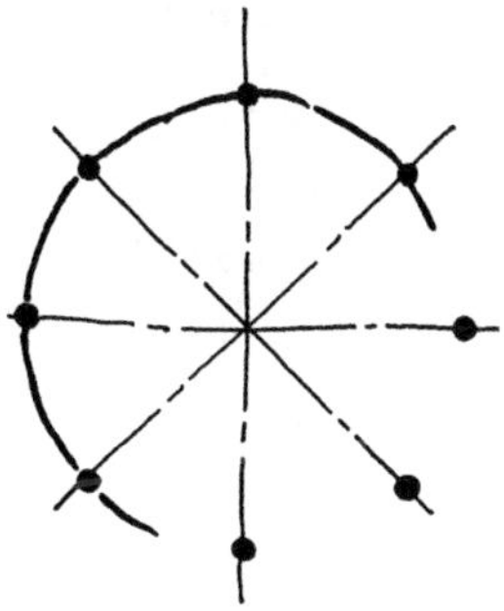

Fig. 6.

dabei verändert wird. Nach den Geraden versuche man Kreise (Fig. 5) aus freier Hand zu zeichnen; auch hierbei soll das Papier nicht gedreht werden. Anfangs kann man sich die Arbeit dadurch erleichtern, daß man, wie Fig. 6 zeigt, wagerechte, senkrechte und unter 45° laufende Durchmesser zuerst zeichnet, auf diesen nach Augenmaß den Radius des Kreises festlegt und dann durch die so gefundenen 4 oder 8 Punkte den Kreis aus freier Hand zieht.

Nunmehr versuche man einfache Figuren freihändig nachzuzeichnen, zuerst solche, die nur aus geraden Linien bestehen (Fig. 7 und 8), dann

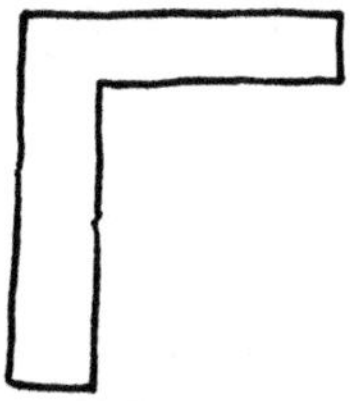

Fig. 7.

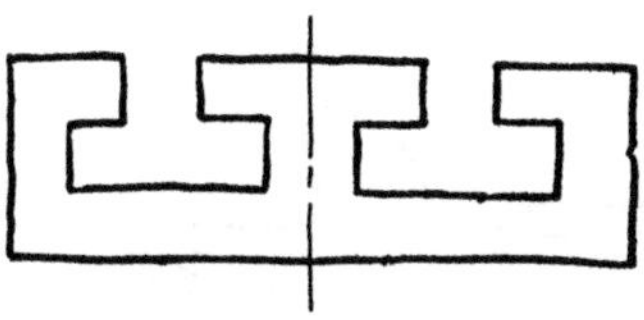

Fig. 8.

solche, die Geraden und Kreise oder Kreisbögen enthalten; Beispiele zeigen die Fig. 9, 10, 11. Sollen Kanten abgerundet werden, so ist zu beachten, daß Abrundungen meistens durch Viertel-Kreise erzielt werden, also muß dies auch in der Skizze zu erkennen sein; es darf keine beliebige krumme Linie dazu benutzt werden, Fig. 12a und 12b zeigen richtige und falsche Abrundungen. In den meisten Fällen darf eine Abrundung nicht beliebig ausgeführt werden, vielmehr muß das Maß des Abrundungshalbmessers eingeschrieben werden.

Das Aufzeichnen. Beim Aufzeichnen von Figuren achte man auf Folgendes:

1. Ist die Figur symmetrisch zu einer Mittellinie?
2. Aus welchen geometrischen Grundfiguren setzt sich die Zeichnung und damit der Körper zusammen? Sind es Quadrate, Rechtecke, Dreiecke usw.?
3. In welchem Verhältnis stehen die einzelnen Abmessungen zueinander?

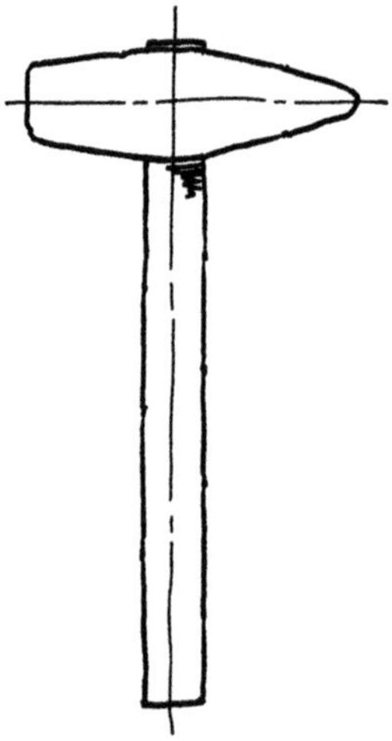

Fig. 9.

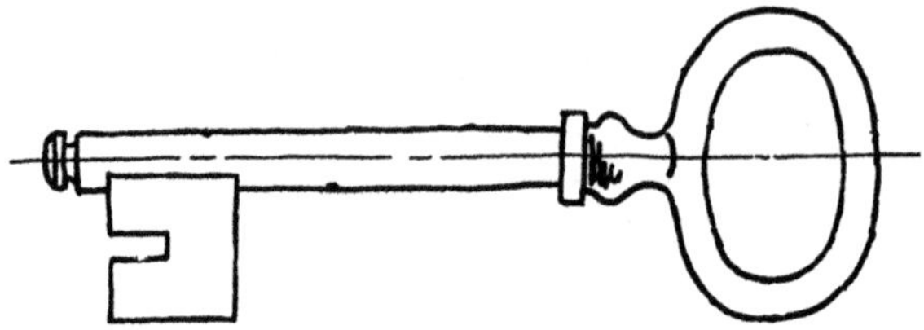

Fig. 10.

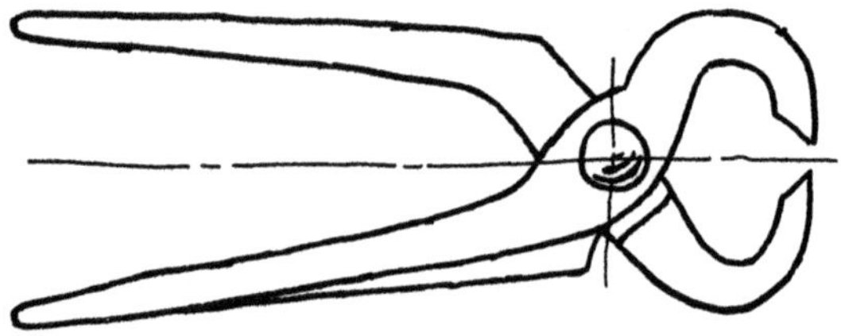

Fig. 11.

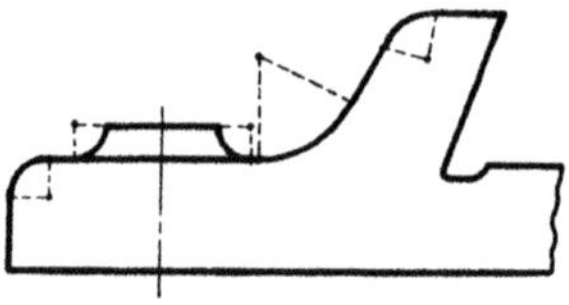

Fig. 12a. Richtig.

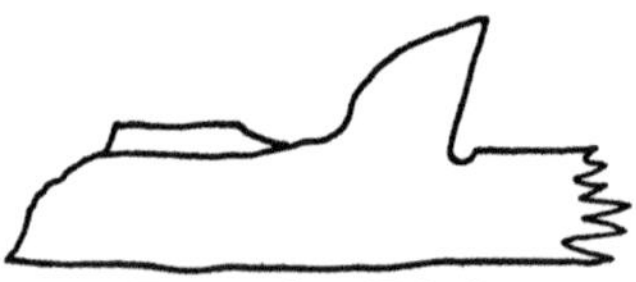

Fig. 12b. Falsch.

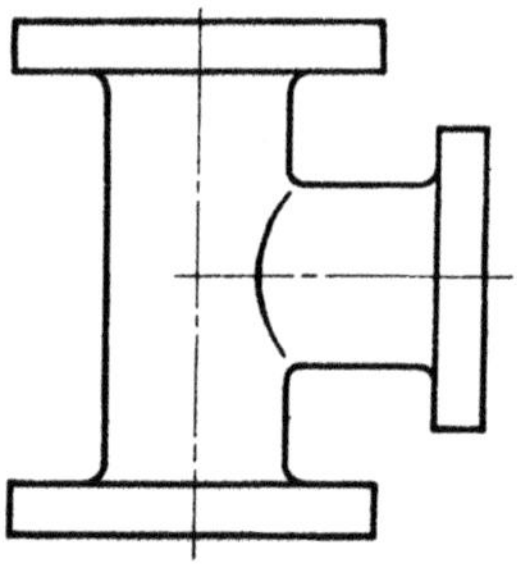

Fig. 13.

So ist z. B. Fig. 13 nicht symmetrisch zu der senkrechten Mittellinie, sie ist es wohl in der Hauptform, jedoch sitzt in der rechten Hälfte noch ein seitlicher Stutzen, der links fehlt; wäre dieser Stutzen nicht vorhanden, dann wäre die Figur vollkommen symmetrisch.

Ferner sieht man aus der Fig. 13, daß sie unter Berücksichtigung des Punktes 2 aus einem Quadrat und 4 Rechtecken besteht.

Erst wenn man sich über diese Punkte klar geworden ist, beginnt man mit dem Zeichnen und zwar zuerst mit den Hauptmittellinien.

Mittellinien werden strich-punktiert —·—·—·— gezeichnet. Dann werden die Grundformen aufgetragen; der in der Fig. 14a dargestellte Körper setzt sich nur aus Zylindern verschiedener Größe zusammen, die in der Zeichnung als Rechtecke erscheinen. Nachdem man sich über das Verhältnis, in dem die einzelnen Abmessungen zu einander stehen, klar geworden ist, beginnt man mit dem Aufzeichnen der Grundkörper auf dem vorher aufgetragenen Gerippe der Hauptmittellinien, und zwar in recht dünnen Linien, damit Änderungen leicht vorgenommen werden können. Fig. 14a. Ist die Skizze in dieser Weise richtig entworfen, so werden die Abrundungen eingezeichnet und alles, was stehen bleiben soll, kräftig nachgezogen. Man benutze so wenig wie möglich den Radiergummi. Hat man zuerst dünn gezeichnet, so treten beim kräftigen Nachziehen die überflüssigen Linien so zurück, daß sie nicht stören und die Benutzung von Gummi überflüssig wird. Fig. 14b. Falsch wäre es, die Skizze damit zu beginnen, daß man z. B., wie Fig. 14c zeigt, an der Ecke A anfängt und zuerst die Umrißlinien ringsherum zeichnet. Falsch wäre auch die Fig. 14d, sie zeigt zwar im Prinzip denselben Körper wie Fig. 14b, jedoch ist beim Aufzeichnen nicht beachtet worden, in welchem Verhältnis die Abmessungen der Fig. 14a zueinander stehen, so daß man durch die Skizze, Fig. 14d, eine ganz falsche Vorstellung des gezeichneten Körpers bekommt, in Wirklichkeit soll er so aussehen, wie es Fig. 14b zeigt.

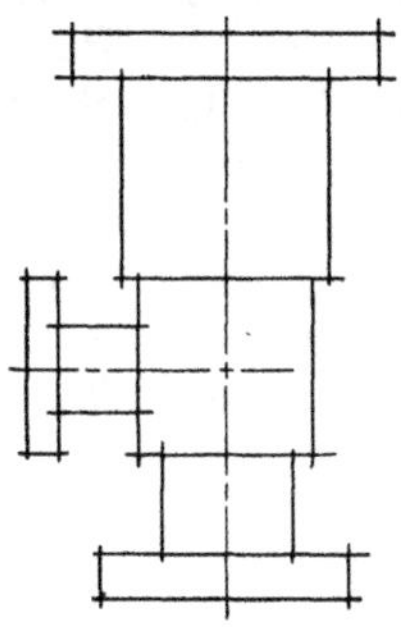

Fig. 14a.

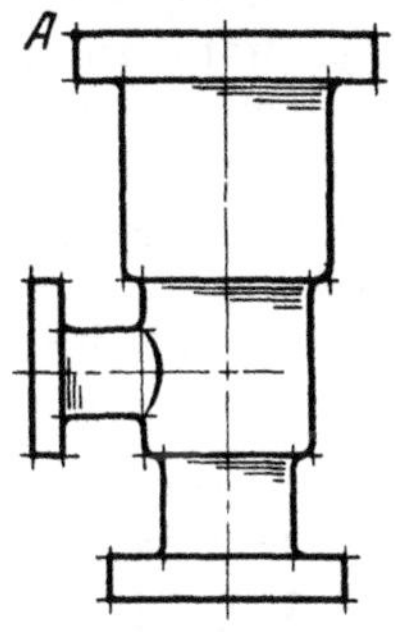

Fig. 14b.

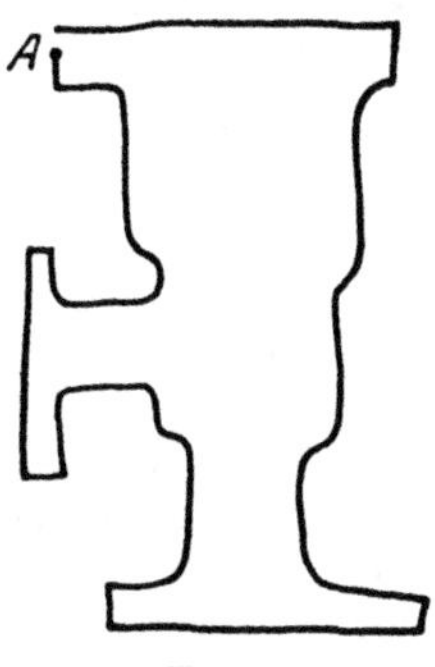

Fig. 14c.

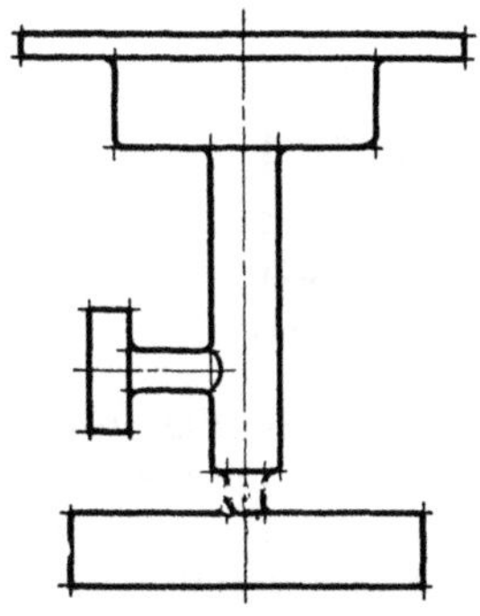

Fig. 14d.

In welcher Größe man die Skizze anfertigen muß, hängt von der Größe und der Art des zu zeichnenden Körpers ab. Im allgemeinen skizziert man in beliebigem Maßstab, man nehme sich also nicht vor, die Skizze im Maßstab 1 : 5; 1 : 10 usw. zu entwerfen. Man wird überlegen, welchen Zweck die Skizze erfüllen muß, müssen z. B. alle Maße eingezeichnet werden, so ergibt es sich von selbst, daß die Skizze nicht zu klein werden darf; bei sehr kleinen Teilen kann man sogar dazu gezwungen sein, die Skizze größer auszuführen, als der Körper ist, der skizziert werden soll. Immer muß die Hauptforderung erfüllt werden: die Skizze muß klar und deutlich sein.

Ansichtskizzen.

Die einfachste Skizze ist die Ansichtskizze, d. h. der Körper wird so gezeichnet, wie er sich darstellt, wenn er in einer bestimmten Sehrichtung betrachtet wird. Z. B. erscheint ein Würfel von *A* aus gesehen (Fig. 15a) als Quadrat. Es würde also genügen, wenn bei diesem Quadrat (Fig. 15b) vermerkt wird, daß ein Würfel mit den Abmessungen des Quadrates zu entwerfen ist. Hat jedoch der Würfel einen Ansatz von kleinerem quadratischen Querschnitt (Fig.16a), so ist in der Ansicht von *A* aus nichts davon zu sehen, da er auf der hinteren Seite des Würfels liegt; soll er eingezeichnet werden, so wird er durch punktierte Linien, wie in Fig. 16b, dargestellt. Aus dieser Darstellung ist aber nicht zu ersehen, ob der Ansatz bei 1 oder 2 aufhört. Um dies klar darzustellen, muß man eine zweite Ansichtskizze anfertigen, z. B. eine, die von *B* aus

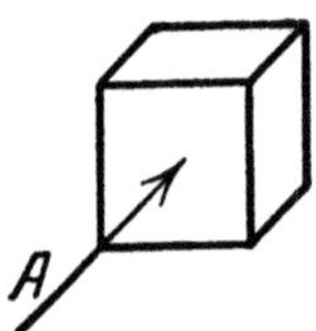

Fig. 15a.

Fig. 15b.

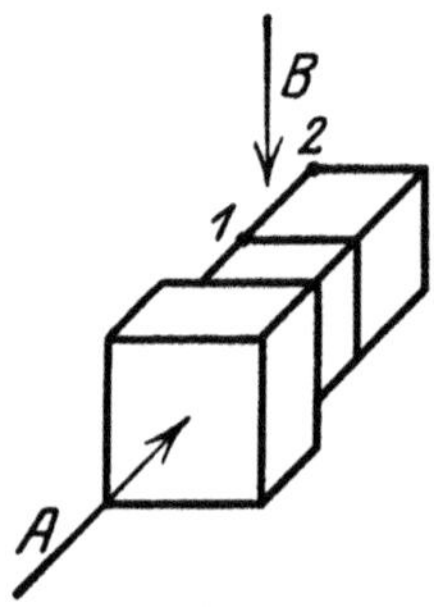

Fig. 16a.

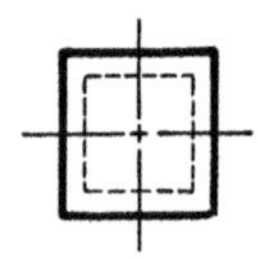

Fig. 16b.

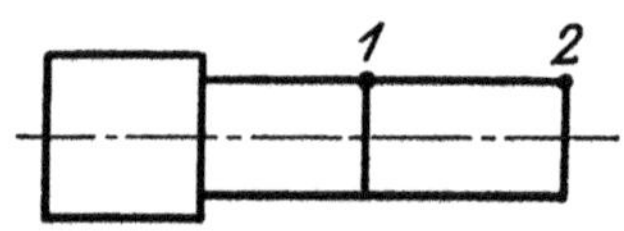

Fig. 16c.

gesehen ist (Fig. 16c). Aus ihr ist die Länge des Ansatzes an der hinteren Würfelseite deutlich zu erkennen. Es wird daher nur in wenigen Fällen möglich sein, einen Körper durch eine Ansichtskizze vollkommen klar wiederzugeben, meistens sind mehrere Ansichten nötig.

Darstellung in Aufriß, Grundriß, Seitenriß. Es seien drei Zeichenebenen so zu einer Ecke zusammengestellt, daß jede Ebene auf den beiden andern senkrecht steht, wie es Fig. 17 zeigt, die Winkel α, β, γ sind also Winkel von 90°. Ein Körper soll nun im Raum frei schweben, so daß er sich vor jeder der drei Zeichenebenen in einem bestimmten Abstand befindet. Lage und Gestalt des Körpers *K* zeigt die Fig. 17. Fällt man nun Lote von Punkten des Körpers, z. B. von den Ecken, auf die drei Ebenen *A*, *G* und *S*, so stellen die Punkte 1′, 4′, 5′ die Projektionen der Eckpunkte 1, 4, 5 des Körpers auf die Ebene *A* dar, man sieht, daß 1′ auch die Projektion des Eckpunktes 2 des Körpers ist, weil die Kante 1—2 ebenso wie der Projektionsstrahl senkrecht zur Ebene *A* steht. Punkt 1′ ist also auch die Projektion der Körperkante 1—2. In gleicher Weise erhält man die Projektionen auf die Ebenen *G* und *S*, Punkt 4″ ist z. B. die Projektion der Ecken 4 und 5 und die Projektion der Kante 4—5 auf die Ebene *G*. Die Kante 4—5 erscheint auf der Ebene *G* als Punkt, auf den Ebenen *A* und *S* dagegen als Linie, und zwar müssen diese Linien 4′—5′ auf *A* und 4‴—5‴ auf Ebene *S* gleich lang und ebenso lang sein wie die Kante 4—5 des Körpers, weil diese senkrecht zur Ebene *G* läuft. Man nennt die Ebene *A* die Aufrißebene, die auf ihr gezeichnete Projektion den Aufriß; die Ebene *G* heißt Grundrißebene, die Ebene *S* Seitenrißebene, und die auf ihnen dargestellten Projektionen Grundriß und Seitenriß des Körpers *K*.

Fig. 17 zeigt also, daß der Aufriß entsteht, wenn man den Körper *K* von vorn in Richtung senkrecht zur Ebene *A* betrachtet; der Grundriß ist die Ansicht des Körpers, von oben gesehen auf Ebene *G* dargestellt,

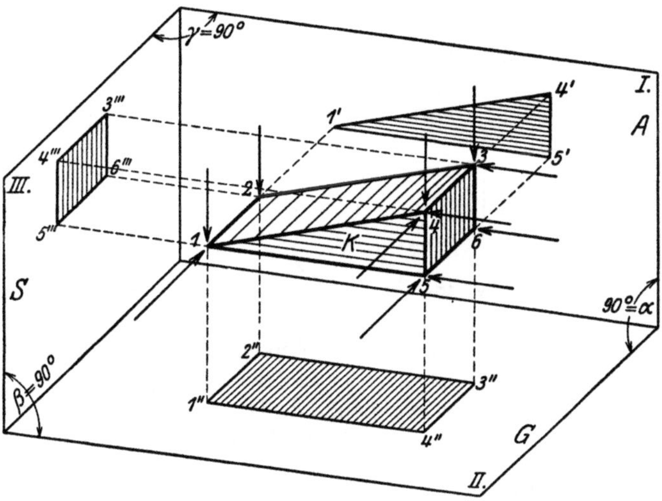

Fig. 17.

und der Seitenriß die Ansicht von der Seite aus gesehen und auf Ebene *S* dargestellt.

Da die vordere Fläche 1, 4, 5 des Körpers parallel zur Aufrißebene *A* liegt, muß die Aufrißprojektion 1′, 4′, 5′ die wirkliche Größe der Körperseite 1, 4, 5 haben, dasselbe trifft zu für die Seite 3, 4, 5, 6 und ihre Projektion 3‴, 4‴, 5‴, 6‴, die Seite 1, 2, 3, 4 des Körpers liegt jedoch nicht parallel zur Ebene *G*, ihre Projektion 1″, 2″, 3″, 4″ gibt also nicht die wahre Größe der Fläche 1, 2, 3, 4 an; das trifft zwar für die Seiten 1″—2″ und 3″—4″ zu, dagegen sind die Projektionsseiten 1″—4″ und 2″—3″ gegenüber der wirklichen Länge der Kanten 1—4 und 2—3 verkürzt.

Soll also eine Fläche in wirklicher Größe in ihrer Projektion erscheinen, so muß sie parallel zu der Zeichenebene liegen, auf die sie projiziert wird.

Die drei zu einer Ecke zusammengestellten Projektionsebenen I, II, III (Fig. 18) sind in dieser Form zum Skizzieren nicht zu gebrauchen. Skizziert wird auf einem Blatt Papier, also in einer Ebene.

Denkt man sich die Kanten 0—1 und 0—2 der Projektionsecke in Fig. 18 als Scharniere und die Kante 0—3 aufgeschnitten, so lassen sich die Grundrißebene II und die Seitenrißebene III in Richtung der Pfeile so weit zurückdrehen, bis die Ebenen II und III mit der Aufrißebene I

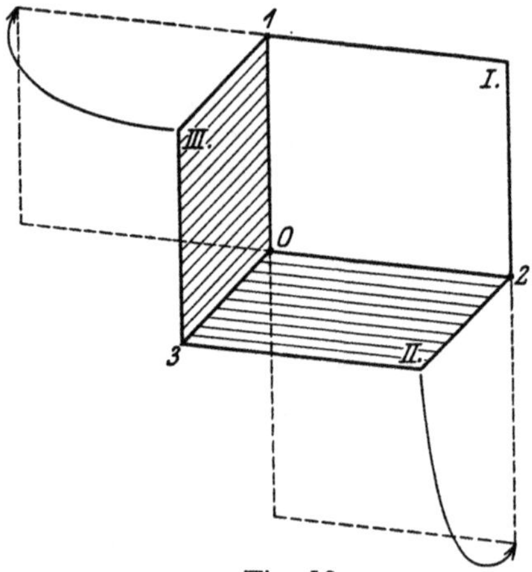

Fig. 18.

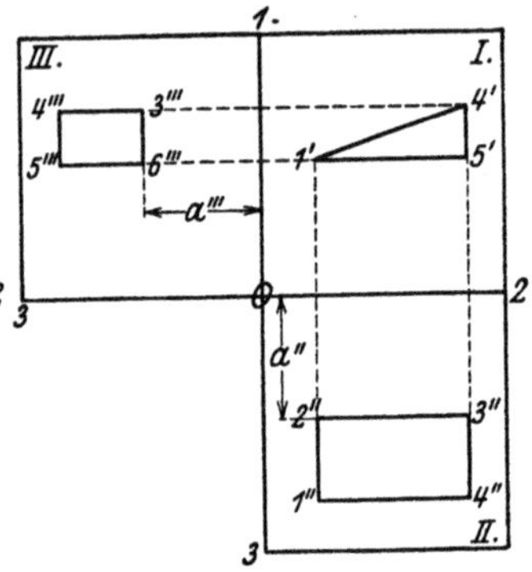

Fig. 19.

eine gemeinsame Ebene bilden. Der Winkel, um den zurückgedreht worden ist, beträgt 90°. Fig. 19 zeigt das Bild der in eine gemeinsame Zeichenebene gebrachten Projektionsebenen I, II und III und die auf ihnen gezeichneten Projektionen des Körpers K der Fig. 17 im verkleinerten Maßstabe. Man sieht daraus: der Aufriß des Körpers K muß senkrecht über dem Grundriß liegen, der Seitenriß muß in gleicher Höhe mit dem Aufriß liegen; ferner erkennt man: die Strecke a'' im Grundriß gibt an, wie weit der Körper von der Aufrißebene I entfernt ist, dieselbe Entfernung ist in der Seitenrißebene III in der Strecke a''' zu messen; a'' muß also gleich a''' sein. Ebenso kann man sowohl im Aufriß als auch im Seitenriß sehen, in welchem Abstand sich der Körper von der Grundrißebene befindet, und im Aufriß und auch im Grundriß kann gemessen werden, wieweit der Körper von der Seitenrißebene entfernt ist.

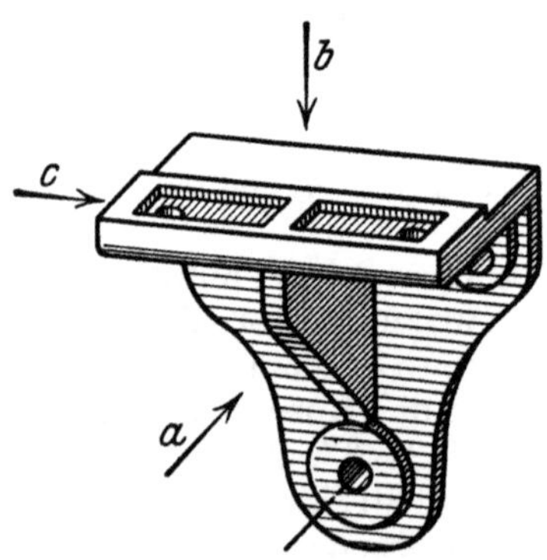

Fig. 20.

Beim Skizzieren läßt man nun die Begrenzungslinien der Zeichenebenen weg und zeichnet nur die Projektionen.

Soll z. B. ein Wandkonsol (Fig. 20) in Aufriß, Grundriß und Seitenriß gezeichnet werden, so ergibt sich Fig. 21, und zwar ist a der Aufriß, *b* der Grundriß und *c* der Seitenriß; die Sehrichtungen, bei denen diese Risse entstehen, sind in Fig. 20 ebenfalls mit *a*, *b*, *c* angegeben.

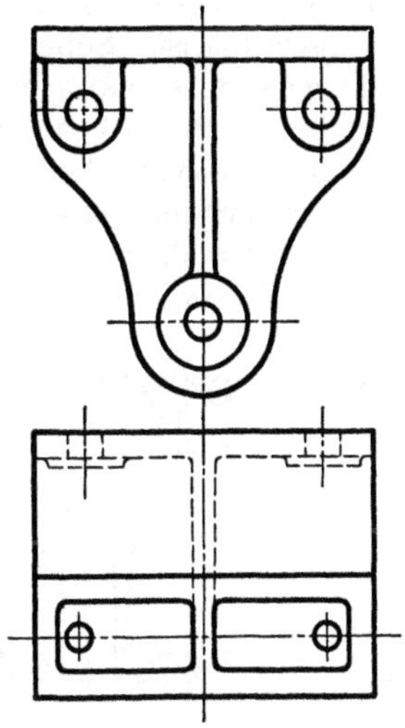

Fig. 21 a u. b.

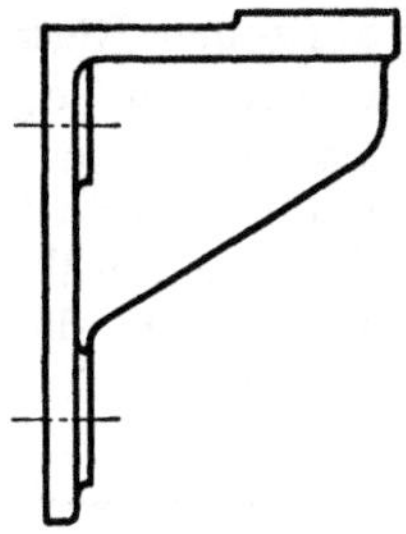

Fig. 21 c.

Denkt man sich die 3 Zeichenebenen in Fig. 18 durch 3 weitere Zeichenebenen zu einem hohlen Würfel ergänzt und die Kanten so aufgeschnitten, wie es die Fig. 22 zeigt, dann Seite I festgehalten und alle übrigen so gedreht, wie es die Pfeile angeben, bis sie in die Ebene der Seite I fallen, so entsteht Fig. 23. Aufriß I, Grundriß II und Seitenriß III sind bereits bekannt; IV ist ebenfalls eine Seitenrißebene, auf der jedoch die Projektion erscheint, wenn man den betreffenden Körper von links betrachtet. Seitenriß von links gesehen liegt also rechts vom Aufriß, Seitenriß von rechts gesehen links von diesem. Auf V würde die Projektion

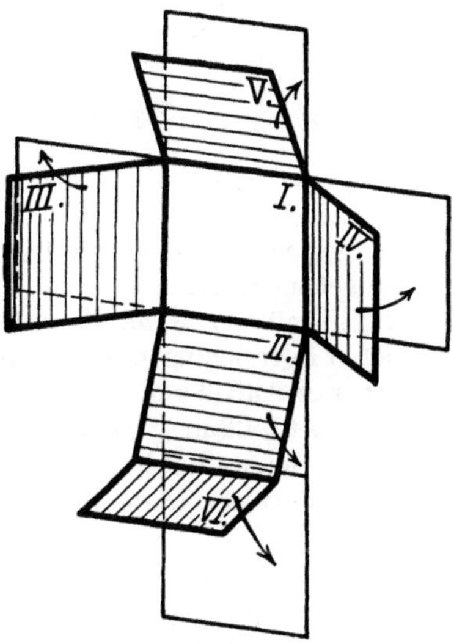

Fig. 22.

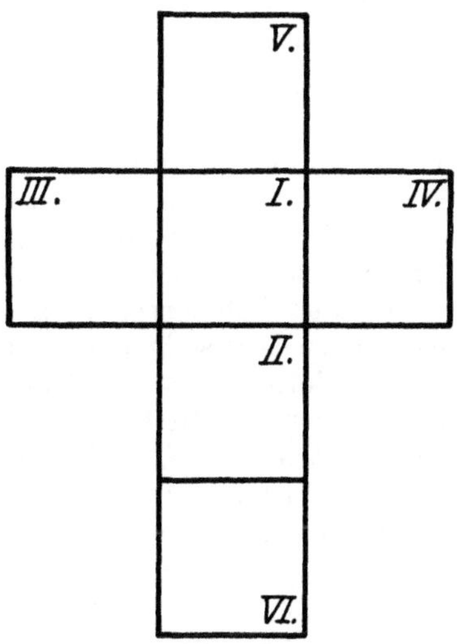

Fig. 23.

zu zeichnen sein, die entsteht, wenn man den Körper von unten betrachtet, man nennt sie: Ansicht von unten. Auf VI muß demnach die Ansicht von hinten gesehen erscheinen.

Bisher sind die Projektionen so entstanden, daß man auf den betreffenden Körper sieht, d. h. man hat den Körper in Ansicht skizziert, nicht zu ersehen ist daraus, wie der Körper in seinem Innern aussieht, oder wie er auf seiner Rückseite gestaltet ist. Sollen solche verdeckt liegende Begrenzungen dargestellt werden, so kann dies auch in der Ansichtskizze geschehen; um zu kennzeichnen, daß es sich um verdeckt liegende Kanten usw. handelt, werden diese gestrichelt gezeichnet. Bei dem in Fig. 20 dargestellten Wandkonsol verbindet eine Rippe die obere Platte mit der Wandplatte, diese Rippe ist nicht zu sehen, wenn man das Konsol von oben aus gesehen zeichnet, ferner ist nicht zu ersehen, wie stark die Wand-

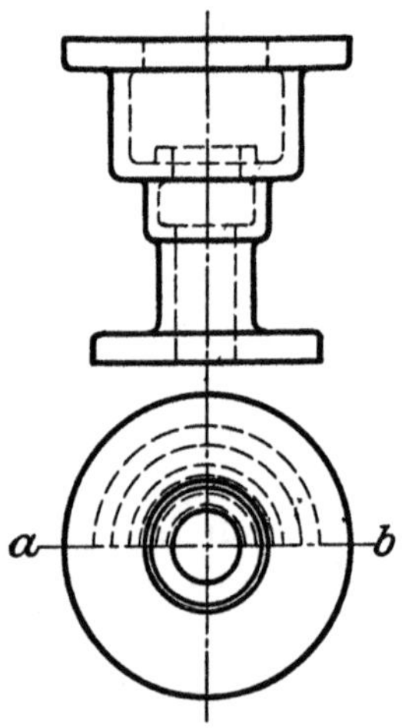

Fig. 24.

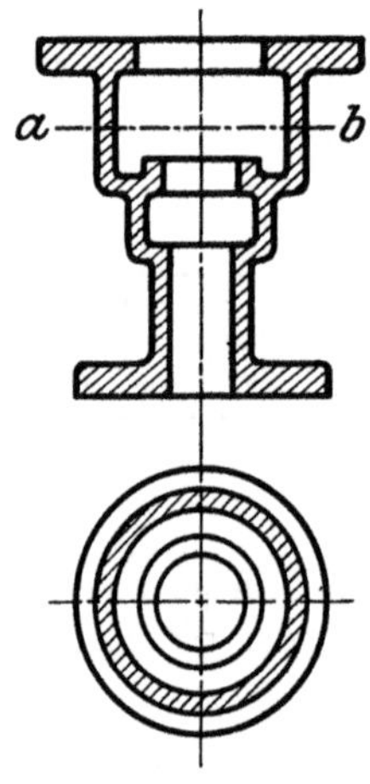

Fig. 25.

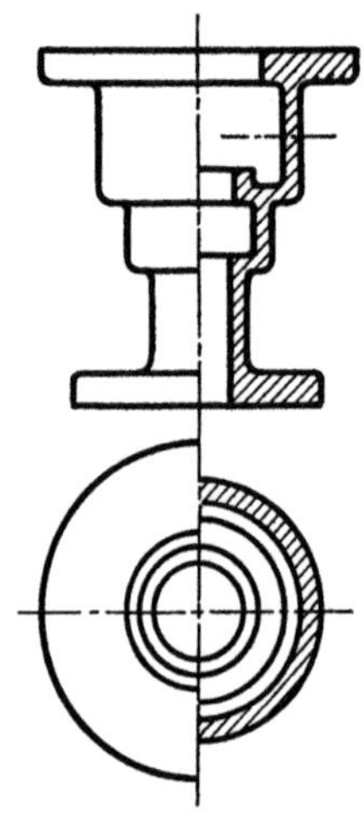

Fig. 26.

platte ist und wie stark die Augen derselben sind. Sollen diese Abmessungen aus der Grundrißskizze Fig. 17b ersichtlich sein, so müssen sie, da der Grundriß in Ansicht gezeichnet ist, gestrichelt oder punktiert eingezeichnet werden, wie es in Fig. 21b eingetragen ist.

Werden Hohlkörper in Ansicht skizziert, so müssen, wenn alle Abmessungen dargestellt werden sollen, die inneren Begrenzungen punktiert eingezeichnet werden. Fig. 24 zeigt einen Körper im Aufriß und im Grundriß mit der punktiert eingezeichneten inneren Ausbildung. Man sieht besonders aus dem Grundriß, wie undeutlich die Skizze durch die vielen punktierten Linien wird; deshalb wählt man anstatt der Darstellung in Ansicht die Darstellung in Schnitten.

Darstellung von Schnitten. Denkt man sich den Hohlkörper Fig. 24 nach der Mittelebene *a—b* der Länge nach durchschnitten, die vordere Hälfte weggenommen und die andere dann im Aufriß gezeichnet, so ergibt sich eine Darstellung wie in Fig. 25. Man sieht jetzt die äußere und die innere Begrenzung sowie die gedachte Schnittfläche.

Schnittflächen werden zum Unterschied von Ansichtsflächen gestrichelt oder schraffiert, d. h. sie werden mit schräg laufenden Linien versehen. In den meisten Fällen laufen diese Schraffierlinien unter 45° zu den Begrenzungslinien.

Der Grundriß in Fig. 25 ist ebenfalls als Schnitt dargestellt, und zwar ist die Schnittfläche in der Höhe *a*—*b* senkrecht zur Längsachse des Körpers gedacht, der obere Teil abgenommen und der untere Teil im Grundriß gezeichnet.

Man kann auch Schnitt und Ansicht in einer Darstellung vereinigen. So zeigt Fig. 26 denselben Hohlkörper, die linke Hälfte des Aufrisses ist in Ansicht, die rechte Hälfte dagegen im Schnitt gezeichnet. Schnitt und Ansicht werden nur durch die Mittellinie gegen einander abgegrenzt, würde diese Trennungslinie ausgezogen werden, so würde sie eine Kante darstellen, die in Wirklichkeit vorhanden wäre. Es ist nicht zu vergessen, daß alle diese Schnitte nur gedacht sind, in Wirklichkeit ist der Körper nicht geschnitten. Auch der Grundriß der Fig. 26 zeigt Schnitt und Ansicht vereinigt; solche Vereinigung ist in Fig. 26 möglich, weil der Körper symmetrisch zu der Längsachse ausgeführt ist, die Ausbildung des Körpers ist also aus Aufriß und Grundriß vollkommen ersichtlich.

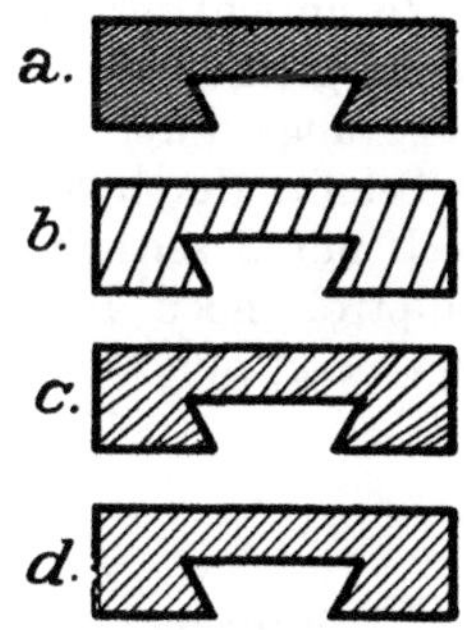

Fig. 27 a—d.

Ob eine Darstellung in Ansicht oder im Schnitt oder in beiden durchzuführen ist, ergibt sich durch die Form des Körpers. Diese Frage muß man vor dem Skizzieren entscheiden, damit keine Zeit durch überflüssige Darstellungen verloren geht. Vergleicht man die Fig. 24 mit Fig. 25, so zeigt sich, daß die Skizze unbedingt klarer wird, wenn man die Darstellung im Schnitt wählt. Das wird für die meisten Fälle zutreffen und vor allen Dingen, wenn es sich um weniger einfach geformte Körper handelt als in Fig. 24.

Die Stärke der Strichelung soll immer schwächer sein als die Stärke der Umrißlinien, die Entfernung der Striche von einander richtet sich nach der Größe der zu strichelnden Fläche, sie muß aber immer die gleiche bleiben, und die Richtung der Striche soll sich nicht ändern.

Fig. 27a: Striche zu dünn, Entfernung zu klein, Neigung zu schräg.
Fig. 27b: Striche zu dick, Entfernung zu groß, Neigung zu steil.
Fig. 27c: Neigung verändert.
Fig. 27d: Strichelung richtig.

Hat man eine Konstruktion zu skizzieren, die aus mehreren Einzelteilen besteht, so werden Schnittflächen, die zwei verschiedenen Teilen angehören, in entgegengesetzter Richtung gestrichelt, wie es Fig. 28a zeigt, wo 2 Platten geschnitten wurden, die durch Nieten verbunden sind.

Was wird nicht geschnitten? Zweckmäßig skizziert man im Schnitt nur dann, wenn die Darstellung deutlicher wird, daher hat es keinen Zweck, volle Körper im Schnitt zu zeichnen. Fig. 28b zeigt die Nietverbindung zweier Bleche, der Schnitt ist durch die Mitte der Nietreihe geführt, und Bleche sowie Nieten sind geschnitten. Der Schnitt durch die Nieten zeigt von diesen nichts Neues. Werden dagegen nur die Bleche geschnitten, die Nieten dagegen nur in Ansicht gezeichnet, so wird die ganze Darstellung anschaulicher und deutlicher. (Fig. 28a.)

In Fig. 29a ist der Schnitt durch die Lagerung einer Welle angedeutet, der Schnitt ist nach der Längsachse der Welle geführt. Würde auch diese

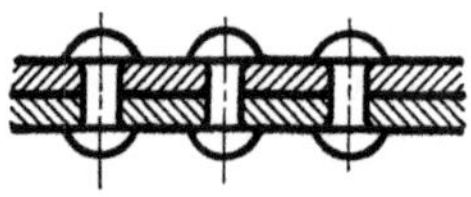

Fig. 28a. Richtig.

Fig. 28b. Falsch.

im Schnitt gezeichnet, wie in Fig. 29b, so wäre die Skizze weniger anschaulich und würde nichts Neues gegenüber Fig. 29a zeigen.

Zu unrichtiger Formvorstellung können Schnitte führen, die durch Körper gelegt sind, die durch Rippen verstärkt werden, wenn die Schnittebene längs durch die Rippen geführt ist und die so geschnittene Rippe als Schnitt durch Schraffur bezeichnet wird. In Fig. 30 ist ein Rohrstück mit 2 seitlichen Anschlußstutzen skizziert, diese sind mit dem Hauptrohr noch durch eine Längsrippe verbunden, wie es der Grundriß zeigt. Soll nun der Aufriß als Schnitt nach der Mittelebene $a—b$ dar-

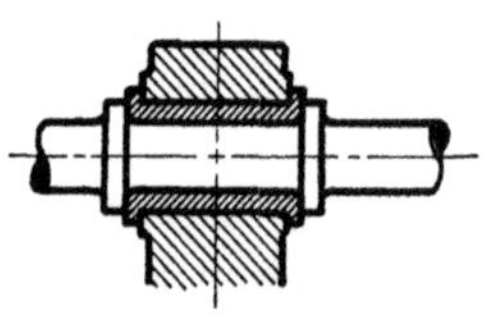

Fig. 29a. Richtig.

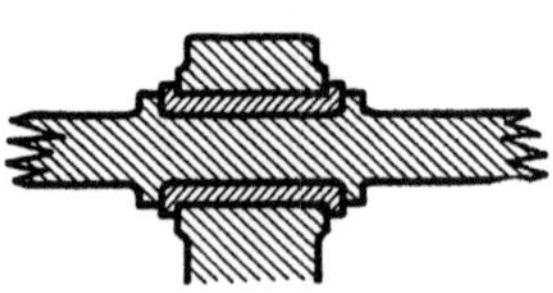

Fig. 29b. Falsch.

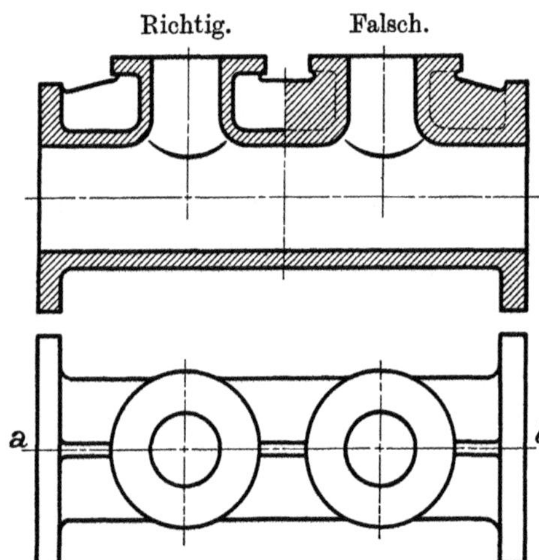

Fig. 30.

gestellt werden, so wird die Rippe mitgeschnitten, und es würde ein Bild entstehen, wie es die rechte Hälfte des Aufrisses zeigt. Dieses Bild würde falsche Vorstellungen über die Wandstärken des Rohrstückes erwecken. Man zeichnet deshalb die Rippen in Ansicht ein und erhält ein anschauliches Bild, wie es die linke Hälfte des Aufrisses der Fig. 30 zeigt, aus dem die Wandstärken von Rohr und Stutzen deutlich ersichtlich sind.

Der Aufriß Fig. 31a stellt ein Zahnrad in Ansicht dar, dessen Arme mit Kreuzquerschnitt ausgeführt sind, wie es der Schnitt *d* angibt. Wird der Seitenriß als Schnitt nach der Ebene 1—1 gezeichnet, so trifft diese Ebene den Zahn, den Kranz, den Arm und die Nabe, und der Seitenriß Fig. 31c, der die entstandenen Schnittflächen genau wiedergibt, erweckt eine ganz falsche Vorstellung von der Materialverteilung des Rades. Schnitt Fig. 31b dagegen zeigt deutlich die Stärken des Zahnkranzes und der Nabe mit ihren Verstärkungswulsten *w*; der Arm und der Zahn dagegen, obwohl ebenfalls durch die gedachte Schnittebene getroffen, sind nicht als Schnitt, sondern in Ansicht gezeichnet und geben so mit den im Schnitt gezeichneten Grundkörpern des Rades, der Nabe und dem Zahnkranz, ein klares Bild.

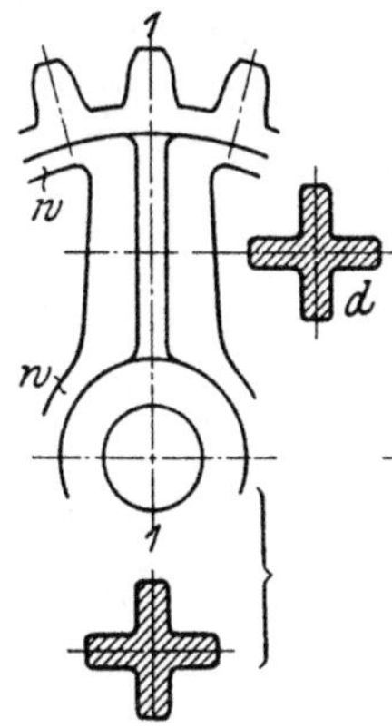

Fig. 31a.

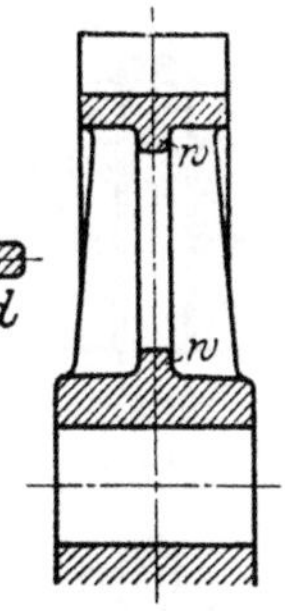

Fig. 31b. Richtig.

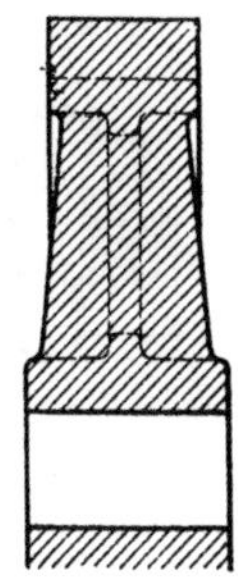

Fig. 31c. Falsch.

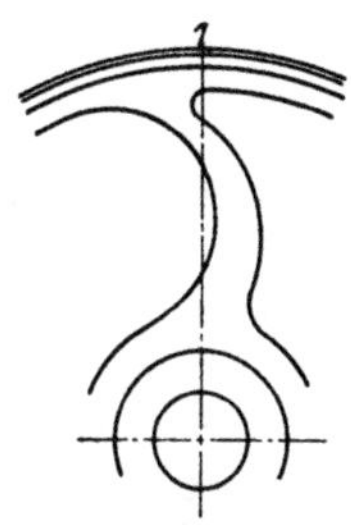

Fig. 32a.

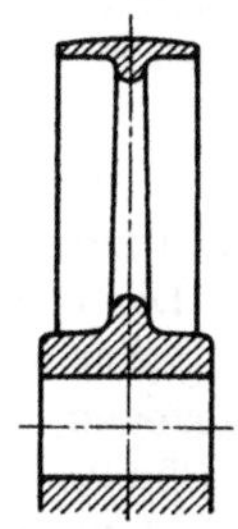

Fig. 32b. Richtig.

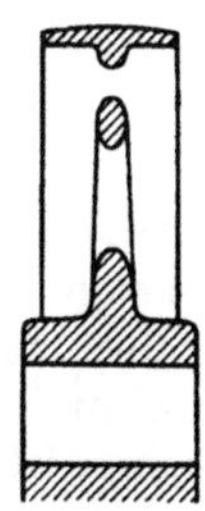

Fig. 32c. Falsch.

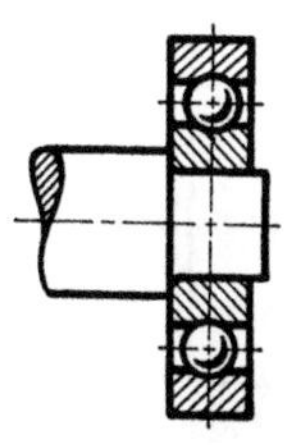

Fig. 33. Richtig.

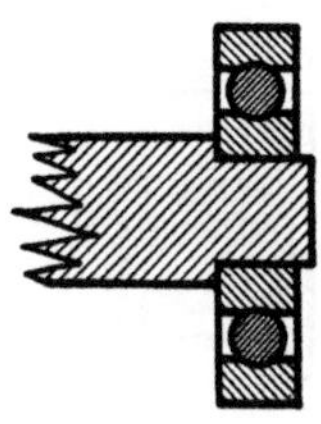

Fig. 34. Falsch.

Schneidet man in der oben erwähnten ungeschickten Weise, so können unter Umständen Schnitte entstehen, die vollkommen zwecklos und unsinnig sind. Fig. 32b zeigt im Seitenriß den Schnitt durch eine Riemenscheibe, geschnitten nach der senkrechten Ebene 1 durch den gebogenen Arm von elliptischem Querschnitt. Es entsteht dadurch, daß er teils in der Schnittebene und teils links, teils rechts von dieser liegt, der zuerst vollkommen unverständliche und wertlose Schnitt Fig. 32c. Der zweckmäßig gezeichnete Schnitt Fig. 32b dagegen zeigt nur Nabe und Kranz im Schnitt, den Arm dagegen vollständig in Ansicht, die gebogene Form desselben ergibt sich aus dem Aufriß Fig. 32a.

Ebenso wird man Schrauben, Muttern, Kugeln, Keile und ähnliche Vollkörper nur in einzelnen Fällen ganz ausnahmsweise schneiden,

Fig. 33—36 zeigen derartige zweckmäßig und ungeschickt ausgeführte Schnitte.

Will man in einer Ansichtskizze unmittelbar den Querschnitt irgendeiner Stelle einzeichnen, so kann dies geschehen, wie es Fig. 37 zeigt; dort soll in der Ansicht der Riemenscheibe auch angedeutet werden, welchen Querschnitt die Arme haben. Der Arm ist senk-

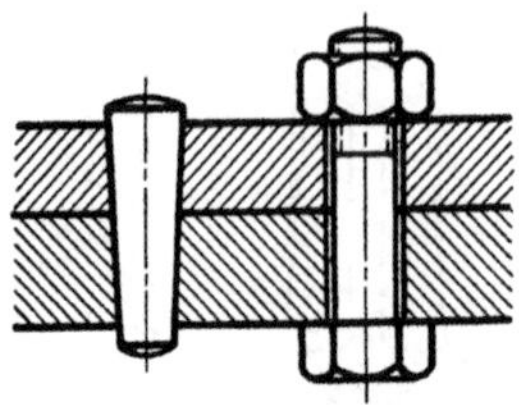

Fig. 35. Richtig.

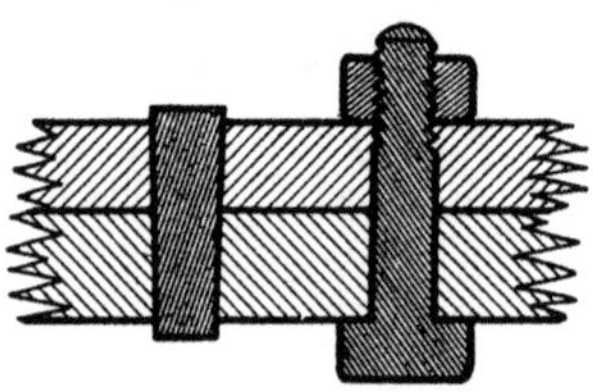

Fig. 36. Falsch.

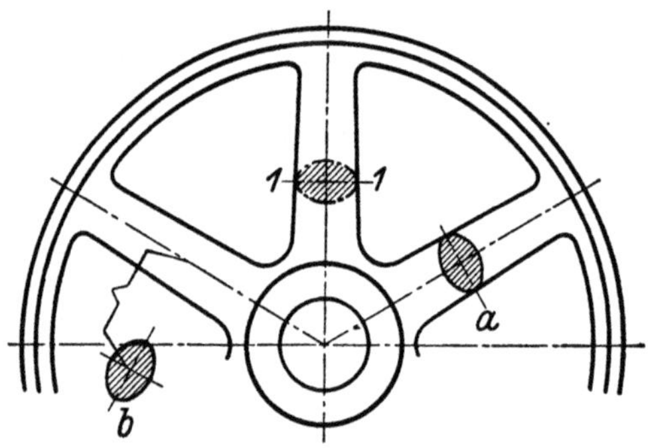

Fig. 37.

recht zu seiner Längsachse geschnitten gedacht, nach der Schnittebene 1—1, und diese dann um 90° in die Zeichenebene der Ansicht zurückgedreht. Die Umrißlinie der Schnittfigur wird in solchem Falle strich-punktiert gezeichnet, denn würde sie wie die übrigen Konstruktionslinien ausgezogen, wie in Fig. 37 an dem zweiten Arm bei *a* geschehen ist, so könnte dies so gedeutet werden, als ob auf dem Arm ein Ansatz von dem gezeichneten Querschnitt angegossen

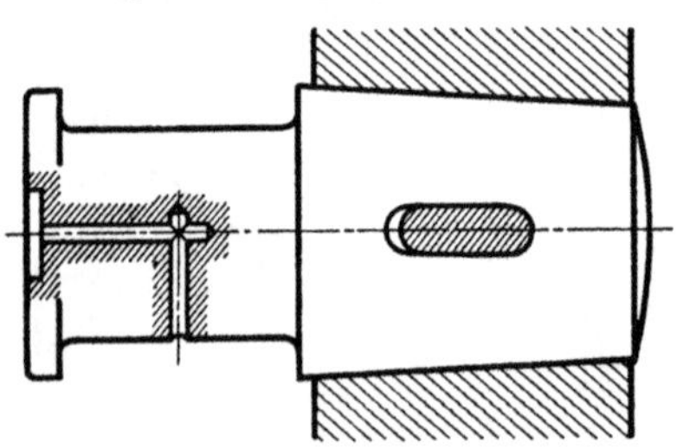

Fig. 38.

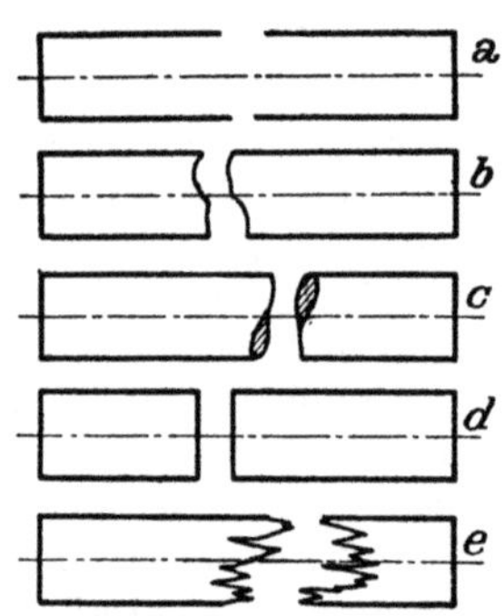

Fig. 39.

sei, der vor der Zeichenebene durchgeschnitten ist. Man kann den Querschnitt auch neben den Arm zeichnen, wie bei *b*, dann darf man die Begrenzungslinie ausziehen.

Bei Vollkörpern, die im Innern noch eine Bohrung haben, kann man den Körper an dieser Stelle nur aufschneiden, alles übrige wird in Ansicht gezeichnet. So ist in Fig. 38 die Bohrung für die Schmierung des Kurbelzapfens deutlicher herausgehoben, als wenn sie punktiert in die Ansicht des Zapfens eingezeichnet wäre; die Strichelung wird nur an einem Ende durch die dargestellte Bohrung begrenzt, die andern Enden laufen frei aus ohne Begrenzungslinie. Grenzt man jedoch die Bruch-, d. h. Schnittfläche ab, so geschieht dies durch eine dünne und möglichst ruhig und einfach geführte Bruchlinie. Skizziert man z. B. Wellen, Zapfen, Rohre usw. nicht in ihrer ganzen Länge (weil dies meistens schon durch die große Abmessung nicht möglich ist), so kann man ein Stück, welches keine neuen Abmessungen zeigt, herausnehmen, wie es bei der Welle Fig. 39 geschehen, *a*, *b* und *c* zeigen verschiedene zweckmäßige Behandlungen der Bruchstellen. Bei *c* ist in der Bruchstelle angedeutet, daß der skizzierte Körper kreisförmigen Querschnitt hat; dadurch daß in *d* die Bruchstellen ebenso gezeichnet sind wie die übrigen Begrenzungslinien der Welle, wird der Anschein erweckt, als ob zwei getrennte Wellen skizziert seien. In *e* ist eine Phantasiebruchlinie eingezeichnet; Darstellungen nach *d* und *e* sind unbedingt zu vermeiden.

Darstellung von Durchdringungslinien. Beim Skizzieren wird man selten Durchdringungslinien konstruieren, dies geschieht nur beim Entwurf einer Konstruktionszeichnung. Handelt es sich um Aufnahmeskizzen, d. h. nimmt man einen fertigen Maschinenteil oder dergleichen auf, so sieht man ja den Verlauf der Linien, in denen sich die einzelnen Grundkörper des betreffenden Teiles schneiden, und kann sie sofort in die Skizze eintragen. Mit Rücksicht auf günstige Materialverteilung wird nun in den meisten Fällen ein Körper nicht scharf in einen andern übergeführt, sondern der Übergang findet mit Hilfe von Abrundungen statt. Infolge dieses allmählichen Überganges kann eine Durchdringungskante überhaupt nicht mehr entstehen, kann also auch nicht zu sehen sein.

Fig. 40 zeigt ein Verteilungstück einer Rohrleitung mit seitlichen Rohrstutzen im Schnitt. Es handelt sich also um die Durchdringung von Zylinder mit Zylinder. Beim Stutzen *a* tritt der Zylinder des Stutzens scharf, also ohne Abrundung, in den großen Zylinder des Hauptrohres ein, und es entsteht eine scharfe Durchdringungskante bei *d*, die, da sie ja in Wirklichkeit vorhanden ist, genau so wie die übrigen Konstruktionslinien gezeichnet werden muß. Der Stutzen bei *b* ist mit starker Abrundung in das Hauptrohr übergeführt, eine Durchdringungskante kann nicht entstehen, jedoch wirkt die Skizze nicht körperlich, obwohl sie vollkommen richtig gezeichnet ist. Bei *e* ist der Eintritt des Stutzens genau wie bei *b*, jedoch wirkt die Darstellung wesentlich körperlicher als bei *b*, weil eine Durchdringungskante angedeutet ist. Da diese nur gedacht, also in Wirklichkeit nicht vorhanden ist, so darf sie nicht ebenso wie die übrigen Konstruktionslinien gezeichnet werden, sie wird deshalb dünner eingezeichnet und läuft nicht bis zu den Umrißlinien.

Dasselbe tritt natürlich ein, wenn der Körper in Ansicht skizziert wird, wie es Fig. 41 zeigt, Stutzen *a* tritt wieder scharf ein, die Durchdringungskante ist vorhanden; die beiden andern treten mit großen Abrundungen ein, Durchdringungskanten können nicht entstehen, die Skizze wirkt jedoch flach. Fig. 42 zeigt dasselbe Stück ebenfalls in Ansicht, jedoch sind die Durchdringungskanten angedeutet, die Skizze wirkt wesentlich körperlicher, die Wirkung wird noch verstärkt durch einige Schattenstriche unter den Flanschen (Schattenlinien sind nur sehr sparsam und richtig zu verwenden, eine Übertreibung und falsche Schattenlinien verderben die beste Skizze. Der Anfänger läßt sie besser weg). In Fig. 41 sind mit Absicht die Mittellinien fortgelassen, um zu zeigen, wie dadurch die Skizze schlechter wird.

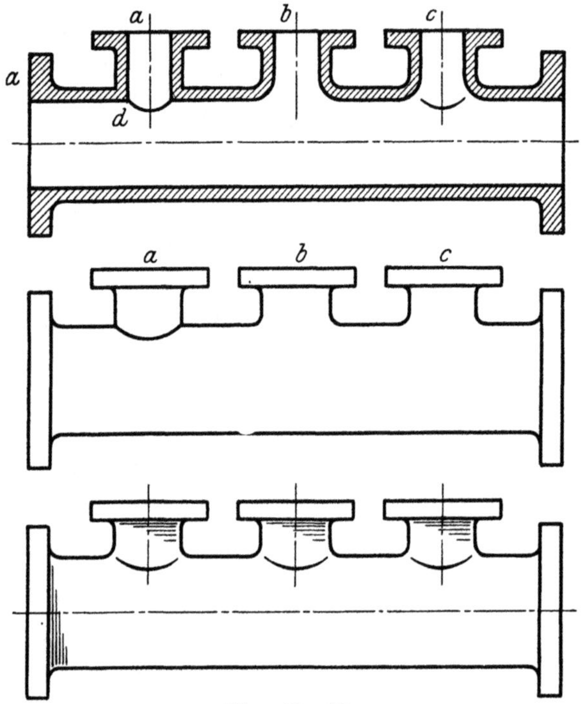

Fig. 40—42.

Man muß sich selbstverständlich beim Einzeichnen von Durchdringungskanten überlegen, wie diese verlaufen, man muß also die Gesetze der Durchdringung der Körper aus der darstellenden Geometrie her kennen. (Vgl. Abschnitt: Projektionszeichnen.)

Vereinfachte oder abgekürzte Darstellung.

Es war bisher die Forderung aufgestellt worden, daß die Skizze den Körper genau so wiedergeben soll, wie wir ihn vor uns sehen. In vielen Fällen kann aber die strenge Einhaltung dieser Forderung dazu führen, daß unsere Skizze unübersichtlich und undeutlich wird. Denken wir z. B. an einen Maschinenteil, welcher sehr viele Schrauben, Bohrungen mit Gewinde enthält, so würde, wenn alle Einzelheiten der Gewinde, der Muttern, der Schraubenköpfe usw. gezeichnet werden, das Gesamtbild der Skizze sehr verwirrend und undeutlich werden. Aus diesem Grunde führt man sowohl beim Skizzieren als auch beim Maschinenzeichnen Einzelkonstruktionen, wie Schrauben, Muttern usw., in vereinfachter Darstellung aus.

Eine ganze Reihe Einzelheiten solcher Konstruktionselemente werden dann nicht skizziert, auch werden nicht alle Maße eingetragen, denn sowohl bestimmte Ausführungsformen als auch ihre Abmessungen treten bei diesen Elementen immer in der gleichen Weise auf, ganz gleich, bei welcher Konstruktion das Element, also z. B. eine Schraube, verwendet wird. Teile, die in dieser Weise nach genau festgelegten Abmessungen immer wieder angefertigt werden, nennt man genormte Maschinenteile, d. h. sie sind nach feststehenden Normen oder Normalien hergestellt. Z. B. hat eine Schraube von bestimmtem Durchmesser mit Gewinde nach dem metrischen Gewindesystem an allen Stellen ihrer Verwendung immer dieselben Abmessungen in der Steigung, im äußeren Gewindedurchmesser, im Kerndurchmesser usw.

Die Industrie hat aber nicht allein die Abmessungen dieser Normalteile festgelegt, sondern sie hat auch für ihre zeichnerische Wiedergabe ganz bestimmte vereinfachte Darstellungen eingeführt. Dadurch wird die Skizze oder die Konstruktionszeichnung einfacher, also übersichtlicher, außerdem wird an Zeichenarbeit bedeutend gespart.

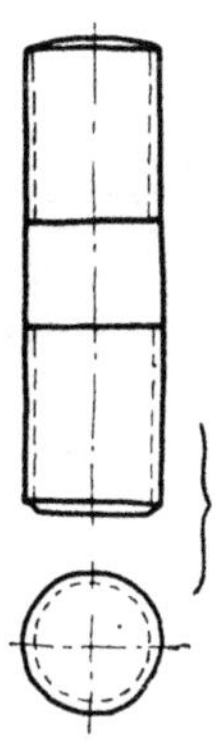

Fig. 43.

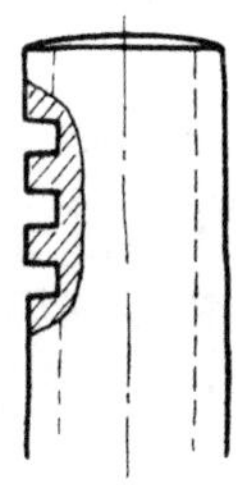

Fig. 44.

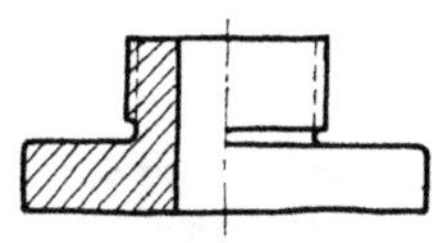

Fig. 45.

a) Gewinde, Schrauben und Muttern. Fig. 43 zeigt die vereinfachte Darstellung einer Stiftschraube, das Gewinde wird nicht skizziert. Eingezeichnet werden nur: die äußere Begrenzung des Gewindes, entsprechend dem äußeren Gewindedurchmesser, stark ausgezogen, die innere Begrenzung des Gewindes, entsprechend dem Kerndurchmesser, die gestrichelt einzuzeichnen ist, und die Gewindelänge, angegeben durch eine ausgezogene Linie senkrecht zur Längsachse des Bolzens. Eingeschrieben werden dann nur: der äußere Gewindedurchmesser, die Länge des Gewindes auf dem Bolzen und das System des Gewindes, z. B. $^5/_8$zölliges Whitworth-Gewinde, 50 mm lang; damit ist der Gewindeteil des Bolzens vollständig festgelegt.

Hat man ein besonderes Gewindeprofil zu skizzieren, z. B. ein flachgängiges Gewinde, so gibt man einige Gänge im Schnitt an, Fig. 44.

Fig. 45 zeigt eine Gewindedarstellung, bei der die linke Hälfte im Schnitt und die rechte Hälfte in Ansicht gezeichnet sind; Fig. 46 eine vereinfachte Darstellung des Gasgewindes, die Verbindung von Rohr mit Muffe im Längsschnitt und Querschnitt; Fig. 47 eine Stiftschraube;

Fig. 48 die vereinfachte Darstellung einer Mutterschraube im Aufriß, Seitenriß und Grundriß; Fig. 49 eine Vierkantmutter in Ansicht und Schnitt.

Bei großen Schraubenköpfen und Muttern wirkt die vereinfachte Darstellung nach Fig. 48 oft nicht gut, man führt dann die Phasen-

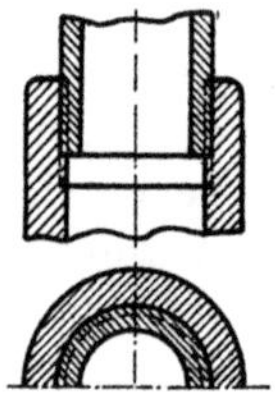

Fig. 46.

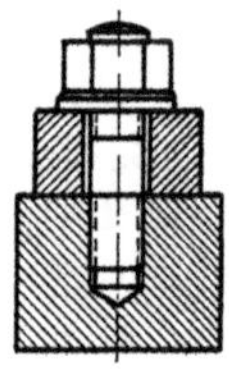

Fig. 47.

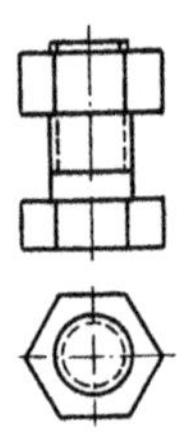

Fig. 48.

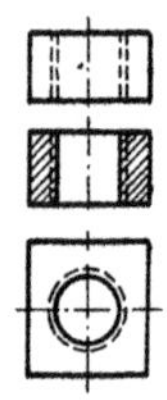

Fig. 49.

kanten als Kreisbögen aus, Fig. 50, die angegebenen Maße, bezogen auf e, den Durchmesser des den Sechskant umschreibenden Kreises, werden jedoch nur bei der Konstruktionszeichnung genau eingehalten, bei der Skizze ist dies nicht nötig.

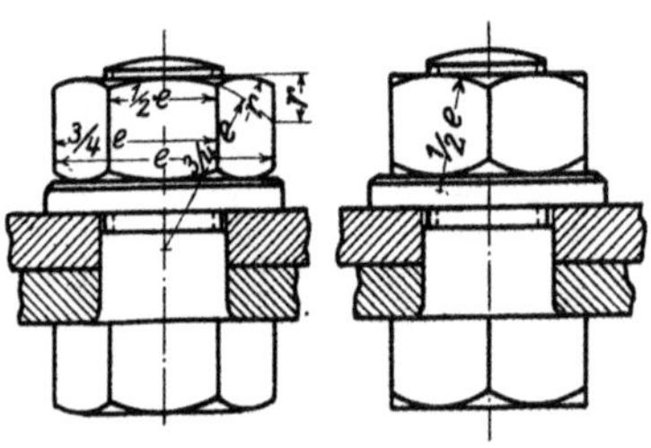

Fig. 50.

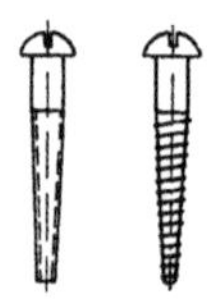

Fig. 51.

Fig. 51 ist die vereinfachte Darstellung von Holzschrauben.

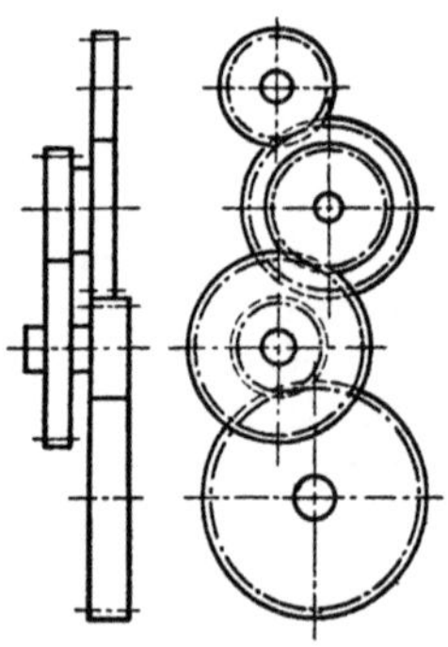

Fig. 52.

b) Zahnräder. Bei Zahnrädern werden die einzelnen Zähne nicht skizziert, vielmehr zeichnet man bei Stirnrädern den Teilkreis strichpunktiert ein; der Kopfkreis wird voll ausgezogen, der Fußkreis wird gestrichelt, auch häufig weggelassen, besonders dann, wenn ein aus einer größeren Zahl von Stirnrädern bestehendes Getriebe zu skizzieren ist, Fig. 52.

Hat man ein Zahnrad mit besonderer Zahnstellung zu zeichnen, so gibt man dies an, wie es in Fig. 53 für ein Stirnrad mit schrägen Zähnen ausgeführt ist. Fig. 54 zeigt die vereinfachte Darstellung von Kegelrädern. Muß die Form des Zahnes aufgenommen werden, so geschieht dies am zweckmäßigsten in einer besonderen Skizze in natürlicher Größe, bei kleinen Zähnen am besten in vergrößertem Maßstabe.

c) Rohrleitungen mit Absperrorganen. Eine Rohrleitung wird in der einfachsten Form aufgenommen; z. B. die Rohrleitung ist ein starker Strich, Hähne, Schieber, Ventile sind schematisch dargestellt,

Fig. 55. Man erhält so eine sehr übersichtliche Skizze, in der die Führung des Rohrstranges, die einzelnen Rohrlängen, die Lage der Rohrbefestigungen und die Lage der Absperrorgane sehr klar durch die Maße angegeben werden können. Einzelskizzen der Absperrorgane sind in diesem Falle zwecklos, denn es handelt sich um Normalkonstruktionen von Ventilen usw., und nur wenn abnormale Absperrorgane in der Rohrleitung vorkommen, sind sie in besonderer Skizze aufzunehmen.

In ähnlicher Form wird man Transmissionsanlagen skizzieren.

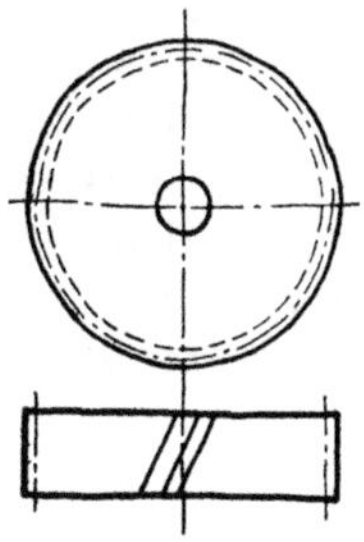

Fig. 53.

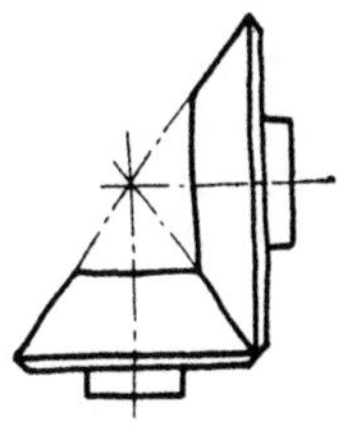

Fig. 54.

Fig. 55.

Das Eintragen der Maße.

Nach dem Entwurf der Skizze ist das Einschreiben der Maße die wichtigste Arbeit. Nur in dem Falle, wo durch die Skizze einzig und allein die Form des Körpers festgehalten werden soll, können Maße unter Umständen entbehrt werden.

Das Maß wird durch die Maßzahl und die Maßlinie angegeben. Die Maßlinie gibt die Entfernung der beiden Stellen an, die durch die Maßzahl festgelegt wird. Damit kein Irrtum eintreten kann, wie weit die Maßlinie geht, werden ihre beiden Enden durch die Maßpfeile genau begrenzt; daher müssen die Maßpfeile sehr deutlich eingezeichnet werden und scharf die Stelle festlegen, bis zu der das eingeschriebene Maß geht. Mit Rücksicht auf Deutlichkeit, gute Übersicht und leichtes Finden der Maße werden die Maßlinien häufig außerhalb der Skizze oder der Zeichnung einzutragen sein. Der Zusammenhang zwischen der Meßstelle und der Maßlinie wird durch die Maßhilfslinien herbeigeführt, die senkrecht zu der Maßlinie laufen.

Maßlinien werden voll ausgezogen, jedoch etwas schwächer als die Umrißlinien; Maßhilfslinien werden ebenfalls voll ausgezogen und etwas schwächer als die Maßlinien.

Die Maßpfeile sind kräftig einzuzeichnen, selbstverständlich aber nicht so stark, daß man beim ersten Beschauen der Skizze nur Maßpfeile sieht. Der Winkel der Maßpfeile sei nicht zu groß und nicht zu klein, die Spitze scharf und deutlich.

Die Maßhilfslinien sollen nicht nur gerade bis zu den Maßpfeilen gehen, sondern ungefähr 2—3 mm über diese hinaus, jedenfalls so weit, daß der Maßpfeil durch die Maßhilfslinie scharf und einwandfrei begrenzt wird.

Die Maßzahlen sind selbstverständlich ebenfalls deutlich zu schreiben, am besten in Steilschrift; Schnörkel u. dgl. sind unbedingt wegzulassen, damit die Deutlichkeit nicht leidet. Mit Rücksicht auf Verwechslung von Maßzahlen ist die Maßlinie an der Stelle auszusparen, wo die Maßzahl stehen soll. Es darf kein Zweifel darüber bestehen, zu welcher Maßlinie die Zahl gehört; deshalb ist es nicht ratsam, die Maßzahlen über oder unter die voll durchgezogenen Maßlinien zu setzen, besonders dann nicht, wenn Maßlinien sehr dicht nebeneinander liegen. Das Durchziehen der Maßlinien durch die Zahlen spart zwar etwas Zeit, macht aber das Bild undeutlich. Man zeichne und schreibe Maßlinien und Maßzahlen nicht zu dünn ein, denn beim Gebrauch in der Werkstatt ist eine Verschmutzung der Zeichnung kaum zu vermeiden. Die Maße werden, wenn sie schwach eingetragen sind, undeutlich, verschwinden zum Teil ganz, und falsche Ausführung des Stückes ist die Folge.

Maßzahlen in wagerechten Maßlinien werden selbstverständlich wagerecht eingetragen, Maßzahlen in senkrechten Maßlinien werden nicht wagerecht, sondern in Richtung der senkrechten Maßlinie eingezeichnet, und zwar so, daß alle senkrechten Maßzahlen von rechts zu lesen sind.

Hat man eine Skizze, z. B. eine Aufnahmeskizze, fertiggestellt, so erfolgt das Einzeichnen der Maße in der Art, daß man zuerst alle Maßlinien einzeichnet; dann erst werden die Maße an dem aufgenommenen Körper abgemessen und an der richtigen Stelle in der Skizze eingeschrieben.

Das Eintragen der Maße darf nicht gedankenlos geschehen und stellt deshalb den Anfänger vor eine nicht leichte Aufgabe.

Hauptregeln für das Maßeintragen.

Es sind nur die Maße einzutragen, die nötig sind.

Dabei ist zu beachten, daß die Maße ganz verschiedenen Zwecken dienen müssen: ein Maß ist nur zur Herstellung des Modells erforderlich, ein anderes für die Bearbeitung, ein drittes nur beim Zusammenbau, bei der Montage usw. (Das Schwinden bei Gußteilen berücksichtigt der Modelltischler durch Benutzung der Schwindmaßstäbe; in der Zeichnung dürfen also nur die Maße vorkommen, die das fertige Stück haben soll.) Das Wiederholen desselben Maßes in verschiedenen Rissen ist möglichst zu vermeiden und nur dann zweckmäßig, wenn ein Riß nur für eine Bearbeitung dient, ein zweiter Riß dagegen nur für eine andere Bearbeitung.

Die Maße sind so einzutragen wie sie gebraucht werden, d. h. wie sie bei der Bearbeitung gemessen werden.

Dazu ist erforderlich, daß man sich zuerst über die Bearbeitungsart klar wird, dann überlegt, von welcher Seite die Bearbeitung erfolgt und von wo aus der Arbeiter dabei mißt. Bei dem Ventilgehäuse Fig. 56 ist das Maß 11 mm der Dichtungsfläche des oberen Flansches falsch; der Dreher mißt bei der Bearbeitung des oberen Flansches 70 ∅ und 48 ∅, dabei ergibt sich die Breite der Dichtungsfläche ganz von selbst, Fig. 57 richtig.

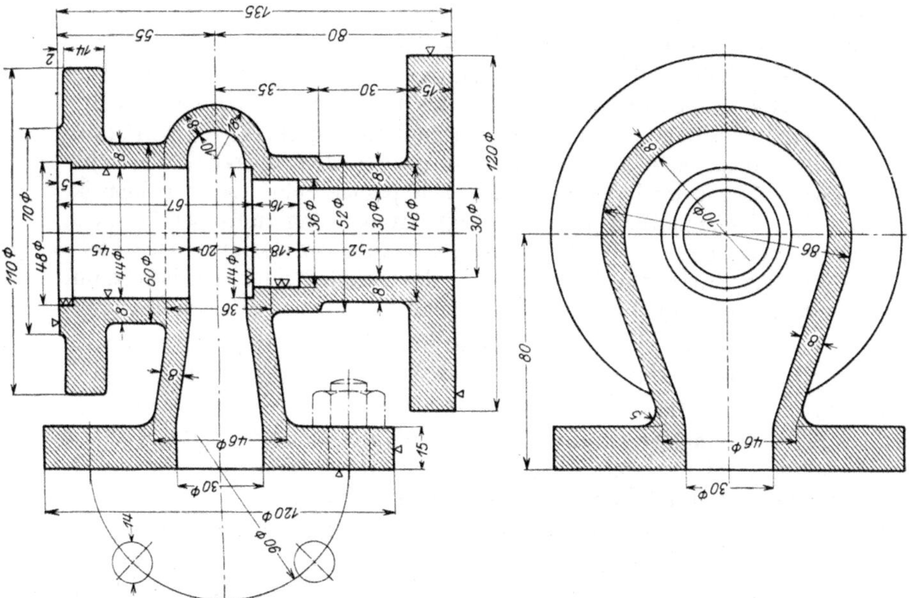

Fig. 57. Richtig.

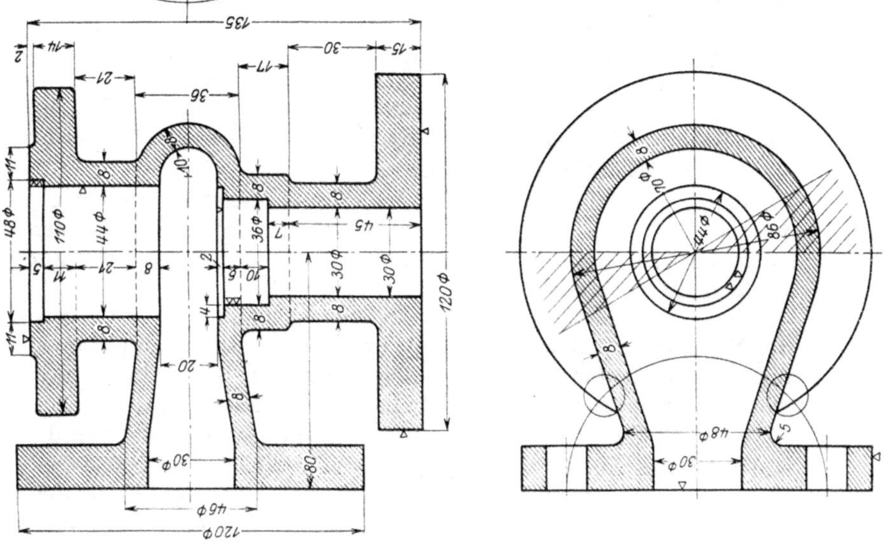

Fig. 56. Falsch.

Fig. 56 u. 57.

Auch die Stärke einer Lagerschale wird nie gemessen. Nötig sind: innerer Durchmesser der Bohrung und äußerer Durchmesser der Schale; trotzdem wird eine solche Wandstärke öfter angegeben (z. B. wenn sie zweckmäßig für Berechnungen u. dgl. ist).

In dem Ventilgehäuse Fig. 56 ist die Ausbohrung für den Ventilsitz in der Höhenlage durch das Maß 20, die Tiefe 2 und die daran anschließenden Maße 6 und 10 festgelegt, aber falsch angegeben. Der Sitz muß sich in einem ganz bestimmten Abstand von dem oberen Flansch befinden. Zuerst wird der obere Flansch plangedreht und von hier ist mit dem Tiefenmaß zu messen, wo die Sitzbohrung zu drehen ist, also, wie es Fig. 57 zeigt, im Tiefenabstand 67 mm von der oberen Flanschfläche, jetzt Sitzfläche für den Bund des Ventilsitzes bearbeiten, dann von dort mit 16 mm die Höhe der Ausbohrung für den Sitzring festlegen.

Falsch ist es also, eine im Körper genau festgelegte Fläche bei ihrer Bearbeitung von einer unbearbeiteten, d. h. in der Lage unsicheren Fläche aus zu messen.

Selbstverständlich muß beim Eintragen der Maße diese Regel scharf beachtet werden, damit es bei der Bearbeitung überhaupt unmöglich wird, von einer falschen Stelle aus zu messen.

Maße, die bei der Bearbeitung einer Stelle zusammenhängend gebraucht werden, müssen in derselben Weise eingetragen werden und dürfen nicht getrennt an ganz verschiedenen Stellen, z. B. in verschiedenen Rissen, der Zeichnung stehen.

Einzelmaße einer ganzen Länge sind in einer Richtung hintereinander anzuordnen und nicht treppenartig bald rechts, bald links versetzt, wie es Fig. 56 falsch zeigt; möglichst dicht daneben ist das Gesamtmaß der Länge einzutragen. (Leichte Kontrolle, ob die Summe der Einzelmaße stimmt.)

Bei einem Hohlkörper dürfen Innen- und Außenmaße nicht gemischt in den an einer Stelle aneinander gereihten Einzelmaßen auftreten; Innenmaße für sich an einer Stelle, davon getrennt Außenmaße an anderer Stelle.

Den Ausgangspunkt für das Maßeintragen bildet das Gerippe der Mittellinien. Abmessungen, die symmetrisch zu den Mittellinien liegen, werden durch ein Maß angegeben und nicht durch zwei gleiche Einzelmaße rechts und links von der Mittellinie.

Werden Maße aus der Skizze nach außen gezogen, so sollen die Maßhilfslinien eines Maßes nicht andere Maßlinien durchschneiden. Also das kleinste Maß dem Körper zunächst, die größer werdenden Maße in größer werdendem Abstand von der Zeichnung eintragen, wie es die richtige Zeichnung des Ventilgehäuses Fig. 57 zeigt. Schlecht wäre es z. B., die Maße des oberen Flansches so zu schreiben, daß 110 ∅ zunächst dem Flansch steht, weiter entfernt darüber 70 ∅ und noch weiter darüber 48 ∅; die Maßlinie 110 ∅ würde dann viermal von den Maßhilfslinien der Durchmesser 70 mm und 48 mm durchschnitten werden.

Sind mehrere Maße dicht übereinander einzutragen, so setze man nicht alle Maßzahlen in einer Reihe untereinander, beim Ablesen könnten leicht Verwechslungen vorkommen, sondern versetze die Zahlen gegeneinander. Das Ablesen wird dadurch erleichtert, die Skizze übersichtlicher.

Mittellinien, Konstruktionslinien des Körpers (Körperkanten) und Maßhilfslinien eines anderen Maßes dürfen nicht als Maßlinien benutzt werden. Die Maßlinie soll auch nicht in die Verlängerung einer Körperkante gelegt werden.

Alle Maße werden in Millimetern eingetragen, die Bezeichnung mm wird jedoch weggelassen, also nur die Zahl geschrieben. Wird ausnahmsweise eine andere Längeneinheit gewählt, so ist ihre Bezeichnung der Maßzahl hinzuzufügen, also z. B. 15 m.

Keine Abmessung soll aus der Skizze oder Zeichnung bei der Bearbeitung des Stückes mit dem Maßstab herausgenommen werden.

Bei der Skizze würde das Abgreifen von Maßen immer zu einer fehlerhaften Ausführung führen, denn die Skizze ist ja nicht in einem genau durchgeführten Maßstab gezeichnet worden. Auch aus der Konstruktionszeichnung darf kein Maß abgegriffen werden, denn es kann vorkommen, daß Maße infolge späterer Änderung beim Konstruieren nicht mit den Abmessungen der Zeichnung übereinstimmen. Um solche Maße noch besonders zu kennzeichnen, wird die Maßzahl unterstrichen.

Der Arbeiter soll kein Maß, welches er bei der Bearbeitung braucht, aus anderen Maßen errechnen müssen; also ein Maß, das gebraucht wird, soll nicht als Summe oder Differenz mehrerer ein geschriebener Maße bestimmt werden, sondern muß eingetragen sein. Die beiden letzten Regeln führen also wieder zu der ersten, d. h.: alle Maße, die bei der Herstellung des Stückes gebraucht werden, müssen eingeschrieben sein.

Man beachte beim Eintragen der Maße die angegebenen Regeln und verteile die Maße so, daß sie leicht zu finden sind und daß weder die Deutlichkeit noch die Übersicht der Zeichnung durch die eingeschriebenen Maße vermindert wird.

Abkürzungen beim Maßeintragen.

Mit Rücksicht auf die Vermeidung von Irrtümern, Zeitersparnis usw. sind auch bei der Maßbezeichnung Abkürzungen gebräuchlich, für die zum Teil schon feste Vorschriften bestehen.

Als Durchmesser ist ein Maß sofort kenntlich, wenn erhöht hinter der Zahl ein kleiner Kreis mit geradem Strich steht. Diese Abkürzung wird jedoch nur eingeschrieben, wenn das Maß in einer Projektion steht, aus der nicht ersichtlich ist, ob es sich um einen Kreis handelt. Wird das Maß in einen Kreis eingeschrieben, so wird das Durchmesserzeichen hinter der Zahl fortgelassen.

Als Radius oder Halbmesser ist ein Maß zu erkennen an einem kleinen „r“, das erhöht hinter die Zahl gestellt wird; dies Zeichen ist nur einzutragen, wenn der zugehörige Mittelpunkt des Halbmessers nicht eingezeichnet ist.

Vierkante werden festgelegt durch ein kleines Quadrat, erhöht hinter der Zahl; das Zeichen steht ohne Querstrich, damit keine Verwechslung mit dem Durchmesserzeichen eintreten kann. Um den Vierkant in einer Projektion noch deutlicher zu kennzeichnen, zeichnet man in die Vierkantfläche dünn die Diagonallinien ein.

Kegel. Meistens handelt es sich um Kegelstumpfe; es werden dann eingeschrieben die Maße des großen Durchmessers, des kleinen Durchmessers und die Länge des Kegelstumpfes. Außerdem wird eingeschrieben: „Kegel 1 : x", z. B. 1 : 20, 1 : 5 usw.; damit ist die Neigung des Kegels festgelegt, und 1 : x bedeutet, auf x mm Kegellänge nimmt der Durchmesser um 1 mm zu oder ab, z. B. 50 mm Durchmesser der Grundfläche, 84 mm Länge des Kegelstumpfes und „Kegel 1 : 6" ergeben einen kleinen Durchmesser von 36 mm. Häufig wird anstatt der Neigung 1 : x der halbe Winkel an der Spitze eingetragen. Selbstverständlich muß die angegebene Neigung oder der eingeschriebene Winkel genau mit den eingetragenen Maßen der Durchmesser und der Kegellänge übereinstimmen. Fig. 58 links falsch, rechts richtig.

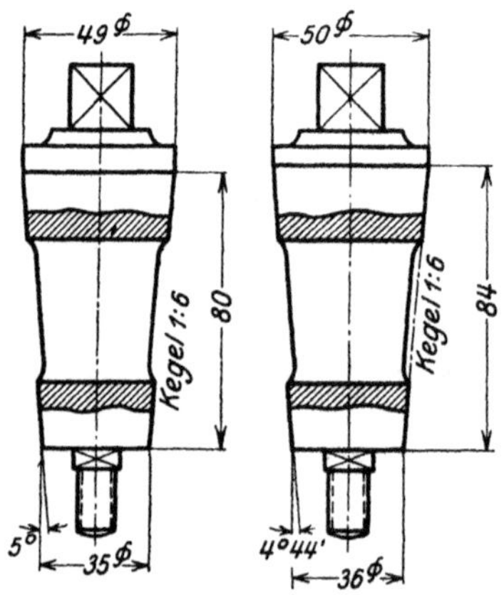

Falsch. Fig. 58. Richtig.

Angaben über die Art der Bearbeitung.

Aus der Zeichnung muß ersichtlich sein, an welchen Stellen eine Bearbeitung stattfinden soll. Da in der Zeichnung nur die Abmessungen des fertigen Stückes angegeben sind, würde z. B. ohne Hinweise für die Bearbeitung schon der Modelltischler nicht wissen, an welchen Stellen er das eingeschriebene Maß vergrößern muß, damit am gegossenen Stück an den Stellen der Bearbeitung auch genügend Material vorhanden ist. Solche Zugaben an Material werden also beim Maßeinschreiben nicht berücksichtigt, der Modelltischler hat selbständig die betreffenden Abmessungen im Modell zu vergrößern. Ähnlich wird bei der Herstellung von Schmiedestücken verfahren.

Jedoch nicht nur die Stelle der Bearbeitung soll ersichtlich sein, sondern auch die Art der Bearbeitung, d. h. ob die Fläche geschruppt oder geschlichtet werden soll. Man geht noch weiter und schreibt in die Zeichnung ein, ob Bearbeitung durch Drehen oder durch Schleifen usw. vorgesehen ist.

Nach den neuesten Vorschriften wird die Bearbeitung durch ein gleichseitiges Dreieck angegeben, welches mit der Spitze auf der zu bearbeitenden Fläche steht; und zwar bedeutet ein Dreieck: schruppen oder roh bearbeiten, zwei dicht nebeneinander stehende Dreiecke: schlichten oder fein bearbeiten, siehe Fig. 57. Soll eine andere Art der Bearbeitung eingehalten werden, so wird dies eingeschrieben, z. B. „einzuschleifen".

Ferner wird neuerdings auf der Zeichnung angegeben, wie zwei Teile zueinander passen sollen, d. h. ob z. B. ein Zylinder (Zapfen) in einer Bohrung leicht oder genau passend laufen soll, ob er festsitzen soll oder unter Umständen sogar einzupressen ist. Diese Angaben über den verschiedenartigen Zusammenbau zweier Teile werden noch ergänzt durch Angaben, mit welcher Genauigkeit die betreffende Bearbeitung durchzuführen ist, z. B. welches Spiel zwischen zwei Flächen bestehen soll oder höchstens bestehen darf. Näheres hierüber siehe Abschnitt „Technologie" unter „Passungen und Toleranz".

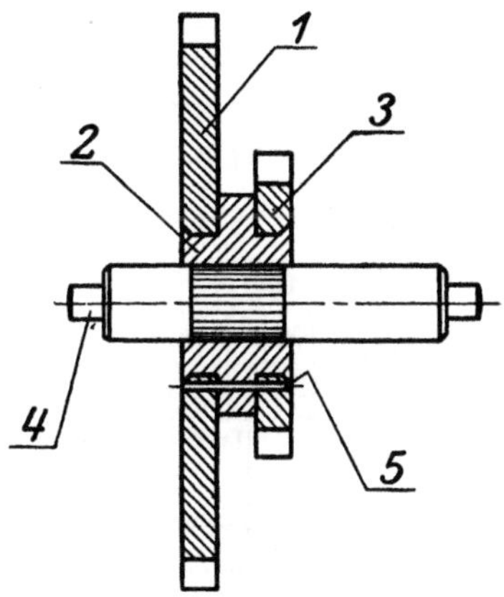

Fig. 59.

Stücklisten.

Jedes einzelne Stück einer Konstruktion, die auf einer Zeichnung dargestellt ist, erhält eine besondere Stück- oder Teilnummer, die sehr deutlich sein muß (unterstreichen!) und keinen Zweifel aufkommen lassen darf, auf welchen Teil der Konstruktion sie sich bezieht, Fig. 59. Diese Nummern werden in die Stückliste eingetragen, in deren weiteren Spalten eingeschrieben werden: die Benennungen der einzelnen Teile, die Werkstoffe, aus denen sie hergestellt werden sollen, Angaben über Gewichte, Modellnummern u. dgl. und wievielmal jedes einzelne Stück anzufertigen ist. Außerdem ist die Benennung der ganzen Konstruktion in die Stückliste einzuschreiben, meistens unter Angabe ihrer Hauptabmessung; z. B. „Kolben 500 ∅", „Gleitlager 50 mm Bohrung".

Enthalten soll die Stückliste noch: die Firma und eine besondere Bezeichnung (Nummer, Buchstaben), unter der sie in das Verzeichnis der Zeichnungsregistratur eingetragen wird, so daß sie jederzeit schnell gefunden werden kann; ferner Angaben über: Datum der Anfertigung der Zeichnung, Name des Konstrukteurs, Name des Prüfers der Zeichnung, wann Änderungen der Konstruktion erfolgt sind, welche Zeichnung durch die neue ersetzt wird u. dgl. Muster einer Stückliste Fig. 60.

Häufig wird man auf der Zeichnung noch andere besondere Listen finden, z. B. eine, in welche die Namen der Besteller der Konstruktion eingetragen werden, mit den wichtigen Zusätzen, unter welcher Nummer der Auftrag durch den Betrieb läuft, wann der Auftrag vom Konstruktionsbureau an den Betrieb gegangen ist, und zu welchem Termin die Ablieferung des Auftrages erfolgen muß. Sehr zweckmäßig ist auf der Zeichnung auch eine Angabe der Nummern der anschließenden Zeichnungen, z. B. auf der Zeichnung eines Kolbens: Angabe der Zeichnungsnummern des zugehörigen Zylinders und der zugehörigen Kolbenstange.

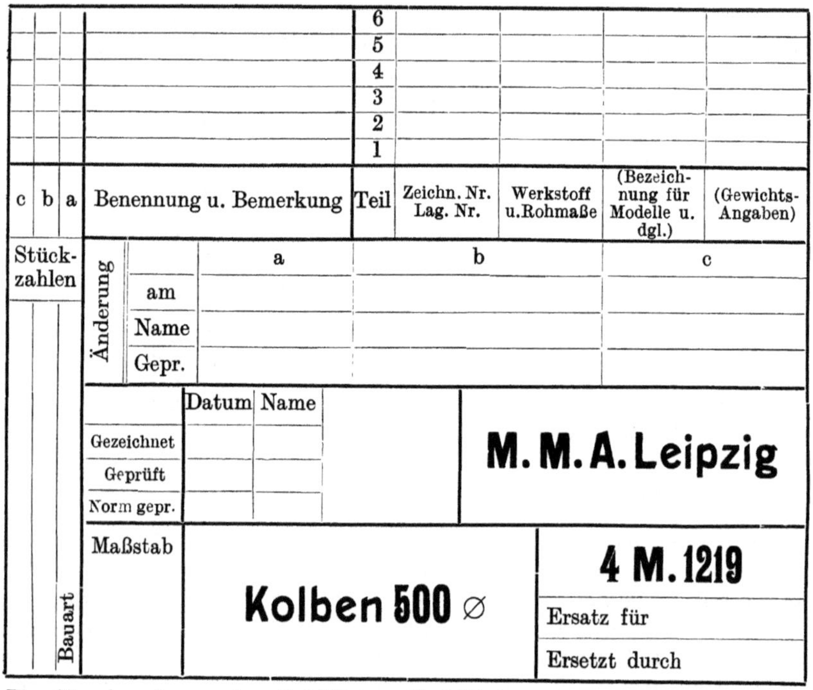

Fig. 60. Anordnung einer Stückliste. (Auf Werkzeichnungen ist die Stückliste in schräger Blockschrift auszuführen.)

Skizzen in Perspektive.

Bisher waren, um einen Körper vollständig in seiner Form festzulegen, mehrere Darstellungen nötig, z. B. seine Aufriß-, Grundriß- und Seitenrißprojektion; nur in ganz wenigen Fällen ist bei der rechtwinkligen Parallelprojektion eine Darstellung ausreichend, um den Körper vollständig einwandfrei in seiner Gestalt erkennen zu können. Der Nichtfachmann wird sich in einer Skizze oder Konstruktionszeichnung, die aus mehreren Rissen besteht, nicht zurechtfinden, weil ihm ja die Regeln unbekannt sind, nach denen durch Umklappen usw. diese Risse entstanden. Viel leichter wird es ihm fallen, die Form eines Körpers zu erkennen, wenn er die Photographie desselben sieht, weil der Photograph von vornherein seinen Standpunkt bei der Aufnahme so wählt, daß er den Körper möglichst vielseitig auf seine Platte bekommt. Ähnlich verfährt der Künstler, der eine Landschaft zeichnet; will er eine Baumreihe skizzieren, so stellt er sich nicht so, daß alle Bäume hintereinander liegen und er nur den vordersten sieht, sondern er wählt seinen Standpunkt seitlich, und dann kann man aus seiner Skizze genau jeden einzelnen Baum der Reihe erkennen. Der Künstler hat bei seinem Entwurf die Regeln der Perspektive beachtet, bzw. stellen sich diese von selbst ein, wenn er richtig sieht und darnach zeichnet. Diese Regeln sind für den Anfänger nicht leicht, es soll auf sie hier nicht eingegangen werden, da wir bei unseren technischen Skizzen nach vereinfachten Regeln arbeiten. Nur auf eine Regel sei hingewiesen: Stellen wir uns zwischen die Schienen einer vollständig geradeaus laufenden Eisenbahnstrecke, so laufen die beiden Schienen in der Ferne scheinbar in einen Punkt zusammen; wir wissen aber ganz genau, daß die Spurweite der beiden Schienen, d. h. ihre Entfernung voneinander, dort genau so groß ist wie an unserm Standort. Es würde dies also heißen: Parallele Linien laufen in ihrer Verlängerung in einen Punkt zusammen. Wir vereinfachen uns unsere Arbeit und zeichnen in Wirklichkeit parallele Linien in unserer Skizze ebenfalls parallel ein, d. h. wir skizzieren nicht nach den Regeln der Zentralperspektive wie der Landschafter oder der Baukünstler, sondern nach den Regeln der Parallelperspektive.

Als einfachstes Beispiel sei ein Würfel angenommen. Soll der Würfel in der rechtwinkligen Parallelprojektion durch eine Ansicht dargestellt werden, so wird z. B. sein Aufriß ein Quadrat mit den wirklichen Abmessungen des Würfels ergeben. Dieses Bild könnte jedoch auch der Aufriß eines quadratischen Prismas sein, der Würfel ist also durch diese Darstellung allein noch nicht bestimmt. Der Würfel werde nun um einen bestimmten Winkel gedreht, seine senkrechten Kanten sollen dabei aber senkrecht bleiben. Von dem Würfel werden nun zwei Flächen sichtbar, die wagerecht laufenden Kanten erscheinen jedoch verkürzt, die senkrechten zeigen die wahre Größe wie vorher. Wir können uns denken, daß die Drehung so weit erfolgt ist, daß die wagerechten Kanten der vorher senkrecht zur Bildfläche nach hinten verlaufenden Seitenfläche halb so groß erscheinen, wie sie in Wirklichkeit sind.

Der gedrehte Würfel werde nun etwas nach vorn geneigt, er stehe also nur noch auf einer Ecke. Jetzt sind drei Würfelseiten A, B und C sichtbar geworden, wie es Fig. 61 links zeigt, und die Darstellung des Würfels wirkt körperlich, jedoch müssen wir beachten, daß nun alle Würfelkanten verkürzt erscheinen. Die rechte Hälfte der Fig. 61 soll nur angeben, wie groß der Winkel β hier gedacht ist, um den die Grundfläche des Würfels nach der zweiten Drehung zu ihrer wagerechten Auflagefläche gedreht ist.

Der Winkel der ersten Drehung, die eine Verkürzung der nach hinten laufenden wagerechten Kante gleich der halben wirklichen Größe ergab, und der Winkel, um den die Senkrechten geneigt wurden, legen die Winkel m und n der Fig. 61 fest. Es ergibt sich:

Winkel m ungefähr 7°, Steigung $= 1 : 8$,
„ n „ 40°, „ $= 7 : 8$.

Die entstandene Verkürzung der Senkrechten ist klein, sie wird deshalb vernachlässigt; wir kommen zu folgenden Hauptregeln der hier entwickelten perspektivischen Projektionsmethode:

1. Alle senkrechten Linien werden senkrecht und in wahrer Größe gezeichnet.

2. Alle wagerechten Linien, die bei der rechtwinkligen Parallelprojektion in der Zeichenebene liegen würden, werden unter 7° gegen die Wagerechte geneigt gezeichnet und ebenfalls in ihrer wahren Größe eingetragen.

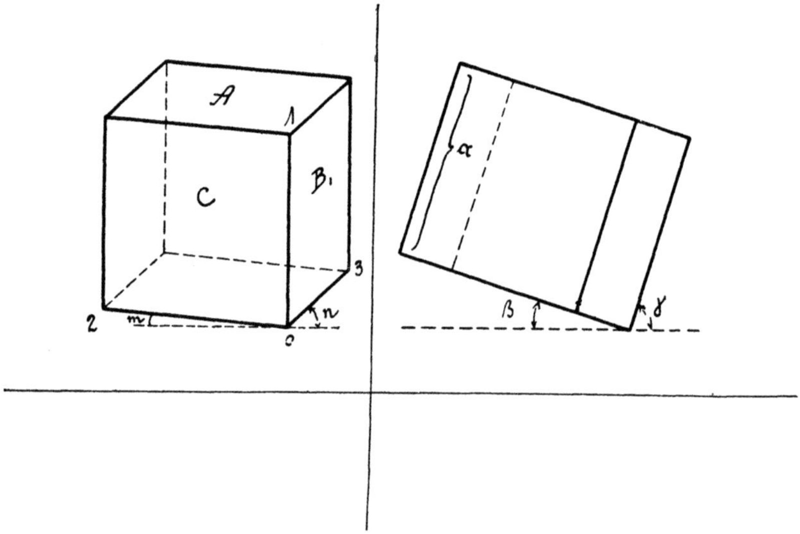

Fig. 61.

3. Alle wagerechten Linien, die senkrecht zu den unter 2. genannten Wagerechten in die Tiefe (nach hinten) laufen, werden unter 40° gegen die Wagerechte geneigt gezeichnet und in der halben wirklichen Größe eingetragen.

Nach diesen Regeln sind die Würfelseiten *A*, *B* und *C* der Fig. 61 in den Fig. 62 a, b, c nochmals jede für sich entworfen, und zwar für die wirkliche Seitenlänge *s*. 62 a ist die wagerecht liegende Fläche, 62 b und c die senkrecht stehenden, die wieder untereinander senkrecht stehen, alle Winkel der Ecken, die je nach der Lage ganz verschiedene Größe zeigen, sind in Wirklichkeit alle gleich, d. h. hier alle gleich 90°.

Eingezeichnet sind die Mittellinie der Flächen und die im Schnittpunkt der Mittellinie auf den Flächen senkrecht stehenden Linien 0—1, 0—2, 0—3, die sich beim Zusammenrücken der drei Flächen zu einer Würfelecke im Mittelpunkt des Würfels schneiden würden.

Man versuche nach diesen Regeln einfache, geradlinig begrenzte Körper zu skizzieren, gewöhne sich aber bald daran, die Winkel 7°

und 40° nicht abzumessen, sondern nach Schätzung einzutragen und auch die Abmessungen frei, d. h. ohne Maßstab einzuzeichnen.

Kreise erscheinen in der Perspektive als Ellipsen.

In die drei Quadrate der Fig. 62 sind die eingeschriebenen Kreise eingezeichnet. Vier Punkte der Ellipse sind sofort gegeben, es sind die Schnittpunkte der Mittellinien mit den Quadratseiten, da in diesen Punkten der Kreis das Quadrat berührt. Um nun die Ellipsen ohne

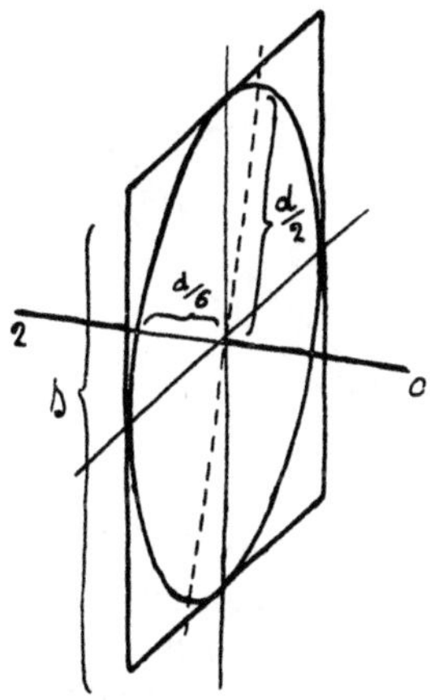

Fig. 62 b.

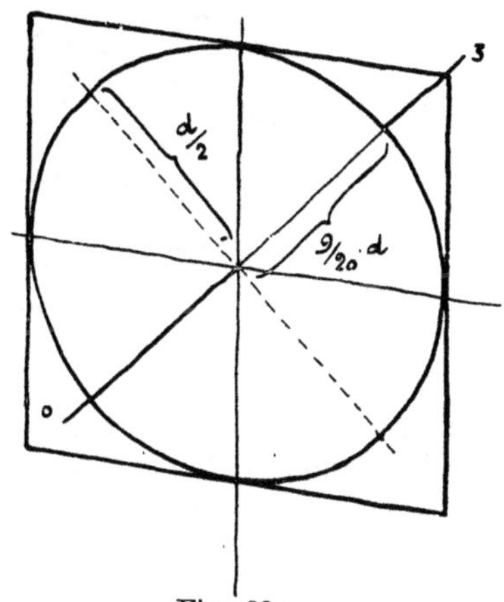

Fig. 62 c.

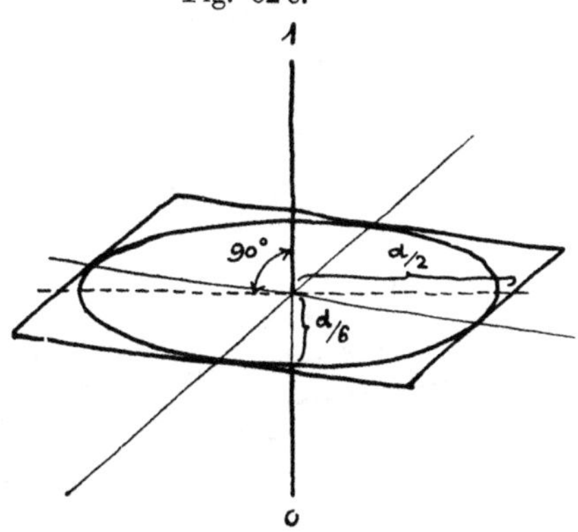

Fig. 62 a.

weitere Konstruktion von Ellipsenpunkten rasch und richtig einzeichnen zu können, verfahre man folgendermaßen:

Skizziere zuerst leicht das umschriebene Quadrat, halbiere die Quadratseiten und ziehe die beiden Mittellinien des Quadrates, vier Ellipsenpunkte sind damit gefunden. Nun errichte man im Schnittpunkt der Mittellinien (Mittelpunkt des Kreises) die auf den Quadratflächen senkrecht stehenden Achsen, in Fig. 62 a, b, c mit 0—1, 0—2, 0—3 bezeichnet. Es fallen: 0—1 in die Senkrechte, 0—2 in die Richtung der 7°-Achse, 0—3 in die Richtung der 40°-Achse. Sodann ziehe man zu diesen Achsen im Mittelpunkt eine Linie unter 90° (den Winkel 90° wirklich in die Skizze eintragen, nicht perspektivisch), in der Fig. 62 — — — — eingezeichnet. Diese Linie stellt die große Achse der Ellipse dar und es ist jetzt einfach, die Ellipse durch die vier vorher gefundenen Punkte zu legen, sie muß zu der großen Achse symmetrisch gezeichnet werden; d. h. die durch die große Achse entstandenen Ellipsenteile müssen in der Form gleich sein.

In der Figur sind noch die Abmessungen der großen und der kleinen Ellipsenachse angegeben, wobei sich $d \sim 1{,}06\,s$ ergibt; man gewöhne sich aber von vornherein daran, die Ellipsen mit Hilfe der vier Punkte und der großen Achse richtig einzuzeichnen.

Der Leser übe sich an folgenden Aufgaben: Nimmt man auf den

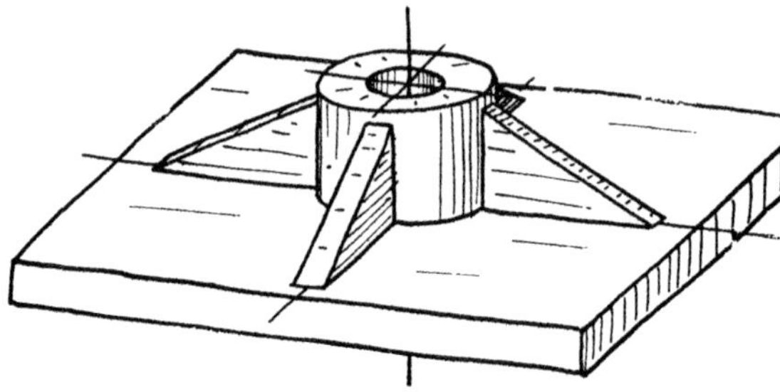

Fig. 63.

Achsen 0—1, 0—2, 0—3 in beliebiger Entfernung von der Kreisfläche einen Punkt an und zieht von dort die äußersten Mantellinien an die Ellipse, so erhält man das perspektivische Bild des Kegels in sechs verschiedenen Lagen, je nachdem man die Kegelspitze über oder unter, rechts oder links, vor oder hinter der Grundfläche angenommen hat. Man skizziere alle 6 Lagen, achte aber darauf, welche Teile der Umriß-

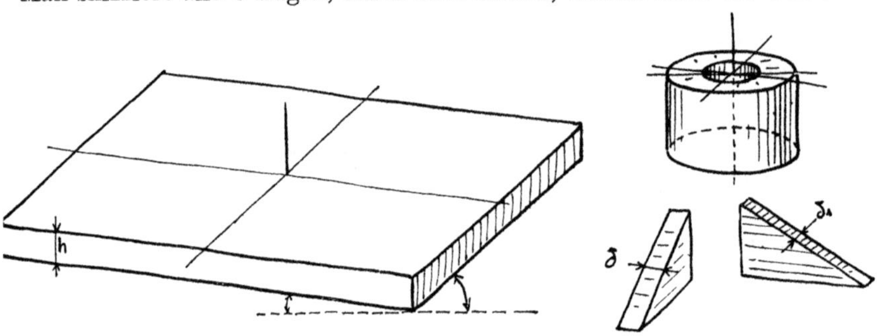

Fig. 64.

linie der Grundfläche unter Umständen unsichtbar werden, also gestrichelt oder gar nicht zu ziehen sind.

Dann zeichne man wieder in beliebigem Abstand von der zuerst skizzierten Kreisfläche eine zweite größere oder kleinere Kreisfläche parallel zu der ersten. Nach Einzeichnung der äußersten Mantellinien erhält man das perspektivische Bild eines Kegelstumpfes in sechs verschiedenen Lagen. Werden die zweiten Kreise gleich den ersten, so erhält man den Zylinder in verschiedenen Lagen.

In Fig. 63 ist eine einfache Grundplatte mit aufgesetzter Führung skizziert, Platte und Führungszylinder sind durch Rippen miteinander verstärkt. In Fig. 64 sind die Teile einzeln dargestellt, und in Fig. 65 ist gezeigt, wie man beim Entwurf der Skizze vorgeht. Man zeichnet zuerst die Grundplatte, dann setzt man den Hohlzylinder in der Mitte auf, indem man zuerst die Mittelachse senkrecht auf der Platte errichtet, die untere Kreisgrundfläche einzeichnet, in bestimmtem Abstand von dort die obere Stirnfläche des Zylinders mit der Bohrung festlegt und die äußersten Zylindermantellinien einträgt. Nun ermittelt man die Eintrittstellen der Rippen in Grundplatte und Zylinder an Hand der zugehörigen Mantellinien auf Platte und Zylinder und skizziert die Rippen fertig. Man geht also beim Aufbau der perspektivischen Skizze genau so vor, wie z. B. der Modelltischler, wenn er ein Modell aus einzelnen Teilen zusammensetzt.

Als Hauptregel ist auch beim perspektivischen Skizzieren zu merken: Die Grundlage der ganzen Skizze bilden die Mittellinien.

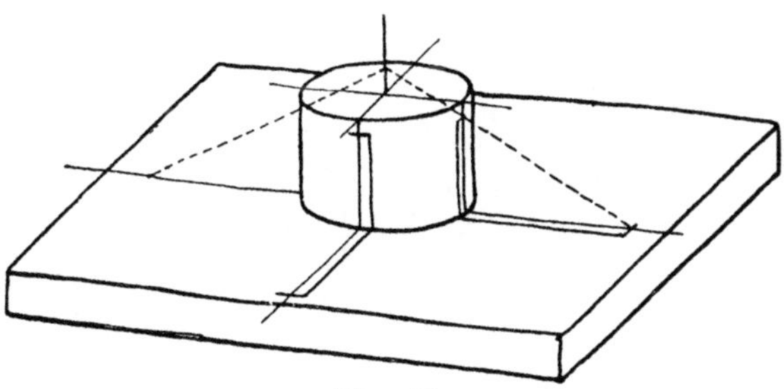

Fig. 65.

Diese sind also auf alle Fälle zuerst zu zeichnen, und auf diesem Gerippe der Mittellinien ist dann der Körper aufzubauen.

Die meisten Körper werden aus verschiedenen Grundkörpern zusammengesetzt sein, und es ist für die Wirkung der perspektivischen Skizze wichtig, daß die beim Übergang eines Grundkörpers in einen andern auftretenden Durchdringungslinien richtig eingezeichnet werden. Die Durchdringungslinien werden häufig durch das Gefühl in ihrer Lage schon richtig getroffen; in schwierigeren Fällen muß man in der Lage sein, einzelne Punkte zu ermitteln, und das setzt voraus, daß man über die Hauptregeln der darstellenden Geometrie im klaren ist. Umgekehrt erleichtert gerade die perspektivische Skizze das Verständnis der Grundsätze der darstellenden Geometrie.

Fig. 66 stellt das Mittelstück eines Kreuzkopfes dar und soll als Beispiel gelten, wie anschaulich man verwickelte Formen eines Körpers perspektivisch wiedergeben kann. Das Gußstück ist aufgeschnitten gedacht, und die beiden Hälften sind auseinandergerückt, so daß man auch die Formgebung im Innern des Gußkörpers genau überblicken kann; man kann deutlich sehen, wie die Wandungen der einzelnen Grundkörper ineinander übergehen, ob die Wandstärke überall günstig ist, d. h. ob nicht an einer Stelle sehr starke Gußanhäufung vorhanden ist, die zu Blasen- und Lunkerbildungen führen kann und daher gefährlich ist.

Bis man so weit ist, daß man Skizzen wie Fig. 66 schnell und sicher entwerfen kann, bedarf es langer Übung, und der Zeichner muß eine

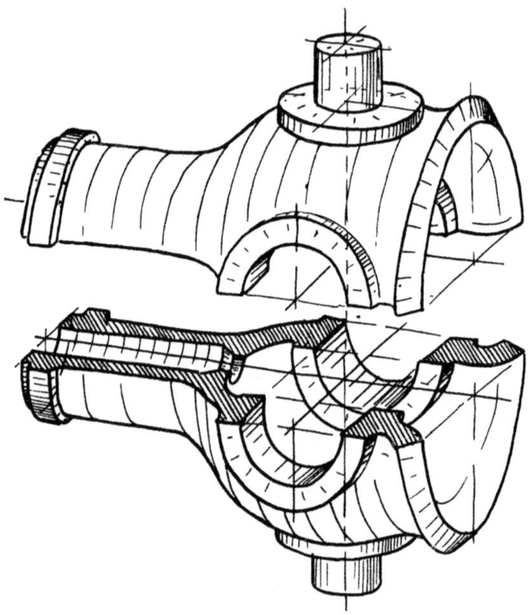

Fig. 66.

bestimmte Veranlagung für räumliche Vorstellung haben. Andererseits gibt es wohl kaum ein besseres Mittel, die räumliche Vorstellung auszubilden als das Skizzieren in Perspektive, und deshalb sollte man es dauernd üben.

Maschinenteile.

Bearbeitet von Ingenieur H. Frey.

I. Verbindende Maschinenteile.

a. Keile.

Eine Keilverbindung kann den Zweck haben, die gegenseitige Längsverschiebung zweier Maschinenteile zu verhindern, z. B. die Kolbenstange einer Dampfmaschine mit dem Kreuzkopf zu verbinden, oder aber eine gegenseitige Verdrehung der Teile zu verhüten, z. B. eine Riemenscheibe auf einer Welle zu befestigen. Im ersten Fall spricht man von Querkeilen, im zweiten Fall von Längs- oder Nutenkeilen.

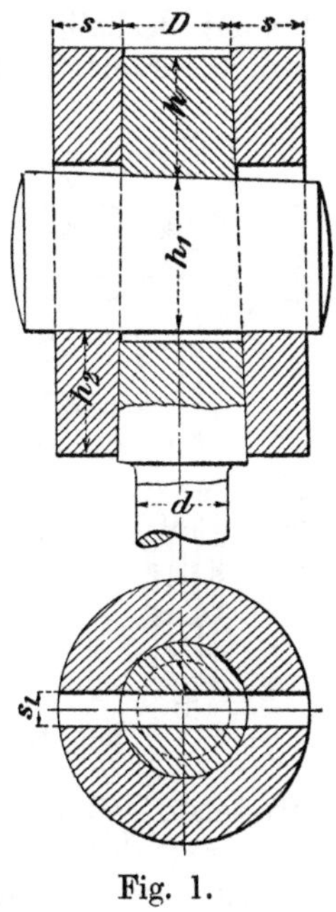

Fig. 1.

a) Querkeile. Querkeile werden heute nur noch in solchen Fällen angewendet, wo eine Verbindung durch Schrauben nicht gut möglich ist, oder ein rasches Lösen der Verbindung nötig werden kann. Ihre Herstellung erfordert bei gewissenhafter Ausführung erheblich mehr Handarbeit und ist deshalb teurer als die Schraubenverbindung. Bei der in Fig. 1 dargestellten Verbindung einer Stange in einer Hülse hat der Keil nur die Aufgabe, eine an der Stange wirkende Zugkraft auf die Hülse zu übertragen. Würde die Stange in die Hülse hineingedrückt, so würde sich der Keil lockern und herausfallen können. Die Verbindung kann somit hier nur in einer Richtung, auf Zug, beansprucht werden. In andern Fällen, wo die Richtung der Kraft wechselt, muß dafür gesorgt werden, daß der Bolzen oder die Stange durch den Keil mit dem zu verbindenden Maschinenteil fest verspannt wird. Das geschieht etwa in der Art der Fig. 2. Hier werden die beiden Stangenenden durch die beiden Keile fest gegeneinander gepreßt. Die Verbindung kann nun sowohl Druckkräfte übertragen, da das eine Stangenende unmittelbar auf das andere stößt, als auch Zugkräfte, die durch die Keile und die Hülse übertragen werden.

Wir unterscheiden deshalb Keilverbindungen für ruhende Belastung und für wechselnde Belastung. In den meisten Fällen wird der Keil so stark eingetrieben, daß eine sogenannte Vorspannung in der Verbindung entsteht. Dadurch bleibt die Beanspruchung des Materials im Betriebe stets höher, als sich aus einer Rechnung ergibt, die nur die auftretenden Kräfte berücksichtigt. Beim Eintreiben des

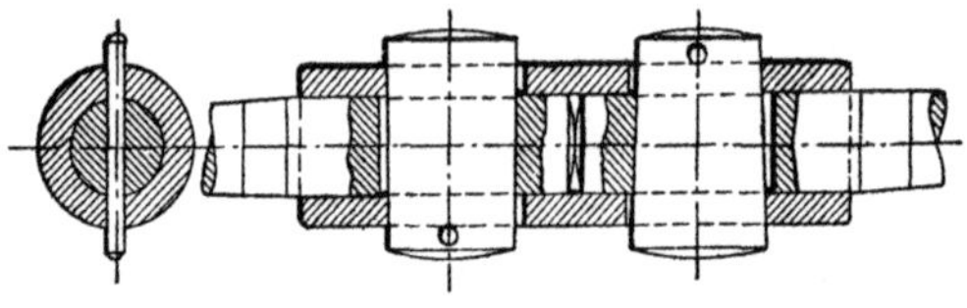

Fig. 2.

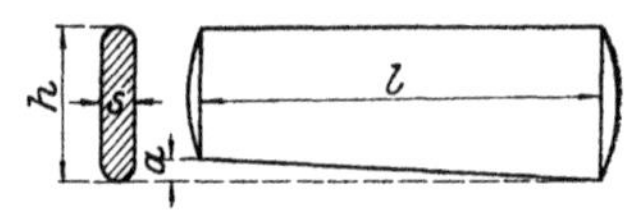

Fig. 3.

Keiles gleiten die Schmalseiten des Keilquerschnittes unter erheblichem Druck auf den Flächen des Keilloches. Es kann deshalb an diesen Stellen leicht eine Zerstörung dieser Druckflächen, ein „Fressen" des Keiles stattfinden. Auch muß dafür gesorgt sein, daß im Betriebe die Berührungsflächen zwischen Keil und Stange, bzw. Hülse nicht zerdrückt werden. Man darf deshalb den Keil nicht beliebig schmal ausführen. Gewöhnlich beträgt die Keilstärke *s* (Fig. 3) etwa ein Viertel des Stangendurchmessers.

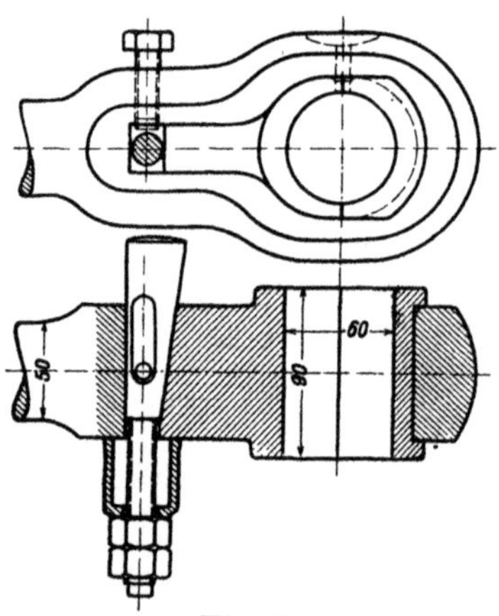

Fig. 4.

Der Anzug des Keiles, das ist der Unterschied in der Keilhöhe *h* an beiden Enden des Keiles, darf nicht zu klein sein, sonst wird beim Eintreiben des Keiles schon durch leichte Schläge infolge der Keilwirkung eine sehr große Vorspannung hervorgerufen. Kommt dann die eigentliche Beanspruchung des Betriebes dazu, so können gefährliche Spannungen im Material entstehen. Andererseits darf der Keilanzug auch nicht zu groß sein, da sonst der Keil unter der Wirkung der Stangenkraft herausgedrückt würde. Dies würde ohne weiteres bei jedem Anzug geschehen, wenn nicht die zwischen den Flächen auftretende Reibung der Verschiebung entgegenwirken würde. Gewöhnlich beträgt der Anzug etwa $^1/_{15}$ bis $^1/_{20}$, d. h. bei einer Keillänge l von beispielsweise 120 mm ist der Unterschied der Keilhöhen h_1 und h_2 gleich 8 bis 6 mm.

Es gibt freilich auch Keile mit verhältnismäßig großem Anzug, sogenannte Stellkeile, die dazu dienen, Lagerschalen „nachzustellen", d. h. in die richtige Entfernung von den Lagerzapfen zu bringen. Hier wird dann eine unbeabsichtigte, selbsttätige Verschiebung durch besondere Stellschrauben oder dgl. verhindert, etwa wie bei dem Schubstangenkopf nach Fig. 4. Bei solchen Stellkeilen müssen natürlich die tragenden Flächen besonders reichlich bemessen sein, und sie werden mit Rücksicht auf leichtes, genaues Einpassen eben ausgeführt. Bei den eigentlichen Befestigungskeilen dagegen wird der Querschnitt des Keilloches und des Keiles mindestens mit stark abgerundeten Ecken, am besten mit halbkreisförmigen (vgl. Fig. 3) Enden ausgeführt. Scharfe Ecken ver-

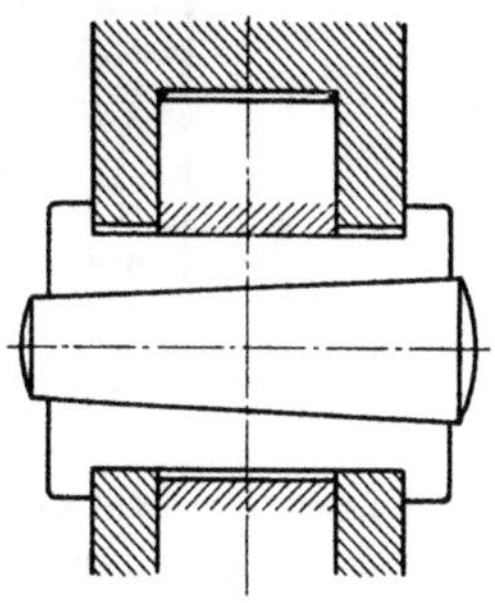

Fig. 5.

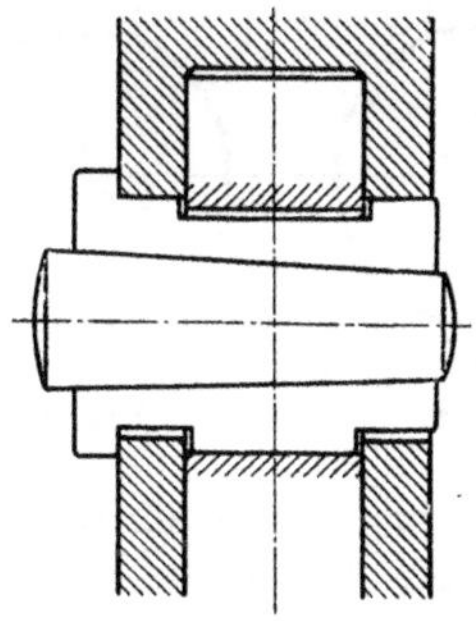

Fig. 6.

ursachen ganz außergewöhnlich hohe Materialspannungen und deshalb sehr leicht Risse in der Stange, bzw. in der Hülse.

Beide Vorteile, ebene Keilflächen und ausgerundete Keillöcher, erzielt man durch Keile mit beiderseitigen Beilagen nach Fig. 5, allerdings mit dem Nachteil größerer Baulänge, da der Keil mit Beilagen im ganzen höher ausfällt als ein einfacher Keil. Diese Verbindung läßt sich besonders leicht lösen. Man braucht nur an Stelle der zur Befestigung dienenden Beilagen solche nach Fig. 6 einzulegen, um mit Hilfe des Keiles die Stange aus der Hülse herauszutreiben.

b) Längskeile. Diese dienen, wie schon gesagt, hauptsächlich zur Befestigung von Rädern u. dgl. auf Wellen. Wir unterscheiden je nach dem Querschnitt: Nutenkeile, Flachkeile, Hohlkeile, Rundkeile und Tangentialkeile. Sie erhalten in der Längsrichtung einen Anzug von etwa $^1/_{100}$. Nuten- und Rundkeile werden auf Abscheren beansprucht. Die Festigkeit der Verbindung wird dabei noch dadurch erhöht, daß beim Eintreiben der Keile infolge des Anzuges die Radnabe in Richtung des Pfeiles, (Fig. 7) gegen die Welle gepreßt wird. Eine Verdrehung der Nabe gegen die Welle wird durch die infolge dieses Druckes auftretende Reibung verhindert. Bei Flach- und Hohlkeilen (Fig. 8 und 9) verhindert allein diese Reibung die Verdrehung; diese Keile können deshalb nur für kleine Beanspruchungen verwendet werden. Der Rundkeil wird meist zur Sicherung von Kurbeln nach Fig. 10

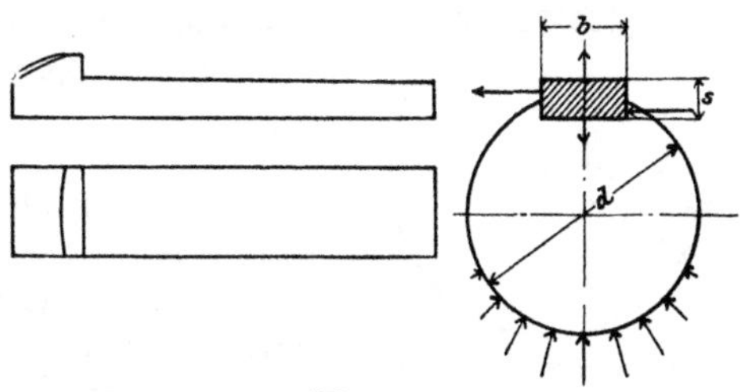

Fig. 7.

verwendet, wo man das erforderliche runde, schwachkegelige Loch in Welle und Nabe von der Stirnseite ausbohren und aufreiben kann. **Tangentialkeile** (Fig. 11) dienen zur Befestigung besonders schwerer Schwungräder, wo die Verdrehung nach beiden Drehrichtungen verhindert

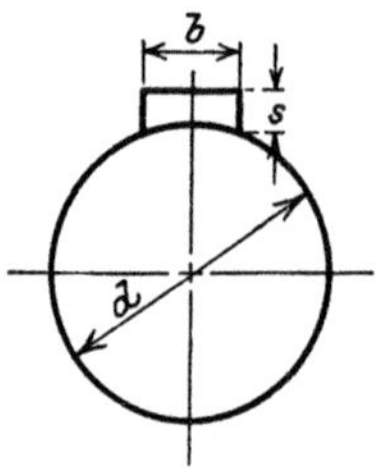

Fig. 8.

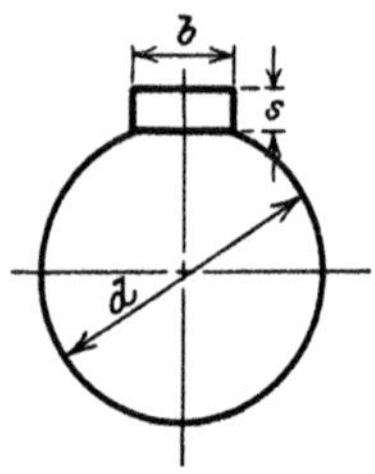

Fig. 9.

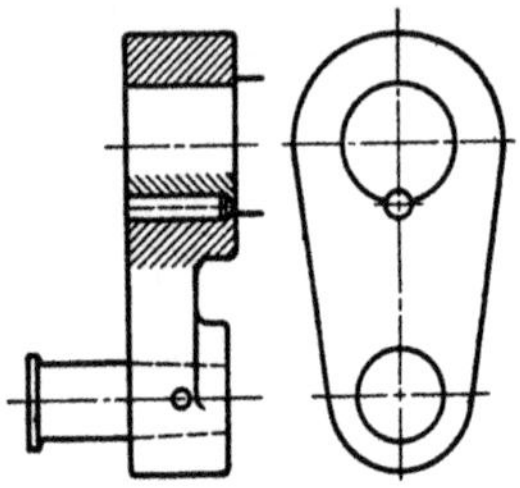

Fig. 10.

werden muß. Sie werden stets doppelt ausgeführt und bestehen aus zwei mit gleichem Anzug versehenen Keilen, die gegeneinander eingetrieben werden. Es ist deshalb darauf zu achten, daß auf beiden Seiten des Rades genügend Platz zum Eintreiben des Keiles vorhanden ist. Da diese Keile nur auf Druck beansprucht werden, können sie verhältnismäßig schwach gehalten werden. Die Abmessungen der Keile werden mit Rücksicht auf die zur Herstellung der Nuten erforderlichen Fräser nach bestimmten Normen gewählt. Können Keile für nur zeitweise Befestigung nicht durch Schläge auf das dünnere Ende ausgetrieben werden, so erhält das stärkere Ende eine Nase (Nasenkeile, Fig. 7).

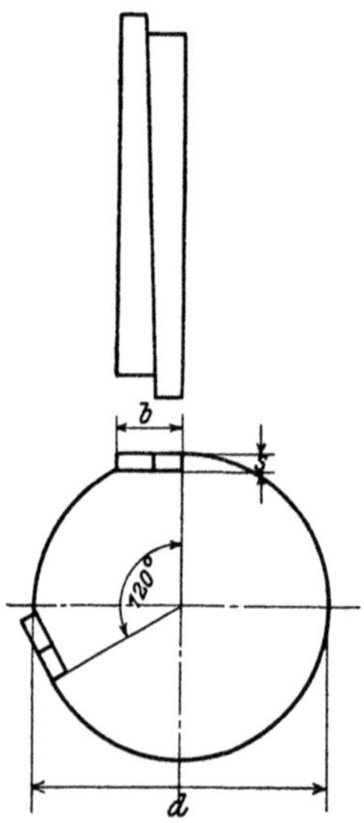

Fig. 11.

Soll die Nabe auf der Welle leicht verschiebbar sein, z. B. bei Kupplungen, so wird die Drehbewegung durch eine **Feder** übertragen. Diese erhält dann natürlich keinen Anzug und wird in der Welle häufig durch kleine Schlitzschrauben mit versenktem Kopf befestigt (Fig. 12). Bei großen Verschiebungen der Nabe wird die Feder wohl auch in dieser befestigt und gleitet in der Wellennut.

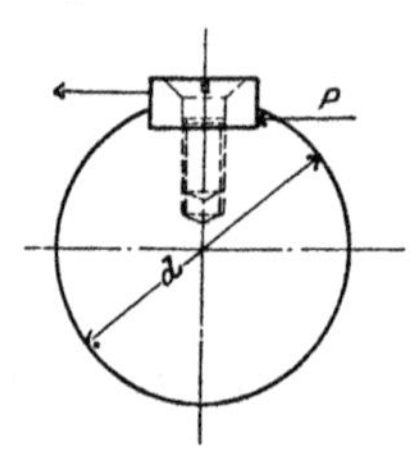

Fig. 12.

B. Schrauben.

Schraubenlinie, Ganghöhe, Steigungswinkel usw., siehe Abschnitt Mechanik, Seite 198 und Projektionszeichnen S. 44.

Gewindeformen. Je nach dem bei einem Längsschnitt durch die Schraube sich ergebenden Profil unterscheiden wir:

a) scharfgängiges Gewinde (Spitzgewinde, Fig. 13),
b) flachgängiges Gewinde (Fig. 14),
c) trapezförmiges Gewinde (Fig. 15) und
d) Rundgewinde (Fig. 16).

Ihre Anwendung richtet sich nach dem Verwendungszweck der Schraube. Soll nur ein Maschinenteil an einem andern befestigt werden, handelt es

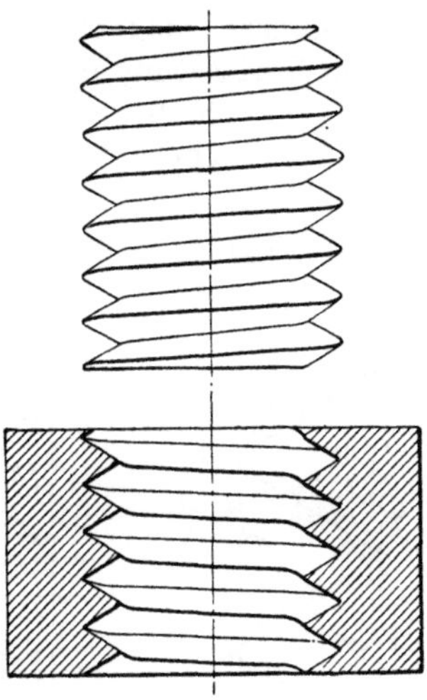

Fig. 13.

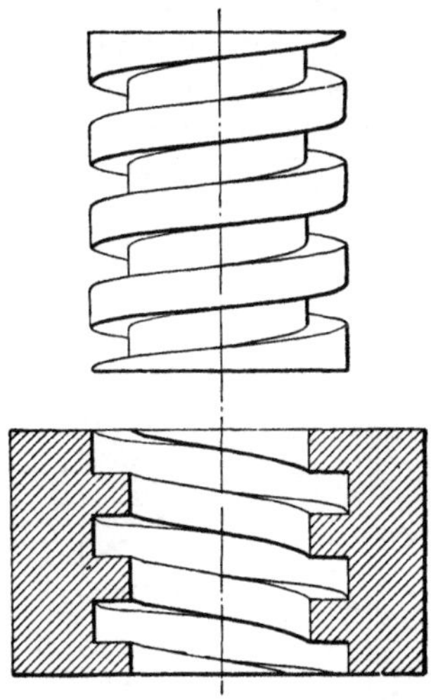

Fig. 14.

sich also um Befestigungschrauben, so wird fast ausschließlich scharfgängiges Gewinde verwendet. Bei diesem ist die zwischen den Gewindegängen der Schraube und dem Muttergewinde entstehende Reibung unter sonst gleichen Verhältnissen größer als bei Flachgewinde. Die Verbindung löst sich deshalb unter dem Einfluß von Stößen u. dgl. weniger leicht. Bei Schrauben, durch die ein Maschinenteil bewegt, beispielsweise eine Last gehoben werden soll (Schraubenwinden), kommt es im Gegenteil darauf an, diese Reibung so klein wie möglich zu halten. Andernfalls würde die Kraft, die zum Drehen der Schraube erforderlich ist, unnötig groß ausfallen. Für solche Bewegungschrauben verwenden wir deshalb ausschließlich Flachgewinde. Beim Trapezgewinde nach Fig. 15 ist dementsprechend die Reibung bei Beanspruchung in der einen Richtung der Schraube größer

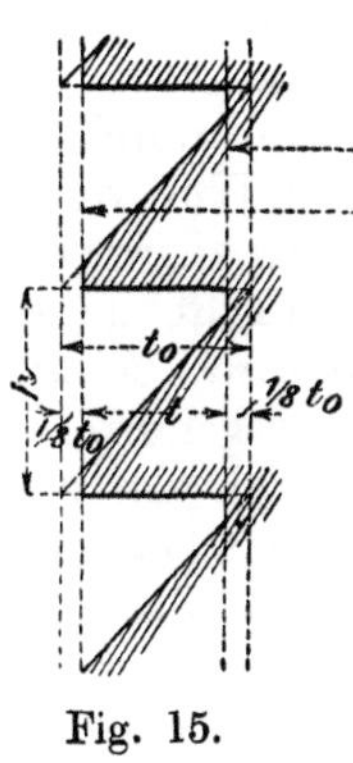

Fig. 15.

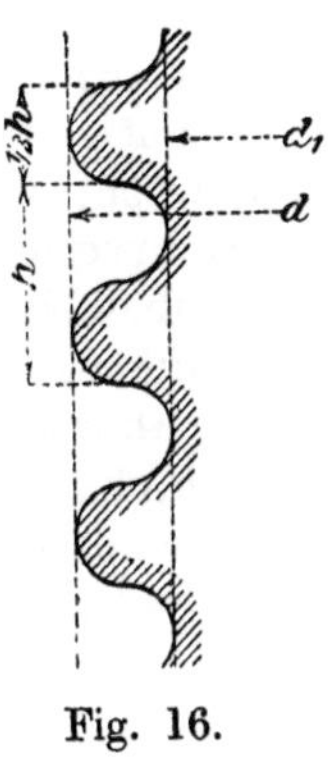

Fig. 16.

als in der entgegengesetzten. Es wird deshalb in den Fällen verwendet, wo der Druck nur in *einer* Richtung auf die Schraube wirkt.

Es wäre natürlich sehr zweckmäßig, wenn die am meisten gebrauchten Befestigungschrauben durchweg mit gleichen Profilen hergestellt würden. Leider ist dies nicht der Fall. In Amerika ist das *Sellersgewinde* (Fig. 17) verbreitet, während bei uns das *Whitworth-Gewinde* (Fig. 18) am meisten angewendet wird. Im Jahre 1898 wurde zwar von deutschen, französischen, belgischen und schweizerischen Ingenieuren ein internationales Gewinde vereinbart, das S.-I.-Gewinde (Fig. 19), das aber verhältnismäßig langsam Verbreitung fand. Neben dem gewöhnlichen Whitworth-Gewinde wird noch das mit ungefähr gleichem Profil versehene, aber feinere *Gasgewinde* benutzt. Hier

Fig. 17.

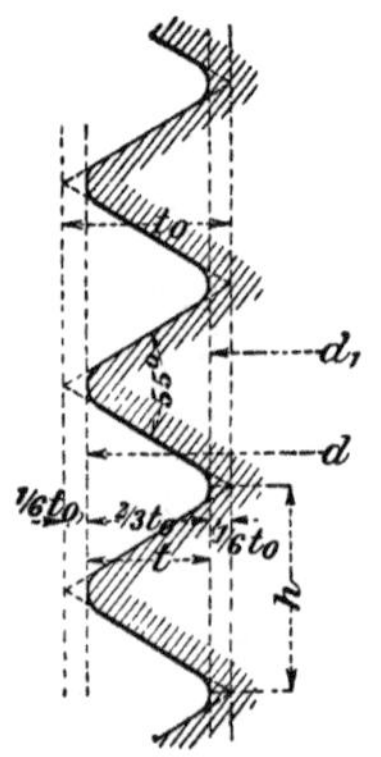

Fig. 18.

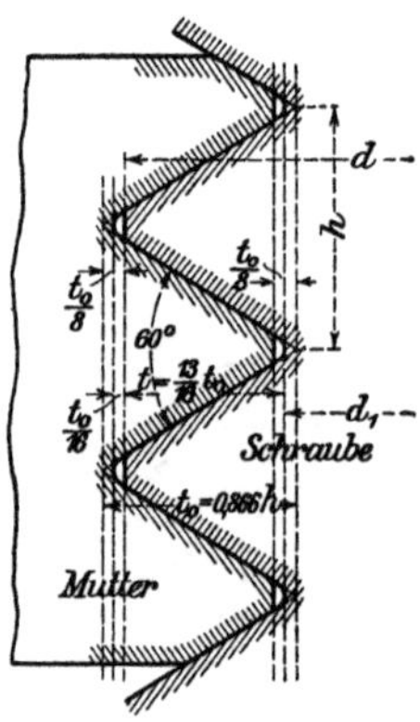

Fig. 19.

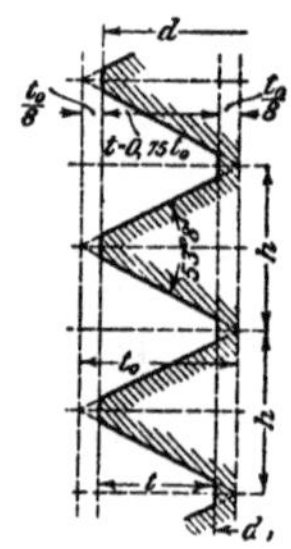

Fig. 20.

kommen auf eine bestimmte Länge mehr Gewindegänge. Ganghöhe und Steigungswinkel werden kleiner und in gleichem Verhältnis die Gewindetiefe geringer. Das Lösen der Verbindung wird dadurch erschwert und gleichzeitig der Bolzen durch das Anschneiden des Gewindes weniger geschwächt als beim Whitworth-Gewinde. Es wird deshalb besonders für Rohrverbindungen angewendet. Der Feinmechaniker verwendet für Schrauben bis 10 mm Durchmesser das *Löwenherz-Gewinde* (Fig. 20). In Süddeutschland wird von einigen Fabriken das Whitworth-Gewinde etwas abweichend ausgeführt, so daß nur die Ganghöhen gleich sind, die Durchmesser jedoch von 3 zu 3 mm ansteigen.

Wir unterscheiden bei den Schrauben den *äußeren Durchmesser*, über die Spitzen der Gewindegänge gemessen, den meist nur wenig größeren *Schaft-* oder *Bolzendurchmesser* und den inneren oder *Kerndurchmesser*. Ist der Schraubenschaft im Verhältnis zur Länge des Gewindes sehr lang, wie z. B. bei Ankerschrauben, so wird sein Durchmesser nur etwa gleich dem Kerndurchmesser gewählt. Die größte Beanspruchung der Schraube tritt im kleinsten Querschnitt, also im *Kernquerschnitt* auf, und es hätte keinen Zweck, den langen Schraubenschaft stärker als den Kernquerschnitt auszuführen.

Whitworth-Gewinde (zu Fig. 21).

Äußerer Gewindedurchmesser d, engl. Zoll	Äußerer Gewindedurchmesser d, mm	kg/cm Durchmesser	kg/cm Querschnitt qcm	Anzahl der Gewindegänge auf 1 Zoll engl.	Anzahl der Gewindegänge auf die Länge d	Höhe der Mutter h	Höhe d. sechs- od. viereckigen od. rund. Kopfes h	Schlüsselweite s	Zulässige Belastung bei 480 kg auf 1 qcm kg
$^{1}/_{4}$	6,35	4,72	0,175	20	5	6	4	13	85
$^{5}/_{16}$	7,94	6,13	0,295	18	$5^{5}/_{8}$	8	6	16	140
$^{3}/_{8}$	9,52	7,49	0 441	16	6	10	7	19	210
$^{7}/_{16}$	11,10	8,79	0,607	14	$6^{1}/_{8}$	11	8	21	290
$^{1}/_{2}$	12,70	9,99	0,784	12	6	13	9	23	375
$^{5}/_{8}$	15,87	12,92	1,311	11	$6^{7}/_{8}$	16	11	27	630
$^{3}/_{4}$	19,05	15,80	1,961	10	$7^{1}/_{2}$	19	13	33	930
$^{7}/_{8}$	22,22	18,61	2,720	9	$7^{7}/_{8}$	22	15	36	1 300
1	25,40	21.33	3,573	8	8	25	18	40	1 715
$1^{1}/_{8}$	28,57	23,93	4,498	7	$7^{7}/_{8}$	29	20	45	2 160
$1^{1}/_{4}$	31,75	27,10	5,768	7	$8^{3}/_{4}$	32	22	50	2 770
$1^{3}/_{8}$	34,92	29 50	6,835	6	$8^{1}/_{4}$	35	24	54	3 280
$1^{1}/_{2}$	38,10	32,68	8,388	6	9	38	27	58	4 030
$1^{5}/_{8}$	41,27	34,77	9,495	5	$8^{1}/_{8}$	41	29	63	4 560
$1^{3}/_{4}$	44,45	37,94	11,31	5	$8^{3}/_{4}$	44	32	67	5 430
$1^{7}/_{8}$	47,62	40,40	12,82	$4^{1}/_{2}$	$8^{7}/_{16}$	48	34	72	6 150
2	50,80	43,57	14,91	$4^{1}/_{2}$	9	51	36	76	7 160
$2^{1}/_{4}$	57,15	49,02	18,87	4	9	57	40	85	9 060
$2^{1}/_{2}$	63,50	55,37	24,08	4	10	64	45	94	11 560
$2^{3}/_{4}$	69,85	60,55	28,80	$3^{1}/_{2}$	$9^{5}/_{8}$	70	49	103	13 820
3	76,20	66,90	35,15	$3^{1}/_{2}$	$10^{1}/_{2}$	76	53	112	16 870
$3^{1}/_{4}$	82,55	72,57	41,36	$3^{1}/_{4}$	$10^{9}/_{16}$	83	58	121	19 850
$3^{1}/_{2}$	88,90	78,92	48,92	$3^{1}/_{4}$	$11^{3}/_{8}$	89	62	130	23 480
$3^{3}/_{4}$	95,25	84,40	55,95	3	$11^{1}/_{4}$	95	67	138	26 860
4	101,60	90,75	64,68	3	12	102	71	147	31 050
$4^{1}/_{4}$	107,95	96,65	73,37	$2^{7}/_{8}$	$12^{7}/_{32}$	108	76	156	35 230
$4^{1}/_{2}$	114,30	102,98	83,29	$2^{7}/_{8}$	$12^{15}/_{16}$	114	80	165	39 980
$4^{3}/_{4}$	120,65	108,84	93,04	$2^{3}/_{4}$	$13^{1}/_{16}$	121	85	174	44 660
5	127,00	115,19	104,2	$2^{3}/_{4}$	$13^{3}/_{4}$	127	89	183	50 020
$5^{1}/_{4}$	133,35	121,67	116,3	$2^{5}/_{8}$	$13^{25}/_{32}$	133	93	192	55 870
$5^{1}/_{2}$	139,70	127,51	127,7	$2^{5}/_{8}$	$14^{7}/_{16}$	140	98	201	61 300
$5^{3}/_{4}$	146,05	133,05	139,0	$2^{1}/_{2}$	$14^{3}/_{8}$	146	102	209	66 740
6	152,40	139,39	152,6	$2^{1}/_{2}$	15	152	106	218	73 250

Die Hauptabmessungen der Whitworth-Schrauben gibt die Tafel 1, S. 87. Die Höhe der Mutter ist gleich dem Bolzendurchmesser, wenn Schraube und Mutter aus gleichem Material bestehen. Ist das Material der Mutter weniger widerstandsfähig als das des Bolzens, so muß auch die Mutterhöhe größer gewählt werden, z. B. bei Muttern aus Rotguß, Temperguß oder dgl. Der an den Schraubenbolzen angeschmiedete Kopf wird etwa $^7/_{10}$ so hoch wie die Mutter. Die Tafel enthält ferner die Schlüsselweiten, d. h. die Entfernung zweier paralleler Seiten der sechskantigen Mutter oder des viereckigen Kopfes. Die in der letzten Spalte angegebenen Werte der zulässigen Belastung sind mit einer angenommenen Spannung von 480 kg/cm² berechnet. Für Schrauben, die unter voller Belastung noch nachgezogen werden müssen, wie etwa an Flanschen von Rohr-

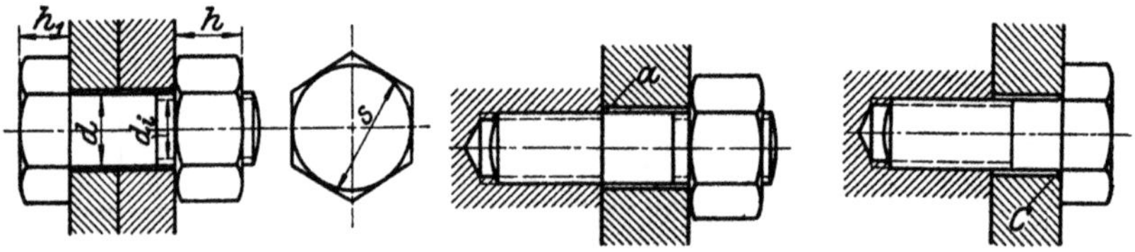

Fig. 21. Fig. 22. Fig. 23.

leitungen, darf die zulässige Belastung nur etwa $^6/_{10}$ der in der Tabelle angegebenen Belastung sein.

Besondere Formen der gewöhnlichen Befestigungschrauben sind:

a) Stiftschraube (Fig. 22). Kann eine Schraube nach Fig. 21 nicht durchgesteckt werden, so wird der eine Maschinenteil mit Gewinde versehen und die Stiftschraube fest eingedreht. Da es sich meist um gußeiserne Körper handelt, muß nach dem über die Mutterhöhe Gesagten auch hier das Gewindeende länger sein als der Bolzendurchmesser, etwa gleich dem $1^1/_2$ fachen. Die Stiftschraube soll, wenn irgend möglich, noch einen, wenn auch nur kurzen glatten Schaft mit dem Bolzendurchmesser erhalten, damit dieser sich bei *a* (Fig. 22) fest einpreßt. Sonst kann es leicht vorkommen, daß beim Lösen der Mutter der Stift mit herausgedreht wird.

b) Kopfschraube (Fig. 23). Diese läßt sich nicht so leicht nachspannen oder lösen wie die Mutter einer Stiftschraube und wird deshalb seltener angewendet. Auch ist hier eine geringe Ungenauigkeit der Herstellung, wenn die Bohrung des Gewindes nicht genau senkrecht zur Anlagefläche des Schraubenkopfes steht, gefährlicher als bei gewöhnlichen Mutterschrauben oder bei Stiftschrauben. In der Ecke bei *c* bilden sich dann leicht Risse, die zu einem Abplatzen des Kopfes führen können.

Im allgemeinen werden die Löcher, durch die die Schrauben hindurchgesteckt werden, nur wenig größer gebohrt als der Schaftdurchmesser. Andernfalls müssen unter Köpfe und Muttern entsprechend kräftige Unterlegscheiben kommen. Schwächere Unterlegscheiben werden aber auch unter die Muttern gebracht, um eine Zerstörung der Flächen beim Anziehen der Mutter zu verhindern. Da der Kopf meist festgehalten wird und sich nicht drehen soll, ist unter diesem eine Unterlegscheibe überflüssig.

Stöße und Erschütterungen haben zur Folge, daß die Muttern von Befestigungschrauben sich selbsttätig lösen. Man sucht deshalb die Muttern gegen selbsttätiges Losdrehen durch die verschiedensten Schraubensicherungen (Fig. 24 bis 27) zu sichern.

a) Sicherung durch Splint (Fig. 25). Das Splintloch muß bei angezogener Mutter gebohrt werden. Ist dies nicht möglich, so muß eine Unterlegscheibe von genau passender Dicke verwendet werden.

b) Federnde Unterlegscheiben (Fig. 26) wirken nicht als eigentliche Sicherungen, sondern vermindern nur die Wirkung der Stöße.

c) In einer Blechscheibe werden zum Sechskant der Mutter passende Ausschnitte angebracht. Je nach der Anzahl der Ausschnitte paßt die

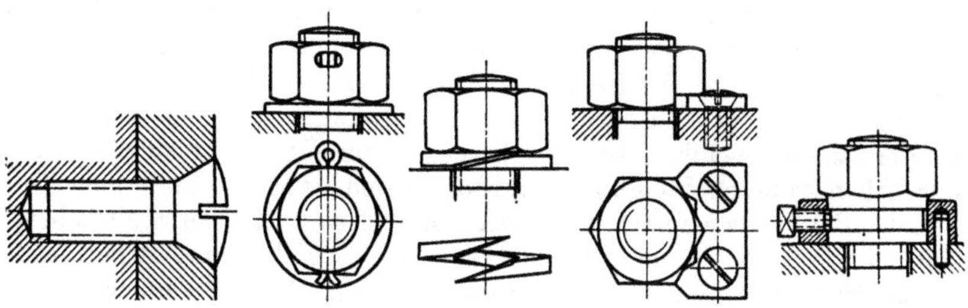

Fig. 24. Fig. 25. Fig. 26. Fig. 27. Fig. 28.

durch Kopfschrauben befestigte Blechplatte nach $^1/_6$ oder $^1/_{12}$ Umdrehung der Mutter wieder zum Sechskant (Fig. 27).

d) Pennsche Sicherung (Fig. 28). Die Mutter ist nur im oberen Teil sechskantig, unten dagegen rund mit einer eingedrehten Nut. Dieser zylindrische Teil steckt in einem an der Drehung verhinderten Ring, und eine seitlich in die Nut greifende Druckschraube sichert die Mutter in jeder Stellung. Anstatt in den Ring kann die Mutter auch unmittelbar in den zu befestigenden Maschinenteil eingelassen und durch eine Druckschraube gesichert werden (Fig. 196, S. 168).

e) Mutter und Gegenmutter. Zwei Muttern werden scharf gegeneinander angezogen. Dabei ist es nicht nötig, daß die untere Mutter fest angezogen ist, wie es z. B. bei Schrauben zum Nachstellen von Lagerschalen vorkommt. Da die obere der beiden Muttern die Last aufnimmt, muß bei ungleicher Mutterhöhe die kleinere Mutter unten sein. Meist wird man heute zwei gleiche Muttern verwenden, da das Herstellen der nicht normalen kleineren Mutter unnötig Geld kostet.

Für Bewegungschrauben, die selten in größeren Mengen mit gleichen Abmessungen hergestellt werden, liegen Vereinbarungen über Durchmesser, Ganghöhe von Flachgewinden u. dgl. nicht vor. Für Trapezgewinde wurden neuerdings auch Normen aufgestellt, da dieses im Gegensatz zu Flachgewinde durch Fräsen hergestellt werden kann. Durch die Normen wird die Anzahl der verschiedenen erforderlichen

Fräser beschränkt. Bezüglich der Ganghöhe muß auf die vorhandenen Einrichtungen der Drehbänke Rücksicht genommen werden. Flachgewinde erhalten meistens quadratischen Querschnitt der Gewindegänge, d. h. die Gangtiefe wird gleich der halben Ganghöhe gewählt. Die Gangtiefe selbst wird meist gleich $^1/_{10}$ bis $^1/_8$ des äußeren Durchmessers gewählt. Während für Befestigungschrauben stets nur eingängige Gewinde verwendet werden, da hier der Steigungswinkel so klein wie möglich sein muß, kommen bei Bewegungschrauben häufig zwei- und mehrgängige Gewinde vor. Bei einer Umdrehung der Schraube wird dann die Mutter um das Doppelte bzw. Mehrfache der Ganghöhe verschoben, und der Verlust an Arbeit zum Überwinden der Reibung in den Gewindegängen wird vermindert. Wird bei solchem mehrgängigen Gewinde der Steigungswinkel größer als der sogenannte Reibungswinkel, d. h. tg $\alpha > \mu$ (vgl. Abschnitt Mechanik, S. 197), so ist die Schraube nicht mehr selbstsperrend. Ist, wie z. B. bei Befestigungschrauben, der Steigungswinkel kleiner als der Reibungswinkel, d. h. kleiner als etwa 6°, so ist zum Zurückdrehen der belasteten Mutter ein beträchtliches Drehmoment erforderlich. Ist der Steigungswinkel dagegen größer als der Reibungswinkel, so wird dieses Drehmoment sehr klein und bei wesentlich größerem Steigungswinkel dreht sich die Mutter unter dem Einfluß der Belastung selbsttätig zurück. Dies ist zum Beispiel von Wichtigkeit bei den Spindeln von Spindelpressen, die deshalb stets mit beträchtlichen Steigungswinkeln und mehrgängig ausgeführt werden, wenn die Spindel, nachdem sie ihre tiefste Stellung erreicht hat, unter dem Preßdruck selbsttätig wieder zurückgehen soll. Trapezgewinde ergibt bei gleicher Ganghöhe eine größere Festigkeit als Flachgewinde. Rundgewinde wird selten und nur für größere Gewindedurchmesser bei stark beanspruchten und öfters zu lösenden Schrauben verwendet.

C. Nieten.

Im Gegensatz zu Keil- und Schraubenverbindungen sind Nietverbindungen unlösbar, d. h. die Teile lassen sich ohne Zerstörung der Nieten nicht wieder auseinandernehmen.

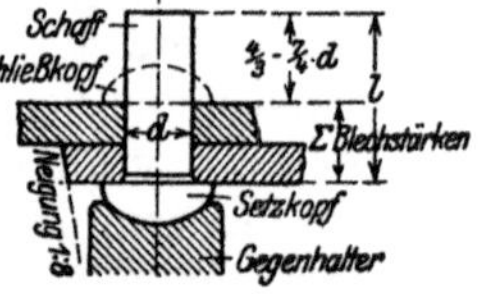

Fig. 29.

Am fertigen, aus vorzüglichem, zähen und schmiedbaren Eisen hergestellten Niet unterscheiden wir den Setzkopf, den Schaft und den Schließkopf. Fig. 29 zeigt das Niet vor seiner Verwendung. Der Setzkopf ist bereits fertig gebildet. Die Verbindung etwa zweier Blechstreifen erfolgt nun in der Weise, daß zunächst in beiden Blechen an genau übereinanderliegenden Stellen Löcher vom Schaftdurchmesser d gebohrt werden. Das in der Regel rotglühend gemachte Niet wird hindurchgesteckt und nun durch Hämmern oder Pressen der Schließkopf gebildet. Nur schwache Nieten unter 8 mm Durchmesser werden kalt eingezogen. Bei der Handnietung muß der Setzkopf während des Anstauchens des Schließkopfes durch einen als Amboß wirkenden Gegenstand gestützt werden. Der vorstehende Schaft wird zunächst mit starken Hammerschlägen gestaucht und darauf mit einem aufgesetzten Schellhammer, der eine dem fertigen Schließkopf entsprechende Aushöhlung hat, in die gewünschte endgültige Form gebracht. Je größer der Nietdurchmesser ist, um so schwieriger wird dieses Bilden des Schließkopfes von Hand. Man hat deshalb zunächst besonders für größere Nietdurchmesser Nietmaschinen gebaut, die jetzt aber auch für kleinere Nietstärken gern verwendet werden, da dabei das lästige Geräusch wegfällt und die Verbindung fester wird, wie weiter unten noch gezeigt werden soll. Diese Nietmaschinen bestehen aus einem kräftigen Bügel, dessen eines Ende den Stempel zum Halten des Setzkopfes enthält, während am anderen Ende der Stempel zum Bilden des Schließkopfes durch Druckwasser

Fig. 30.

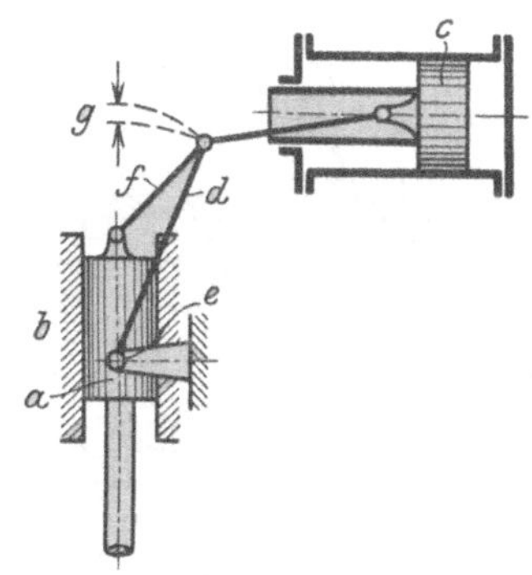

Fig. 31.

oder Druckluft betätigt wird. Fig. 30 zeigt eine solche Nietmaschine für Druckluftbetrieb. Aus Fig. 31 ist die Bewegung des Druckstempels zu ersehen. Er ist an einem zylindrischen Führungsstück befestigt, das sich in einem Zylinder *b* bewegt. Wird der Kolben *e* durch die Druckluft nach links gedrückt, so dreht sich die in Wirklichkeit doppelt ausgeführte Lenkstange *d* um den festen Punkt *e* und zwingt dadurch den Kolben *a* durch die Lenkstange *f* sich um das Stück *g* abwärts zu bewegen. Nach dem Erkalten des Nietes wird der Druckluftkolben *c* nach rechts gedrückt und damit das Führungsstück *a* mit dem Stempel wieder gehoben.

Die Wirkung der Nietverbindung beruht nun darauf, daß durch die Nietköpfe die beiden Bleche so stark gegeneinander gepreßt werden, daß die zwischen beiden entstehende Reibung ein Verschieben wirksam verhindert. Es kommt also ganz besonders darauf an, daß die Nietköpfe auch wirklich einen solchen bedeutenden Druck ausüben können. Ein schmiedeeiserner Stab dehnt sich beim Erwärmen aus und zieht sich bei Abkühlung zusammen. Der rotwarme Nietschaft wird sich somit beim Abkühlen ebenfalls zusammenziehen wollen, wird aber daran durch die Nietköpfe gehindert. Infolgedessen drücken diese von beiden Seiten auf die Bleche. Es ist deshalb wichtig, daß der Schließkopf möglichst schnell gebildet wird, solange der Nietschaft noch nicht stark abgekühlt ist, ebenso aber auch, daß sich der Nietschaft nicht schon bei der Abkühlung, während der seine Festigkeit beträchtlich vermindert ist, übermäßig reckt. Es ist daher vorteilhaft, daß bei der Maschinennietung der Stempeldruck bis zum genügenden Erkalten des Nietes auf die Nietköpfe wirken kann. Der von den Nietköpfen ausgeübte Druck ist also größer als bei Handnietung und die Sicherheit gegen Verschiebung der Bleche somit gleichfalls vermehrt. Bei der Abkühlung zieht sich der Nietschaft aber nicht nur in der Längsrichtung zusammen, sondern auch sein Durchmesser wird kleiner. Er kann also nach vollständigem Erkalten das Nietloch nicht mehr vollkommen ausfüllen. Wenn der so entstehende Zwischenraum zwischen der Nietlochwand und dem Schaft auch nur sehr klein ist, so ist er doch stets vorhanden,

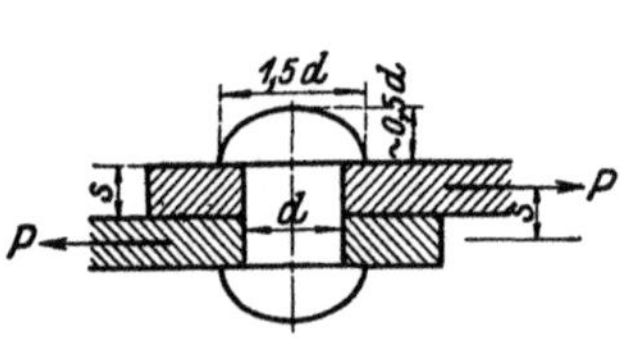

Fig. 32.

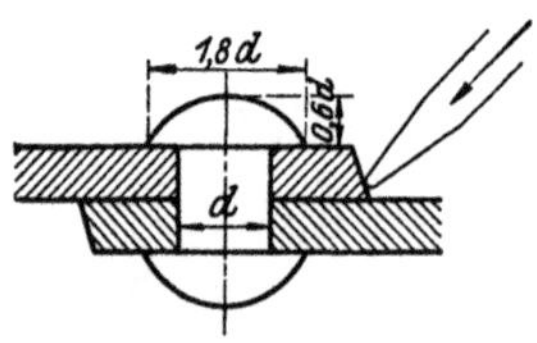

Fig. 33.

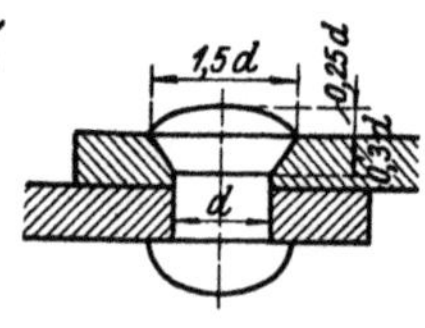

Fig. 34.

solange keine Verschiebung der Bleche gegeneinander auftritt. Die früher allgemein verbreitete Ansicht, daß die Nietverbindung auf der Scherfestigkeit des Nietschaftes beruhe, ist somit nicht zutreffend, soweit es sich um warm eingezogene Nieten handelt.

Je nach dem Zweck der Nietverbindung müssen hauptsächlich zwei Fälle unterschieden werden. Entweder soll nur eine feste Verbindung zweier oder mehrerer Eisenteile hergestellt werden, so daß sie sich nicht gegeneinander verschieben können, wie z. B. bei Eisenhochbauteilen, Brücken, Dächern u. dgl., sogenannte *feste Verbindungen*, oder es handelt sich um die Herstellung von Gefäßen, bei denen auch ein Dichthalten der Nietnähte beabsichtigt ist, *dichte und feste Verbindungen* (Kesselnietungen).

Bei Eisenbaunietungen kommt es offenbar weniger darauf an, daß die Teile überall möglichst gleichmäßig gegeneinander gepreßt werden, da die Größe der Reibung nicht von der Verteilung der Kraft abhängig ist. Bei Kesselnieten dagegen wird es notwendig sein, diesen Druck recht gleichmäßig zu verteilen, damit die ganze Nietnaht dicht hält. Dementsprechend verwendet man für feste Verbindungen Niete mit kleineren, gedrungenen Köpfen (Fig. 32), für Kesselnietungen dagegen flachere Köpfe mit größerem Durchmesser (Fig. 33). Auch die Entfernung der Niete voneinander, die *Nietteilung*, wird bei Kesselnieten verhältnismäßig kleiner gewählt als bei festen Verbindungen. Für besondere Fälle kommen auch noch die Nietkopfformen Fig. 34 u. 35 vor, nämlich dann, wenn für normale Nietköpfe kein Platz vorhanden ist. Durch die Löcher für diese versenkten oder halbversenkten Nietköpfe wird das Blech natürlich mehr geschwächt als bei gewöhnlichen Nieten, weshalb sie nur da verwendet werden dürfen, wo sie unbedingt erforderlich sind.

Zwei Bleche können nun auf zwei verschiedene Arten miteinander durch Nieten verbunden werden. Entweder werden die Bleche über-

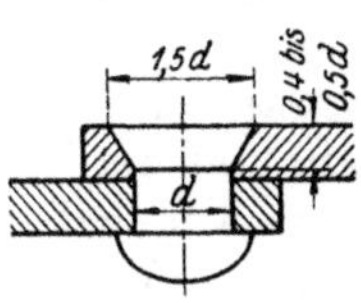

Fig. 35.

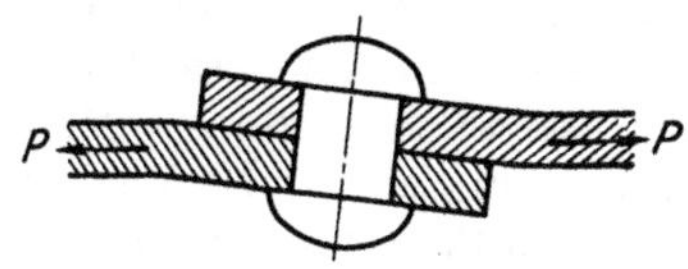

Fig. 36.

einandergelegt (Fig. 32), sogenannte Überlappungsnietung. Zugkräfte P in den beiden Blechen wirken dabei nicht in einer Ebene, sondern im Abstand s gleich der Blechstärke. Infolgedessen werden die Bleche in der Nähe der Nietreihe auf Biegung beansprucht, da die beiden Kräfte P die Verbindung in der in Fig. 36 angedeuteten Weise zu verändern streben. Diese Biegungsbeanspruchung wird vermieden bei der Laschennietung nach Fig. 37. Die zu verbindenden Bleche stoßen stumpf gegeneinander. Auf beiden Seiten wird eine Lasche von etwas geringerer Stärke aufgelegt, und es sind zur Verbindung somit mindestens zwei Nietreihen erforderlich. Wegen der großen Herstellungskosten

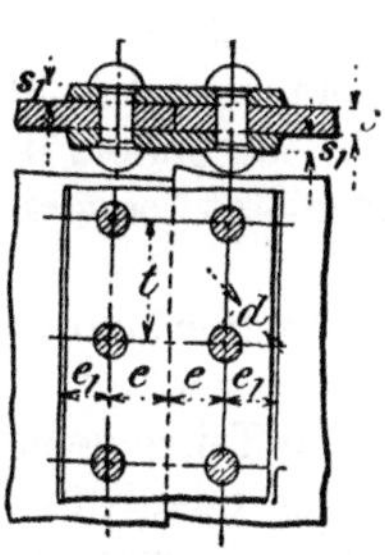

Fig. 37.

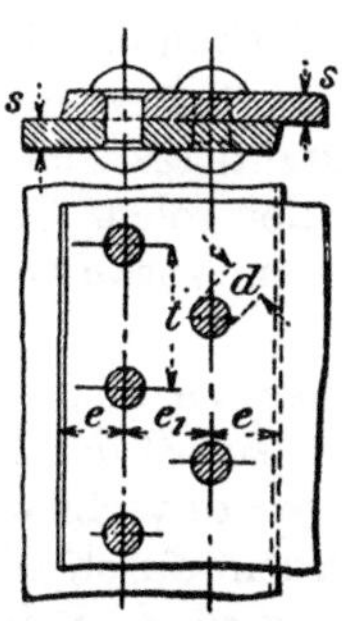

Fig. 38.

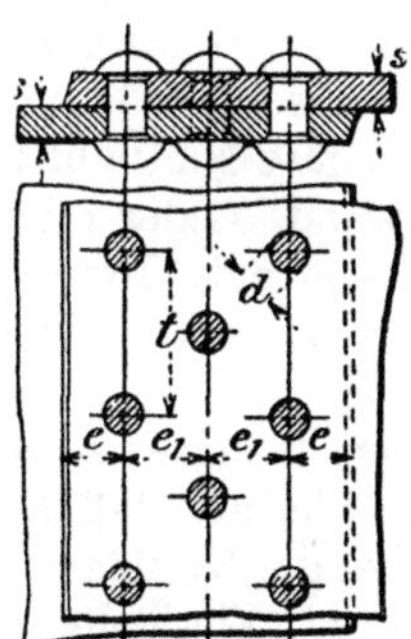

Fig. 39.

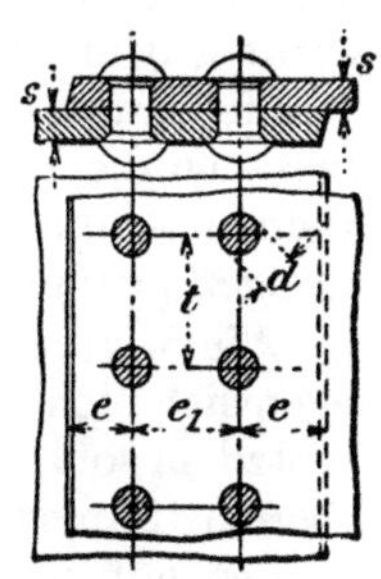

Fig. 40.

wird diese Verbindung hauptsächlich nur bei größeren Blechstärken angewendet, wo die Biegungsbeanspruchung infolge des größeren Abstandes s bei überlappt genieteten Blechen ebenfalls größer ausfällt.

Durch die Nietlöcher wird das Blech in der Nietreihe erheblich geschwächt. Diese Verschwächung kann vermindert werden, indem man mehrere Nietreihen hintereinander anordnet. Man erhält so zwei-, drei- und mehrreihige Nietungen (Fig. 38 u. 39), die als Überlappungs- oder als Laschennietung ausgeführt werden können. Bei der zweireihigen Nietnaht unterscheidet man ferner Zickzacknietung und Kettennietung (Fig. 40).

Werden zwei Bleche überlappt genietet, so ist bloß eine Gleitfläche vorhanden. Bei der Laschennietung nach Fig. 37 wäre ein Gleiten in zwei Ebenen erforderlich, um die Verbindung zu zerstören. Man spricht im ersten Fall von einschnittiger, im zweiten Fall von zweischnittiger Vernietung. Bei einer vierschnittigen Verbindung müßten demnach fünf Bleche in der Nietnaht übereinanderliegen.

Der Nietdurchmesser richtet sich nach der Stärke der Bleche. Bei mehrschnittiger Verbindung besteht dabei die Gefahr, daß der Nietschaft verhältnismäßig lang und dünn ausfällt. Dann können beim Erkalten des Nietes die im Schaft auftretenden Zugspannungen so groß werden, daß die Nietköpfe abplatzen. Die Länge des Nietschaftes zwischen den Köpfen soll deshalb das Fünffache des Schaftdurchmessers nicht überschreiten.

Bei Kesselnietungen kann das Dichthalten durch Verstemmen der Nietnähte und der Nietköpfe gesteigert werden. Die Blechkanten werden zu diesem Zweck abgeschrägt (Fig. 34). Durch das Verstemmen werden die Ränder der Nietköpfe und der Bleche etwas gestaucht und üben so einen stärkeren Druck auf die Unterlage aus. Dadurch wird auch eine größere Reibung erzielt und damit eine größere Festigkeit der ganzen Nietverbindung.

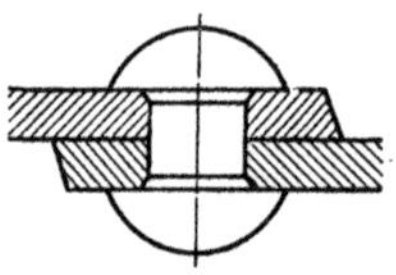

Fig. 41.

Offene Gefäße und Behälter für niedrige Drücke erhalten meist so geringe Wandstärken, daß kaltgezogene Nieten unter 8 mm Stärke verwendet werden. Bleche unter 5 mm Stärke können nicht mehr verstemmt werden. Um eine dichte Nietnaht zu erhalten, werden in solchen Fällen Streifen aus Leinwand, Leder oder Drahtgaze, mit Mennige getränkt, zwischen die Bleche gelegt. Heute werden solche Gefäße, besonders bei kleinen Abmessungen, meist nicht mehr zusammengenietet, sondern autogen geschweißt.

Wie wir gesehen haben, ist für die Wirkung der Nietverbindung eigentlich nicht erforderlich, daß der Nietschaft das Nietloch genau füllt. Trotzdem sollen aber die Nietlöcher in den zu verbindenden Teilen genau übereinstimmen. Die Nietlöcher können durch Bohren oder durch Lochen mit einem Stempel hergestellt werden. Beim Lochen wird der Durchmesser des Loches auf der Austrittseite des Stempels stets etwas größer als an der Eintrittseite. Die Löcher müssen demnach nachgebohrt werden, so daß der Vorteil des billigeren Lochens unbedeutend wird. Der an den Lochrändern entstehende Grat muß sorgfältig entfernt werden. Früher wurden die Löcher an den Außenseiten mit dem Versenkbohrer ausgerieben und Niete mit einem entsprechenden kegeligen Ansatz, dem sogenannten kleinen Versenk (Fig. 41) verwendet. Für die Festigkeit der Verbindung ist dieses aber ohne Bedeutung und wird deshalb bei festen Verbindungen gar nicht mehr, bei Kesselnietungen nur noch vereinzelt angewendet.

II. Maschinenteile für drehende Bewegungen.

A. Zapfen.

Soll sich ein Maschinenteil auf einem andern drehen, so kann das nur in Flächen geschehen, die selbst durch Drehen hergestellt werden können, das sind die Mantelflächen der sogenannten Drehkörper, zu denen auch die ebene Fläche als Zylinder mit unendlich großem Halbmesser zu rechnen ist. Je nach der Richtung, in der während der Drehung ein Druck auf die Laufflächen ausgeübt wird, unterscheiden wir Tragzapfen (Fig. 42) und Stützzapfen, auch Spurzapfen oder Fußzapfen (Fig. 43). Tragzapfen am Ende einer Achse oder Welle nennen wir Stirnzapfen, sonst Halszapfen.

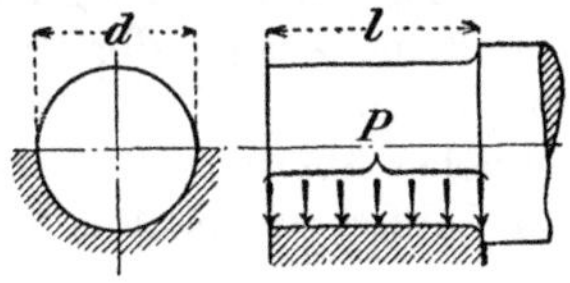

Fig. 42.

a) Tragzapfen werden meist zylindrisch ausgeführt, da diese Form am leichtesten hergestellt werden kann. Ferner haben sie bei der Drehung überall gleiche Umfangsgeschwindigkeit. Aus diesem Grunde ist auch bei gleichmäßig über die Tragfläche verteiltem Druck die Abnützung auf der ganzen Zapfenlänge gleich groß. Der Zapfen bleibt sonach länger betriebsfähig, als wenn er nach einer beliebigen Drehfläche, etwa nach einer Kugelfläche, geformt wäre. Tragzapfen nach Fig. 44 werden deshalb ungern verwendet und nur dann, wenn die sich drehende Achse gleichzeitig ihre Neigung ändert.

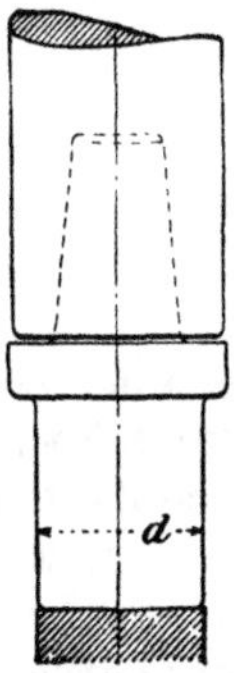

Fig. 43.

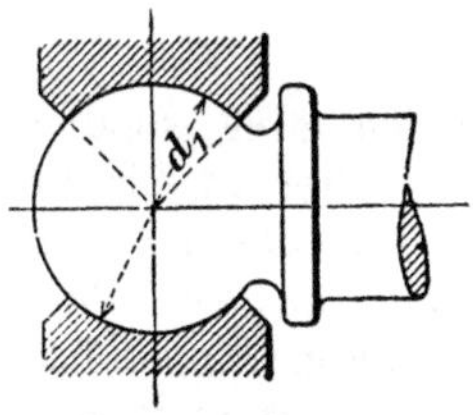

Fig. 44.

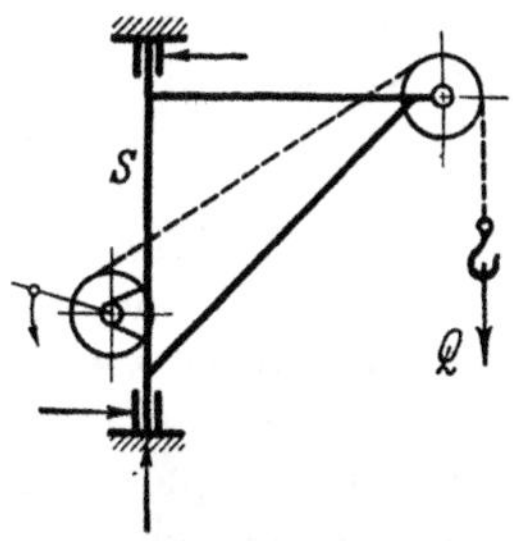

Fig. 45.

Meistens wirkt außer der Kraft P (Fig. 42) noch eine, wenn auch wesentlich kleinere Kraft in der Richtung der Achse. Um eine Verschiebung in der Achsenrichtung zu verhindern, erhalten die Tragzapfen vielfach Bunde, die stets durch eine reichlich große Hohlkehle anzuschließen sind. Scharfe Eindrehungen dürfen hier nicht vorkommen, da diese die Bildung feiner Risse veranlassen, die sich allmählich erweitern, bis ein Bruch erfolgt.

Hat die Kraft in der Richtung der Achse eine beträchtliche Größe, so muß der Zapfen gleichzeitig als Stützzapfen ausgeführt werden.

So ist zum Beispiel der obere Zapfen der Kransäule S in Fig. 45 ein einfacher Tragzapfen. Der untere Zapfen wird aber sowohl durch eine senkrechte Kraft als auch durch eine wagerechte Kraft beansprucht. Er ist somit zugleich Stütz- und Tragzapfen.

b) Stützzapfen für kleine Kräfte werden häufig mit gewölbter Stirnfläche versehen und laufen dann meist auf glasharten ebenen Spurplatten. Bei größeren Belastungen ist diese Form aber nicht zulässig. Bei einer ebenen Tragfläche würde zwar beim neuen, noch nicht eingelaufenen Zapfen der Druck P (Fig. 43) sich gleichmäßig über die ganze Tragfläche verteilen. Bei der Drehung gleiten nun die Teile am Rande schneller übereinander als gegen die Mitte hin. Infolgedessen wird sich der Zapfen am Rande schneller abnutzen als in der Mitte. Der Druck

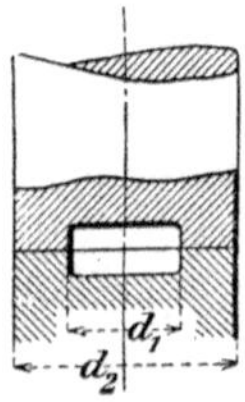

Fig. 46.

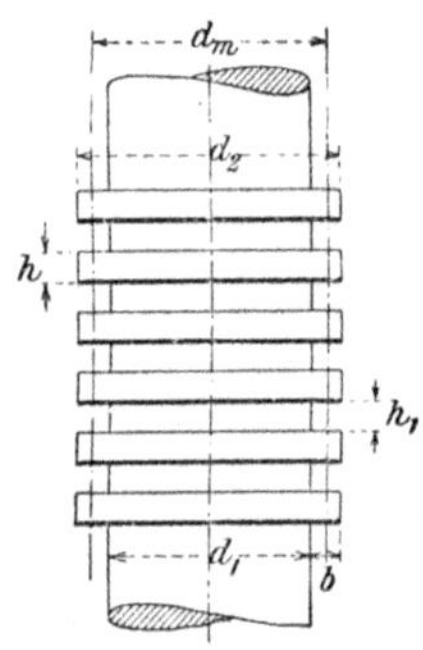

Fig. 47.

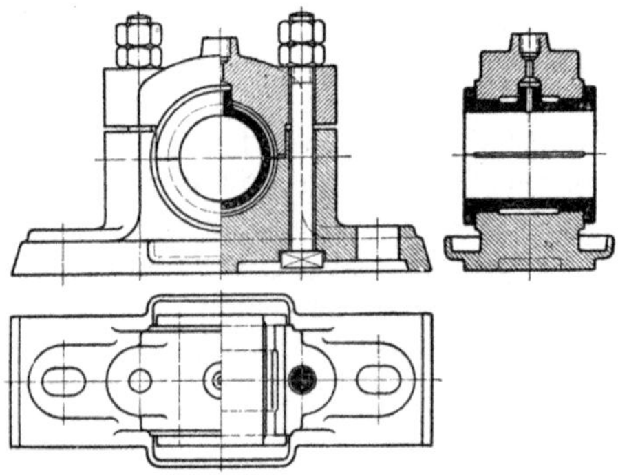

Fig. 48.

verteilt sich dann nicht mehr gleichmäßig, sondern ist in der Mitte erheblich höher und steigt so lange weiter an, bis die Flächen durch übermäßigen Druck zerstört werden. Aus diesem Grunde werden die Zapfen und Spurplatten in der Mitte ausgespart (Fig. 46). Bei sehr schwer belasteten Zapfen kann in diese Aussparung Öl hineingepreßt werden, das dann zwischen die Tragflächen tritt und bei genügendem Öldruck eine gegenseitige Berührung der Flächen dauernd verhindert. Dadurch wird die Abnutzung fast vollkommen vermieden.

Reicht die Stirnfläche zur Aufnahme des in der Achsenrichtung wirkenden Druckes nicht aus, oder muß die Achse oder Welle noch weiter verlängert werden, so werden mehrere ringförmige Tragflächen gebildet und es entsteht der Kammzapfen (Fig. 47). Dieser wird besonders bei den Wellen der Schiffschrauben angewendet. Die Stirnflächen des Kammzapfens haben dabei den Druck aufzunehmen, den das Wasser auf die Schiffschraube ausübt, der somit gleich dem Druck ist, der zur Vorwärtsbewegung des Schiffes erforderlich ist.

An Stelle der Tragzapfen, wie auch besonders der Stützzapfen, werden neuerdings vielfach Kugellager verwendet (vgl. S. 109 u. ff.).

B. Lager.

Lager dienen zum Tragen bzw. Stützen von Zapfen. Je nachdem es sich um Tragzapfen oder Stützzapfen handelt, sprechen wir auch hier von Traglagern und Stütz- oder Spurlagern.

a) Traglager. Am gewöhnlichen Traglager unterscheiden wir die den Zapfen umschließenden Lagerschalen, den Lagerkörper, den Lagerdeckel und die Schrauben zur Befestigung des Deckels und zur Befestigung des Lagerkörpers auf dem Fundament oder auf einer besonderen Grundplatte. Fig. 48 zeigt ein sogenanntes Stehlager, das auf eine gehobelte Grundplatte gesetzt und durch Grundanker unmittelbar am Fundament befestigt ist. Die Grundplatte hat den Zweck, ein genaues Ausrichten der verschiedenen Lager einer Welle zu erleichtern. Würden die Lagerkörper unmittelbar auf das Fundament gesetzt und bei Mauerwerk z. B. durch Untergießen mit Zementbrei befestigt, so wäre ein nachträgliches Ausrichten zur Behebung kleiner unvermeidlicher Verschiebungen nicht mehr oder nur sehr schwer möglich.

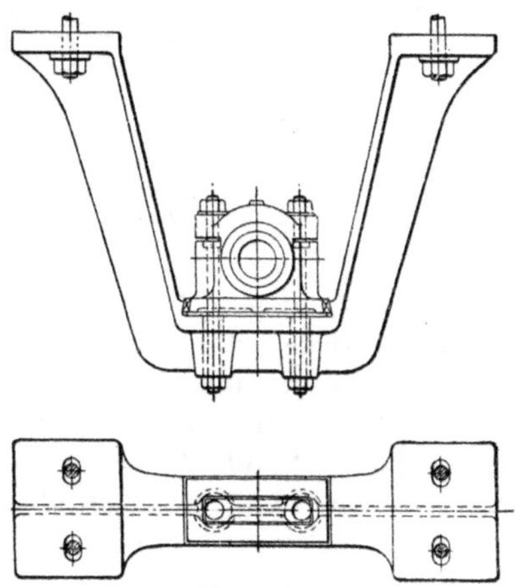

Fig. 49.

Fig. 49 zeigt ein Lager, bei dem die Befestigungschrauben des Lagerkörpers zugleich als Deckelschrauben verwendet werden, ein sogenanntes Rumpflager. Die Schrauben sind mit einem Bund versehen, so daß durch das Anziehen der unteren Muttern der Lagerkörper zunächst auf der Unterlage, hier einem Hängelagerbock, festgeschraubt werden kann.

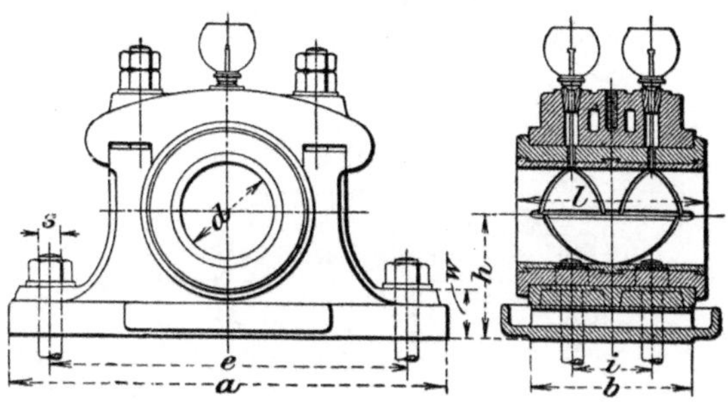

Fig. 50.

Die Lagerschalen werden je nach dem Verwendungzweck der Lager aus Rotguß (Bronze), Gußeisen, schmiedbarem Guß oder Stahlguß hergestellt. Für Wellen, die unter Wasser laufen, kommt auch sogenanntes Pockholz zur Anwendung, ein sehr dichtes Holz, das vor der Verwendung in Leinöl gekocht wird.

Schalen aus schmiedbarem Guß und Stahlguß erhalten stets eine Ausfütterung mit Weißmetall, da schmiedeeiserne oder Stahlwellen auf diesen Materialien nicht störungsfrei gleiten würden. Damit das Weißmetallfutter fest auf den Schalen haftet, werden diese vor dem Eingießen des Metalls verzinnt. Fig. 50 zeigt ein solches Lager. Damit der Weißmetalleinguß fester haftet und durch die Reibung der Welle nicht verschoben oder verdreht wird, werden in der Lagerschale schwalbenschwanzförmige Nuten angebracht. Ist der Druck auf den Zapfen ausschließlich nach oben oder nach unten gerichtet, so kann die eine Lagerschale entbehrt werden, und das Lager wird dann nur durch einen gußeisernen Staubdeckel geschlossen. Bei den Achslagern der Eisenbahnwagen wirkt z. B. der Druck stets nur auf die Oberseite des Zapfens. Es ist deshalb nur oben eine Lagerschale angebracht (Fig. 51), während die Unterseite durch den allseitig geschlossenen Ölsammelkasten vor Staub und Schmutz geschützt wird.

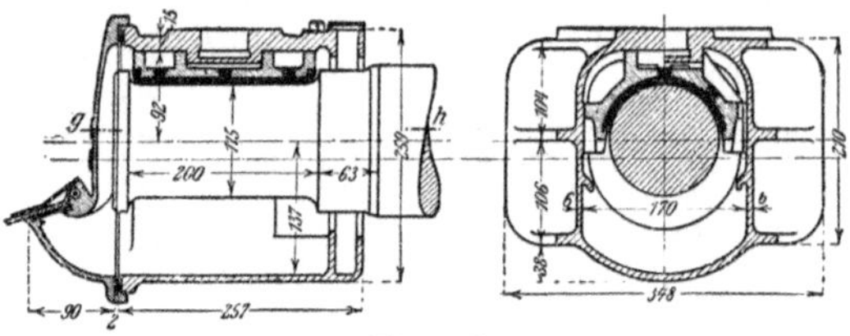

Fig. 51.

Die Lagerschalen werden in der Regel zweiteilig ausgeführt, so daß durch das Nachziehen der Deckelschrauben der Spielraum zwischen

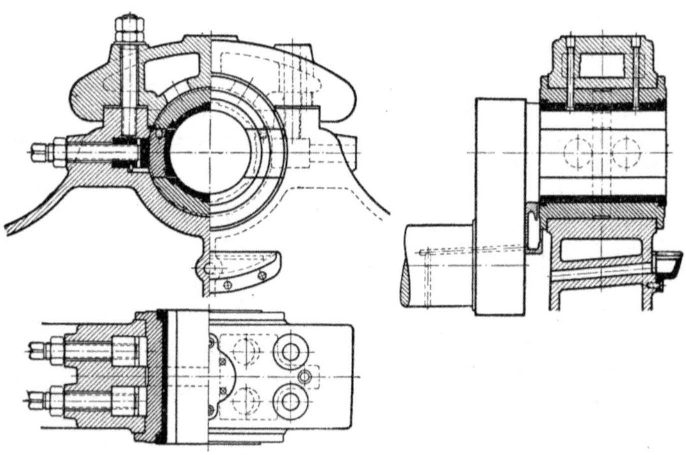
Fig. 52.

Zapfen und Lager geregelt werden kann. Wirkt der Druck auf den Zapfen aber hauptsächlich wagerecht, wie etwa bei den Kurbelwellenlagern von Dampfmaschinen, so würde er bei einem gewöhnlichen zweiteiligen Lager gerade auf die Stoßfuge treffen. Solche Lager werden deshalb meist vierteilig ausgeführt (Fig. 52), und es werden die seitlichen Schalen, weil diese am meisten abgenutzt werden, durch besondere

Schrauben oder Vorrichtungen, wie Keile und dgl., nachstellbar eingerichtet.

Häufig ist nun aber das genaue Einstellen des Lagers einer Welle nur angenähert möglich. Die Belastungen der Welle durch die Gewichte der Riemenscheiben und Räder sowie durch die Kräfte in den Riemen, Seilen oder an den Zähnen der Zahnräder verursachen geringe Durchbiegungen der Welle, die von vorherein nicht genau bestimmbar sind. Je länger die Lagerschalen sind, um so mehr wird sich diese Abweichung der Wellenmitte von einer Geraden bemerkbar machen. Es würde sich dann der Zapfendruck auch nicht mehr angenähert über die ganze Lagerlänge gleichmäßig verteilen, sondern am Lagerende unzulässig hoch werden. Diesem Übelstand begegnet man mit selbsttätig einstellbaren, beweglichen Lagerschalen. In der Mitte von Lagerkörper und Lagerdeckel werden hohlkugelförmige Flächen angebracht, in die in gleicher Weise gekrümmte Kugelflächen an den Lagerschalen passen, Lager mit Kugelbewegung oder Sellerslager. Diese Kugelflächen werden hauptsächlich oben und unten, falls stärkere seitliche Drücke auftreten, aber auch zu beiden Seiten angebracht. Fig. 53 zeigt ein solches Lager mit gußeisernen Lagerschalen, die in dieser Weise ausgeführt werden, weil Gußeisenschalen besonders lang sein müssen, um den Druck über eine recht große Fläche zu verteilen. Andererseits sind aber gerade gußeiserne Schalen für Abweichungen der Wellen von der genauen Mittellage ganz besonders empfindlich.

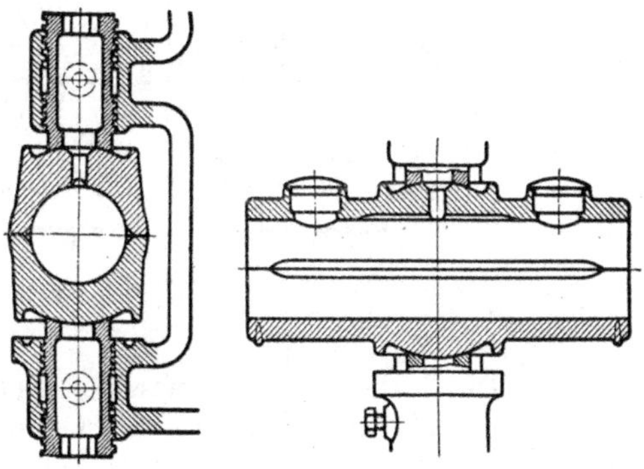

Fig. 53.

Die Traglager werden ferner noch unterschieden nach der Art der Schmierung. Die alte Art der Dochtschmierung wird heute nur noch selten angewendet. Je mehr Öl dem Lager zufließt, um so besser, aber es soll dabei kein Öl verloren gehen. Werden also Öltropfgläser auf die Lagerdeckel gesetzt, aus denen das Öl durch Röhrchen in die Schalen geleitet wird, so muß auch dafür gesorgt sein, daß alles aus dem Lager seitlich heraustretende Öl in Ölschalen aufgefangen wird. Diese werden meist am Lagerkörper angegossen (Fig. 50). Schmierung durch Fett wird nur bei langsam oder selten umlaufenden Zapfen verwendet. Das Nachfüllen der Tropfgefäße erfordert viel Wartung und ständige Aufmerksamkeit. Deshalb werden die meisten Lager von Transmissionswellen, aber auch von größeren Kurbelwellen und dgl. heute mit selbsttätiger Schmierung versehen. Unter diesen sind am meisten verbreitet die Lager mit Ringschmierung (Fig. 54). Die obere Lagerschale erhält einen oder mehrere Schlitze oder Aussparungen, in die ein Ring von größerem Durchmesser als der Wellendurchmesser so eingelegt werden kann, daß er auf der Welle aufliegt, aber frei um die untere Lagerschale herumgeht und unten in einem Ölbehälter dauernd in Öl

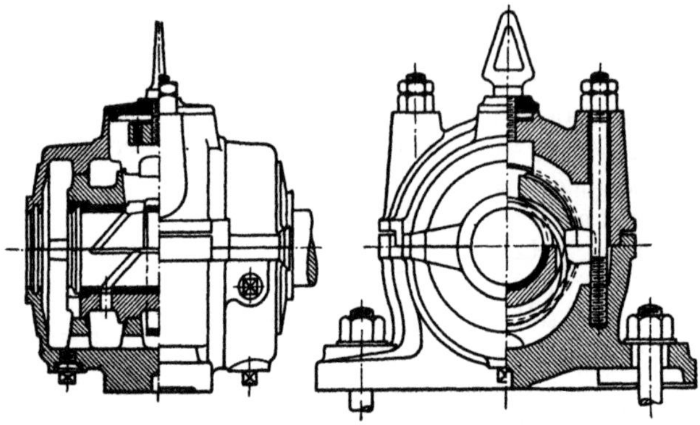

Fig. 54.

taucht. Durch die Reibung zwischen Welle und Ring wird dieser mitgenommen und das an ihm haftende Öl auf die Welle übertragen. Kann der Ring nicht geschlossen auf die Welle und über die Unterschale gestreift werden, so wird er zweiteilig ausgeführt, wobei natürlich an den Verbindungsstellen keinerlei Vorsprünge nach innen vorkommen dürfen, damit der Ring nicht hängen bleibt. Sobald der Zapfen sich zu drehen beginnt, erfolgt auch sofort eine reichliche Schmierung. Das Öl fließt durch das Lager und tritt an den Enden wieder aus. Hier müssen also Kammern angeordnet sein, wo es gesammelt wird, und von denen es dem Ölbehälter unter dem Schmierring wieder zufließen kann. Damit kein Öl verloren geht, werden häufig auf der Welle beiderseits des Lagers besondere Schleuderringe aufgesetzt, die das auf der Welle sich sonst ausbreitende Öl in die Sammelkammern abschleudern. An Stelle dieser losen Schmierringe werden auch auf die Welle durch Blattfedern festgeklemmte Ringe (Fig. 55) verwendet, die die Sicherheit geben, daß der Ring nicht hängen bleiben und die Schmierung versagen kann. Sie werden nur festgeklemmt, damit sie eine seitliche Verschiebung der Welle, die infolge von Temperaturänderungen eintreten kann, nicht

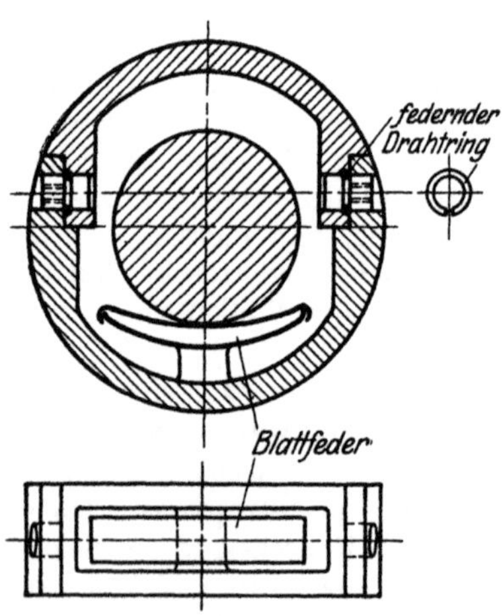

Fig. 55.

hindern. Nachteilig ist bei dieser Bauart, daß der Schlitz für den Ring auch in der Unterschale vorhanden sein muß und dadurch für eine bestimmte erforderliche Tragfläche die Lagerlänge vergrößert werden muß. Das dem Lager zugeführte Öl wird durch Schmiernuten in den Lagerflächen verteilt. Dabei ist zu beachten, daß die Teile der Schale, auf die die Hauptbelastung wirkt, keine oder nur wenig Schmiernuten bekommen sollen, denn hier wird das Öl durch den Druck zwischen Zapfen und Lager in die Nuten hinein gedrückt. Ein Zufließen aus den Nuten zwischen die Gleitflächen erfolgt am leichtesten da, wo der Druck am kleinsten ist.

Sehr stark belasteten Lagern wird das Öl wohl auch durch eine besondere kleine Pumpe unter Druck zugeführt: Druckölschmierung. Meist handelt es sich dabei um rasch laufende Zapfen, bei denen die infolge der Reibung entstehende Wärme durch das Schmieröl abgeleitet werden soll. Dann muß das aus dem Lager kommende Öl vor seiner Wiederverwendung in besonderen Apparaten erst abgekühlt werden.

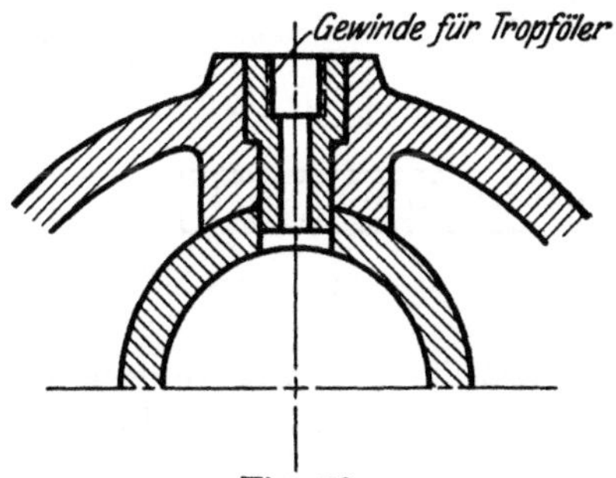

Fig. 56.

Die Lagerdeckel werden so ausgebildet, daß sie mindestens in den Lagerkörper eingreifen, damit ein seitliches Verschieben verhindert wird. Oft greifen sie auch noch über den Lagerkörper über (Fig. 50), damit die auf sie durch die Schale übertragenen Kräfte vom Lagerkörper besser aufgenommen werden können. Sie werden auf dem Lagerkörper nur bei kleinen Lagern mit je einer, meist aber mit zwei (auf jeder Lagerseite) Deckelschrauben gehalten. Diese sollen im Betriebe stets fest angezogen sein. Der zwischen Zapfen und Lagerschale nötige Spielraum muß daher vorhanden sein, wenn die Deckelschrauben fest angezogen sind. Darnach sind die Lager beim Zusammenbau herzurichten. Unter Umständen müssen in die Fugen zwischen Ober- und Unterschale dünne Bleche gelegt werden. Durch Erschütterungen und Stöße könnten die Muttern der Deckelschrauben gelöst werden. Sie sind daher durch Gegenmuttern oder in anderer Weise zu sichern. (Vgl. den Abschnitt über Schraubensicherungen.) In der Mitte des Lagerdeckels ist entweder ein Ölbehälter oder bei Ringschmierlagern eine größere durch einen Staubdeckel verschließbare Öffnung angebracht, durch die das Arbeiten des Ringes beobachtet und Öl nachgefüllt werden kann. Damit sich die Lagerschalen im Lagerkörper nicht drehen, werden sie mit angegossenen Zapfen versehen, die in entsprechende Aussparungen der Deckel eingreifen. Diese Zapfen verhindern aber die Bearbeitung der Außenseite der Schalen auf der ganzen Länge. Besser ist deshalb die Sicherung durch besondere, in den Lagerdeckel eingesteckte Bolzen (Fig. 56), die in Bohrungen der Lagerschale eingreifen, und die häufig gleichzeitig als Schmierrohre verwendet werden.

Soweit die Lagerkörper nicht mit andern Teilen, Rahmen, Gestängen und dgl., zusammengegossen werden, werden sie hauptsächlich in der beschriebenen Art als Stehlager (Fig. 49 u. 50) in bestimmten Größen

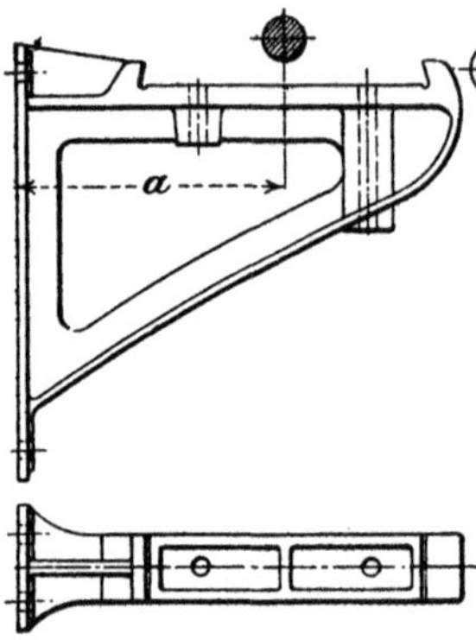

Fig. 57.

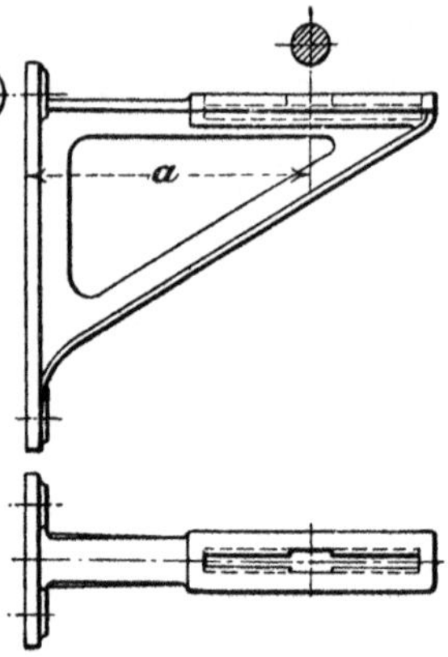

Fig. 58.

hergestellt. Bei ihrer Verwendung für Wellenleitungen, die an Mauern, Eisenkonstruktionen und Decken befestigt werden sollen, müssen sie auf besondere Lagerböcke gesetzt werden, deren Größe von der erforderlichen Wand- oder Deckenentfernung abhängt. Die Entfernung der Wellenmitte von der Wand oder Decke bezeichnet man mit Ausladung. Sie ist meist bestimmt durch die Abmessungen der größten Riemenscheibe, die auf die Welle kommen soll. Zur Befestigung an Wänden dienen Wand-

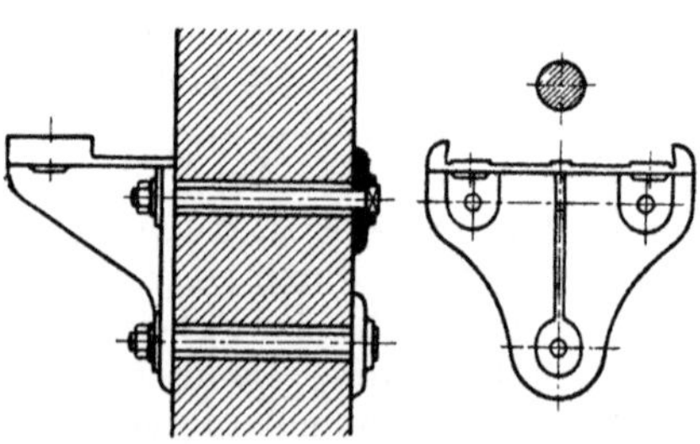

Fig. 59.

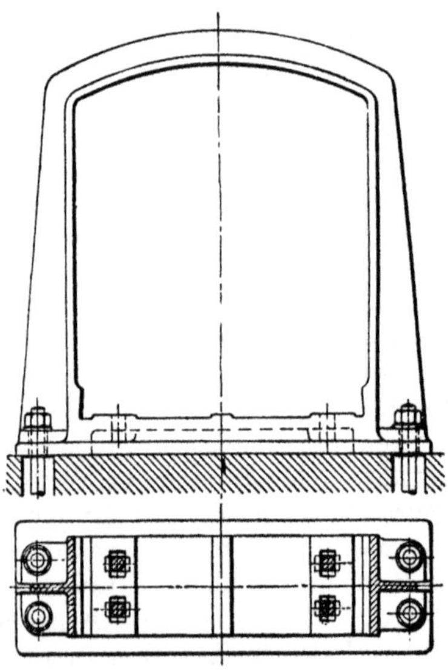

Fig. 60.

konsole, die meist aus Rippenguß, d. h. mit T-förmigem Querschnitt, ausgeführt werden (Fig. 57). Das Lager mit der Ausladung a wird durch durchgesteckte Schrauben mit dem Wandkonsol verbunden. Fig. 58 zeigt eine andere Ausführung, wobei die Befestigungschrauben hammerförmige Köpfe erhalten, die in einem Schlitz der für das Lager bestimmten Fläche gesteckt und nach Drehung um 90° festgezogen werden. Das Winkelkonsol nach Fig. 50 dient zur Befestigung eines Lagers, wenn die Welle senkrecht zur Wand verläuft, der Mauerkasten nach Fig. 60 für ein in eine Wandöffnung einzubauendes Lager. Die gezeichneten Befestigungschrauben sind bei fester Einmauerung des Mauerkastens häufig entbehrlich. Für die Befestigung der Sellerslager werden besondere Konsole in verschiedenen Ausführungen geliefert. Die Fig. 61 und 62 zeigen zwei Bauarten zur Befestigung an einer glatten Wand und an gußeisernen Säulen. Für besonders große oder nur vereinzelt vorkommende Ausladungen werden Wandkonsole auch aus Walzeisen, meistens aus Winkeleisen, zusammengenietet. Die zur Befestigung der

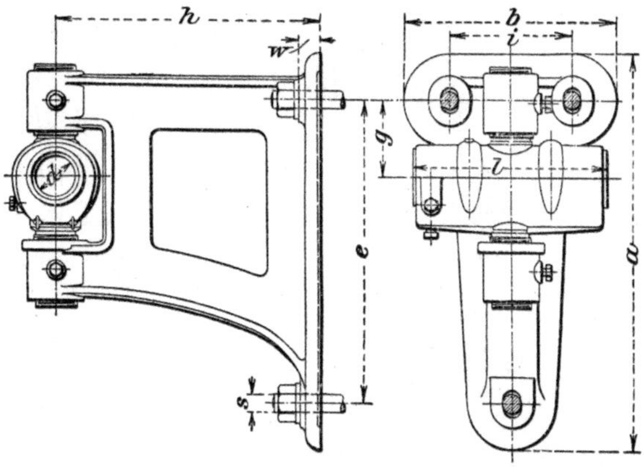

Fig. 61.

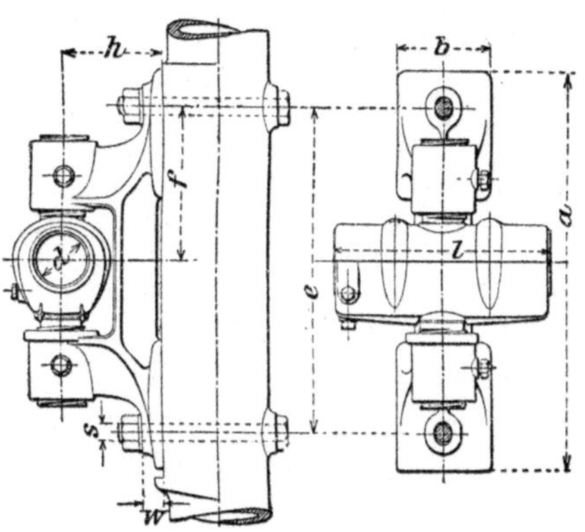

Fig. 62.

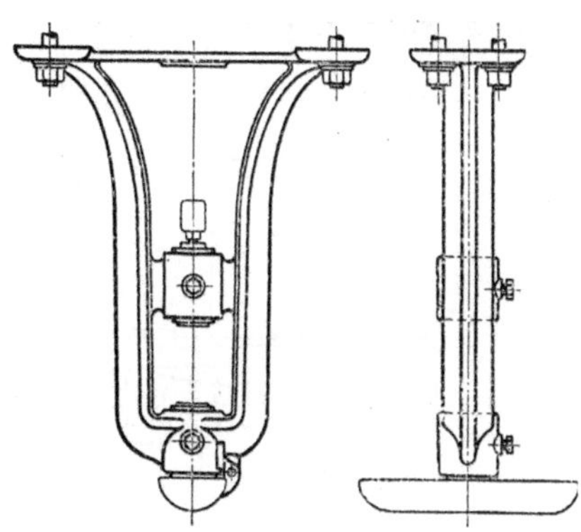
Fig. 63.

Konsole dienenden Wandankerschrauben müssen auf der Rückseite der Wand durch genügend große Ankerplatten gehalten werden, damit ein größerer Teil des Wandmauerwerks die auftretenden Kräfte aufnehmen kann. Zur Befestigung der Wellenleitung an der Decke sind Hängelager oder Hängeböcke mit Stehlagern (Fig. 49) erforderlich. Das geschlossene Hängelager der Fig. 63 ist zwar bezüglich Festigkeit dem offenen

Hängelager der Fig. 64 vorzuziehen, doch ist das Einbauen der Welle wesentlich erschwert. Die Vorzüge beider vereinigt das Hängelager mit Stangenschluß (Fig. 65), bei dem erst nach dem Einbau der Welle

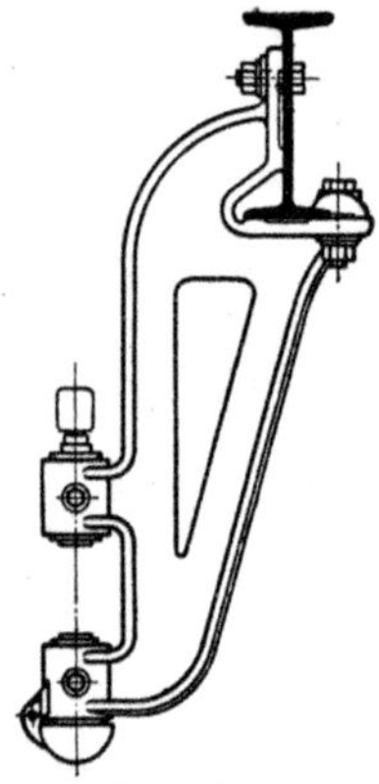

Fig. 64.

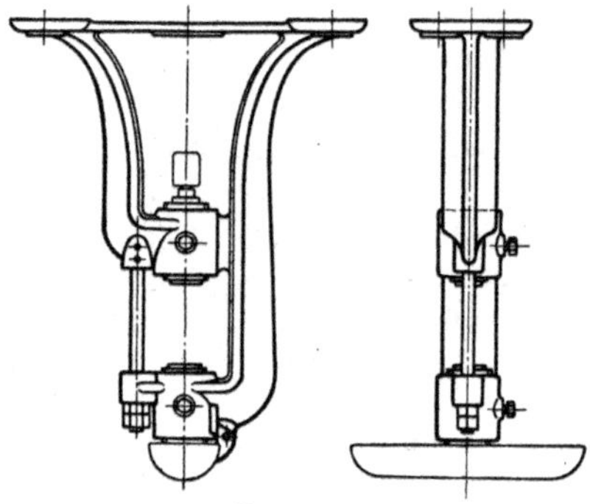

Fig. 65.

die auf der Vorderseite angeordnete Verbindungsschraube eingesetzt und der Lagerbock dadurch geschlossen wird. Für Wellenleitungen, die über dem Fußboden zu verlegen sind, sind Lagerstühle nach Fig. 66 erforderlich, deren Höhe sich ebenfalls nach den vorkommenden Scheibendurchmessern richtet.

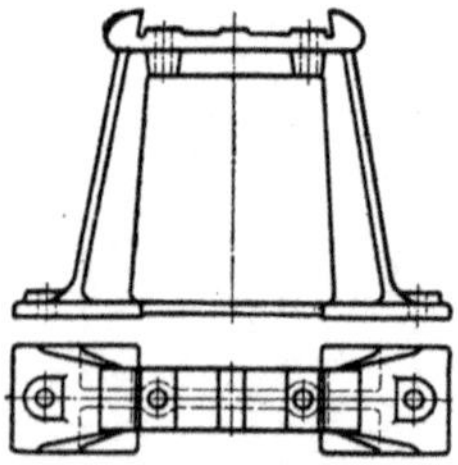

Fig. 66.

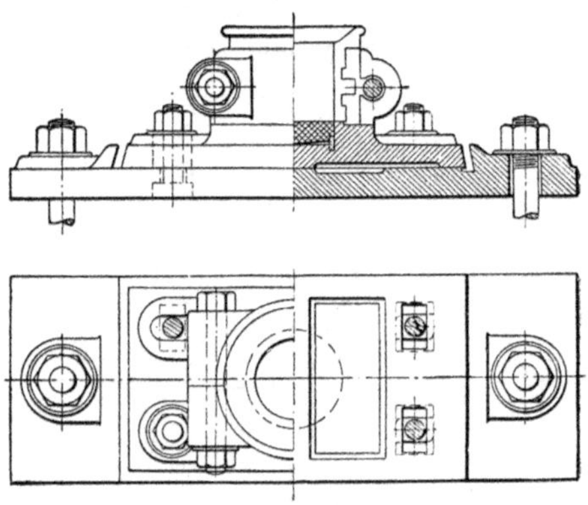

Fig. 67.

Für wenig belastete und sich nur langsam oder selten drehende Zapfen werden auch einfache ungeteilte Lager verwendet, die entweder nur aus Gußeisen hergestellt oder mit einer Lagerbüchse aus Rotguß oder Gußeisen versehen sind. Sie können natürlich nur da verwendet werden, wo eine nennenswerte Abnutzung nicht eintreten und auf ein Nachstellen verzichtet werden kann, z. B. bei den Lagern von Achsen und Wellen an Trommelwinden (sogenannten Augenlagern). Die Schmierung erfolgt zweckmäßig durch Fettbüchsen, da Öl sich in diesen

Lagern nicht lange halten würde und ein Auffangen des ablaufenden Öles meist die Bauart erheblich verteuern würde.

An Steuerungsteilen von Kraftmaschinen finden wir solche Augenlager auch für hohe Belastungen. Sie erhalten dann Büchsen aus gehärtetem Stahl. Die zugehörigen Zapfen (Bolzen) sind dann ebenfalls aus gehärtetem Stahl hergestellt.

b) Stütz- oder Spurlager. Wie bereits bei den Spurzapfen erwähnt wurde, tritt neben der Kraft in Richtung der Achse fast stets noch ein erheblicher Druck senkrecht zur Achse auf, so daß also Stützlager fast immer noch auch als Traglager auszubilden sind. Wir sehen deshalb auch in Fig. 67, die ein einfaches Stützlager für Triebwerkwellen darstellt,

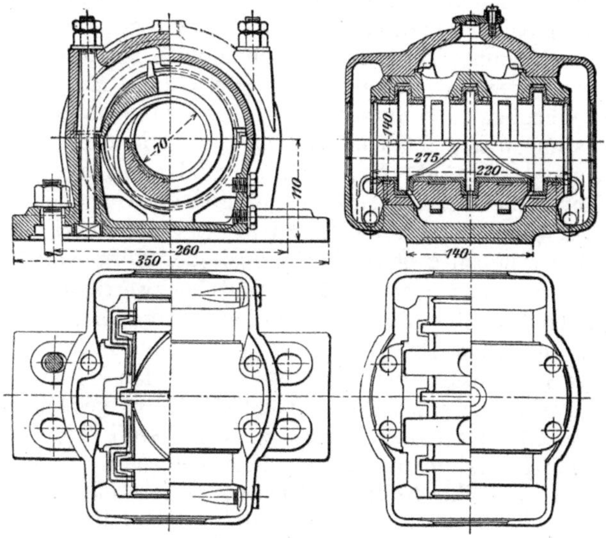

Fig. 68.

neben der meist aus Stahl angefertigten Spurplatte eine den Zapfen umschließende, hier zweiteilige Traglagerschale. Der Lagerkörper ruht der leichteren Einstellung wegen wieder auf einer besonderen Grundplatte. Meist kann auf eine Nachstellung des Traglagers verzichtet werden, und an Stelle der geteilten Lagerschale tritt eine einteilige Büchse. Fig. 68 zeigt ein Ringschmierlager für einen dreifachen Kammzapfen. Wie bei den Spurzapfen schon gesagt wurde, werden heute in weitgehendem Maße zur Aufnahme eines axialen Druckes Kugellager verwendet, die im nächsten Abschnitt besprochen werden.

C. Kugel- und Rollenlager.

Die im vorhergehenden Abschnitt besprochenen Lager sind sämtlich Gleitlager; die gegenseitige Bewegung von Zapfen und Lagerschale erfolgt durch Gleiten der Flächen aufeinander, genauer genommen durch Gleiten der Flächen auf der dazwischen befindlichen dünnen Schicht des Schmiermittels.

Bei Kugel- und Rollenlagern erfolgt die Bewegung, indem zwischen die sich gegeneinander drehenden Teile Kugeln oder Rollen gelegt werden. Es tritt hier also kein Gleiten auf, sondern ein Abrollen der Kugeln oder Rollen auf dem Zapfen und dem Lager. Dadurch wird die Reibung, die beim ordnungsgemäß geschmierten Gleitlager hauptsächlich durch die gegenseitige Verschiebung der kleinsten Teilchen des Schmiermittels hervorgerufen wird, ganz erheblich vermindert. Solche Lager kommen deshalb ganz besonders dann in Betracht, wenn die Reibung einen beträchtlichen Arbeitsverlust darstellen würde, also hauptsächlich bei raschlaufenden Zapfen, oder wenn die zum Drehen erforderliche Kraft so klein wie möglich gehalten werden soll, etwa bei Kranhaken und dgl. Die erste ausgedehnte Verwendung fanden die Kugellager bei den Fahrrädern, wo es eben darauf ankam, die menschliche Muskelkraft so verlustfrei wie möglich auszunutzen. Später wurden sie dann auch für große Lagerbelastungen immer mehr verwendet, nachdem man gelernt hatte, durch passende Auswahl des Materials und zweckentsprechende Arbeitsverfahren die Sicherheit der Lager und die Genauigkeit der Herstellung genügend zu vervollkommnen. Ein gut arbeitendes Kugellager erfordert neben größter Genauigkeit der Form von Kugeln und Laufflächen durchaus gleichmäßiges und hochwertiges Material. Die Lager können deshalb nur von Spezialfabriken, die über die nötigen Einrichtungen und reiche Erfahrungen verfügen, so hergestellt werden, daß eine völlige Betriebsicherheit gewährleistet werden kann.

Die Kugellager werden fast ausschließlich aus gehärtetem Chromstahl hergestellt, der neben Eisen 1% Kohlenstoff, 1% Chrom, 0,4% Mangan, 0,3% Silizium und 0,26% Nickel enthält. Er läßt sich mit naturhartem Schnelldrehstahl bearbeiten. Für große Lager wird, da Chromstahl sehr teuer ist, auch Flußstahl verwendet, der im Einsatz gehärtet wird. Da sich aber Chromstahl beim Härten weniger verzieht als Flußstahl, so wird bei diesem an Schleifkosten gespart. Die Kugeln werden heute etwa auf $^1/_{1000}$ mm genau geschliffen. Es wäre natürlich viel zu kostspielig, die ganzen Lagerkörper aus dem teuren Material herzustellen; deshalb werden nur besondere Laufringe daraus hergestellt, die einerseits auf die Welle gesteckt, andererseits in den Lagerkörper eingebaut werden.

a) Tragkugellager. Fig. 69 zeigt ein solches Kugellager. Der innere Laufring ist auf die Welle geschoben und durch einen auf die Welle geschraubten Ring gegen Verschieben gesichert. Der äußere Laufring ist in den hier ungeteilt ausgeführten Lagerkörper hineingeschoben und wird seitlich nicht gehalten, damit er sich mit der Laufrille, in der die Kugeln ohne zu klemmen abrollen sollen, genau in die Ebene der Kugeln einstellen kann. Das Lager ist beiderseits soweit wie möglich geschlossen, damit kein Staub eindringen kann, gegen den die Kugeln sehr empfindlich sind. Während man früher möglichst viele Kugeln in einem Lager unterbrachte, so daß sich die Kugeln gegenseitig berührten, wird heute darauf gesehen, daß das nicht möglich ist. Aus Fig. 70 ist ersichtlich, daß bei einer Berührung zweier Kugeln ihre Bewegung an der Berührungstelle entgegengesetzt ist. Es muß also hier ein Gleiten der Kugeln

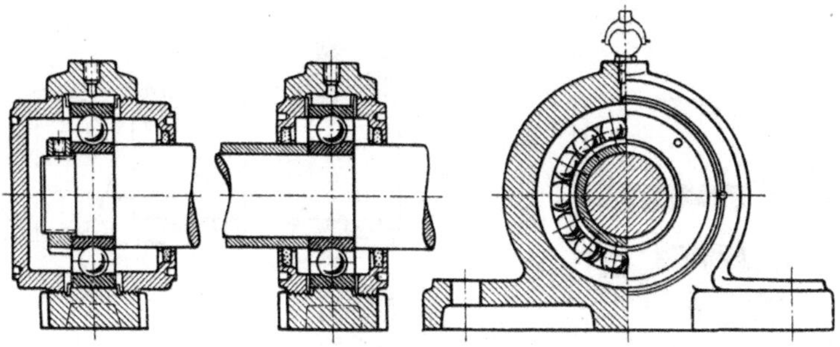

Fig. 69.

aneinander und damit eine Abnützung auftreten. Um diese zu verhindern, werden Kugelkäfige verwendet, die die Kugeln in bestimmten, möglichst kleinen Abständen voneinander halten. Von den vielen verschiedenen Bauarten seien nur zwei herausgegriffen: der zweiteilige „Wabenring" von Fichtel & Sachs (Fig. 71), dessen symmetrische Hälften durch Klammern zusammengehalten werden, und der den Vorzug hat, daß die Kugelentfernung auf das geringstmögliche Maß gebracht werden kann, und der einteilige Käfig der Kugelfabrik Fischer (Fig. 72). Dieser „Wellenkorb" wird aus einem Stück aus dünnem Material hergestellt, hat den Vorzug, leicht durchzufedern und eine gute Schmierung der Kugeln zuzulassen.

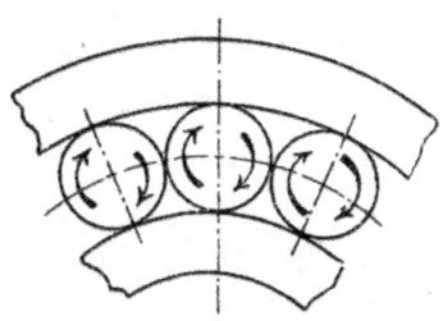

Fig. 70.

Bei Traglagern ist nun in den meisten Fällen nicht damit zu rechnen, daß die Achse oder Welle ihre ursprüngliche Lage jederzeit beibehält.

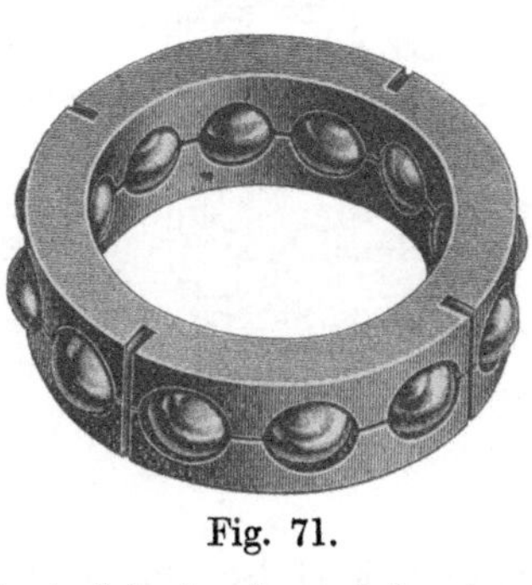

Fig. 71.

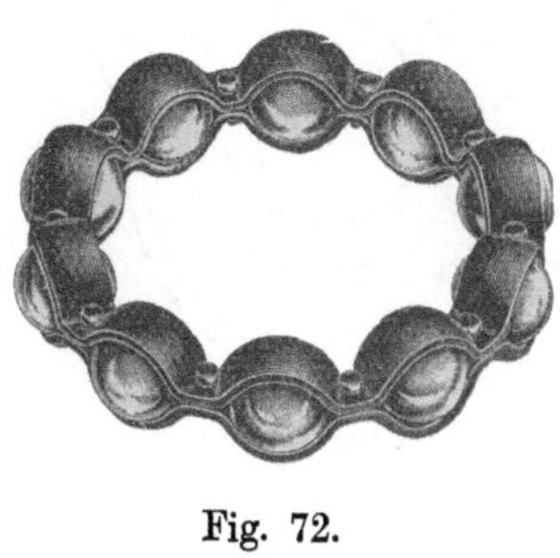

Fig. 72.

Sie biegt sich durch und damit würde bei dem Lager nach Fig. 69 ein Klemmen der Kugeln eintreten. Um dies zu vermeiden, kann der äußere Laufring selbst in einer Kugelfläche gelagert werden (Fig. 73), so daß er sich je nach der Lage der Welle immer richtig einstellen kann. Dann ist es sogar möglich, zwei oder mehr Kugelreihen nebeneinander anzuordnen (Fig. 75), wodurch die Tragfähigkeit der Lager natürlich entsprechend erhöht wird.

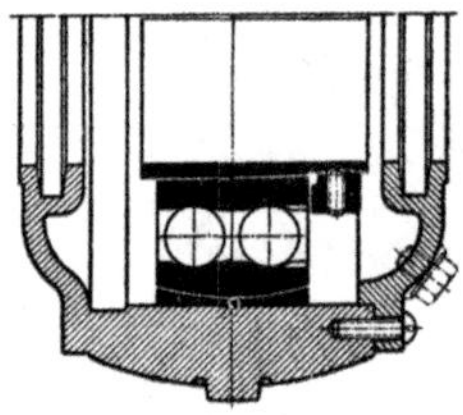

Fig. 73.

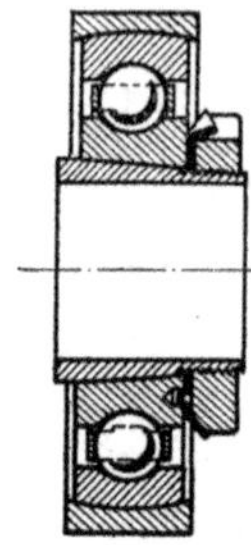

Fig. 74.

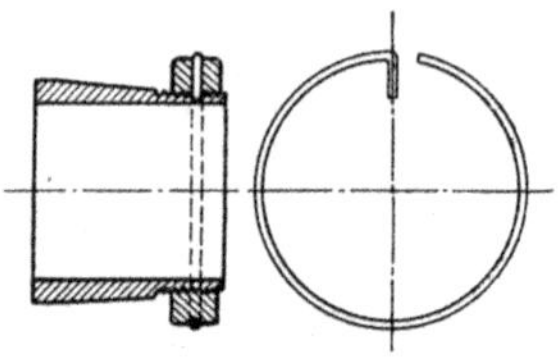

Fig. 75.

Für Wellenleitungen werden häufig Laufringe verwendet, die durch eine Spannhülse auf der Welle befestigt werden (Fig. 74). Die geschlitzte, schwach kegelige Spannhülse wird durch eine Mutter zwischen Welle und inneren Laufring hineingezogen. Dabei ist aber zu beachten, daß, wenn die Bohrung der Spannhülse nicht genau mit dem Wellendurchmesser übereinstimmt, der innere Laufring

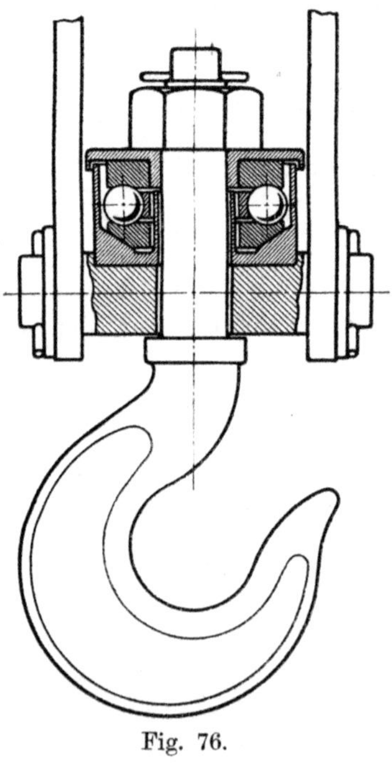

Fig. 76.

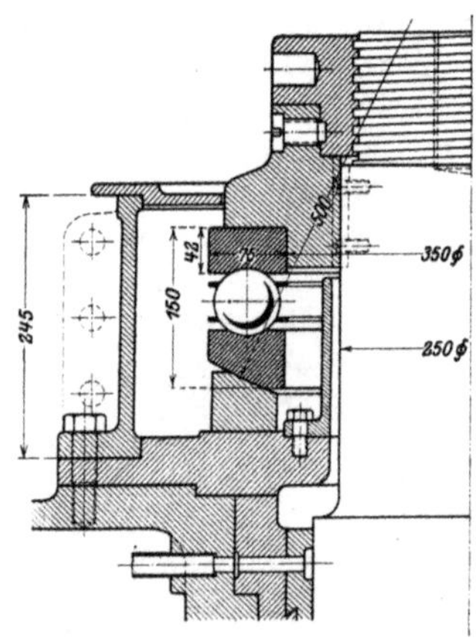

Fig. 77.

leicht seine genau runde Form verliert, weil die Hülse auch nicht mehr rund bleibt. Fig. 74 zeigt eine Sicherung der Mutter durch eine Unterlegscheibe, die an einer Stelle in eine Nut der Mutter hineingedrückt wird, Fig. 75 die Sicherung der Mutter durch einen federnden Draht.

b) Stützkugellager. Bei den Stützkugellagern, die an Stelle von Spur- oder Stützzapfen verwendet werden, ist es erforderlich, daß alle Kugeln möglichst gleichmäßig belastet werden. Da es nicht möglich sein wird, daß eine feste Lauffläche stets genau senkrecht zur Zapfenachse liegt, wird der untere Laufring fast immer ballig ausgeführt, so daß er sich dem Drucke folgend selbsttätig richtig einstellt. Fig. 76 zeigt ein Stützkugellager für einen Kranhaken, Fig. 77 eine solches für eine senkrechte Wasserturbinenwelle. Auch beim Stützkugellager sind Kugelkäfige erforderlich, die meist aus zwei dünnen Blechringen bestehen, die nach Fig. 78 zusammengenietet und mit mehreren in Richtung des Durchmessers länglichen Löchern versehen sind. Bei hohen Umlaufzahlen wandern nämlich die Kugeln im Betriebe etwas nach außen und dürfen an dieser Bewegung durch die Kugelkäfige nicht gehindert werden. Fig. 79 u. 80 zeigt ein Schiffswellenlager als Ersatz für ein Kammlager. Die erforderlichen Traglager sind als Gleitlager ausgeführt.

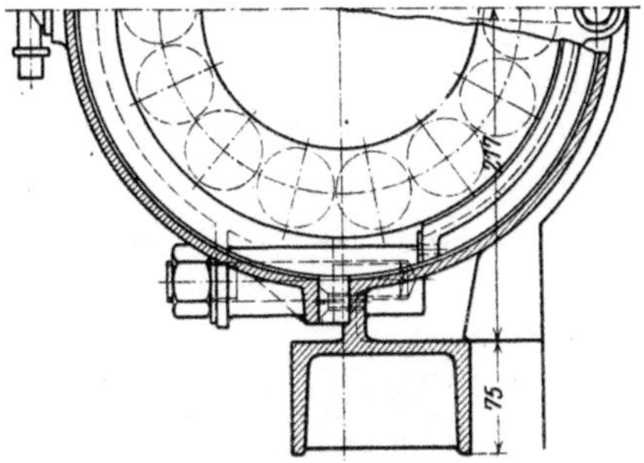

Fig. 80.

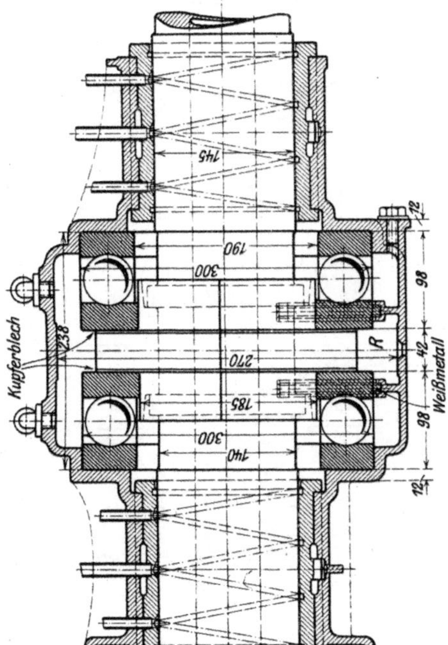

Fig. 79.

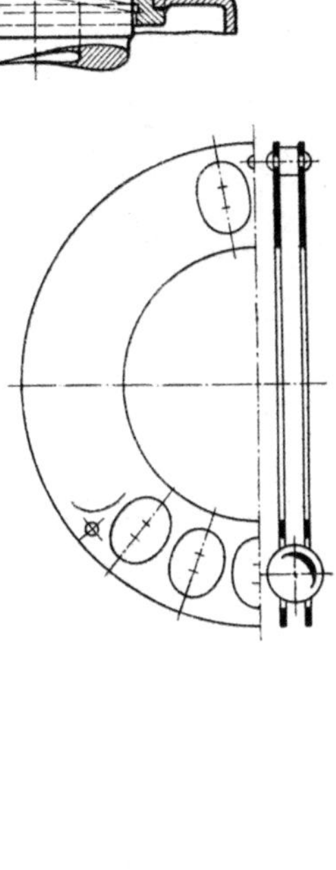

Fig. 78.

Wir hatten schon bei der Betrachtung der Stützzapfen gesehen, daß diese meist auch noch durch seitliche Kräfte beansprucht werden und somit gleichzeitig auch als Tragzapfen dienen müssen. Die Verwendung der Kugellager erfordert dann die Vereinigung eines Tragkugellagers mit einem Stützkugellager. Fig. 81 zeigt ein derartiges Lager, das Drücke in beiden Richtungen der Wellenachse und senkrecht dazu aufnehmen kann. Der mittlere Laufring des Stützkugellagers ist mittels zweier Büchsen zwischen den beiden Traglagerringen auf der Welle gehalten. Die äußeren Laufringe des Traglagers sind wieder im Lagerkörper in der Längsrichtung frei beweglich, können sich also genau nach den Kugeln einstellen.

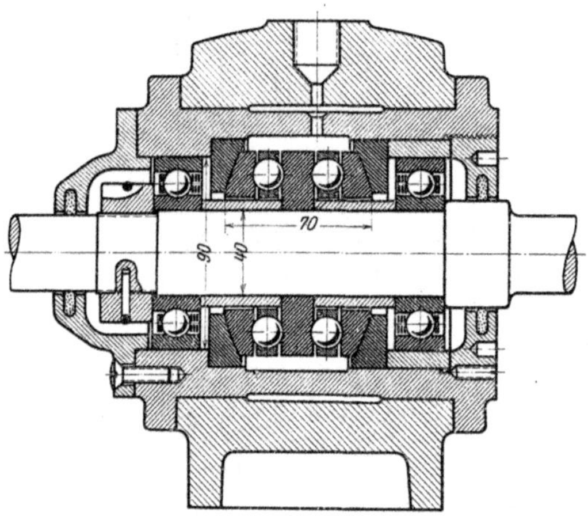

Fig. 81.

c) Rollenlager. Rollenlager sind zwar schon früher gebaut worden als Kugellager, werden heute aber nur selten angewendet. Die Rollen zeigen die Neigung, sich schräg zur Laufrichtung zu stellen, zu „schränken", was Verklemmungen, Überlastung oder gar Zerstörung des Lagers zur Folge haben kann. Immerhin werden sie auch heute für gewisse Sonderzwecke gebaut, in Amerika besonders für Lagerungen von Kraftwagenrädern. Sie erfordern bei hohen Umlaufzahlen eine fast noch größere Genauigkeit der Herstellung als Kugellager.

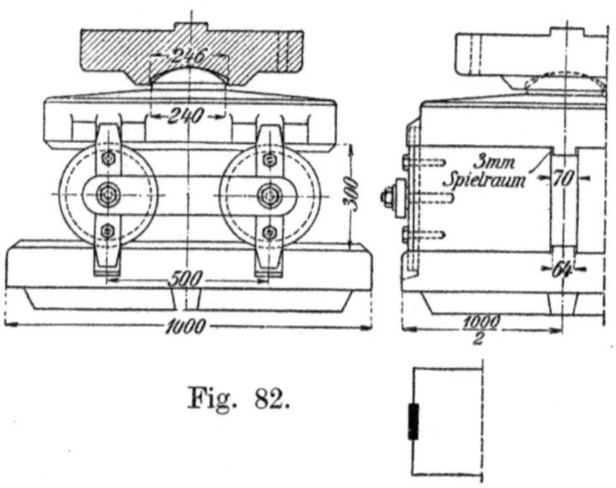

Fig. 82.

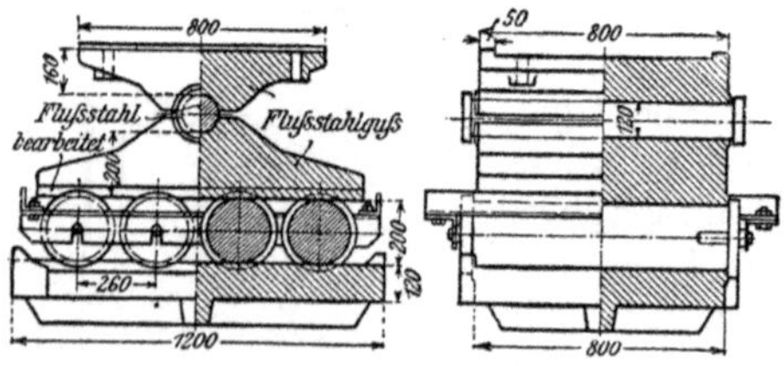

Fig. 83.

Eine besondere Art von Rollenlagern sei hier noch erwähnt. Lange Eisenbauwerke, wie Brücken, Dachbinder und dgl., können häufig nur an einem Ende fest gelagert werden. Das andere Ende muß sich wegen der durch Temperaturänderungen verursachten Änderung der Länge möglichst leicht verschieben können. Dazu werden unter dieses Ende Rollen etwa nach Fig. 82 u. 83 eingebaut, die natürlich keine so weitgehende Genauigkeit der Herstellung verlangen. Die Rollen bestehen meist aus Flußstahl und liegen zwischen zwei Platten aus Stahlguß, von denen die obere entweder ballig oder mit einem besonderen Drehzapfen so ausgebildet wird, daß der Druck der auf ihr ruhenden Last möglichst gleichmäßig auf die verschiedenen Rollen verteilt wird. Die Anzahl der Rollen richtet sich nach der Größe der Belastung.

D. Achsen und Wellen.

Unter Achsen versteht man mit Zapfen versehene, in der Regel zylindrisch gestaltete Träger hin- und herschwingender oder sich drehender Maschinenteile. Es kann aber auch die Achse feststehen und ein anderer Maschinenteil sich um die Achse bzw. den Zapfen drehen. Wesentlich ist dabei, daß die Achse nur auf Biegung beansprucht wird und nicht eine an einer Stelle etwa durch eine Kurbel, ein Zahnrad oder dgl. eingeleitete Drehbewegung fortleitet. Jm letzten Falle spricht man von Wellen. An der in Fig. 84 skizzierten Seilwinde sitzt die Trommel auf einer Achse, da sie nur durch den Zug des Seiles auf Biegung beansprucht wird. Von dem großen Zahnrad wird die Drehbewegung unmittelbar an die Trommel weitergeleitet. Es könnte sich ja ebenso gut die Trommel mit dem daran befestigten Zahnrad auf dieser Achse drehen, wie die Achse mit der aufgekeilten Trommel in den Lagern. Dagegen sitzt das kleine Zahnrad auf einer Welle, denn die durch die Kurbel eingeleitete Drehbewegung wird durch sie auf das Zahnrad übertragen.

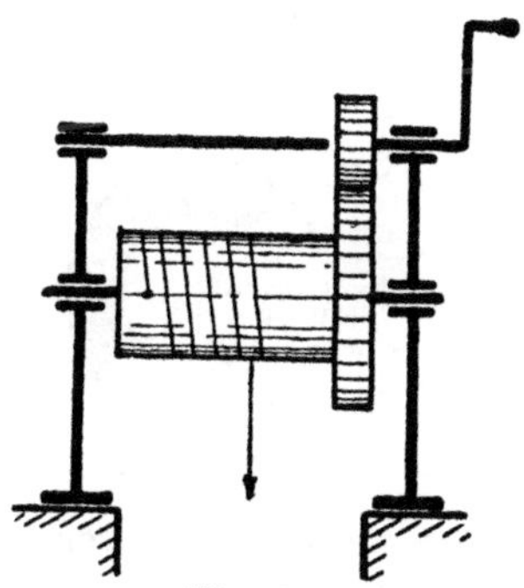
Fig. 84.

Bei Eisenbahnwagen spricht man deshalb richtig von Achsen, während an der Lokomotive stets Wellen, oft aber außerdem Achsen vorhanden sind. Während früher häufig Achsen und auch Wellen, besonders bei großen Abmessungen, aus Gußeisen hergestellt wurden, bei Wasserrädern z. B. oft sogar aus Holz mit Eisenbeschlägen, wird heute fast ausnahmslos Schmiedeeisen oder Stahl verwendet. Der Querschnitt ist entweder kreis- oder kreisringförmig. Bei größerem Querschnitt wird die Achse oder Welle häufig ausgebohrt, weniger um an Gewicht zu sparen, sondern um Gewißheit darüber zu erhalten, daß das Material auch im Innern gesund ist. Die Eisen- oder Stahlblöcke, aus denen die Achsen und Wellen durch Schmieden oder Pressen hergestellt werden, haben, da sie in Formen gegossen wurden, im Innern häufig eine andere Beschaffenheit als an der Oberfläche. Es können sogar Hohlräume, sogenannte Lunker vorkommen (vgl. Abschnitt Technologie), die auch bei der nachträglichen Bearbeitung von außen nicht erkennbar bleiben. Beim Ausbohren fallen diese schlechten Stellen heraus, oder sie werden frühzeitig genug erkannt, so daß Betriebsunfälle vermieden werden können.

Der Durchmesser der Achsen, besonders bei größeren Abmessungen, ist meist an den einzelnen Stellen verschieden, da die Biegungsbeanspruchung in den verschiedenen Querschnitten ebenfalls verschieden ist. Die Übergänge von einem Durchmesser zum andern müssen dabei stets möglichst allmählich erfolgen, es dürfen also an diesen Stellen *nie* scharfe Eindrehungen ausgeführt werden. Wellen erhalten im Gegensatz zu den Achsen meist überall gleichen Durchmesser, weil hier die Drehungsbeanspruchung häufig über beinahe die ganze Länge der Welle gleich groß ist. Nur an Stellen, wo noch außerdem eine erhebliche Beanspruchung auf Biegung auftritt, wird die Welle verstärkt.

Fast in allen Fällen treten auch noch Kräfte auf, die die Achse oder Welle in der Längsrichtung zu verschieben suchen. Um dies zu verhindern, müssen z. B. seitlich der Lagerstellen Bunde vorgesehen werden, also Verstärkungen, die sich seitlich gegen die Lagerschalen legen. Eine Längenänderung, wie sie etwa bei Erwärmung der Welle eintreten kann, würde ein Festklemmen der Welle zur Folge haben, wenn diese in zwei weit auseinander liegenden Lagern gleichzeitig durch Bunde oder dgl. an

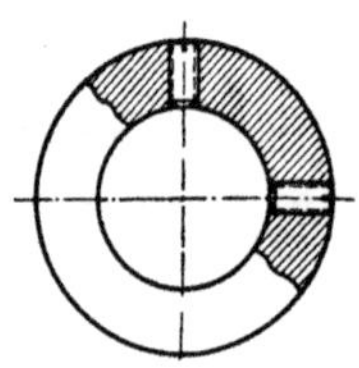

Fig. 85 a.

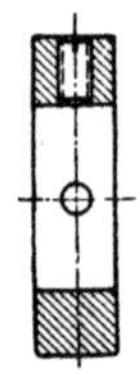

Fig. 85 b.

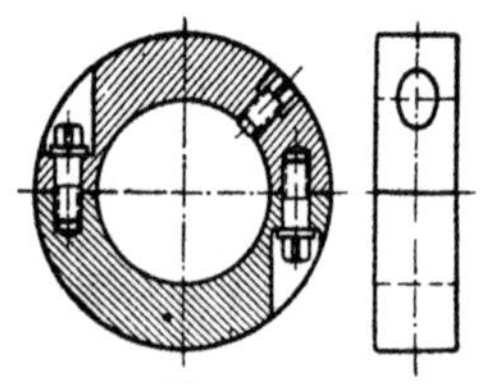

Fig. 86.

einer Verschiebung verhindert würde. Es gilt deshalb als Regel, jede Welle nur in *einem* Lager beiderseits durch solche Bunde zu sichern. Bei längeren Wellen, die durchweg gleichen Durchmesser erhalten, würde die Herstellung der Bunde mit der Welle aus einem Stück die Herstellungskosten unverhältnismäßig erhöhen, da die Welle dann aus einer entsprechend dickeren Welle herausgedreht werden müßte. Man ersetzt deshalb die festen Bunde durch *Stellringe*, die entweder *einteilig* (Fig. 85), oder, wenn ein Aufschieben mit Rücksicht auf die Anordnung der Lager, Riemenscheiben und dgl. nicht möglich ist, *zweiteilig* (Fig. 86), ausgeführt und mit Schrauben auf der Welle festgestellt werden. Die Befestigungschrauben erhalten versenkte Köpfe, da vorstehende Teile zu Unfällen Veranlassung geben.

In Fig. 84 war schon eine Welle gezeigt, die durch eine Kurbel gedreht wird. Muß die Drehbewegung nicht am Ende der Welle, sondern etwa von dem hin- und hergehenden Kolben einer Dampfmaschine, Gasmaschine oder dgl., an einer andern Stelle auf die Welle übertragen werden, so entsteht die gekröpfte Welle. Diese wird entweder aus einem Stück geschmiedet oder aus einzelnen Teilen zusammengebaut. Näheres wird im Abschnitt Kurbeln (S. 173) besprochen.

E. Kupplungen.

Sollen zwei oder mehr Wellen zu einem fortlaufenden Wellenstrang verbunden werden, so geschieht dies durch sogenannte Kupplungen. Dabei sind drei verschiedene Fälle zu unterscheiden.

1. Die Wellen sollen genau in gleicher Linie liegen und dauernd so fest miteinander verbunden bleiben, daß sie als eine einzige Welle angesehen werden. Dazu dienen feste Kupplungen.

2. Der eine Wellenteil soll gegenüber dem folgenden eine gewisse Beweglichkeit haben, so daß also die Wellen sich entweder gegeneinander ein wenig verschieben können, oder ihre Mitten nicht genau in eine Gerade fallen, oder schließlich die Mittellinien der beiden Wellen einen kleinen Winkel miteinander bilden: dies wird erreicht durch bewegliche Kupplungen.

3. Es soll möglich sein, daß, während der eine Wellenstrang im Betriebe bleibt, ein anderer mit ihm verbundener Teil je nach Bedarf von ihm gelöst oder wieder mit ihm verbunden werden kann. Dazu dienen aus- und einrückbare Kupplungen.

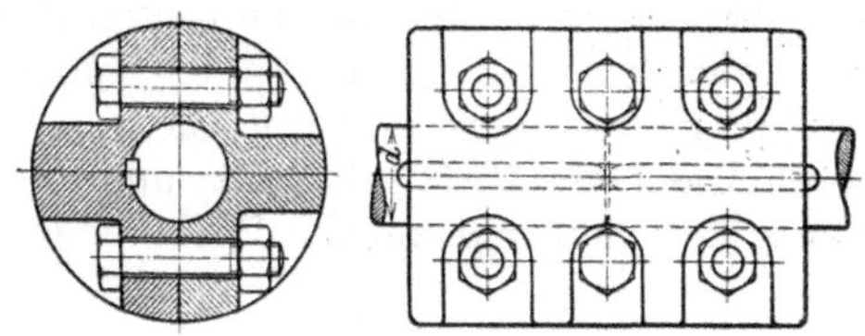

Fig. 87.

a) Feste Kupplungen. Die Schalenkupplung (Fig. 87) besteht, wie schon der Name sagt, aus zwei Schalen, die durch Schrauben so fest gegen die zu verbindenden Wellenenden gepreßt werden, daß die zwischen den Wellen und den Schalen erzeugte Reibung die Übertragung der Drehbewegung von einer Welle auf die andere sicher bewirkt. Die Schalenhälften dürfen deshalb, wenn sie fest auf die Wellen gepreßt werden, sich nicht berühren. Es wird daher vor dem Ausbohren der Kupplung ein dünnes Blech oder Papier zwischen die beiden Hälften gelegt und nach dem Ausbohren weggenommen. Die außerdem noch angewendeten Keile sollen nur die richtige Lage der Wellenenden zueinander sichern. Bedingung für ein richtiges Arbeiten der Kupplung ist offenbar, daß die beiden Wellenenden genau gleiche Durchmesser haben. Eine einteilige Kupplung ähnlicher Art zeigt Fig. 88. Die Hülse ist der Länge nach geschlitzt und wird durch die Schrauben zusammengezogen. Nachteilig ist, daß zu einem etwaigen Ausbau einer Welle die Kupplung um ihre halbe Länge auf der Welle verschoben werden muß, wozu manchmal

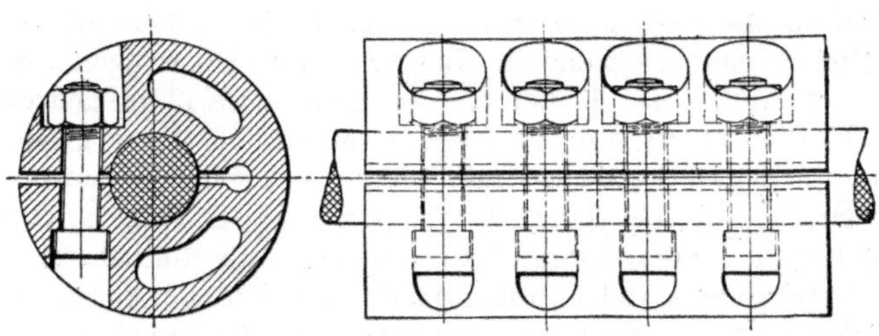

Fig. 88.

der erforderliche Platz fehlt. Auch hier müssen die beiden Wellenenden gleich dick sein. Dies ist nicht erforderlich bei der Doppelkegelkupplung nach Sellers (Fig. 89). Auf jedem Wellenende sitzt eine kegelige, geschlitzte Hülse *b*. Die beiden Hülsen werden durch die Schrauben *f* gegeneinander in die mit gleichen Kegelflächen versehene einteilige Hülse *a* hineingezogen und damit fest gegen die Wellenenden gepreßt. Zur Verbindung stärkerer Wellen (von über 120 mm Durchmesser) eignet sich besonders die Scheibenkupplung (Fig. 90). Zwei gußeiserne Scheiben werden auf die beiden Wellenenden gekeilt oder mittels Wasserdruckpressen gepreßt. Sie können auch warm aufgezogen werden, d. h. die Scheiben werden etwas enger ausgebohrt, als der Durchmesser der Wellen beträgt, und erwärmt. Sie dehnen sich dabei so aus, daß sie leicht auf die Wellenenden aufgesteckt werden können,

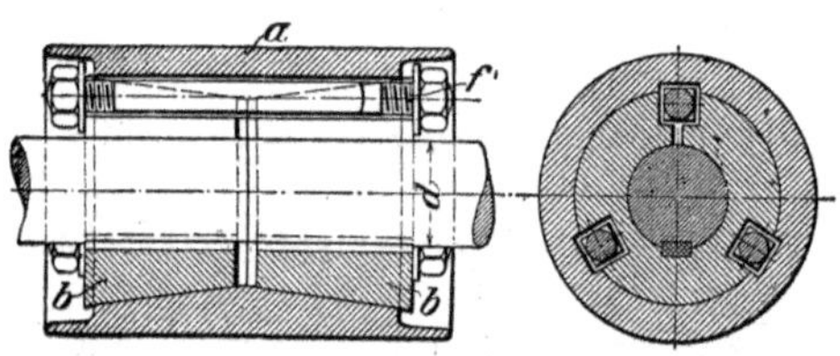

Fig. 89.

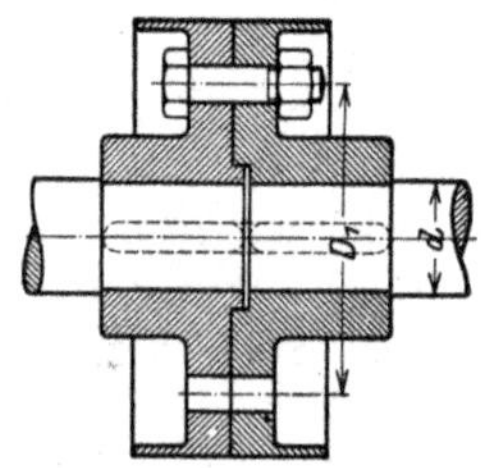

Fig. 90.

und ziehen sich nun beim Erkalten zusammen, so daß sie fest auf den Wellen sitzen. Die beiden Scheiben werden durch die Verbindungsschrauben so stark gegeneinander gedrückt, daß wieder die zwischen beiden Steinflächen entstehende Reibung zum Übertragen des Drehmomentes genügt. Die Flächen werden nicht etwa blank gedreht, sondern absichtlich etwas rauh gelassen, damit die Reibung größer wird. Eine Eindrehung in der einen und ein entsprechender Vorsprung in der anderen Scheibe dienen dazu, die Wellen zu zentrieren, d. h. ihre Mitten genau in Übereinstimmung zu bringen. Außerhalb der Schrauben sind überstehende Ränder angebracht, um Unfälle durch die vorspringenden Teile der Schrauben zu verhüten. An gußeisernen Wellen können solche Kupplungscheiben unmittelbar angegossen werden. Oft sind sie auch bei Wellen aus Stahl oder Schmiedeeisen angeschmiedet. Dann wird zum Schutz gegen die vorspringenden Schrauben auf die glatten Kupplungsflanschen ein besonderer Schutzring aus Gußeisen oder Blech geschoben, wenn nicht die Flanschen so stark ausgeführt werden, daß die Köpfe und Muttern der Verbindungschrauben in den Flanschen versenkt untergebracht werden können (Fig. 91). Zum Ausbau einer Welle muß diese um die Höhe des zentrierenden Ansatzes in der Achsenrichtung verschoben werden können.

b) Bewegliche Kupplungen. Sollen die beiden Wellenenden sich gegeneinander in der Achsenrichtung etwas verschieben können, so wendet man längsbewegliche Ausdehnungskupplungen etwa nach Fig. 92 an. Sie sind besonders dann erforderlich, wenn ein längerer Wellenstrang aus mehreren Stücken zusammengesetzt ist und auf diesem Zahnräder sitzen. Durch die unvermeidlichen Temperaturänderungen verändert der Wellenstrang seine Länge. Ein 40 m langer Wellenstrang wird z. B. bei einer Erwärmung von 15° auf 30° C um 7 mm länger (vgl. Abschnitt Physik, Wärmelehre, S. 206). Eine solche Verschiebung ist für das Zusammenarbeiten von Winkelrädern z. B. ganz unstatthaft. Die Ausdehnungskupplung besteht aus zwei Hälften, die, auf den beiden Wellenenden aufgekeilt, mit vorspringenden „Klauen“ ineinander greifen (Klauenkupplung). Die eine Hälfte enthält meist noch einen vorspringenden Wulst, in den die zweite Welle etwas hineinragt, wodurch wieder ein genaues Übereinstimmen der Wellenmittel erzwungen wird.

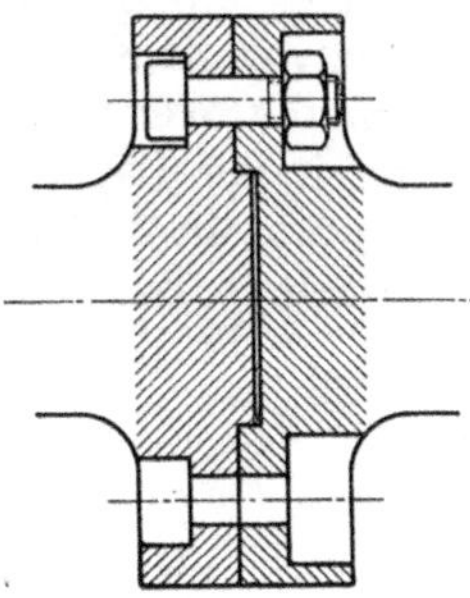

Fig. 91.

Eine Verschiebung der Wellenmitten parallel zueinander ermöglicht die Kreuzscheibenkupplung von Oldham (Fig. 93). Zwischen den

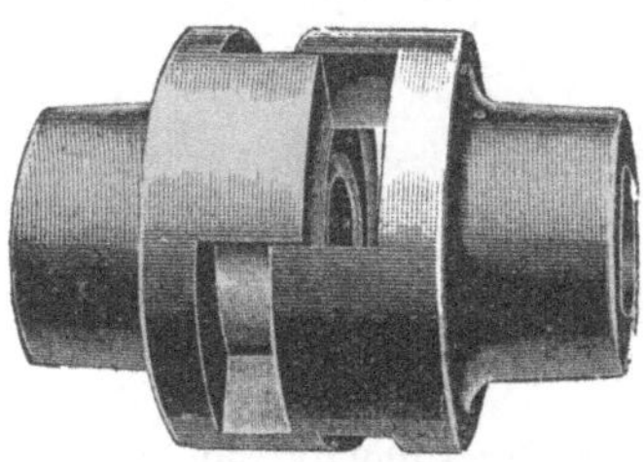

Fig. 92 a.

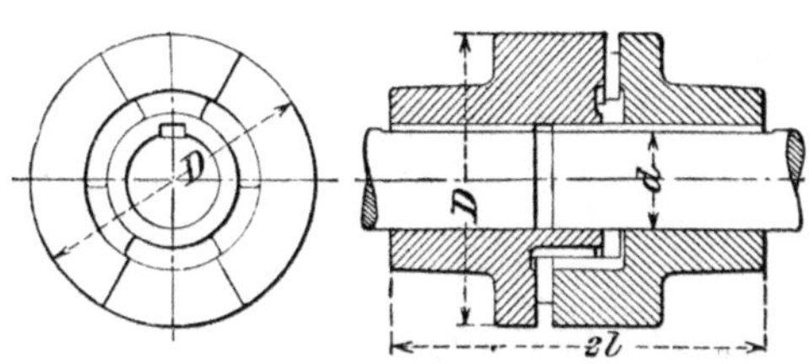

Fig. 92 b.

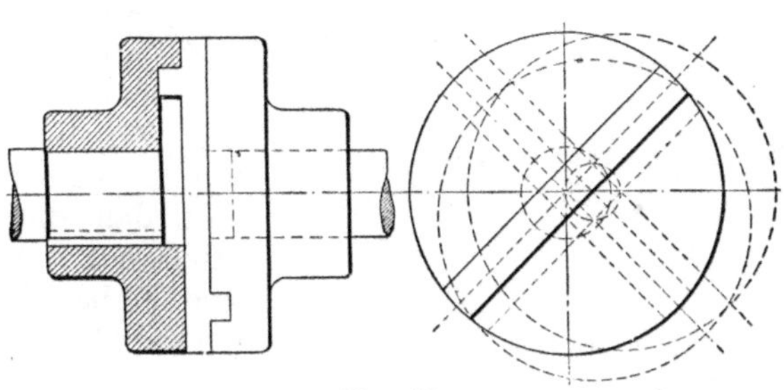

Fig. 93.

mit je einer Nut versehenen, auf den Wellenenden aufgekeilten Scheiben ist eine lose Scheibe mit entsprechenden, unter 90° zueinander versetzten Vorsprüngen angeordnet. Die Kupplung wird z. B. da verwendet, wo von einer festgelagerten Vorgelegewelle unmittelbar eine Walze angetrieben wird, deren Entfernung von der Gegenwalze veränderlich ist.

Bilden die Wellenmitten einen Winkel von weniger als 30°, so können die beiden Wellen durch eine Kreuzgelenkkupplung verbunden werden (Fig. 94). Auf jedem Wellenende sitzt eine Nabe mit zwei einander gegenüberliegenden, zur Wellenachse senkrecht stehenden Zapfen.

Die vier Zapfen sind in einem losen Ring um 90° versetzt gelagert. Liegen die Wellenmitten nicht in einer Geraden, so drehen sich die Zapfen in den Lagern bei jeder Umdrehung etwas. Sie müssen sich aber auch etwas in den Lagern in der Zapfenrichtung verschieben können. Zu beachten ist, daß, wenn die treibende Welle gleichförmig umläuft,

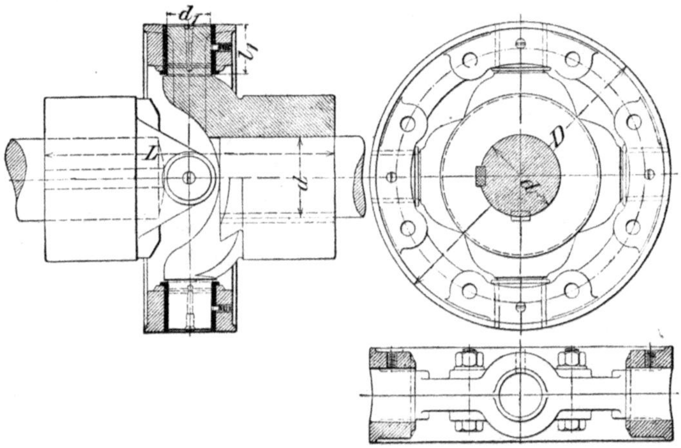

Fig. 94.

die getriebene Welle eine ungleichförmige Bewegung macht. Sie läuft bei einer Umdrehung bald langsamer, bald schneller als die treibende Welle. Die Kupplung ist deshalb nicht für solche Fälle verwendbar, wo es auf gleichförmige Drehung ankommt. Der Übelstand kann freilich behoben werden durch die Anordnung einer Zwischenwelle, also zweier Kreuzgelenkkupplungen nach Fig. 95. Die Zwischenwelle c muß so angeordnet sein, daß die Winkel α beiderseits gleich groß sind. Ferner müssen, wenn der Zweck erreicht werden soll, die vier Zapfen der Zwischenwelle in einer Ebene liegen.

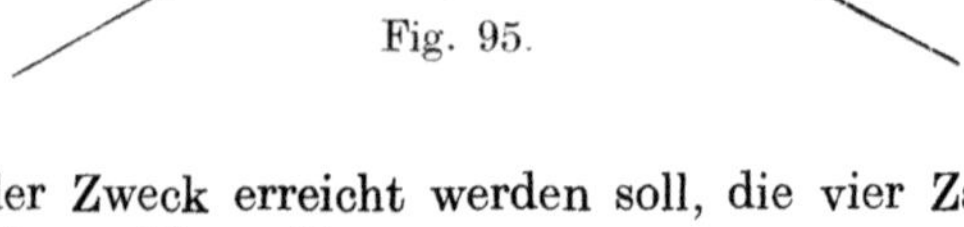

Fig. 95.

Sollen zwei Wellen miteinander gekuppelt werden, so daß sowohl geringe Längsverschiebungen als auch kleine Abweichungen vom Wellenmittel möglich sind, so werden elastische Kupplungen angewendet. Eine weite Verbreitung hat die in Fig. 96 dargestellte Lederbandkupplung, Bauart Zodel-Voith, gefunden. Die beiden auf den Wellenenden aufgekeilten Scheiben haben ineinandergreifende Ränder mit je gleichviel Schlitzen. Ein Leder- oder Baumwollriemen ist lose durch die Schlitze beider Scheiben gezogen, wie aus der Abbildung zu ersehen ist, und an den Enden zusammengenäht. Die Bewegung wird also von einem Kupplungskranz auf den andern durch dieses elastische Zwischenglied übertragen und erlaubt die angestrebte Beweglichkeit in beiden Richtungen. Die Kupplung ist aber nur für eine Drehrichtung zu gebrauchen. Wechsel in der Drehrichtung, wie auch starke, häufig auftretende

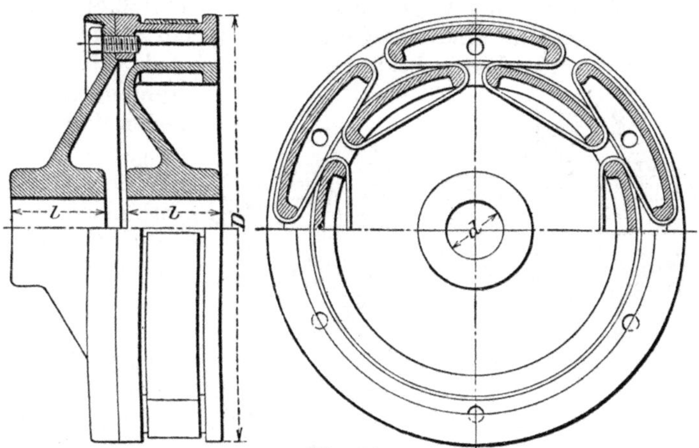

Fig. 96.

Schwankungen in den Belastungen verursachen frühzeitigen Verschleiß des Riemens. Zum Lösen der Kupplung kann der Kranz der einen Scheibe abgeschraubt werden. Ein Lösen des Riemens ist dann nicht erforderlich.

Eine andere Art elastischer Kupplung zeigt Fig. 97. Die beiden Kupplungscheiben sind durch lose in einander gegenüberliegende Bohrungen gesteckte Bolzen aus Holz, Leder, Gummi, geschlitzte Stahlrohre oder dgl. mehr verbunden. Die Scheiben selbst haben einen kleinen Abstand voneinander. Die Zodel-Voithkupplung, wie auch diese verschiedenen Bolzenkupplungen, bieten den Vorteil, daß durch die Wahl geeigneter Stoffe die Kupplung elektrische Ströme nicht weiterleitet, was beim Kuppeln elektrischer mit andern Maschinen manchmal wünschenswert sein kann.

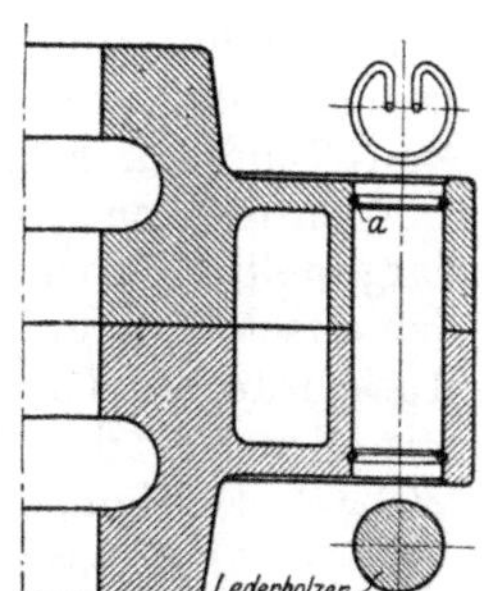

Fig. 97.

Außer diesen elastischen Kupplungen gibt es noch eine Reihe anderer auf ähnlichen Grundsätzen aufgebauter Bauarten, wie auch die beschriebene Ausführung der Kreuzgelenkkupplung nur ein Beispiel aus einer Reihe verschiedenartiger Lösungen darstellt. Auch bei den jetzt zu betrachtenden ein- und ausrückbaren Kupplungen sollen nur einige Hauptvertreter betrachtet werden, soweit sie sich in wesentlichen Punkten voneinander unterscheiden.

c) Ein- und ausrückbare Kupplungen. Als einfache Ausrückkupplung kann nach einer geringen Änderung die als Ausdehnungskupplung beschriebene Klauenkupplung (Fig. 92) verwendet werden. Es ist dazu nur erforderlich, die eine Kupplungshälfte auf der Welle verschiebbar, jedoch durch eine Feder gegen Drehung gesichert, herzustellen. Das Verschieben kann in der Weise ausgeführt werden, daß die Nabe dieser Kupplungshälfte eine Eindrehung erhält, in die ein zweiteiliger Gleitring gelegt wird, dessen beide Hälften durch Schrauben verbunden werden. Ein an einem festen Punkt drehbar gelagerter Hebel wird mit dem Gleitring so verbunden, daß bei einer Bewegung des Hebels der Ring und mit ihm die Kupplungshälfte in der Achsenrichtung der Welle verschoben werden kann.

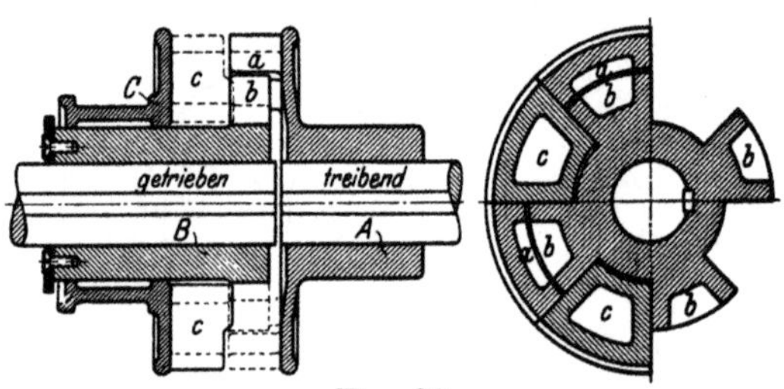

Fig. 98.

Eine solche Ausrückvorrichtung ist bei der Kupplung Fig. 104, Seite 122 dargestellt. Es ist klar, daß ein Ausrücken der Kupplung auf diese Weise auch im Betriebe ohne weiteres möglich ist, wenn auch die dazu erforderliche Kraft nicht unbeträchtlich ist. Ein Einrücken während des Betriebes ist aber nicht möglich. Würde man versuchen, die Klauen während des Betriebes zum Eingriff zu bringen, so würde ein sehr heftiger Stoß die Folge sein, da diese vorher stillstehende Welle plötzlich, also in unendlich kurzer Zeit, die Geschwindigkeit der treibenden Welle annehmen müßte. Der dabei auftretende Stoß würde mit größter Wahrscheinlichkeit den Bruch irgendeines Teiles zur Folge haben.

Von der eben beschriebenen Anordnung unterscheidet sich die in Fig. 98 dargestellte Zahnkupplung von Hildebrandt nur dadurch, daß der verschiebbare Teil C, dessen Vorsprünge („Zähne“) in entsprechende Aussparungen der anderen Kupplungshälfte genau passen, nicht unmittelbar auf der Welle verschoben wird, sondern auf einer mit der Welle festverbundenen Nabe mit Vorsprüngen b, die den Zähnen der Muffe C_1 als Führung dienen.

In der einfachen Ausführung mit unmittelbar auf der Welle verschiebbarer Muffe erhalten die Zähne meist nur auf den bei der normalen Drehrichtung aufeinanderliegenden Seiten ebene Flächen. Die entgegengesetzten Flächen werden schräg oder nach einer Schraubenfläche ausgebildet. Wird die Drehrichtung umgekehrt, so schiebt die treibende Kupplungshälfte die bewegliche Muffe selbsttätig zurück und rückt damit den angekuppelten Teil aus. Solche Zahnkupplungen werden z. B. bei den sogenannten Sicherheitskurbeln, wie sie zum „Andrehen“

kleinerer Verbrennungsmotoren verwendet werden, benützt. Sobald die Motorwelle schneller läuft als die Kurbel gedreht wird, drücken die schrägen Zahnflächen die Muffe zurück. Der Motor kann somit nie die Kurbel in Drehung versetzen. Die gleiche Vorrichtung finden wir auch an Kurbeln von Winden und dgl.

Zum Ankuppeln einer Welle an eine bereits im Betriebe befindliche sind also, wie wir gesehen haben, diese Zahnkupplungen nicht geeignet. Es ist dazu erforderlich, daß die anzukuppelnde Welle erst allmählich auf die Gechwindigkeit der treibenden Welle gebracht wird. Die verbindenden Flächen müssen also zunächst aufeinander gleiten können, und zur Beschleunigung der stillstehenden Welle wird die zwischen diesen Gleitflächen entstehende Reibung verwendet. Ein- und Ausrücken während des Betriebes wird deshalb fast ausschließlich durch sogenannte Reibungskupplungen bewerkstelligt. Die einfachste Lösung zeigt Fig. 99. Die fest aufgekeilte linke Scheibe erhält einen kegelig ausgedrehten Kranz, in den ein entsprechender Kranz der beweglichen Scheibe hineingepreßt wird. Die Kraft, mit der dies geschehen muß, um eine genügend große Pressung zwischen den Kegelflächen zu erzielen, hängt von deren Winkel α ab und könnte beliebig klein gehalten werden, wenn α entsprechend klein gewählt wird. Dabei ergibt sich aber der Übelstand, daß zum Lösen der Kupplung eine unverhältnismäßig große Kraft erforderlich wird. Es kann also α nicht beliebig klein gemacht werden, und es muß, während die Wellen miteinander arbeiten, dauernd ein Druck in der Pfeilrichtung ausgeübt werden. Das verursacht eine rasche Abnützung des in der Nut der Muffe gleitenden Ringes.

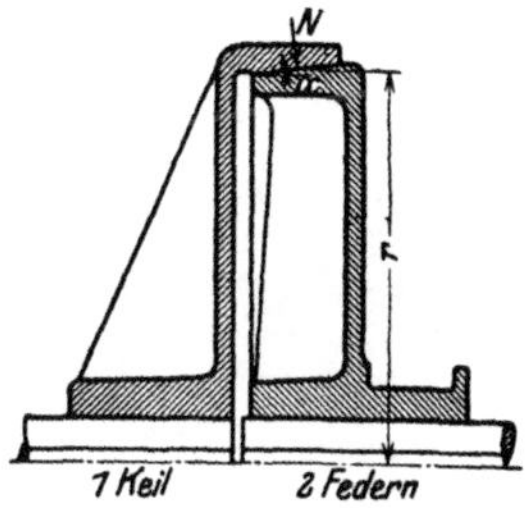

Fig. 99.

Von den vielerlei Reibungskupplungen, bei denen der Druck auf den Ring während des Betriebes gleich Null wird, seien einige der wichtigsten kurz beschrieben.

Reibungskupplung von Lohmann & Stolterfoht in Witten a. d. Ruhr (Fig. 100). Die Reibung wird am Umfang der Scheibe *c* dadurch erzeugt, daß die zwei Ringhälften *b* durch Schrauben *o* mit Rechts- und Linksgewinde gegen die Scheibe *c* gepreßt werden. Die Ringhälften sind mit der fest aufgekeilten Nabe *a* durch kurze Lenkstücke *f* verbunden. Die Schrauben sind mit dem Hebel *h* aus einem Stück hergestellt und werden bei einer Verschiebung der Muffe *k* durch die Lenker *e* um einen kleinen Winkel gedreht. Damit bei der kleinen Drehung eine genügende Bewegung der Ringhälften erzielt werden kann, ist das Gewinde mehrgängig ausgeführt.

Reibungskupplung, Bauart Dohmen-Leblanc der Berlin-Anhaltischen Maschinenbau A.-G. in Dessau (Fig. 101). Das auf der getriebenen Welle aufgekeilte Armkreuz *d* dient zur Führung von vier Gleitstücken *n*, die durch federnde, S-förmige Druckstangen mit der

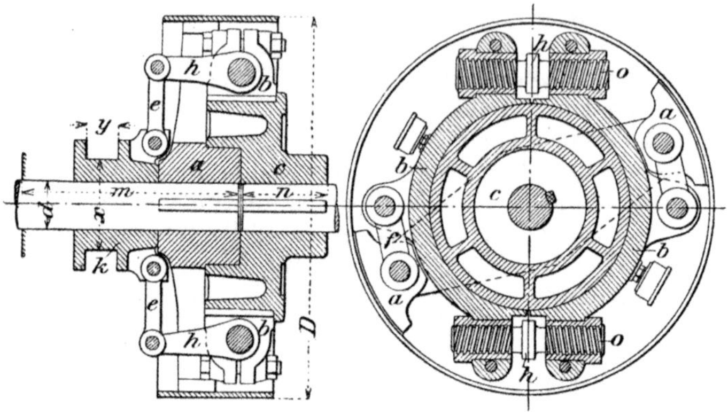

Fig. 100.

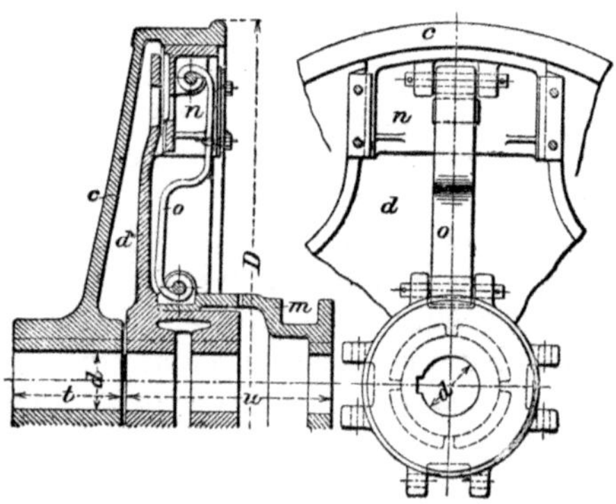

Fig. 101.

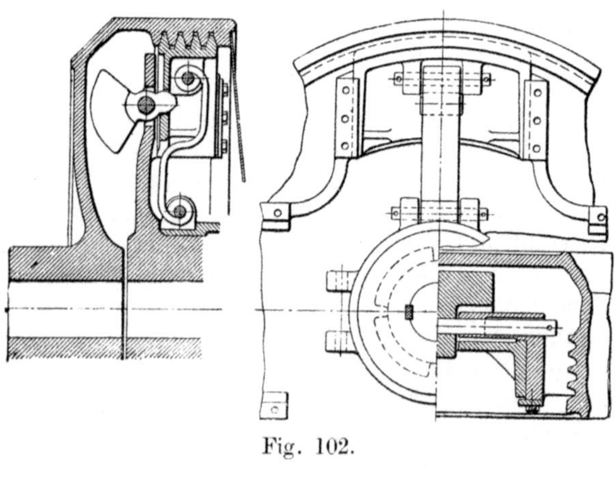

Fig. 102.

Muffe *m* verbunden sind. Durch Verschieben der Muffe nach dem Wellenende hin werden die Gleitstücke von einem an den Kranz der auf der treibenden Welle aufgekeilten Scheibe *c* gedrückt. Dadurch, daß man die federnden Druckstangen etwas über die Mittelstellung hinaus nach innen verschiebt, wird eine Selbstauslösung verhindert und der Gleitring im Betriebe vollständig entlastet.

Für die Übertragung größerer Kräfte werden die Gleitstücke und der Scheibenkranz mit keilförmigen Nuten versehen, da dadurch bei gleicher

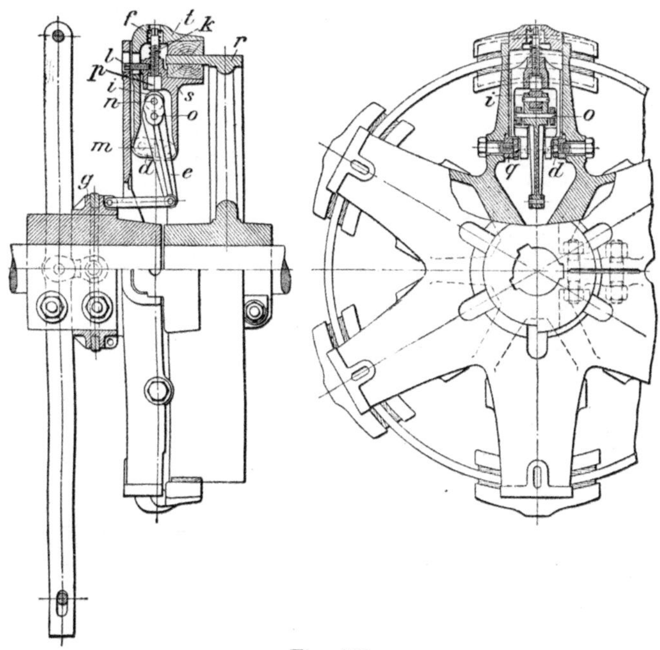

Fig. 103.

Kraft in den Druckstangen die Reibung wesentlich vermehrt wird. Fig. 102 zeigt eine derartige Ausführung. Gleichzeitig ist hier für jedes Gleitstück noch ein an dem Armkranz gelagertes Gewicht vorgesehen, dessen Fliehkraft der Fliehkraft des Gleitstückes entgegenwirkt. Sitzt nämlich das Armkreuz auf der treibenden Welle, so könnte es vorkommen, daß bei größeren Geschwindigkeiten die Fliehkraft der Gleitstücke so groß wird, daß sie entgegen der durch die federnden Druckstücke in solchem Fall auftretenden Zugkräfte den Kranz der stillstehenden Scheibe berühren und die Kupplung somit selbsttätig einrücken.

Hill-Kupplung des Eisenwerkes Wülfel vor Hannover (Fig. 103). Hier werden je zwei einander gegenüberliegende holzgefütterte Klemmbacken *s* und *t* mit gleich großem Druck gegen den inneren und den äußeren Umfang des Reibringes *s* gepreßt. Der Ring kann deshalb wesentlich schwächer sein als der Ring der Kupplung Fig. 101, da er durch die

Klemmbacken nicht verbogen werden kann. Ferner ist der erforderliche Druck auf die Muffe beim Einrücken nur halb so groß wie bei einseitigem Druck der Klemmbacken. Beim Einrücken wird durch die Verschiebung des Schleifringes *g* der zweiarmige Hebel *e* um einen in der äußeren Backe *t* gelagerten Zapfen *o* gedreht. Das andere Ende des Hebels trägt eine Rolle *i*, die nun gegen den Bolzen *p* der inneren Backe drückt. Es werden also beide Klemmenbacken gleichzeitig einander genähert und, da die eine Backe dem Hebel *e* als Stützpunkt dient, mit gleicher Kraft auf den

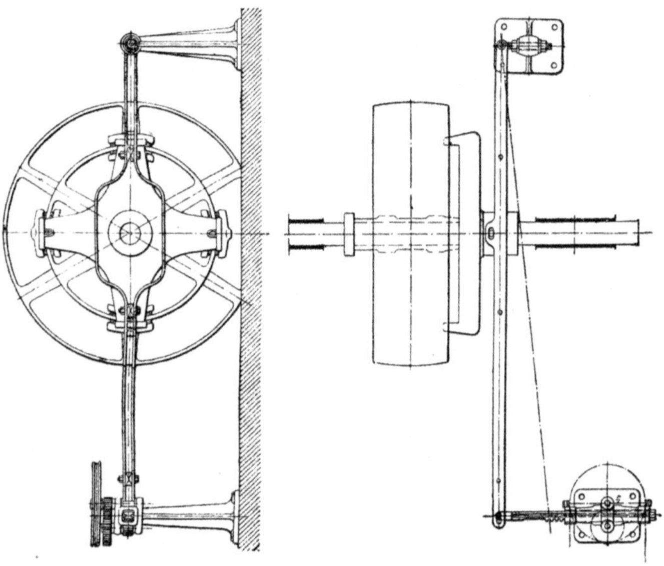

Fig. 104.

Reibring *r* gepreßt. Beim Ausrücken entfernt sich die Rolle *i* vom Bolzen *p*, und die Backen werden durch die Spiralfeder *f* auseinandergetrieben. Zum Ein- und Nachstellen der Kupplung, d. h. dem Einstellen der Backen auf richtige Entfernung vom Reibring im ausgerückten Zustand, dient die Schraube *k* mit Sicherungschraube *l*.

Da die eine Hälfte der Kupplung nur aus dem einfachen glatten Reibkranz besteht, so eignet sie sich besonders gut auch für solche Fälle, in denen eine auf einer Welle sitzende Riemenscheibe zeitweilig ausgerückt werden soll. Er wird dann an die Arme der lose auf der Welle sitzenden Scheibe seitlich angegossen oder angeschraubt. Fig. 104 zeigt eine solche Anordnung mit dem Ausrückhebel, der hier durch eine Zahnstange und ein Zahnradvorgelege mittels eines Kettenrades bewegt wird.

Schraubenfeder-Reibungskupplung der Aktien-Gesellschaft Louis Schwarz & Co in Dortmund (Fig. 105). Auf dem einen Wellenende ist die Hartgußmuffe *A* fest aufgekeilt, auf der andern treibenden Welle die Scheibe *C*. In dieser ist das Ende einer starken Schraubenfeder mit einem schwalbenschwanzförmigen Ansatz befestigt. Die Feder liegt bei der ausgerückten Kupplung lose auf der Muffe A. Am andern Ende der Feder ist der Hebel E um einen Bolzen H drehbar angeordnet, der sich mit einstellbarer Schraube gegen einen Vorsprung G auf der zweiten Windung der Feder stützt. Wird nun durch Verschieben der Scheibe F auf das Ende des Hebels ein Druck ausgeübt, so wird dadurch zunächst die erste Windung der Feder zusammengezogen und auf die Muffe A gepreßt. Infolge der nun entstehenden Reibung zwischen Muffe und Feder werden allmählich auch die andern Windungen festgezogen und die Reibung immer mehr verstärkt, bis die anzutreibende Welle mitgenommen wird und schließlich auf gleiche Umlaufzahl mit der treibenden Welle kommt. Die Reibflächen werden geschmiert, indem Öl, das in die am Ende von C eingedrehte Ringnut gebracht wird, durch die Fliehkraft durch das Schmierrohr in eine in die Innenseite der Feder eingedrehte Schmiernut geführt wird. Fig. 106 zeigt eine Doppelkupplung dieser Bauart. Die beiden

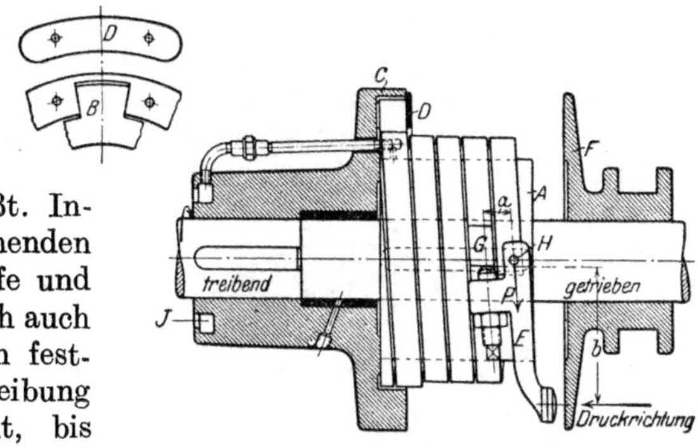

Fig. 105.

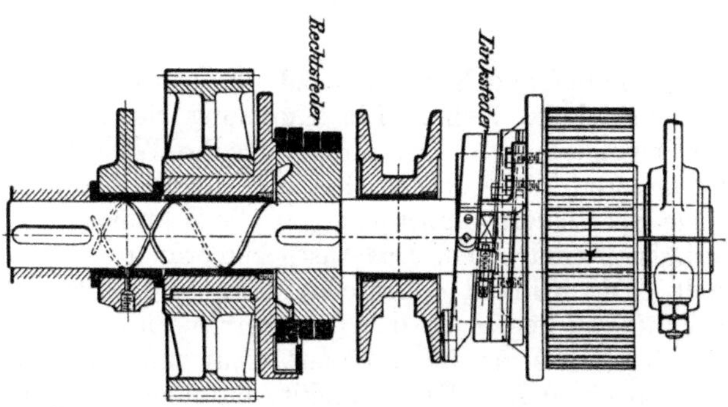

Fig. 106.

Zahnräder haben verschiedene Drehrichtung. Je nachdem die Druckscheiben nach rechts oder nach links gerückt werden, wird das eine oder das andere Zahnrad mit der Welle fest verbunden. Die Federn müssen dementsprechend rechts- und linksgewickelt sein.

Es kann nun auch noch die Aufgabe einer Kupplung sein, s e l b s t t ä t i g auszurücken, wenn eine Welle aus irgendeinem Grunde schneller läuft als die andere, wenn also auf die beiden Wellen getrennte Antriebsmaschinen wirken. Wird z. B. eine Welle durch eine Wasserturbine angetrieben, die aber nicht immer die erforderliche Leistung hergeben kann, so kann eine Dampfmaschine zur Unterstützung herangezogen werden. Es wäre nun aber unwirtschaftlich, wenn die Dampfmaschine dauernd auf die Welle arbeitete. Sobald also die Turbine allein die Welle mit der vollen Umdrehungzahl antreibt, muß die Dampfmaschine abgekuppelt werden. Dies geschieht selbsttätig durch Kraftmaschinenkupplungen. Fig. 107 zeigt eine solche Kupplung, die Uhlhornsche Klinkenkupplung, in einer Ausführung der Berlin-Anhaltischen Maschinenbau-A.-G. in Dessau. Die auf der zu der Hilfsmaschine (Dampfmaschine) gehörenden Welle befestigte Kupplungshälfte *b* überträgt die Umfangskraft durch zwei in Lücken der äußeren Kupp-

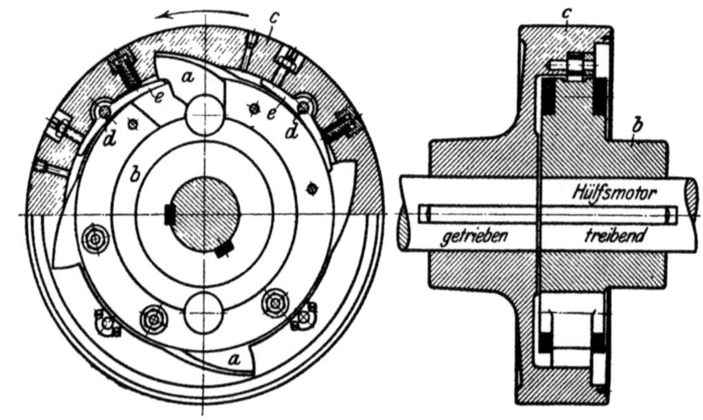

Fig. 107.

lungshälfte *c* eingreifende Klinken *a* auf die von der Hauptmaschine (Turbine) angetriebene Welle. Die Kupplung rückt selbsttätig ein, sobald nach Ingangsetzen der Dampfmaschine ihre Welle *a* die Geschwindigkeit der anderen Welle erreicht hat und hierdurch die Klinken, an doppelarmige Sperrfedern *e* anstoßend, in die Zahnlücken der äußeren Kupplungshülse *C* eindringen. Das Ausrücken erfolgt, sobald der äußere Ring voreilt. Die Klinken *e* kommen dann in Lücken der inneren Kupplungshälfte zu liegen, so daß die Sperrfedern *e* über sie hinweggleiten. Da sich Stöße bei dieser Bauart nicht ganz vermeiden lassen, werden auch noch andere Kraftmaschinenkupplungen gebaut, deren etwas verwickelte Bauart hier nicht beschrieben werden soll.

F. Triebwerksräder.

Zu den Maschinenteilen, die eine Drehbewegung auf eine zweite nicht in gleicher Achse liegende Welle übertragen, gehören:

1. Reibräder und Zahnräder, einschließlich des Schneckentriebes.

2. Riemenscheiben, Seilscheiben und Kettenräder. Die Räder unter 1. unterscheiden sich von den Teilen unter 2. dadurch,

daß die Übertragung unmittelbar erfolgt, während bei den Rädern unter 2. ein Zwischenglied — Riemen, Seil oder Kette — verwendet wird.

Bei allen genannten Maschinenteilen sind für je zwei zusammenarbeitende Scheiben die Umfangsgeschwindigkeit und die Umfangskraft gleich, während die Halbmesser und Umlaufzahlen im allgemeinen verschieden sind. Bezeichnen wir die Umfangsgeschwindigkeit mit v, die Halbmesser mit r_1 und r_2, und die minutlichen Umlaufzahlen mit n_1 und n_2, so ist

$$v = \frac{2\, r_1\, \pi\, n_1}{60} \quad \text{und auch} \quad = \frac{2\, r_2\, \pi\, n_2}{60}$$

(vgl. Abschnitt Mechanik, Teil I, Seite 129).

Hieraus ergibt sich $$r_1 \cdot n_1 = r_2\, n_2$$

oder das Verhältnis $$\frac{r_1}{r_2} = \frac{n_2}{n_1}.$$

Dies nennen wir das Übersetzungsverhältnis.

Bei den mit Zähnen versehenen Scheiben, den Zahn- und Kettenrädern, ist das Verhältnis der Halbmesser maßgebend für das Verhältnis der Umlaufzahlen. Bei den übrigen Übertragungsteilen gleiten die Scheiben stets ein wenig gegeneinander bzw. unter dem Riemen oder dem Seil. Das Übersetzungsverhältnis ist deshalb hier nur angenähert durch das Verhältnis der Halbmesser bestimmt.

G. Reibräder.

Die Reibräder bestehen in der einfachsten Form aus zylindrischen Scheiben (Fig. 108), die so durch die Kraft Q gegeneinander gepreßt werden, daß die treibende Scheibe mit Hilfe der Reibung die getriebene mitzunehmen imstande ist. Der Anpressungsdruck wird durch Gewichte oder Federn erzeugt. Um eine möglichst große Reibung zu erhalten, erhält das kleinere Rad häufig einen Kranz aus Papierstoff, Holz oder Leder. Bei zylindrischen Reibscheiben wird der erforderliche Anpressungsdruck aber trotzdem immer noch sehr hoch. Man wendet deshalb Scheiben mit Keilnuten an, bei denen dieser Druck bedeutend vermindert wird. Allerdings können die Nuten nicht sehr tief eingeführt werden, da ein Abwälzen des einen Rades auf dem andern ohne Gleiten nur auf einem einzigen Durchmesser jedes Rades möglich ist, an allen andern Stellen stimmen die Umfangsgeschwindigkeiten nicht überein. Es muß deshalb ein Gleiten der Flächen aufeinander eintreten, das natürlich eine rasche Abnutzung zur Folge hat. Reibräder können auch kegelig ausgeführt werden (Fig. 109), wobei die Spitzen der Kegel stets in einem Punkt liegen müssen.

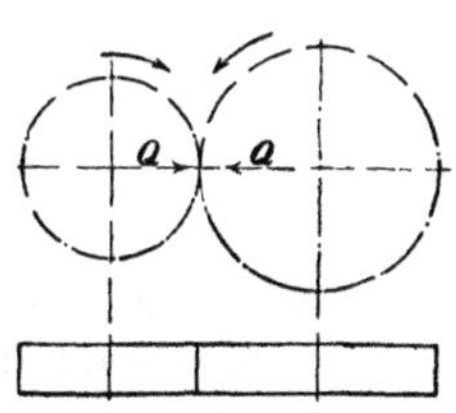

Fig. 108.

Reibräder werden häufig da verwendet, wo das Übersetzungsverhältnis in beliebiger Weise verändert werden soll. Wird das zylindrische Rad in Fig. 110 auf der Achse verschoben, so wird bei gleichbleibender Umlaufzahl der Kegeltrommel *a* seine Umlaufzahl offenbar in weiten Grenzen und ganz allmählich verändert werden. Das Gleiche tritt auch ein bei einer Verschiebung des Rades *b* in Fig. 111, weil auch hier der mit *b* zusammenarbeitende Halbmesser der Scheibe *a* verschieden groß ist und dementsprechend das Verhältnis $\frac{r}{x}$ sich mit der Stellung von *b* ändert.

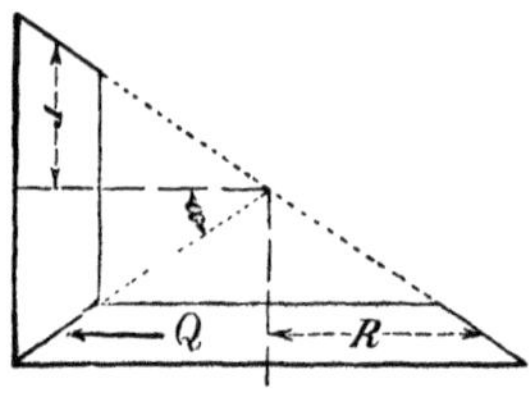

Fig. 109 a.

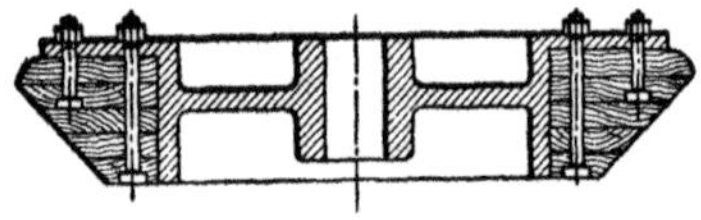

Fig. 109 b.

Werden zwei Scheiben nach Fig. 112 auf einer Welle verschiebbar angeordnet, so kann die Drehrichtung der Scheibe *b* wechseln, nachdem die eine oder die andere der beiden parallelen Scheiben mit ihr in Berührung kommt. Diese Anordnung finden wir z. B. beim Antrieb der Spindelpressen. Da hier das Rad *b* auch noch eine Bewegung in der Richtung

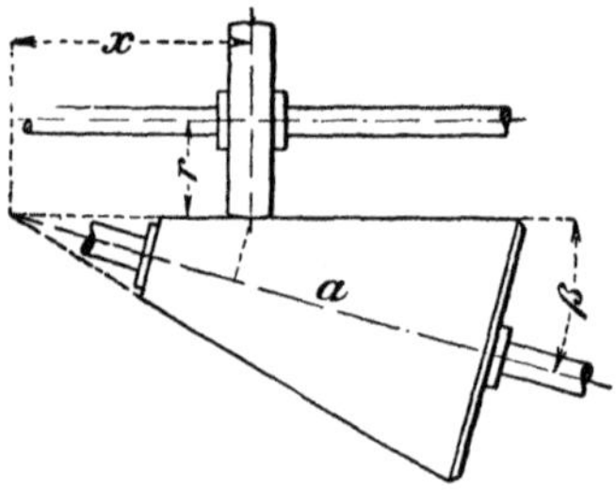

Fig. 110.

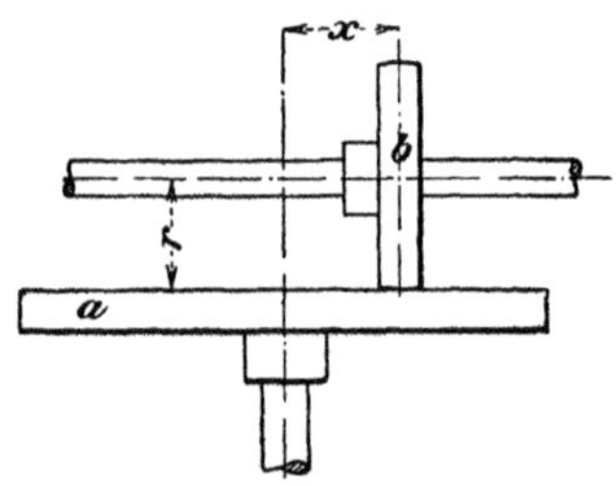

Fig. 111.

seiner Achse ausführt, wird hier nicht nur die Bewegung umgekehrt, d. h. die Spindel einmal aufwärts, einmal abwärts bewegt, sondern diese Bewegung erfolgt auch beim tiefsten Stand der Spindel mit größerer Geschwindigkeit als in der obersten Stellung. Trifft der Stempel unten auf, so kann, auch wenn die Scheiben sich noch berühren, also nicht rechtzeitig ausgerückt sind, ein Bruch nicht erfolgen, weil die Scheiben dann aufeinander gleiten können. Fig. 113 zeigt eine solche Spindelpresse.

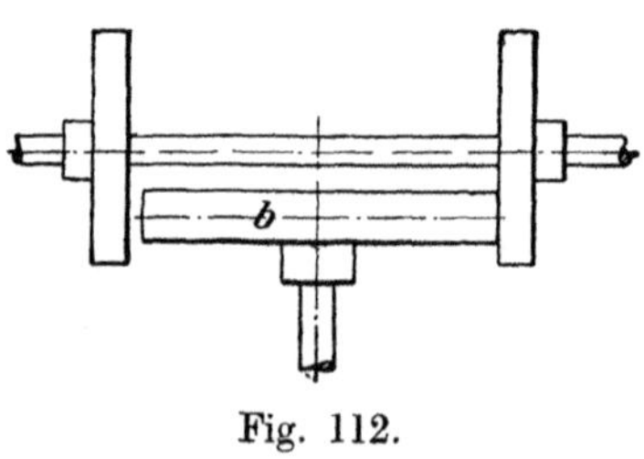

Fig. 112.

Eine besondere Anwendung der Reibräder stellt die Zentrator-Kupplung der Maschinenfabrik W. H. Hilger & Cie in Bonn a. Rh. dar, die den Zweck hat, von einer schnellaufenden Welle *a* eine gleichachsig gelagerte Welle *i* mit geringer Umlaufzahl anzutreiben. Drei oder vier Ringe *b* (Fig. 114) legen sich einerseits gegen den Zapfen der Welle *a*, andererseits gegen den Ring *c*, der durch den geschlitzten kegeligen Ring *d* mittels der Schrauben *e* gegen die Ringe gepreßt wird. Auf der Welle *i* ist eine Scheibe *g* aufgekeilt, die drei bzw. vier, auf Kugel-

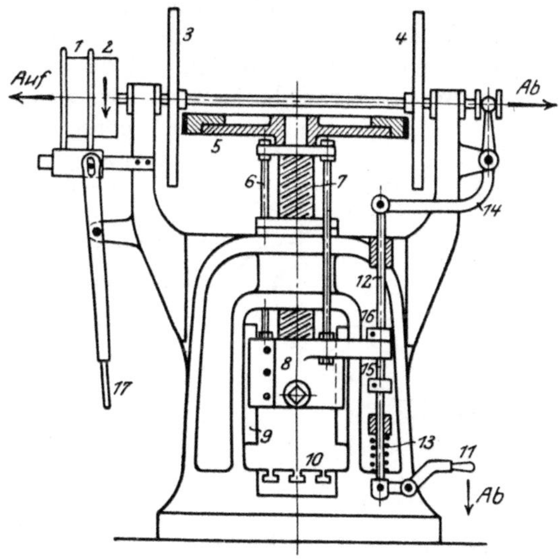

Fig. 113.

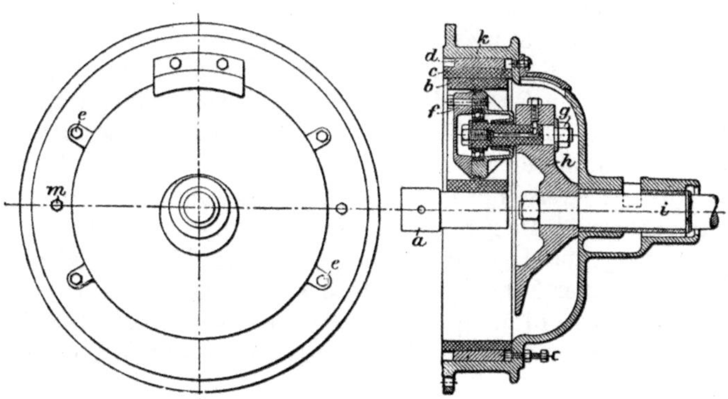

Fig. 114.

lagern sehr leicht laufende Rollen *f* tragen. Durch die Reibung zwischen den Ringen *b* und dem Zapfen von *a* bzw. dem Ring *c* wird die Drehbewegung übertragen. Entsprechend dem Durchmesser von *a* und von *c* wird auch die Umlaufzahl der Wellen verändert. Es können Übersetzungen von 12:1 bis 7:1 erzielt werden.

H. Zahnräder.

Die Reibräder zeigten den Übelstand, daß eine verhältnismäßig sehr große Kraft erforderlich ist, um die beiden Räder gegeneinander zu drücken. Dadurch entstehen in den Lagern der Wellen erhebliche Reibungsverluste. Außerdem werden die beiden Scheiben an der Berührungstelle leicht aufeinander gleiten, was allerdings, wie wir bei den Spindelpressen gesehen haben, insofern erwünscht sein kann, als dadurch bei plötzlichen Kraftsteigerungen Brüche vermieden werden. In vielen Fällen ist es aber nötig, ein bestimmtes Übersetzungsverhältnis (vgl. S. 125) genau einzuhalten. Das kann nur geschehen, wenn man die Scheibenränder mit Zähnen ineinandergreifen läßt.

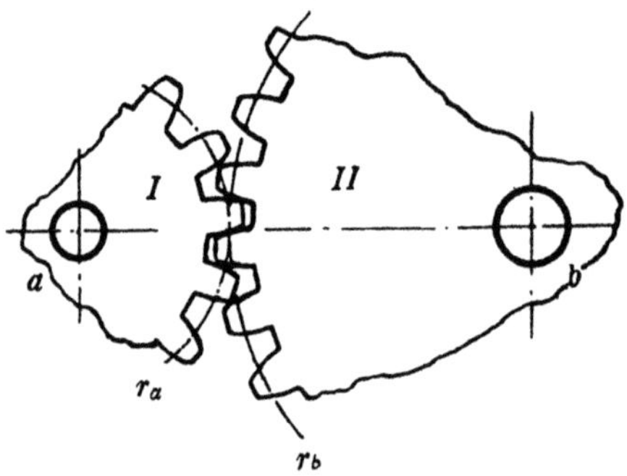

Fig. 115.

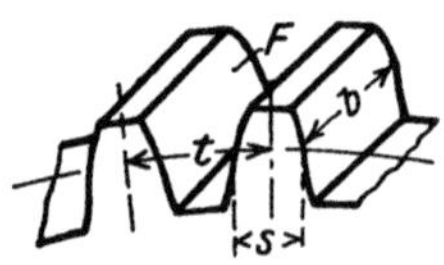

Fig. 116.

Es seien I und II (Fig. 115) Stücke zweier ineinandergreifender Zahnräder. Drehen sich die Räder *a* und *b* um ihre Mittelpunkte, so wird ein Zahn des einen Rades zunächst mit der Spitze den Zahn des zweiten Rades nahe dem Grunde der Zahnlücke berühren; dann wandert die Berührungstelle immer mehr der Mitte beider Zähne zu, und schließlich berührt das zweite Rad nur noch mit der Spitze des Zahnes einen Punkt des ersten nahe dem Grund der Zahnlücke. Der Berührungspunkt wird einmal genau auf der Verbindungslinie der beiden Radmitten liegen. Zieht man durch diesen Berührungspunkt auf der Zentrallinie zwei sich berührende Kreise mit den Halbmessern r_a und r_b, so entspricht das Übersetzungsverhältnis genau dem Verhältnis $r_a : r_b$. Die Kreise mit den Halbmessern r_a und r_b nennt man die Teilkreise der beiden Räder. Die Entfernung der Zahnmitten auf diesen Teilkreisen, also im Bogen gemessen, heißt Teilung, in Fig. 116 mit t bezeichnet. Die Flächen F heißen Zahnflanken. s ist die Zahnstärke im Teilkreis gemessen und b die Zahnbreite.

Es ist klar, daß der Umfang des Teilkreises stets ein Vielfaches der Teilung sein muß. Es ist also

$$2 r_a \pi = Z_a \cdot t ,$$

wenn Z_a die Anzahl der Zähne des Rades a bezeichnet. Die Teilung t zweier zusammenarbeitender Räder muß natürlich für beide Räder gleich groß sein. Daraus folgt, daß $\frac{r_a}{r_b} = \frac{Z_a}{Z_b}$ sein muß, d. h. die Teilkreishalbmesser zweier zusammengehöriger Zahnräder verhalten sich zueinander wie die Zähnezahlen.

Die beiden Teilkreise haben aber gleiche Umfangsgeschwindigkeit, da ja ein Gleiten nicht stattfinden soll, somit gilt für das Übersetzungsverhältnis dasselbe wie für Reibräder. Es muß

$$\frac{r_a}{r_b} = \frac{n_b}{n_a} \quad \text{sein, und somit ist auch} \quad \frac{Z_a}{Z_b} = \frac{n_b}{n_a}.$$

Die Umlaufzahlen zweier ineinandergreifender Zahnräder verhalten sich umgekehrt wie die Zähnezahlen.

Wenn also z. B. das Rad a 40 Zähne und das Rad b 60 Zähne hat und a mit 120 Uml./min läuft, so macht das Rad b $\frac{40}{60} \cdot 120 = 80$ Umdrehungen in der Minute.

Die Größe der Teilung t richtet sich nach der durch einen Zahn zu übertragenden Kraft und wird deshalb zunächst bestimmt. Würde sie nun z. B. für einen gegebenen Fall zu 30 mm gewählt, so wäre bei 40 Zähnen der Umfang des Teilkreisdurchmessers $= 30 \cdot 40 = 1200$ mm. Der Durchmesser des Teilkreises ergäbe sich dann zu $\frac{1200}{\pi} = 381{,}972$ mm mit $\pi = 3{,}14$. Damit würde sich aber für die Achsenentfernung ein unbequemes Maß ergeben, während man hierfür möglichst ganze Millimeter haben möchte. Das läßt sich ohne weiteres erreichen, wenn man die Teilung als Vielfaches von π, also gleich $m \cdot \pi$ wählt, denn es ist ja

$$2\,r\,\pi = Z \cdot t = Z \cdot m \cdot \pi\,.$$

Nun hebt sich π auf beiden Seiten weg und es bleibt

$$2\,r = \text{Durchmesser} = Z \cdot m\,.$$

Die Zahl m nennt man den Modul der Teilung.

Wählen wir für das obige Beispiel $m = 10$, die Teilung also zu $10 \cdot 3{,}14\ldots$, so wird der Durchmesser des Rades mit 40 Zähnen $40 \cdot 10 = 400$ mm.

Die Form der Zahnflanken kann nicht beliebig gewählt werden. Wenn die Bedingung erfüllt werden soll, daß sich die beiden Räder ebenso gleichförmig drehen wie zwei sich berührende Scheiben mit den Teilkreisdurchmessern, so gibt es zu einer willkürlich gewählten Flanke des einen Rades nur eine dazu passende Flankenform des andern Rades. Einer einfachen Herstellung wegen und aus dem Bestreben, die Abnutzung der Zähne im Betrieb möglich klein zu halten, ergeben sich als zweckmäßige Zahnform Zykloiden verschiedener Art oder Evolventen (vgl. Abschnitt Geometrisches Zeichnen, S. 14). Man unterscheidet deshalb Zykloidenverzahnungen (Fig. 117) und Evolventenverzahnungen (Fig. 118). Die Zykloidenverzahnung ergibt Flanken, die unterhalb des Teilkreises nach innen, oberhalb nach außen gekrümmt sind, während die Evolventenverzahnung in der Regel nur eine nach außen gekrümmte Form zeigt. Nur nach längerer Betriebszeit und erfolgter Abnutzung nimmt sie eine den Zykloiden ähnliche Form an. Bei gleicher Zahnstärke ist, wie aus den Figuren zu ersehen ist, bei der Evolventenverzahnung der Zahn an der Wurzel stärker als bei Zykloiden und kann daher auch größere Kräfte übertragen. Kommt es dagegen weniger auf größere Festigkeit, sondern mehr darauf an, daß die Zähne sich nicht leicht abnutzen, so wird die Zykloidenform im allgemeinen besser sein. Bei diesen legt sich stets eine nach außen gekrümmte Flanke in eine hohle Gegenflanke. Die Berührung beider Flanken ist somit offenbar günstiger als bei der Evolvente. Wir finden deshalb Evolventenzähne besonders bei Rädern für Winden, Krane und dgl. Bei Kraftmaschinen kommen dagegen meist kleine Kräfte in Frage, dagegen höhere Geschwindigkeiten und deshalb schnellere Abnutzung. Hier sind Zykloidenverzahnungen vorzuziehen. Da die Evolventenzähne aber leichter herzustellen sind, werden sie heute auch für schnellaufende Räder gern angewendet.

Fig. 117.

Fig. 118.

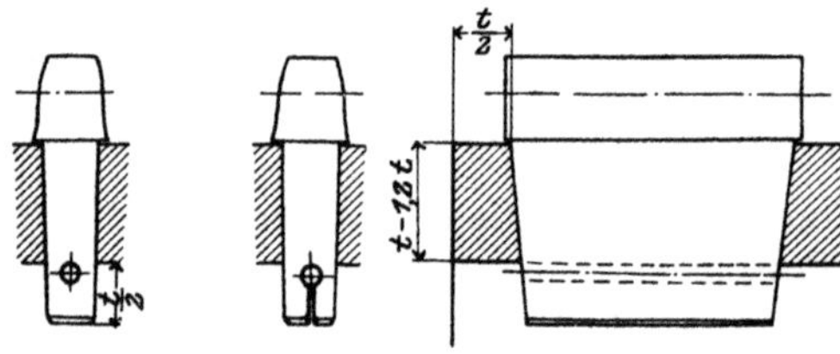

Fig. 119.

Als Material für Zahnräder kommen hauptsächlich Gußeisen, Stahlguß und Stahl in Betracht. Roh gegossene Zähne werden heute nur noch bei sehr großen, langsam laufenden Zähnrädern oder für untergeordnete Zwecke verwendet. Ein genaues Zusammenarbeiten zweier Zahnflanken ist nur bei genauester Bearbeitung nach der theoretisch geforderten Form möglich. Solche Räder laufen auch ohne „Spiel", d. h. die Zahnlücke ist im Teilkreis genau so breit wie die Zahnstärke des eingreifenden Rades. Für große Räder werden manchmal auch Zähne aus Weißbuchenholz verwendet, die in gußeiserne Radkränze gesteckt werden (Fig. 119). Diese Zähne werden wegen der geringen Festigkeit des Holzes stärker gemacht als die halbe Teilung. Der gußeiserne Zahn des eingreifenden Rades muß dann entsprechend schwächer sein, so daß beide zusammen im Teilkreis gemessen wieder höchstens gleich der Teilung sind. (Vgl. Fig. 120a.)

Je nach der Lage der Wellenachsen zueinander unterscheiden wir nun:

a) Stirnräder: Die Wellen sind einander parallel.

b) Kegelräder: Die Wellenmittel schneiden sich.

c) Hyperbolische Räder, Schraubenräder und Schneckentrieb: Die Wellen kreuzen sich.

a) Stirnräder. Die Räder bestehen gewöhnlich aus der die Welle umschließenden Nabe, drei bis sechs Armen von meist kreuzförmigem oder I-förmigem Querschnitt und dem Kranz mit den parallel der Wellenmitte angeordneten Zähnen. Kleine Räder werden vollwandig ausgeführt. Müssen Räder zweiteilig ausgeführt werden, damit man sie auf die Welle bringen kann, so müssen sie eine gerade Anzahl Zähne haben. Die Teilfuge geht dann durch die Zahnlücken und durch die Arme (Fig. 120). Als eine besondere Art von Stirnrädern sind die Zahnstangen anzusehen. Ihr Teilkreisdurchmesser ist unendlich groß. Bei Evolventenverzahnung ergeben sich dabei ebene Zahnflanken, was die Herstellung besonders vereinfacht.

Allgemein ist bei der Wahl der Zahnform darauf zu achten, daß mindestens stets ein Zahn mit einem Zahn des andern Rades in richtiger

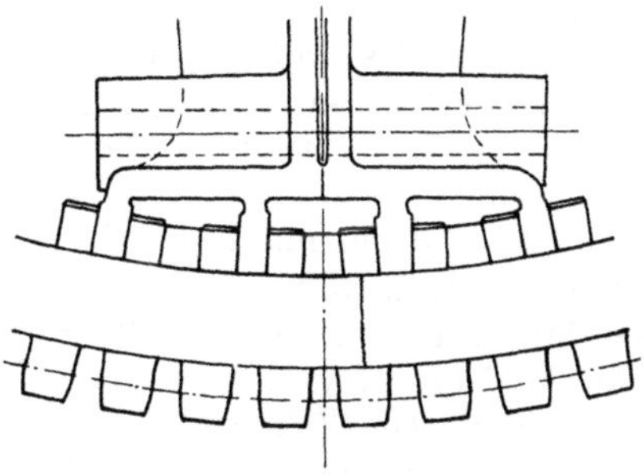

Fig. 120a.

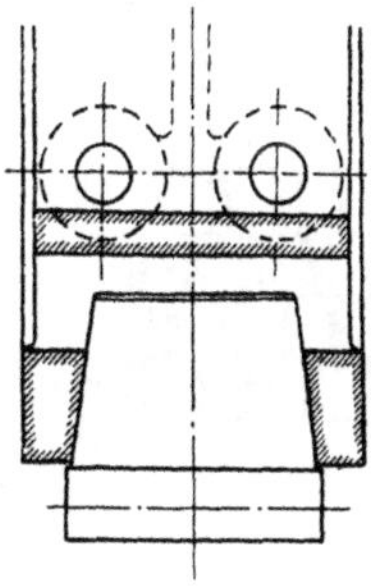

Fig. 120b.

Berührung ist. Zweckmäßig ist es, wenn stets mehrere Zähne gleichzeitig arbeiten. Dies ist nur bei einer bestimmten Mindestzahl von Zähnen eines Rades möglich. Für Räder mit sehr wenig Zähnen müssen auch aus andern Gründen von der Normalform abweichende Zahnflanken gewählt werden, sonst erhält man an der Zahnwurzel sehr geschwächte „unterschnittene" Zähne. Arbeitet nur ein einziger Zahn, so wird er sich, solange der Druck hauptsächlich am Kopf desselben angreift, mehr durchbiegen, als wenn der Druck auf den Zahnfuß trifft. Daraus ergeben sich dauernd kleine Geschwindigkeitsunterschiede, die in manchen Fällen unbedingt vermieden werden müssen und außerdem ein geräuschloses Arbeiten auf jeden Fall unmöglich machen. Ist es nun nicht möglich, eine genügende Zahl von Zähnen gleichzeitig zum Eingriff zu bringen, was besonders bei kleinen Zähnezahlen der Fall ist, so könnte man sich dadurch helfen, daß man zwei oder mehrere Stirnräder so nebeneinander anbringt, daß ihre Zähne immer um einen Bruchteil der Teilung gegeneinander versetzt sind. Fig. 121 zeigt eine solche Anordnung mit vier Zahnrädern, deren Zähne somit um $\frac{t}{4}$ gegeneinander versetzt sind. Denkt man sich nun sehr viele unendlich-schmale Räder in dieser Weise vereinigt, so entsteht das Rad mit Schraubenzähnen (Fig. 122). Den Unterschied ts der Zahnstellung auf beiden Seiten des Rades nennt man Sprung. Bei einem solchen Rade tritt im Betriebe eine Kraft in

Richtung der Achse auf, die also das Rad oder die Welle zu verschieben sucht. Meist werden deshalb zwei solche Räder mit entgegengesetzter Zahnneigung β miteinander zu einem Rad mit *Pfeil- oder Winkelzähnen* verbunden (Fig. 123), wobei sich die beiden auftretenden Kräfte gegenseitig aufheben.

b) Kegelräder. Während die Bewegung der Stirnräder als das Rollen zweier Zylinder aufeinander aufgefaßt werden kann, läßt sich die Bewegung zweier Kegelräder als das Rollen zweier Kegel ansehen, deren gemeinsame Spitze im Schnittpunkte der beiden Wellenmitten liegt. In Fig. 124 sind r_1 und r_2 die Halbmesser der *äußeren* Teilkreise. Die theoretisch richtigen Zähne entstehen, wenn man die auf den sogenannten *Ergänzungskegeln* (a, c, b für das kleinere Rad) aufgezeichnete Zahnform durch Gerade mit der Spitze m verbindet. Die Zähne werden somit nach innen zu im Verhältnis des Abstandes vom m schwächer. Sollen Kegelräder völlig geräuschlos arbeiten, so werden auch für sie schraubenförmige Zähne verwendet, sogenannte spiralgefräste Räder

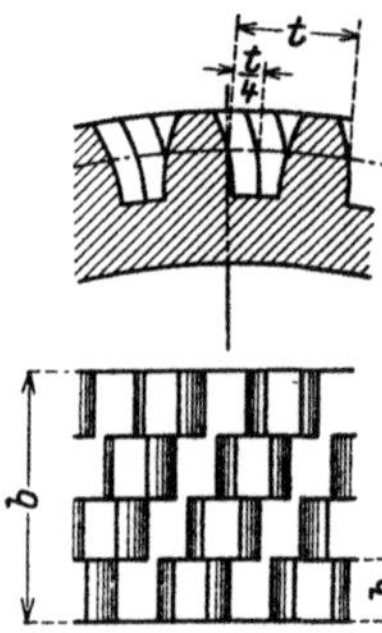

Fig. 121.

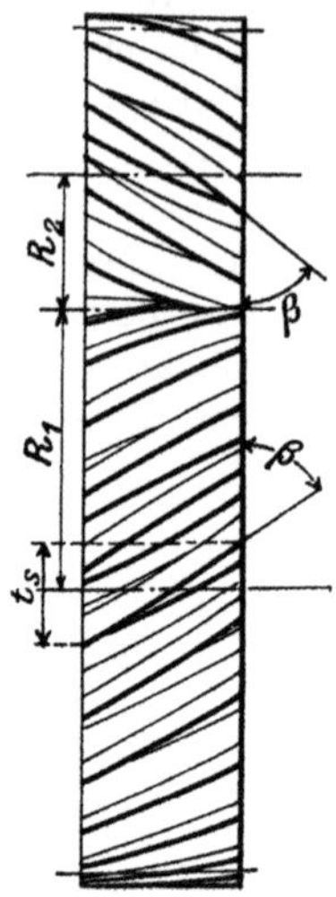

Fig. 122.

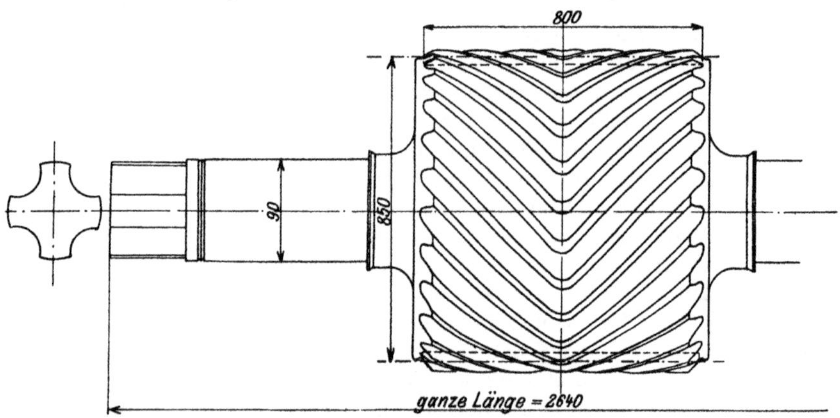

Fig. 123.

(Fig. 124 a). Im Gegensatz zu den Stirnrädern üben Kegelräder stets einen Druck in der Achsenrichtung aus. Sie müssen deshalb so befestigt sein, daß sie sich auf der Welle nicht verschieben können, und die Welle selbst muß gegen Verschieben gesichert werden.

c) Hyperbolische Räder. Sollen zwei sich kreuzende Wellen, deren Achsen also nirgends einen Punkt gemeinsam haben, aber auch nicht parallel sind, durch Räder mit geraden Zähnen verbunden werden, so kann dazu als Grundform, entsprechend dem Zylinder beim Stirnrad und dem Kegel beim Kegelrad, nur ein Körper dienen, der ebenfalls aus

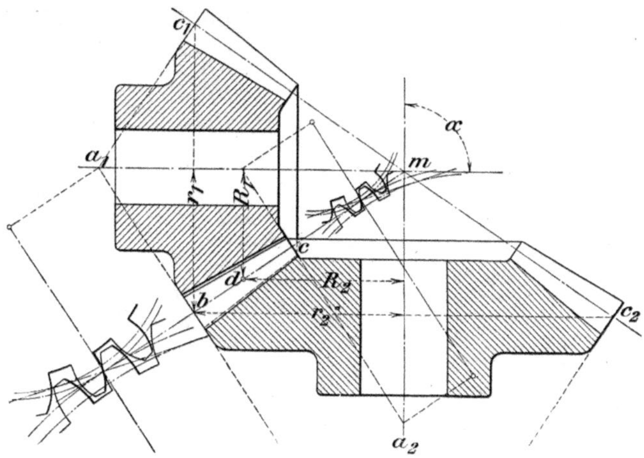

Fig. 124.

geraden Linien entstanden ist. Denkt man sich zwei Drahtringe in parallelen Ebenen und diese Ringe in kurzen Abständen durch straffgespannte Fäden verbunden, so werden diese Fäden zunächst eine Zylinderfläche bilden. Dreht man nun den einen Ring ein wenig um seinen Mittelpunkt, während alle Fäden straff gespannt bleiben, so entsteht eine in der Mitte etwas eingeschnürte Fläche, ein sogenanntes Umdrehungshyperboloid. Zwei solcher Flächen können

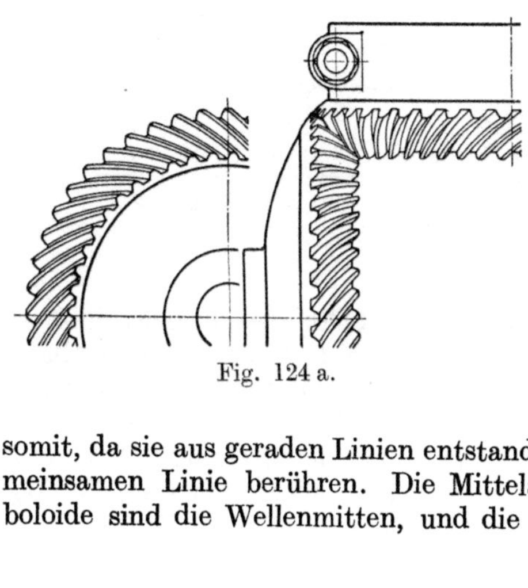

Fig. 124 a.

Fig. 125.

somit, da sie aus geraden Linien entstanden sind, sich auch in einer gemeinsamen Linie berühren. Die Mittelachsen dieser Rotationshyperboloide sind die Wellenmitten, und die gemeinsame Gerade gibt die

Richtung der Zahnflanken an. Auf die Bauart dieser wenig verbreiteten Räder soll hier nicht weiter eingegangen werden.

d) Schnecke und Schneckenrad. Ein weiteres Mittel zur Verbindung zweier sich kreuzenden Wellen bilden das Schneckenrad mit Schnecke (Fig. 125 und 126). Das kleine Rad, die Schnecke, hat Ähnlichkeit mit

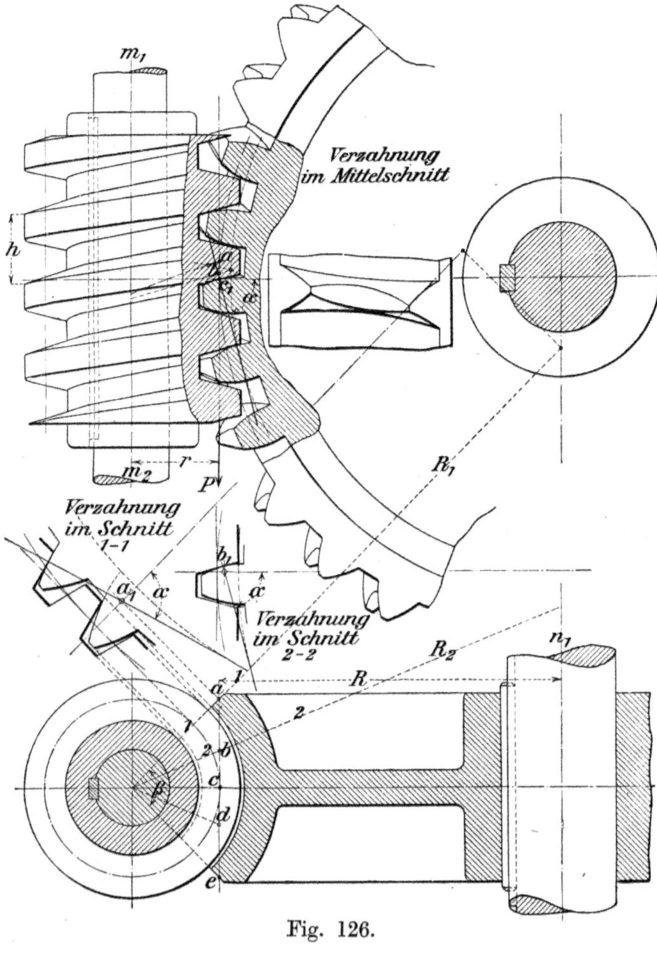

Fig. 126.

einer Schraube, wobei der Querschnitt des Schraubengewindes die Form der Zähne einer Zahnstange erhält. In der Mittelebene der Räder haben die Zähne des Schneckenrades den Querschnitt einer zu dieser Zahnstange passenden Stirnradverzahnung. Gegen die Seiten weichen sie davon mehr oder weniger ab, je nach der Bauart. Bei der Drehung der Schnecke gleiten die Zähne aufeinander, so daß eine starke Abnutzung die Folge sein müßte, wenn dieser nicht durch Verwendung besonders geeigneter

Materialien und sorgfältiger Schmierung vorgebeugt wird. Die Zahnkränze der Schneckenräder werden meist aus Bronze, die Schnecke selbst aus Stahl hergestellt. Der beträchtliche Druck in Richtung der Achsen, vor allem in der Richtung der Schneckenwelle, muß besonders berücksichtigt werden. Hier werden heute meistens bei größeren Ausführungen Stützkugellager verwendet. Die Schnecke kann als eingängiges oder mehrgängiges Gewinde ausgeführt werden. Bei der eingängigen Schnecke entspricht jeder Schneckenumdrehung eine Drehung des Schneckenrades um eine Teilung. Das Übersetzungsverhältnis ist somit $\frac{1}{Z}$, wenn Z die Anzahl der Zähne ist. Da man nun mit der Zähnezahl praktisch nicht unter etwa 14 heruntergehen darf, so wäre die Verwendungsmöglichkeit des Schneckentriebes auf große Übersetzungsverhältnisse beschränkt, für die es ja in der Hauptsache gebraucht wird. Wird aber die Schnecke zweigängig ausgeführt, so beträgt das Übersetzungsverhältnis $\frac{2}{Z}$, ist also doppelt so groß. Außerdem arbeitet das zweigängige Getriebe mit geringeren Reibungsverlusten als das eingängige. Noch besser ist in dieser Beziehung das dreigängige Gewinde. Denkt man sich nun eine Schnecke mit sehr vielen Gängen, die also sehr steil verlaufen, und schneidet aus dieser ein kürzeres Stück heraus, so erhält man schließlich eine weitere Form von Rädern für sich kreuzende Achsen, die Schraubenräder.

Fig. 127.

e) Schraubenräder Bei der Schnecke war das Übersetzungsverhältnis nur von der Zähnezahl des Schneckenrades und von der Art der Schnecke, nicht aber von deren Durchmesser abhängig. Da wir nun die Schraubenräder (Fig. 127) als vielgängige Schnecken auffassen können, ist es klar, daß auch hier das Übersetzungsverhältnis nicht von den Durchmessern abhängig ist. Es stimmt nur dann mit dem Verhältnis der Durchmesser überein, wenn die Zähne unter 45° zur Achse geneigt stehen. Für andere Winkel ergeben sich, z. B. für gleiche Zähnezahlen beider Räder, ungleiche Durchmesser. Die Zahnstärken und Zahnlücken müssen, senkrecht zur Zahnflanke gemessen, offenbar für beide Räder gleich groß sein. Die Teilung in dieser Richtung nennt man Normalteilung, im Gegensatz zu der für beide Räder im allgemeinen verschiedenen Stirnteilung, die auf den Stirnflächen der Zähne, d. h. den beiden Seitenflächen des Rades, gemessen wird.

Für die Übertragung größerer Kräfte sind sie auf die Dauer wenig geeignet, da ebenso wie bei der Schnecke die Reibung zwischen den Zahnflanken recht groß ist und einen schnellen Verschleiß verursacht.

I. Riementriebe.

Haben zwei Wellen einen größeren Abstand, so daß eine Übertragung durch sich unmittelbar berührende Räder unmöglich ist, so kann dazu ein Riemen verwendet werden, das heißt ein *elastisches, endloses* Band, das über zwei auf den beiden Wellen aufgekeilte *Riemenscheiben* gelegt wird.

a) Riemen. Der Riemen besteht gewöhnlich aus Leder, da dieser die Eigenschaften in besonderem Maße besitzt, die für den beabsichtigten Zweck erforderlich sind, nämlich bedeutende *Festigkeit* und *große Elastizität*. Besonders letztere ist, wie wir noch sehen werden, für einen dauernden Betrieb von ganz besonderer Wichtigkeit. Von andern Stoffen kommen noch Baumwolle, Kamelhaar, Gummi und Stahl zur Anwendung. Die während des Krieges verwendeten Ersatzstoffe wie Papier, Holzzellstoff und dgl. waren Notbehelfe, die sich auf die Dauer kaum werden halten können. Das für die Riemen am besten geeignete Leder wird aus den Rückenstücken von gegerbten Ochsenhäuten geschnitten, hat etwa 5 bis 6 mm Dicke und kann in Streifen von 500 bis höchstens 600 mm Breite und etwa 1,5 m Länge gewonnen werden. Ein Riemen muß deshalb stets aus vielen einzelnen Stücken durch Zusammenleimen oder Zusammennähen hergestellt werden. Für besonders dicke Riemen müssen mehrere Streifen übereinandergelegt werden, doch halten solche *doppelten* oder *dreifachen* Riemen durchaus nicht etwa das Doppelte oder Dreifache einfacher Riemen aus. Sehr breite Riemen laufen meist nicht ruhig. Man geht deshalb beim einfachen Riemen nicht gern über 600 mm Riemenbreite hinaus.

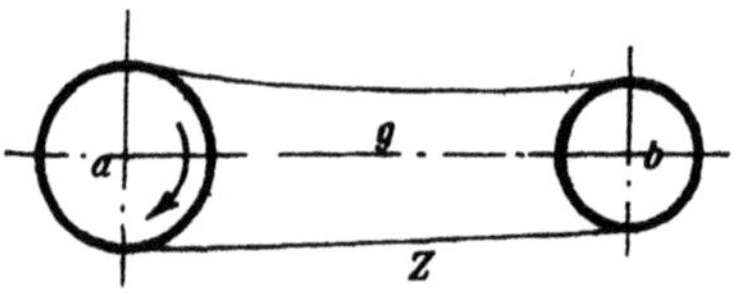

Fig. 128.

Dicke, einfache Riemen, die aus Leder von der Bauchseite der Häute hergestellt sind, haben erheblich geringere Festigkeit. Die übertragbare Kraft ist deshalb beim einfachen Riemen nicht abhängig vom *Riemenquerschnitt*, sondern nur von der Riemenbreite. Um mit einem gegebenen Riemen die größtmögliche Leistung zu übertragen, muß die *Riemengeschwindigkeit* so groß wie möglich gewählt werden. Diese ist gleich der Umfangsgeschwindigkeit der Scheiben. Sie kann bis etwa 30 m/sek betragen, ist aber in den meisten Fällen erheblich geringer. Ist a in Fig. 128 die treibende Scheibe, b die getriebene, so nennt man das zwischen beiden Scheiben liegende untere Riemenstück das *ziehende Trum*, das obere das *gezogene Trum*. Das ziehende Trum muß also die Kraft, die am Umfang von a an den Riemen abgegeben wird, auf b übertragen; der Riemen ist somit zunächst durch diese Kraft auf Zug beansprucht. Im gezogenen Trum wird eine wesentlich kleinere Spannung herrschen, die aber nicht etwa gleich Null sein kann. Denn der Riemen kann nur dann die Drehbewegung übertragen, wenn er fest auf die Scheiben gepreßt wird, damit zwischen Riemen und Scheibe die erforderliche Reibung entsteht. Er muß deshalb auch bereits beim Stillstand mit einer gewissen *Vorspannung* über die Scheiben gelegt sein. Durch die im ziehenden Trum herrschende große Spannung wird der Riemen gereckt, und es ist klar, daß, wenn er nicht elastisch wäre, d. h. er sich bei der im gezogenen Trum eintretenden Entlastung nicht wieder zusammenziehen würde, er bei jedem Umlauf sich verlängern müßte. Das würde aber nach kurzer Zeit zum Reißen des Riemens führen. Ein dauerndes Arbeiten wäre undenkbar. Wir sehen also, daß besonders die Elastizität unbedingt erforderlich ist. Alte überanstrengte Riemen, die diese Elastizität verloren haben, recken sich sehr rasch immer mehr und reißen bald, wenn man versucht, durch Verkürzen des Riemens die eingetretene Verlängerung zu beseitigen. Wir sehen aber auch, daß der Riemen beim Übergang über die getriebene Scheibe sich allmählich etwas zusammenziehen, beim Übergang über die treibende Scheibe aber entsprechend recken muß. Er muß deshalb auf beiden Scheiben dauernd um einen geringen Betrag gleiten. Es ist verkehrt, etwa durch Aufstreuen von stark klebrigen Stoffen die Leistung eines Riemens übermäßig steigern zu wollen.

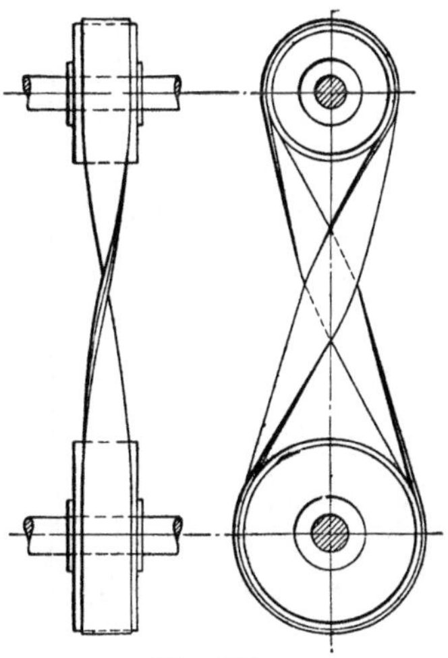

Fig. 129.

b) Riemenscheiben. Die Riemenscheiben werden aus Gußeisen, Schmiedeeisen oder Holz hergestellt. Sie müssen stets am Umfang möglichst glatt sein, wenn der Riemen geschont werden soll. Durch Schwankungen in der Größe der zu übertragenden Kraft, durch Ungenauigkeiten bei der Herstellung usw. bewegt sich der Riemen auf der Scheibe hin und her und würde bald seitlich herunterfallen, wenn nicht geeignete Gegenmaßnahmen getroffen würden. Diese dürfen aber nicht etwa darin bestehen, daß die Scheiben mit vorstehenden Rändern versehen werden. Würde z. B. eine Scheibe schwach kegelig ausgeführt, so würde der Riemen, der von einer zylindrischen Scheibe kommt, sich stets nach der Seite mit dem größeren Durchmesser hin bewegen und nach kurzer Zeit über diesen Rand herunterfallen. Führt man nun aber die Scheibe als Doppelkegel aus, d. h. in der Mitte mit größerem Durchmesser als an beiden Seiten, so läuft der Riemen stets nach der Mitte der Scheibe hin. Damit der Riemen dabei in der Mitte nicht zu stark gereckt wird, führt man in der Regel nur die getriebene Scheibe in dieser Weise leicht gewölbt oder „ballig" aus. Da trotz dieser Maßnahme kleine Verschiebungen zur Seite vorkommen können, werden die Riemenscheiben stets etwas breiter ausgeführt als der Riemen.

c) Riementriebe. Bei der Anordnung nach Fig. 128 haben beide Scheiben gleiche Drehrichtung, im Gegensatz zu der Zahnradübertragung, bei der die Drehrichtung entgegengesetzt ist. Soll der Riemen ohne Störung laufen, so müssen dabei die Mittelebenen der Scheiben natürlich in einer Ebene liegen. Soll die Drehrichtung der Scheiben entgegengesetzt sein, so kann der Riemen zwischen den Scheiben *gekreuzt* werden (Fig. 129). Solche gekreuzte Riemen sollen aber bei größeren Leistungen nur im Notfall verwendet werden, da sie an der Kreuzungstelle fortwährend aneinanderreiben und gegeneinanderschlagen. Sie nutzen sich deshalb verhältnismäßig rasch ab. Der gekreuzte Riemen muß auf beiden Scheiben mit der gleichen Seite aufliegen.

Bei dem sogenannten *halbgeschränkten* Riementrieb zum Antrieb sich kreuzender Wellen (Fig. 130a u. b) muß der ablaufende Riemen stets in der Mittelebene der andern Scheibe *auflaufen*. Bei gegebener Stellung der Scheiben kann die Laufrichtung des Riemens nicht umgekehrt werden. Der halbgeschränkte Riemen ist deshalb nur dann anwendbar, wenn die Drehrichtung der Wellen mit Sicherheit nie wechselt. Sonst fällt der Riemen sofort ab.

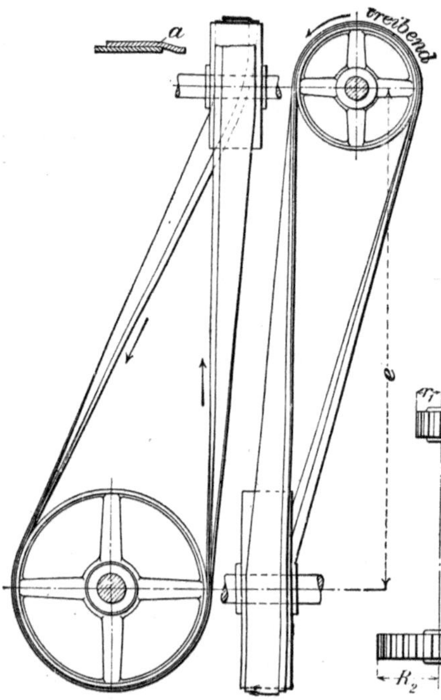

Fig. 130a.

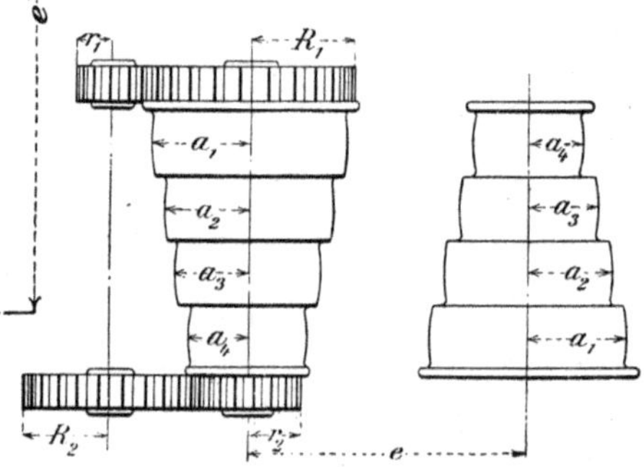

Fig. 131.

Wenn irgend möglich, ordnet man die Riementriebe so an, daß der Riemen *selbstleitend* ist, d. h. daß irgendeine besondere Führung des Riemens überflüssig ist. Bei sich kreuzenden oder sich schneidenden Wellen ist dies nicht immer möglich. Auch die dann erforderlichen *Leitrollen* müssen so angeordnet werden, daß die Mittellinie des auf eine Scheibe auflaufenden Riemenstückes in der Mittelebene der Scheibe liegt.

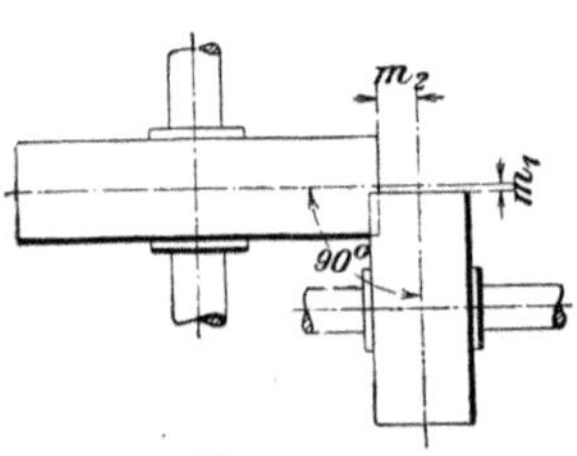

Fig. 130b.

Soll bei unveränderlicher Geschwindigkeit der treibenden Welle die getriebene Welle verschiedene Umlaufzahlen erhalten, so können *Stufenscheiben* verwendet werden. Sie werden paarweise angeordnet (Fig. 131). Die Durchmesser müssen so gewählt sein, daß die Riemenlänge unverändert bleiben kann, wenn der Riemen statt auf das Scheibenpaar $a_1\, a_4$ auf $a_2\, a_3$ gelegt wird. Beim gekreuzten Riemen muß dabei $a_1 + a_4 = a_2 + a_3$ sein. Für den offenen Riemen ergeben sich je nach den Durchmessern andere Bedingungen für gleiche Riemenlänge. Durch Stufenscheiben kann natürlich nur eine sprungweise Veränderung des Übersetzungsverhältnisses erzielt werden. Soll dieses allmählich geändert werden, so können dazu kegelige Riementrommeln verwendet werden (Fig. 132). Bei diesen muß der Riemen ständig durch eine Art Gabel geführt werden, damit er in der gewünschten Lage läuft.

Es war bisher angenommen, daß die Riemenscheibe auf der Welle befestigt wird. Oft braucht man aber auch Scheiben, die sich lose auf den Wellen drehen, wenn z. B. eine von einer ständig umlaufenden Welle angetriebene Maschine stillgesetzt werden muß. Solche Losscheiben

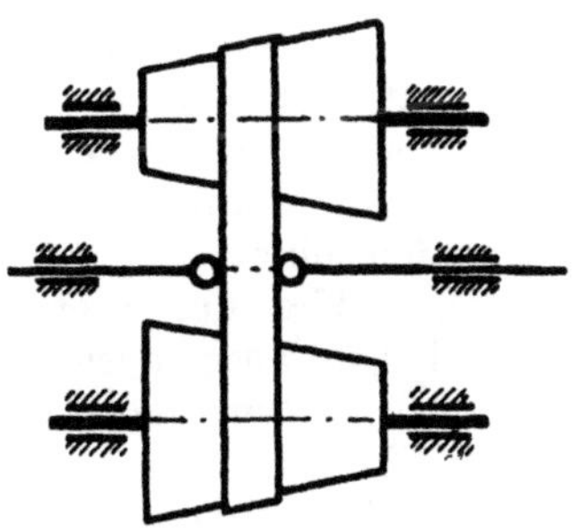

Fig. 132.

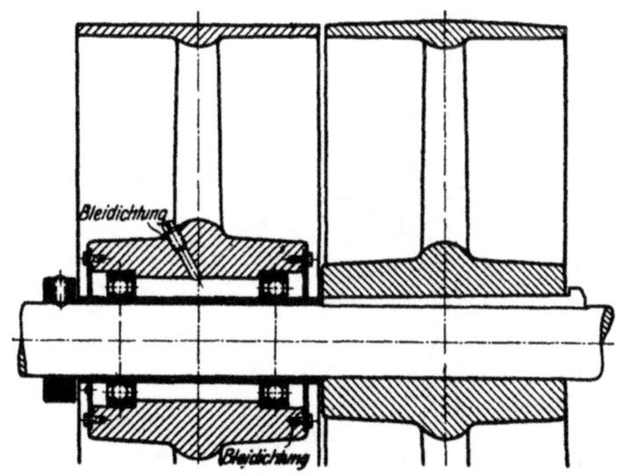

Fig. 133.

müssen in der Nabe eine geschmierte Lagerbüchse erhalten, andernfalls würden sie sehr bald unrund laufen. Oft werden an Stelle der Leerlaufbüchsen auch Kugellager verwendet nach Fig. 133. Neben der Losscheibe sitzt die Festscheibe zum Antrieb der Maschine. Soll diese ausgerückt werden, so wird der Riemen auf die Losscheibe mittels einer Riemengabel hinübergeschoben. Um eine unnötige Belastung der Leerlaufbüchse zu vermeiden, wird die Losscheibe mit etwas kleinerem Durchmesser ausgeführt als die Festscheibe. Das Hinüberschieben des Riemens zum Einrücken würde nun sehr schwer sein, wenn der Riemen stillsteht. Es gilt deshalb die Vorschrift, daß Losscheiben niemals auf die treibende, sondern immer auf die getriebene Welle gesetzt werden müssen. Die treibende Welle muß natürlich eine doppelt breite Scheibe erhalten, damit die Verschiebung möglich ist.

Fig. 134 zeigt eine Anordnung, bei der ein offener und ein gekreuzter Riemen, die von einer entsprechend langen Riementrommel gleichzeitig angetrieben werden, von den Losscheiben b_1 bzw. b_2, abwechselnd auf die Festscheibe a geschoben werden können. Damit kann also die Drehrichtung der gezeichneten Welle nach Belieben umgekehrt werden. Vorrichtungen dieser Art nennt man Wendegetriebe.

d) Spannrollen. Wir haben oben gesehen, daß der Riemen stets mit einer gewissen Vorspannung auf die Scheibe gelegt werden muß. Der Riemen muß also vor dem Auflegen etwas kürzer zusammengenäht oder -geleimt sein, als der Entfernung der Wellen und den Durchmessern der Scheiben entspricht. Es läßt sich nun nicht genau angeben, wieviel kürzer der Riemen sein soll, da man nicht weiß, wie er sich im Betriebe reckt. Es kann somit leicht vorkommen, daß der Riemen gleich beim Auflegen so stark beansprucht ist, daß seine Elastizität leidet, was, wie wir gesehen haben, unbedingt vermieden werden sollte.

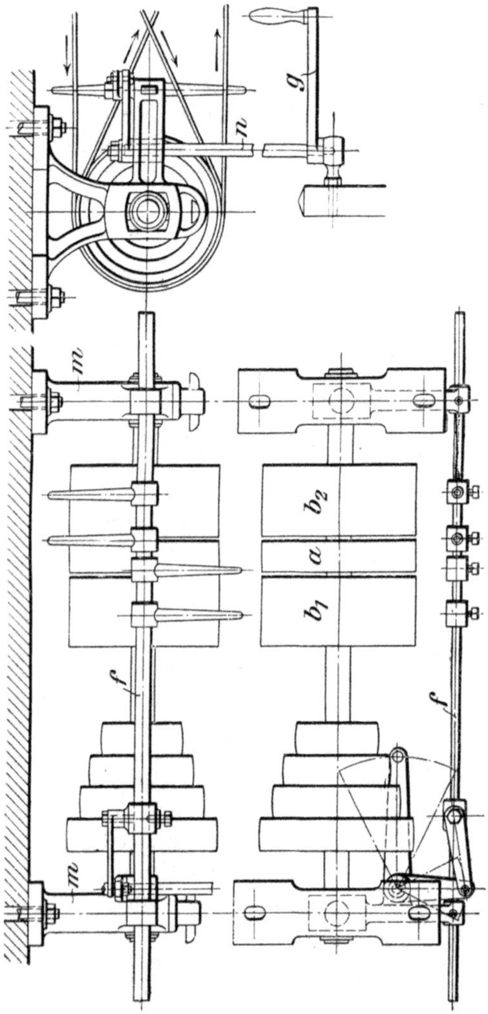

Fig. 134.

Wird der Riemen länger ausgeführt, als zur Umspannung der Scheiben nötig wäre, und gegen das gezogene Trum eine bewegliche Rolle gedrückt, so kann durch diese jede gewünschte Spannung im gezogenen Trum und damit auch im ziehenden Trum erzielt werden. Solche Spannrollen, die durch Federn oder Gewichte belastet werden, haben, wie Fig. 135 zeigt, noch den besonderen Vorzug, daß der Riemen die Scheiben auf einem großen Bogen umfaßt. Dadurch wird die übertragbare Kraft erheblich vergrößert. Ferner ist man bei der Anwendung der Spannrollen (Lenixgetriebe) nicht an die bisher erforderlichen großen Achsenabstände gebunden, denn für einfache offene Riemen ohne Spannrolle ist der günstigste Achsenabstand bei Riemen bis 10 cm Breite etwa 5 m, bei breiteren

Riemen etwa 10 m. Wie die Figur ferner zeigt, können auch Wellen, die senkrecht untereinander liegen, mit Hilfe der Spannrolle angetrieben werden, was ohne diese nicht empfehlenswert ist.

K. Seiltriebe.

Sehr lange und breite Riemen zum Übertragen großer Kräfte sind sehr teuer, und es ist dann die Übertragung durch Seile vorzuziehen. Diese werden aus Hanf, Baumwolle, Eisen- oder Stahldraht hergestellt.

a) Hanf- und Baumwolle-Seiltriebe. Soll die Kraft von einer Stelle aus auf Entfernungen bis höchstens 25 m, sowie etwa auf mehrere in verschiedener Höhe oder verschiedenen Abständen liegende Wellen übertragen werden, so werden Seile aus Hanf oder Baumwolle von 25 bis 55 mm Durchmesser verwendet. Letztere sind biegsamer als Hanfseile und erfordern deshalb nicht so große Scheiben. Ersetzt der Seiltrieb einen einfachen Riementrieb, so hat er den Vorzug, daß die Betriebssicherheit dadurch wesentlich vermehrt wird, daß beim Schadhaftwerden eines Seiles die übrigen noch den Betrieb aufrecht erhalten können.

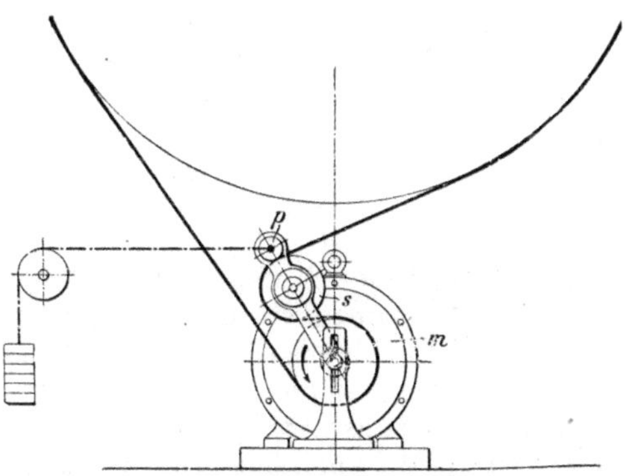

Fig. 135.

Man wendet deshalb auch meist ein bis zwei Seile mehr an, als unbedingt erforderlich wären. Das Hanfseil besteht meist aus drei Litzen, die je aus einer größeren Anzahl schraubenförmig gewundener Fäden zusammengesetzt sind. Bei gewöhnlichen Seilen sind die Litzen ebenfalls schraubenförmig angeordnet. Es gibt aber auch Seile, die aus mehreren Litzen zopfartig geflochten sind, und die dann entsprechend der Anzahl der Litzen statt des runden einen dreieckigen, viereckigen oder sechseckigen Querschnitt erhalten. (Dreikant-, Quadratseile.) Die Seilenden werden durch Spleißen, d. h. durch Ineinanderflechten von 1,5 bis 2 m Seil an jedem Ende verbunden.[1]) Das Nachspleißen der im Betriebe gereckten Seile ist stets sehr kostspielig und zeitraubend. Die Seile sollen deshalb vor dem Auflegen gut gereckt und getrocknet werden.

Man unterscheidet Seiltriebe mit Dehnungsspannung, bei denen die erforderliche Vorspannung wie beim Riemen durch entsprechende kurze Seillänge hervorgerufen wird, und Seiltriebe mit Belastungsspannung, bei denen das Seil durch eine Spannrolle die erforderliche Belastung erhält. Beim Betriebe mit Belastungsspannung wird ein einziges endloses Seil so oft um die verschiedenen getriebenen Scheiben

[1]) Vgl. Band 1, S. 186.

und die Antriebscheibe geschlungen, als sonst einzelne Seile erforderlich wären. Die an passender Stelle eingeschaltete Spannrolle ist meist mit ihrer Achse und einer Geradführung verschiebbar gelagert und wird durch Gewichte belastet (Kreisseiltrieb). Fig. 136 zeigt die Seilführung eines solchen Kreistriebes. Q ist die Spannrolle, deren Achse verschiebbar gelagert ist.

Gekreuzte Seiltriebe kommen nicht vor, dagegen unter Umständen solche mit Leitrollen, die aber auch nur im Notfall angewendet werden

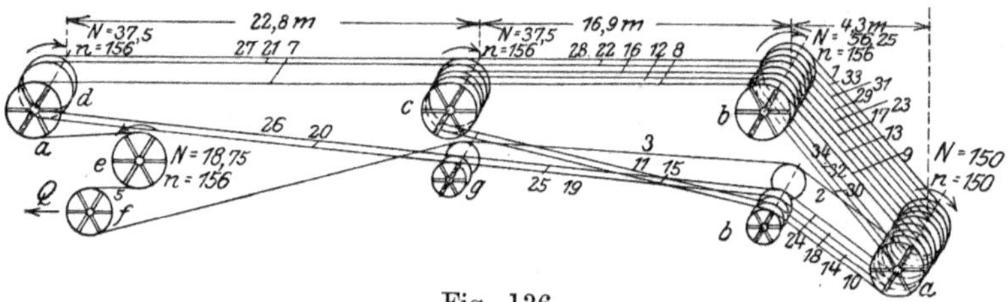

Fig. 136.

sollten. Die Drehrichtung ist nach Möglichkeit so zu wählen, daß die gezogenen Seile oben, die ziehenden unten liegen, da die losen, gezogenen Seile stark durchhängen. Die treibenden und getriebenen Seilscheiben erhalten Rillen, in denen die Seile nicht auf dem Grunde aufliegen, sondern sich etwas festklemmen, damit die erforderliche Reibung erzielt wird (Fig. 137). Auch hier tritt wie beim Riemen ein dauerndes Gleiten in den Rillen ein. Diese müssen deshalb möglichst glatt ausgedreht werden. Etwa erforderliche Leitrollen erhalten ein Profil nach Fig. 137a. Die Scheiben werden ausnahmslos aus Gußeisen hergestellt. Die Umfangsgeschwindigkeit und somit auch die Seilgeschwindigkeit kann bis zu 20 m/sek betragen.

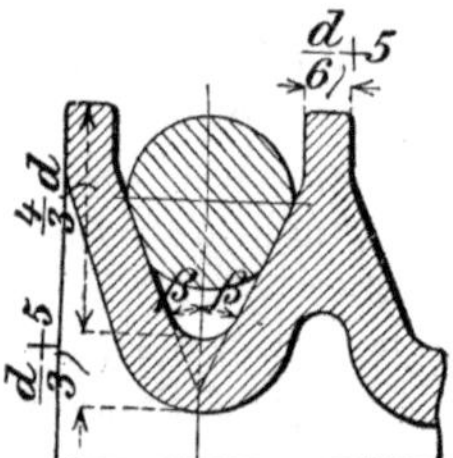

Fig. 137.

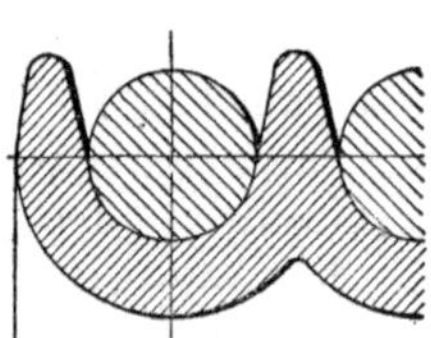

Fig. 137 a.

b) Drahtseiltriebe. Drahtseiltriebe kommen bei der Übertragung auf große Entfernungen und im Freien in Frage. Die runden Drahtseile aus oft bis zu 300 einzelnen Drähten erhalten meist eine Hanfseele, wodurch sie biegsamer werden. Die Drähte werden aus schwedischem Holzkohleneisen, für starke Belastungen und große Scheibenabstände aus bestem Tiegelgußstahl hergestellt. Die erforderliche Spannung entsteht durch das Eigengewicht der zwischen den Scheiben durchhängenden Seile. Im Freien laufende Seile werden aus verzinkten Drähten hergestellt und sind regelmäßig zu schmieren. Im Gegensatz zu den Hanfseilscheiben erhalten Drahtseilscheiben eine breite Rille, in der sich das Seil nicht festklemmen kann. Der Grund der gußeisernen Rille wird meist, wie Fig. 138 zeigt, mit aufrechtstehenden, nebeneinander eingelegten Lederplättchen ausgefüttert, um das Seil zu schonen. Trotzdem ist die Lebensdauer der Drahtseile verhältnismäßig kurz, etwa 2 bis 3 Jahre.

Drahtseiltriebe werden heute nur noch selten angewendet, da die elektrische Kraftübertragung für große Entfernungen billiger und betriebsicherer ist.

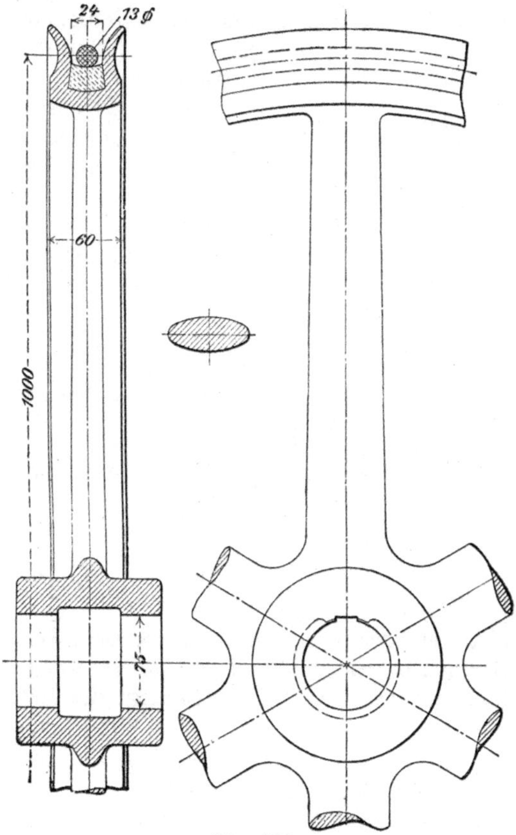

Fig. 138.

III. Maschinenteile für Lastenförderung.

A. Ketten.

Ketten (und Seile) können ihrer Natur nach nur Zugkräfte übertragen. Sie dienen entweder nur zur Befestigung, zum Tragen von Lasten und dergl. oder zum Übertragen von Bewegungen bei Hebemaschinen.

Wir unterscheiden Rundeisenketten (Gliederketten), Laschenketten und zerlegbare Treibketten.

a) Rundeisenketten und ihre Rollen. Ketten für Hebemaschinen müssen über Rollen oder Trommeln von verhältnismäßig kleinem Durchmesser laufen. Man verwendet deshalb meist kurzgliedrige Rundeisenketten nach Fig. 139. Dient eine Kette ausschließlich zur Befestigung, so wird die langgliedrige Form der Fig. 140 vorgezogen, da sie leichter und billiger ist. Stegketten nach Fig. 141 haben eine etwa $^1/_5$ höhere Festigkeit als gewöhnliche Ketten und werden besonders als Schiffsankerketten

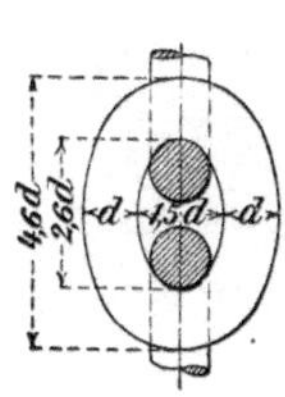

Fig. 139.

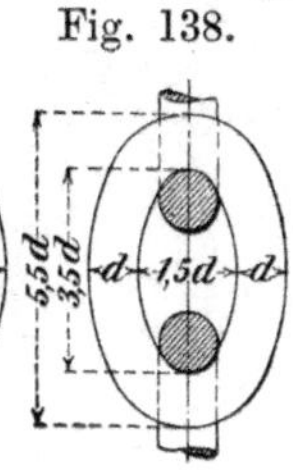

Fig. 140.

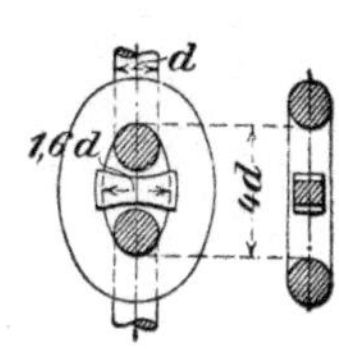

Fig. 141.

verwendet. Unter kalibrierten (adjustierten) Ketten versteht man Rundeisenketten, deren Glieder möglichst genau gleiche Länge haben. Damit sie diese Eigenschaft im Betriebe nicht zu schnell verlieren, dürfen sie weniger hoch belastet werden als gewöhnliche Rundeisenketten. Ebenso sind hohe Geschwindigkeiten der Kette nicht zulässig. Sie kommt deshalb nur bei Hebezeugen mit Handbetrieb vor.

Bei den Kettenrollen ist zu unterscheiden, ob sie nur zur Führung der Kette dienen, oder ob sie diese bei ihrer Drehung mitnehmen sollen. Im ersten Fall werden sie meist nach Fig. 142 ausgeführt. Die Seitenränder sind nur bei unruhigem Lauf oder stärkerer Ablenkung der Kette erforderlich. Rollen nach Fig. 143 unterstützen die

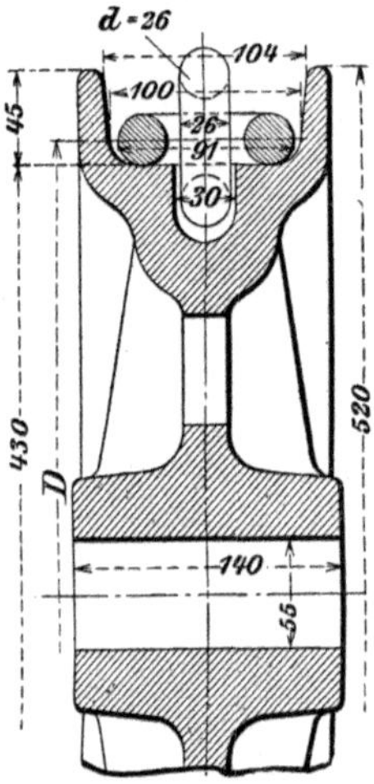

Fig. 142.

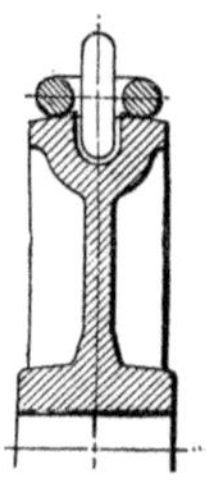
Fig. 143.

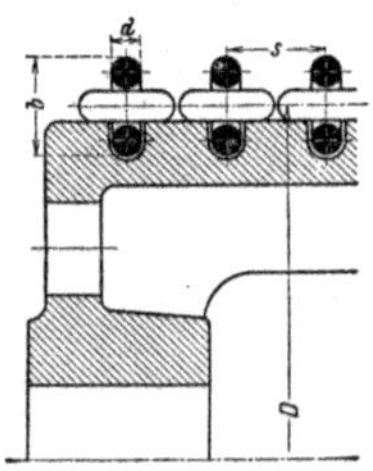
Fig. 144.

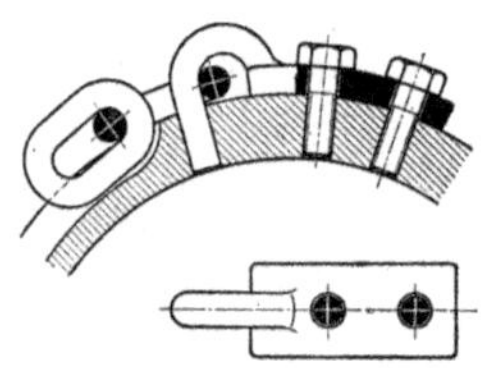
Fig. 145.

Kettenglieder besser als die Rolle nach Fig. 142, so daß sie weniger auf Biegung beansprucht werden. Kettentrommeln werden meist nach Fig. 144 ausgeführt. Fig. 145 zeigt die Befestigung des Endgliedes an der Trommel durch einen aufgeschraubten, in die Trommel eingreifenden Haken.

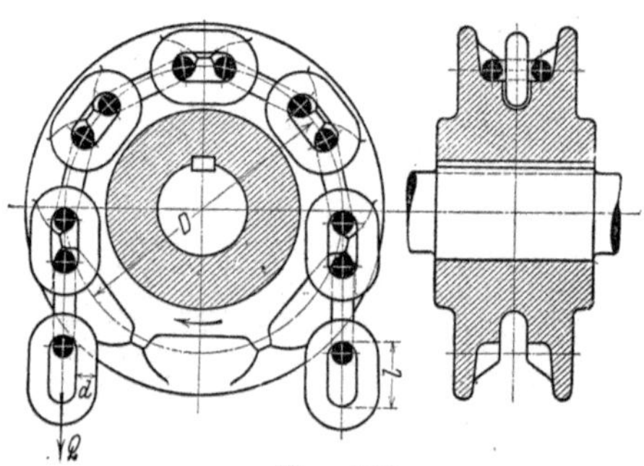

Fig. 146.

Soll das Kettenrad der Kette eine Bewegung erteilen, so muß der Rand mit Vorsprüngen versehen werden, die die einzelnen Kettenglieder umfassen (Fig. 146), verzahnte Kettenräder. Solche Kettenräder für nur wenige Verzahnungen (Teilungen), bei denen auf den Umfang nur etwa fünf Kettenglieder kommen, nennt man auch Kettennüsse oder Daumenräder.

Alle Ketten und Kettenräder müssen von Zeit zu Zeit geschmiert werden, damit die Abnutzung möglichst gering bleibt.

b) Laschenketten und ihre Rollen. Die Laschenketten, nach ihrem Erfinder auch Gallsche Ketten genannt, bestehen aus Laschen aus Stahl oder zähem Schweißeisen, die durch genietete oder versplintete Stahlbolzen mit gedrehten Zapfen zu fortlaufenden Gliedern miteinander verbunden sind. Sie werden als **Last-** und auch als **Treibketten** verwendet.

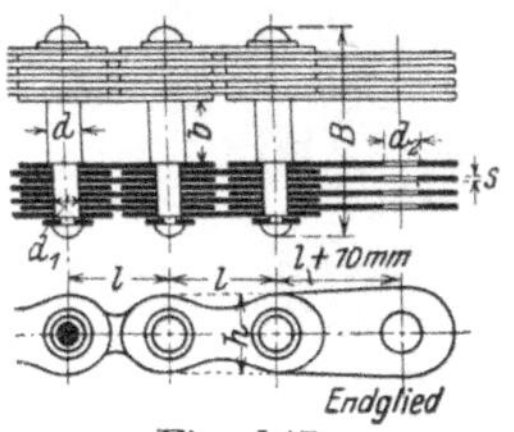

Fig. 147.

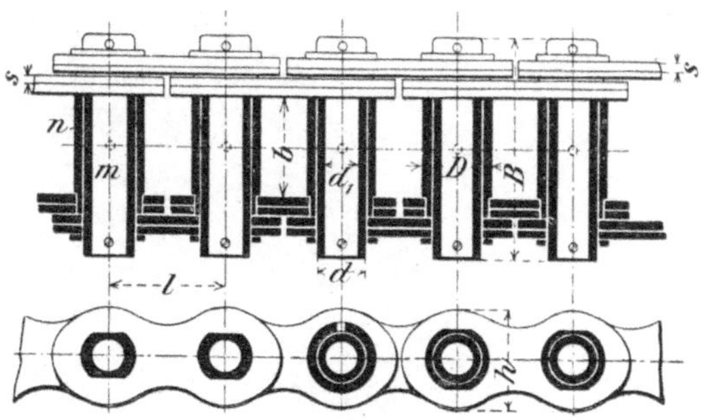

Fig. 148.

Fig. 147 zeigt eine Laschenkette mit vernieteten Gelenkbolzen und dem Schlußbolzen, der durch einen Splint am Herausfallen gehindert wird. Bei der besonders als Treibkette geeigneten Ausführung nach Fig. 148 sind die inneren Laschen fest mit Rohrstücken verbunden, die über die ebenfalls hohlen Bolzen der Außenlaschen gesteckt sind. Im allgemeinen können Laschenketten nur für geringe Geschwindigkeiten und kleine Hubhöhen verwendet werden. Auch ist zu beachten, daß sie nach der Seite hin keine Beweglichkeit haben.

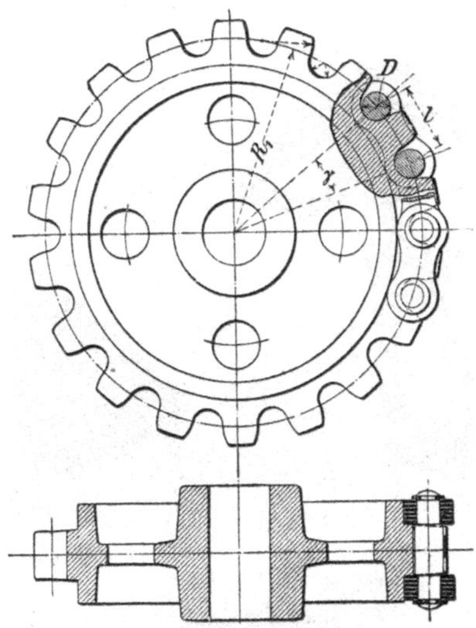

Fig. 149.

Zum Antrieb von Laschenketten dienen Kettenräder nach Fig. 149 aus Gußeisen oder Stahlguß. Die Laschenköpfe legen sich auf die beiderseits des Zahnkranzes angeordneten Ränder. Leitrollen erhalten keine Zähne, sondern nur einen glatten Rand, auf den sich die Bolzen der Kette legen.

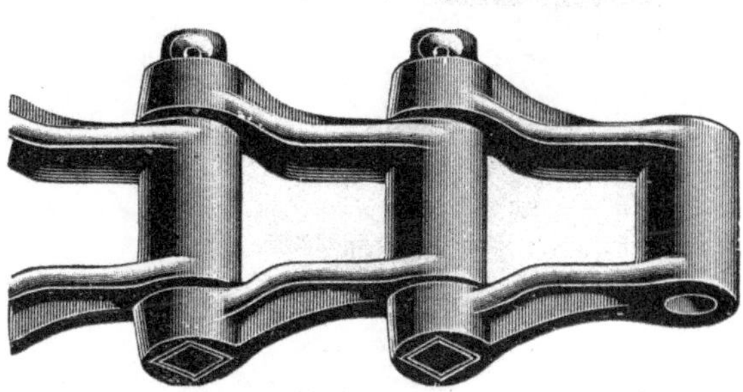

Fig. 150.

c) Zerlegbare Treibketten und ihre Rollen. Statt die Treibketten aus einzelnen Teilen, den Laschen und Rohrbolzen, zusammenzusetzen,

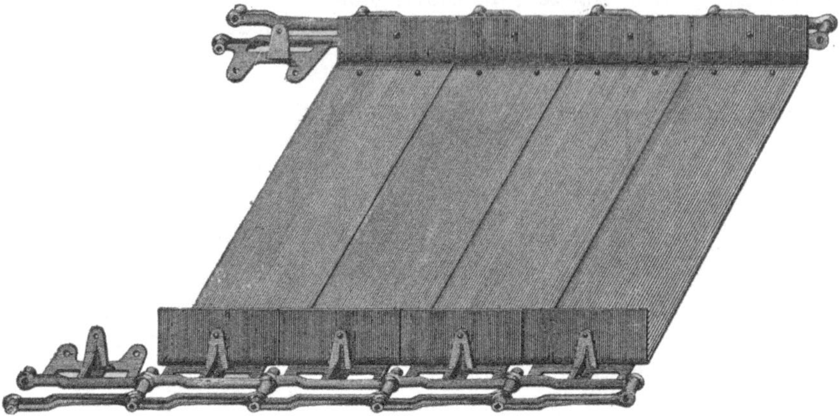

Fig. 153.

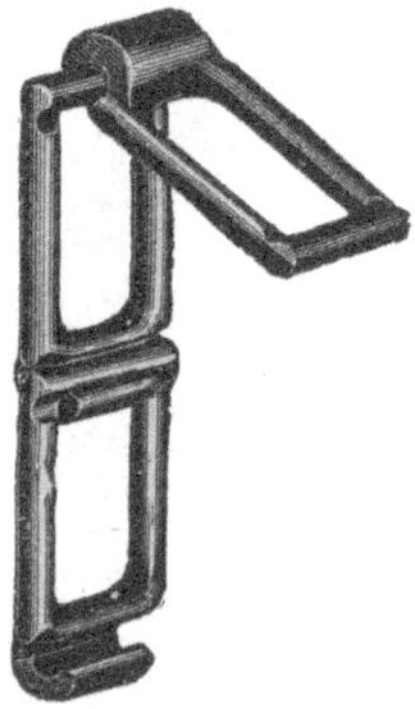

Fig. 151.

Fig. 152.

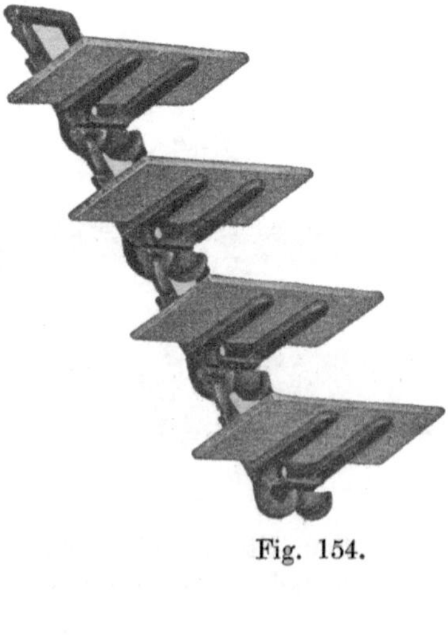

Fig. 154.

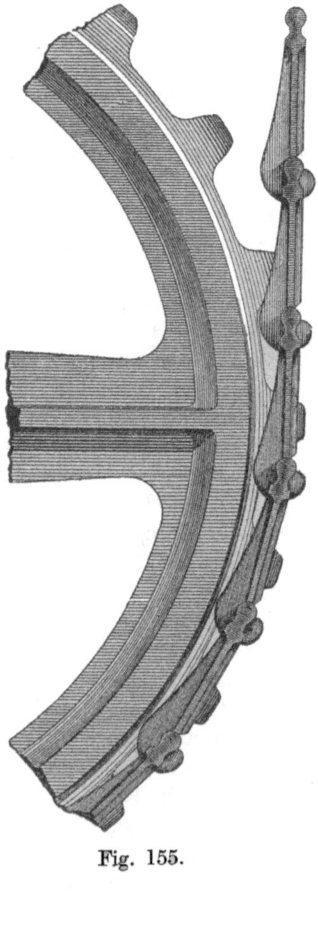

Fig. 155.

können die einzelnen Kettenglieder auch aus Stahlguß oder schmiedbarem Eisenguß (Temperguß) hergestellt und durch Stahlbolzen nach Fig. 150 zusammengebaut werden, die einerseits durch einen Vierkantkopf an der Verdrehung gehindert und anderseits durch einen Splint gegen Herausfallen gesichert werden. Noch einfacher ist die zerlegbare Treibkette nach Fig. 151, die nur aus gegossenen Kettengliedern besteht. Aus der Figur ist zu ersehen, wie ein Glied in ein anderes von der Seite eingeschoben wird. Sobald es in die Ebene des ersten Gliedes gedreht ist, kann es seitlich nicht mehr verschoben werden. Auch diese Ketten sind nur für mäßige Geschwindigkeiten geeignet. Ihr Hauptvorteil besteht darin, daß die Glieder für die verschiedensten Verwendungzwecke besonders ausgebildet werden können. Beliebig gestaltete Angüsse an einzelne Kettenglieder ermöglichen die Befestigung von Förderbechern (Fig. 152), Förderbändern (Fig. 153), Tragplatten (Fig. 154) und dgl. Zum Antrieb dienen gezahnte Kettenräder nach Fig. 155, aus der auch die Lage der Gelenke in Beziehung zur Drehrichtung des treibenden Rades ersichtlich ist.

B. Drahtseile.

Bei Drahtseilen müssen wir unterscheiden zwischen solchen, die, zwischen zwei festen Punkten ausgespannt, nur eine geringe Durchbiegung in der Richtung quer zur Längsachse erfahren, und solchen, die über Rollen geführt werden. Zu ersteren gehören alle Seile, die zur Verankerung z. B. von hohen Masten oder von Blechschornsteinen dienen, ferner die Tragseile von Seilbahnanlagen, auf denen die Rollen der Förderkübel laufen, und dgl. Solche Seile können aus wenigen dicken Drähten bestehen, während Seile, die über Rollen laufen müssen, aus vielen dünnen Drähten zusammengesetzt sind. Im allgemeinen werden die Drahtseile mit sechs Litzen, die jede 6 bis 27 Drähte aus Tiegelstahldraht enthalten, angefertigt. Die Drähte der Litzen werden meist um eine Hanfseele gewunden. Ist zu befürchten, daß die Hanfseele trotz Tränkung mit fäulnisverhütenden Stoffen angegriffen werden kann, etwa in Bergwerken, so werden auch Seile ohne Hanfseele verwendet, die aber dann weniger biegsam sind.

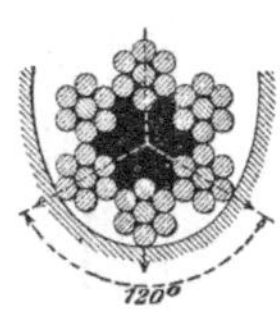

Fig. 156.

Drallfreie Seile, das sind solche, die sich bei der Zugbelastung nicht aufdrehen, erhält man, wenn die Litzen teils rechts, teils links gewunden sind. Je dünner die einzelnen Drähte sind, um so biegsamer ist das Seil, jedoch nehmen damit auch die Empfindlichkeit gegen Durchscheuern einzelner Drähte und die Gefahr des Durchrostens zu. Gegen Rosten werden die Drähte durch Verzinken geschützt, doch vermindert man damit ihre Festigkeit. Fig. 156 zeigt den Querschnitt eines gewöhnlichen Drahtseiles und zeigt, wie nur wenige Drähte jeweils die Seilrolle berühren. Für Tragseile von Seilbahnen, die also keine besonders große Biegung erfahren, verwendet man verschlossene Seile nach Fig. 157, deren

Drähte trapezförmigen und S-förmigen Querschnitt erhalten, so daß eine glatte Oberfläche erzielt wird. Kommt es dagegen auf besonders große Biegsamkeit an, wie etwa bei Seilen für Dampfpflüge und dgl., so werden Flachseile aus mehreren nebeneinander vernähten Seilen von 12 bis 22 mm Durchmesser hergestellt. Diese sind aber weniger dauerhaft als Rundseile.

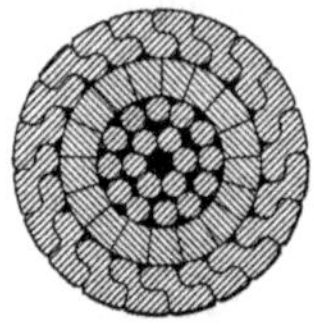

Fig. 157.

Drahtseilrollen erhalten eine Rille mit einer Tiefe von dem 2,5- bis 3-fachen Seildurchmesser und werden am Grunde so ausgedreht, daß das Seil mit möglichst wenig Spielraum, aber ohne zu klemmen, aufliegt (Fig. 158).

Drahtseiltrommeln werden wie die Seilrollen aus Gußeisen hergestellt und erhalten entweder einen glatten zylindrischen Trommelumfang, oder es wird eine Rille mit kreisbogenförmigem Querschnitt schraubenförmig eingedreht, und zwar so, daß sich die einzelnen Seilwindungen nicht berühren. Das Seilende kann in verschiedener Weise an der Trommel festgeklemmt werden, etwa nach Fig. 159, wobei es um ein keilförmiges Stück geschlungen wird, das durch die Seilbelastung festgezogen wird. Um die Seilbefestigung möglichst zu entlasten, kann das Seil zunächst mehrfach um die Trommel geschlungen werden, d. h. das Seil wird länger gewählt als es für den Betrieb erforderlich ist.

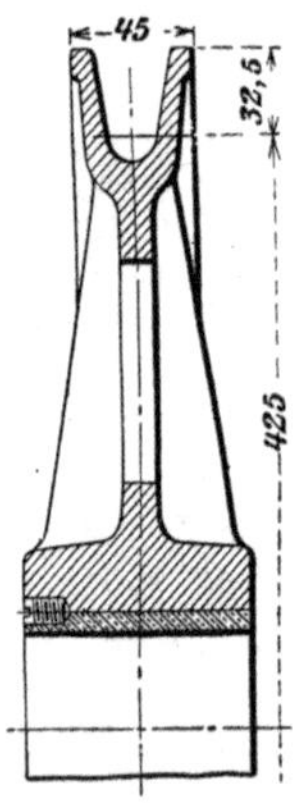

Fig. 158.

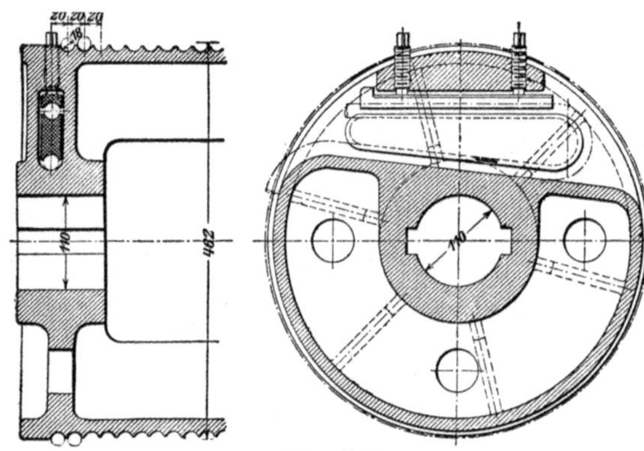

Fig. 159.

C. Hanfseile.

Hanfseile werden zur Lastenförderung nur wenig gebraucht, abgesehen von kleinen Hebezeugen für Handbetrieb und von den Seilschlingen zum Anhängen von Lasten an Kranhaken und ähnlichen Verwendungszwecken. Durch Tränken mit Teer werden zwar das Faulen des Hanfes verhindert, die Festigkeit und Biegsamkeit jedoch gleichzeitig vermindert. Rollen und Trommeln werden in ähnlicher Weise wie für Drahtseile ausgeführt (Fig. 158 u. 159). Über Seile und Seilscheiben zur Kraftübertragung siehe Abschnitt „Seiltriebe", S. 141 u. ff.

D. Gesperre.

Gesperre oder Sperrwerke sollen eine Drehbewegung aufhalten und werden besonders bei Hebemaschinen zum Aufhalten der sinkenden Last gebraucht. Man unterscheidet Zahngesperre und Klemmgesperre.

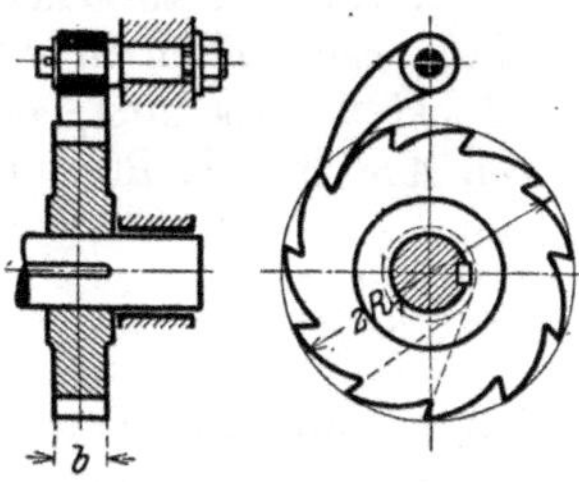

Fig. 160.

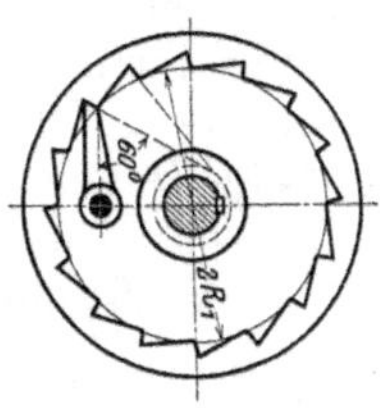

Fig. 161.

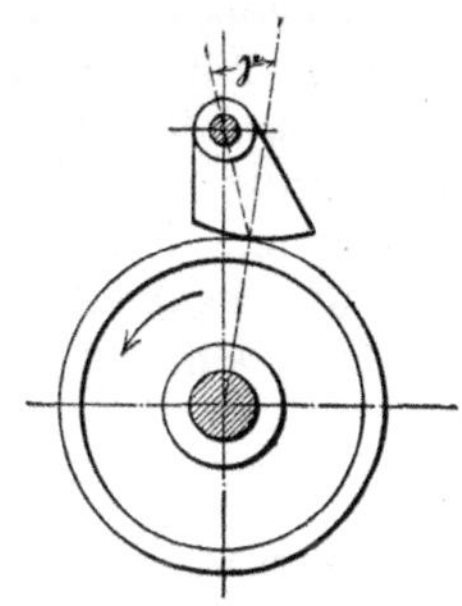

Fig. 162.

a) Zahngesperre. Zahn- oder Klinkengesperre bestehen aus Sperrad und Sperrklinke. Die Sperräder werden gegossen oder aus Schmiedeeisen oder Stahlscheiben ausgeschnitten. Man unterscheidet Jnnen- und Außeneingriff (Fig. 160 u. 161). Ein wesentlicher

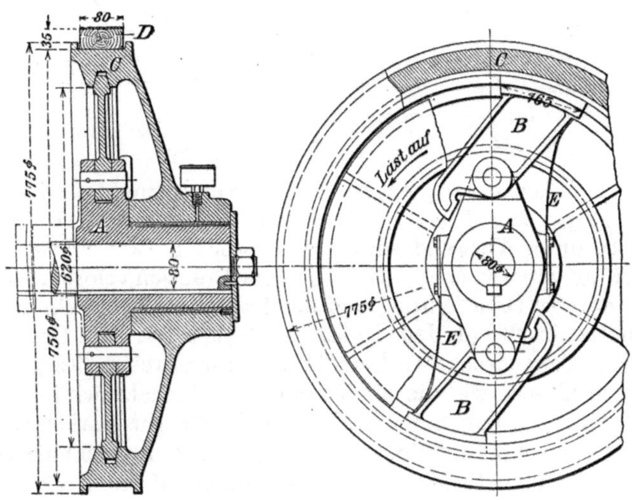

Fig. 163.

Nachteil der Zahngesperre ist, daß das Hemmen der Welle nicht in jeder Stellung erfolgen kann, sondern nur in den durch die Anzahl und Lage der Zähne bestimmten Stellungen. Dieser Nachteil wird bei den Klemmgesperren vermieden.

b) Klemmgesperre wirken durch Festklemmen des Sperrdaumens gegen das Sperrad (Fig. 162), also durch Reibung, und haben den Vorteil geräuschlosen Ganges. Das Sperrad kann sich nur entgegengesetzt dem eingezeichneten Pfeile drehen. Beim Rückwärtsdrehen wird der Sperrdaumen sofort durch Reibung mitgenommen und klemmt sich fest, da seine Begrenzung kein Kreis um den Sperrdaumendrehpunkt ist.

Ein Klemmgesperre mit innerem Eingriff der Sperrdaumen zeigt Fig. 163. Auf der zu sperrenden Welle ist die Nabe A aufgekeilt, an der die Sperrdaumen B drehbar gelagert sind. Sie greifen in eine keilförmige Nut der Bremsscheibe C (vgl. nächsten Abschnitt) ein, die mit ausgebuchster Nabe lose auf der Nabe von A sitzt. Der Pfeil gibt die Drehrichtung von A beim Heben der Last an.

E. Bremsen.

Bremsen dienen dazu, die Geschwindigkeit einer Achse oder Welle zu vermindern oder die Bewegung ganz aufzuhalten. In den meisten Fällen wird dazu die Reibung am Umfang einer Bremsscheibe benutzt.

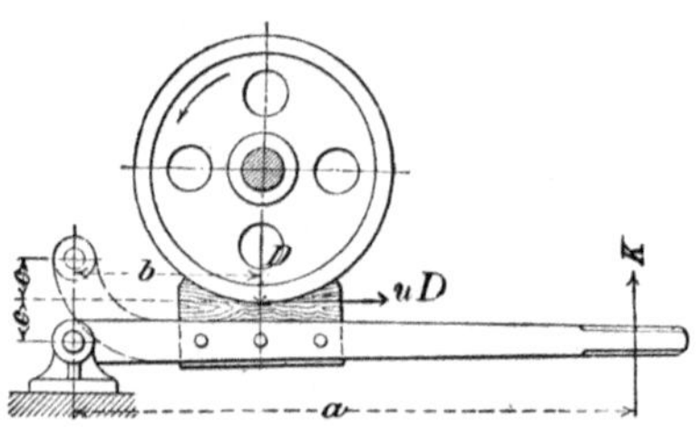

Fig. 164.

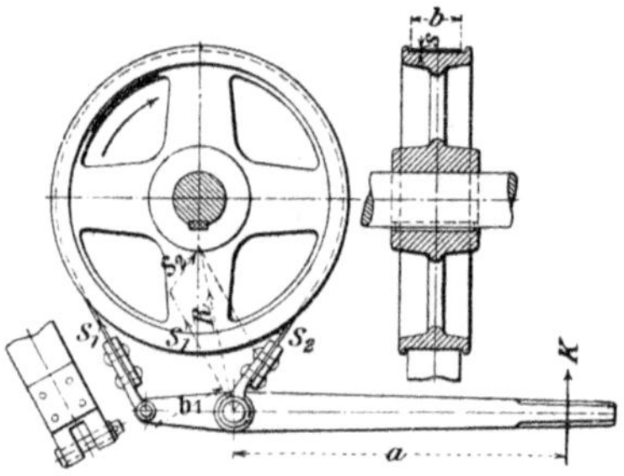

Fig. 165.

Man unterscheidet Klotz- oder Backenbremsen und Bandbremsen.

a) Backen- oder Klotzbremsen. Auf die gußeiserne Bremsscheibe wird meist unter Verwendung eines Hebels ein Bremsklotz aus Holz oder Hartguß gepreßt (Fig. 164). Die zum Bremsen erforderliche Kraft P hängt von der Drehrichtung und der Lage des Hebeldrehpunktes ab; außerdem natürlich von dem Hebelverhältnis $a : b$. Der Druck D, mit dem der Klotz angedrückt wird, muß bei eisernen Bremsklötzen etwa 4 bis 5 mal so groß sein wie die am Umfang der Scheibe wirkende Kraft. Da durch einen einzelnen Bremsklotz somit ein sehr starker Druck auf die Welle ausgeübt wird, ordnet man meistens zwei Bremsklötze einander gegenüber an, deren Drücke sich in Beziehung auf die Welle aufheben. Um eine größere Reibung mit kleinerer Kraft zu erzielen, kann der Umfang der Bremsscheibe eine keilförmige Nut erhalten und die Bremsklötze entsprechenden Keilquerschnitt.

b) Bandbremsen. Um die gußeiserne Bremsscheibe wird ein eisernes oder stählernes Band gelegt, dessen Enden durch verschiedenartige Hebelwerke gespannt werden. Es kann ein Ende des Bremsbandes auch an einem festen Punkt angehängt sein, z. B. am Hebeldrehpunkt (Fig. 165).

Werden durch den Hebel beide Bandenden in verschiedenem Maße bewegt, so spricht man von Differentialbandbremsen. Die am Hebel erforderliche Kraft kann je nach den Abmessungen der Hebelarme beliebig verkleinert und sogar gleich Null werden, so daß die Bremse selbsttätig sperrend sein kann. Fig. 166 zeigt eine Differentialbremse der Maschinenfabrik Eßlingen. Das hier mit Holz gefütterte Bremsband wird durch die Feder angezogen, die Bremse wird „geschlossen“. Ein Bremslüftmagnet zieht, sobald er Strom erhält, den Hebel dem Federdruck entgegen und öffnet die Bremse.

Klotz- und Bandbremsen werden meist mit Gesperren zusammengebaut. Als Bremskraft wird gelegentlich auch die Fliehkraft besonderer Gewichte benutzt, selbsttätige Bremsen, oder die angehängte Last erzeugt selbst den erforderlichen Bremsdruck: Lastdruckbremsen.

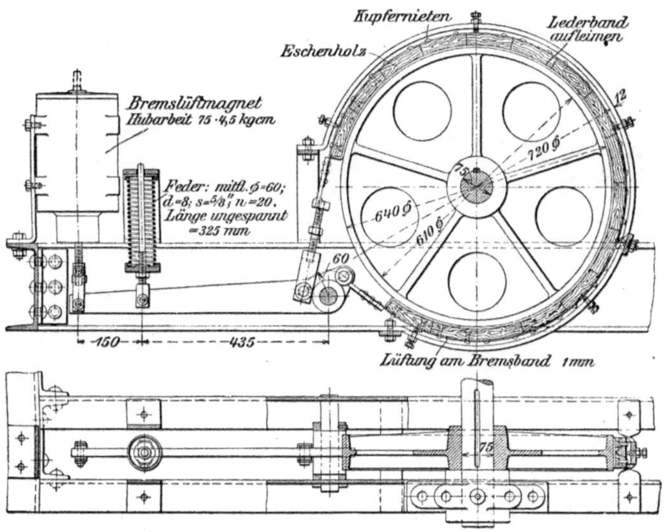

Fig. 166.

IV. Kurbeltrieb.

A. Allgemeines.

Soll eine geradlinige Bewegung eine Drehbewegung erzeugen oder umgekehrt, so kann dies mit Hilfe einer Schubstange geschehen, deren eines Ende am Kurbelzapfen drehbar befestigt ist. Dieser sitzt in dem auf der Welle befestigten Kurbelarm. Das andere Ende der Schubstange muß ebenfalls drehbar an einem Gleitstück, dem Kreuzkopf, befestigt sein, der durch eine Gradführung gezwungen ist, nur eine hin- und hergehende Bewegung auszuführen. Eine vielfach gebräuchliche Anordnung zeigt die Skizze einer Dampfmaschine in Fig. 167.

In einem zylindrischen Rohr, kurz Zylinder genannt, bewegt sich der Kolben nach rechts, wenn z. B. in den Raum links vom Kolben Dampf eintritt. Durch die mit dem Kolben verbundene Kolbenstange, die durch die Stirnwand des Zylinders, den Zylinderdeckel, hindurchgeführt ist, wird die auf den Kolben wirkende Kraft auf den Kreuzkopf übertragen und damit auch auf die Schubstange. In der gezeichneten Stellung der Schubstange würde aber durch die gemeinsame Wirkung der Kräfte in der Kolbenstange und in der Schubstange offenbar der Kreuzkopf nach unten gedrückt und die Kolbenstange verbogen werden, wenn der Kreuzkopf nicht in der Gradführung an einer Bewegung senkrecht zur Kolbenstange verhindert würde. Hat sich die Kurbel um 180° gedreht, so werden, da nun der Dampf auf den Kolben von der rechten Seite drückt, Kolbenstange und Schubstange gezogen, und es entsteht wiederum ein Druck des Kreuzkopfes auf die untere Gradführungsfläche.

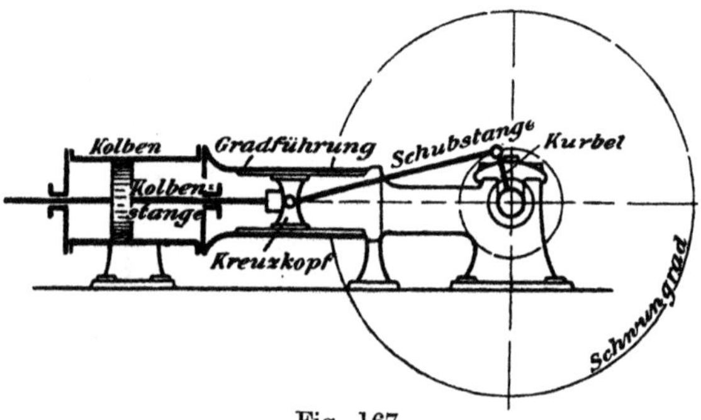

Fig. 167.

Beim gewöhnlichen Dampfmaschinenbetrieb kommen aber auch Kurbelstellungen vor, bei denen sich infolge der Druckänderungen im Zylinder während der Bewegung des Kolbens auch ein nach oben gerichteter Druck auf die Gleitbahn ergeben kann. Deshalb muß sie stets zweiseitig ausgeführt werden. Die Endstellungen des Kolbens, in denen er also für einen Augenblick keine Bewegung, weder vorwärts noch rückwärts, macht, nennt man die Totpunktlagen oder kurz Totpunkte und spricht demgemäß auch von Totpunktstellungen der Kurbel, obschon diese eine nahezu gleichförmige Kreisbewegung ausführt. Den Weg des Kolbens zwischen den beiden Totpunkten, der gleich dem Durchmesser des vom Kurbelzapfen beschriebenen Kreises ist, nennt man Kolbenhub oder kurz Hub der Maschine. Dreht sich die Kurbel in Fig. 167 rechts herum, so läuft die Maschine vorwärts. Die entgegengesetzte Drehrichtung wird rückwärtslaufend genannt. Damit der Druck auf die untere Gleitbahn vorherrscht, laufen Antriebmaschinen in der Regel vorwärts. Bei Kolbenpumpen und Kolbengebläsen wird umgekehrt der Druck von der Kurbel auf den Kreuzkopf und den Kolben ausgeübt. Bei vorwärtslaufender Pumpe würde damit der Druck auf die Gleitbahn aufwärts gerichtet sein. Pumpen und Gebläse mit Kurbelantrieb laufen deshalb in der Regel rückwärts. Die Mehrzahl der Gradführungen wird zylindrisch ausgebohrt, doch kommen auch Gradführungen mit ebenen, gehobelten Flächen vor. Liegt die Gradführung wagerecht, so spricht man von liegenden Maschinen. Solche mit senkrechter Gradführung, bei denen fast immer die Kurbel unten und die Zylinder oben liegen, heißen stehende Maschinen. Vereinzelt kommen auch schrägliegende Maschinen vor.

Für die Bauart der Kolben und Kreuzköpfe ist noch von Bedeutung, ob das auf den Kolben wirkende Druckmittel, Dampf oder Flüssigkeit, nur auf eine Kolbenseite wirkt, einfach wirkende Maschinen, oder ob beide Kolbenseiten abwechselnd arbeiten, doppelt wirkende Maschinen.

B. Kolben.

Man unterscheidet Scheibenkolben, Rohrkolben (auch Tauchkolben oder Plunger genannt), Ventilkolben und Stufenkolben. Die Länge der Scheibenkolben ist meist kleiner als der Durchmesser. Rohrkolben sind dagegen länger als der Durchmesser. Die Ventilkolben (auch durchbrochene Kolben genannt), sind meist mit Ventilen versehene Scheibenkolben. Stufenkolben bestehen aus zwei zusammenhängenden Rohrkolben mit verschiedenen Durchmessern.

Der Kolben muß gegen die Wand des Zylinders dicht anschließen. In seltenen Fällen kann er einfach dicht in den Zylinder eingeschliffen sein, im allgemeinen ist aber eine besondere Dichtung erforderlich, die bei Scheibenkolben stets im Kolben selbst, bei Rohrkolben meist im Zylinder angebracht ist. Je nach den zur Dichtung verwendeten Stoffen unterscheidet man Hanfliderung, Lederliderung und Metalliderung.

Für doppelt wirkende Antriebmaschinen werden hauptsächlich Scheibenkolben verwendet, deren Körper, sofern das Gewicht nicht besonders klein gehalten werden soll, meist in Hohlguß ausgeführt wird (Fig. 168). Die Liderung besteht hier aus zwei geschlitzten und über den Kolbenkörper gestreiften gußeisernen Ringen. Damit sie sich gut an die Zylinderwand anlegen, werden ihre Enden vor dem Fertigdrehen etwas zusammengespannt, so daß sie, sich selbst überlassen, auseinanderfedern. An der Schnittstelle könnte nun immer noch etwas Dampf und dgl. durchtreten. Die Enden werden deshalb etwa nach Fig. 169 ausgeführt. Ein Stift dient dazu, den Ring in einer bestimmten Lage auf dem Kolben festzuhalten, damit nicht etwa die Schnittstellen aller drei Ringe hintereinander liegen. Bei sehr kleinen Kolbendurchmessern würden gußeiserne Ringe nur schwer über den Kolben geschoben werden können, ohne bei dem starken Aufbiegen zu brechen. Für solche Fälle, oder wenn es auf besonders leichtes Gewicht ankommt, werden auch Ringe aus kaltgezogenem weichen Tiegelgußstahl verwendet. Für manche Fälle sind auch diese überzogenen Ringe nicht ausführbar, da sie nicht genügend Federkraft entwickeln. Dann muß der Kolben mit einer Art Deckel versehen werden, etwa nach Fig. 170. Dieser zeigt einen einfachen Scheibenkolben, eine Form, die besonders im Schiffsmaschinenbau sehr beliebt ist. Dort werden derartige Kolben aus Stahlguß oder auch geschmiedet hergestellt, wobei aber zu beachten ist, daß Stahlgußkolben die Zylinderlauffläche nicht berühren dürfen. Der Kolben hat nur einen Dichtungsring, der durch dahinterliegende Blattfedern allseitig gleich-

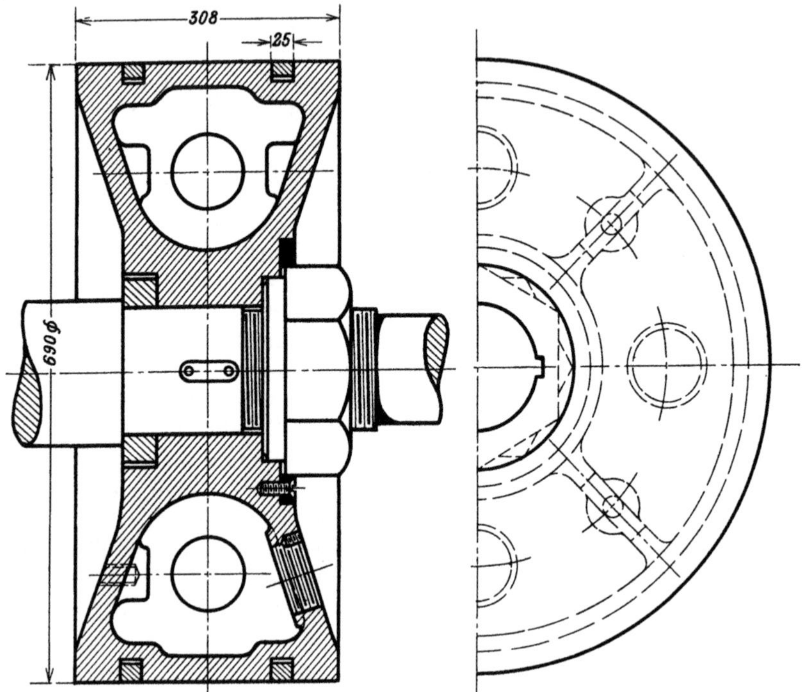

Fig. 168.

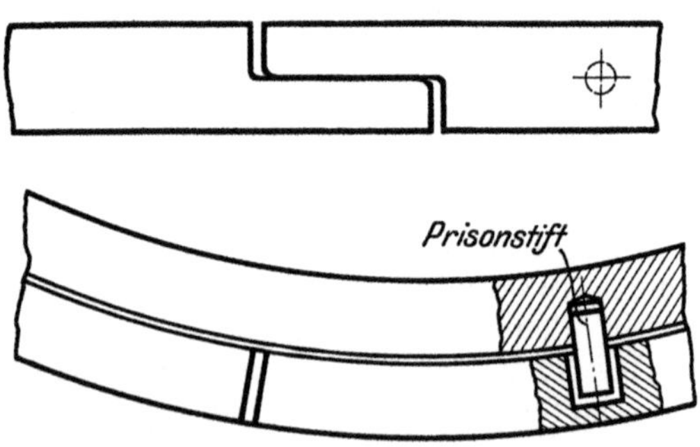

Fig. 169.

mäßig gegen die Lauffläche gepreßt wird. Auf der Kolbenstange wird der Kolben meist wie bei Fig. 170 durch einen kegeligen Ansatz und durch eine Mutter gehalten. Bei der Bauart Fig. 168 ist ein Bund auf der Stange, der die Herstellung verteuert, vermieden und statt dessen ein einfacher Stahlring aufgeschoben, der den Druck der Stange auf eine größere Fläche des gußeisernen Kolbenkörpers verteilt.

Die Kolben doppelt wirkender Gas- oder Ölmaschinen müssen von innen mit Wasser gekühlt werden. Fig. 171 zeigt einen derartigen Kolben der Maschinenfabrik Augsburg-Nürnberg. Das Wasser wird dem Kolben durch die hohle Kolbenstange zugeführt und durch diese wieder abgeleitet, wie die Pfeile andeuten.

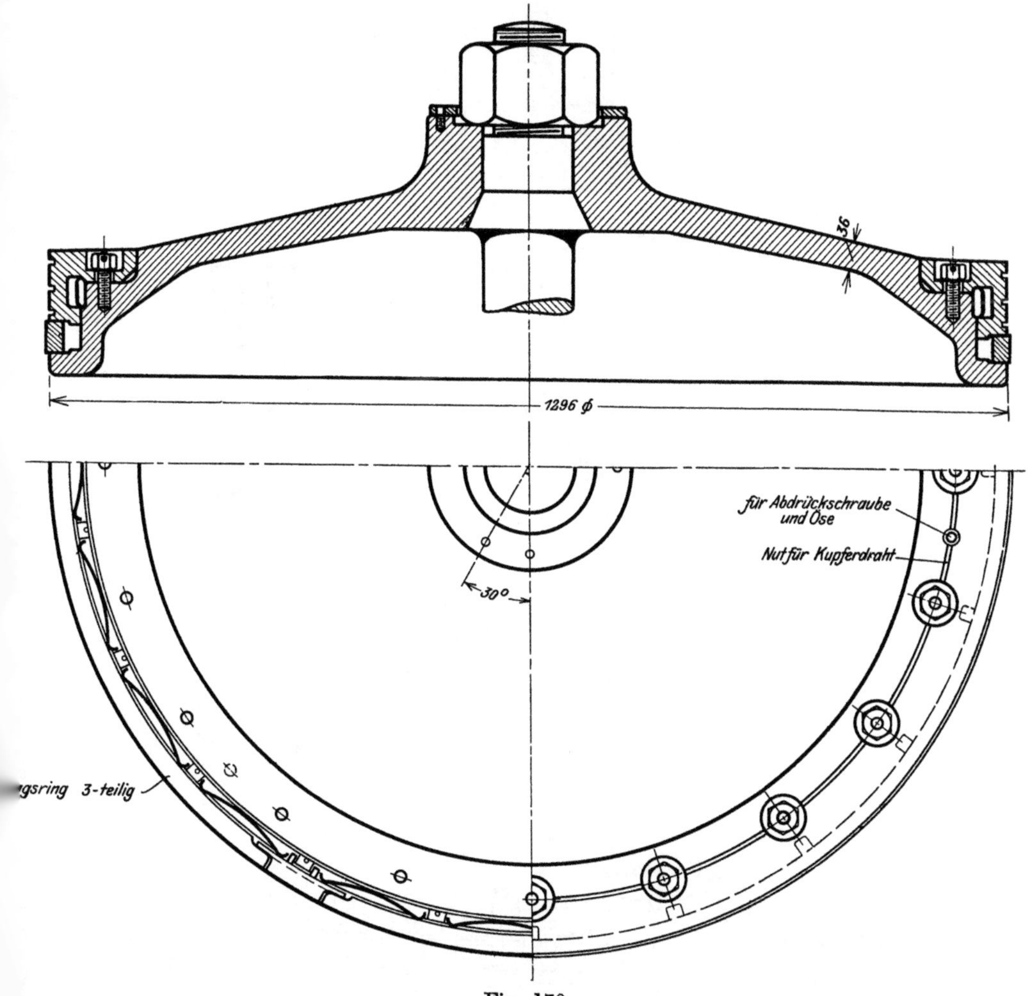

Fig. 170.

Für doppelt wirkende Pumpen werden Scheibenkolben nur wenig angewendet und erhalten, je nach der zu fördernden Flüssigkeit, Liderungen aus den verschiedensten Stoffen. Für Wasser ist besonders geeignet die Abdichtung mit Lederstulpen. Fig. 171a zeigt einen solchen Kolben einfachster Bauart. Die umgebogenen Ränder der Lederstulpen werden durch den Flüssigkeitsdruck gegen die Zylinderwand gepreßt,

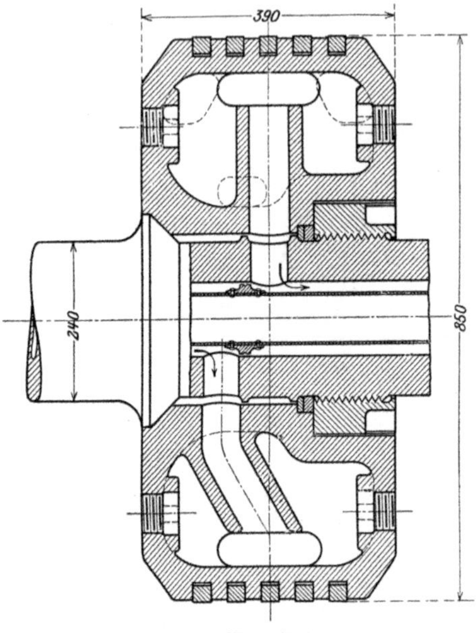

Fig. 171.

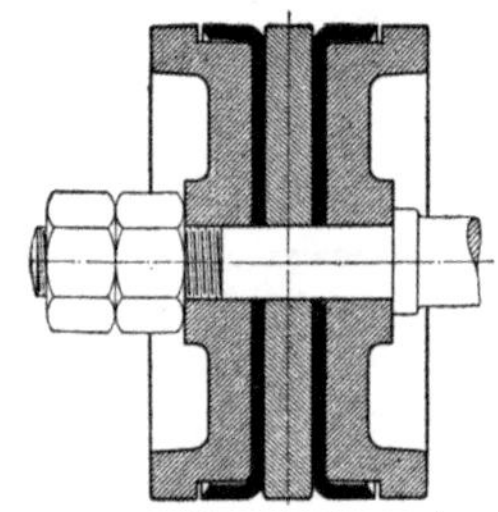

Fig. 171 a.

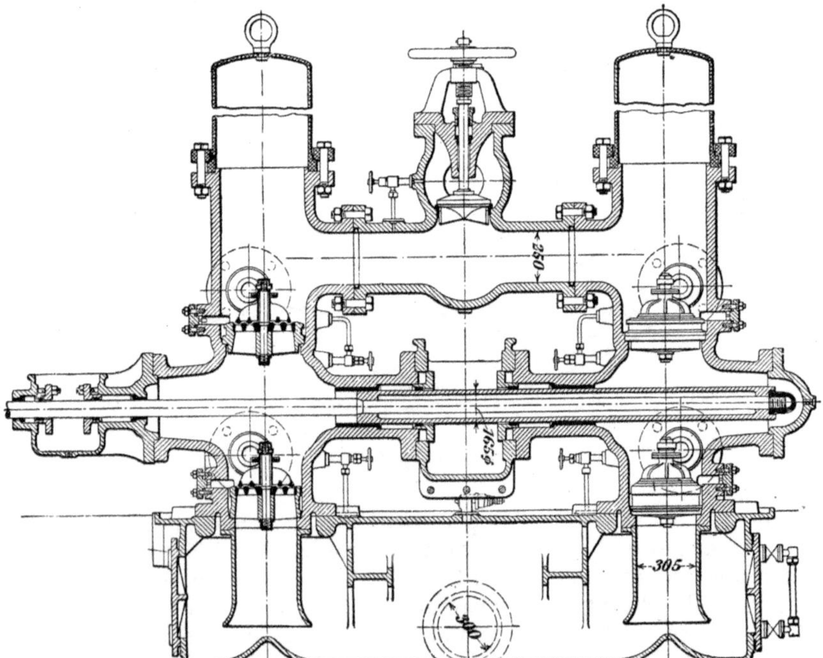

Fig. 172.

so daß irgendeine besondere Vorrichtung zum Anpressen entbehrlich ist. Freilich entsteht besonders bei höherem Wasserdruck auch eine recht beträchtliche Reibung. In solchen Fällen wird man besser eine Dichtung mit regelbarem Anpressungsdruck wählen, also selbstspannende Ringe oder Dichtungsringe mit dahinterliegenden Federn.

Fig. 172 zeigt eine doppelt wirkende Wasserwerkpumpe mit Rohrkolben, der durch zwei außenliegende Stopfbüchsen (vgl. Abschnitt D) abgedichtet wird. Bei der Bauart nach Fig. 173 ist nur eine im Pumpeninnern liegende Stopfbüchse vorgesehen, die aber von außen durch eine Schnecke nachgezogen werden kann.

Die Tauchkolben doppelt wirkender Pumpen für reine Flüssigkeiten werden häufig auch nur

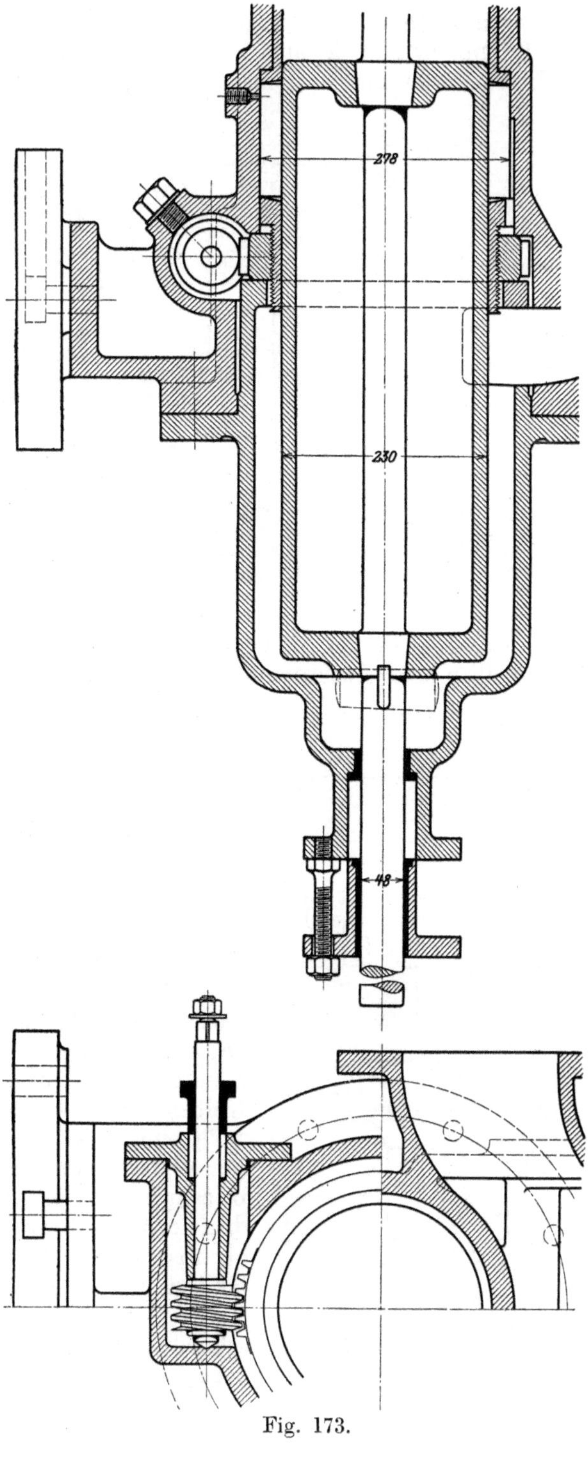

Fig. 173.

in langen glatten Büchsen geführt, die entweder aus Gußeisen oder aus Rotguß hergestellt sind. Gußeiserne Büchsen erhalten manchmal auch ein Futter aus Weißmetall. Auf irgendeine besondere Dichtung

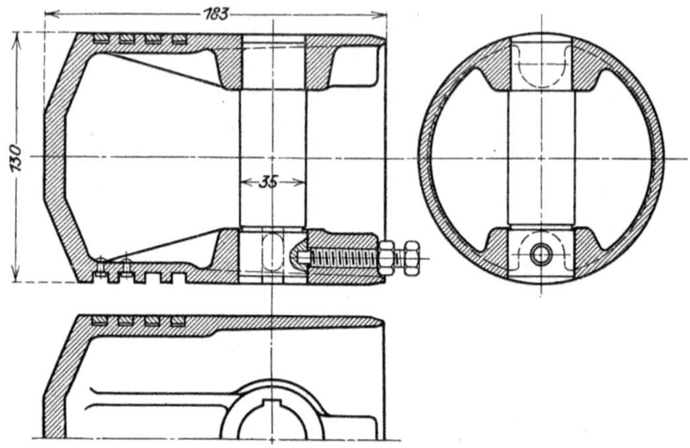

Fig. 174.

kann verzichtet werden, da bei der Länge der sich berührenden Flächen von Kolben und Büchse nur sehr wenig Flüssigkeit von einer Seite zur andern durchgedrückt werden kann (s. Fig. 177, S. 159).

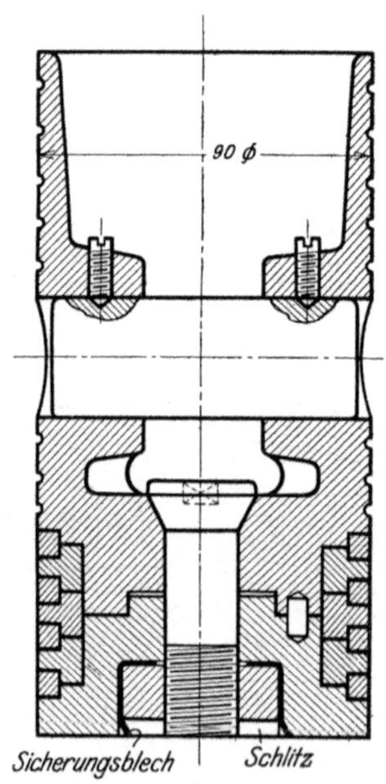

Fig. 175.

Bei einfach wirkenden Maschinen und Pumpen wird häufig der Zylinder gleichzeitig als Gradführung benutzt und der Kolben mit dem Kreuzkopf zusammengebaut. Den Kreuzkopfzapfen bezeichnet man dann wohl auch als Kolbenzapfen. Fig. 174 zeigt den Kolben eines Gasmotors mit übergeschobenen Ringen. Der Kolben (Fig. 175) eines Kompressors zum Verdichten von Luft oder Gasen ist zweiteilig. Die Dichtungsringe sind mit zwischengelegten Ringen vor dem Aufschrauben des Kolbendeckels aufgescboben. Fig. 176 stellt eine einfach wirkende Tauchkolbenpumpe dar mit Stopfbüchse und am Kolben befestigtem Kreuzkopfzapfen. Die zylindrische Verlängerung des Kolbens nach oben ist in einer Büchse geführt und verhindert eine sonst eintretende Schrägstellung des Tauchkolbens, die einen schnellen Verschleiß des Dichtungstoffes verursachen würde.

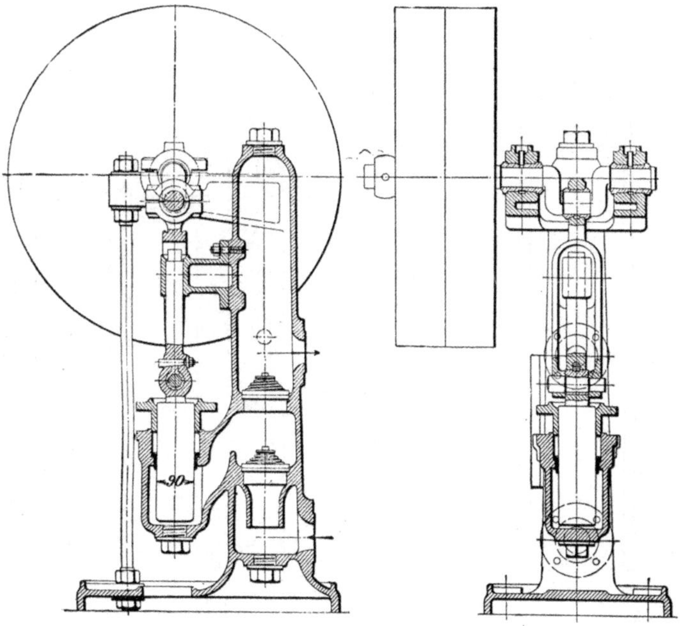

Fig. 176.

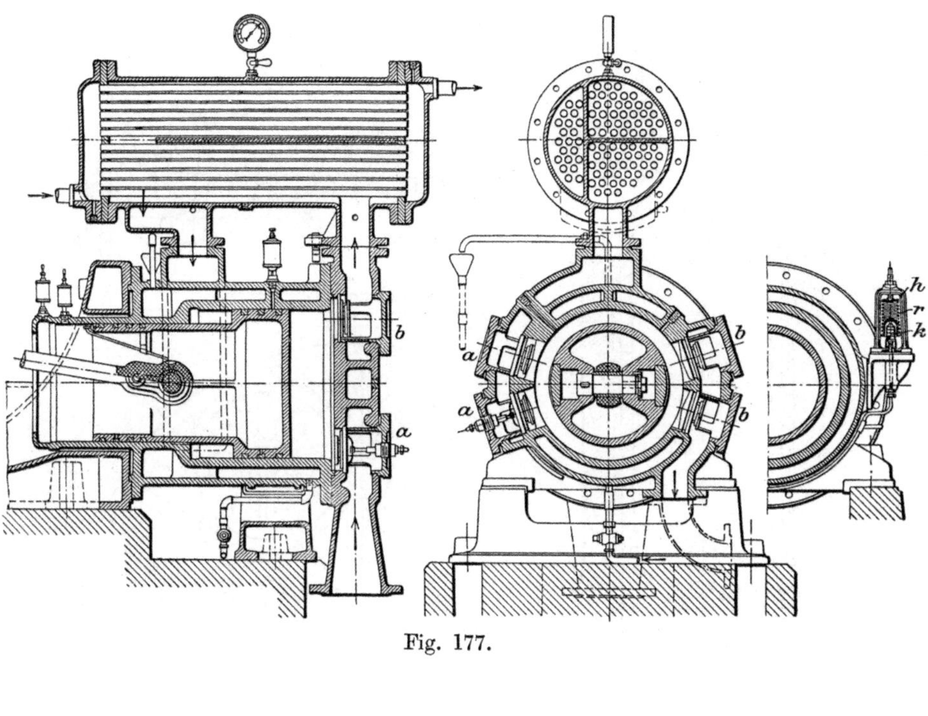

Fig. 177.

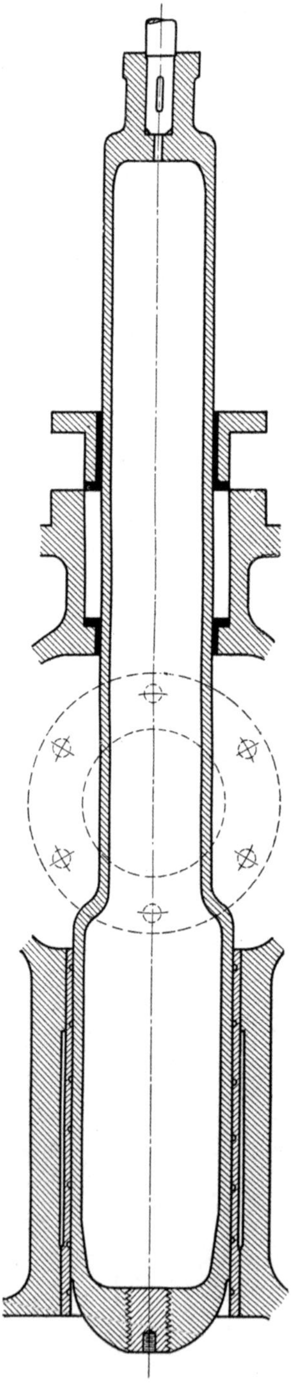

Fig. 178.

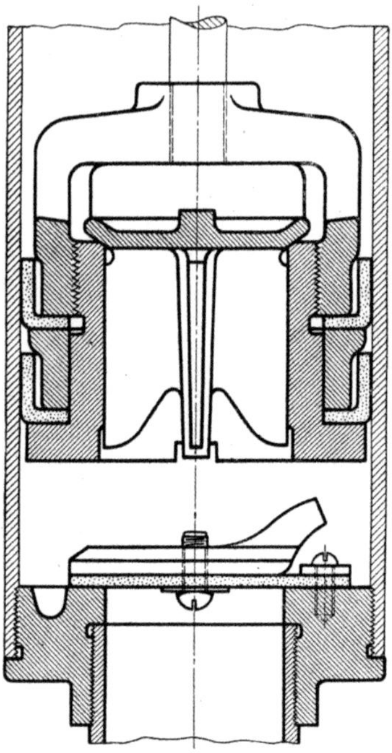

Fig. 179.

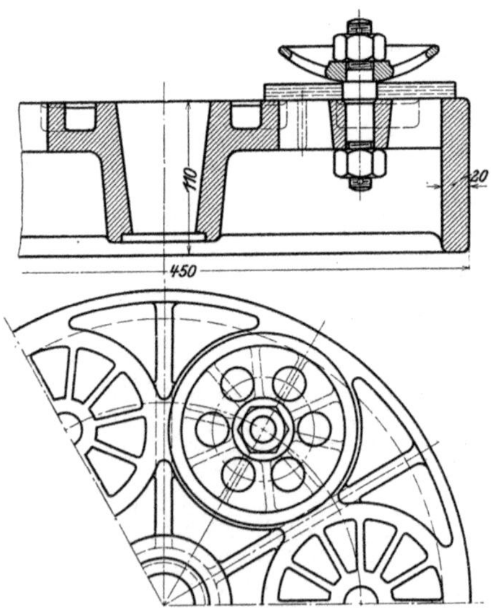

Fig. 180.

Stufenkolben werden hauptsächlich bei Kompressoren verwendet. Fig. 177, ein sogenannter zweistufiger Kompressor der Firma A. Borsig, Berlin-Tegel, zeigt eine Anordnung des Kolbens. Die Stirnseite des Kolbens saugt Luft an und drückt sie, nachdem sie auf einen höheren Druck verdichtet ist, durch die Druckventile *b* in den Kühler, indem sie an einer großen Anzahl von Rohren, durch die kaltes Wasser fließt, abgekühlt wird. Darauf wird sie in den Ringraum zwischen Zylinder und dem vorderen, engeren Teil des Kolbens angesaugt und beim Vorwärtsgang des Kolbens weiter auf den gewünschten Enddruck verdichtet. Es sind also hier zwei Kolbengebläse von verschiedener Leistung zu einer Maschine vereinigt. Der Stufenkolben nach Fig. 178 gehört dagegen zu einer sogenannten Differentialpumpe, bei der die Räume zu beiden Seiten der Führungsbüchse durch das Druckventil (nicht gezeichnet) unmittelbar in Verbindung stehen.

Ventilkolben werden nur bei Pumpen und Gebläsen angewendet. Fig. 179 zeigt den mit zwei Lederstulpen und einem Ventil versehenen Kolben einer Rohrbrunnenpumpe. Bei größeren Kolbendurchmessern, wie etwa bei den Naßluftpumpen zum Absaugen des kondensierten Abdampfes von Dampfmaschinen, wird eine größere Anzahl kleinerer Ventile angeordnet (Fig. 180).

C. Kolbenstangen.

Die zur Verbindung von Kolben und Kreuzkopf dienenden Kolbenstangen werden fast ausschließlich aus Flußstahl hergestellt, da es besonders auf reine und glatte Oberflächen ankommt. Für Kolbenstangen von Pumpen und andern Kolbenmaschinen, die von dem im Zylinder befindlichen Wasser, Gas, Dampf oder dgl. angegriffen werden könnten, erhalten größere Stangen manchmal einen Überzug eines schützenden Stoffes, Messing oder dgl., der als Rohr auf die Stange geschoben wird. Kleinere Stangen werden auch ganz aus einer geeigneten Metalllegierung, Deltametall, Nickelstahl u. a., hergestellt. Im Kolben ist die Stange meist mittels eines kegeligen Wulstes und einer Mutter befestigt. Die früher beliebte schlanke Kegelform wird heute seltener angewendet, sondern meist ein Kegel mit 45° Neigung (vgl. Abschnitt „Kolben"). Im Kreuzkopf wird die Stange durch Keil, oft auch durch Gewinde befestigt. Näheres über diese Verbindung wird im Abschnitt Kreuzköpfe besprochen werden.

Da es vorkommen kann, daß eine Kolbenstange nachgedreht werden muß, wenn ihre Oberfläche nicht mehr vollkommen glatt ist, so wird der in den Kreuzkopf eingeschobene Teil etwas abgesetzt, d. h. mit kleinerem Durchmesser ausgeführt, damit für das Abdrehen genügend Material vorhanden ist, ohne daß die Enden dabei dicker ausfallen als der mittlere Teil der Stange. Das würde häufig eine Teilung der Stopfbüchse (s. den folgenden Abschnitt) erfordern, was man besser vermeidet. Für große Gasmaschinen werden hohle Kolbenstangen erforderlich, da sie selbst, wie auch die Kolben, durch Wasser gekühlt werden müssen

(Fig. 181 und 171). Das Kühlwasser wird durch die hohle Kolbenstange zu- und abgeleitet.

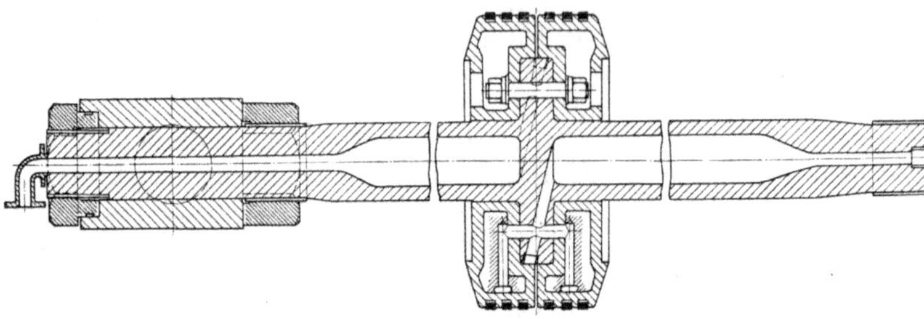

Fig. 181.

D. Stopfbüchsen.

Muß eine hin- und hergehende Stange oder eine Welle durch eine Wand hindurchgeführt werden, und herrscht auf beiden Seiten dieser Wand verschiedener Druck von Flüssigkeiten oder Gasen, so muß durch eine Vorrichtung verhindert werden, daß durch den Spielraum zwischen Stange und Wand, der **immer** vorhanden sein wird, Flüssigeit oder Gas von der Seite mit höherem Druck auf die andere entweichen kann. Solche Vorrichtungen nennt

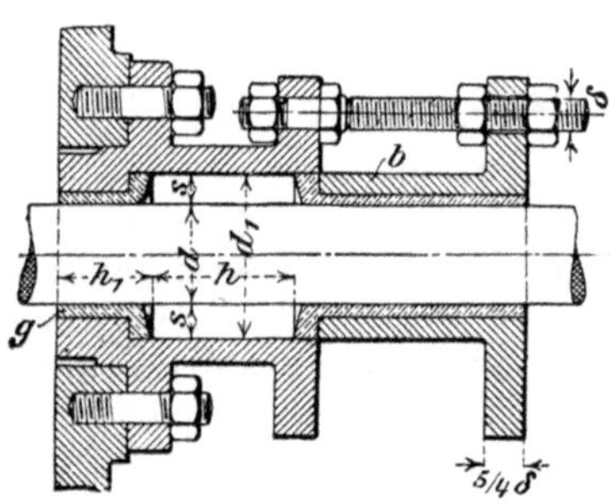

Fig. 182.

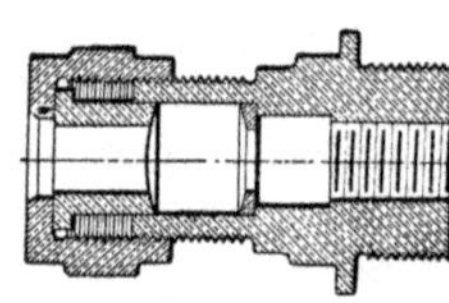

Fig. 183.

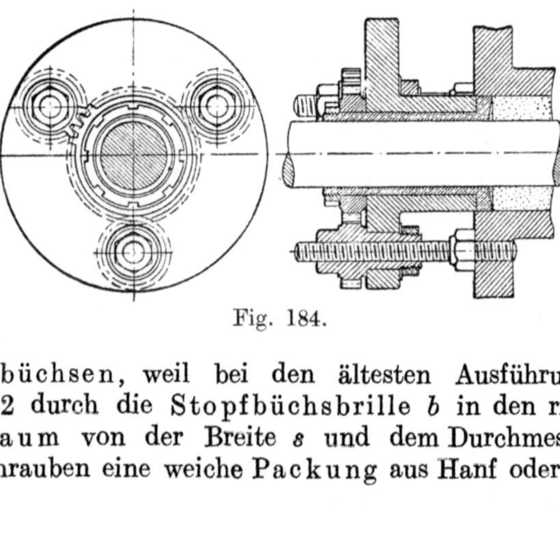

Fig. 184.

man **Stopfbüchsen**, weil bei den ältesten Ausführungen etwa nach Fig. 182 durch die **Stopfbüchsbrille** b in den ringförmigen **Packungsraum** von der Breite s und dem Durchmesser d_1 mit Hilfe der Schrauben eine weiche **Packung** aus Hanf oder Baumwolle eingepreßt wurde. Durch den Druck wird die Packung allseitig, sowohl gegen die Wandungen des Packungsraumes als auch gegen die Stange gepreßt und verhindert damit den Durchtritt der Flüssigkeit. Bei größeren Abmessungen wird die Brille mit einem Stopfbüchsfutter aus Rotguß versehen und in die Wand wird meist eine Grundbüchse (Grundring), ebenfalls aus Rotguß, eingesetzt. Bei kleinen Stangendurchmessern, z. B. bei den Spindeln von Absperrventilen (vgl. Fig. 238, S. 181), wird der Packungsraum außen mit Gewinde versehen und die Brille als Überwurfmutter ausgeführt (Fig. 183).

Die Brille darf natürlich nicht schief gezogen werden, da sonst die Stange festgeklemmt würde. Um bei großen Stangendurchmessern ein gleichmäßiges Anziehen aller Schrauben zu sichern, werden die Muttern manchmal nach Fig. 184 als Zahnräder ausgebildet, die in ein die Stange umschließendes Rad eingreifen, so daß bei der Drehung einer Mutter die andern gleichzeitig mitgedreht werden.

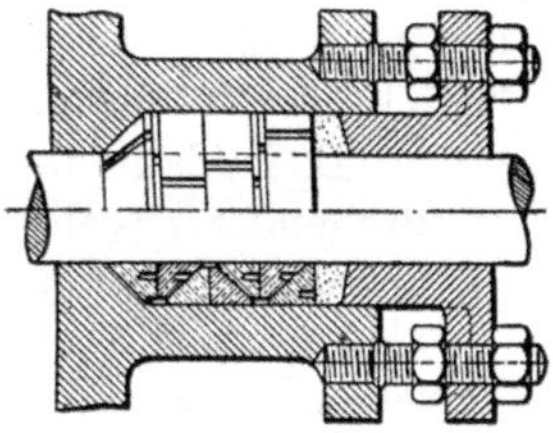
Fig. 185.

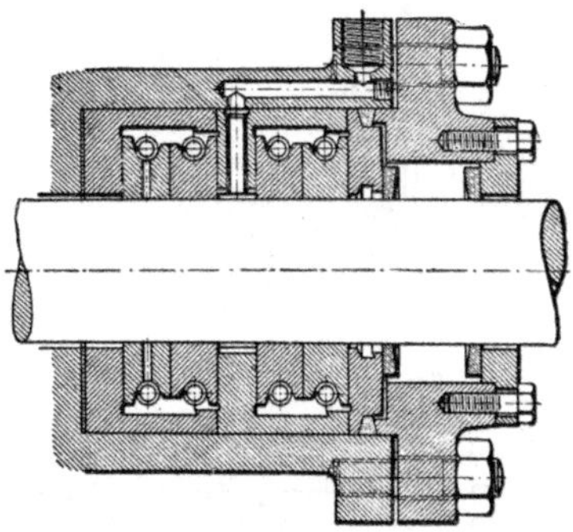
Fig. 186.

Für die höheren Temperaturen bei Anwendung von Heißdampf oder bei Gasmaschinen erwiesen sich die genannten Packungstoffe als nicht widerstandsfähig genug, und man verwendete Asbest und schließlich Metallringe. Eine solche Metallpackung ist z. B. die in Fig. 185 dargestellte Howaldt-Packung. Die Stange umschließen geteilte Weißmetallringe mit dreieckigem Querschnitt, die durch dahinterliegende Rotgußringe von ebenfalls dreieckigem Querschnitt beim Anziehen der Brille gegen die Stange gepreßt werden. Die Rotgußringe dichten dabei den Spielraum der Weißmetallringe gegen den Packungsraum ab. Zwischen den äußersten Ring und die Brille wird ein Weichpackungsring gelegt. Von den zahlreichen verschiedenen Bauarten von Metallpackungen sei hier nur noch die Metallpackung Bauart Pröll erwähnt (Fig. 186), die der Stange eine kleine seitliche Bewegung gestattet. In zwei Ringkammern befinden sich (je nach dem Druck) zwei oder mehr in je sechs Teile zerschnittene gußeiserne Dichtungsringe, die durch eine herumgelegte Spiralfeder sanft gegen die Stange gedrückt werden. Der die beiden Kammern trennende Ring erhält Bohrungen, durch die Schmieröl durch eine kleine Pumpe der Stange zugeführt werden kann.

Eine in ihrer Wirkungsweise wesentlich verschiedene Abdichtung ist die packungslose Lentzdichtung (Fig. 187). Diese besteht aus ungeteilten gußeisernen Ringen b, b_1, b_2, b_3, die auf die Stange aufgeschliffen sind und durch die Kammeringe a, a_2, a_3 und a_4 gehalten werden. Sie stellt eine Art Labyrinthdichtung dar, bei der der Dampf, der durch die ersten Ringe tritt, so entspannt wird, daß er beim dritten Ring nicht mehr hindurchtreten kann. Das von der Stange mitgerissene Wasser wird durch den letzten Ring abgestreift und durch das Röhrchen r oder in ähnlicher Weise durch Bohrungen abgeleitet. Die beabsichtigte Wirkung kommt nur dann voll zur Geltung, wenn der Druck im Innern des Zylinders dauernd wechselt. Für Wasser ist die Dichtung weniger geeignet. Sie erfordert natürlich eine tadellos runde und glatte Stange, hat aber den großen Vorteil, daß keine Abnutzung eintritt und ein Auswechseln der Ringe somit gar nicht oder nur nach sehr langer Betriebzeit erforderlich wird.

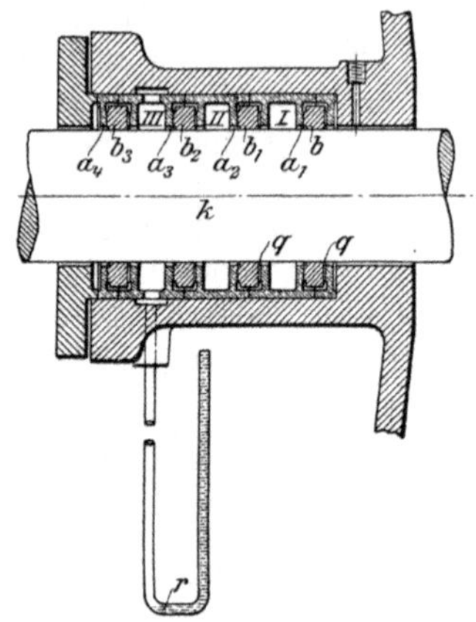

Fig. 187.

Das Abdichten sich drehender Wellen ist wesentlich schwieriger als das von hin- und hergehenden Stangen, besonders bei Dampf. Damit nicht eine sehr schnelle Abnutzung erfolgt, dürfen die Dichtungsringe nur sehr leicht gegen die Welle gepreßt werden. Fig. 188 zeigt die Abdichtung einer Dampfturbinenwelle. Hier werden auch einzelne Ringstücke b durch Schraubenfedern zusammengehalten. Die Ringe sind aber so geteilt und gebohrt, daß sie keinen Druck auf die Welle ausüben, sondern diese nur leicht umschließen. Die Ringe werden aus Weißmetall, neuerdings auch aus Kohle hergestellt. Die Kohlestücke werden aus feinem Kohlenstaub und einem Bindemittel unter starkem Druck geformt.

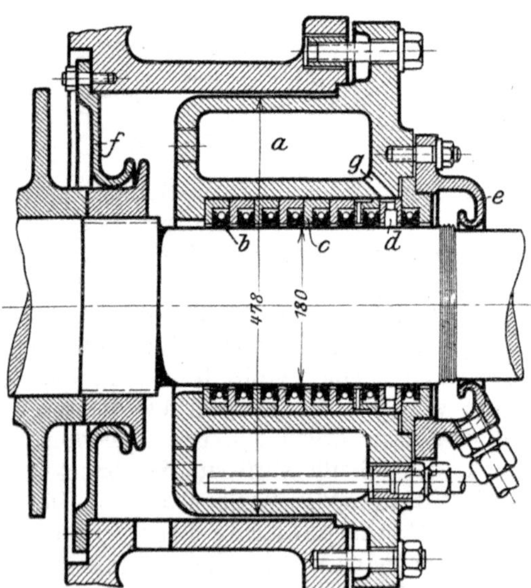

Fig. 188.

E. Kreuzköpfe.

Am Kreuzkopf unterscheiden wir den Kreuzkopfkörper, den Kreuzkopfhals zur Aufnahme des Kolbenstangenendes und die

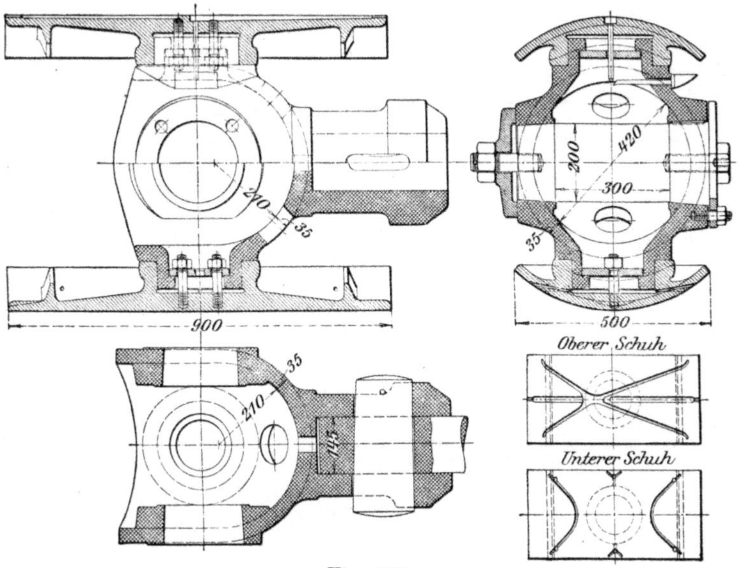

Fig. 189.

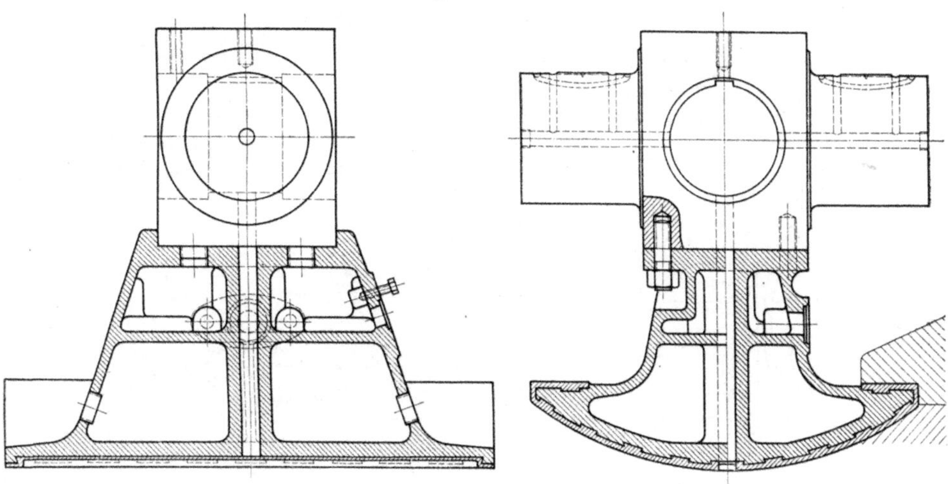

Fig. 190.

Gleitschuhe, die nur bei kleinen, ganz aus Gußeisen hergestellten Kreuzköpfen mit dem Kreuzkopfkörper zusammengegossen werden, meistens aber besonders aufgesetzt sind. Je nachdem der Kreuzkopfzapfen im Kreuzkopfkörper oder in der Schubstange befestigt ist, unterscheiden wir Zapfenkreuzköpfe und Lagerkreuzköpfe. Beim Zapfenkreuzkopf ist der Kreuzkopfzapfen meist nach Fig. 189 mit zwei kegeligen Enden eingesetzt und wird durch Schrauben oder Druckplatten gehalten. Gegen eine Verdrehung ist der Zapfen z. B. durch

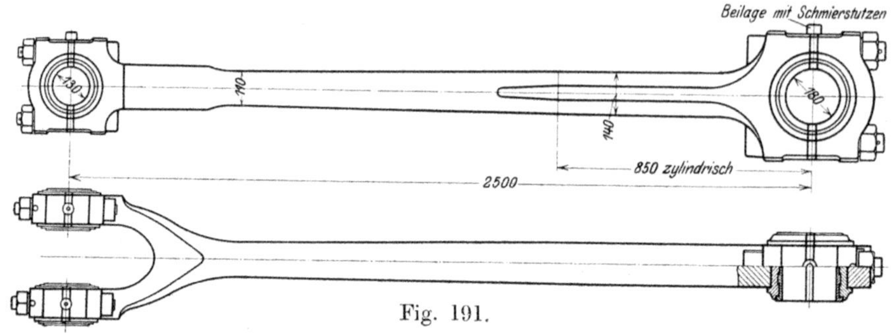

Fig. 191.

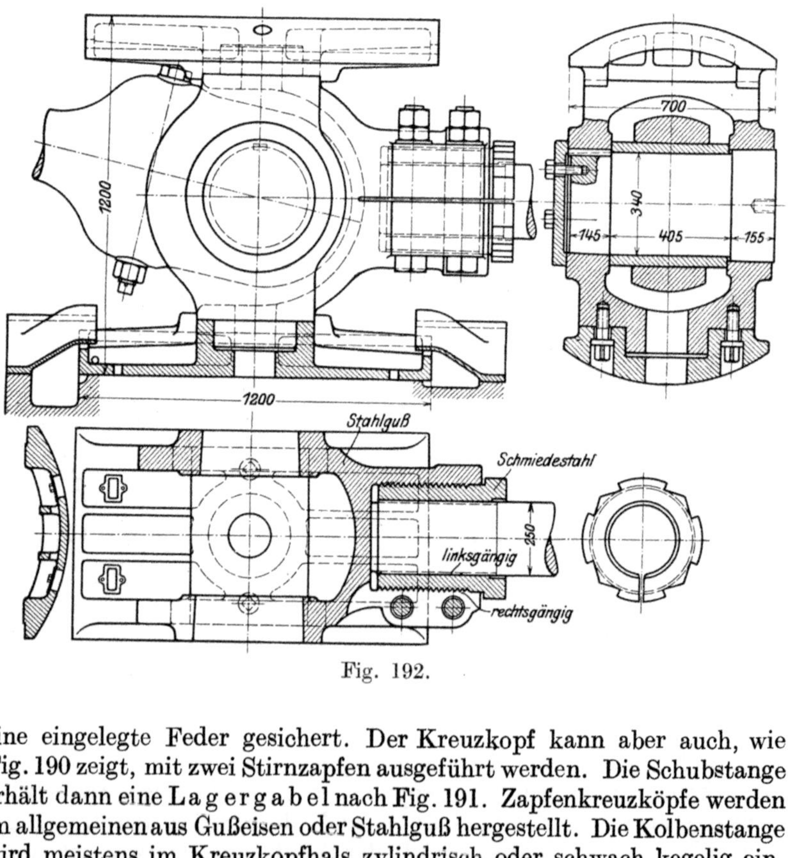

Fig. 192.

eine eingelegte Feder gesichert. Der Kreuzkopf kann aber auch, wie Fig. 190 zeigt, mit zwei Stirnzapfen ausgeführt werden. Die Schubstange erhält dann eine Lagergabel nach Fig. 191. Zapfenkreuzköpfe werden im allgemeinen aus Gußeisen oder Stahlguß hergestellt. Die Kolbenstange wird meistens im Kreuzkopfhals zylindrisch oder schwach kegelig eingesetzt und durch einen Keil befestigt. Neuerdings wird die Kolbenstange auch häufig mit Gewinde befestigt. Zur Sicherung der Verbindung wird

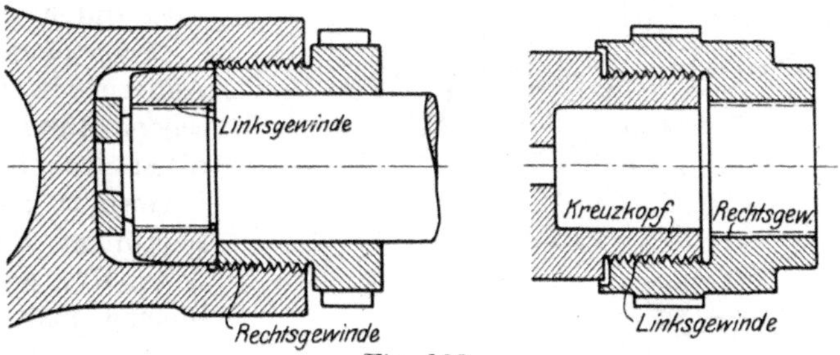

Fig. 193.

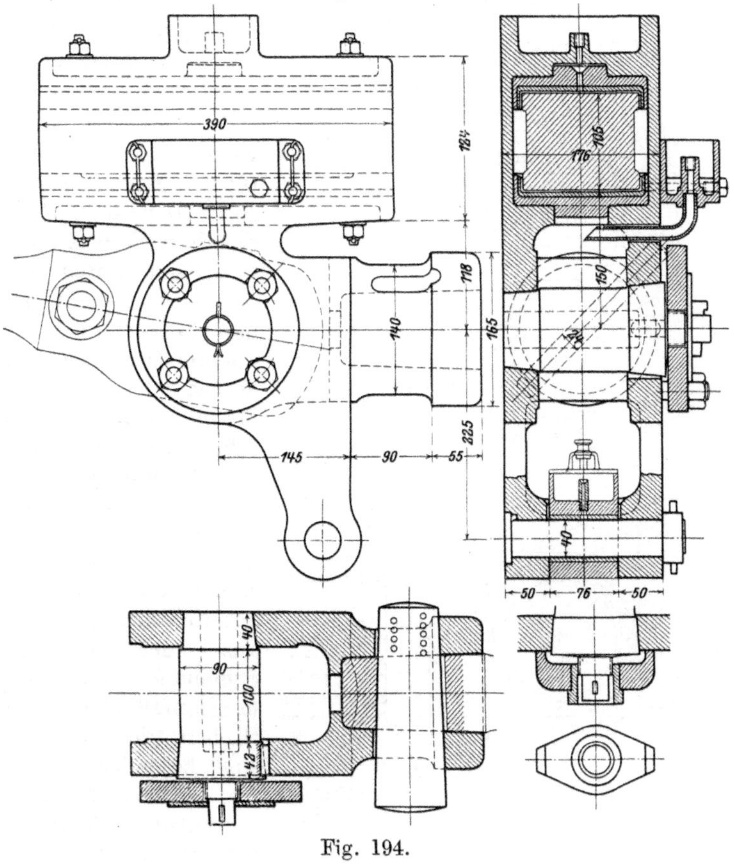

Fig. 194.

der Kreuzkopfhals geschlitzt, durch Klemmschrauben zusammengezogen und damit fest auf das Gewinde der Kolbenstange gepreßt, oder es wird noch eine Mutter mit Außen- und Innengewinde, rechts- und linksgängig,

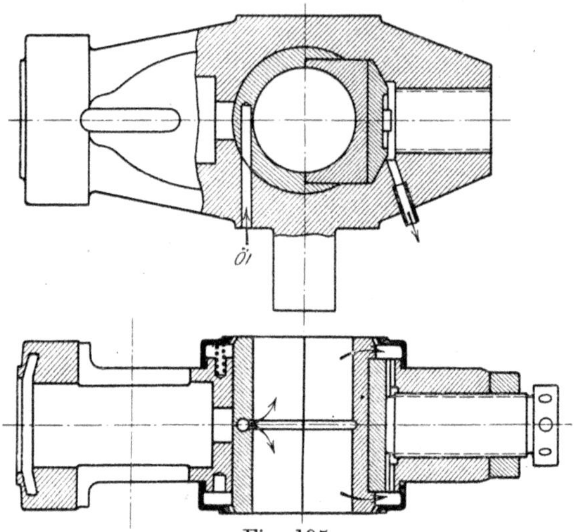

Fig. 195.

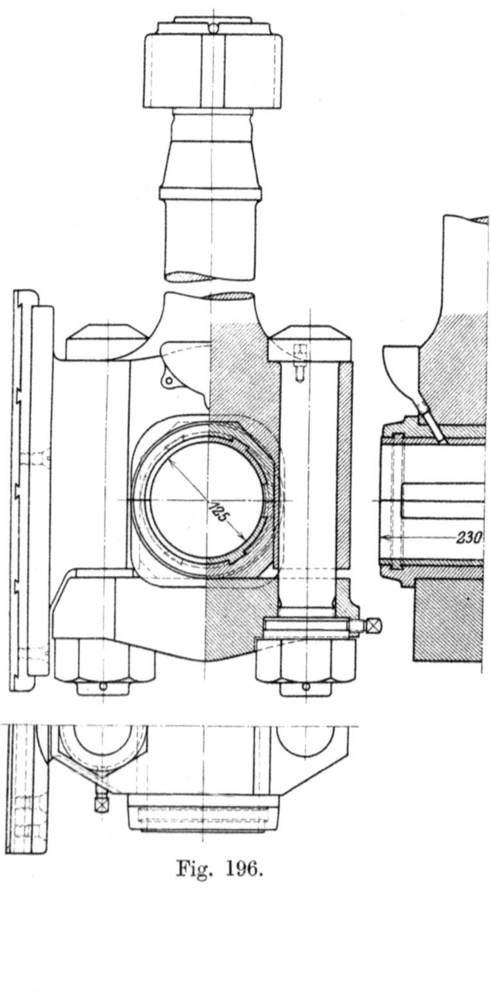

Fig. 196.

nach Fig. 192 angeordnet. Bei der Verbindung nach Fig. 193 wird durch die mit rechtsgängigem Außengewinde versehene Hülse ein auf die Stange mit Linksgewinde aufgeschraubter Bund in den Kreuzkopfhals hineingepreßt.

Je nachdem der Kreuzkopf auf einer oder auf beiden Seiten des Zapfens geführt wird, werden ein oder zwei Gleitschuhe angeordnet. Bei einseitig geführten Kreuzköpfen nach Fig. 190 muß ein Abheben des Kreuzkopfes von der Gleitbahn durch D e c k s c h i e n e n verhindert werden. (In der Figur ist nur die eine Deckschiene rechts gezeichnet.) Bei großen Maschinen erhält der Gleitschuh oft einen Überzug aus Weißmetall, da die Gleitfläche dann kleiner bemessen sein darf. Fig. 194 zeigt den Kreuzkopf einer Lokomotivmaschine. Die Gradführung besteht hier aus einer prismatischen Schiene e, die vom Kreuzkopf umfaßt wird. Die Gleitflächen des Kreuzkopfes sind besonders eingesetzt und können durch Stellschrauben nach eingetretener Abnutzung nachgestellt werden. Der Zapfen unterhalb des Kreuzkopfzapfens dient zum Antrieb der Dampfzylindersteuerung.

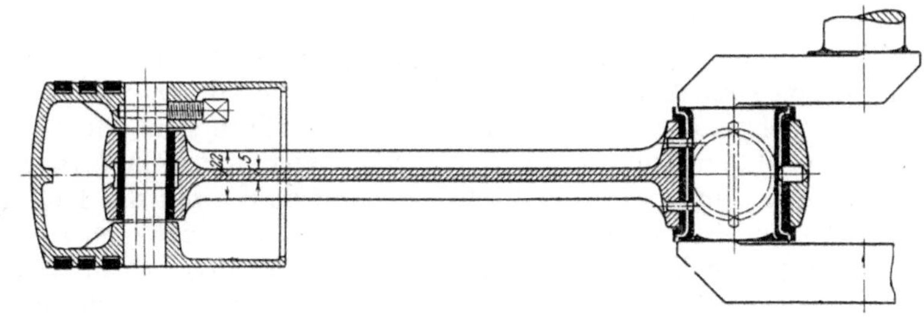

Fig. 198 a.

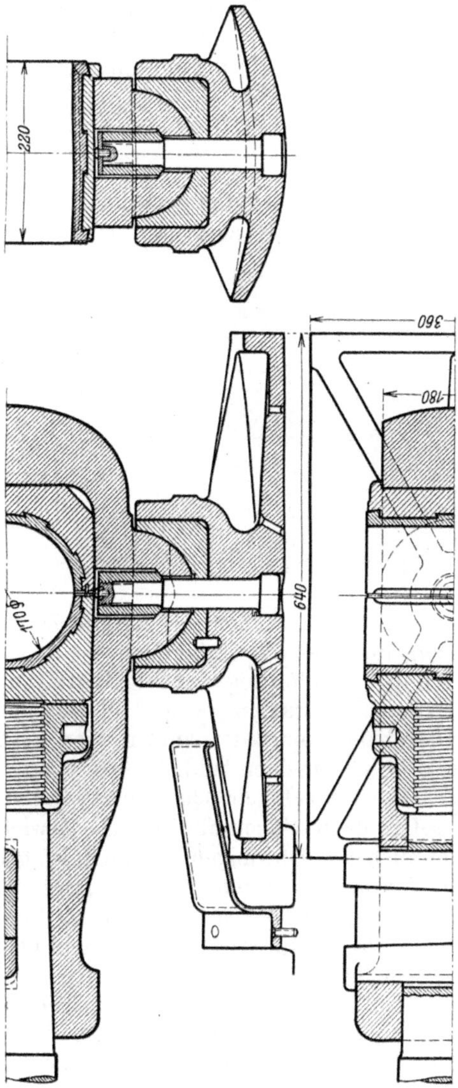

Fig. 197.

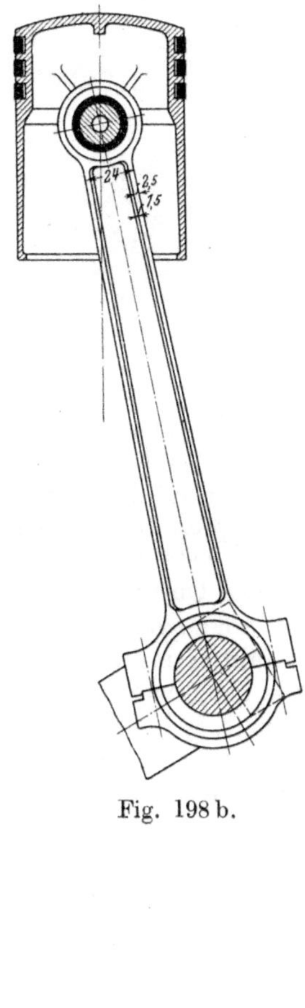

Fig. 198 b.

Lagerkreuzköpfe werden besonders gern bei stehenden Dampfmaschinen verwendet und meist aus Stahl hergestellt. Fig. 195 zeigt einen solchen Kreuzkopf. Die Lagerschale kann hier durch eine Druckschraube nachgestellt werden. Bei andern Ausführungen erfolgt das Nachstellen durch Stellkeile wie bei den Lagern der Schubstangen. Bei Schiffsmaschinen wird der Lagerkreuzkopf häufig mit der Kolbenstange aus einem Stück geschmiedet, etwa wie Fig. 196 zeigt. Der Kreuzkopf einer großen liegenden Dampfmaschine (Fig. 197) hat in Kugelflächen gelagerte Gleitschuhe, damit sie sich genau zur Gradführung passend einstellen können. Das Nachstellen der einen Lagerschale erfolgt durch eine auf das Kolbenstangenende aufgeschraubte Mutter. Die Kolbenstange selbst ist durch einen dreiteiligen Keil (vgl. auch Fig. 5) befestigt.

F. Schubstangen.

Die zur Verbindung der Zapfen umlaufender und geradlinig sich bewegender Maschinenteile dienenden Schubstangen, auch Lenk-

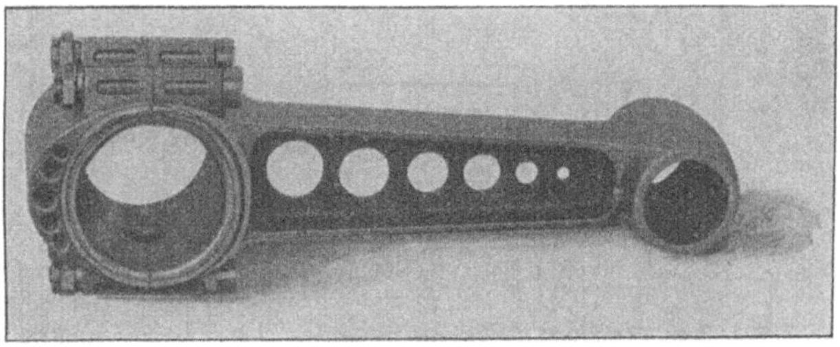

Fig. 199.

stangen oder Pleuelstangen genannt, bestehen aus den die Zapfen umschließenden Köpfen und dem diese Köpfe verbindenden Schaft. Zuweilen ist das eine Ende der Stange gabelförmig und trägt den Kreuzkopfzapfen, gegabelte Stangenköpfe. Die Stangen werden hauptsächlich aus Flußstahl geschmiedet und erhalten entweder runden oder rechteckigen Querschnitt. Dieser wird im allgemeinen bei Lokomotivmaschinen angewendet, da die Stange mit rechteckigem Querschnitt leichter ausfällt als mit rundem. Wo es auf große Festigkeit und geringes Gewicht ankommt, wird die Stange wohl auch mit I-förmigem Querschnitt hergestellt, z. B. für Kraftwagen und Fluzeugmotoren. Fig. 198 zeigt eine solche sehr dünnwandige Stange. Bei der Stange nach Fig. 199 ist durch Wegbohren und Abfräsen des entbehrlichen Materiales das Gewicht noch weiter vermindert. Man unterscheidet offene und geschlossene Schubstangenköpfe, je nachdem die Lagerschalen nur seitlich in der Zapfenrichtung eingebaut werden können, oder eine Art Lagerdeckel vorhanden ist. In Fig. 198 ist das obere Ende im Kolben geschlossen, der untere Kurbelzapfenkopf dagegen offen.

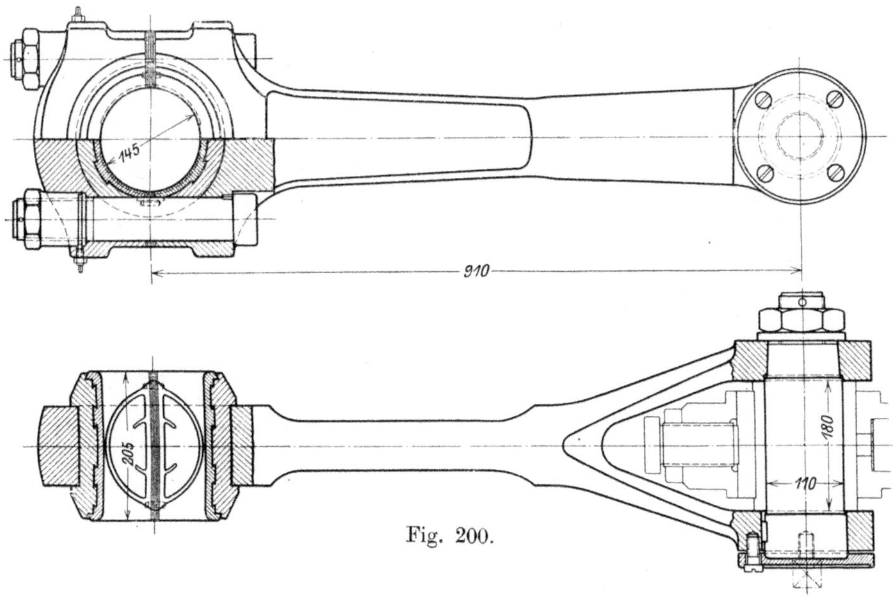

Fig. 200.

Fig. 200 zeigt links einen sogenannten Marinekopf, so genannt, weil diese Form zuerst bei Schiffsmaschinen in großem Umfang verwendet wurde. Der Lagerdeckel wird durch zwei kräftige Schrauben gehalten. Das rechte Ende ist als Gabel ausgeführt, in der der Kreuzkopfzapfen befestigt ist. Fig. 201 stellt einen geschlossenen Kopf dar, in dem die hintere Lagerschale durch einen Keil nachgestellt werden kann. Der Schaft der Stange ist I-förmig. Die beiderseitigen Aussparungen werden in die Stange mit rechteckigem Schaftquerschnitt eingefräst. Fig. 202 zeigt eine Schubstange mit geschlossenem Kopf am Kreuzkopfende. Der Kopf am Kurbelzapfenende ist ebenfalls noch geschlossen gezeichnet, da die Figur die Stange

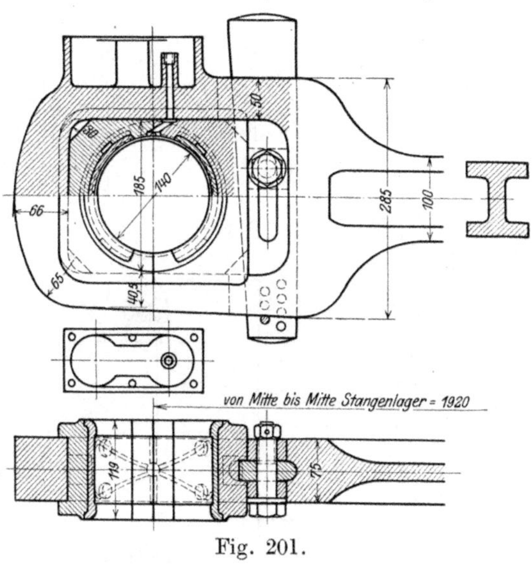

Fig. 201.

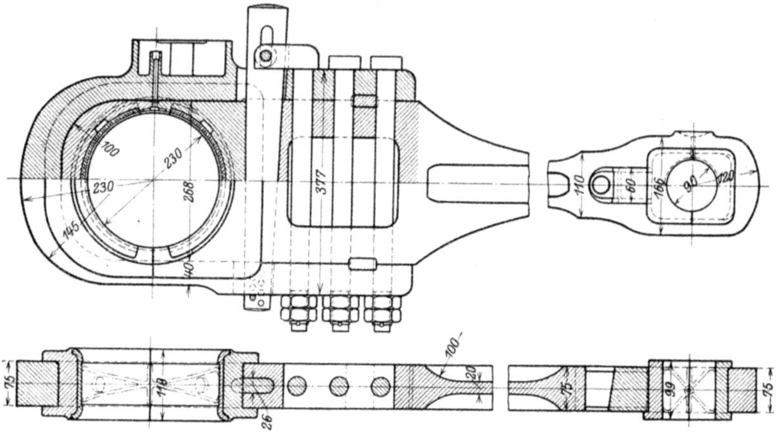

Fig. 203.

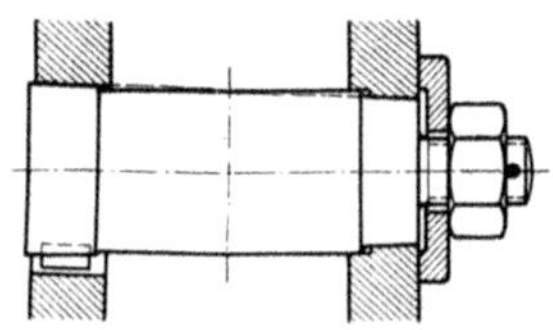

Fig. 204.

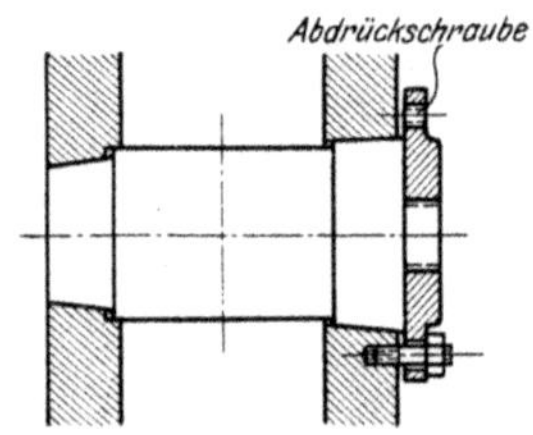

Fig. 205.

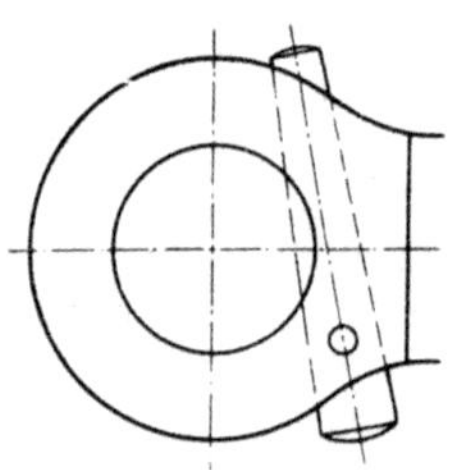

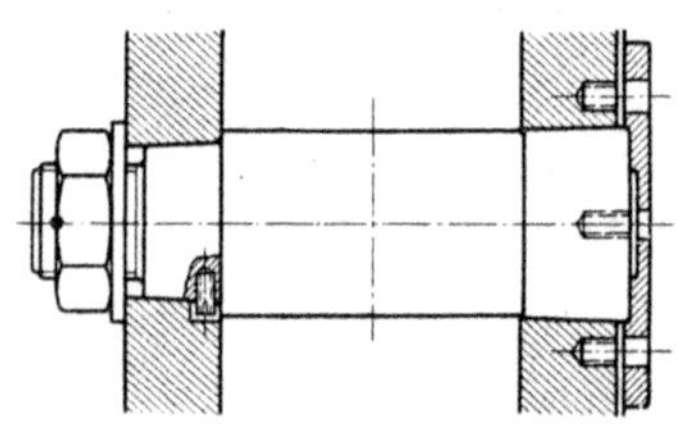

Fig. 206.

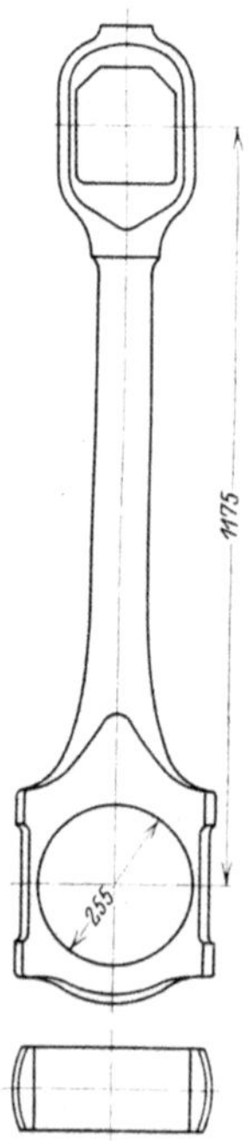

Fig. 202.

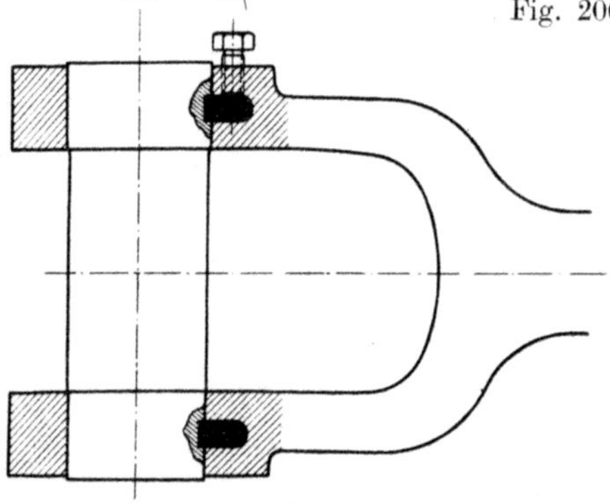

Fig. 207.

so darstellt, wie sie aus der Dreherei abgeliefert wird. Der Deckel des Marinekopfes wird in dieser Weise mit der Stange aus einem Stück hergestellt und erst, wenn die Stange fertig gedreht, gehobelt, gebohrt und gefräst ist, wird der Deckel von der Stange abgetrennt. Fig. 203 zeigt einen geschlossenen Lokomotiv-Triebstangenkopf, der dadurch entstanden ist, daß der die Lagerschalen umfassende Bügel mit dem Stangenende durch drei Schrauben fest verbunden wurde. Wird das Kreuzkopfende gegabelt, so kann der Kreuzkopfzapfen mit schlank kegeligen Enden in verschiedener Weise eingesetzt werden (Fig. 204 bis 207), oder die Gabelaugen werden geschlitzt und der zylindrische Zapfen dadurch festgeklemmt, daß die beiden Teile jedes Gabelauges durch Schrauben zusammengezogen werden (Fig. 208).

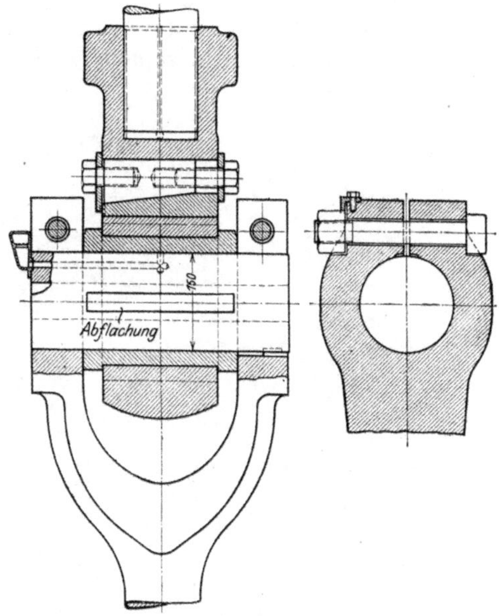

Fig. 208.

G. Kurbeln.

Die Kurbeln werden aus Stahl, Fluß- oder Schmiedeeisen, ausnahmsweise auch aus Gußeisen hergestellt. Sitzt die Kurbel am Ende einer Welle, so wird sie Stirnkurbel genannt. Der im Kurbelarm meist besonders eingesetzte Kurbelzapfen trägt manchmal noch eine zweite kleinere Kurbel, eine Gegenkurbel (Fig. 209), deren Zapfen, außer dem Wellenmittel sitzend, dann gleichfalls eine Kreisbewegung, jedoch von viel kleinerem Durchmesser ausführt. Solche Gegenkurbeln dienen zum Antrieb der Steuerungen von Maschinen, d. h. der erforderlichen Bewegung für die etwa die Dampfzuführung zu Dampfzylindern regelnden Teile, oder zum Antrieb kleiner Hilfspumpen und ähnlichem.

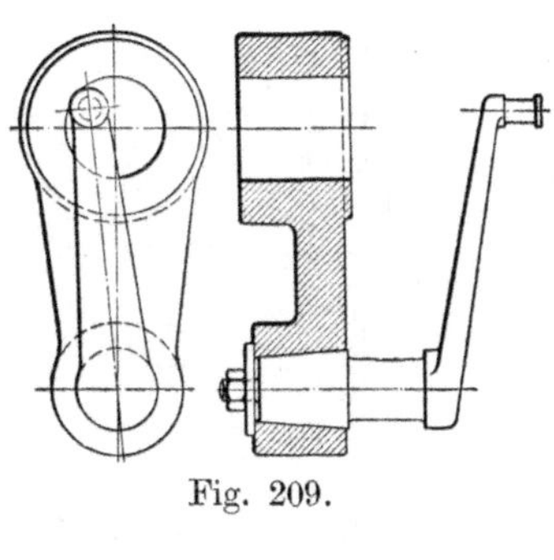
Fig. 209.

Befindet sich die Kurbel nicht am Ende der Welle, so wird diese **gekröpfte Welle** genannt. Fig. 210 zeigt eine dreifach gekröpfte Welle. Die beiderseits des Kurbelzapfens befindlichen Kurbelarme werden auch

Fig. 210.

Kurbelwangen genannt. *T* sind die Kurbelzapfen, *L* die Lagerstellen der Welle.

a) Stirnkurbeln. Wird der Kurbelzapfen besonders eingesetzt, so kann seine Oberfläche gehärtet und geschliffen werden, was für stark belastete Zapfen besonders erwünscht ist. Der Zapfen wird mit einem schlanken Kegel in die meist etwas erwärmte Kurbel eingesetzt, so daß er nach dem Erkalten schon an und für sich festsitzt. Ein Keil oder

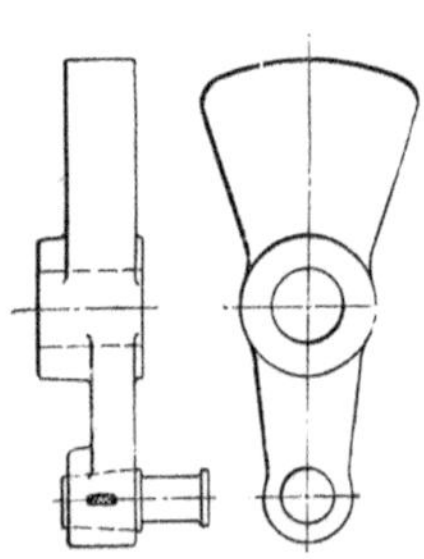

Fig. 211.

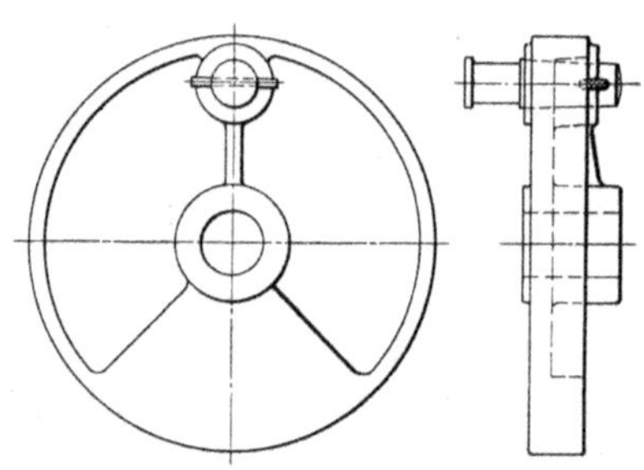

Fig. 212.

schlank kegeliger Stift quer durch die Kurbel und den Zapfen dient lediglich zur Sicherung ebenso wie auch die Schraube in Fig. 209.

Auf das Wellenende wird die Kurbel im allgemeinen ebenfalls warm aufgezogen oder aufgepreßt und durch einen Rundkeil gesichert (vgl. Fig. 10).

Bei rascher Drehung erzeugt die Masse des Kurbelarmes und des Zapfens eine erhebliche Fliehkraft, die ausgeglichen werden kann durch die Fliehkraft eines Gegengewichtes (Fig. 211). Oft wird auch an Stelle des Kurbelarmes eine volle Kurbelscheibe mit eingegossenem Gegengewicht nach Fig. 212 verwendet, die dann aus Gußeisen oder Stahlguß hergestellt wird. Ähnliche Gegengewichte finden wir z. B. auch bei den Triebrädern der Lokomotiven, wo sie freilich aus besonderen Gründen nicht genau der Kurbel entgegengesetzt angebracht sind.

Handkurbeln (Fig. 213) zum Antrieb von Winden und dgl. sind an Stelle des Kurbelzapfens mit einem aus Flußeisen oder zähem Stahl hergestellten Griffdorn versehen, den zur Schonung der Hände ein lose drehbares Holzheft oder ein glattes schmiedeeisernes Rohr

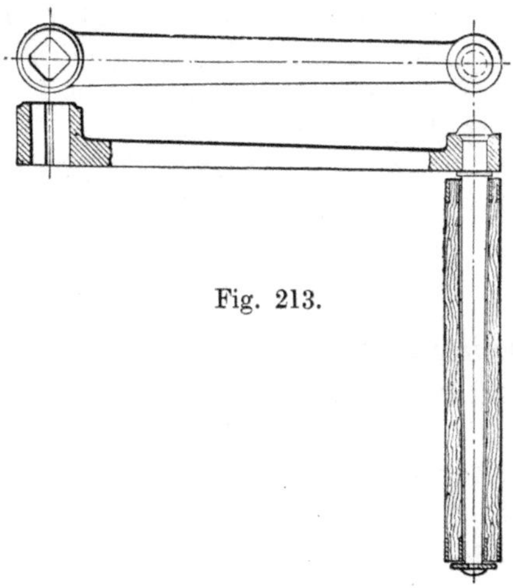

Fig. 213.

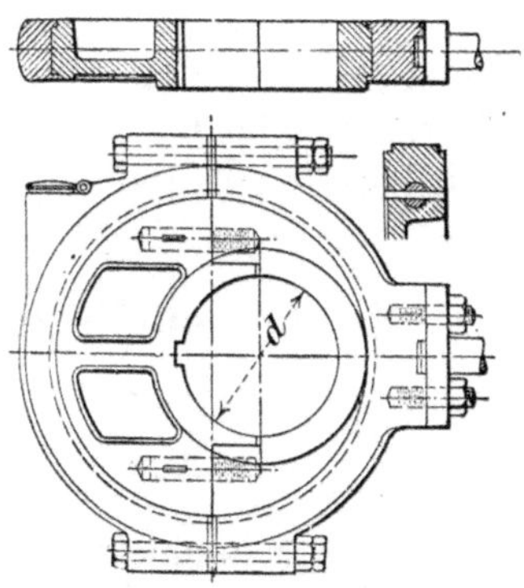

Fig. 214 u. 215.

umschließt. Kurbelarm und Griffdorn können auch aus einem Stück geschmiedet sein. Zur Befestigung erhält die Welle einen Vierkant, auf den die Kurbel meist lose und leicht abnehmbar aufgesteckt wird.

b) Gekröpfte Wellen. Die von den kleinsten bis zu sehr großen Abmessungen vorkommenden gekröpften Wellen werden aus bestem Stahl in einem Stück geschmiedet oder auch aus einzelnen Wellenstücken, Kurbelwangen und Kurbelzapfen, zusammengebaut (vgl. Fig. 210). Im allgemeinen wird die aus einem Stück geschmiedete Welle bevorzugt. Auch hier kommen Wellen mit ganzen Kurbelscheiben vor, jedoch nur dann, wenn der Hub der Maschine nicht zu groß ist, d. h. die Entfernung der Wellenmitte von der Kurbelzapfenmitte im Vergleich zum Wellendurchmesser mäßig groß ist.

H. Exzenter.

Exzenter nennt man kreisrunde Scheiben, deren Mittelpunkte nicht mit dem Wellenmittel zusammenfallen, und die meist besonders auf die Welle aufgesetzt sind. Die Entfernung der beiden Mittelpunkte nennt man Exzentrizität. Eine an dem das Exzenter umschließenden Ex-

zenterbügel oder *Exzenterring* befestigte Stange wird durch das Exzenter genau so bewegt, wie wenn sie an einem Kurbelzapfen in der Entfernung der Exzentrizität vom Wellenmittel angeschlossen wäre. Die Exzenter können deshalb als besondere Art von Kurbeln angesehen werden. Sie werden dann verwendet, wenn eine Kurbelkröpfung wegen der zum Wellendurchmesser kleinen Exzentrizität nicht ausführbar ist. Die *Exzenterscheiben* sind somit nichts anderes als Zapfen mit verhältnismäßig großem Durchmesser. Die Geschwindigkeit, mit der die Zapfenfläche in dem Exzenterbügel gleitet, wird verhältnismäßig groß, so daß viel Reibung und somit auch viel Wärme entstehen. Auf gute Schmierung und geeignetes Material ist deshalb besonders zu achten.

Die Exzenterscheiben werden ein- oder zweiteilig ausgeführt, die Bügel stets zweiteilig, da sie die Lauffläche der Scheibe auf beiden Seiten umfassen, damit das Öl nicht so leicht seitlich entweichen kann (Fig. 214/215). Beide Teile werden meist aus Gußeisen hergestellt, der Exzenterring häufig mit Weißmetall ausgegossen. Bei sehr kleinen Exzentrizitäten können die Exzenterscheiben auch mit der Welle aus einem Stück hergestellt werden.

V. Maschinenteile zur Aufnahme und Fortleitung von Flüssigkeiten.

A. Rohre.

Die im Maschinenbau zur Verwendung kommenden Rohre werden aus Gußeisen, aus Schmiedeeisen oder Stahl und aus Kupfer hergestellt.

a) Gußeiserne Rohre werden hauptsächlich zum Fortleiten von Wasser und Gas und für einem Druck bis etwa 10 Atm und bei lichten Weiten von 40 bis 1000 mm verwendet. Nach der Art der Verbindung der einzelnen Rohre untereinander unterscheiden wir *Muffenrohre* und *Flanschenrohre*. Die üblichen Muffenrohre haben an einem Ende eine verstärkte Erweiterung, die *Muffe* (Fig. 216), in die das *Spitzende* des folgenden Rohres hineingesteckt wird. In den Ringraum wird zunächst ein mit Teer getränkter Hanfzopf eingedrückt und das Übrige mit Blei ausgegossen oder mit „Bleiwolle“ zugestemmt. Flanschenrohre erhalten an jedem Ende einen Flansch nach Fig. 217 und werden durch Schrauben gegeneinander gezogen, nachdem zwischen die etwas vorspringenden *Dichtleisten* eine Dichtung aus Gummi, Gummi mit Leinwandeinlage, Asbestpappe oder sonstigen Dichtungstoffen gelegt wurde. Diese Dichtleisten werden manchmal auch weggelassen, und es bedeckt dann die Dichtung die ganze Flanschfläche. Muffen und

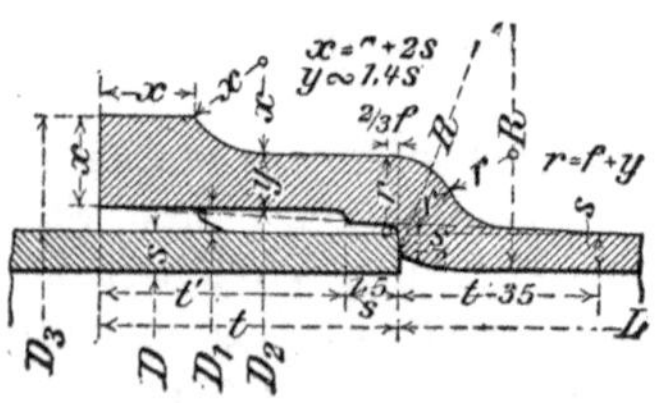

Fig. 216.

Flanschen werden nach „Normalien“ angefertigt, die die Durchmesser, den Schraubenkreis und die Stärke und Anzahl der Schrauben festlegen. Auch für die Länge der einzelnen Rohre sind Maße vorgeschrieben, die sogenannte Baulänge, das ist die Nutzlänge des Rohres, bei Muffenrohren also die Länge nach Abzug der Muffentiefe *t*. Auch für die Abzweigungen, Krümmer und Änderungen im Durchmesser gibt es normale Formstücke (Fig. 218 bis 231). Die einzelnen Formstücke werden in der über Fig. 218 angegebenen Weise bezeichnet, d. h. $A\,\frac{300}{150}$ bezeichnet ein Muffenrohr mit 300 mm lichter Weite mit einem Flanschanschluß für 150 mm lichte Weite. Es sind:

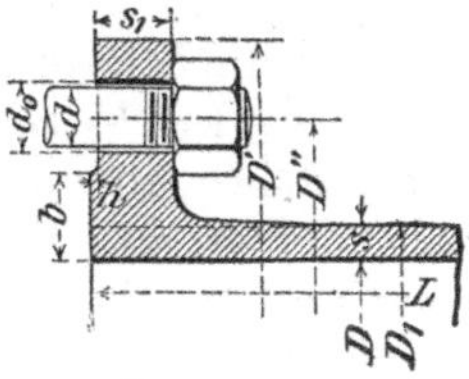

Fig. 217.

A, *B* und *C*: Abzweigstücke (Fig. 217, 218 und 219).

E und *F*: Übergangsstücke von Flansch- zu Muffenrohren (Fig. 213 und 232).

$A\,\frac{300}{150}$

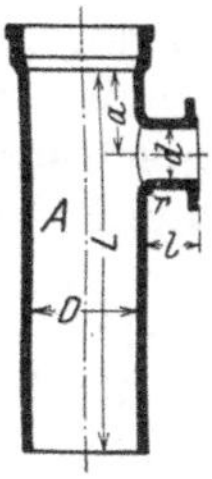

Fig. 218.

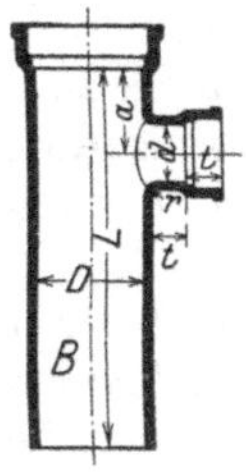

Fig. 219.

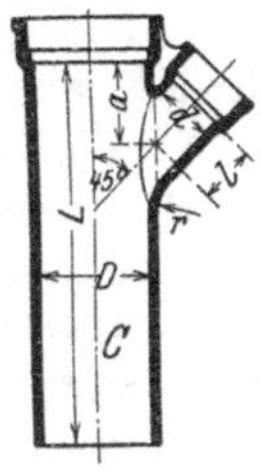

Fig. 220.

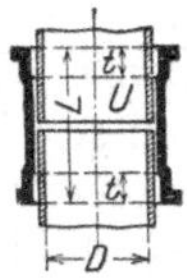

Fig. 221.

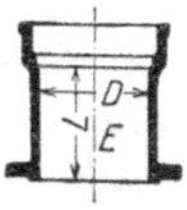

Fig. 222.

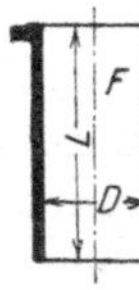

Fig. 223.

Fig. 224.

$L\,\frac{330}{3}$

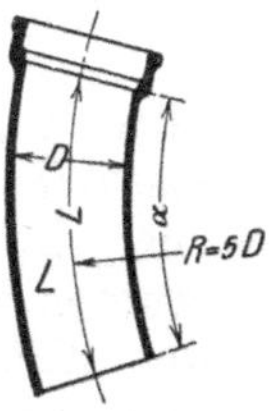

Fig. 225.

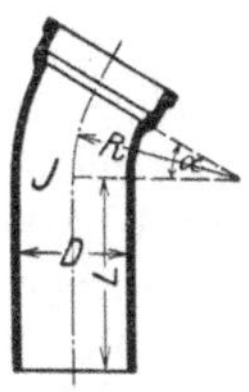

Fig. 226.

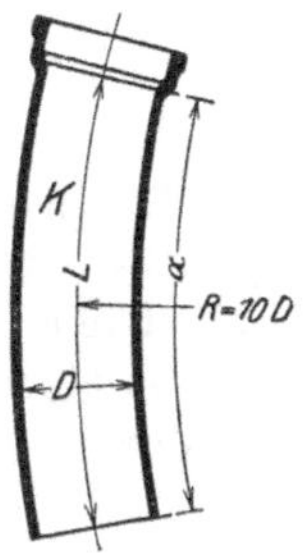

Fig. 227.

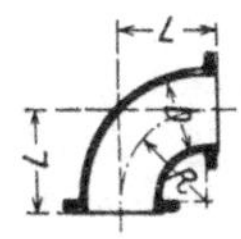

Fig. 228.

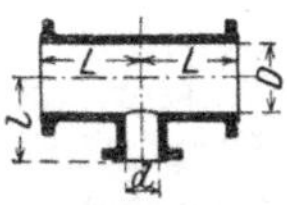

Fig. 230.

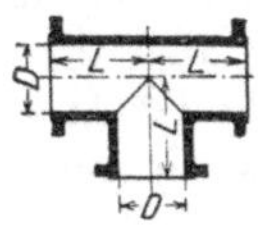

Fig. 229.

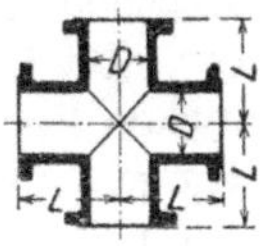

Fig. 231.

I: Kniestücke (Fig. 226).

K: Bogenstücke mit $R = 10$ fachem Rohrdurchmesser (Fig. 227).

L: Bogenstücke mit $R = 5$ fachem Durchmesser (Fig. 225).

R: Übergangsrohre mit $L = 1$ m.

U: Überschieber mit $L = 4$ facher Muffentiefe *t*. (Fig. 221).

Die Winkel α werden mit 45, 30, $22^1/_2$ und 15° ausgeführt. Die Bezeichnung $L\frac{330}{3}$ bedeutet, daß von dem Bogenstück mit 300 l. W. und $R = 1500$ drei Stück auf einen Viertelkreis gehen. α ist dann also gleich 30°.

Für die Stücke Fig. 229 bis 231 ist L (die Baulänge) stets gleich $D +$ 100 mm; $l = {}^1/_2\ (D + d) + 100$ mm. Zum Schutz gegen Rosten werden die Rohre innen und außen heiß asphaltiert. Es ist darauf zu achten, daß für heißes Wasser die Rohre innen nicht asphaltiert sein dürfen. Ebensowenig dürfen sie außen asphaltiert werden, wenn sie nach der Verlegung mit Ölfarbe gestrichen werden sollen. Für die Anordnung der Schraubenlöcher gilt als Regel, daß auf einem senkrechten Flanschdurchmesser keine Schraubenlöcher sein sollen.

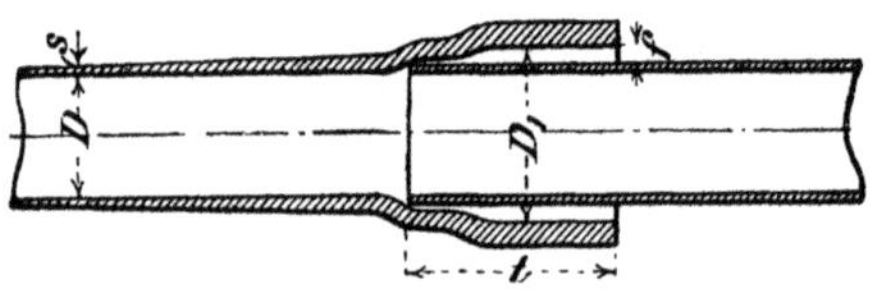

Fig. 232.

b) Schmiedeeiserne und Stahlrohre. Man unterscheidet genietete, geschweißte und nahtlose Rohre.

Genietete Rohre werden in der Regel nur für größere Durchmesser und hohen Druck verwendet. Es gibt aber auch dünnwandige genietete Blechrohre für die Fortleitung von Luft, Gasen und Dämpfen unter sehr niedrigem Druck, die nach dem unter „Nieten“ Gesagten meist mit Hilfe einer Zwischenlage in der Nietnaht hergestellt werden. Außer diesen Rohren, die im allgemeinen leichte gußeiserne Flanschen erhalten, wird die Verbindung genieteter Rohre durch aufgenietete Winkeleisenringe und Schrauben hergestellt nach Art der Flanschenrohre.

Bei den geschweißten Rohren unterscheidet man je nach der Herstellung stumpfgeschweißte, überlapptgeschweißte und spiralgeschweißte Rohre. Stumpf geschweißte Rohre dienen für Wasser- und Gasleitungen unter geringem Druck („Gasrohre“) . Ihre Verbindung erfolgt durch die auf die Rohrenden geschraubten Muffen („Gasgewinde“). Flanschen und Formstücke („Fittings“) werden aus schmiedbarem Guß hergestellt. Die Rohrweiten werden nach englischen Maßen bezeichnet, was früher für die lichte Weite zutreffend war. Da heute aber die Rohre mit geringerer Wandstärke hergestellt werden können, die Außendurchmesser jedoch beibehalten wurden, so stimmen die Bezeichnungen heute nicht mehr mit der lichten Weite. (Ein Gasrohr von $^3/_4$“ hat nicht 19 mm, sondern 20,5 mm lichte Weite.)

Überlappt geschweißte Rohre haben größere Festigkeit und werden deshalb für höhere Drücke und besonders für Rauchrohre und Wasserrohre bei Dampfkesseln verwendet. Die gangbarsten Größen sind nach dem äußeren Durchmesser in englischen Zollen abgestuft. Spiralgeschweißte Rohre sind aus einem schmalen Eisenband hergestellt, das spiralig zusammengedreht ist. Die Schweißnaht läuft somit in einer Schraubenlinie um das Rohr herum.

Für besonders hohen Druck werden nach einem besonderen Verfahren von Ehrhardt Stahlrohre bis zu 300 mm Durchmesser ohne jede Naht gewalzt. Es werden auch derartige nahtlose Muffenstahlrohre nach Fig. 232 hergestellt, die natürlich nur für niedrigen Druck verwendet werden können. Bei hohem Druck ist fast ausschließlich Flanschverbindung üblich. Auch für solche Verbindungen sind „Normalien" aufgestellt. Die Flanschen werden aus Schmiedeisen oder Stahlguß hergestellt und auf die Rohre genietet. Bei kleineren Durchmessern werden die Rohre in die Flanschen eingewalzt. Zweckmäßig ist es, wenn bei jeder Flanschverbindung nur ein Flansch fest auf dem Rohr sitzt, dagegen das andere Rohrende mit einem **Bordring** versehen wird, der mit einem lose dahinterliegenden Flansch durch Schrauben gegen den festen Flansch gepreßt wird. Fig. 233 zeigt eine solche Verbindung: rechts den auf das Rohr genieteten Bordring mit losem Flansch, links den festen Flansch. Schmiedeeiserne Bordringe werden auch an das Rohr geschweißt.

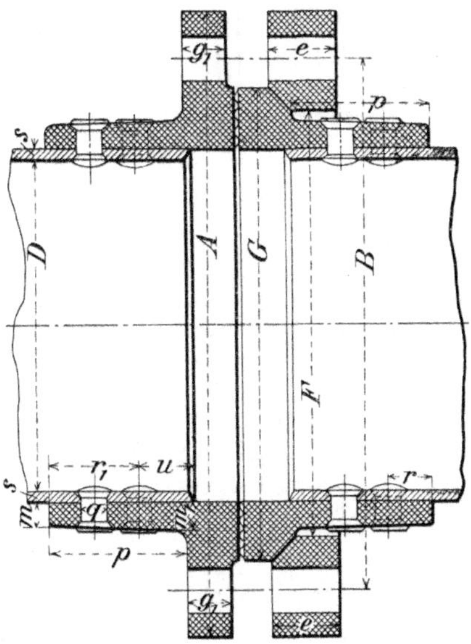

Fig. 233.

Müssen schmiedeeiserne Rohre von größeren Durchmessern gebogen werden, so werden sie zunächst mit Sand fest vollgepackt und dann rotwarm gebogen. Die Sandfüllung verhindert die sonst mit Sicherheit auftretende Faltenbildung und ermöglicht eine gleichmäßige Krümmung. Der Halbmesser der gebogenen Rohrachse sollte mindestens gleich dem sechsfachen Rohrdurchmesser sein, besser mehr.

c) **Kupferrohre.** Sie werden entweder aus Kupferblechstreifen zusammengelötet, erhalten also eine Längsnaht, oder sie werden nahtlos gewalzt oder gezogen in Lichtweiten von 3 bis 250 mm und mit Wandstärken von 0,5 bis 6 mm. Sollen fertige gerade Rohre gebogen werden, so muß der Halbmesser der Rohrachse mindesten gleich dem doppelten, bei größeren Rohrweiten gleich dem vier- bis fünffachen Rohrdurchmesser genommen werden.

Zur Verbindung werden entweder schmiedeeiserne Flanschen hart aufgelötet, oder die Rohrenden erhalten Bordscheiben oder werden auch nur umgebördelt und durch lose Flanschen zusammengehalten. Das Umbördeln ist natürlich nur für niedrige Drücke und bei verhältnismäßig dickwandigen Rohren zulässig.

d) Ausdehnungsvorrichtungen. Sind lange Rohrleitungen größeren Temperaturänderungen ausgesetzt, so muß die dadurch hervorgerufene Längenänderung berücksichtigt werden. Bei schmiedeeisernen Dampfleitungen genügt manchmal die Elastizität des Rohres, nämlich dann, wenn der Rohrstrang mehrere Krümmungen aufweist. Auch können bei einer Anordnung nach Fig. 234 die Flanschen der Rohrkrümmer sich etwas gegeneinander verdrehen, da die Schraubenlöcher ja sowieso

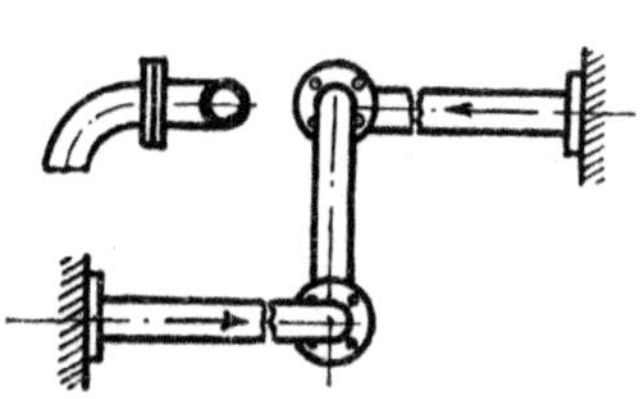

Fig. 234.

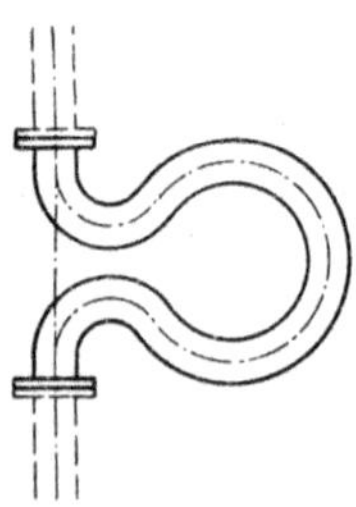

Fig. 235.

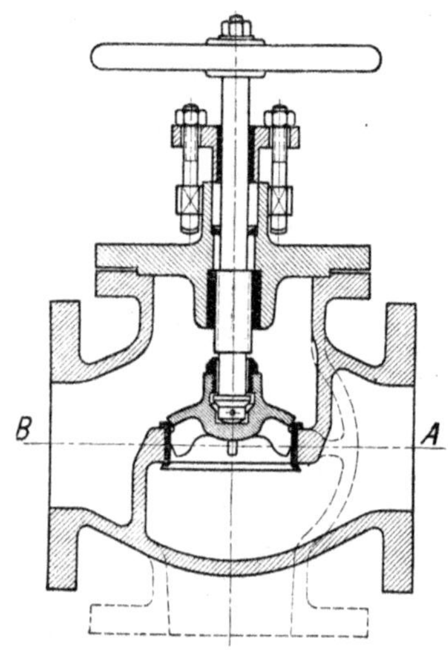

Fig. 236.

immer etwas größer gebohrt sind als der Schraubendurchmesser. Genügen die hierdurch ermöglichten Bewegungen nicht, so werden besondere Rohrbogen nach Fig. 236 aus Kupfer- oder Stahlrohr eingebaut, sogenannte Federbogen. Es können auch stopfbüchsenartige Verbindungen in die Rohrleitung eingebaut werden, so daß sich die Teile des Rohrstranges gegeneinander verschieben können, oder die Krümmer werden als eine Art Kugelgelenk ausgebildet.

B. Ventile.

Ventile nennt man Vorrichtungen zum zeitweiligen Abschluß von Rohrleitungen, wenn sich die abschließenden Flächen im Augenblick des Aufeinandertreffens senkrecht zueinander bewegen, im Gegensatz zu Schiebern oder Hähnen, bei denen die abschließenden Flächen aufeinander gleiten. Bei Hubventilen wird der Ventilteller oder das eigentliche Ventil senkrecht zum Ventilsitz geführt, bei Klappenventilen dreht sich die Ventilklappe um eine parallel zum Klappensitz angeordnete Achse.

Je nach dem Verwendungszweck können Ventile für den Abschluß von Rohrleitungen — Absperrventile — unterschieden werden von solchen, die in Maschinen eingebaut, die Zuführung von Dampf, Wasser, und dgl. steuern: Steuerungs- und Pumpenventile.

a) Absperrventile. Am gewöhnlichen Absperrventil (Fig. 236) unterscheiden wir das Ventilgehäuse mit Deckel und Stopfbüchse, das Ventil (Ventilkegel) mit Ventilspindel und Handrad und dem besonders eingesetzten Ventilsitz. Das Gehäuse mit Deckel wird aus Gußeisen, für höhere Drücke auch aus Stahlguß und bei kleinen Abmessungen aus Rotguß hergestellt. Je nachdem das Ventil in einen geraden Rohrstrang eingebaut wird, oder die Rohrleitung an der Einbaustelle ihre Richtung ändert, unterscheiden wir Durchgangsventile oder Eckventile. Das stets runde Ventil ist an der Spindel leicht dreh-

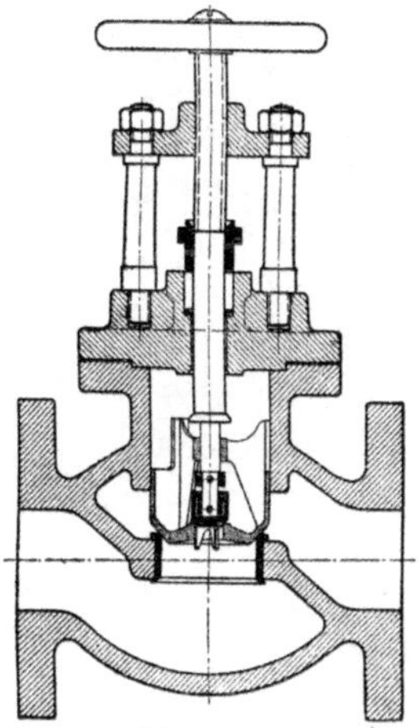

Fig. 237.

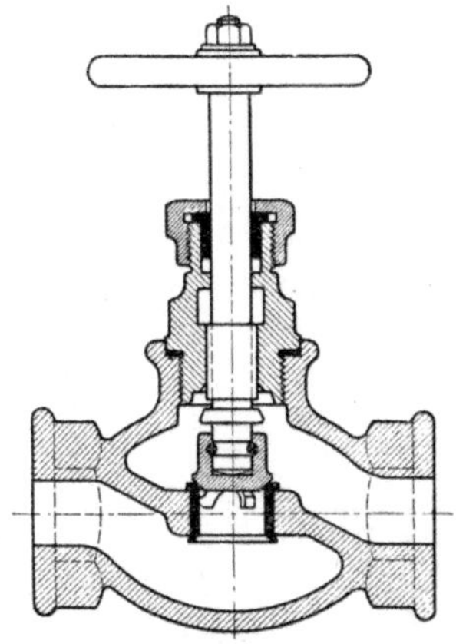

Fig. 238.

bar befestigt. Das zum Schließen des Ventils erforderliche Gewinde ist entweder im Ventilgehäuse selbst angeordnet bzw. in einer eingesetzten Rotgußmutter (Fig. 236), oder es wird über der Stopfbüchse ein am Deckel angegossener Bügel oder eine besondere meist aus Schmiedeeisen hergestellte Brücke durch zwei kleine schmiedeeiserne Säulen auf dem Deckel befestigt und erhält die Mutter für das Gewinde der Spindel (Fig. 237). Damit das geöffnete Ventil nicht durch den Flüssigkeitsstrom zur Seite gedrückt wird, muß es geführt werden. Fig. 236 zeigt eine Führung durch Rippen auf der Unterseite des Ventils, Fig. 237 eine zylindrische Führung oberhalb des Ventilkegels. Die eigentlichen abdichtenden Sitzflächen sind entweder eben oder kegelig. Der Ventilsitz besteht meist aus Rotguß und wird dann besonders eingesetzt, entweder nur fest eingepreßt oder eingeschraubt. Bei kleinen Ventilen wird häufig auch der Deckel eingeschraubt und die Stopfbüchse mit Überwurfmutter ausgeführt (Fig. 238). Soll die Flüssigkeit abwechselnd nach zwei verschiedenen Richtungen geleitet werden, so können Wechselventile nach Fig. 239 verwendet werden. Bei größeren Abmessungen würde die Herstellung des ganzen Ventilkegels aus Rotguß oder einem anderen nicht rostenden Stoff zu teuer werden. Es können dann wie bei Fig. 239 die gußeisernen Ventilkegel eingegossene oder eingepreßte Metalldichtflächen erhalten. Ebenso werden auch in das Ventilgehäuse oft nur schmale Dichtungsringe für den Ventilsitz eingepreßt.

b) Selbsttätige Ventile. Während bei Absperrventilen der Ventilkegel mit Hilfe der Spindel bewegt wird, werden selbsttätige Ventile durch den Flüssigkeitsüberdruck geöffnet oder geschlossen. Fig. 240 zeigt ein Rückschlagventil, wie es z. B. an Dampfkesseln verwendet wird. Das für den Kessel erforderliche Wasser wird von der Speisepumpe durch den unteren Flanschstutzen zu- und durch den seitlichen Stutzen

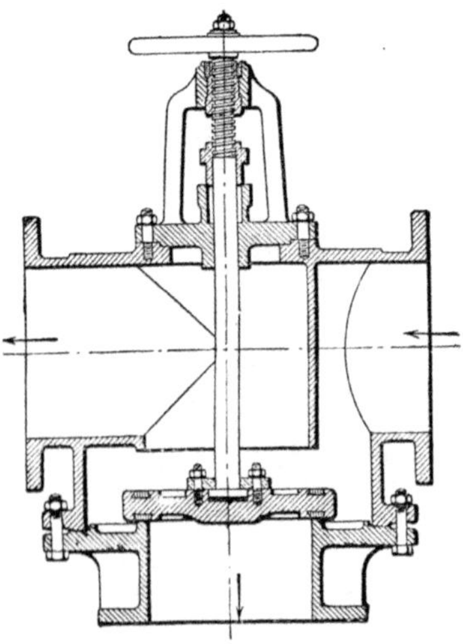

Fig. 239.

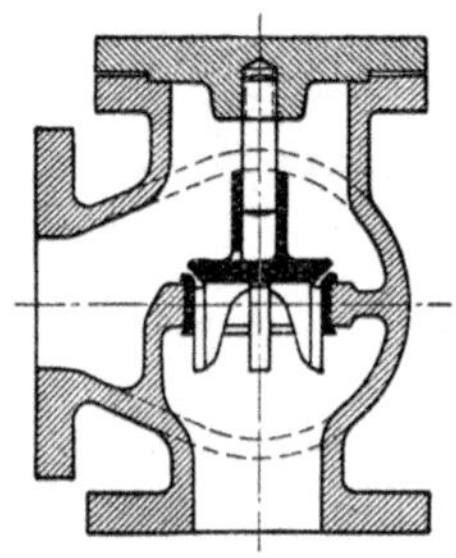

Fig. 240.

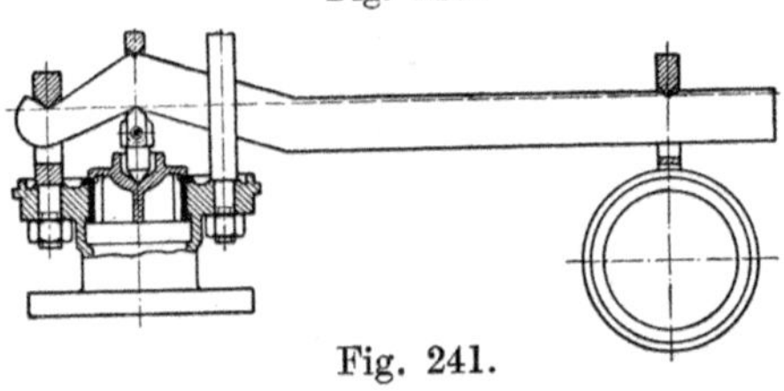

Fig. 241.

in den Kessel weitergeführt. Sobald die Pumpe stillgesetzt wird, würde der Dampf des Kessels das Wasser wieder in die Pumpe zurückdrücken. Das wird durch das Rückschlagventil verhindert, das, sobald die Wasserbewegung aufhört, durch seine eigene Schwere geschlossen und durch den nun auf ihm ruhenden Kesseldruck fest auf den Sitz gepreßt wird. Umgekehrt öffnet sich das Sicherheitsventil (Fig. 241) durch den auf die Unterseite wirkenden Flüssigkeitsdruck, sobald dieses zum Heben des Ventils und der Gewichtsbelastung ausreicht, d. h. eine ganz bestimmte Größe erreicht hat.

Als Schnellschlußventile bezeichnet man derartige selbsttätig wirkende Ventile, die mit Absperrventilen zusammengebaut werden, wenn sie den Zweck haben, bei einem Rohrbruch die Rohrleitung selbsttätig rasch abzuschließen. Auch hier wird der Überdruck von einer Seite in verschiedener Weise zum Schließen des Ventils verwendet.

Druckregelventile („Reduzierventile“) sollen den Druck auf einer Seite des Ventils immer auf einer bestimmten Höhe halten, somit selbsttätig entsprechend etwaigen Druckschwankungen den Durchgang mehr oder weniger freigeben.

Fig. 242 zeigt ein selbsttätiges Klappenventil. Solche Rückschlagklappen finden ausschließlich in Rohrleitungen für Flüssigkeiten, nicht aber für Dampf oder Gas Verwendung. Besonders werden sie als sogenannte Fußventile am Ende der Saugrohre von Pumpen verwendet, damit beim Stillstand der Pumpe das Wasser aus der Saugleitung nicht ablaufen kann.

c) Pumpenventile. Pumpen und Kolben-Gebläse erhalten fast durchweg selbsttätige Ventile, deren Schließbewegung aber meist noch durch die Wirkung von Federn verschiedener Art beschleunigt wird.

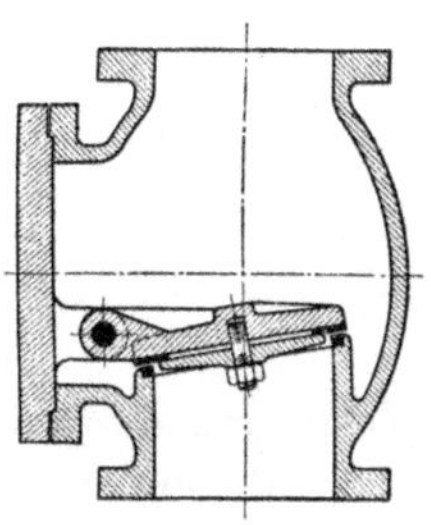

Fig. 242.

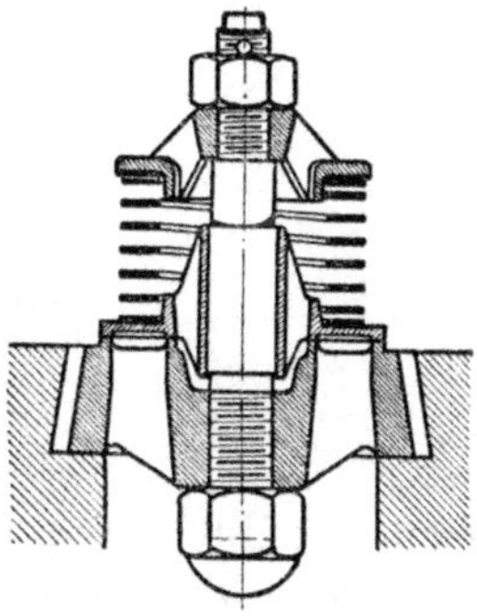

Fig. 243.

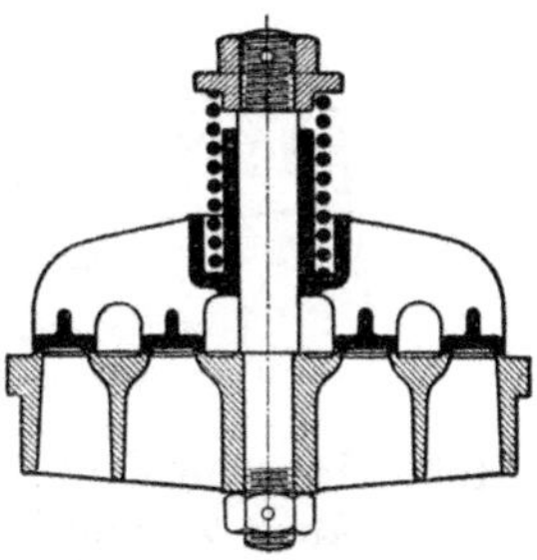

Fig. 244.

Da die Ventile in sehr kurzer Zeit geöffnet und geschlossen werden müssen, kann ihr Hub nur klein sein. Bei einem gewöhnlichen Ventil mit kreisförmiger Durchgangsfläche würde dann der Spalt zwischen Ventilsitz und Ventilkegel nicht groß genug ausfallen. Das Wasser müßte mit einer unzulässig großen Geschwindigkeit durch diesen Spalt strömen, oder man müßte sehr große oder sehr viele Ventile nebeneinander anwenden. Bei manchen Pumpen findet man darum eine große Anzahl kleiner einfacher Ventile etwa nach Fig. 243 angeordnet. Hier kann das Wasser nicht nur am äußeren Umfang, sondern auch innen, durch das Ventil hindurch, ausströmen, sobald der Druck auf die Unterseite des Ventils groß genug ist. Ordnet man mehrere solcher Ventilringe ineinander an, so entsteht das mehrsitzige Ringventil (Fig. 244). Die Ventile sind aus Bronze hergestellt. Zuweilen kommen auch, aber nur bei sandfreiem Wasser, Gummiplatten zur Anwendung. Müssen stark verunreinigte Flüssigkeiten gefördert werden, die größere feste Körper mitführen, so würden die meisten selbsttätigen Ventile wegen des geringen Hubes nicht geeignet sein. Dann werden gesteuerte Klappenventile, etwa nach Fig. 245, verwendet, die sich zwar selbsttätig unter dem Wasserdruck öffnen, aber durch einen von der Pumpe bewegten Hebel zugedrückt werden. Dadurch wird der erforderliche schnelle Schluß des Ventils erzwungen.

Für Kolbengebläse (Kompressoren) müssen die Ventile besonders leicht sein. Es werden deshalb häufig dünne Stahlblechventile, etwa nach Fig. 246, verwendet, deren Hub durch eine in entsprechender

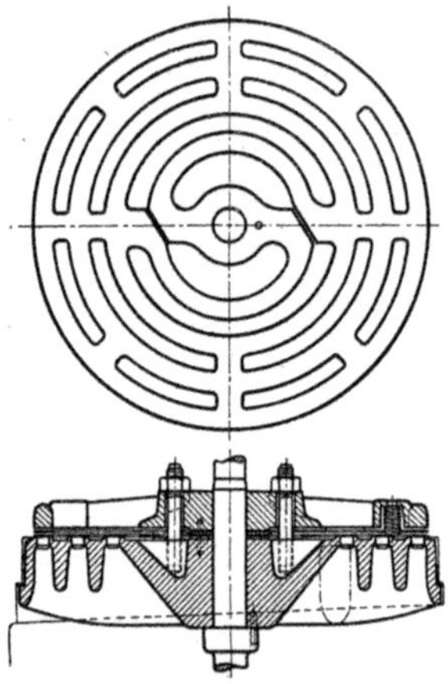

Fig. 246.

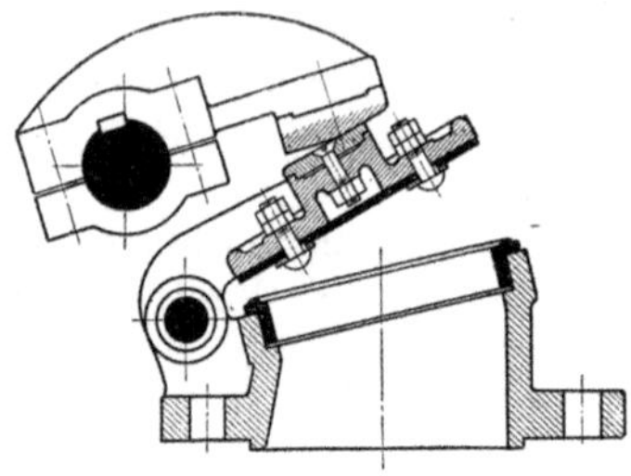

Fig. 245.

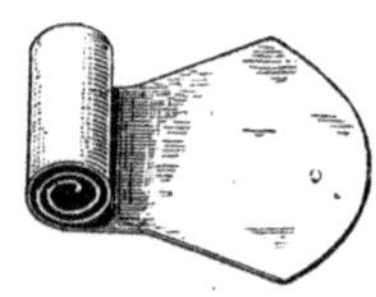

Fig. 247.

Höhe über dem Ventil angebrachte Hubbegrenzungsplatte eingeschränkt wird. Auch werden hier Klappenventile nach Fig. 247 verwendet, die spiralig aufgewickelt, gleichzeitig als Feder wirken.

d) Steuerungsventile. Als solche bezeichnet man die Ventile, die die Zuführung des Dampfes bei Dampfmaschinen oder des Gases bei Gasmaschinen zum und vom Zylinderinnern regeln. Sie müssen gegen einen erheblichen Überdruck geöffnet werden. Um das Steuerungsgestänge möglichst zu entlasten, werden sie fast immer als beinahe vollkommen entlastete Doppelsitzventile ausgeführt und wegen ihrer Form auch als Rohrventile bezeichnet. Fig. 248 zeigt ein solches Ventil, das den Dampfaustritt aus dem Zylinder steuert. Es sind zwei

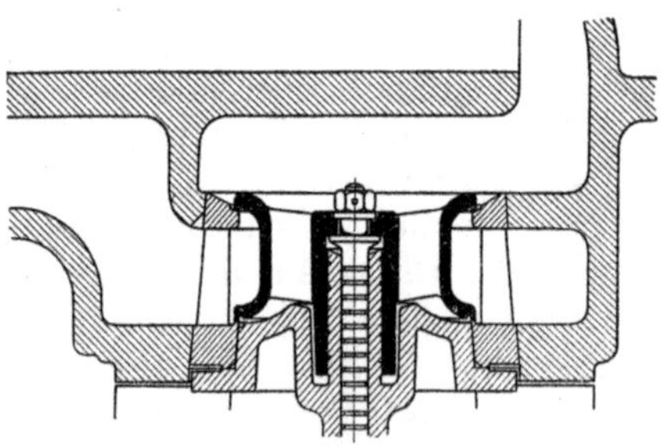

Fig. 248.

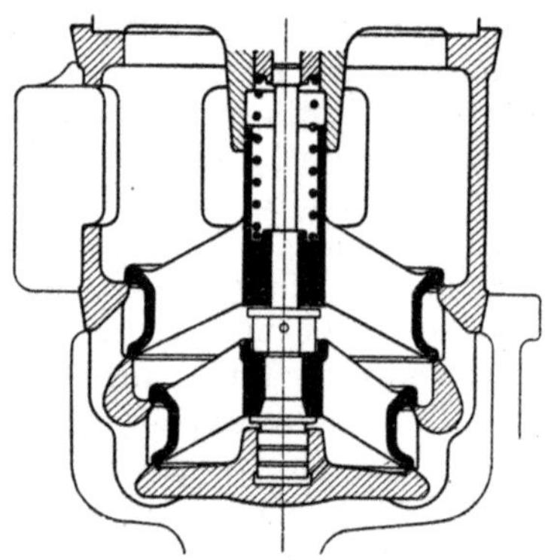

Fig. 249.

fast gleich große ringförmige Sitzflächen übereinander angeordnet. Bei sehr großen Maschinen werden auch *viersitzige* Ventile nach Fig. 249 verwendet.

C. Absperrschieber.

Fig. 250 u. 251 zeigen einen Absperrschieber gewöhnlicher Ausführung. Im *Schiebergehäuse* sind zwei einander gegenüberliegende, meist runde Dichtflächen angeordnet, die eine geringe Neigung zueinander haben, damit der *Schieberkeil*, der durch die Spindel dazwischengeschoben wird, fest auf die Dichtflächen gepreßt werden kann. Im Schieberkeil ist eine vierkantige, gegen Drehung gesicherte Mutter eingelassen. Die Spindel ist unterhalb der Stopfbüchse durch einen Bund gegen Verschiebung gesichert, wird also, wenn sie in die Mutter hineingedreht wird, den Keil heben und umgekehrt. Im Gegensatz zu den Absperrventilen werden Schieber meist in dieser Weise mit innenliegendem Gewinde ausgeführt. Bei dem gegenüber den Absperrventilen sehr großen Hub ist die Anordnung mit außenliegendem Gewinde unbequem. Die beiden abdichtenden Flächen des Schieberkeiles werden häufig auch an zwei einzelnen Teilen angeordnet, die sich den Dichtflächen des Gehäuses entsprechend einstellen können. Fig. 252 zeigt eine solche Ausführung, bei der die beiden Keilseiten sich gegeneinander stützen. Am Keil ist eine Spindel mit Gewinde fest angebracht. Durch Drehen der mit dem Handrade verbundenen Mutter schraubt sich die Spindel in diese hinein. Verschiedene andere, ähnliche Bauarten suchen besonders die Bearbeitung der Dichtflächen zu erleichtern.

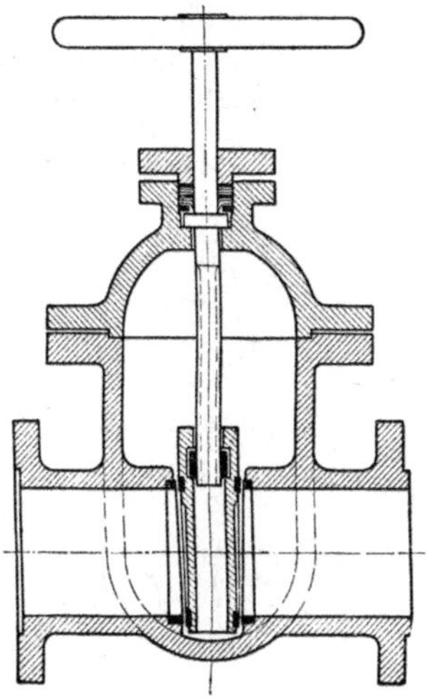

Fig. 250.

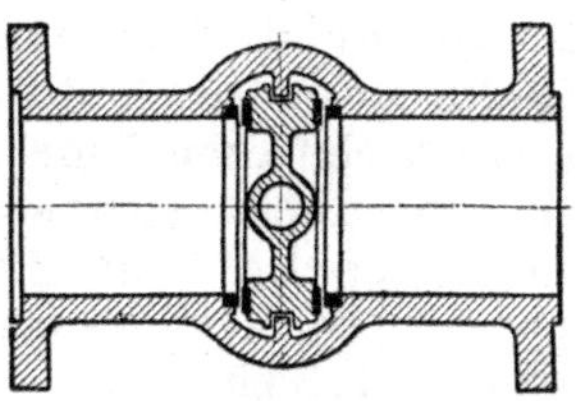

Fig. 251.

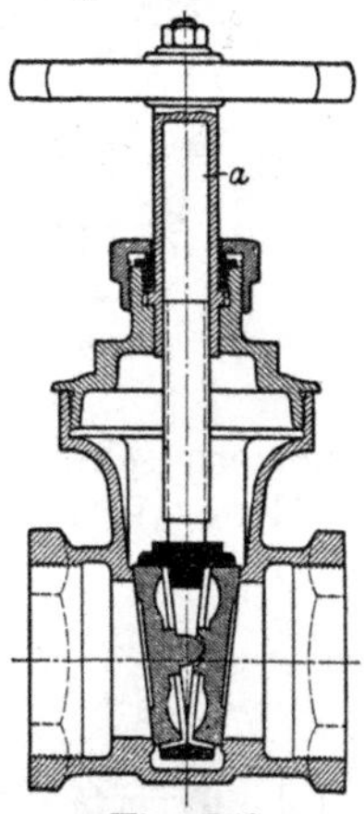

Fig. 252.

Schieber werden ebenfalls zur Steuerung des Dampfes für Dampfmaschinen verwendet, haben dann aber von den eben besprochenen Absperrschiebern durchaus abweichende Gestalt. Das Gemeinsame ist nur, daß die Dichtflächen ebenfalls aufeinander gleiten. Je nachdem diese

Flächen eben oder zylindrisch sind, unterscheidet man Flachschieber und Rundschieber. Bei Rundschiebern kann die Bewegung in der Achsenrichtung der Zylinderfläche, also geradlinig, erfolgen (Kolbenschieber), oder aber der Schieber wird um diese Achse gedreht (Drehschieber). Die zahlreichen sehr verschiedenen Bauarten sollen hier nicht weiter betrachtet werden.

D. Hähne.

Auch als Absperrvorrichtung werden Schieber verwendet, bei denen die Dichtflächen eine Drehbewegung ausführen wie bei den eben erwähnten Drehschiebern. Nur werden diese Flächen nicht zylindrisch,

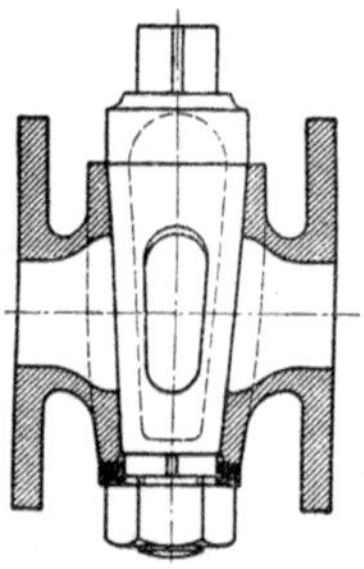
Fig. 253.

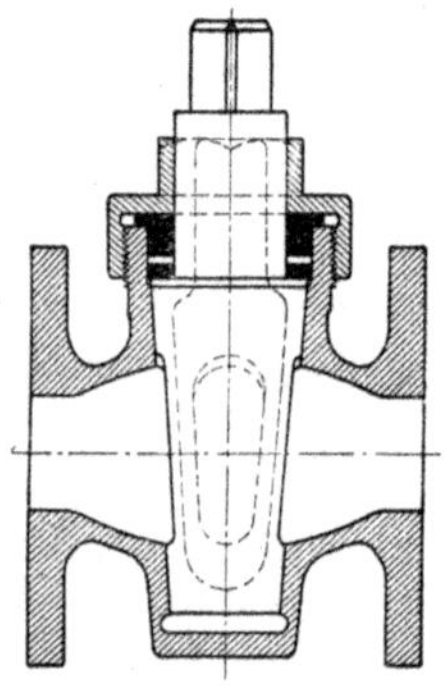
Fig. 254.

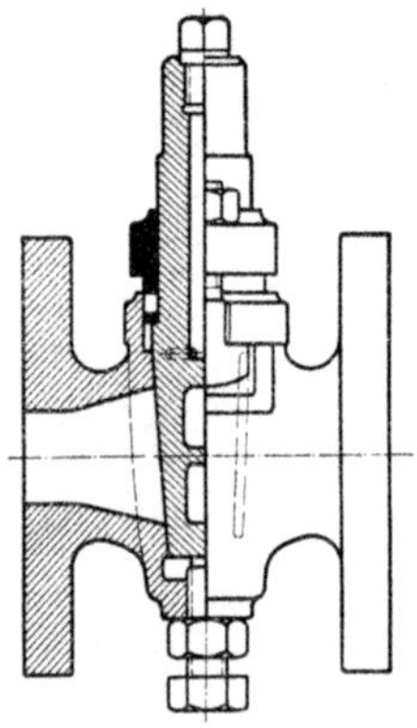
Fig. 255.

sondern schwach kegelförmig ausgeführt. Es sind dies die Absperrhähne. Wir unterscheiden an ihnen das Hahngehäuse und das Hahnküken. Fig. 253 zeigt einen einfachen Durchgangshahn. Das Küken wird durch einen auf einen Vierkant gesetzten Schlüssel gedreht. Es wird schwach kegelförmig mit einer Neigung der Kegelseite zur Achse von etwa 1 : 8 bis 1 : 15 ausgeführt, damit es bei eingetretener Abnutzung und Undichtheit nachgeschliffen werden kann. Diese Form ist nur für geringe Drücke verwendbar, bei höherem Druck wird das Küken durch eine Stopfbüchse abgedichtet (Fig. 254). Für Leistungen mit geringerem als Atmosphärendruck wird das Küken nach Fig. 255 umgekehrt angeordnet, damit es der äußere Luftdruck nicht zu stark in das

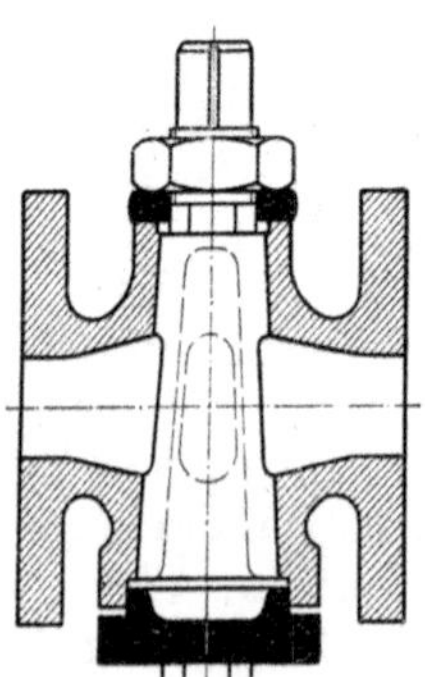
Fig. 256.

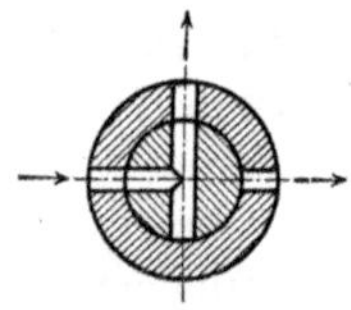
Fig. 257.

Gehäuse hineinpreßt. Fig. 256 zeigt einen Eckhahn und Fig. 257 den Querschnitt durch einen Dreiweghahn, bei dem je nach der

Stellung des Kükens die Flüssigkeit gerade oder im Winkel zur Eintrittsrichtung durch den Hahn fließt, entsprechend den Wechselventilen.

Die Vor- und Nachteile der verschiedenen Absperrvorrichtungen können etwa wie folgt zusammengefaßt werden:

Ventile:

Vorteile: Dichtflächen sind leicht herzustellen und nachzuschleifen. Schnelles Öffnen und Schließen.

Nachteile: Die Flüssigkeit hat wegen der vielen Richtungsänderungen erhebliche Widerstände zu überwinden, so daß vom Flüssigkeitsdruck ein Teil verloren geht.

Schieber:

Vorteile: Geringer Widerstand wegen des geraden, ungehinderten Durchgangsquerschnittes.

Nachteile: Bearbeitung der Dichtflächen schwieriger. Für hohen Druck und besonders für hohe Temperaturen wenig geeignet.

Hähne:

Vorteile: einfach, billig und leicht zu bearbeiten, gerader Durchgang.

Nachteile: Für unreine Flüssigkeiten und hohen Druck nicht geeignet.

Bei allen Absperrvorrichtungen nennt man den Abstand der zwei Flanschen bei Durchgangsventilen, Hähnen und Schiebern die Baulänge. (Bei Eckventilen die Abstände jedes Flansches von der Mitte der zweiten Rohrmitte.)

VI. Regelnde Maschinenteile.

A. Schwungräder.

Bei der Umwandlung der hin- und hergehenden Bewegung des Kolbens in die Drehbewegung der Kurbel kann offenbar die Kraft am Umfang des Kurbelkreises nicht überall gleich groß sein, auch wenn der Druck auf den Kolben unverändert bleibt[1]). In den Totlagen kann z. B. keine drehende Kraft an der Kurbel entstehen, wie hoch auch der Druck auf den Kolben gesteigert würde. Nun ändert sich aber der auf den Kolben wirkende Druck aus verschiedenen Gründen auch während des Kolbenweges. Die Umfangskraft an der Kurbel wird deshalb während einer Umdrehung ganz verschiedene Größe haben. Der Widerstand, den die Kurbelkraft überwinden muß, wird dagegen in den meisten Fällen während jeder Umdrehung ziemlich unverändert bleiben. Es ist also im Verlaufe jeder Umdrehung bald ein Überschuß von Kraft vorhanden, bald überwiegt der Widerstand. Die Folge würde eine bald sehr schnelle Drehung, bald eine langsamere Bewegung, Stillstand oder gar ein Rückwärtsdrehen sein, wenn nicht die überschüssige Kraft sozusagen aufgespeichert würde für die Stellungen des überschießenden Widerstandes.

---

[1]) (Vgl. Abschnitt Mechanik, Teil I, S. 184.)

Dies geschieht mit Hilfe des Schwungrades. Die überschüssige Kraft wird verwendet, der verhältnismäßig großen Masse eines schweren Rades eine kleine, unschädliche Beschleunigung zu erteilen. Überwiegt nun der Widerstand, so wird die Masse des Schwungrades verzögert und kann, da Masse mal Verzögerung = Kraft ist (vgl. Mechanik, Teil I, S. 139), Kraft abgeben. Es geht daraus hervor, daß es zwar nicht möglich ist, die Bewegung völlig gleichförmig zu machen, jedoch kann der Ungleichförmigkeitsgrad, das ist das Verhältnis der Geschwindigkeitsunterschiede zur mittleren Geschwindigkeit, je nach der Größe der Schwungradmasse beliebig klein gehalten werden. Je gleichförmiger also die Bewegung sein soll, um so schwerer muß bei einem gegebenen Durchmesser das Schwungrad sein. Je nachdem die erforderliche Schwungmasse in einer Riemenscheibe oder einer Seilscheibe untergebracht wird, oder ein besonderes Schwungrad auf die Welle gesetzt wird, unterscheidet man Riemenscheiben- oder Seilscheibenschwungräder und Gewichtschwungräder. Es kann auch vorkommen, daß die auf der Welle sitzenden Massen an und für sich schon als Schwungmassen genügen, wie z. B. bei Kreiselpumpen oder bei Schiffsmaschinen, bei denen die bewegte Wassermasse ausgleichend auf die Drehbewegung wirkt.

B. Regler.

Ändert sich der von einer Kraftmaschine zu überwindende Wider stand, so muß, wenn die Umlaufzahl unverändert bleiben soll, die Menge des der Maschine zugeführten Treibmittels (Gas, Dampf, Öl und dgl.) geregelt werden. Dies geschieht, indem ein Regler die Steuerungsteile der Bewegung der Ventile oder Schieber entsprechend verstellt. Es wird dazu die Fliehkraft umlaufender Gewichte benutzt, die ja mit zunehmender Umlaufzahl wächst[1]). Bei unveränderlichem Widerstand wird die Fliehkraft der Schwungmassen durch Gewichte oder Federn im Gleichgewicht gehalten. Sobald aber die Umlaufzahl der Maschine bei eintretender Verminderung des Widerstandes schneller läuft, entsteht ein Überschuß an Fliehkraft der Schwungmassen, der zur Verstellung der Steuerung verwendet wird, so daß nun weniger Treibmittel in den Zylinder gelangt. Je nachdem diese Gegenkraft der Fliehkraft durch Gewichte oder Federn gebildet wird, unterscheidet man Gewichts- und Federregler. Die Schwungmassen können sich, abgesehen von der Drehung um die Reglerachse, in einer Ebene parallel zur Reglerachse bewegen, Kegelregler, oder in einer Ebene senkrecht zur Achse, Flachregler oder Achsenregler.

Um eine größere Verstellkraft zu erzielen, können bei Flachreglern noch besondere Massen auf der Reglerachse drehbar angeordnet werden, die durch die eintretende Beschleunigung oder Verzögerung ganz ähnlich wie beim Schwungrad Kräfte ausüben können (Beharrungsregler). Die meisten Regler sind Geschwindigkeitsregler, d. h. sie haben die

[1]) (Vgl. Abschnitt Mechanik, Teil I, S. 142.)

Aufgabe, bestimmte Umlaufzahlen der Maschine festzuhalten. Es gibt aber auch sogenannte Leistungsregler, die bei gleichbleibender Arbeit eines Maschinenhubes die Leistung durch Vergrößern oder Verkleinern der Umlaufzahl zu ändern gestatten. Diese kommen besonders für Pumpen- und Gebläseantriebe in Frage.

Wir unterscheiden am Kegelregler die Schwungmassen, meist Pendel genannt, das Belastungsgewicht bzw. die Feder, und die Reglermuffe. Diese ist eine auf der Reglerachse verschiebbare Hülse mit einer Eindrehung, in die ein zweiteiliger Ring eingelegt ist. An diesen Ring, der also an der Drehung nicht teil-

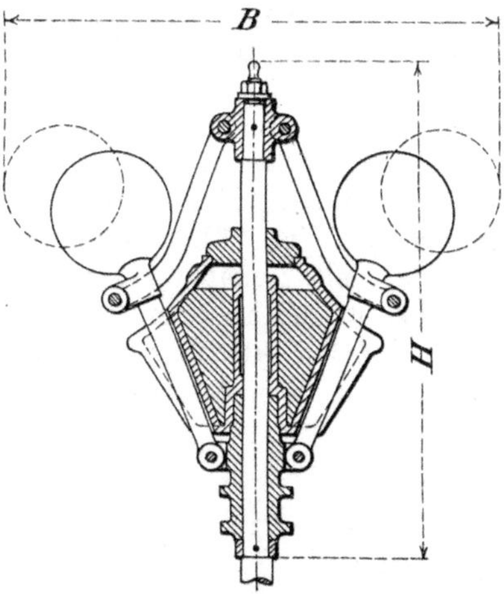

Fig. 258.

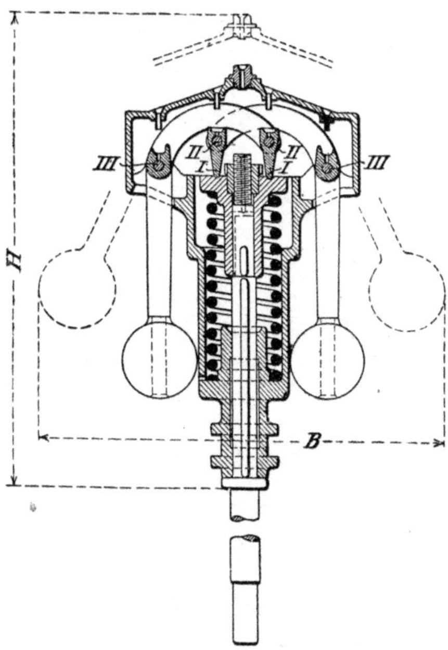

Fig. 259.

nimmt, ist das Steuerungsgestänge angeschlossen. Steigt die Umlaufzahl, so fliegen die Pendel nach außen, heben das Belastungsgewicht oder spannen die Belastungsfeder und heben gleichzeitig die Muffe. Jeder Muffenstellung soll eine bestimmte Umlaufzahl entsprechen. Fig. 258 zeigt einen Regler mit Gewichtsbelastung, Fig. 259 einen solchen mit Gewichts- und Federbelastung. An den Pendeln, die in dem auf der Reglerachse verschiebbaren Reglergehäuse drehbar gelagert sind, sitzen oben die gebogenen Arme, deren Enden durch Vermittlung kleiner Stelzen auf einen auf der Reglerachse aufgeschraubten Ring drücken. Schlagen die Pendel bei steigender Umlaufzahl aus, so muß das Gehäuse, das hier gleichzeitig als Belastungsgewicht dient, gehoben werden. Gleichzeitig wird aber auch die Feder, deren oberes Ende sich ebenfalls gegen den festen Ring stützt, zusammengepreßt. Am Gehäuse ist unten die Muffe mit der Eindrehung für den Halsring angegossen.

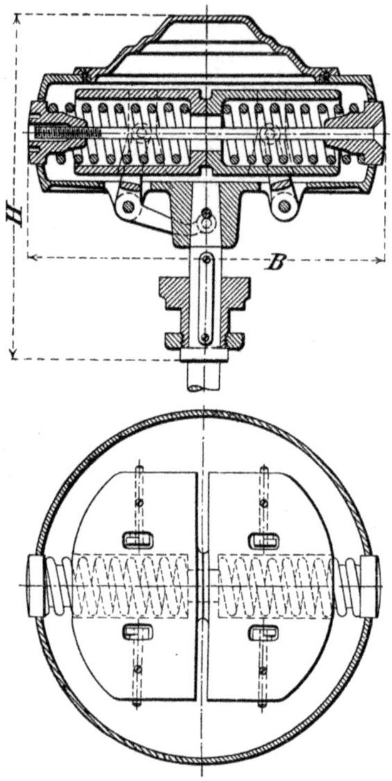

Fig. 260.

Beim Regler der Fig. 260 sitzt das Gehäuse fest auf der Reglerachse. Die Schwunggewichte umschließen rohrförmig die Federn, und ihre Bewegung wird durch Winkelhebel auf die Muffe übertragen.

Es gibt eine große Menge ähnlicher Bauarten, die hier nicht einzeln beschrieben werden sollen.

Am besten ist natürlich der Regler, der für die beiden Endstellungen die kleinsten Unterschiede in den Umlaufzahlen und dabei eine genügende Verstellkraft bei kleinen Geschwindigkeitsänderungen ergibt.

Flachregler dienen dazu, ein Steuerungsexzenter unmittelbar auf der Welle zu verdrehen oder so zu verschieben, daß der Exzenterhub geändert wird. Fig. 261 zeigt einen Flachregler mit Beharrungsgewicht. Die Pendel *A* sind an dem fest aufgekeilten Stück *C* drehbar gelagert. Schwingen sie nach außen, so verdrehen sie den auf der Welle drehbaren Ring *D* und spannen damit die Feder *B*, deren anderes Ende an *C* festsitzt. Gleichzeitig wird auch das Exzenter, das ebenfalls mit dem einen Pendel verbunden ist, verstellt. Die Wirkung der Fliehkraft wird durch den Schwungring *D* unterstützt. Sobald die Maschine schneller laufen will, wird der Schwungring in der Pfeilrichtung zurückbleiben und die Feder

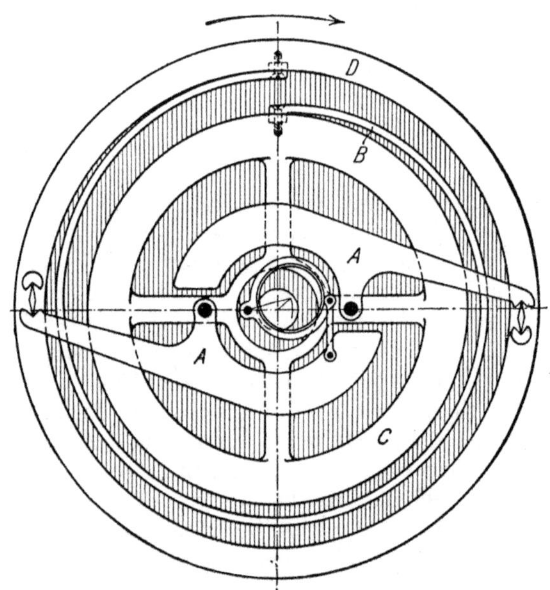

Fig. 261.

spannen, also die Wirkung der Pendel unterstützen. Umgekehrt wird bei einer Verminderung der Umlaufzahl durch die Trägheit des Ringes die Federkraft unterstützt. Derartige Regler wirken deshalb ganz besonders schnell und sind außerdem sehr empfindlich.

Durch besondere Vorrichtungen kann die Umlaufzahl während des Ganges der Maschine in weiten Grenzen verschieden eingestellt werden. Es braucht dazu nur die Feder mehr oder weniger gespannt zu werden, da ja dann auch für jede Muffen- oder Exzenterstellung eine größere oder kleinere Fliehkraft erforderlich ist.

Es kann nun auch vorkommen, daß die Verstellkraft des Reglers nicht ausreicht, die gewünschte Änderung in der Treibmittelzufuhr zu bewirken. Bei Wasserturbinen ist es beispielsweise erforderlich, den Wasserzulauf zur Turbine in weiten Grenzen zu verändern. Die dazu erforderlichen Einrichtungen kann ein gewöhnlicher Regler nicht bewegen. Dann läßt man ihn auf eine kleine Hilfsmaschine (Servomotor) wirken, die die erforderliche Leistung hergeben kann. Man spricht dann von mittelbar (indirekt) wirkenden Reglern, während die gewöhnliche Anordnung bei Dampfmaschinen, Verbrennungsmaschinen und dgl. als unmittelbar (direkt) wirkend bezeichnet wird.

Technologie.

Bearbeitet von Ingenieur H. Guttwein.

Die Brennstoffe.

Man unterscheidet feste, flüssige und gasförmige Brennstoffe.

A. Feste Brennstoffe.

(kcal = Kilogrammkalorie = Wärmeeinheit je kg; vgl. Abschnitt Physik S. 213.)

Holz. In technischen Feuerungsanlagen kommen vorwiegend Holzabfälle zur Verbrennung. Hat das Holz mindestens 1 Jahr lang vor Nässe und Sonne geschützt gelagert, so heißt es lufttrocken. Es hat 10 bis 20% Wassergehalt und einen Heizwert von $\backsim$ 3000 kcal. Holz, das mehrere Wochen künstlich getrocknet wurde, hat $\backsim$ 4000 kcal Heizwert.

Heizwert ist die Wärmemenge, die 1 kg Brennstoff bei seiner Verbrennung abgibt, wenn die Verbrennungserzeugnisse wieder auf die Anfangstemperatur abgekühlt werden (oberer Heizwert). Feuchtigkeit und unverbrennbare Bestandteile (Asche) tragen nicht zur Wärmeentwicklung bei, sie verringern den Heizwert. In technischen Anlagen bleibt auch ein Teil der brennbaren Bestandteile jedes festen Brennstoffes unverbrannt, er fällt mit der Asche in den Aschkasten, oder er entweicht als Flugasche, Rauch und Ruß. Wieder ein anderer Teil verbrennt unvollkommen. Der Kohlenstoff vergast zwar zu Kohlenoxyd (CO), aber dieses verbrennt nur teilweise weiter zu Kohlendioxyd (CO_2), so daß weniger Wärme frei wird. Von der wirklich entwickelten Wärmemenge wird dann noch ein Teil durch Leitung und Strahlung an die Umgebung abgegeben, ein anderer entflieht mit den Abgasen. Daraus erklärt sich, warum die praktisch ausgenutzte Wärmemenge stets soviel kleiner ist als der Heizwert des Brennstoffes.

Die folgenden Brennstoffe sind durch Zersetzung von Pflanzenüberresten entstanden, die bei beschränktem Luftzutritt erfolgt ist. Sie hat bei den ältesten Brennstoffen wahrscheinlich vor vielen Millionen Jahren begonnen und findet bei der Bildung von Torf aus Moosen und Gräsern heute noch statt. Der Luftabschluß erfolgt hier durch Wasser.

Torf ist meist sehr reich an Asche (bis 30%) und enthält lufttrocken 15 bis 25% Wasser. Sein Heizwert beträgt 2800 bis 4000 kcal.

Braunkohlen. Man unterscheidet:

a) Holzartige Lignite mit 2500 bis 3800 kcal Heizwert.

b) Erdige Braunkohlen aus Anhalt und Sachsen mit 3500 bis 4800 kcal Heizwert.

c) Muschlig brechende Braunkohlen Böhmens mit 5000 bis 5600 kcal Heizwert.

Der Wassergehalt der frisch geförderten Braunkohle ist hoch; er beträgt 30 bis 40%. Man verringert ihn in Trockenapparaten, die mit Dampf geheizt sind, auf 18% und preßt aus den zerkleinerten und gesiebten Kohlen ohne jedes Bindemittel die bekannten Braunkohlenbriketts. Dazu ist ein Druck von 1300 bis 1500 kg/cm² nötig. Durch das Pressen wird der Transport der Kohlen erleichtert und der Heizwert auf ∼ 5000 kcal erhöht. In Deutschland findet man Braunkohlen in den Provinzen Brandenburg und Sachsen, in Anhalt, in der Rheinprovinz und in Südbayern.

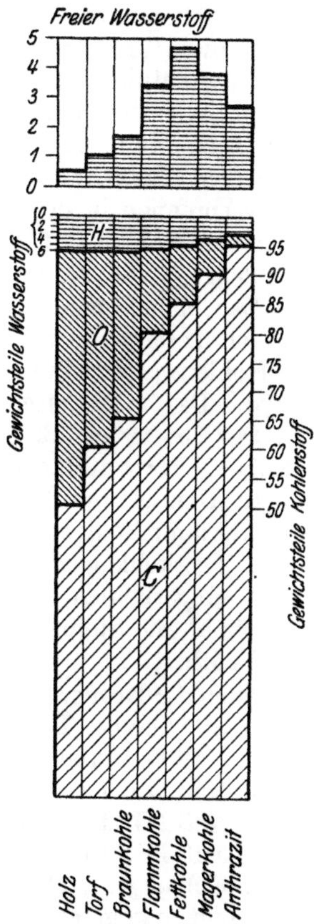

Fig. 1a und b.

Steinkohlen. Sie sind die geologisch ältesten Kohlen. Unter ihnen unterscheidet man wieder ältere und jüngere Arten. Die letzteren zeichnen sich durch einen größeren Gehalt an flüchtigen Bestandteilen aus, das sind Kohlenwasserstoffverbindungen, die bei der Erwärmung aller festen Brennstoffe in Gas- oder Dampfform entweichen. Erhitzt man feste Brennstoffe, so werden sie nicht einfach flüssig oder gasförmig, die Erhitzung bewirkt vielmehr eine Zersetzung. Nach der Darstellung in Fig. 1a bestehen die festen Brennstoffe aus Kohlenstoff, Wasserstoff und Sauerstoff. Schwefel, Stickstoff, Feuchtigkeitsgehalt und Asche sind dabei nicht berücksichtigt. Man erkennt, daß der Sauerstoff mit zunehmendem geologischen Alter stark abnimmt, während sich der Wasserstoff wenig verringert; durch die Veringerung steigt der verhältnismäßige Gehalt an Kohlenstoff. Ein Teil des Wasserstoffes ist mit dem Sauerstoff verbunden in Form von chemisch gebundenem Wasser. Nach den Atomgewichten besteht das Gewichtsverhältnis: $\frac{H_2}{O} = \frac{2}{16} = \frac{1}{8}$. Der übrige Wasserstoff gilt als frei und ist in Fig. 1b in größerem Maßstabe dargestellt. Er ist es, der sich zunächst bei der Erwärmung des Brennstoffes mit dem Kohlenstoff vereinigt und mit ihm entweicht. Dabei sind zwei Gruppen von Verbindungen zu unterscheiden.

1. Kohlenwasserstoffe, die reich an Wasserstoff sind. Sie haben einen niedrigen Siedepunkt, sind leicht zu entzünden und zu verbrennen. Bei der Verbrennung wird die Verbindung unter Wärmeverbrauch zerlegt, der Wasserstoff wird zu Wasserdampf und der Kohlenstoff zu Kohlendioxyd verbrannt.

2. Kohlenwasserstoffe mit geringem Gehalt an Wasserstoff. Sie haben einen höheren Siedepunkt und eine höhere Entzündungstemperatur. Wird diese im Verbrennungsraume nicht erreicht, z. B. infolge übermäßiger Zufuhr von kalter Luft durch die offene Feuertür oder infolge der Abgabe von Wärme an die frisch aufgeworfenen Kohlen, so setzt die Entzündung aus, die Feuerung raucht. Bei Luftmangel neigen die schweren Kohlenwasserstoffe dazu, Kohlenstoff als Ruß abzusetzen; sie verbrennen in der Feuerungsanlage auch mit leuchtender Flamme, weil der Kohlenstoff nach dem Wasserstoff verbrennt und glühender Kohlenstoff die Flamme leuchtend macht.

Das chemisch gebundene Wasser wird ebenfalls unter Wärmeverbrauch zerlegt. Der Wasserstoff verbindet sich mit dem Kohlenstoff zu Kohlenwasserstoff und der Sauerstoff mit dem Kohlenstoff zu Kohlenoxyd. Das mechanisch gebundene Wasser verdampft.

Der im festen Brennstoff unvergast zurückbleibende Kohlenstoff (Koks) verbrennt langsam und ohne Flammenbildung.

In Handel und Industrie teilt man die Steinkohlen ein in:

1. Flammkohlen, sie verbrennen mit langer Flamme;
2. Fettkohlen, sie bilden beim Verbrennen halblange Flammen;
3. Magerkohlen, sie verbrennen mit kurzer Flamme.

Die älteste Steinkohlenart ist der Anthrazit, der bis zu 95% Kohlenstoff enthält.

Nach der Korngröße unterscheidet man die Steinkohlen in 6 Gruppen:

1. Stückkohle, Durchmesser über 80 mm;	Diese Bezeichnungsweise ist aber nicht ganz allgemein durchgeführt.
2. Nuß I, Durchmesser 80 bis 50 mm;	
3. Nuß II, Durchmesser 50 bis 25 mm;	
4. Nuß III, Durchmesser 25 bis 15 mm;	
5. Nuß IV: Durchmesser 15 bis 10 mm;	
6. Kohlengrus, Durchmesser unter 10 mm.	

Bringt man gepulverte Steinkohle in einem geschlossenen Tiegel zum Glühen, so zeigen die einzelnen Arten verschiedenes Verhalten. Danach unterscheidet man Sand-, Sinter- und Backkohle.

Die Sandkohle bleibt auch nach dem Verkoken pulverförmig. Bei der Sinterkohle erweichen die Teilchen und kleben nach dem Erkalten äußerlich zusammen, sie sintern. Die Backkohle schmilzt, bläht sich beim Glühen auf und bildet nach dem Erkalten eine zusammenhängende Masse. Backkohlen werden als Schmiede-, Gas- und Kokskohlen verwendet. Sinterkohlen dienen zur Kesselfeuerung. Sandkohlen lassen sich durch Mischen mit Backkohlen für das Verbrennen auf dem Rost geeigneter machen, so daß sie nicht durch die Rostspalte fallen. Steinkohle wird in Deutschland an folgenden Stellen gewonnen: Bei Aachen, an der Ruhr, im Saar- und Pfälzer Gebiet, bei Zwickau, in der Gegend von Waldenburg (Niederschlesien) und in Oberschlesien. Der Heizwert der Steinkohle liegt zwischen 6500 und 7800 kcal. Steinkohlenbriketts werden meist aus dem Grus von Magerkohle hergestellt unter Anwendung von Steinkohlenpech als Bindemittel, ihr Heizwert ist 7000 bis 7700 kcal. Der Heizwert der festen Brennstoffe läßt sich, abgesehen vom Einfluß der Feuchtigkeit und des Aschengehaltes, nicht sicher aus den Heizwerten seiner brennbaren Bestandteile berechnen, er ist auch von der Menge und Art der entstehenden Kohlenwasserstoffe abhängig und wird durch Versuche ermittelt.

Lagert man Steinkohle im Freien, so zerfällt sie und verliert an Heizwert. In hohen Schichten neigt feuchte Steinkohle zur Selbstentzündung. Man schüttet sie deshalb nicht gern in Höhen über 5 m. In die Haufen werden Rohre senkrecht hineingestellt, so daß man Thermometer zur Messung der Wärmegrade einhängen kann.

Verkokte Brennstoffe. Sie entstehen dadurch, daß man natürliche Brennstoffe unter Luftabschluß glüht und den zurückbleibenden Kohlenstoff in Wasser ablöscht, um ihn am Verbrennen in der Außenluft zu hindern. Die entweichenden Gase und Dämpfe werden aufgefangen und kondensiert oder verbrannt.

Holzkohle. Zu ihrer Herstellung wird Laubholz in gußeisernen Retorten geglüht. Holzkohle enthält außer Kohlenstoff (94%) und Asche bis zu 16% Wasser. Sie findet besonders zum Erhitzen von Kupfer und Werkzeugstahl Verwendung. Hierzu sind Steinkohlen wegen ihres Gehaltes von 1—2% Schwefel nicht verwendbar. Der Heizwert der Holzkohle beträgt $\sim$ 8000 kcal.

Koks. Koks wird aus dem Grus backender Steinkohle hergestellt und ergibt sich als Hauptprodukt in den Kokereien und als Nebenerzeugnis bei der Leuchtgasbereitung. Gaskoks ist weniger fest und dicht als Hüttenkoks und kann für die Zwecke der Eisen- und Metallgewinnung nicht verwendet werden. Koks hat etwa 7000 kcal Heizwert und verbrennt ohne Flamme und Rauch.

Hüttenkoks stellt man folgendermaßen dar. Kohlengrus wird von oben in gemauerte Ofenkammern geschüttet und gestampft oder zwischen senkrechten eisernen Wänden zu einem Kohlenkuchen zusammengestampft, den man von der Seite in die Ofenkammer schiebt. Eine solche Kammer ist etwa 10 m lang, 2,4 m hoch und 0,5 m breit. Die Stirnöffnungen lassen sich durch Türen dicht abschließen. Bis zu 90 Kammern werden zu einer Ofenanlage vereinigt. Die Wände zwischen den Kammern sind von Kanälen durchsetzt, durch die man heiße Verbrennungsgase schickt. Fig. 2 bis 5[1]) zeigen einen Koksofen der Oberschles. Kokswerke und Chemischen Fabriken A.-G. Man sieht einen Schnitt durch die Kokskammer und einen durch die Heizkanäle. Die entweichenden Gase werden anfangs und am Ende des Garens durch die Leitung *a*, in der übrigen Zeit durch *b* abgeführt und als Leuchtgas benutzt. Die armen Gase aus *a* verwendet man zum Beheizen des Ofens. Ihre Ver-

[1]) Z. V. D. I. 1913, S. 1935.

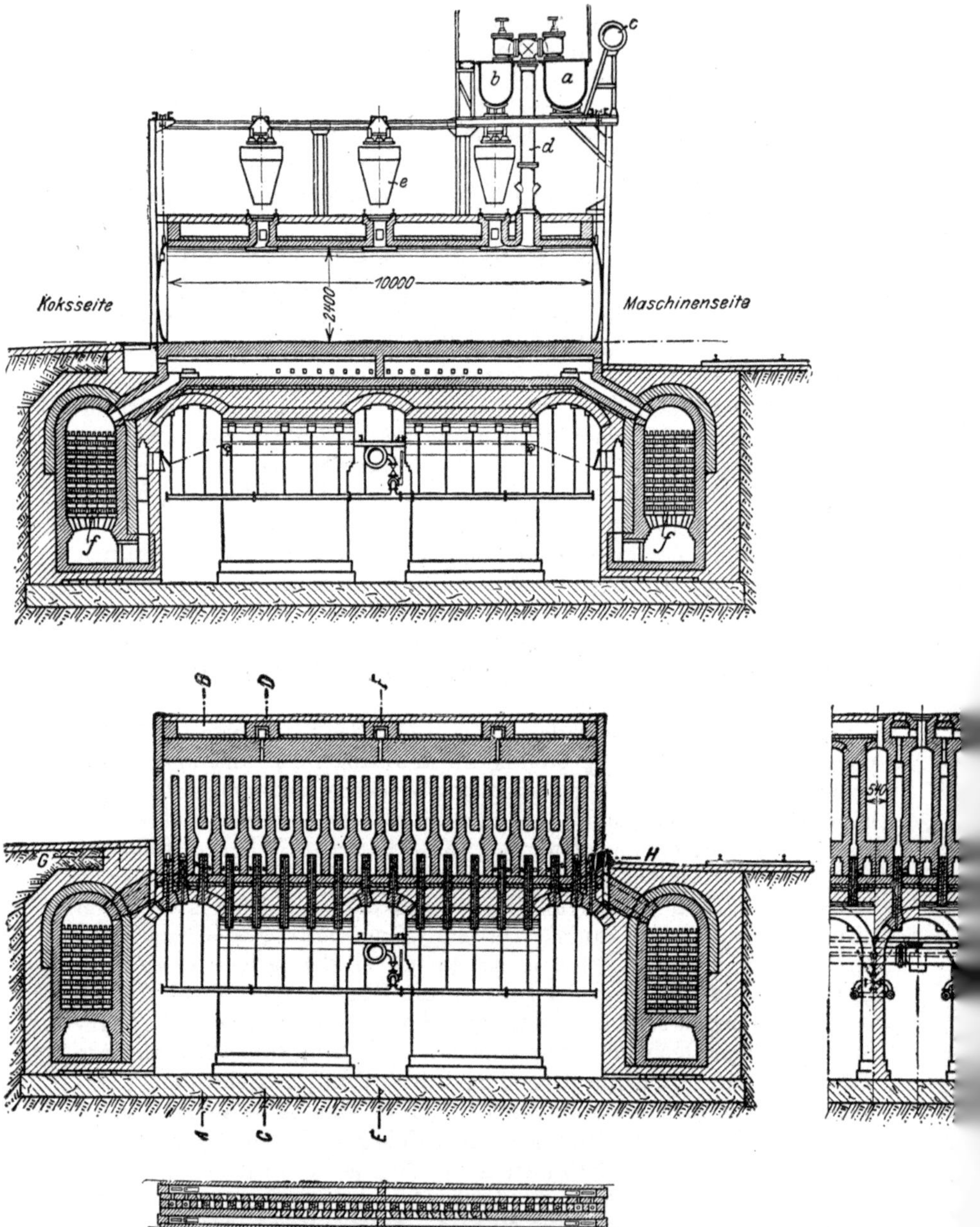
c
b
a
d
e
Koksseite
Maschinenseite
10000
2400
f
f
B
D
F
G
H
540
A
C
E

Fig. 2 bis 5.

brennung erfolgt in einer Reihe von Bunsenbrennern. Die Verbrennungsluft wird abwechselnd in einer der beiden Wärmespeicherkammern *f* vorgewärmt, durch die andere ziehen die verbrauchten Feuergase ab, wobei sie das Mauerwerk wieder erhitzen. Die Garungszeit dauert etwa 30 Stunden, und man erhält durchschnittlich 77 kg Koks aus 100 kg Kohle.

Die entweichenden Gase werden durch Kühlapparate geführt. Die Wände der ersten sind mit Luft, die der folgenden mit Wasser gekühlt. Hier werden die Teer- und Wasserdämpfe niedergeschlagen. Dann gehen die Gase durch Waschtürme, wo sie mehrfach gegen einen Wasserregen strömen. Dadurch wird das wertvolle Ammoniak absorbiert und man erhält Ammoniakwasser. In gleicher Weise wird der Gehalt an Benzol durch Teeröl ausgewaschen, das die Fähigkeit hat, Benzoldämpfe aufzunehmen. Waschöl und Wasser gehen in entgegengesetzter Richtung durch die Apparate wie das Gas. Das gereinigte Koksofengas wird in einen Gasometer gedrückt und zum Beheizen der Koksöfen teilweise verbraucht. Der Überschuß kann in Gasmaschinen oder unter Kesseln verbrannt werden, wenn er nicht von vornherein für Leuchtzwecke bestimmt ist, wie im vorgeführten Ofen. Aus dem gesättigten Waschöl wird das Benzol durch Erwärmen des Öles ausgetrieben ebenso wie Ammoniak aus dem Ammoniakwasser. Das Ammoniak wird dampfförmig in Schwefelsäure geleitet, und man erhält Schwefelammonium, das als stickstoffhaltiges Düngemittel geschätzt ist.

Der Teer. Die Beschaffenheit des Steinkohlenteers ist sehr abhängig von dem Wärmegrade, bei dem er gewonnen wurde. Urteer ist bei ganz niedrigen Temperaturen von etwa 450° C abgeschieden. Er ist am reichsten an leichtflüssigen Bestandteilen und arm an freiem Kohlenstoff, der den Teer zähflüssig und dick macht. Der Koksofenteer wird durch Erhitzen vom Wasser befreit und dann einer unterbrochenen Destillation unterworfen, wobei vier Destillate getrennt werden:

	Spez. Gewicht	Siedepunkt		Spez. Gewicht	Siedepunkt
1. Leichtöl	0,91—0,95	bis 170° C	3. Schweröl ...	1,04	230—270° C
2. Mittelöl	1,01	170°—230° C	4. Anthrazenöl	1,1	270—320° C

Der Rückstand ist Steinkohlenpech.

Das **Leichtöl** wird durch weitere Destillation[1]) zerlegt und durch Schwefelsäure von den harzigen Bestandteilen gereinigt. Man erhält schließlich 7 Sorten Handelsbenzol. Diese sind nach Siedepunkten geordnet:

1. Handelsbenzol I, auch 90er Benzol genannt, weil bis 100° C schon 90% überdestillieren;
2. Handelsbenzol II oder 50er Benzol; bis 100° C gehen 50% über;

[1]) Genaueres s. Dr. L. Schmitz, Die flüssigen Brennstoffe. 2. Aufl., Berlin: Julius Springer. 1919.

3. Toluol;
4. Xylol;
5. Solventnaphtha I;
6. Solventnaphtha II;
7. Handelsschwerbenzol.

Das 90er Benzol ist wasserhell. Sein Erstarrungspunkt liegt bei — 5° C, so daß es im Winter leicht einfriert. Dem kann man durch Zusatz von Spiritus oder von Benzin und Spiritus abhelfen. Spiritus ist ein Gemisch von reinem Alkohol und Wasser. Die vorstehend erwähnten Öle werden viel als Brennstoffe verwendet. Ein geringes spez. Gewicht ist bei Benzol kein Kennzeichen für einen niedrigen Siedepunkt.

Mittel- und Schweröle werden von dem reichlich aufgenommenen Naphthalin befreit. Man läßt das Mittelöl längere Zeit bei niedriger Temperatur stehen, dabei kristallisiert das Naphthalin aus. Aus dem Schweröl wird Naphthalinöl abdestilliert, aus dem sich beim Abkühlen ebenfalls Naphthalin ausscheidet. Der Rest des Schweröles dient als Kreosot zum Imprägnieren der Eisenbahnschwellen. Aus dem Anthrazenöl scheidet sich bei Lufttemperatur das für die Farbenfabrikation wichtige Anthrazen als grünliches Pulver aus; der Rest dient ebenfalls zum Tränken der Schwellen. In der Hauptsache wird er aber mit den Resten des Mittel- und Schweröles unter dem Namen Teeröl als Brennstoff verwendet.

Die Destillate des Steinkohlenteers sind nicht allein als Brennstoffe wichtig. Sie bilden die Rohstoffe für eine große Zahl chemischer Industrien, die Farben, Lacke, Heilmittel, Riechstoffe, Zelluloid, Hartgummi, Sprengstoffe, Konservierungs- und Imprägniermittel daraus herstellen.

B. Flüssige Brennstoffe.

Außer Benzol und Teeröl wird auch Naphthalin zu den flüssigen Brennstoffen gerechnet, weil es bei 79° C schmilzt. Aus der Braunkohle lassen sich ebenfalls flüssige Brennstoffe gewinnen. Man benutzt dazu aber nicht die gewöhnliche Feuerkohle, sondern eine Abart der Braunkohle, die sog. Schwelkohle. Sie ist von gelber Farbe und schmilzt bei 150 bis 200 C°. Das Glühen unter Luftabschluß, dem diese Kohle unterworfen wird, heißt Schwelerei. Die hierbei gewonnenen Gase werden teilweise zum Beheizen der Öfen verbraucht, der Rest wird in Gasmaschinen verbrannt. Man bezeichnet sie als Braunkohlenschwelgase. Die ausgegarte Kohle wird Grude genannt. Man verwendet sie in Küchenherden.

Aus dem niedergeschlagenen Braunkohlenteer wird Rohöl abdestilliert, und Paraffinmasse bleibt zurück. Das Rohöl wird durch weitere Destillation in Braunkohlenteerbenzin, Solaröl und Paraffinöl zerlegt.

Das **Benzin** ist im Handel kaum zu haben, weil es bei der Reinigung des Paraffins verbraucht wird.

Solaröl ist ein wasserhelles dünnflüssiges Öl, das auch als Leuchtöl in Lampen gebrannt wird.

Von **Paraffinöl** werden mehrere Sorten gewonnen, die mit zunehmendem Siedepunkt ein höheres spez. Gewicht und dunklere Farbe zeigen. Man verwendet sie als Brennstoffe; die hellen Paraffinöle werden auch als Putzöle benutzt.

Festes Paraffin in Schuppenform scheidet sich auch aus den Destillaten ab, wenn man sie abkühlt. Paraffin harzt nicht, es findet u. a. auch als vorübergehendes Rostschutzmittel Anwendung beim Versand blank bearbeiteter Eisenteile und ist dann häufig blau oder rot gefärbt.

Petroleum. Das rohe Erdöl — auch Rohpetroleum oder Naphtha genannt — wird an vielen Stellen der Erde gewonnen. Die bekanntesten Petroleumländer sind die Vereinigten Staaten, Rußland, Mexiko, Rumänien und Galizien. Die drei zuerst genannten liefern 90% der ganzen Welterzeugung, die Vereinigten Staaten allein zwei Drittel. Die wichtigste Fundstelle Deutschlands ist Wietze in Hannover. Die ölführenden Erdschichten werden angebohrt, und das Öl springt entweder aus dem Bohrloch heraus, oder es wird gepumpt. Sehr dicke Öle müssen geschöpft werden. Das Rohöl ist meist durch Schlamm verunreinigt. Soll es in Motoren verbrannt werden, so ist eine gründliche Reinigung nötig. Das Öl wird durch Erwärmen dünnflüssig gemacht und dann durch Filter getrieben. Die Verwendung des Rohöles als Brennstoff beschränkt sich auf solche Sorten, die arm an wertvolleren Bestandteilen sind. Die übrigen Rohöle werden destilliert und man erhält folgende Produkte:

	Siedepunkt		Siedepunkt
Rohbenzin	30—150°	Gasöl	250—300°
Leuchtpetroleum	150—250°	Rückstände	über 300°

Das **Rohbenzin** wird mit Schwefelsäure entharzt, von Säure gereinigt und ergibt nach mehrfacher Destillation folgende Öle:

	Siedepunkt	Spez. Gewicht	
Petroleumäther	30—50°	s = 0,65 —0,66	Flammpunkt —58 bis + 10°
Gasolin (Leichtbenzin)	50—70°	s = 0,66 —0,68	
Benzin	70—90°	s = 0,67 —0,707	
Ligroin (Schwerbenzin)	80—120°	s = 0,707—0,722	
Putzöl	110—150°	s = 0,722—0,737	

Das **Gasöl** wird auch Blau- oder Grünöl genannt. Es wird besonders als Treiböl für Motoren verwendet.

Die Rückstände können auf sehr schwer siedende Öle verarbeitet werden, die man zum Schmieren von Heißdampfzylindern gebraucht, und auf Vaselin, das, ähnlich wie Paraffin, nicht verharzt.

Vor der Verbrennung müssen die flüssigen Brennstoffe in Dampf- oder Nebelform gebracht werden. Das gilt sowohl für die Verbrennung in Motoren als auch in Heizanlagen. Die Verbrennung ist um so leichter, je niedriger die Siedetemperatur des Brennstoffes liegt. Auch unterhalb der Siedetemperatur bilden sich brennbare Gemische. Die flüssigen Brennstoffe verdunsten, und die Luft wird mit Brennstoff gemischt.

Eigenschaften flüssiger Brennstoffe.

	Siedepunkt C	Spez. Gewicht	Unterer Heizwert kcal	Flammpunkt C	Bemerkung
90er gereinigtes Handelsbenzol	80°	0,88—0,883	9600	—15°	Erstarrt bei —5°
50er gereinigtes Handelsbenzol		0,875—0,877		—9,5°	
Teeröl	230—270°	1,0—1,1	8800—9200	75—85°	
Naphthalin	216,5—218,5°	1,15	9600	80°	
Solaröl	150—270°	0,825—0,835	9980	45—50°	
Helles Paraffinöl	190—300°	0,848—0,88	9700—9800	66—85°	Erstarrt bei —10 bis —15°
Dunkl. Paraffinöl	250—300°	0,88—0,89	9800	100—120°	0 bis —5°
Paraffinöl	250—300° u. darüber	0,905—0,92	9750	115—125°	— 6 bis + 7°
Rohes Erdöl	—	0,85—0,96	9500—11500	über 60°	
Leuchtpetroleum	150—250°	0,79—0,82 je nach Herkunft	10500	über 21°	
Gasöl	250—300°	0,849—0,886	∼ 10000	55—100° je nach Herkunft	

Erst wenn der Luftraum über dem Spiegel einer langsam erwärmten, brennbaren Flüssigkeit genügend mit Brennstoff angereichert ist, wird eine von Zeit zu Zeit in den Luftraum gehaltene kleine Zündflamme die Entzündung und augenblickliche Verbrennung des Gemisches bewirken. Die Temperatur des Brennstoffes, bei der die Zündung erfolgt, heißt Flammpunkt oder Entflammungspunkt. Vergleichbare Zahlen lassen sich nur in Versuchseinrichtungen mit immer gleichen Abmessungen finden. Nach der preußischen Polizeiverordnung über den Verkehr mit Mineralölen werden die flüssigen Kohlenwasserstoffe, deren Flammpunkt nicht über 140° C liegt, in 3 Klassen geteilt. Klasse I hat einen Flammpunkt bis 21°, Klasse II von 21 bis 65°, Klasse III von 65 bis 140° C. Zu Klasse I gehören Benzin und Benzol. Die Lagerung von mehr als 30 kg ist wegen der Feuergefährlichkeit nur nach Anzeige an die Ortspolizei zulässig. Mengen von mehr als 300 kg dürfen nur mit Erlaubnis der Behörde gelagert werden. Als sicherste Lagerung großer Mengen solcher Stoffe hat sich die unter Stickstoff oder Kohlenoxyd erwiesen. Der Brennstoff wird durch das Schutzgas aus dem Lagergefäß gedrückt; der vom Brennstoff freigemachte Raum wird also vom Schutzgase eingenommen. Ein brennbares Gemisch kann nicht entstehen. Die Rohrleitungen sind doppelwandig. Der Zwischenraum steht ebenfalls unter dem Druck des Schutzgases, so daß Flüssigkeit durch undichte Stellen nicht entweichen kann. (Ausführung Martini & Hünecke, Berlin.)

Nur Brennstoff-Luftgemische von bestimmtem Mischungsverhältnis sind zündfähig; zu reiche oder zu magere Gemische lassen sich nicht entzünden. Benzinhaltige Gemische von 760 mm Druck zünden bei einem

Benzingehalt von 2,4 bis 4,9 Raumprozent, benzolhaltige bei einem Gehalt von 2,7 bis 6,5%. Durch Verdichtung des Gemisches lassen sich auch reichere Gemische zündfähig machen (Motor). Ihr Luftgehalt wird immer so groß gemacht, daß der zur Verbrennung nötige Sauerstoff reichlich vorhanden ist. Brennstoffe mit hohem Siedepunkt lassen sich schwer entzünden. Der Verbrennungsraum wird mit feuerfesten Steinen ausgekleidet, die man durch Vorwärmung auf Glühhitze bringt. In diesem Raume wird der Brennstoff durch Dampf- oder Windstrahl zerstäubt.

Unterer und oberer Heizwert. Zur Ermittlung des Heizwertes wird eine kleine Brennstoffmenge (bis 1 g) in einem dicht verschraubten Stahlgefäß (Bombe) mit reinem Sauerstoff unter hohem Druck verbrannt. Die entwickelte Wärmemenge berechnet man aus der Temperaturerhöhung eines Wasserbades, das die Bombe umgibt. Der im Brennstoff enthaltene Wasserstoff verbrennt hierbei zu Wasserdampf. Dieser verdichtet sich an den Wänden des Gefäßes zu Wasser und gibt dabei seine Verdampfungswärme ab. In technischen Anlagen ist die Ausnutzung der Feuergase bis zu Temperaturen, bei denen die Verdichtung des Wasserdampfes beginnt, nicht zulässig (Rostbildung, Wasserschlag). Die Feuergase entweichen mit 200 bis 300° C. Deshalb ermittelt man den unteren Heizwert aus dem an Hand des Versuches berechneten oberen Heizwerte, indem man für jedes kg Kondenswasser, das aus dem Brennstoffe entsteht, 600 kcal Verdampfungswärme abzieht.

C. Gasförmige Brennstoffe.

Es gibt einige Stellen der Erdoberfläche — besonders in den Vereinigten Staaten von Amerika — wo brennbare Gase (Erdgas) aus Bohrlöchern ausströmen. Alle übrigen gasförmigen Brennstoffe sind künstlich gewonnen. Leuchtgas, Koksofengas und Braunkohlenschwelgas wurden bereits erwähnt. Für die Technik sind noch folgende von Bedeutung:

Generatorgas. Es wird hergestellt, indem man minderwertige Steinkohlen in dicken Schichten von 1 bis 1,5 m in einem Generator nach der schematischen Fig. 6 verbrennt. Die Brennstoffe werden von oben zugeschüttet und zunächst durch die aufsteigenden heißen Gase getrocknet. Beim Abwärtsrücken werden dann die flüchtigen Bestandteile ausgetrieben, die Kohle wird entgast. Schließlich wird der zurückbleibende Kohlenstoff unvollkommen zu Kohlenoxyd verbrannt, wobei aus jedem kg Kohlenstoff 2500 kcal frei werden. Dicht über dem Rost verbrennen die Kohlen zwar zu CO_2, doch wird dieses in den höheren Schichten durch den glühenden Kohlenstoff zu CO reduziert (CO_2 + C

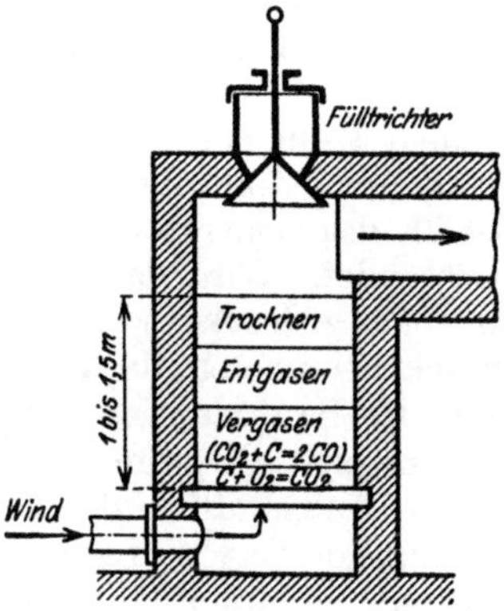

Fig. 6.

$= 2\,CO$). 1 kg Kohle verbraucht 4 bis 5 kg Wind und ergibt 5 bis 6 kg Gas von 750 bis 900 kcal Heizwert. Das gibt für 1 kg Kohle i. M. 4500 kcal. Generatorgas enthält als brennbare Bestandteile 20 bis 28% Kohlenoxyd und 2 bis 6% Wasserstoff. Außerdem enthält Generatorgas etwas Kohlensäure und den Stickstoff der Verbrennungsluft. Das Kohlenoxyd ist ein geruchloses und außerordentlich giftiges Gas. Schon ganz geringe Mengen in der Atemluft führen Bewußtlosigkeit und den Tod des Menschen herbei. Deshalb müssen die Leitungen stets dicht, und der Generator muß gut verschlossen sein. Die Aufstellung des Generators erfolgt am besten im Freien oder in Räumen, die mit der Außenluft in ständiger Verbindung stehen. Generatorgas läßt sich mit geeigneten Generatoren aus allen festen Brennstoffen herstellen.

Mischgas. Verwendet man Brennstoffe, die wenig oder gar keine flüchtigen Bestandteile enthalten, wie Anthrazit und Koks, so wird von der Wärme, die durch unvollkommene Verbrennung entsteht, wenig verbraucht, und die Gase entweichen sehr heiß, besonders wenn die Brennstoffe auch noch wenig Feuchtigkeit haben. Man nutzt die Wärme dadurch aus, daß man mit der Verbrennungsluft zugleich etwas Wasserdampf in den Ofen bläst. Bei der hohen Temperatur der glühenden Kohlen wird der Dampf in seine Bestandteile Wasserstoff und Sauerstoff zerlegt, und dadurch wird Wärme verbraucht. Zwar verbindet sich der freigewordene Sauerstoff mit dem Kohlenstoff zu CO, wobei wieder Wärme frei wird, aber diese Wärmemenge ist bedeutend geringer als der Verbrauch bei der Zerlegung des Wasserdampfes. Für jedes kg Brennstoff wird etwa 1 kg Dampf eingeblasen. Doch ist darauf zu achten, daß die Temperatur im Generator nicht unter 700 bis 800° C sinkt, weil der Kohlenstoff mit dem freigewordenen Sauerstoff dann nicht mehr zu CO, sondern immer mehr zu CO_2 verbrennt. $C + 2\,H_2O = CO_2 + 2\,H_2$ statt $C + H_2O = CO + H_2$. Kohlensäure ist nicht brennbar und bedeutet nur einen Ballast für das Gas, ebenso wie der Luftstickstoff. 1 kg Brennstoff gibt 4—5 kg Mischgas, das viel reicher an Wasserstoff ist als das Generatorgas. Es wird meistens zum Betriebe von Motoren verwendet. Wird das Gemisch von Dampf und Luft durch den Gaserzeuger gedrückt, so nennt man das Gas auch Druckgas; wird das Gemisch beim Saughube des Motors angesaugt, so spricht man von Sauggas. Die Sauggasanlagen werden bevorzugt. Sie haben den Vorteil, daß Kohlenoxyd (CO) durch Undichtigkeiten nicht austreten kann, vielmehr würde Außenluft in die Leitungen strömen. Das aus dem Generator stammende Gas wird zunächst durch einen mit Koksstücken oder Lattenwerk gefüllten Waschturm geführt. Das ist ein stehender eiserner Zylinder, in dem das Gas gegen einen Wasserregen hoch steigt. Dadurch wird das Gas gekühlt, Ammoniak und Teer werden ausgewaschen. Mitgerissene Teerbläschen werden in einem besonderen Abscheider aufgefangen, indem man das Gas gegen gelochte Bleche oder gegen Drahtbürsten stoßen läßt. Die Teerbläschen verschmutzen die Ventile und den Zylinder des Motors.

Wassergas. Man erhält Wassergas, wenn man Wasserdampf allein durch weißglühenden Koks leitet (1000 bis 1200° C). Bei der Zerlegung des Dampfes entstehen Wasserstoff und Kohlenoxyd (CO), und es wird mehr Wärme für die Zerlegung verbraucht als durch die Kohlenoxydbildung entsteht (siehe Mischgas). Der Mehrverbrauch wird den Kohlen entnommen. Deshalb muß man das Gasmachen nach einigen Minuten unterbrechen und die Kohlen mit Luft wieder warm blasen. Dabei erzeugt man entweder Kohlendioxyd (CO_2), das man entweichen läßt, oder Generatorgas, das man anderweitig verwendet. 1 kg Koks gibt 1,4 kg Gas. Das Wassergas wird besonders zum Schweißen von stärkeren Blechen verwendet. Es enthält etwa 49% Wasserstoff und 43% Kohlenoxyd.

Gichtgas. Es entströmt der oberen Öffnung des Hochofens; sein brennbarer Bestandteil ist CO (bis 30%). Außerdem enthält es CO_2 und Stickstoff. (Siehe Eisengewinnung.) Große Mengen des Gichtgases werden in Großgasmaschinen verbrannt.

Azetylen — C_2H_2 — ist ein farbloses Gas, das sich durch Verbindung von Kalziumkarbid — CaC_2 — mit Wasser bildet nach der Formel

$$CaC_2 + 2\,H_2O = C_2H_2 + Ca(OH)_2\,.$$

Aus 1 kg Karbid ergeben sich etwa 300 l Gas und Ätzkalk als Rückstand. Kalziumkarbid kommt als grauer harter Stein in den Handel. Es wird durch Zusammenschmelzen von Kalk und Koks im elektrischen Lichtbogen gewonnen ($CaO + 3\,C = CaC_2 + CO$). Karbid wird in verlöteten Blechbüchsen verschickt; es muß bei der Aufbewahrung sorgfältig vor Feuchtigkeit geschützt werden, weil es begierig Wasser aufnimmt und sich dabei sofort unter Azetylenbildung zersetzt. Über die Lagerung von Kalziumkarbid und die Herstellung, Aufbewahrung und Verwendung von Azetylen sind weitgehende polizeiliche Bestimmungen erlassen.

Heizwerte gasförmiger Brennstoffe siehe Abschnitt Wärmelehre, S. 231.

Die Verbrennungsluftmenge. Der Sauerstoff verbindet sich mit den brennbaren Bestandteilen Kohlenstoff, Wasserstoff und Schwefel. Vom Wasserstoff kommt nur der Teil in Betracht, der nicht bereits an Sauerstoff gebunden ist. Bei vollkommener Verbrennung verbinden sich also: Sauerstoff vom Atomgewicht 16 mit:

Kohlenstoff vom Atomgewicht 12 zu CO_2,	Gewichtsverhältnis	$\frac{2 \cdot 16}{12} = \frac{32}{12} = \frac{2{,}66}{1}$
Wasserstoff „ „ 1 „ H_2O,	„	$\frac{16}{2} = \frac{8}{1}$
Schwefel „ „ 32 „ SO_2,	„	$\frac{32}{32} = \frac{1}{1}$

Enthält ein Brennstoff o kg Sauerstoff, c kg Kohlenstoff, h kg Wasserstoff und s kg Schwefel, so sind $^o/_8$ kg des Wasserstoffes bereits an den Sauerstoff gebunden. Man braucht demnach $[2{,}66\,c + 8\,(h - \frac{o}{8}) + 1\,s] = 2{,}66\,c + 8\,h + s - o$ kg Sauerstoff. Nun sind 23 kg Sauerstoff in 100 kg Luft enthalten und 1 kg Sauerstoff in $\frac{100}{23} = 4{,}35$ kg Luft.

Demnach ist die rechnerische Luftmenge für 1 kg Brennstoff:

$$L = (2{,}66\,c + 8\,h + s - o)\ 4{,}35 \text{ in kg.}$$

Mit dieser Luftmenge kommt man in Wirklichkeit nicht aus. Besonders die festen Brennstoffe brauchen einen reichlichen Luftüberschuß bis zu 100% der berechneten Menge. Flüssige und gasförmige Brennstoffe lassen sich vor der Verbrennung innig mit der Verbrennungsluft mischen, deshalb genügt ein geringerer Luftüberschuß. Die entwickelte Wärmemenge verteilt sich auf eine kleinere Gasmenge, und die Temperatur wird höher. Es kommt aber auch vor, daß mit Luftmangel verbrannt wird. Man erhält eine reduzierend wirkende Flamme. Das ist für manche Hütten- und Schmelzvorgänge wichtig. Die Verbrennung ist dann natürlich nicht ganz vollkommen, die Flamme wird trübe und leuchtet. Offenen Gasbrennern führt man ein luftarmes Gemisch zu, weil die Flamme noch Sauerstoff aus der Außenluft erhält. Die Vorteile der flüssigen und gasförmigen Brennstoffe liegen darin, daß man die Brennstoffmenge leicht regeln und die Verbrennung vollkommen ohne Rauch- und Rußentwicklung durchführen kann. Mit flüssigen und gasförmigen Brennstoffen lassen sich hohe Verbrennungstemperaturen erzielen.

In Gas-Luftgemischen schreitet die Zündung rasch fort. Ist die Zündgeschwindigkeit größer als die Ausströmgeschwindigkeit des Gemisches, so schlägt die Flamme zurück. Man hilft sich, indem man das Gemisch unter erhöhtem Druck austreten läßt (Preßgas) oder ein luftarmes Gemisch zur Verbrennung bringt

Das Eisen.

Die Eisenerze. Alles technisch verwendete Eisen wird aus Erzen gewonnen. Die wichtigsten Erze sind Verbindungen des Eisens mit Sauerstoff. Alle Erze enthalten Mineralien wie Kalk, Kieselsäure, Tonerde, die den Eisengehalt des Erzes herabsetzen. Sie werden Gangarten genannt. Bei einem Gehalt von weniger als 20% Eisen ist es nicht mehr lohnend, das Erz zu verhütten; es kann höchstens als Zuschlag verwendet werden, wenn seine Gangart dafür geeignet ist. Als Zuschläge bezeichnet man Mineralien, die gleichzeitig mit dem Erz verhüttet werden und die Aufgabe haben, die Gangarten der Erze leichter schmelzbar zu machen, so daß sie verflüssigt und als Schlacke abgeführt werden können. Meist sind die Erze reich an Kieselsäure und Tonerde und erfordern Zuschläge von Kalk.

Die wichtigsten sauerstoffhaltigen Eisenerze sind:

Magneteisenstein (Eisenoxyduloxyd Fe_3O_4). Mit einem Eisengehalt von 45 bis 65 Gewichtsprozenten gehört er zu den reichsten und reinsten Erzen. Er folgt der Anziehung des Magneten und wird in Schweden, Norwegen und im Uralgebirge gefunden. Ein großer Teil der schwedischen Erze wurde bisher in Deutschland und England verarbeitet.

Roteisenstein (wasserfreies Eisenoxyd Fe_2O_3). Er hat den Namen von seiner roten Farbe und enthält 40 bis 60% Eisen. Fundstellen für

Roteisenstein sind das Lahn- und Siegtal, Spanien, Algier, Tunis und Marokko, ferner viele Stellen der Vereinigten Staaten. Spanien und Nordafrika haben viel Erz nach Deutschland geliefert.

Brauneisenstein (Wasserhaltiges Eisenoxyd $2\,Fe_2O_3 + 3\,H_2O$). Er ist das verbreitetste deutsche Erz, hat sehr verschiedenen Eisengehalt (bis 40%) und findet sich in Oberschlesien, im Harz, in Hannover, im Lahntal und bei Aachen. Andere Vorkommen sind noch in Ungarn, Spanien und Algier.

Eine sehr wichtige Abart des Brauneisensteins ist die Minette, die sich durch einen größeren Gehalt an Kalk auszeichnet, durch den sie leicht schmelzbar wird. Außerdem ist die Minette phosphorhaltig. Ein ungeheures Minettelager erstreckt sich von Lothringen und Luxemburg über die alte deutsch-französische Grenze; es ist leicht abzubauen, da es an der Erdoberfläche liegt. Wegen ihres Phosphorgehaltes galten die Minette vor 1877 als wertlos.

Spateisenstein (kohlensaures Eisenoxydul $FeCO_3$). Der Eisengehalt beträgt 30 bis 40%. Das bekannteste Vorkommen ist das von Leoben in der Steiermark. Im Siegtal findet man Spateisenstein, der 5 bis 7% Mangan enthält. Der Spateisenstein wird in Schachtöfen unter Luftzutritt geglüht (Rösten). Dadurch wird die Kohlensäure ausgetrieben und das zurückbleibende Eisenoxydul durch Aufnahme von Sauerstoff in Oxyduloxyd verwandelt. Durch das Rösten verlieren die Erze bis 30% an Gewicht, und der Versand wird billiger. In England kommt der Spateisenstein im innigen Gemenge mit Ton vor (Toneisenstein). Zwei Drittel der englischen Erzförderung ist Spateisenstein.

Außer den vorstehenden Erzen verarbeitet man noch Schwefelkiesabbrände und eisenhaltige Schlacken (Puddelschlacken). Der Schwefelkies — FeS_2 — wird ebenfalls geröstet, wobei der Schwefel zu schwefliger Säure — SO_2 — verbrennt, die man zur Herstellung von Schwefelsäure benutzt. Das Eisen bleibt als Oxyd zurück.

Die Aufgabe der Hüttentechnik besteht darin, die Verbindungen des Eisens mit dem Sauerstoff zu zerlegen und dem gewonnenen metallischen Eisen diejenigen Eigenschaften zu geben, die für seine Verwendung erwünscht sind. Zum Zerlegen der Verbindungen dienen zwei Mittel: Hohe Temperatur und die Anwendung eines Reduktionsmittels, das eine größere Verwandtschaft zum Sauerstoff hat als das Eisen. Als solches werden Kohlenstoff und Kohlenoxyd angewendet.

Reines Eisen. Das reine Eisen ist sehr weich und dehnbar. Sein Schmelz- und Erstarrungspunkt liegt bei 1550° C; das reine Eisen ist also schwer schmelzbar. Im geschmolzenen Zustande ist es dickflüssig. Beim Abkühlen erleidet das Eisen unterhalb seiner Erstarrungstemperatur innere Umwandlungen, die mit Übergängen aus einem Aggregatzustande in den anderen zu vergleichen sind. Solche Umwandlungen kommen auch bei anderen Elementen vor. Beim Eisen kennt man drei feste Zustände, in denen man es als α-, β- und γ-Eisen bezeichnet. Nach dem Erstarren hat man zunächst γ-Eisen. Bei 910° C geht γ-Eisen in β-Eisen über. Dieses ist fester und härter als γ-Eisen. Bei der Umwandlung wird Wärme frei. Beobachtet man eine ungestört abkühlende Eisenmasse und trägt ihre Temperaturen als Senkrechte, die Beobachtungszeiten als Wagerechte in ein Schaubild ein, so ergibt sich zunächst eine stetig verlaufende Kurve $A-B$ in Fig. 7. Bei B stockt die Verminderung der Temperatur. Die erste der Umwandlungstemperaturen ist erreicht (910° C). Die Umwandlungstemperaturen werden als Haltepunkte bezeichnet. Der zweite Haltepunkt liegt bei 780° C. Er entspricht dem Punkte D im Schaubilde. Hier geht β- in α-Eisen über. Dieses ist weicher als β- und γ-Eisen und hat die geringste Festigkeit (30 kg/mm²). α-Eisen ist magnetisch, β- und γ-Eisen nicht. Betastet man ein erhitztes Eisenstück mit dem Magneten, so kann man feststellen, ob der untere Haltepunkt bereits überschritten ist. Erreichen wir ihn bei der Erwärmung, so wird Wärme nicht frei, sondern gebunden, so daß die Temperatursteigerung sich verzögert. Durch sehr rasche Abkühlung kann man β- und γ-Eisen auch bei Lufttemperatur erhalten.

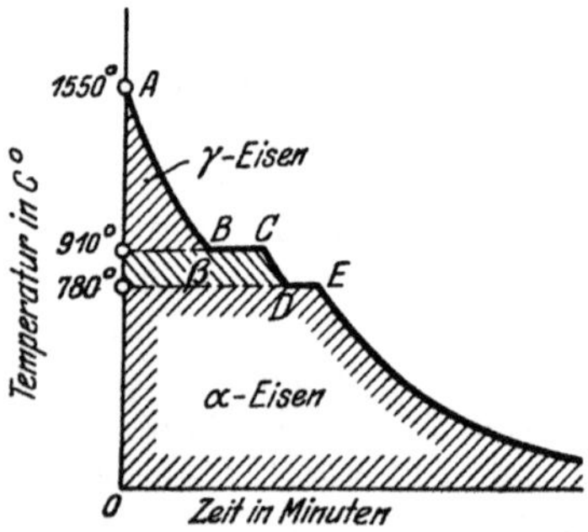

Fig. 7.

Das technisch verwendete Eisen. Es ist nicht rein, sondern eine Legierung des Eisens mit anderen Elementen. Unter diesen ist der Kohlenstoff das wichtigste. Eine Legierung ist eine Lösung von Metall in Metall oder auch von Nichtmetall in Metall, doch müssen die metallischen Eigenschaften erhalten bleiben.

Eisen und Kohlenstoff. Im flüssigen Eisen löst sich Kohlenstoff, z. B. ein Stück Koks, leicht auf. Auch glühendes γ-Eisen nimmt Kohlenstoff aus seiner Umgebung auf und legiert sich mit ihm. Das flüssige Eisen verbindet sich mit dem Kohlenstoff zu Eisenkarbid Fe_3C. Nach den Atomgewichten 56 für Eisen und 12 für Kohlenstoff verbinden sich also $3 \cdot 56 = 168$ Gewichtsteile Eisen mit 12 Gewichtsteilen Kohlenstoff zu 180 Gewichtsteilen. Der Kohlenstoffgehalt der Verbindung beträgt demnach $\frac{12}{180} = 0{,}066 = 6^2/_3\%$. Hätte die Legierung einen Gehalt von $6^2/_3\%$ Kohlenstoff, so wäre sie reines Eisenkarbid. Läßt man das flüssige Eisenkarbid abkühlen, so zerfällt ein Teil unter Ausscheidung von Graphitkristallen, die an die Oberfläche steigen und den Namen Garschaum führen. Der flüssige Rest erstarrt, wenn der Kohlenstoffgehalt sich auf 4,2% vermindert hat. Er enthält dann noch $\frac{4{,}2}{6{,}67} = \sim 63\%$ Eisenkarbid. Das Eisen ist demnach eine Legierung von Eisen und Eisenkarbid. Das Erstarren erfolgt bei 1130° C.

Kühlt sich dieses Eisen weiter ab, so tritt im Innern ein weiterer Zerfall des Karbids ein, und es scheiden sich Graphitkristallchen aus, die sich über die ganze Eisenmasse verteilen. Die Bruchfläche eines solchen Eisens ist grau (graues Gußeisen — Grauguß). Die Graphitplättchen verringern die Festigkeit des Eisens, besonders die Zugfestigkeit. An einer polierten ungeätzten Schliffläche lassen sich die durch schnittenen Graphitplättchen schon bei 50facher Vergrößerung deutlich sichtbar machen. Sie erscheinen als dunkle Schlangenlinien und sind um so größer, je langsamer die Abkühlung des Eisens erfolgte (Fig. 8 nach E. Preuß und Fig. 9 nach O. Bauer und E. Deiß).

Man kann die Ausscheidung von Graphit dadurch stören, daß man das Eisen schnell abkühlt. Die Bruchfläche wird dann weiß und die Härte des Eisens ist sehr groß, da Eisenkarbid eine große Härte besitzt.

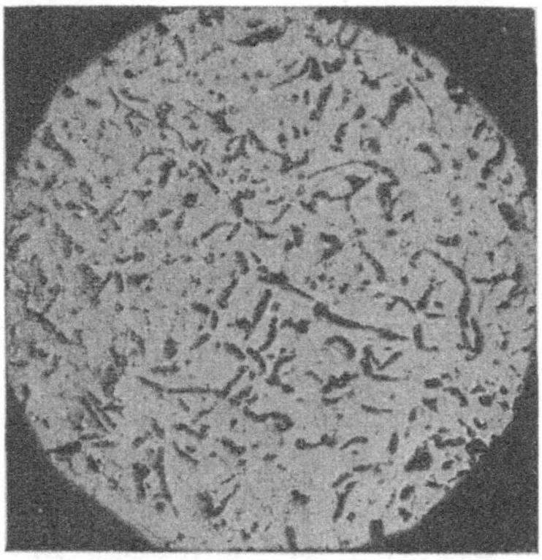

Fig. 8.

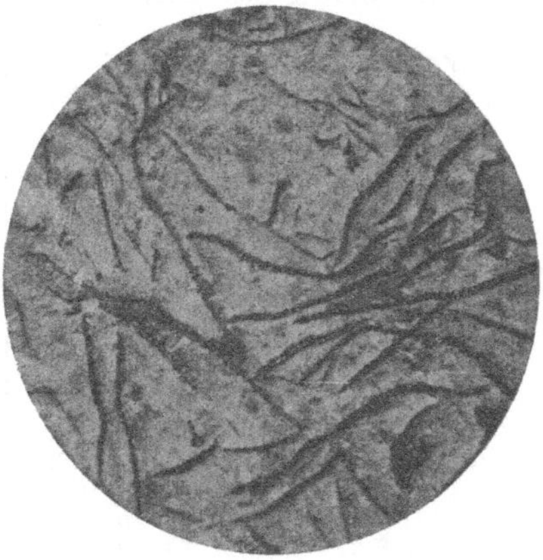

Fig. 9.

Ein solches weißes Eisen kann man nachträglich wieder zur Kohlenstoffausscheidung zwingen, indem man es auf Glühhitze bringt und langsam abkühlt. Der so ausgeschiedene Kohlenstoff heißt Temperkohle.

Die beiden Stoffe Eisen und Eisenkarbid lassen sich in beliebigem Verhältnis legieren, solange die Legierung flüssig ist; sie sind also vollkommen ineinander löslich. Es gibt auch Metalle, die im flüssigen Zustande unvollkommen löslich sind, z. B. Blei und Zink. Schmilzt und rührt man beide zusammen, so trennen sie sich nach einiger Zeit in zwei Schichten. Oben steht Zink mit einem Bleigehalt, der von der Temperatur der Schmelze abhängt, darunter Blei mit entsprechendem Zinkgehalt. Eisen und Blei sind vollkommen unlöslich ineinander wie Öl und Wasser.

Erstarrt eine Legierung, deren Grundstoffe vollkommen löslich waren, so können diese im festen Zustande wieder vollkommen oder unvollkommen löslich oder auch vollkommen unlöslich sein. Im letzten Falle kann die Legierung nach dem Erstarren nur aus einem Gemenge von Kristallkörnern der beiden Stoffe bestehen, im Falle 1 dagegen nur aus Kristallkörnern, von denen jedes wieder eine Legierung der beiden Grundstoffe ist. Man bezeichnet sie als Mischkristalle oder feste Lösungen. Ist die Löslichkeit im festen Zustande eine unvollkommene, wie bei Eisen und

Eisenkarbid, so kann die Zusammensetzung der Legierungen nach dem Erstarren sehr verschieden sein. Den besten Einblick gewinnt man, indem man sich die Erstarrungsvorgänge der Legierungen durch ein Erstarrungsdiagramm veranschaulicht. Fig. 10 zeigt das Diagramm für die Legierung Eisen-Eisenkarbid. Es ist dadurch entstanden, daß man für jedes Mischungsverhältnis die Temperaturen für Beginn und Ende des Erstarrens ermittelt und als Senkrechte über einer Grundlinie aufgetragen hat. Jeder Punkt dieser Grundlinie entspricht einem bestimmten Mischungsverhältnis. Außer dem Gehalt an Karbid ist auch der an Kohlenstoff angegeben. Der Linienzug *ABC* schließt alle Punkte ein, bei denen das Erstarren beginnt, der Linienzug *CDL* diejenigen, bei welchen es beendet ist. Beginn und Ende des Erstarrens bedeuten auch Ende und Anfang des Schmelzens. Man sieht, daß der zunehmende Karbidgehalt den Schmelzpunkt von Eisen herabsetzt, ebenso wie Eisen den von Karbid vermindert. Der Schmelzpunkt des reinen Karbids konnte noch nicht genau ermittelt werden, weil die Neigung des Karbids, in seine Elemente zu zerfallen, mit steigender Temperatur immer größer wird.

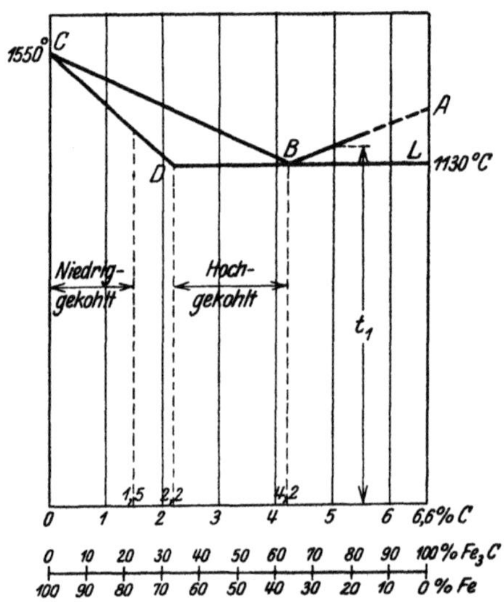

Fig. 10.

Legierungen zwischen A und B. Durch das Abkühlen werden die Legierungen für Eisenkarbid übersättigt. Dieses scheidet sich aus. Da Karbid aber wenig beständig ist, zerfällt es unter Ausscheidung von Kohlenstoff. Die flüssige Schmelze wird durch die Absonderung und den Zerfall von Karbid reicher an Eisen, ihr Erstarrungspunkt sinkt, bis die Grenze der Löslichkeit für Eisen erreicht ist. Bei 1130° C wird alles fest.

Legierungen zwischen C und B. Sie werden durch das Abkühlen für Eisen übersättigt, scheiden aber erfahrungsgemäß nicht reines Eisen aus, sondern Mischkristalle, weil die Bestandteile auch im festen Zustande noch ineinander löslich sind. Die zuerst ausgeschiedenen Kristalle sind immer ärmer an Kohlenstoff als die Schmelze; diese wird dadurch bis zur Grenze der Löslichkeit mit Kohlenstoff angereichert, ihr Erstarrungspunkt sinkt. Bei den Legierungen zwischen *B* und *D* erstarrt der Rest der Schmelze ebenfalls bei 1130° C.

Die Legierung mit 4,2% Kohlenstoff hat nur einen Erstarrungspunkt 1130° C. Bei dieser Temperatur ist die Legierung sowohl für

Eisen als auch für Karbid gesättigt. Wird nun einer von beiden Stoffen ausgeschieden, so folgt die Ausscheidung des anderen infolge der eingetretenen Übersättigung sofort nach. Man nennt die Legierung wegen ihres niedrigen Schmelzpunktes das Eutektikum oder die eutektische Legierung, d. h. die gut schmelzende. Ihr streben alle Legierungen zwischen D und L zu. Die Linie DL heißt die eutektische Linie.

Eisen mit 4,2 bis 2,2% Kohlenstoff. Dieses Eisen wird als hochgekohltes Eisen bezeichnet. Es ist bei 1130° erstarrt. Dicht unter der Erstarrungstemperatur beginnt es bei langsamer Abkühlung Graphit auszuscheiden. Die Ausscheidung kann dadurch befördert werden, daß man dem Eisen Silizium zusetzt, das bei der Gewinnung des Eisens aus dem Kieselsäuregehalt der Erze und Zuschläge reduziert und vom Eisen aufgenommen wird. Es verringert die Lösungsfähigkeit des Eisens für Kohlenstoff. Umgekehrt wirkt ein Zusatz von mehr als 2% Mangan. Er vergrößert die Lösungsfähigkeit des Eisens für Kohlenstoff, so daß dieses Eisen mehr als 4,2% Kohlenstoff aufnehmen kann, ohne Graphit auszuscheiden. Es wird in der Bruchfläche weiß. Mangan kommt entweder aus den manganhaltigen Eisenerzen in das Eisen, oder man verarbeitet Manganerze zusammen mit den Eisenerzen. Das manganhaltige Eisen ist auch dickflüssiger als das siliziumhaltige bei gleicher Temperatur. Technisch verwendete Eisensorten mit hohem Kohlenstoffgehalt sind Roheisen und Gußeisen. Roheisen ist das Erzeugnis, das zunächst aus den Erzen hergestellt wird. Es dient als Rohstoff für die Gewinnung aller weiteren Eisensorten. Gußeisen erhält man aus dem siliziumhaltigen Roheisen durch Umschmelzen. Beide Eisensorten können noch Schwefel und Phosphor enthalten, die ebenfalls aus den Eisenerzen oder Zuschlägen stammen. Eisen von 2,2 bis 1,5% Kohlenstoffgehalt ist nicht verwendbar.

Eisen mit einem Kohlenstoffgehalt unter 1,5%. Es heißt niedrig gekohlt. Nach dem Erstarrungsdiagramm (Fig. 10) hat das Eisen um so höhere Schmelztemperaturen, je niedriger sein Kohlenstoffgehalt ist. Geschmolzen ist das Eisen auch dickflüssiger als das hochgekohlte Eisen und reicher an Gasen. Das hängt mit der Fähigkeit der Metalle zusammen, Gase aufzulösen und sich mit ihnen zu legieren. Die Löslichkeit eines bestimmten Gases in einem flüssigen Metall wächst meistens mit der Temperatur des Metalles. Außerdem ist die aufgelöste Gasmenge vom Druck des Gases abhängig. Die Gase durchdringen das Metall von außen nach innen (Diffusion), bis alle Teile des Metalles gesättigt sind. Die Geschwindigkeit der Diffusion nimmt mit steigender Temperatur zu. Im festen Zustande ist die Lösungsfähigkeit der Metalle für Gase geringer, deshalb scheiden die Metalle beim Erstarren einen Teil der gelösten Gase aus. Können diese nicht entweichen, so entstehen Gasblasen im Metall. In den technisch verwendeten Eisensorten sind Stickstoff und Wasserstoff gefunden worden. Der Stickstoff stammt aus der Luft, der Wasserstoff aus dem Wasserdampf der Verbrennungsgase, die durch den Schmelzofen ziehen. Bei der Berührung mit hoch erhitztem Eisen wird Wasserdampf zerlegt. Der Sauerstoff verbindet sich mit dem Eisen. Auch aus der Luft kann das erhitzte Eisen Sauerstoff aufnehmen.

Im glühenden Zustande ist das niedriggekohlte Eisen weich und dehnbar. Es läßt sich schmieden und heißt deshalb Schmiedeisen. Bis zu einem Kohlenstoffgehalt von 0,8% hinauf läßt sich Schmiedeisen auch schweißen. Die Oberflächen der zu schweißenden Stücke müssen metallisch rein sein. Eingeschlossene Eisenoxyde verhindern die Bildung einer solchen Oberfläche. Das Eisen ist dann unschweißbar. Mit steigendem Kohlenstoffgehalt nehmen Schmied- und Schweißbarkeit ab.

Schmiedbares Eisen mit höherem Kohlenstoffgehalt ist auch härtbar, d. h. es läßt sich durch rasches Abkühlen aus dem glühenden Zustande härter machen. Die Härtbarkeit verliert sich mit abnehmendem Kohlenstoffgehalt ganz allmählich, und die Grenze, bei der die Härtbarkeit aufhört, ist für die verschiedenen Schmiedeisensorten je nach ihrer Zusammensetzung verschieden. Bei Schweißeisen liegt sie ungefähr bei 0,5%, für Flußeisen nimmt man sie bei 0,35% Kohlenstoffgehalt an. Die Frage, ob eine bestimmte Eisensorte noch als härtbar zu gelten hat, läßt sich nur durch einen Versuch beantworten. Man glüht zwei gleichstarke Stäbe des zu prüfenden Eisens $^1/_2$ Stunde bei Hellrotglut und läßt den einen langsam abkühlen, während man den anderen in Wasser (28° C) abschreckt. Nun biegt man die Stäbe um einen Dorn, dessen Durchmesser der Dicke der Stäbe gleich ist, bis an der Zugseite der Biegestelle Risse sichtbar werden. Je größer der Einfluß der Abschreckung war, um so größer ist der Unterschied in den Neigungswinkeln der Schenkel beider Proben. Deutlich härtbares Eisen wird als Stahl bezeichnet. Man hat vorgeschlagen, alles Schmiedeisen als Stahl zu benennen, dessen Zugfestigkeit 5000 kg/cm² übersteigt.

Außer dem Kohlenstoff enthält das Schmiedeisen noch Silizium, Mangan, Schwefel, Phosphor, Eisensauerstoffverbindungen und die vorstehend erwähnten Gase.

Silizium darf nur in geringen Mengen von 0,4 bis 0,5% im Schmiedeisen auftreten. Das Eisen wird sonst kalt- und warmbrüchig. Schmied- und Schweißbarkeit nehmen ab. Für Anker von Dynamomaschinen und für Transformatorenkerne braucht man Eisenbleche von geringem Kohlenstoffgehalt ($^1/_{10}$%), die eine große magnetische Durchlässigkeit haben. Durch einen Gehalt von 2 bis 4% Silizium verringert man ihre elektrische Leitfähigkeit, um auf diese Weise den Verlust durch Wirbelströme zu verringern; die magnetische Durchlässigkeit bleibt unbeeinflußt[1]). Solche Bleche heißen legierte Dynamobleche.

Mangan kann in etwas größeren Mengen im Schmiedeisen auftreten. 2 bis 3% Mangan machen Schmiedeisen härter und weniger dehnbar, dagegen wird die Dehnbarkeit durch einen Zusatz von 12 bis 14% außerordentlich erhöht.

Schwefel macht das Schmiedeisen rotbrüchig. Es ist dann in dunkler Rotglut brüchig und schlecht schweißbar. Der Schwefelgehalt soll

[1]) Siehe Abschnitt „Magnetismus und Elektrizität“.

deshalb möglichst gering sein und bleibt im Schmiedeisen meist unter 0,08%.

Phosphor verringert Schmied- und Schweißbarkeit nicht, aber er macht das Eisen kaltbrüchig und besonders gegen Schläge und Stöße empfindlich. Deshalb muß Stahl besonders frei von Phosphor sein. Im Schmiedeisen beträgt der Phosphorgehalt $^{3}/_{100}$ bis $^{8}/_{100}$%, je nach der Güte des Eisens.

Eisen-Sauerstoffverbindungen machen das Eisen kalt- und warmbrüchig und unschweißbar.

Die Gewinnung des Roheisens.

Das Roheisen wird im Hochofen gewonnen; das ist ein Schachtofen von kreisrundem Querschnitt und 25 bis 30 m Höhe. Nach der schematischen Fig. 11 sind die Teile des Hochofens Schacht, Kohlen-

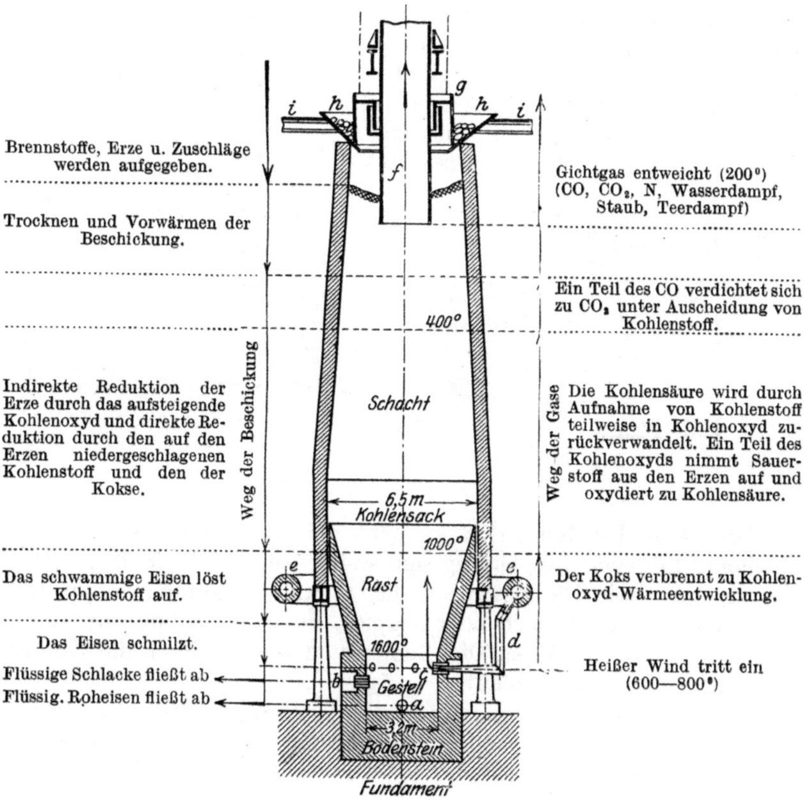

a = Stichloch.
b = Schlackenform.
c = Windform.
d = Düsenstock.
e = Ringleitung für den Wind.
f = Ableitung des Gichtgases.
g = Verschlußglocke zum Gichtverschluß.
h = Trichter.
i = Gichtbühne.

Fig. 11.

sack, Rast, Gestell und Bodenstein. Schacht und Kohlensack haben 0,6 bis 0,8 m Wandstärke. Das feuerfeste Mauerwerk wird durch eiserne Ringe und Schienen zusammengehalten und ruht auf einem eisernen Tragringe, der durch Säulen gestützt wird, so daß Rast und Gestell entlastet sind. Letztere haben 0,8 bis 1 m Wandstärke und sind von einem Blechmantel umgeben. In das Mauerwerk sind zahlreiche Kästen aus Gußeisen hineingebaut, die ständig von kaltem Wasser durchflossen werden und das Mauerwerk kühlen; dadurch wird dieses widerstandsfähiger gegen Auflösung, und der Ofen hat eine längere Lebensdauer. Die Beschickung erfolgt von der oberen Öffnung aus, die den Namen Gichtöffnung führt. Man gibt abwechselnd eine Koksgicht von ∾ 7000 kg und eine Erzgicht mit den erforderlichen Zuschlägen von ∾ 15 000 kg auf. Der zur Verbrennung nötige Wind mit 0,5 bis 0,6 atm Überdruck wird von liegenden Zylindergebläsen gefördert und in besonderen Winderhitzern vorgewärmt, die nach ihrem Erfinder als Cowper bezeichnet

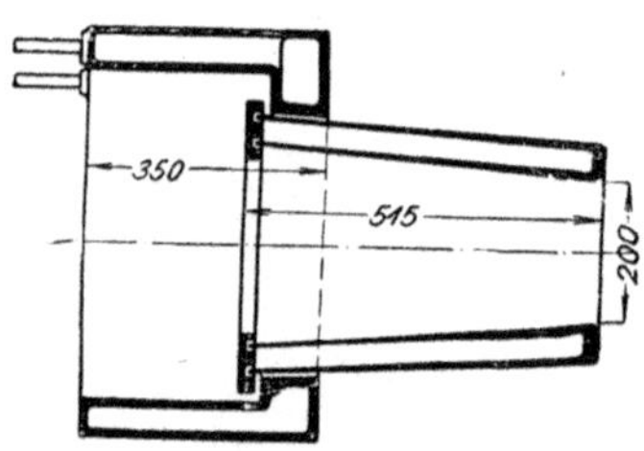

Fig. 12.

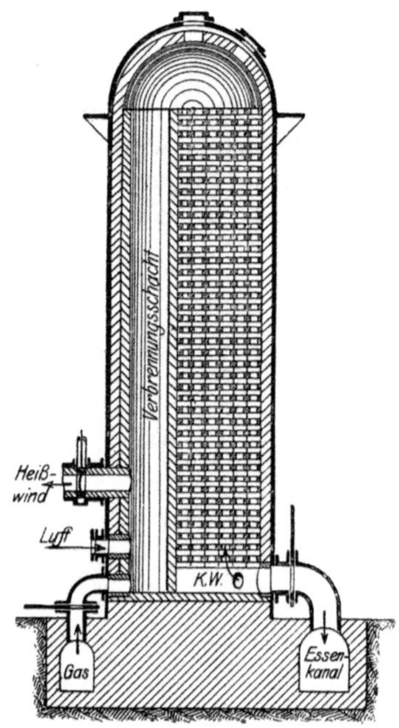

KW = Kalter Wind tritt ein.
Fig. 13.

werden. Von den Winderhitzern geht der Wind durch eine um den Hochofen führende Ringleitung und weiter durch 4 bis 8 Düsenstöcke in den Ofen. Die Düsenstöcke enden in wassergekühlten, doppelwandigen Kästen aus Bronze oder Kupfer, die man Windformen nennt (Fig. 12). Sie ragen in den Ofen hinein und werden durch die Kühlung vor dem Verbrennen geschützt.

Für jede Tonne Roheisen braucht man rund 3000 m³ = 4000 kg Wind, Öfen mit 400 bis 500 t Tagesleistung verbrauchen also 1,2 bis 1,5 Millionen m³ Wind täglich.

Die Cowper-Winderhitzer (Fig. 13) sind Öfen von etwa 25 m Höhe und 5 bis 8 m Durchmesser. Sie werden mit Gichtgas angeheizt, bis das von etwa 500 Kanälen durchzogene Mauerwerk 800 bis 1000° C angenommen hat. Dann wird der Wind in entgegengesetzter Richtung hindurchgeführt. Das Anheizen dauert 2 bis 3 Stunden, der Winddurchgang 1 Stunde, so daß 3 bis 4 Winderhitzer zu einem Hochofen gehören. Der vierte wird von Gichtstaub gereinigt, oder er dient als Reserve.

Die Teile des Gichtverschlusses und der Gasfang sowie die Gichtbühne ruhen auf einem eisernen Gestell, das den Ofen umgibt. Das Gestell trägt auch den Aufzug zum Befördern der Beschickung. An den neueren Öfen ist dieser Aufzug meist als Schrägaufzug ausgebildet. Fig. 14 zeigt die Gesamtanordnung eines solchen Hochofens für 175 t Tagesleistung des Hochofenwerkes Lübeck[1]).

Der chemische Vorgang (Fig. 11). Der eintretende heiße Wind verbrennt den Koks zu Kohlenoxyd. Für die vollkommene Verbrennung zu Kohlensäure ist die Temperatur von 1600°C zu hoch. Haben sich die aufsteigenden Gase unter 1000° C ab-

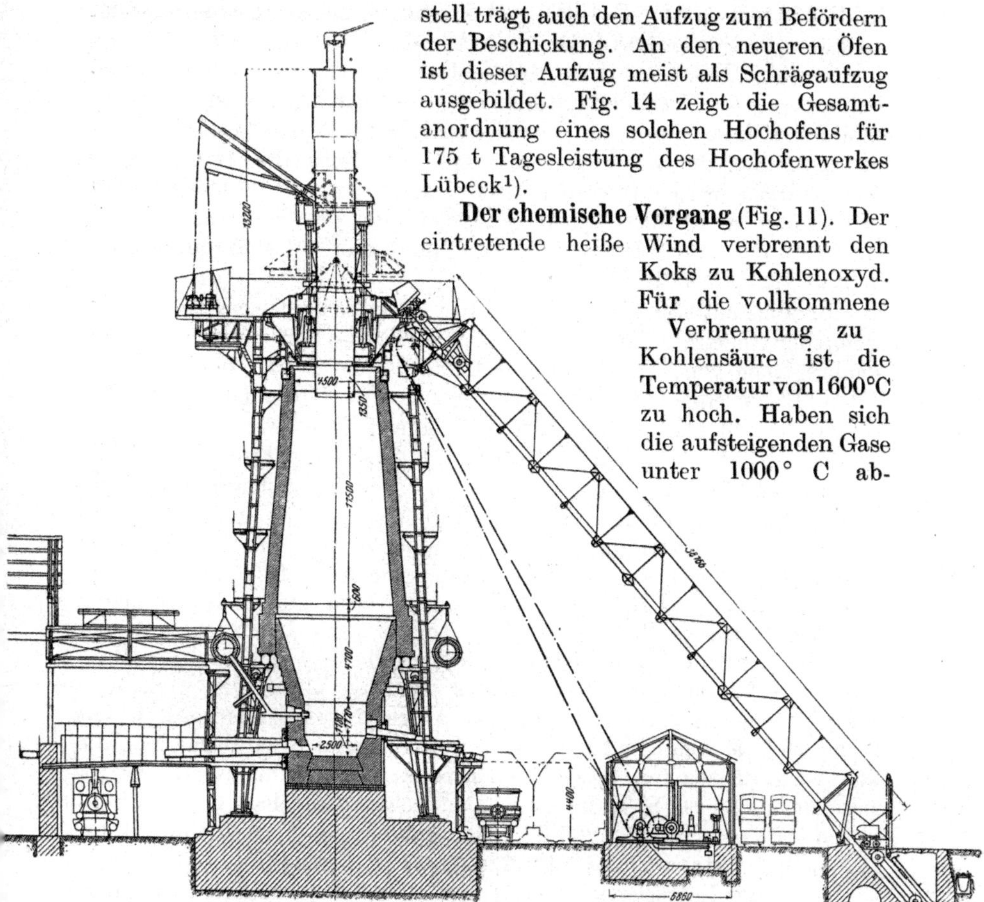

Fig. 14.

gekühlt, so entzieht ein Teil des Kohlenoxyds den Erzen Sauerstoff und oxydiert zu Kohlensäure. Diese wird aber durch Aufnahme von Kohlenstoff teilweise in Kohlenoxyd zurückverwandelt ($CO_2 + C = 2\,CO$). Unter 400° C verdichtet sich ein Teil des Kohlenoxyds bei Berührung mit dem Eisenerz zu Kohlensäure und scheidet dabei Kohlenstoff aus, der sich auf den Erzen niederschlägt ($2\,CO = CO_2 + C$).

[1]) Z. V. D. I. 1909, S. 1518.

Die abwärts rückende Beschickung wird zunächst getrocknet und vorgewärmt. Oberhalb 400° C beginnt die indirekte Reduktion der Erze durch das Kohlenoxyd der aufsteigenden Gase. Mit steigender Temperatur überwiegt die direkte Reduktion durch den auf den Erzen niedergeschlagenen Kohlenstoff und den der Kokse. Oberhalb 1000° C ist die Reduktion nur direkt, weil Kohlensäure bei dieser Temperatur nicht bestehen kann. Das Eisenerz durchläuft bei der Reduktion nacheinander die Stufen Oxyd, Oxyduloxyd, Oxydul, Eisen. Das reduzierte schwammige Eisen löst dann Kohlenstoff auf, es wird leichter schmelzbar und verflüssigt sich im unteren Teile der Rast. Das flüssige Roheisen sammelt sich am Fuße des Gestelles, darüber steht die spezifisch leichtere Schlacke, die das Eisen vor Oxydation durch den Wind schützt. Die Schlacke wird durch den Wind ständig aus der wassergekühlten Schlackenform herausgedrückt, während man das Roheisen von Zeit zu Zeit durch das Stichloch abläßt. Die Dauer eines Erzdurchganges beträgt im Mittel 24 Stunden.

Die Erzeugnisse: Das Roheisen. Die Zusammensetzung des gewonnenen Roheisens hängt nicht allein von der Beschaffenheit der Erze ab, sondern auch von der Zusammensetzung der Zuschläge, der aufgewendeten Koksmenge und der Temperatur des Hochofenwindes. Die Oxyde von Phosphor, Mangan und Silizium sind schwer zu reduzieren. Die beiden letzten gehen deshalb nur teilweise ins Eisen über. Man unterscheidet graues, siliziumreiches und weißes, manganreiches Roheisen. Beide enthalten 3 bis 4% Kohlenstoff sowie etwas Schwefel und Phosphor. Eisen, das aus den phosphorreichen Minetten gewonnen wird, hat 1,8 bis 2,5% Phosphor, während man ein fast phosphorfreies Eisen aus einem als Hämatit oder Blutstein bezeichneten Roteisenstein erschmilzt. Dieses Roheisen heißt Hämatiteisen. In einzelnen Hochofenwerken werden Roheisensorten hergestellt, die sehr reich an Mangan oder Silizium sind, sie werden als Zuschläge verwendet, wenn man einem Eisen Silizium oder Mangan zuführen will. Spiegeleisen hat 10 bis 20% Mangan und zeichnet sich durch eine Bruchfläche aus, die sich aus gradflächigen, spiegelnden Einzelteilen zusammensetzt. Ferromangan hat 20 bis 80% Mangan. Der Kohlenstoffgehalt beider Eisensorten liegt zwischen 4 und 7,5%, während der des Ferrosiliziums unter 2% bleibt. Ferrosilizium enthält über 10% Silizium.

Das graue Roheisen wird besonders für Gießereizwecke verwendet. Man leitet es aus dem Stichloch des Hochofens in Sand- oder Eisenrinnen, wo es nach dem Erstarren zerschlagen, mit Magneten hochgehoben und verladen wird. Die Bruchstücke heißen Masseln.

Das weiße Roheisen wird in eiserne Gießpfannen geleitet und zur weiteren Verarbeitung nach den anderen Teilen des Hüttenwerkes gefahren.

Die Hochofenschlacke. Sie fließt in Schlackenwagen, wo sie zu Klotzschlacke erstarrt, die man auf Halden (Schlackenbergen) ausschüttet. Ihr spez. Gewicht ist 2,5 bis 3. Geschlagene Klotzschlacke kann als Straßenschotter und zum Unterstopfen von Eisenbahnschwellen verwendet werden. Leitet man die flüssige Schlacke in fließendes kaltes Wasser, so entsteht Schlackensand, den man als Schüttmaterial, zur Mörtelbereitung, zur Anfertigung von Bausteinen und zum Versetzen toter Gänge in Bergwerken benutzt.

Das Gichtgas. Es wird zunächst durch einen weiten Behälter geleitet, wo es seine Geschwindigkeit verringert und dadurch den größten Teil des mitgerissenen Staubes fallen läßt, dann führt man das Gas durch einen großen Waschturm, in dem es gleichzeitig gekühlt wird. Die vollkommene Reinigung erfolgt in Zentrifugalreinigern. Durch mehrmalige Reinigung kann man die Staubmenge auf 0,01 bis 0,03 g in 1 m^3 Gas verringern, während sie anfänglich 20 bis 50 g auf 1 m^3 Gichtgas beträgt. Für die Verbrennung in Motoren ist besonders reines Gas nötig. Der Staub wird brikettiert und dem Hochofen wieder zugeführt.

Auf 1 t Koks führt man dem Hochofen neben 2 t Erz 4 t Wind zu und erhält 5 t Gichtgas (= 4000 cbm), 1 t Roheisen und 1 t Schlacke. Von dem Gichtgas wird etwa $^1/_3$ zur Winderhitzung und $^1/_3$ zum Betrieb der Hochofenanlage verbraucht, das letzte Drittel kann für andere Zwecke verwendet werden. Ein großer Hochofen von 400 t Roheisenerzeugung in 24 Stunden kann also täglich $400.5 \cdot \frac{1}{3} = 666$ t = $\backsim$ 530 000 m^3 Gas abgeben, womit sich eine Dauerleistung von 5000 bis 6000 PS erzielen läßt.

Die Gewinnung des Schmiedeisens.

Das Schmiedeisen wird aus dem Roheisen gewonnen, indem man die Nebenbestandteile des Roheisens verbrennt und als Schlacken ausscheidet oder als Gas entweichen läßt. Die Oxyde von Mangan, Silizium und Phosphor bilden Schlacken, die von Kohlenstoff und Schwefel sind gasförmig. Das geschilderte Verfahren heißt Frischverfahren oder Frischen. Es wird dadurch möglich, daß die Nebenbestandteile eine größere Verwandtschaft zum Sauerstoff haben als das Eisen. Stoffe, bei denen das nicht der Fall ist, z. B. Kupfer, lassen sich durch das Frischen nicht aus dem Eisen entfernen. Der zum Frischen nötige Sauerstoff stammt meistens aus der Luft, seltener aus Erzen. Danach unterscheidet man Luftfrischen und Erzfrischen.

Das Rührfrischen oder Puddeln. Das Verfahren wurde 1784 von dem Engländer Henry Cort erfunden und bedeutete deshalb eine bedeutende Verbesserung der bisherigen, weil hier zum ersten Male Steinkohle verwendet wurde, während bis dahin Holzkohle zur Umwandlung des Roheisens in Schmiedeisen nötig war. Die Steinkohle wird auf dem Rost *a* des Puddelofens (Fig. 15) verbrannt, die Feuergase ziehen über den vom Verbrennungsraume getrennten Schmelzraum oder Herd *b* in den Fuchs *c* und werden in einer anschließenden Dampferzeugungsanlage weiter ausgenutzt. Der Herd ist auf einer Eisenplatte aufgebaut und von einem wassergekühlten Ringe umgeben. Ein Ofen, wie der hier gezeigte, wird als Flammofen bezeichnet.

Der Vorgang bei der Gewinnung des Schmiedeisens ist folgender: Der Einsatz von 350 kg Roheisen wird im Herde verflüssigt. Der überschüssige Sauerstoff der Verbrennungsgase oxydiert zunächst Silizium, Mangan und etwas Eisen. Die entstehende zähflüssige Schlacke bedeckt allmählich die Oberfläche des Bades und wird vom Puddler mit Hilfe eines eisernen Rührhakens zerrissen; gleichzeitig wird das Eisen durchgerührt. Diese Rührarbeit heißt Puddeln. Der Name ist dann auf das ganze Verfahren übertragen worden. Man bringt nun Hammerschlag (Eisenoxyduloxyd) in die Schlacke und macht sie dadurch fähig, Sauerstoff an das Roheisen abzugeben und solchen wieder aus den

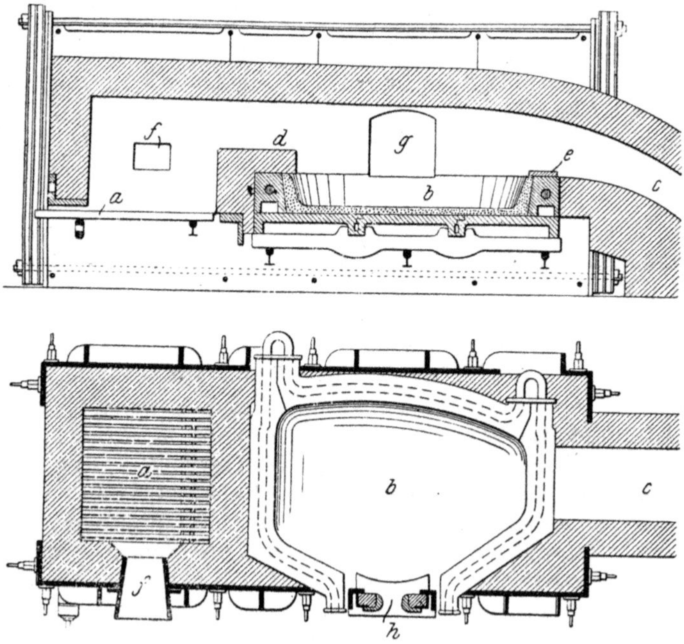

Fig. 15. (Aus „Gemeinfaßliche Darstellung des Eisenhüttenwesens".)

Feuergasen aufzunehmen. Durch die reichliche Aufnahme von Sauerstoff kommt es zu einer lebhaften Verbrennung des Kohlenstoffes. Dabei entsteht Kohlenoxyd, das durch die Schlacke dringt, sie aufbläht und bewirkt, daß ein Teil der Schlacke über den Rand der Schmelzwanne abfließt. Beim Austritt in die Verbrennungsgase entzündet sich das Kohlenoxyd und brennt mit kleinen blauen Flämmchen.

Allmählich wird das Eisen ärmer an Kohlenstoff, schwerer schmelzbar und beginnt zu erstarren, es knirscht unter dem Puddelhaken und der Puddler muß schließlich die schwammige Masse mit einer Brechstange aufbrechen und umwenden. Dann werden Klumpen von etwa 50 kg abgetrennt und nahe bei der Feuerbrücke *d* in Haufen gesetzt. Damit die Schlacken gut abfließen, wird die Temperatur so weit wie möglich gesteigert. Schließlich gibt der Puddler dem Klumpen durch

Hin- und Herrollen Kugelgestalt, holt die Stücke, die man jetzt Luppen nennt, mit einer Zange aus dem Ofen und verdichtet sie durch Zusammenschweißen unter dem Hammer oder der Presse. Das so gewonnene Eisen heißt Schweißeisen. Der beschriebene Vorgang dauert ungefähr 2 Stunden.

Das Schweißeisen enthält immer noch Schlacken, die sich beim Auswalzen zwischen den Eisenteilchen ausstrecken und dem Eisen eine faserige Beschaffenheit geben. Das Eisen ist deshalb senkrecht zur Walzrichtung auch weniger fest als parallel dazu. Man vergütet es, indem man die Eisenstäbe kreuz und quer zu Paketen zusammenlegt, mit Draht umbindet und nochmals zusammenschweißt.

Die teure Handarbeit des Puddlers läßt sich nicht durch Maschinenarbeit ersetzen. Deshalb ist Schweißeisen auch teuer, und seine Erzeugung geht ständig zurück. Sie beträgt etwa $1^1/_2$% von der des Flußeisens. Wegen seiner hervorragenden Schweißbarkeit wird Schweißeisen hauptsächlich in Kunstschmieden verwendet. Die Schweißbarkeit erklärt sich dadurch, daß die Schlackeneinschlüsse beim Schweißen dünnflüssig werden und ein gutes Lösungsmittel für Eisenoxydul sind, so daß eine metallisch reine Schweißfläche entstehen kann.

Schleift man eine Schnittfläche von Schweißeisen sauber mit Schmirgelleinen und ätzt sie darauf 60 Sek. lang in einer Lösung aus 1 Teil Kupferammoniumchlorid und 12 Teilen Wasser, so wird die verschiedenartige Zusammensetzung des Schweißeisens deutlich sichtbar, nachdem man den Kupferniederschlag mit einem Wattebausch unter der Wasserleitung abgewischt hat. Die kohlenstoffreichen Teile heben sich durch ihre dunkle Färbung hervor; die Schlackenschichten sind ganz besonders dunkel. Die Schnittfläche erscheint streifig und es ist dadurch nicht allein möglich, das Schweißeisen zu erkennen, sondern man kann auch Materialverschiebungen beobachten, die das Eisen bei der Bearbeitung im kalten oder warmen Zustande durchgemacht hat. So kann man feststellen, ob der Kopf eines Nietbolzens von Hand geschlagen oder mit der Maschine gestaucht ist. Auch Schweißstellen lassen sich durch die Ätzung sichtbar machen, selbst wenn die Schweißnaht so gut ist, daß sie an der geschliffenen Fläche vor der Ätzung durchaus nicht zu erkennen war. In Fig. 16[1]) sind zwei Schweißungen zu sehen, eine Handschweißung von Schweißeisen und darunter eine elektrische Widerstandschweißung von Flußeisen. Werden Bleche mit der Schere beschnitten oder unter der Stanze gelocht (Fig. 17), so biegen sich die Enden der Schichten unter dem Druck des Werkzeuges abwärts.

Das Birnenverfahren. Dieses Verfahren wurde von dem Engländer Henry Bessemer und dem Schweden Görnson erfunden. Die Versuche begannen 1855 und führten nach einigen Jahren zu einem vollen Erfolge. Zunächst bestand die Absicht, Luft in Roheisen zu blasen, das sich in einem von Brennstoff umgebenen Gefäße befand. Man wollte den Frischprozeß durch die reichliche Luftzufuhr beschleunigen. Die Anwendung von Brennstoff erwies sich als überflüssig, weil die Verbren-

[1]) Z. V. D. I. 1920. S. 589.

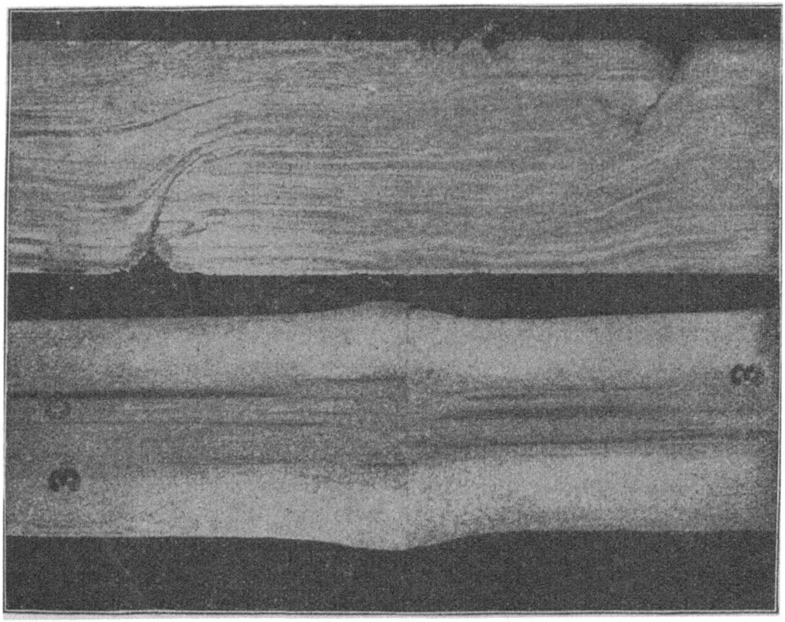

Fig. 16. (Nach M. v. Schwarz.)

nung der Nebenbestandteile des Roheisens sehr rasch vor sich geht, und so große Wärmemengen in kurzer Zeit entwickelt werden, daß die Temperatur des Eisens sehr bald auf 1600 bis 1700° C steigt. Das fertige Eisen verläßt den Ofen im flüssigen Zustande. Es wird deshalb als *Flußeisen* bezeichnet, doch sei gleich hervorgehoben, daß man Flußeisen auch bei andern Prozessen gewinnt, die später beschriebenen werden. Wie groß die Wärmemengen sind, die hier in 15 bis 20 Minuten frei werden, soll an einem Beispiel gezeigt werden. Es sei ein Roheiseneinsatz von 20 000 kg angenommen. Das Eisen enthalte: 4% Kohlenstoff, 2,5% Silizium, 3,5% Mangan und 0,1% Phosphor. Während des Frischens verbrennen also:

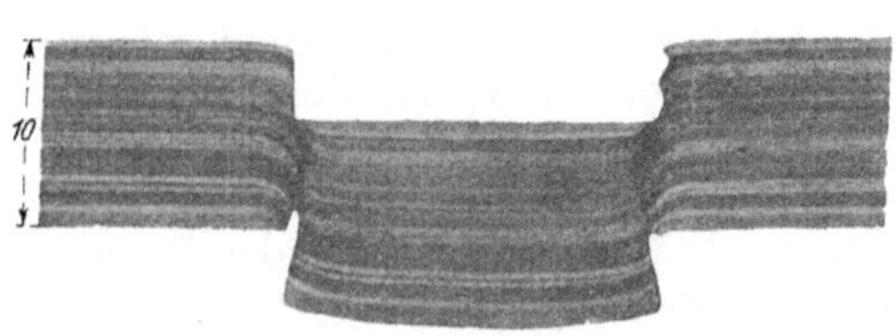

Fig. 17. (Nach E. Preuß.)

500 kg Silizium mit einem Heizwert von 7800 kcal zu SiO_2 und geben	3 900 000 Cal.
700 kg Mangan mit einem Heizwert von 1700 kcal zu MnO und geben	1 190 000 Cal.
800 kg Kohlenstoff mit einem Heizwert von 2500 kcal zu CO und geben	2 000 000 Cal.
20 kg Phosphor mit einem Heizwert von 5950 kcal zu P_2O_5 und geben	119 000 Cal.
Außerdem verbrennt etwas Eisen. Zusammen sind es:	7 209 000 Cal.

Den Hauptanteil an der Wärmeentwicklung hat das Silizium. Es verbrennt zuerst und bildet Schlacke, die an die Oberfläche steigt. Ihm folgen Mangan und Kohlenstoff. Der Beginn der Verbrennung des Kohlenstoffes wird dadurch kenntlich, daß eine lange, helle Flamme auf der oberen Öffnung des Ofens erscheint. Sie entsteht bei der Verbrennung des heißen Kohlenoxyds in der Außenluft. Das rasch aufsteigende Oxydgas bringt das Eisenbad in heftige Bewegung. Man hört ein dröh-

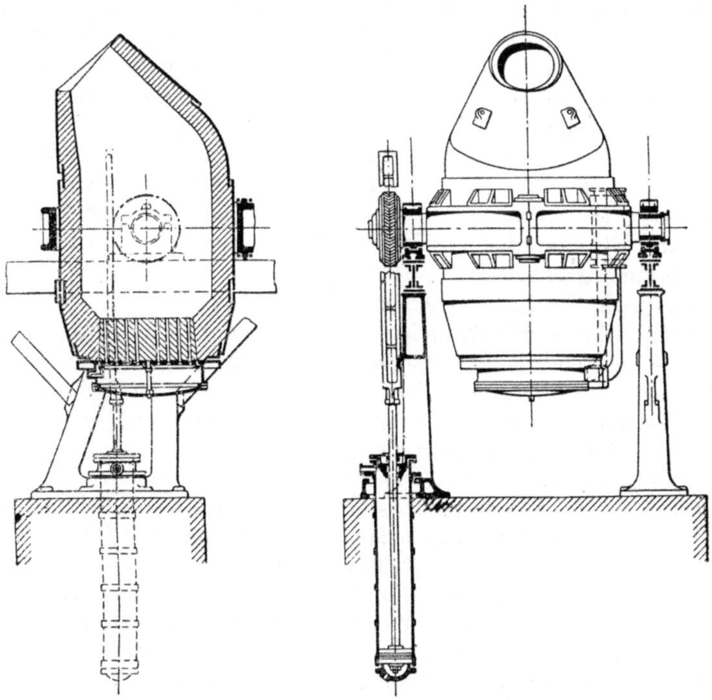

Fig. 18. (Aus „Gemeinfaßliche Darstellung des Eisenhüttenwesens".)

nendes Geräusch und sieht Schlacken- und Eisenteilchen, die der Gasstrom mitgerissen hat. Allmählich verschwindet die Flamme, der Kohlenstoff ist verbrannt; das Eisen ist fast frei von Kohlenstoff, hat einen hohen Schmelzpunkt und würde einfrieren, wenn man nicht für genügende Wärmeentwicklung gesorgt hätte durch Anwendung eines siliziumreichen Roheisens.

Der Ofen hat heute noch die Form einer Birne (Fig. 18), die ihm Bessemer im Laufe der Versuche gegeben hatte. Er besteht aus 20 bis 25 mm starkem Eisenblech, ist mittels eines Tragringes in zwei Zapfen drehbar aufgehängt und innen feuerfest ausgekleidet. Der Boden ist auswechselbar, weil er schneller abbrennt als die Wände. Er enthält 150 bis 200 fingerstarke Löcher, durch die der Wind von 1,5 at Überdruck aus der

Windkammer eintritt. Die Zuführung des Windes zur Kammer erfolgt durch einen der beiden Tragzapfen. Zum Füllen wird die Birne mit Hilfe von Zahnstange und Zahnrad nach hinten gedreht, zum Entleeren nach vorn. Beim Füllen darf das Roheisen nicht in die Windlöcher fließen. Vor dem Aufrichten der Birne ist der Wind anzustellen. Die Birne ist nur teilweise gefüllt, und faßt dabei 15 bis 20 t Roheisen, die in 15 bis 20 Min. gefrischt sind. Der lichte Durchmesser einer 20 t-Birne beträgt 2,5 m.

Nach dem Frischen ist das Eisen noch nicht fertig, ihm fehlt der Kohlenstoff. Außerdem ist es durch Eisenoxydul verdorben. Man reduziert dieses, indem man glühendes Spiegeleisen oder Ferromangan in die zurückgelegte Birne wirft. Dabei ist ein Überschuß an Mangan nötig, damit die Verbindung des Eisens mit dem Sauerstoff sicher gelöst wird und die dazu nötige Manganmenge überall im Bade vorhanden ist. Das entstehende Manganoxydul (MnO) geht größtenteils in die Schlacke. Der Kohlenstoffgehalt des Zuschlageisens bewirkt gleichzeitig die Rückkohlung des Eisens. Das fertige Eisen wird in fahrbare Gießpfannen gegossen.

Bei diesem Verfahren muß man ebenso wie beim Puddeln ein phosphorarmes Roheisen verwenden. Der Phosphor verbrennt zwar leicht, aber die entstehende Phosphorsäure wird von der aus Kieselsäure bestehenden sauren Schlacke nicht aufgenommen; sie bleibt im Eisen und macht es unbrauchbar. Macht man die Schlacke durch reichlichen Zusatz von gebranntem Kalk basisch, so wird sie wohl für die Aufnahme von Phosphorsäure geeignet, aber sie zerstört die feuerfeste Auskleidung der Birne, die aus Kieselsäure besteht. Dadurch wird die Schlacke wieder sauer. Es war deshalb nötig, einen feuerfesten Baustoff für die Birne zu suchen, der basische Eigenschaft hat.

Das Thomasverfahren. Im Jahre 1878 fand der Engländer Thomas im Dolomit das lange gesuchte Material. Dolomit besteht aus kohlensaurem Kalk und kohlensaurer Magnesia. Um die Kohlensäure zu entfernen, wird das Gestein gebrannt. Dann wird es gemahlen, mit Teer als Bindemittel gemischt und unter 300 at Druck zu Steinen gepreßt, die man glüht, um den Teer wieder zu entfernen. Mit diesen Steinen wird die Birne ausgemauert, während man den Boden aus dem gleichen Material auf einer eisernen Platte aufstampft und glüht.

Der Thomas- oder basische Prozeß unterscheidet sich von dem Bessemer- oder sauren Prozesse zunächst dadurch, daß man vor dem Eisen etwa 3 t gebrannten Kalk in eine 20 t-Birne hineinwirft. Je reicher das Roheisen an Silizium ist, und je mehr Schlacken bei der Siliziumverbrennung entstehen, um so mehr Kalk ist nötig. Man verwendet deshalb ein weißes Roheisen mit wenig Silizium (0,2 bis 1%), verzichtet auf die rasche Temperatursteigerung zu Anfang des Frischens, läuft aber doch nicht Gefahr, daß das Eisen bei zunehmender Entkohlung einfriert, wenn man dem Einsatz einen hohen Phosphorgehalt von 2 bis 2,5% gibt und dadurch den Schmelzpunkt erniedrigt. Das Verschwinden der langen, hellen Flamme zeigt hier nicht das Ende des Prozesses an.

Nach dem Kohlenstoff verbrennt der Phosphor, und dabei entwickelt sich eine so große Wärmemenge, daß das Eisen die Birne heißer verlassen kann als beim sauren Verfahren.

Ein äußeres Zeichen für das Ende der Phosphorverbrennung gibt es nicht. Man entnimmt der zurückgelegten Birne deshalb eine kleine Schöpfprobe, schmiedet sie glühend aus unter einem rasch gehenden Dampfhammer, staucht, biegt und zerbricht sie nach dem Abkühlen und beurteilt nach dem Verhalten der Probe und der Farbe der Bruchfläche den Restgehalt an Phosphor, den man durch Nachblasen zu entfernen sucht.

Der Schwefel scheidet sich bei dem raschen Verlaufe des Prozesses nur sehr unvollkommen aus. Deshalb gießt man das von den Hochöfen kommende Roheisen in Mischer; das sind tonnenartige Gefäße mit einem Inhalt bis 1000 t Roheisen, die auf Rollen liegen und sich um ihre Längsachse kippen lassen. Hier mischen sich die verschiedenen Roheisen, und man erhält eine gleichmäßige Zusammensetzung. Kann das Roheisen im Mischer ruhig stehen, so verbindet sich der Schwefel mit dem Mangan des Roheisens zu Schwefelmangan, das an die Oberfläche steigt.

Die Rückkohlung und die Entfernung des Eisenoxyduls erfordert beim Thomasverfahren besondere Vorsicht, weil der Kohlenstoff und die Reduktionsmittel (Silizium, Mangan) vor allem auf die Phosphorsäure in der Schlacke reduzierend wirken, so daß Phosphor in das Eisen zurücktreten kann. Man gießt deshalb die Schlacke so weit wie möglich vom Eisen ab und dann das Eisen in die Gießpfanne, in die man gleichzeitig das flüssige Spiegeleisen laufen läßt, so daß sich beide schnell mischen und die Reduktion beendet ist, bevor Schlacken zutreten.

Die Schlacke ist durch ihren Gehalt an Phosphorsäure ein wertvolles Düngemittel und kommt fein gemahlen als Thomasmehl in den Handel. Auf 1 t Eisen ergeben sich etwa 300 kg Schlacke.

In den deutschen Eisenhütten wird fast ausschließlich das Thomasverfahren angewendet. Die deutschen Eisenerze sind selten phosphorfrei, deshalb konnte auch das Bessemerverfahren keine Verbreitung finden. Erst die Erfindung von Thomas hat den Aufschwung der deutschen Eisenindustrie ermöglicht. Deutsche Hüttenleute haben das Verfahren ausgebildet und die anfängliche Abneigung gegen das Thomaseisen überwunden.

Fig. 19[1]) zeigt den Aufbau des Thomasstahlwerkes der Friedenshütte (O.-Schl.). Man sieht die Birne mit dem Funkenfänger, neben der Birne Roheisen-, Gieß- und Schlackenwagen, darüber die Lutte für die Kalkzuführung und seitlich einen Kupolofen zum Schmelzen des Zusatzeisens.

Das fertige Birneneisen fließt durch eine verschließbare Bodenöffnung der Gießpfanne in gußeiserne Gießformen oder Kokillen, die zu beiden Seiten der Fahrbahn des Gießpfannenwagens aufgestellt sind (Fig. 20). Hier erstarrt das Flußeisen zu Blöcken von quadratischem oder rechteckigem Querschnitt und $1 \div 2$ t Gewicht, doch werden sowohl größere als auch kleinere Blöcke nach Bedarf gegossen. Ist der

[1]) Z. V. D. I. 1909, S. 1427.

Block äußerlich erstarrt, so hebt man die Kokillen mit einem elektrisch betriebenen Stripperkrane hoch und treibt den Blockmit dem Stempel *St* (Fig. 21) aus der Form. Die glühenden Blöcke werden dann mit demselben Kran in Ausgleichgruben aus feuerfestem Baustoff gestellt (Fig. 22), die unter der Hüttensohle liegen. Hier findet der Wärmeausgleich in den Blöcken statt, und hier werden sie bis zur weiteren Verarbeitung aufbewahrt, ohne ihre Wärme zu verlieren.

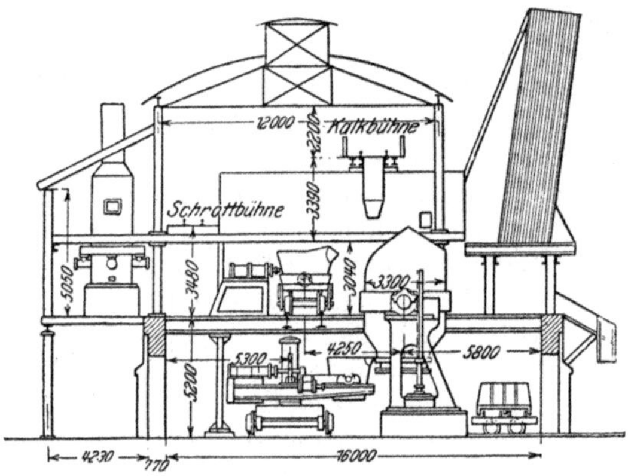

Fig. 19.

Lunkerbildung: Bei der Abkühlung erstarrt zuerst die äußere Schicht des Blockes und nimmt die Abmessungen der umschließenden Gießform an. In dem Maße, wie die Abkühlung nach innen weiter schreitet, wird die feste Außenschicht dicker. Das erstarrte Eisen nimmt infolge seiner niedrigeren Temperatur einen kleineren Raum ein als das flüssige, und deshalb kann der flüssige Eisenkern, dessen Temperatur inzwischen auch schon gesunken ist, das Innere des Blockes nicht mehr ausfüllen. Über dem Spiegel des

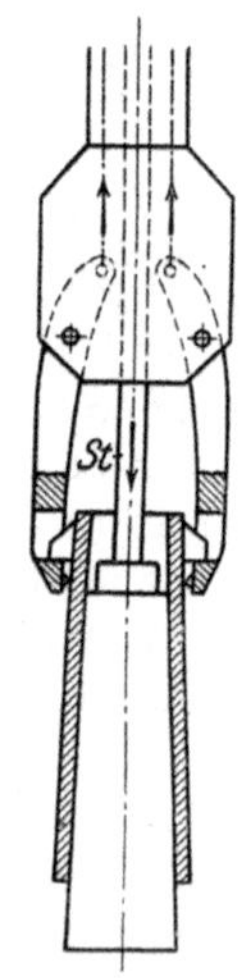

Fig. 21.

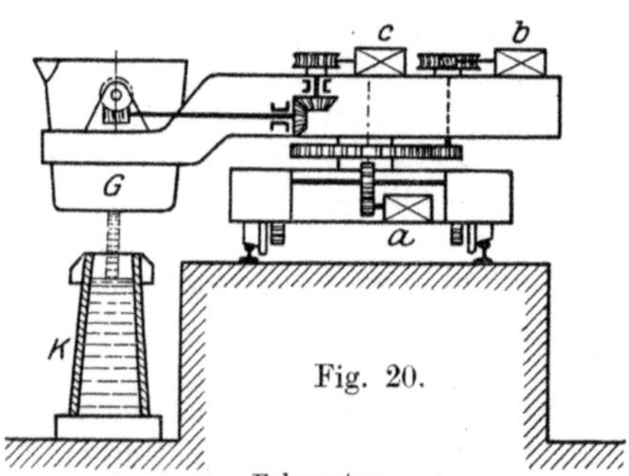

Fig. 20.

a = Fahrmotor.
b = Schwenkmotor.
c = Kippmotor.
G = Gießpfanne.
K = Kokille.

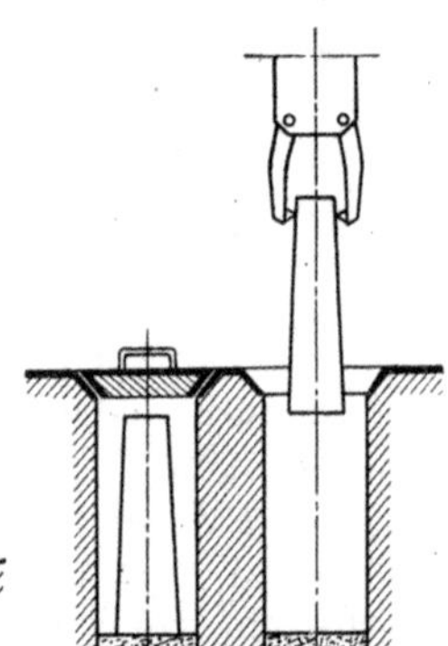
Fig. 22.

flüssigen Eisens entsteht ein Hohlraum. Erstarren weitere Eisenmassen, so muß der Eisenspiegel weiter sinken, der Hohlraum vergrößert sich. Er zieht sich bis zu der Stelle hin, die zuletzt erstarrt. Solche Hohlräume findet man in jedem Eisenblock, sie werden Lunker genannt. Zunächst bleibt der Lunker luftleer, ist aber die Eisendecke am Kopf des Blockes zu schwach, so wird sie vom äußeren Luftdruck durchbrochen. An der Schnittfläche der Blöcke sieht man zuweilen, daß der Lunker von den Resten zahlreicher Querwände durchsetzt ist (Fig. 23)[1]). Der Eisenspiegel hatte hier begonnen, eine feste Decke zu bilden. Walzt oder schmiedet man einen solchen Block aus, so verschweißen die aufeinandergedrückten Flächen des Lunkers nicht, und in dem Arbeitstück entstehen unganze Stellen. Deshalb zieht man es vor, den vom Lunker durchsetzten Teil abzuschneiden, den Block abzuschopfen. Der Verlust wird um so geringer, je weniger tief der Lunker ist. Man verringert die Tiefe durch folgende Mittel:

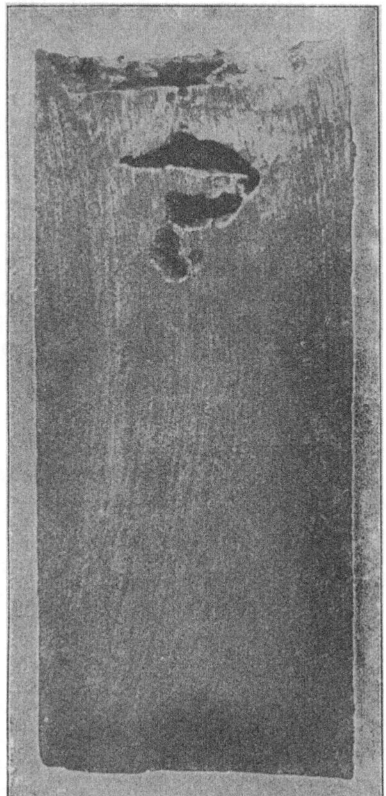

Fig. 23.

1. Der Block wird von unten her rasch abgekühlt, indem man die Kokille auf eine Eisenplatte setzt. Gleichzeitig wird die Abkühlung des Kopfes verzögert, indem man auf die Kokille einen Aufsatz mit feuerfester Auskleidung stellt oder den Kopf besonders beheizt.

2. Man drückt den Block während des Erstarrens mit einer hydraulischen Presse in einer konisch verlaufenden Preßform zusammen und schließt die entstehenden Hohlräume durch den allseitigen Druck, während der Kern noch flüssig ist (Verfahren von Harmet).

Gasblasen. Außer dem Lunker entstehen in jedem Flußeisenblock zahlreiche Gasblasen. Wie schon auf S. 209 mitgeteilt wurde, nimmt die Lösungsfähigkeit des flüssigen Eisens für Wasserstoff und Stickstoff mit sinkender Temperatur und sinkendem Druck ab. Sie ist im festen Eisen bedeutend geringer als im flüssigen. Aus den zuerst erstarrten Außenschichten traten die Gase in die flüssige Nachbarschaft, in der sie in die Höhe steigen, bis die feste Decke am Kopf des Blockes das Entweichen verhindert. Dadurch steigt der Gasdruck im Innern und die Lösungsfähigkeit nimmt wieder zu, bis der Austritt von Gasen ganz aufhört. Die zuletzt ausgeschiedenen Gase bilden einen Blasengürtel, wie es Fig. 24 zeigt. Die Verteilung wird weniger günstig, wenn man das Eisen zu heiß vergießt. Es wird durch die aufsteigenden Gasblasen

[1]) Z. V. D. I. 1919, S. 59.

fortgesetzt durchgerührt, nimmt eine ziemlich gleichmäßige Temperatur an und beginnt gleichzeitig in der ganzen Masse zu erstarren, so daß der Block bis ins Innere mit zahlreichen Blasen durchsetzt ist. Die äußeren werden beim Verarbeiten des Blockes aufgerissen, ihre Flächen oxydieren durch die eindringende Luft, verschweißen nicht mehr und das Arbeitstück wird unbrauchbar.

Das Birneneisen. Es ist durchaus kein ganz reines Erzeugnis. Außer den Gasen enthält es noch Schlacken, die nicht Zeit hatten, an die Oberfläche zu steigen. Sie durchsetzen den ganzen Block, strecken sich beim Walzen und machen das Eisen senkrecht zur Walzrichtung weniger fest. Ferner enthält das Eisen neben Kohlenstoff noch Silizium, Mangan, Schwefel und Phosphor, die entweder beim Frischen nicht völlig entfernt wurden oder bei der Rückkohlung mit dem Zuschlageisen wieder hineingekommen sind. Die durchschnittliche Zusammensetzung eines Birneneisens für Profileisen und Träger ist etwa folgende: 0,1% Kohlenstoff, 0,2% Silizium, 0,6% Mangan, 0,02% Schwefel und 0,05 bis 0,1% Phosphor. Flußeisen für Schienen ist etwas härter und enthält etwa 0,3% Kohlenstoff.

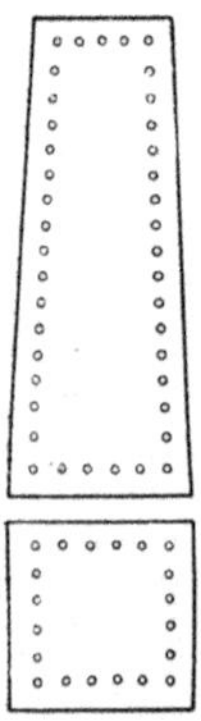

Fig. 24.

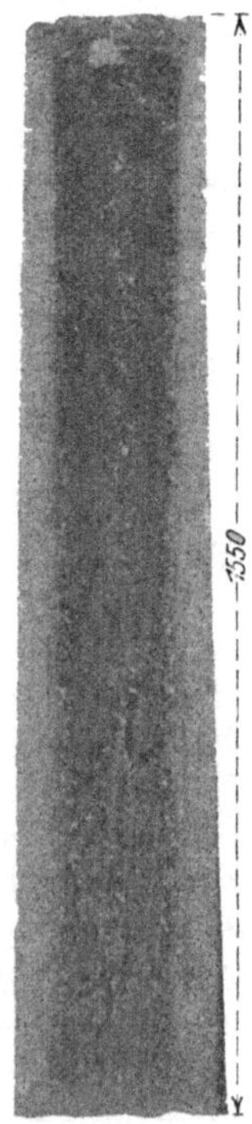

Fig. 25. (Nach F. Wüst und H. L. Telser.)

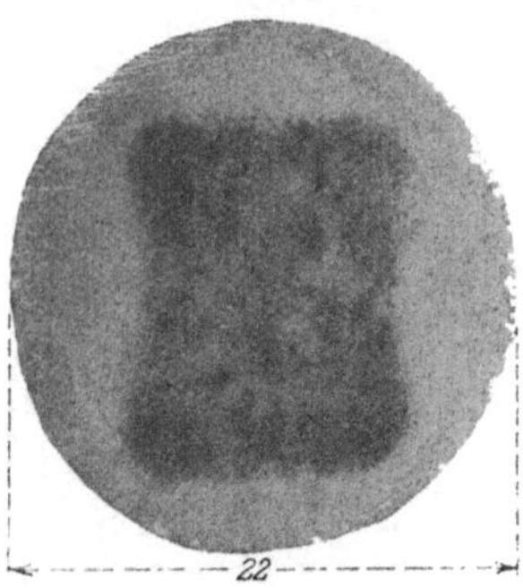

Fig. 26. (Nach E. Preuß.)

Seigerung. Auf S. 208 wurde schon gezeigt, daß beim Erstarren zunächst Kristalle ausgeschieden werden, die ärmer an Kohlenstoff sind, so daß der flüssige Rest der Schmelze sich damit anreichert. Das gilt auch für Mangan und in ganz besonderem Maße für Schwefel und Phosphor. Sind die ausgeschiedenen festen Kristalle schwerer als die Schmelze, so sinken sie nach unten; sind sie leichter, so steigen sie in die Höhe. Durch diese Entmischung muß der zuletzt erstarrende Teil des Blockes am reichsten an Beimengungen werden. Daraus erklären sich auch größere Festigkeitsunterschiede innerhalb eines Blockes. Wichtig ist die Ausseigerung des Phosphors, der auf die Festigkeit ungünstig einwirkt. Man kann die Phosphorseigerung sichtbar machen, indem man eine sauber geschliffene Schnittfläche des Blockes in der beim Schweißeisen beschriebenen Weise mit Kupferammoniumchlorid ätzt (Fig. 25). Die phosphorhaltigen Teile färben sich dabei um so dunkler, je größer der Phosphorgehalt ist.

Die einmal eingetretene Schichtung bleibt auch bei der weiteren Verarbeitung erhalten. Fig. 26 zeigt einen Schnitt durch einen Rundstab mit starker Seigerung. Sie ist deshalb beachtenswert, weil bei der Bearbeitung durch Drehen, Fräsen usw. die besten Materialschichten entfernt werden. Eine ähnliche Seigerung ist in Fig. 27 gezeigt. Die Schichtung gestattet es auch, Bearbeitungen, die das Flußeisen im kalten oder warmen Zustande erfahren hat, wie Stauchen, Stanzen, Scherenschnitte und Schweißungen sichtbar zu machen. Vgl. auch Fig. 16.

Das Siemens-Martin-Verfahren. Die Brüder Friedrich und Wilhelm Siemens haben einen Wärmespeicherofen erfunden, der, mit Generatorgas beheizt, eine Temperatur von 1700 bis 1800° C ergibt, die mit einem einfachen Flammofen nicht erreichbar ist. Diesen Ofen benutzten die beiden Elsässer Gebrüder Martin, um einen alten Versuch wieder aufzunehmen. Sie schmolzen Roheisen und Schmiedeisenabfälle zusammen, um einen brauchbaren Flußstahl zu erzeugen und hatten 1864 die ersten Erfolge.

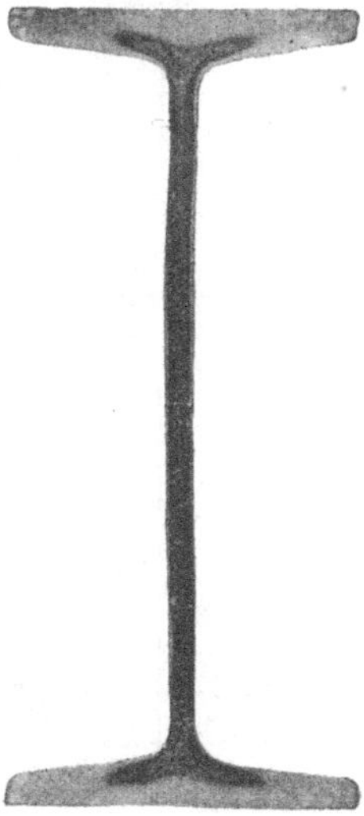

Fig. 27. (Nach E. Preuß.)

Der Wärmespeicherofen (Fig. 28) hat seinen Namen von den vier Kammern, *e* und *f*, die unter dem Schmelzraum *a* liegen und mit Mauerwerk gitterartig ausgesetzt sind. Das Mauerwerk dient als Speicher für die Wärme, die von den abziehenden Feuergasen abgegeben wird. Von den beiden Kammern wird die breitere mit Luft, die andere mit dem gasförmigen Brennstoff beschickt. Die beiden Gasströme entnehmen Wärme aus dem erhitzten Mauerwerk, treffen sich über dem Schmelzraum und verbrennen. Die heißen Feuergase ziehen über das Eisen und durch die beiden anderen Kammern zum Schornstein. Beim Eintritt in den Schmelzraum haben die Gase eine Temperatur von 1000 bis 1200° C, beim Austritt ist sie auf 1700 bis 1800° C gestiegen. Anfangs wird die Richtung des Gasstromes etwa $^1/_2$stündlich geändert. Steigt die Temperatur zu hoch, so muß ein häufigerer Wechsel vorgenommen werden, damit das Mauerwerk in den Abzugskanälen nicht schmilzt. Durch den häufigen Temperaturwechsel leidet das Mauerwerk der Kammern sehr. Der Schmelzraum faßt 15 bis 50 t Eisen, vereinzelt sogar bis 100 t, Öfen von 250 t sind in den Vereinigten Staaten schon gebaut worden. Die Ausmauerung ist meist basisch, damit auch Phosphor verbrannt werden kann. Das Beschicken der Öfen erfolgt mit Beschickmaschinen, die mit ihren Mulden in den Ofen hineinfahren und sie dort ausgekippen. In Fig. 29 hängt die Beschickvorrichtung an der Laufkatze eines Laufkrans und wird elektrisch angetrieben. Die Abgase verlassen den Ofen mit 500 bis 900° C. Man ist bestrebt, die Abwärme weiter auszunutzen.

Das Siemens-Martin-Verfahren dient zunächst dazu, aus Abfällen,

Spänen und Alteisen (Schrott) ein gutes Flußeisen herzustellen. Zuerst bringt man Kalk in den Ofen und dann Roheisen. In dieses wird der Schrott nach und nach eingetragen und dadurch vor dem Verbrennen

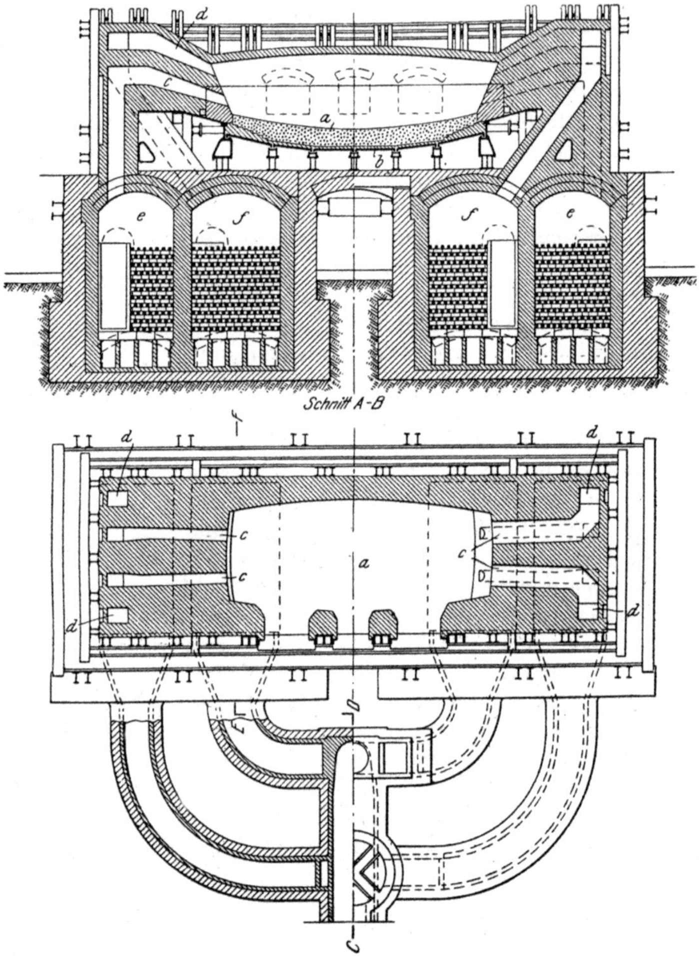

Fig. 28. (Aus „Gemeinfaßliche Darstellung des Eisenhüttenwesens".)

geschützt; Späne werden mit Vorteil brikettiert. Nun müssen die im Bade enthaltenen Nebenbestandteile durch Frischen beseitigt werden. Der dazu nötige Sauerstoff wird teils aus dem Überschuß der Feuergase, teils aus den an den Abfällen haftenden Eisenoxyden entnommen. Auch durch Zusatz von Walzsinter und Hammerschlag kann man Sauerstoff zuführen. Der Prozeß dauert gewöhnlich 5 bis 8 Stunden, je nach der Menge des aufgegebenen Roheisens. Es ist also Zeit genug vorhanden, das Erzeugnis genau zu beobachten und Schöpfproben zu untersuchen. Man braucht nur bis zum gewünschten Kohlenstoffgehalt zu frischen. Meist wird dieser unterschritten und dann durch Zusatz von Spiegeleisen oder Ferromangan erhöht. Der Mangangehalt der Zuschläge dient dazu, das Eisenoxydul im Bade zu reduzieren. Das fertige Eisen wird durch das Stichloch in eine Gießpfanne abgelassen und kann wie das Birneneisen in Blöcke gegossen werden.

Die Erzeugung von SM-Eisen ist ständig gestiegen und fast so groß wie die von Birneneisen. Deshalb reichen die Eisenabfälle nicht mehr aus, und man stellt Martineisen aus Roheisen, Schrott und reinen Erzen her, neuerdings sogar aus Roheisen und Erz allein. Ist das Roheisen phosphorreich, so ergibt sich auch eine an Phosphorsäure reiche Schlacke.

Siemens-Martin-Eisen. Es ist meist reiner, d. h. freier von fremden Bestandteilen, Gasen und Schlackeneinschlüssen als das Birneneisen und hat bei gleicher Festigkeit eine größere Dehnung oder bei gleicher Dehnung größere

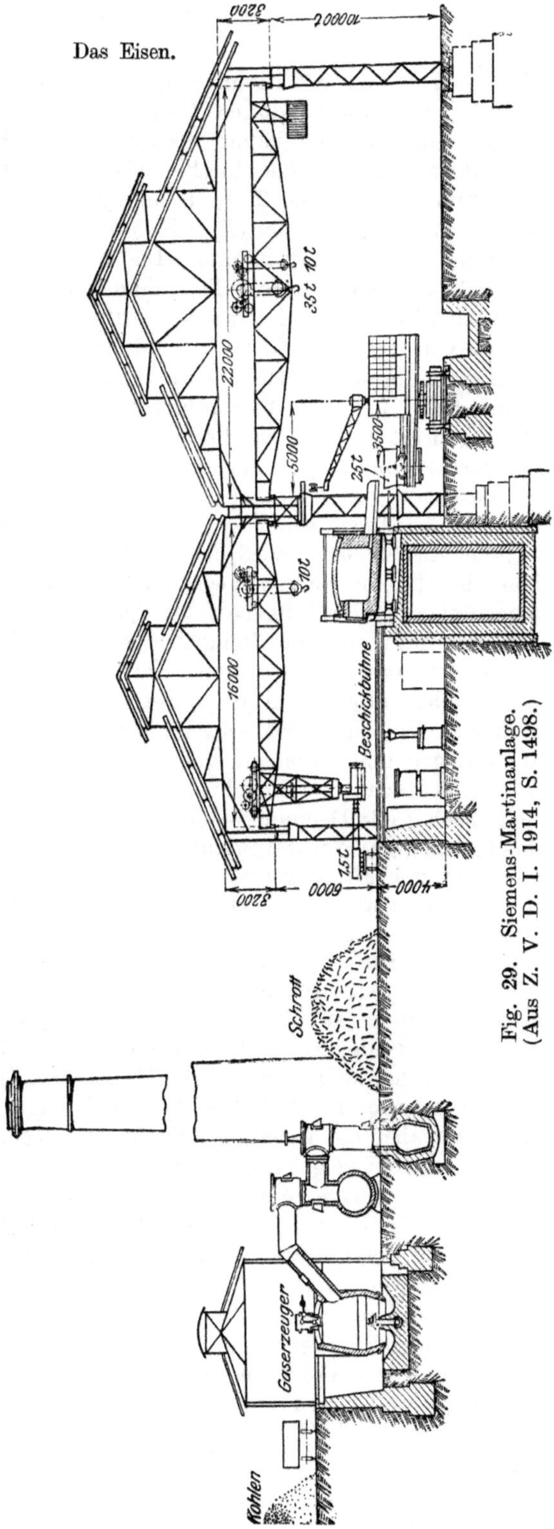

Fig. 29. Siemens-Martinanlage.
(Aus Z. V. D. I. 1914, S. 1498.)

Festigkeit. Aus SM-Eisen von niedrigem Kohlenstoffgehalt verfertigt man sowohl dünne Dynamobleche als auch starke Kesselbleche. Die letzteren haben höchstens 0,2% Kohlenstoff. Die besten Kesselbleche heißen Feuerbleche. Sie haben 34 bis 40 kg/mm² Festigkeit und mindestens 25% Dehnung. Feuerbleche aus SM-Eisen werden mit F_I gezeichnet (F = Flammofen), während die aus Thomaseisen mit T_I gestempelt sind. Die zweite Sorte Kesselbleche heißt Mantelblech und trägt die Bezeichnung F_{II} bzw. T_{II}. Ihre Festigkeit geht bis 50 kg/mm² bei mindestens 20% Dehnung. Man sieht hieraus, daß die Güte des Materials nicht allein nach der Festigkeit, sondern zuerst nach der Dehnung beurteilt wird. Von den Blechen aus SM-Eisen wird in der Regel jedes zweite geprüft, von den aus Birneneisen muß jedes Blech geprüft werden. Die Proben werden aus dem Kopf- und Fußende entnommen und zeigen Festigkeitsunterschiede von 6 bis 8 kg/mm².

SM-Eisen von höherem Kohlenstoffgehalt, bis etwa 0,5%, findet unter dem Namen Maschinenstahl vielfach Anwendung, besonders für Achsen und Wellen. Wird das SM-Eisen nicht in Blöcke, sondern als Maschinenteil in Formen gegossen (Hebel, Zahnräder), so verwendet man einen Kohlenstoffgehalt bis 0,6%. Man nennt diese Gußstücke Flußeisenformguß oder Stahlguß. Teile elektrischer Maschinen müssen wegen der großen magnetischen Durchlässigkeit aus Eisen von niedrigem Kohlenstoffgehalt gegossen werden. — SM-Eisen von noch höherem Kohlenstoffgehalt findet Anwendung bei der Herstellung von billigen Werkzeugen und besonders von Feilen.

Durch Zusatz von Nickel zum Eisenbade erhält man Nickelstahl, der sich durch große Dehnung bei hoher Festigkeit auszeichnet. Nickelstahl dient nicht als Werkzeugstahl, sondern als Konstruktionsstahl. Sein Kohlenstoffgehalt ist gering — 0,1 bis 0,45% — und der Nickelgehalt bleibt zwischen 1 ÷ 5%. Bei 3 bis 3,5% Nickel hat der Stahl 65 bis 70 kg/mm² Festigkeit neben 20% Dehnung. Nickelstahl ist schmiedbar und schweißbar. Er wird zu Achsen, Wellen, Zapfen, Zahnrädern, Blechen und nahtlosen Rohren verarbeitet. Auch Brücken sind daraus gebaut worden. Erhöht man den Nickelgehalt oder den Kohlenstoffgehalt oder beide, so steigt die Festigkeit und Härte des Stahles, während die Dehnung abnimmt. Bei 10 bis 20% Nickel ist der Stahl sehr hart und spröde. Bei 25% Nickel ist die Festigkeit wieder auf 70 kg/mm² gesunken, aber die Dehnung auf 45% gestiegen. Dieser Stahl ist unmagnetisch und neigt sehr wenig zur Rostbildung. Man braucht ihn zu Ventilen von Verbrennungsmotoren. Bemerkenswert ist ein Nickelstahl mit 0,4% Kohlenstoff und 36% Nickel, der fast gar keine Wärmeausdehnung zeigt. Man nennt ihn Invar und benutzt ihn zu Unruhen von Taschenuhren.

Auch andere mehrfach legierte Stähle können im Siemens-Martinofen hergestellt werden; z. B. Chromstahl durch Zusatz von Ferrochrom mit 60 bis 70% Chrom. Er enthält 1 bis 2% Kohlenstoff und 1,5 bis 2% Chrom und wird für die Kugeln von Kugellagern, Zieheisen, Lochstempel und Preßluftmeißel verwendet.

Chromnickelstähle werden für hoch beanspruchte Maschinenteile im Flugzeug- und Automobilbau benutzt. Sie zeichnen sich ebenfalls durch hohe Festigkeit bei hoher Dehnung aus.

Chrom-Wolframstahl ist für Dauermagnete geeignet.

Die Erzeugung von Werkzeugstahl.

1. Zementstahl. Seit Jahrhunderten verfährt man bei seiner Herstellung folgendermaßen: Man legt Eisenstäbe von 1 bis 2 cm Dicke in Holzkohlenpulver, daß jede Stange damit allseitig und fest umgeben ist, und erhitzt die feuerfesten Kisten, die man oben abdeckt, langsam bis auf 1000° C. Bei dieser Temperatur legiert sich das γ-Eisen mit dem Kohlenstoff, und das Eisen wird stahlartig. Der Kohlenstoff dringt langsam von außen nach innen vor, die Kohlung ist ungleichmäßig, und das Glühen dauert je nach der Stärke der Stangen 1 bis 2 Wochen. Gegen Ende nimmt man einen Stein aus der Stirnwand des Kastens, zieht eine Probestange heraus und zerbricht sie. Die Kästen sind etwa 3 m lang und werden auf den Längsseiten von den Feuergasen umspült.

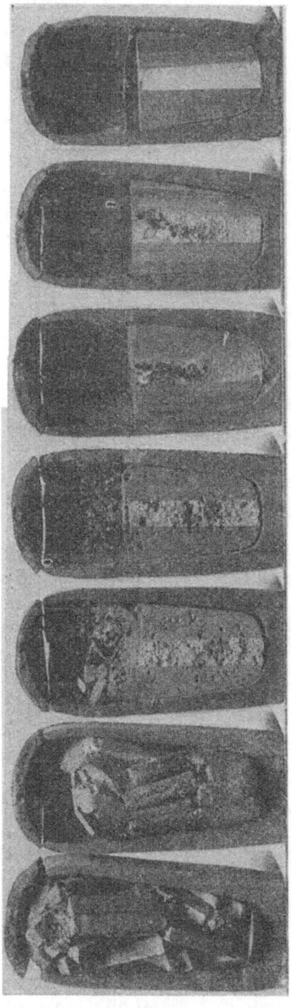

Fig. 30. Tiegel mit Inhalt in verschiedenen Stufen des Umschmelzvorganges. Die Tiegel sind nach dem Erkalten aufgeschnitten.

Das Verfahren heißt Zementieren, der gewonnene Stahl Zementstahl.

2. Tiegelstahl. Man erzeugt diesen Stahl in Tiegeln, die aus einer Mischung von reinem, feuerfestem Ton und gemahlenem Graphit gepreßt werden. Nachdem die Tiegel 4 bis 6 Wochen lang in geheizten und gut durchlüfteten Räumen getrocknet sind, werden sie in besonderen, durch Abwärme geheizten Öfen vorgewärmt, mit 30 bis 50 kg Stahl gefüllt (Fig. 30), auf Rotglut erhitzt und dann in den Schmelzofen gestellt. Für die gleichzeitige Herstellung größerer Stahlmengen sind Wärmespeicheröfen im Gebrauch, die bis 100 Tiegel aufnehmen. Der Boden ihres Schmelzraumes ist eben und mit Sand bedeckt. Die Decke läßt sich abheben. Das Einsetzen der Tiegel erfolgt von oben. Als Einsatzmaterial für den Tiegel benutzt man Zementstahl oder reinen Martinstahl. Das Material wird in der Hauptsache umgeschmolzen, wobei der zugedeckte Tiegel den Einsatz vor den Feuergasen schützt, doch treten auch chemische Veränderungen ein. Der Sauerstoffgehalt des Eisens und die eingeschlossene Schlacke verursachen die Entstehung einer sauerstoffreichen Schlacke, auf die der Kohlenstoff reduzierend einwirkt. Dabei bildet sich CO, das in dem Metall aufsteigt. Der Stahl kocht. Aus der Tiegelwand nimmt das Eisen wieder Kohlenstoff auf, besonders wenn es manganreich ist. Erst wenn der Stahl sich beruhigt hat, darf er ausgegossen werden; die Schmelzdauer beträgt 3 bis 4 Stunden.

Man entleert den Tiegel zunächst in eine Gießpfanne und aus dieser in die eiserne Gießform, auf die ein Kopf aus feuerfestem Material aufgesetzt ist, um den Lunker nach oben zu ziehen. Der Tiegelstahl wird auch Gußstahl oder Tiegelgußstahl genannt. Bester Tiegelstahl ist ein sehr reines, wenig gashaltiges Erzeugnis von gleichmäßiger Zusammensetzung. Doch gibt es auch geringere Sorten. Tiegelstahl enthält neben Kohlenstoff 0,3 bis 0,5% Silizium und bis 1% Mangan. Phosphor und Schwefel dürfen nur in Spuren vorkommen. Durch Zusatz von Nickel, Chrom, Wolfram, Vanadium und Molybdän lassen sich auch im Tiegel mehrfach legierte Stähle herstellen.

Der Tiegelstahl wird in 6 bis 8 Nummern eingeteilt. Die nachstehende Tafel gibt einen Überblick über den ungefähren Kohlenstoffgehalt und die Verwendung von Tiegelstahl als Werkzeugstahl.

Härte	C-Gehalt	Verwendung
Sehr hart	∼ 1,3%	Dreh- und Hobelstähle für hartes Material
Hart	∼ 1,2	Gewöhnliche Dreh- und Hobelstähle, Bohrmesser, Schaber
Mittelhart	∼ 1,1	Gewinde und Spiralbohrer, Fräser, Reibahlen, Gewindebacken, Feilenhauermeißel, Kreissägen für kaltes Metall
Zähhart	∼ 0,9	Wie vorher bei größerer Stärke der Werkzeuge. Außerdem Lochstempel und Matrizen, Prägestempel, Kaltmeißel, Scherenmesser
Zäh	∼ 0,8	Gesenke, Hämmer, Schrotmeißel (warm), Handmeißel, Holzbearbeitungswerkzeuge, Schnitte, Messer für Blechscheren, Federn
Weich (Schweißbar)	∼ 0,65	Nietstempel, Dorne, Schmiedewerkzeuge, chirurgische Instrumente und zum Aufschweißen

Von den im Tiegel hergestellten mehrfach legierten Stählen ist besonders der Schnellstahl zu erwähnen, der sich dadurch auszeichnet, daß seine Härte bis zu Temperaturen von 400 bis 500° C wenig abnimmt, so daß selbst harte Materialien bei großer Schnittgeschwindigkeit und großem Spanquerschnitt damit bearbeitet werden können. Auch für die Bearbeitung von heißen Metallen ist Schnellstahl geeignet (Schermesser, Sägeblätter). Er ist weniger hart als Werkzeugstahl und enthält neben geringen Mengen von Silizium und Mangan durchschnittlich 0,5 bis 0,7% Kohlenstoff; 18% Wolfram (W) und 4 bis 6% Chrom; daneben zuweilen auch etwas Vanadium und Molybdän. Infolge seines hohen Wolframgehaltes, dessen spez. Gewicht 18 ist, hat Schnellstahl ein hohes spez. Gewicht von 8,3 bis 9,4, während das von Tiegelstahl 7,8 ist. Das gibt uns ein Mittel in die Hand, an einem Werkzeug oder Stahlstück festzustellen, aus welchem Material es besteht. Man wiegt das Stück einmal in der Luft und dann an einem Faden unter der Wagschale hängend im Wasser. Daraus berechnet man das spez. Gewicht. Beispiel: Ein Spiralbohrer wiegt in der Luft 200 g, im Wasser 178,5 g. Er verliert also im Wasser

$$200 - 178,5 = 21,5 \text{ g}.$$

Sein Rauminhalt ist demnach $V = 21,5 \text{ cm}^3$, und sein spez. Gewicht ist

$$s = \frac{G}{V} = \frac{200}{21,5} = 9,3.$$

Folglich ist der Bohrer aus Schnellstahl.

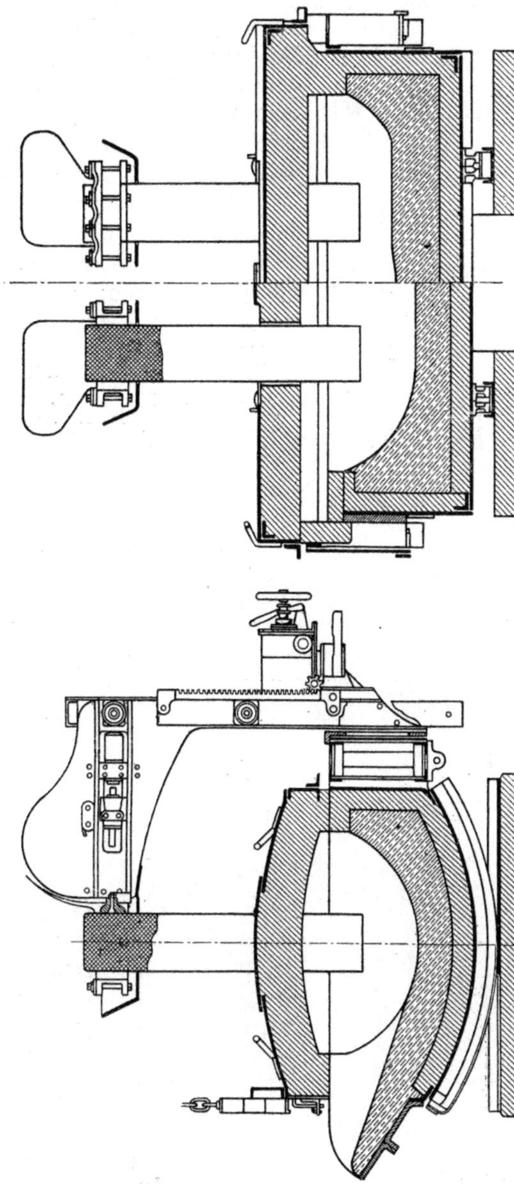

Fig. 31.

3. Elektrostahl. In den elektrischen Öfen benutzt man den elektrischen Strom als Wärmequelle. Dadurch werden die Feuergase mit ihren schädlichen Wirkungen auf das Schmelzgut vollständig vermieden, und die reinsten, gasfreiesten Erzeugnisse lassen sich im elektrischen Ofen herstellen. Die Erzeugung von Elektrostahl hat die von Tiegelstahl bereits überholt.

Der elektrische Ofen kann sowohl für die Gewinnung des Roheisens als auch für das Frischen in Anwendung kommen. Beides verbietet sich aber für Deutschland wegen der hohen Stromkosten. Bei uns wird der Elektroofen vor allem dazu benutzt, vorbehandeltes Flußeisen aus der Birne oder dem Martinofen zu läutern und daraus ein vorzügliches Material zu gewinnen. Besonders die hochwertigen und teuren, mehrfach legierten Stähle werden im Elektroofen hergestellt; doch lassen sich ebensogut ganz weiche Flußeisensorten gewinnen. Das ist nur eine Frage der Herstellungskosten.

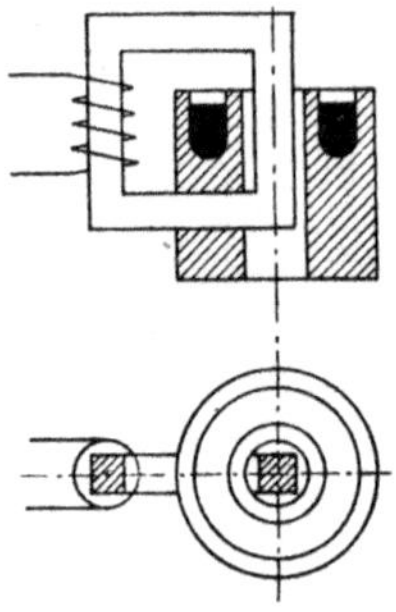

Fig. 32.

Bei den elektrischen Öfen zum Veredeln des Flußeisens unterscheidet man zwei Arten: Den Lichtbogenofen und den Induktionsofen.

Fig. 31 zeigt den Héroultofen, einen viel verwendeten Lichtbogen-

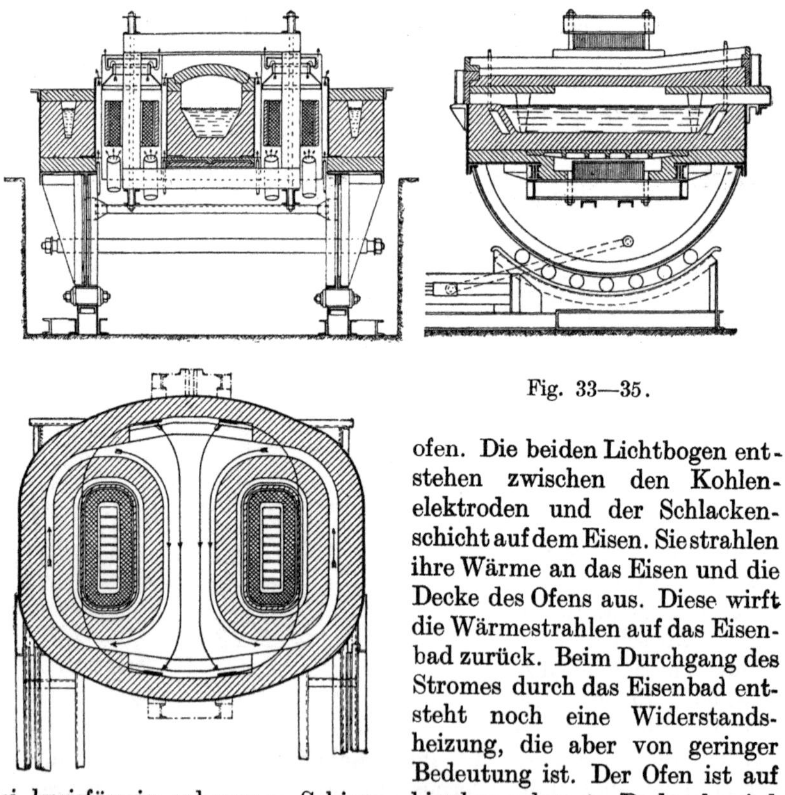

Fig. 33—35.

ofen. Die beiden Lichtbogen entstehen zwischen den Kohlenelektroden und der Schlackenschicht auf dem Eisen. Sie strahlen ihre Wärme an das Eisen und die Decke des Ofens aus. Diese wirft die Wärmestrahlen auf das Eisenbad zurück. Beim Durchgang des Stromes durch das Eisenbad entsteht noch eine Widerstandsheizung, die aber von geringer Bedeutung ist. Der Ofen ist auf zwei kreisförmig gebogenen Schienen kippbar gelagert. Dadurch wird das Abgießen der Schlacken und das Ausgießen des Eisens erleichtert.

Die phosphorhaltigen Schlacken müssen nach der Entphosphorung möglichst vollkommen entfernt werden, damit bei der darauffolgenden Kohlung und Beseitigung des Schwefels kein Phosphor in das Eisen zurücktritt. Die größten bisher erbauten Héroultöfen fassen 25 t. Mit zunehmender Ofengröße sinkt der Verbrauch an elektrischer Energie für 1 t Erzeugnis.

Fig. 32 zeigt das Schema eines ganz einfachen Induktionsofens (nach Kjellin). Die Primärwicklung auf dem rahmenartigen Eisenkern wird von Wechselstrom durchflossen. Dadurch wird in dem Ringe aus flüssigem Eisen, der als kurz geschlossene Sekundärwicklung dient, ein sehr starker Strom von niedriger Spannung induziert, der den Ofen heizt. Die Temperatur ist regelbar.

In Fig. 33 bis 35 ist der Ofen von Röchling-Rodenhauser vorgeführt, er enthält zwei Primärwicklungen. Die beiden Ringe aus flüssigem Eisen stoßen in der Mitte zusammen und bilden so einen größeren Arbeitsraum, der noch durch eine besondere Widerstandsheizung erwärmt wird. Zu diesem Zweck liegt über den Primärwicklungen noch eine Wicklung aus starken Kupferleitungen, die zu zwei Polplatten im Mauerwerk des Ofens führen. In dieser Wicklung wird ein zweiter sekundärer Strom induziert. Die Widerstandsheizung wird wirksam, sobald das Mauerwerk des Ofens glühend und dadurch leitend geworden ist. Elektrostahl zeichnet sich durch Zähigkeit und Formänderungsfähigkeit aus. Die hervorragenden Festigkeitseigenschaften des Elektrostahles werden vor allem auf den geringen Gehalt an Gasen zurückgeführt.

Rostschutz des Eisens.

Rost ist wasserhaltiges Eisenoxyd und entsteht durch Einwirkung von feuchter Luft, lufthaltigem Wasser und von Salzlösungen. Die Rostschicht schützt das darunterliegende Eisen nicht. Als dauernde Rostschutzmittel haben sich bewährt:

1. Überzüge mit Zink, Blei, Zinn, Nickel, Aluminium, Kupfer oder Emaille. Sie erfüllen ihren Zweck um so länger, je dichter sie sind.

2. Farbanstriche in gutem Leinölfirnis. Als Grundfarbe wird Mennige, als Deckfarbe ein Gemisch von Bleiweiß, Graphit und Zinkstaub benutzt. Rohre streicht man mit heißem Teer oder Asphalt.

3. Eiserne Gebrauchsgegenstände werden künstlich oxydiert (brüniert), damit sie beim Anfassen nicht unansehnlich werden. Zum Reinigen verrosteter Teile hat sich Petroleum bewährt.

Die Metalle.

Das Kupfer (Cu). Kupfer wird aus Erzen gewonnen. Die wichtigsten enthalten Verbindungen des Kupfers mit Schwefel. Sehr reich an Kupfererzen sind die Vereinigten Staaten, Spanien und Portugal. In Deutschland, das arm an Kupfer ist, wird der Kupferschiefer im Mansfeldischen gewonnen und verarbeitet. Die Kupfererze sind meist arm und enthalten als Begleitmetall vor allem Eisen. Sie bedürfen einer chemischen Aufbereitung, die sie reicher macht. Diese Aufbereitung beruht darauf, daß das Kupfer zum Schwefel eine größere Verwandtschaft besitzt als zum Sauerstoff, während sich das Eisen umgekehrt verhält. Röstet man die Erze, d. h. erhitzt man sie unter Luftzutritt, so oxydiert besonders der Schwefelgehalt des Eisens zu SO_2 und das Eisen zu Eisenoxydul, das bei dem auf das Rösten folgenden Schmelzen zum großen Teil in die Schlacken geht. Das Rösten wird ein- oder zweimal wiederholt, bis ein „Kupferstein" von 60 bis 70% Kupfergehalt zurückbleibt. Durch das nun folgende oxydierende Schmelzen bei reichlicher Luftzufuhr wird auch der größte Teil des Schwefels verbrannt, der noch an das Kupfer gebunden war. Gleichzeitig werden aber auch etwas Kupfer und etwa noch vorhandene Begleitmetalle oxydiert. Man muß deshalb einen Schmelzvorgang folgen lassen, bei dem Brennstoff und Verbrennungsgase auf das Schmelzgut reduzierend einwirken. So erhält man „Schwarzkupfer". Dieses wird gereinigt, indem man es nochmals einem oxydierenden Schmelzvorgang unterwirft, um vorhandene Unreinigkeiten zu verschlacken oder als Gase entweichen zu lassen. Das nun erhaltene „Garkupfer" enthält wieder etwas Kupferoxydul. Es ist deswegen spröde und für mechanische Bearbeitung wie Hämmern, Walzen noch ungeeignet. Durch nochmaliges reduzierendes Schmelzen wird das Kupfer endlich „hammergar" gemacht.

Das reinste Kupfer wird auf elektrolytischem Wege gewonnen. In eine Lösung von schwefelsaurem Kupfer (Kupfervitriol, $CuSO_4$) hängt man Schwarzkupferplatten als Anoden (Stromeintritt), während man als Kathoden (Stromaustritt) Bleche aus Feinkupfer benutzt. Beim Stromdurchgang wird das Kupfervitriol zerlegt. Der Säurerest SO_4 verbindet sich mit dem Kupfer der Anode zu $CuSO_4$, während das freiwerdende Kupfer sich auf den Kupferblechen niederschlägt. Das so gewonnene Kupfer heißt Elektrolytkupfer oder Kathodenkupfer.

Kupfer ist ein guter Leiter für Wärme und Elektrizität. Die Leitfähigkeit ist um so größer, je reiner das Kupfer ist. Reines Kupfer ist etwa halb so hart und halb so fest wie weiches Eisen und hat ein großes Formänderungsvermögen, so daß es bei der Bearbeitung im kalten Zustande weitgehende Gestaltsänderungen verträgt. Dabei wird es wie jedes Metall „hart" (siehe den Abschnitt „Festigkeitseigenschaften") und muß ausgeglüht werden. Die Ausglühtemperaturen (200 bis 500° C) können um so niedriger sein, je reiner das Kupfer ist. Nach dem Ausglühen schreckt man es rasch ab. Durch fremde Beimengungen (Legierung) werden Festigkeit und Härte erhöht, die Dehnbarkeit vermindert. Das Kupfer kommt in Form von Stangen, Blechen, Draht und Rohren in den Handel. Ausgeglühtes reines Kupferblech hat 22 kg/mm² Zugfestigkeit, 35 bis 38% Bruchdehnung und 45 bis 50% Querzusammenziehung, das spez. Gewicht ist 8,3 bis 9.

Durch lange andauernde Erwärmung über 200 bis 300° C nehmen Festigkeit und Formänderungsvermögen rasch ab. Deshalb ist die Verwendung von Kupfer für Dampfleitungen verboten, wenn die Dampftemperatur 250° C übersteigt; unterhalb dieser Temperatur wird es aber gern verwendet. In der Glühhitze ist Kupfer gut schmiedbar. Glühendes Kupfer oxydiert mit dem Sauerstoff der Luft. Kupferoxydul ist ziegelrot, Kupferoxyd ist schwarz. Das Kupfer leidet sowohl durch Überhitzung (500 bis 1000° C) als auch durch Verbrennen (siehe Festigkeitseigenschaften). Kurz vor dem Schmelzpunkt wird das Kupfer spröde; deshalb gilt es als im Feuer nicht schweißbar. Im geschmolzenen Zustande (Schmelzpunkt 1084° C) hat das Kupfer eine große Lösungsfähigkeit für Sauerstoff, Wasserstoff und Kohlenoxyd, die zwar mit sinkender Temperatur teilweise frei werden, aber aus dem dickflüssigen Metall nicht austreten können; der Guß wird blasig. Deshalb läßt sich reines Kupfer nicht gießen. Der Sauerstoff verbindet sich mit dem Kupfer zu Kupferoxydul, das von dem Kupferbade gelöst wird und die Festigkeitseigenschaften verschlechtert. Um das Oxydul wieder zu zerlegen, wird Mangan oder Silizium zugesetzt, das sich mit dem Sauerstoff des Oxyduls verbindet. Unverbrannte Reste bleiben im Kupfer und beeinflussen seine Festigkeitseigenschaften.

Das reinste Kupfer ist nicht für alle Zwecke das beste. So erhält das Blech für die Feuerbüchsen der Lokomotiven einen geringen Arsenzusatz, der es widerstandsfähiger gegen die Zerstörung durch das Feuer macht. Auch die Lösungsfähigkeit für Gase wird geringer. Stehbolzenkupfer enthält 5 bis 6% Mangan. Es verringert bei steigender Temperatur seine Festigkeitseigenschaften nicht so schnell wie das reine Kupfer.

Zink (Zn). Zinkerze sind: Galmei oder kohlensaures Zink ($ZnCO_3$) und Zinkblende oder Schwefelzink (ZnS). Sie sind sehr verbreitet und finden sich in fast allen europäischen Ländern. Deshalb ist Zink nach Eisen und Blei das billigste Metall. Die Haupterzeugungsländer sind Deutschland, Belgien und die Vereinigten Staaten. Die wichtigsten deutschen Fundstellen sind in Oberschlesien Beuthen-Tarnowitz und am Rhein die Gegenden von Siegen, Mülheim, Aachen und Stolberg.

Zink ist weniger hart als Kupfer, dabei aber wenig dehnbar. Bei Temperaturen zwischen 130 und 160° C wird es geschmeidig und läßt sich zu Blechen auswalzen und zu Draht ziehen. Bei 200° C ist es wieder spröde. Walzzink hat ∾ 15% Dehnung, 16 bis 20 kg/mm² Zug- und 10 kg/mm² Druckfestigkeit. An der feuchten Luft überzieht sich Zink mit einer dichten, fest haftenden Oxydschicht, die das darunterliegende Metall schützt. Deshalb wird Zinkblech viel für Dachrinnen, Gesimsbleche und Abfallrohre verwendet. Dabei ist die große Wärmeausdehnung des Zinks zu beachten. In Gegenwart von Wasser entsteht zwischen Zink und Eisen ein galvanischer Strom, der vom Zink durch die Flüssigkeit zum Eisen fließt, wobei das Zink zersetzt wird. Deshalb sind Zinkbleche mit verzinkten Nägeln zu befestigen. Für Gießzwecke kommt das Zink in 4 cm starken Platten in den Handel. Es ist im geschmolzenen Zustande dünnflüssig und gut gießbar (Schmelzpunkt 420° C). Gegossenes Zink ist viel weniger fest als Walzzink (∾5 kg/mm² Zugfestigkeit). Beim Schmelzen soll das Zink nicht überhitzt werden, da es bei Rotglut (920° C) lebhaft zu verdampfen beginnt. Die Dämpfe schlagen sich als Zinkstaub nieder, oder sie verbrennen in der Luft zu

Zinkoxydstaub. Gegossenes Zink hat ein spez. Gewicht von $s = 6{,}86$; gewalztes $s = 7{,}1$ bis 7,2.

Zink wird auch zum Verzinken von Eisenteilen — Draht, Blechen — benutzt. Hartzink ist eine Legierung von Zink und etwas Eisen, die sich leicht bildet, wenn flüssiges Zink und Eisen in längere Berührung kommen. Es ist schwerer als reines Zink und sammelt sich am Boden der eisernen Schmelzgefäße, in denen man Eisenbleche verzinkt (Feuerverzinkung). Die Bleche werden erst durch Beizen in verdünnter Schwefelsäure vom Glühspan befreit, gewaschen, getrocknet und dann senkrecht in das Zinkbad eingetaucht. Sie bleiben hier, bis sie die Badtemperatur angenommen haben. Beim Herausziehen wird das überflüssige Zink durch Walzen abgestreift. Auf dem Zinkbade ist eine starke Schicht von Salmiak oder Chlorzink, die es vor Oxydation schützt. Wärmt man die Bleche unter Luftabschluß vor, so wird die Eintauchzeit kürzer und die Bildung von Hartzink geringer.

Eine andere Art der Verzinkung ermöglicht das Spritzverfahren von Schoop. Das zu verspritzende Zink wird als Draht in die Spritzpistole eingeführt, durch einen Brenner oder im elektrischen Lichtbogen abgeschmolzen und von einem Preßluftstrahl auf die zu verzinkende Fläche geschleudert. Der Überzug haftet fester als bei der Feuerverzinkung, ist aber weniger dicht. Das Verfahren ist auch auf Kupfer, Aluminium, Messing und sogar Eisen anwendbar.

Das von Sherard Cowper-Coles erfundene Sherardisieren oder Trockenverzinken beruht darauf, daß man die gereinigten Eisengegenstände mit Zinkstaub und Sand zusammen in eine dicht verschließbare Trommel bringt und etwa 1 Stunde lang auf 300° C hält. Die entstehenden Zinkdämpfe dringen in das Eisen ein und legieren sich mit ihm. Unser eisernes Kriegsgeld ist sherardisiert.

Auch elektrolytisch kann Eisen verzinkt werden, der Überzug haftet fest und kann sehr dünn gemacht werden.

Kadmium (Cd) ist ein dem Zink ähnliches Metall, aber weicher und dehnbarer. Es ist in Zinkerzen enthalten. Sein Verdampfungspunkt liegt niedriger (780° C) als der des Zinks. Kadmium destilliert deshalb vor dem Zink über und kann so von diesem getrennt werden. Schmelzpunkt 321° C; spez. Gewicht $s = 8{,}6$.

Blei (Pb). Das wichtigste Bleierz ist der bleiartig aussehende Bleiglanz — Schwefelblei (PbS). Er kommt als ständiger Begleiter der Zinkerze in Deutschland überall da vor, wo Zink gefunden wird. Besonders reich an Blei sind die Vereinigten Staaten, Mexiko, Spanien und Australien.

Der metallische Glanz und die Farbe des Bleis sind nur am frischen Schnitt zu sehen; an der Luft oxydiert es bald.

Blei ist das weichste der unedlen Metalle und vollkommen unelastisch. Es wird wegen seiner Weichheit zu Spannbacken, als Unterlage beim Feilenhauen, zum Verstemmen von Muffenrohren sowie als Zwischenlage zwischen Brückenlager und Mauerwerk benutzt. Aus Blei werden Platten, Rohre und Draht angefertigt. Bleirohre lassen sich infolge ihrer Biegsamkeit leicht verlegen und kommen bei Wasserleitungen in Gebäuden zur Anwendung. Das Rohr setzt im Innern eine Schutzschicht von kohlensaurem Blei an. Reines Blei ist sehr widerstandsfähig gegen Salz- und Schwefelsäure; es wird deshalb zu Säurebehältern, Rohrleitungen und zum Verbleien von Eisenrohren und Ventilen benutzt. Blei haftet nicht auf Eisen, weil beide Metalle sich nicht legieren. Das Eisen wird deshalb zuerst verzinkt oder verzinnt. Umfangreiche Verwendung findet das Blei auch in der elektrischen Industrie für Schutzmäntel von Kabeln und zur Herstellung von Akkumulatoren. Bemerkenswert ist das hohe spez. Gewicht (11,4), das seine Verwendung zu Geschossen erklärt.

Blei läßt sich leicht schmelzen (Schmelzpunkt 327° C) und gießen und beginnt bei 650° C lebhaft zu verdampfen. Es sollte niemals über hitzt werden, weil Bleidämpfe ebenso wie Bleistaub und Bleifarben (Mennige) ein gefährliches Gift für den Menschen sind. Fortgesetzte Bleivergiftungen führen zu schweren Erkrankungen und dauerndem Siechtum des Körpers und sogar des Geistes. Alle Arbeiter, die mit Blei zu tun haben, müssen peinlich darauf achten, daß auch nicht die kleinsten Bleimengen in ihre Verdauungsorgane gelangen. Ein gutes Gegenmittel im Anfange der Vergiftung ist reichlicher Milchgenuß.

Zinn (Sn). Es wird aus Zinnerzen (Zinnoxyd SnO_2) gewonnen. Deutschland ist arm an Zinn. Die bekanntesten Fundstellen der Erde sind die englische Grafschaft Cornwall und ein Gebiet, das sich von Hinterindien über die malaische Halbinsel Malakka und die Inseln Billiton und Banka nach Australien hinzieht. Das Zinn von Malakka, Billiton und Banka ist das reinste und wird als Bankazinn gehandelt, während das englische nach seinem Herkunftszeichen, einem Lamm, als Lammzinn bekannt ist. Auch China, Japan und Bolivia liefern Zinn. Ein steter Begleiter des Zinns ist das Wolfram.

Zinn hat eine schöne silberweiße Farbe, die es unter dem Einfluß der Luft nicht verliert. Es ist fast so weich wie Blei, wenig fest und außerordentlich dehnbar, so daß es sich zu ganz dünnen Blättern (Stanniol) auswalzen läßt. Es schmilzt sehr leicht (230° C) und überzieht sich schnell mit einer Oxydschicht (Zinnasche). Zinn wird hauptsächlich zum Herstellen von Legierungen und zum Verzinnen von Eisenblech benutzt. Verzinntes Eisenblech heißt Weißblech. Gegossenes Zinn hat das spez. Gewicht $s = 7{,}2$; gewalztes $s = 7{,}3 \div 7{,}5$.

Aluminium (Al). Aluminium ist außerordentlich verbreitet. Es findet sich in den Tonerden und wird durch Schmelzen und Zerlegen der Tonerde im elektrischen Lichtbogen gewonnen. Dabei ist der Energieverbrauch sehr hoch und die Gewinnung entsprechend kostspielig. Bisher war es in Deutschland nötig, ausländische reine Erden zu verarbeiten (Bauxit aus Südfrankreich, Kryolith von Grönland), im Weltkriege ist man dazu übergegangen, auch einheimische deutsche Tone zu verwerten.

Aluminium ist etwas weicher als Zink und sehr formänderungsfähig. Ist es bei der Kaltbearbeitung hart geworden, so glüht man es aus; dazu genügen Temperaturen über 150° C. Aluminium wird von organischen

Säuren, Salpetersäure und Wasser wenig angegriffen, Laugen und Salzsäure lösen es auf. Es ist ein guter Leiter für Wärme und Elektrizität. Bemerkenswert ist sein geringes spez. Gewicht (gegossen 2,56; gewalzt 2,75), das zur Verwendung von Aluminium oder Aluminiumlegierungen im Motorbau geführt hat (Kurbelkästen). Auch Motorkolben werden aus Aluminium gepreßt, aber weniger wegen des geringen spez. Gewichtes als wegen der guten Wärmeleitfähigkeit. An der Luft ist es selbst bei höheren Temperaturen sehr beständig. Beim starken Erhitzen oxydiert es an der Oberfläche zu Tonerde (Al_2O_3); dünne Teile verbrennen vollkommen und sehr schnell bei großer Wärmeentwicklung. Darauf beruht die Anwendung von Aluminiumspänen zum Schweißen nach dem Thermitverfahren von Goldschmidt in Essen.

Ein Gemisch von Aluminiumspänen und Eisenoxyd — das Thermit — wird entzündet. Das Aluminium verbrennt mit dem Sauerstoff des Oxyds und reduziert das Eisen. Dabei entwickelt sich rasch eine so große Wärmemenge — 7200 kcal für 1 kg Aluminium —, daß das Eisen hoch erhitzt und dünnflüssig wird. Man läßt es entweder in die Schweißfuge laufen oder benutzt es zum raschen Erwärmen der Arbeitstücke auf Schweißhitze.

Trotzdem der Schmelzpunkt des Aluminiums nicht hoch liegt ($\sim$ 660° C), gilt es doch als schwer schmelzbar, weil der Wärmeverbrauch zum Schmelzen 240 kcal für 1 kg Aluminium beträgt. Beim Gießen schwindet es stark ($\sim$ 2%). Man verringert die Schwindung durch Zusatz von Zink oder Kupfer. Die Festigkeit von Aluminiumguß ist 10 bis 12 kg/mm² gegen 14 bis 20 kg/mm² beim kalt bearbeiteten Metall.

Nickel (Ni). Nickelerze kommen als Begleiter von Eisen- und Kupfererzen vor. In Deutschland findet man sie nur in Frankenstein in Schlesien. Der Hauptlieferant von Nickel ist Kanada.

Reines Nickel hat ein gutes Formveränderungsvermögen; es läßt sich kalt walzen, hämmern und ziehen. Festigkeit und Dehnung sind größer als beim Kupfer. Ein Oxydulgehalt macht es spröde. Nickel hält sich gut an der Luft, es wird deshalb als galvanischer Niederschlag auf Eisen aufgetragen. Bis 340° C ist es magnetisch, darüber hinaus unmagnetisch. Nickel läßt sich schmieden und schweißen; es gilt als schwer schmelzbar. Die Schmelztemperatur liegt hoch (1480° C), und die Schmelzwärme beträgt 205 kcal. Nickel hat die Fähigkeit, Kohlenstoff aufzulösen. Dieser reduziert das im Nickelbade vorhandene Nickeloxydul, dabei entsteht CO. Deshalb läßt sich Nickel nicht zu blasenfreien Gußstücken vergießen. Durch einen Zusatz von Zink oder besser Magnesium, das viel kräftiger reduzierend wirkt als der Kohlenstoff, wird das Oxydul zerlegt und das entstehende Magnesiumoxyd als Schlacke ausgeschieden. Dadurch ist Nickel gießbar geworden. Das spez. Gewicht von Nickel ist $s = 8{,}9 \div 9{,}2$.

Antimon (Sb) ist ein weißes, glänzendes und sehr sprödes Metall. Es wird zur Herstellung von Legierungen benutzt. $s = 6{,}7$; Schmelzpunkt 630° C.

Wismut (Bi) ist dem Antimon ähnlich; es ist schwach rötlich-weiß, glänzend, spröde und ein schlechter Leiter für Wärme und Elektrizität. Vor allem ist es aber sehr leicht schmelzbar. Der Schmelzpunkt liegt bei 268° C und die Schmelzwärme beträgt nur 21 kcal. $s = 9{,}8$.

Die Legierungen. Als Legierungen bezeichnet man Lösungen von Metallen in Metall oder auch von Nichtmetallen in Metall, wenn die metallischen Eigenschaften erhalten bleiben. Ihre Herstellung erfolgt mit wenigen Ausnahmen im flüssigen Zustande. Solche Ausnahmen sind beim Zementieren und Trockenverzinken erwähnt. Im ersten Falle waren die beiden Bestandteile fest; im zweiten war einer fest, der andere dampfförmig.

Die Art, wie man zwei Stoffe zu einer Legierung zusammenschmilzt, ist sehr verschieden. Man kann sie getrennt schmelzen und zusammengießen, das ist aber selten. Erhitzt man die beiden Stoffe, z. B. Kupfer und Zink, in demselben Schmelzgefäß, so wird der leichter schmelzbare (hier das Zink) zuerst verflüssigt und löst den schwerer schmelzbaren (hier das Kupfer) auf. Der ganze Vorgang spielt sich dann bei Temperaturen ab, die unter dem Schmelzpunkt des schwerer schmelzenden Stoffes liegen; es ist sogar möglich, Stoffe aufzulösen, die als unschmelzbar gelten (Kohlenstoff im Eisen). An Schmelzwärme wird aber nichts gespart.

Der Schmelzvorgang darf auch nicht zu lange dauern, weil die Metallverluste durch Verdampfen und Oxydieren mit der Zeit zunehmen. Wird das entstehende Oxyd von der Legierung aufgelöst, so macht es die Legierung dickflüssig und verringert ihre Festigkeit. Soll die Legierung nur eine kleine Menge des leicht schmelzbaren Metalles enthalten, so schmilzt man erst eine kleine Menge beider zusammen und mischt diese mit dem verflüssigten Rest des schwer schmelzbaren Metalles. Kupfer und Zinn legiert man, indem man das teure und leicht oxydierbare Zinn nur anwärmt und dem verflüssigten Kupfer zusetzt. Das Vorwärmen bezweckt, Feuchtigkeit und Gase, die an der Oberfläche verdichtet sind, auszutreiben. Sie würden zu explosionsartigen Ausbrüchen aus der Schmelze führen.

Mehrfach umgeschmolzene Legierungen (Altmetall) sind oft reich an Oxyden. Späne werden vor dem Schmelzen brikettiert, dadurch verringert sich der Abbrand. Die Legierungen müssen so lange flüssig bleiben und nach Bedarf tüchtig umgerührt werden, bis eine innige Mischung der Bestandteile erreicht ist. Die Abkühlung soll schnell erfolgen, sonst ergeben sich verschiedenartige Zusammensetzungen infolge der Seigerung und Entmischung. Beim Eisen wurde gezeigt, daß die Legierungen in einem Temperaturzwischenraum erstarren, dessen Größe von dem Mischungsverhältnis der Bestandteile abhängt. Dabei scheiden sie zunächst, je nach der Löslichkeit der Bestandteile im festen Zustande, Mischkristalle aus oder Kristalle des einen Bestandteiles. Sind die ausgeschiedenen Kristalle schwerer als die Schmelze, so sinken sie zu Boden, sind sie leichter, so steigen sie in die Höhe. Diese Entmischung wird um so vollkommener, je langsamer sich die Erstarrung abspielt.

Durch das Legieren kann man Metalle von sehr verschiedenen Eigenschaften gewinnen, die anders sind als die Eigenschaften der Grundstoffe. Sie lassen sich aber nicht vorausberechnen, so daß man bei ihrer Ermittlung auf den Versuch angewiesen war. Allgemein läßt sich folgendes feststellen:

1. Festigkeit und Härte eines Metalles werden durch Legieren mit einem anderen Stoff bis zu einem bestimmten Höchstwert gesteigert. Die Steigerung erfolgt nicht im Verhältnis der zugesetzten Menge. Jenseits des Höchstwertes sinken Festigkeit und Härte wieder bis auf die des reinen Zusatzstoffes. Gold und Silber werden durch Kupfer, fester und härter, Kupfer durch Zinn, Eisen durch Kohlenstoff. Die Legierungen sind weniger formänderungsfähig als die reinen Metalle. Gegossene Legierungen sind weniger fest als kalt oder warm gewalzte und gehämmerte.

2. Die Schmelztemperatur ist, soweit nicht chemische Verbindungen in der Legierung entstehen, niedriger als die des schwerst schmelzbaren Bestandteiles; sie kann auch niedriger sein als die des anderen. Durch Zusatz eines dritten und vierten Bestandteiles kann der Schmelzpunkt noch weiter herabgedrückt werden. Im allgemeinen sind die Legierungen auch dünnflüssiger als die reinen Metalle. Überhitzt man ein geschmolzenes Metall, so wird es dünnflüssiger. Die Legierungen mit ihren niedrigen Schmelzpunkten lassen sich leichter überhitzen; das Schmelzen und Gießen macht also weniger Schwierigkeiten.

3. Legierungen ergeben dichtere Gußstücke. Je niedriger die Temperatur eines flüssigen Metalles ist, um so weniger Gase löst es auf; je dünnflüssiger das Metall ist, um so leichter kann es die beim Abkühlen freiwerdenden Gase vor dem Erstarren wieder abgeben. Viele reine Metalle (Kupfer, Nickel) sind überhaupt nicht gießbar.

Die wichtigsten Legierungen.

Legierungen des Kupfers: **1. Messing.** Es enthält 20 bis 50% Zink. Seine Farbe ist gelb, bei 60% Zinkgehalt geht sie in weiß über (Weißmessing) Festigkeit und Härte steigen mit dem Zinkgehalt (Fig. 36). Die Festigkeit erreicht ihren Höchstwert bei 45% Zink, die Härte etwa bei 50%. Messing ist kalt und warm bearbeitbar und gut gießbar. Für die Kaltbearbeitung verwendet man Messing mit 20 bis 40% Zink, für weitergehende Formänderung eignen sich nur die Sorten mit 20 bis 30% Zink. Bei 40 bis 45% Zink ist Messing schmiedbar, im übrigen ist es bei Glühhitze spröde. Gußmessing hat 35 bis 45% Zink. Mit dem Zinkgehalt steigt die Schwindung. Ein Bleigehalt von 1 bis 2% macht das Gußmessing weniger hart und leichter bearbeitbar. Über die oberen Schmelztemperaturen bei verschiedenem Zinkgehalt gibt Fig. 36 Aufschluß. Messing kommt in Stangen, Blechen, Rohren und als Draht in den Handel.

T o m b a k ist ein sehr weiches und dehnbares Messing mit 12 bis 20% Zink.

Detametall ist ein Messing mit Eisengehalt. Es ist gut gießbar, schmiedbar, hat hohe Festigkeit und ist widerstandsfähig gegen See- und saure Grubenwässer. Man verwendet es deshalb zu Pumpenteilen im Schiff- und Bergbau.

Als Rotguß bezeichnet man Messing mit etwas Zinn. Er ist härter als Messing und wird zu Lagerschalen, Stopfbüchsen, Armaturteilen verarbeitet.

2. Bronze. Bronze ist eine Legierung von Kupfer und Zinn. Aus den Härtekurven der Fig. 36 ist ersichtlich, daß Zinn in viel stärkerem

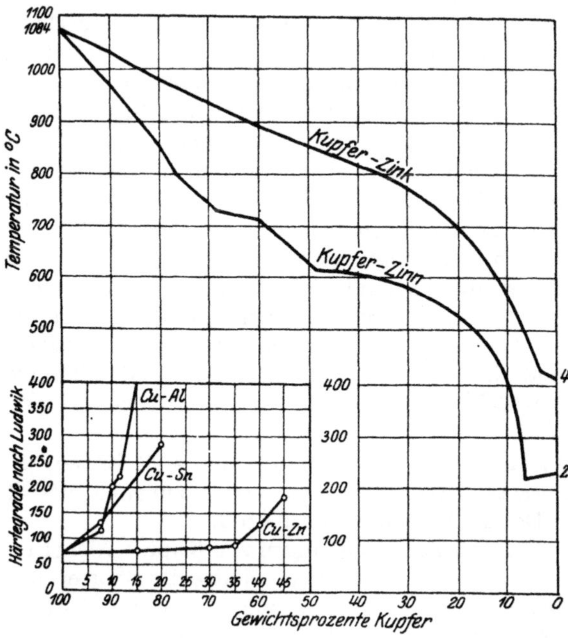

Fig. 36.

Hauptfigur: Obere Schmelzgrenzen der Legierungen Kupfer-Zink und Kupfer-Zinn.
Nebenfigur: Härtesteigerung des Kupfers durch Legieren mit Aluminium, Zinn und Zink (nach Ludwik).

Maße auf die Härtesteigerung der Legierung wirkt als Zink. Die größte Härte ist bei 30% Zinn erreicht, die Bronze ist dann nicht mehr feilbar; die größte Festigkeit ergibt sich bei 18% Zinn. Bis zu 15% Zinn ist Bronze schmiedbar, bis zu 5% Zinn läßt sie sich kalt bearbeiten. Die Dehnung nimmt mit steigendem Zinngehalt sehr rasch ab, deshalb werden die zinnreichen Bronzen nur selten verwendet. Die Farbe ist anfangs rot, bei 15% Zinn wird sie gelb, bei 20% gelblichweiß und geht bei 30% in weiß über. Bronze ist sehr gut gießbar, dünnflüssig und gibt dichte Güsse. Die Schwindung beträgt $\sim \frac{1}{63}$. Der obere Schmelzpunkt liegt niedriger als bei Messing mit gleichem Kupfergehalt (Fig. 36).

Maschinenbronze ist eine Bronze mit 2 bis 6% Zink und zuweilen auch etwas Blei (1 bis 2%). Sie ist nicht so hart und fest wie die reine Bronze, aber leichter schmelzbar und infolge des Bleigehaltes leichter bearbeitbar. Das Metall ist nicht so zäh, und die Späne springen leichter ab. Bronze und Maschinenbronze werden wegen ihrer Härte zu Lagerschalen und Schiebern, wegen ihrer Festigkeit und Beständigkeit gegen See- und Grubenwässer zu Pumpenkörpern, Kolben und Schiffschrauben verarbeitet.

Phosphorbronze. Oxydiert ein Teil des Zinngehaltes der Bronze, so löst sich das Zinnoxyd (Zinnsäure) in der Schmelze, die Bronze wird dickflüssig und weniger fest. Man setzt der Bronze deshalb Phosphorkupfer zu, dessen Phosphorgehalt sich mit dem Sauerstoff der Zinnsäure verbindet. Der Phosphorzusatz wird so bemessen, daß nur Spuren davon in der Bronze zurückbleiben. Die so gereinigte Bronze heißt Phosphorbronze. Man verwendet sie für Zahnräder, Lager, Schieber. Statt Phosphor kann auch Silizium verwendet werden. Das hat zu dem Namen Siliziumbronze geführt. Auch Aluminium wird zur Reduktion benutzt.

Aluminiumbronze nennt man eine Bronze, bei der das Zinn durch Aluminium ersetzt ist; sie enthält 5 bis 10% Aluminium. Wie Fig. 36 zeigt, ist die härtende Wirkung des Aluminiums sehr groß. Die Bronze ist goldgelb, wird aber beim Anfassen unansehnlich. Auch die Schwindung ist groß. Aluminiumbronze ist sehr widerstandsfähig gegen See- und Grubenwässer, ihre Festigkeit und Dehnung sind groß.

3. Kupfer und Nickel. Die reinen Legierungen von Kupfer und Nickel sind selten.

Konstantan enthält 60% Kupfer und 40% Nickel, es ändert den elektrischen Leitwiderstand bei ab- oder zunehmender Temperatur sehr wenig. Der Leitwiderstand ist groß.

Neusilber nennt man Legierungen von Kupfer, Nickel und Zink mit etwa 60% Kupfer. Bei den besseren, silberweißen Sorten überwiegt das Nickel, bei den gelben das Zink. Neusilber ist härter, fester und weniger bildsam als Messing, sehr polierfähig und widerstandsfähig gegen saure Speisen. Daher kommt seine häufige Verwendung zu Tischgeräten (Alpakka).

Nickelin ist dem Neusilber ähnlich, es wird für elektrische Widerstände benutzt wie das Konstantan.

Zinn- und Bleilegierungen. Weißmetalle. Zum Ausgießen von Lagerschalen sind Legierungen von Zinn, Antimon und Kupfer im Gebrauch, die keinen hohen Schmelzpunkt haben dürfen (250° C), damit sie schnell erstarren und Entmischungen vermieden werden. Deshalb beschränkt man den Kupfergehalt auf 5%. Antimon gibt dem Metall die Härte, es enthält davon etwa 10%. Weißmetallager laufen nicht so leicht warm, sie vertragen eine Flächenpressung von ~ 15 kg/cm².

Der hohe Zinngehalt macht die Legierung teuer, man ersetzt ihn deshalb mehr oder weniger durch Zink.

Hartblei ist eine Legierung von Blei und Antimon. Sie findet Anwendung als Letternmetall (75% Blei, 25% Antimon) und als billiges

Lagermetall, das auch etwas Zinn enthält, z. B. 80% Blei, 15% Antimon, 5% Zinn (Magnoliametall).

Weichlot oder Lötzinn ist aus Blei und 50 bis 30% Zinn legiert. Den niedrigsten Schmelzpunkt (180°) hat das Eutektikum mit rund 70% Zinn. Fig. 37 zeigt das Erstarrungsschaubild der Legierung. Oberhalb $H-E-J$ ist alles flüssig, unterhalb der Graden $F-E$ alles fest. E ist der eutektische Punkt. Niedriger schmelzende Lote erhält man durch Zusatz von Wismut zur Zinn-Bleilegierung; sie sind aber spröder als die vorstehenden.

Aluminiumlegierungen. Magnalium besteht aus Aluminium mit 3 bis 15% Magnesium. Seine Festigkeit ist höher als beim Aluminium,

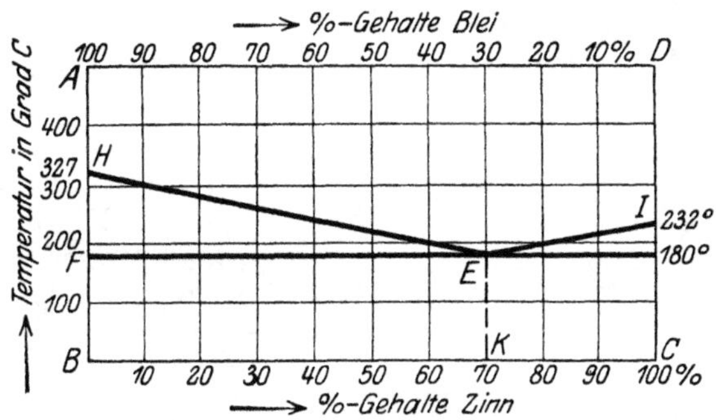

Fig. 37.

das spez. Gewicht geringer, da Magnesium sehr leicht ist ($s = 1,7$). Die magnesiumarmen Legierungen sind kalt bearbeitbar.

Duraluminium enthält etwa 95% Aluminium, 4% Kupfer, 0,5% Mangan und 0,5% Magnesium. Es ist widerstandsfähig gegen Salz- und saure Grubenwässer. Gußstücke daraus haben die Festigkeit von Bronze. Das spez. Gewicht ist 2,8.

Das Schmelzen der Metalle.

Leicht schmelzbare Metalle werden in gußeisernen Tiegeln verflüssigt, schwerer schmelzbare in Tiegeln aus feuerfestem Ton und Graphit. Man beheizt die Schmelzöfen mit Koks, Gas, Öl oder elektrisch. Fig. 38 zeigt einen Tiegelofen mit Koksfeuerung für natürlichen Zug. Der Koks umgibt den Tiegel und wird von oben nachgefüllt. Der Tiegel ist auf einen Fuß gestellt, weil die Temperatur dicht über dem Rost noch zu niedrig ist. Das Herausheben und Einsetzen der Tiegel erfolgt mit der Zange. Beim Anfassen und plötzlichen Abkühlen in der Außenluft leidet der Tiegel. Man bevorzugt deshalb kippbare Öfen. In Fig. 39 ist ein Ofen der Firma Basse & Selve in Altena vorgeführt, in Fig. 40 der Schnitt durch den Ofen. Der Wind strömt durch die bei c gelenkige Leitung $a-b-d$ und tritt in den Ring e. Durch Bohrungen in e und im Ofenfutter gelangt er an den Koks. Das Kippen erfolgt nach Pfeil 1, das Nachfüllen von Koks nach 2. Die Pfeile 3 deuten den Abzug der Feuergase an, die zum Anwärmen von Schmelzgut im Vorwärmtrichter *f* ausgenutzt werden. *g* ist der Ausguß; *h* und *i* sind abhebbare Deckel. Über dem Ofen steht eine hochziehbare Rauchglocke, die nicht

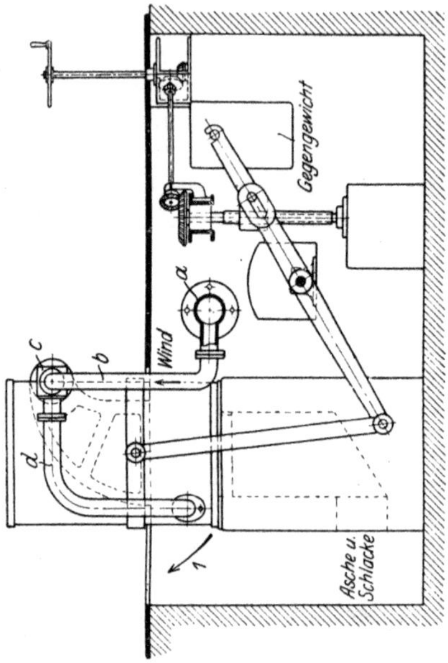

Fig. 39.

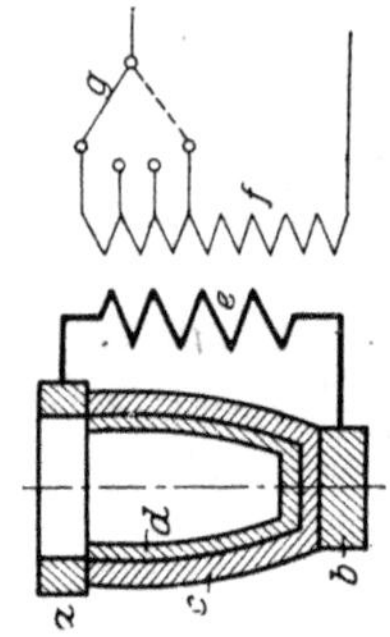

Fig. 41.

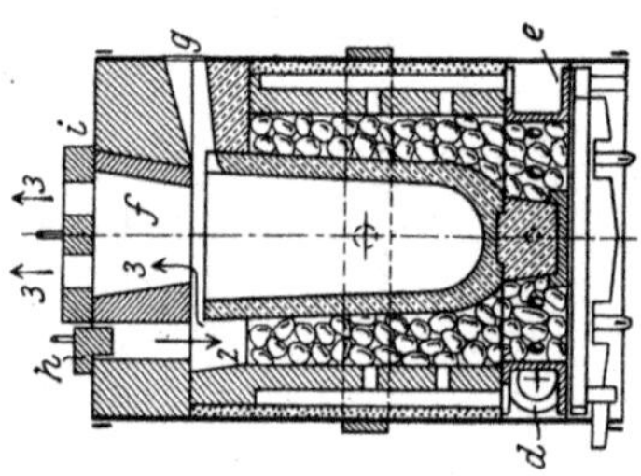

Fig. 40.

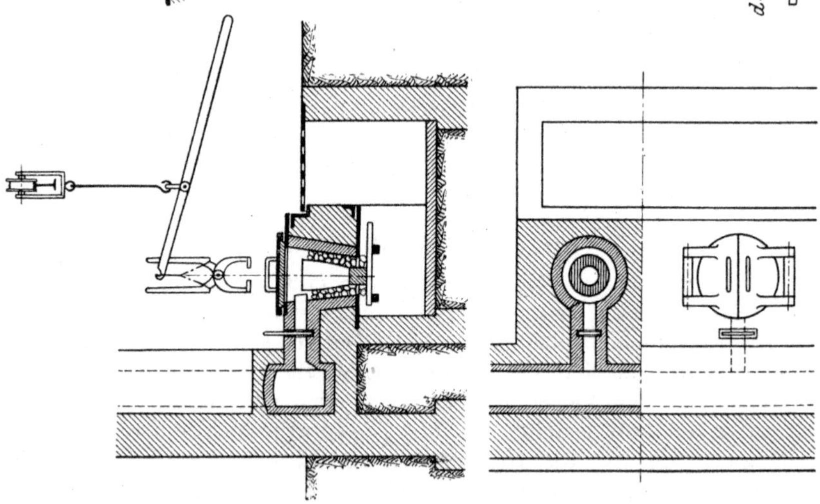

Fig. 38.

mit gezeichnet ist. Der künstliche Luftzug gestattet ein schnelleres Schmelzen als der natürliche.

Ein elektrischer Ofen — Bauart Helberger — A.-E.-G. — ist in Fig. 41 vorgeführt. *a* und *b* sind Kohlenelektroden, *c* der Kohlentiegel. In diesen ist der Schmelztiegel *d* eingesetzt. Durch Induktion wird in der starken Sekundärwicklung *e* ein sehr starker Strom erzeugt, der den Tiegel *c* durchfließt und ihn in Weißglut bringt. Der Tiegel muß gegen das Verbrennen in der Außenluft geschützt werden. *f* ist die Primärwicklung, *g* ein Schalter zur Regelung der Temperatur. Er gestattet Primärwicklungen abzuschalten. Die Temperaturen lassen sich bis auf 3000° C steigern.

Festigkeitseigenschaften der Metalle

siehe Abschnitt Festigkeitslehre (Teil I).

Beeinflussung der Festigkeitseigenschaften.

1. Zusammensetzung. Die Festigkeitseigenschaften eines Metalles hängen zunächst von seiner Zusammensetzung ab, aber nicht von dieser allein. Deshalb ist es auch nicht möglich, auf Grund der

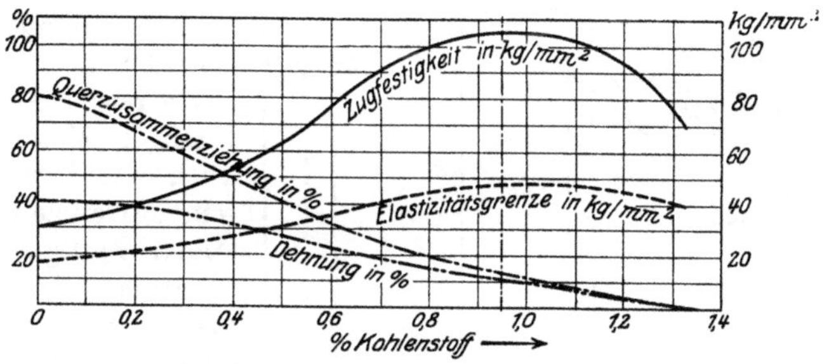

Fig. 42.

chemischen Untersuchung zuverlässige Schlüsse auf die Festigkeitseigenschaften zu ziehen. Fig. 42 zeigt den Einfluß des Kohlenstoffgehaltes auf die Eigenschaften des Eisens.

2. Temperatur. In Fig. 43 ist der Einfluß der Temperatur auf die Festigkeit des Flußeisens dargestellt. Auffallend ist die gesteigerte Festigkeit und das geringe Formveränderungsvermögen bei Temperaturen zwischen 200 und 300° C. Diese für die Warmbearbeitung sehr gefährlichen Temperaturen werden als Blauhitze bezeichnet, weil das Eisen dabei blau anläuft.

3. Korngröße. Formänderungsvermögen und Kerbzähigkeit werden auch durch die Größe der Kristallkörnchen beeinflußt, aus denen sich das Metall aufbaut. Ein feinkörniges Gefüge hat sich als günstiger erwiesen. Metalle bestehen aus mikroskopisch kleinen Körnchen von unregelmäßiger Gestalt, die sich dadurch ergibt, daß sich die Kristalle gegenseitig beim Wachsen hindern. Man kann die Körnchen sichtbar machen, indem man eine Schnittfläche auf Hochglanz poliert und ätzt.

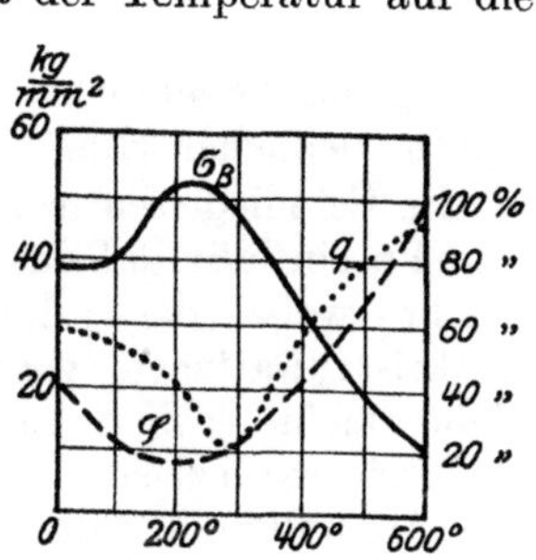

Fig. 43.

σ_B = Zugfestigkeit in $\frac{kg}{mm^2}$.
φ = Bruchdehnung in %.
q = Querzusammenziehung in %

Das Ätzmittel greift die Kristalle nicht in allen Richtungen gleich schnell an. Da nun der Schnitt durch die benachbarten Körnchen in sehr verschiedener Richtung hindurchgeht, so werden ihre Schliffflächen in ungleichem Grade angegriffen und bedecken sich mit verschiedenartigen Ätzfiguren. Dadurch sind die Grenzen der gleichartigen Kristalle erkennbar. Legierungen bestehen aus ungleichartigen Kristallen; aus Mischkristallen, aus den Kristallen der Grundstoffe, die im festen Zustande nicht mehr ineinander löslich sind, oder aus dem Eutektikum, in das Kristalle der beiden andern Arten eingebettet sein können (siehe den Abschnitt: Eisen und Kohlenstoff). Je langsamer das Metall erstarrt, um so mehr Zeit haben die Kristalle zu wachsen, und um so größer werden sie. Das Maß des Wachstums und die erreichbare Größe sind bei den einzelnen Metallen verschieden.

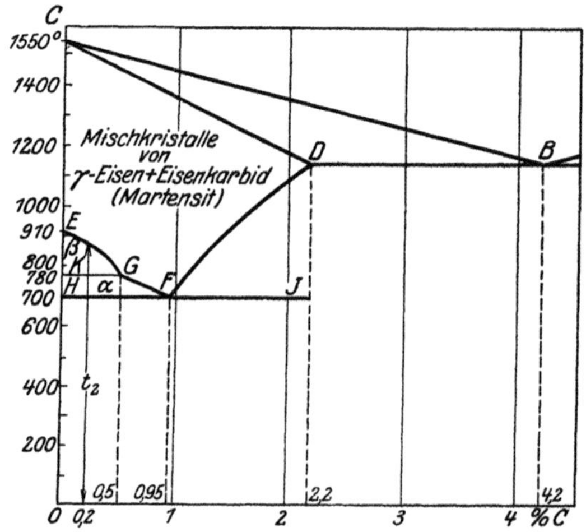

Fig. 44.

Die rasche Abkühlung flüssiger Metalle führt auch nicht immer zu feinem Gefüge und günstigen Festigkeitseigenschaften. Es können nadlige Kristallgruppen entstehen. Diese verhalten sich wie Einzelkristalle und machen das Metall besonders brüchig. Die wirkliche Korngröße ist auch nicht allein maßgebend für das Aussehen der Bruchflächen. Wird der Bruch durch Schlag hervorgebracht, so ist er grobkörniger, als wenn der Bruch durch vielfaches Hin- und Herbiegen entsteht.

Im Schmiedeisen wird die beim Erstarren erreichte Korngröße dadurch beeinflußt, daß das Eisen nachträglich noch Umwandlungen durchmacht, wobei das γ-Eisen in α- und β-Eisen übergeht und dabei Auskristallisationen vornimmt, weil Eisenkarbid im α- und β-Eisen nicht mehr löslich ist. Bei diesen Vorgängen wird Wärme frei. Dadurch ergeben sich Unterbrechungen der gleichmäßig fortschreitenden Abkühlung — Haltepunkte. Sie liegen je nach dem Legierungsverhältnis von Eisen und Kohlenstoff verschieden hoch, sind in Fig. 44 eingetragen und zu der Haltepunktkurve $E—G—F—D$ vereinigt. Die Vorgänge des Auskristallisierens entsprechen denen beim Auskristallisieren aus flüssigen Lösungen. Man spricht deshalb hier von festen Lösungen. Das Umwandlungschaubild schließt sich in D an das in Fig. 10 vorgeführte Erstarrungschaubild an, das hier teilweise noch einmal gezeigt ist.

Unterhalb der Linie *CDB* ist alles fest. Das schmiedbare Eisen unterhalb *CD* besteht aus Mischkristallen von γ-Eisen und Eisenkarbid. Das Auskristallisieren beginnt bei Temperaturen, die durch den Linienzug *EGFD* begrenzt sind, und ist, falls keine Verschleppung (Unterkühlung) stattfindet, bei 700° C beendet. Dieser Temperatur entspricht die Linie *HFJ*, die man eutektische Linie nennt. Das Eutektikum hat einen Kohlenstoffgehalt von 0,95% (Punkt *F*). Diese Lösung ist für Eisen und Eisenkarbid gesättigt und scheidet bei langsamer Abkühlung abwechselnd Eisen und Karbid aus, so daß die abgekühlte Masse aus einem innigen Gemenge dieser beiden Bestandteile besteht. Das Gemenge läßt nur bei starker Vergrößerung seine Bestandteile erkennen. Legierungen mit einem Kohlenstoffgehalt unter 0,95% sind bei Temperaturen unter *EGF* für Eisen übersättigt und scheiden deshalb bei der Abkühlung Eisenkristalle aus, bis die eutektische Legierung erreicht ist. Bei Kohlenstoffgehalten von 0 bis 0,5%, d. h. längs der Linie *EG* wird β-Eisen ausgeschieden, das sich bei 780° C, also längs der Geraden *KG* in α-Eisen umwandelt. Für Eisen von 0,2% Kohlenstoffgehalt beginnt die Ausscheidung beispielsweise bei der Temperatur t_2. Zwischen Kohlenstoffgehalten von 0,5 und 0,95%, d. h. zwischen den Punkten *G* und *F*, fällt die Auskristallisation mit der Umwandlung in α-Eisen zusammen. Schmiedeisen mit mehr als 0,95% Kohlenstoff wird bei abnehmender Temperatur für Eisenkarbid übersättigt und beginnt dieses bei Temperaturen auszuscheiden, die durch die Linie *FD* begrenzt sind, bis die eutektische Legierung zurückbleibt. Diese zerfällt wieder bei 700° C in ihre Bestandteile.

In dem Schliff des langsam abgekühlten Eisens sehen wir demnach entweder Eisenkristalle im Eutektikum oder Karbidkristalle im Eutektikum. Nur das Eisen von 0,95% Kohlenstoffgehalt zeigt das Eutektikum allein. Die Gefügebestandteile haben folgende Namen erhalten: Das Eutektikum nennt man Perlit, das reine Eisen Ferrit, die Karbidkristalle heißen Zementit. Die ursprünglich vorhandenen Mischkristalle aus Eisen und Karbid sind zerfallen und deshalb im Gefügebilde nicht sichtbar. Durch eine ganz schroffe Abkühlung dünner Eisenstücke gelingt es, den Zerfall fast vollständig aufzuhalten. Der so erhaltene Gefügebestandteil eines Schliffes wird Martensit genannt. Er ist nur bei Temperaturen über 700° C beständig und neigt dazu, bei Erwärmung in Perlit überzugehen. Martensit befindet sich also bei Lufttemperatur in einem Zwangszustande (labiles Gleichgewicht). Erfolgt das Abschrecken aus Temperaturen, bei denen die Umwandlung bereits begonnen hatte, so müssen die inzwischen ausgeschiedenen Ferrit- oder Zementkristalle im Martensit eingebettet liegen. Das Härteverhältnis der Gefügebestandteile ist folgendes (Lindner): Ferrit 2, Perlit 4, Martensit 200, Zementit 300. Enthält das Eisen neben dem Kohlenstoff noch andere Beimengungen, so können die Umwandlungstemperaturen verschoben werden.

Die Fig. 45 bis 48 zeigen einige Gefügebilder des Eisens. *V* ist die Vergrößerung.

Zu Fig. 45a und 45b. Der helle Bestandteil ist Ferrit, der dunkle Perlit. Mit dem Kohlenstoffgehalt wächst die sichtbare Perlitmenge. In Fig. 46 ist der helle Bestandteil Zementit. Er durchzieht das Perlit netzartig. Infolge der stärkeren Vergrößerung läßt sich der Aufbau des Perlits aus Ferrit- und Zementitlamellen in Fig. 47 deutlich erkennen.

Eisen mit 0,1% Kohlenstoff. V = 135.

Fig. 45a.

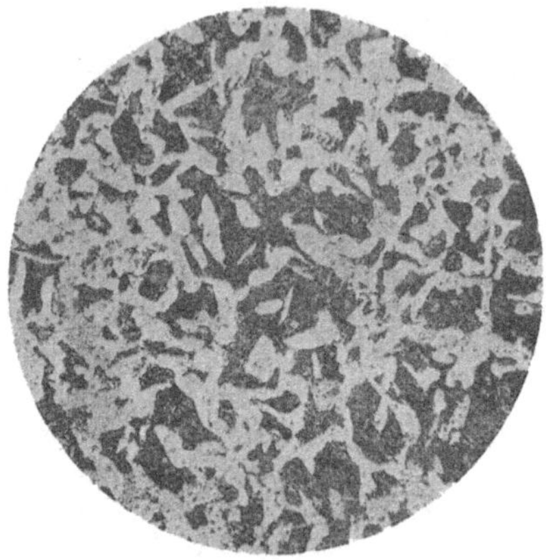

Eisen mit 0,5% Kohlenstoff. V = 135.

Fig. 45b.

Nach Aufnahmen der Oberschlesischen Eisenindustrie A.-G. in Gleiwitz.

Fig. 48 zeigt das Martensit in starker Vergrößerung. Das Gefüge ist feinnadlig.

Die Größe der Kristallkörner, die sich bei der Umwandlung bilden, hängt ebenfalls von der Geschwindigkeit ab, mit der die Umwandlungstemperaturen durchlaufen werden. Die weitere Abkühlung kann beliebig schnell vor sich gehen. Je langsamer die Umwandlung erfolgt, desto größer werden die Kristalle. Ferritkörner, die bei schneller Abkühlung etwa $^1/_{50}$ mm Durchmesser haben, können bis auf $^1/_{10}$ mm wachsen. Dabei ist es gleich, welche Größe die Mischkristalle beim Erstarren erreicht hatten. Eine solche Änderung der beim Erstarren entstandenen Kristallkörner ist bei Metallen ohne Umwandlung nicht möglich.

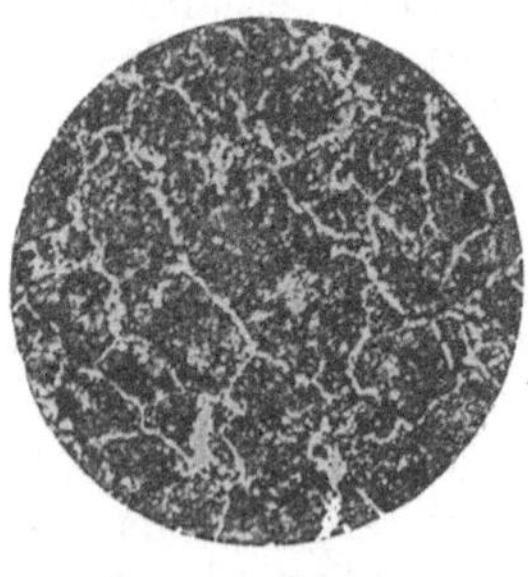

V = 200.

Fig. 46.

Die Korngröße der erkalteten Metalle kann nachträglich nochmals geändert werden, wenn man die Metalle wieder erwärmt und längere Zeit auf höherer Temperatur hält. Die Kristalle haben die Neigung, auf Kosten ihrer Nachbarn zu wachsen; sie werden um so größer, je höher die Temperatur ist, und je länger sie anhält. Doch läßt sich eine bestimmte Grenze nicht überschreiten, die mit der Glühtemperatur steigt. Das durch Glühen vergrößerte Korn wird durch rasches Abkühlen nicht wieder verringert; das gilt aber nur für Metalle ohne Umwandlung oder für den Fall, daß die Umwandlungstemperatur beim Glühen nicht erreicht wurde.

Gegossene Metallblöcke erhalten eine wesentliche Verbesserung ihrer Festigkeitseigenschaften durch das Walzen oder Schmieden. Die

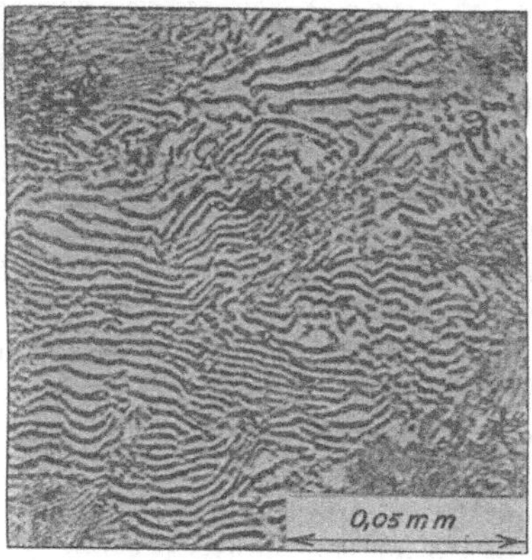

V = 500.

Fig. 47.

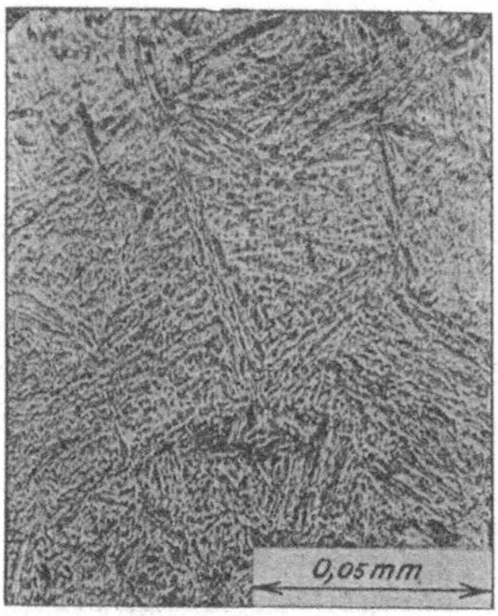

V = 400.

Fig. 48.

nadligen Kristallgruppen werden zerstört und die Einzelkristalle vielfach durcheinander gefaltet. In der Walzrichtung sind die Festigkeit und besonders die Kerbzähigkeit größer als senkrecht dazu. Kreuzweises Walzen, z. B. von Blech, erhöht die Zähigkeit nach beiden Richtungen.

4. Warmbehandlung. Glüht man Schmiedeeisen einige Stunden bei Temperaturen über 1000° C, so wird es überhitzt und erweist sich

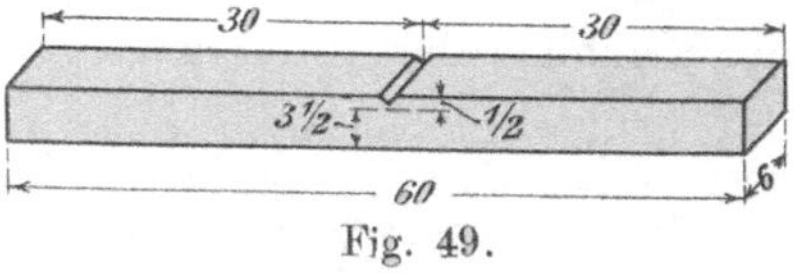

Fig. 49.

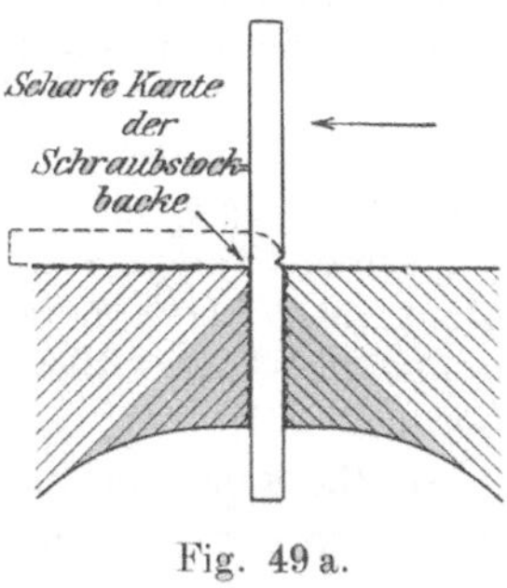

Fig. 49 a.

in kaltem Zustande als spröde. Die Überhitzung tritt um so schneller ein, je höher die Temperatur war. Die Sprödigkeit wird am besten nach der von Prof. E. Heyn angegebenen Kerbschlagprobe ermittelt. Der Probestab nach Fig. 49 wird in einen Schraubstock gespannt (Fig. 49a) und mit dem Hammer um 90° nach hinten umgeschlagen (1. Biegung), zwischen den Schraubstockbacken wieder aufgerichtet (2. Biegung) und wieder gebogen (3. Biegung). Ein gutes Flußeisen verträgt 3 ÷ 4 Biegungen, ein überhitztes bricht bei der ersten. Auch andere Metalle neigen zur Überhitzung. Im Kupfer tritt die Überhitzung bei Temperaturen über 1000° C sehr schnell ein. Darauf ist z. B. beim Hartlöten von Kupferrohren zu achten. Kupferne Feuerbüchsen in Kesseln dürfen nicht ausgeglüht werden. Die Wirkung der Überhitzung ist grobkörniges Gefüge und verminderte Kerbzähigkeit. Während man aber das Eisen wieder gut machen kann, indem man es über die Umwandlungstemperatur erwärmt (900° C), $^1/_2$ Std. darauf hält und dann langsam abkühlt, ist dieses Mittel beim Kupfer nicht anwendbar. Beide Metalle lassen sich durch Überschmieden wieder verbessern. Deshalb werden auch Schweißstellen überschmiedet.

Bei der Warmbehandlung kann das Metall noch dadurch verdorben werden, daß man es verbrennen oder abstehen läßt. Wird Eisen unter Luftzutritt bis nahe an den Schmelzpunkt erhitzt, so entstehen Oxyde, die das Eisen auflöst. Besonders empfindlich gegen Verbrennen sind Stahl und Kupfer. Verbrannter Stahl ist spröde und läßt sich nicht wieder gut machen. Abgestanden nennt man einen Stahl, der durch langes Glühen bei Luftzutritt seinen Kohlenstoff teilweise verloren hat (Eisenhaut).

5. Recken. Man unterscheidet Warm- und Kaltrecken und versteht darunter die Formveränderung durch Hämmern, Walzen, Ziehen, Biegen usw.

Das Kaltrecken bewirkt Verschiebungen der Elastizitäts-, Fließ- und Bruchgrenze nach oben, verringert die Formänderungsfähigkeit und steigert die Härte. Die Kristallkörner strecken sich in der Zugrichtung und stauchen sich in der Druckrichtung. Die Fließgrenze steigt schneller als die Bruchgrenze, so daß beide sich bei wiederholtem Recken immer mehr nähern. Das Überschreiten der Fließgrenze führt dann leicht zum Bruch. Die Wirkungen des Kaltreckens lassen sich durch Ausglühen wieder beseitigen. Kupfer erfordert Temperaturen bis 500° C. Je reiner das Kupfer ist, um so tiefere Temperaturen genügen. Bei Eisen genügen 600° C; es hat sich aber gezeigt, daß die Ferritkörner des Flußeisens bei diesen Temperaturen zuweilen außerordentlich wachsen; deshalb glüht man bei höheren Temperaturen, die über der Umwandlungstemperatur liegen (950° C). In der Blauhitze darf Eisen nicht gereckt werden.

6. Reckspannungen. Hämmert man den rechteckigen Blechstreifen in Fig. 50a längs der Kante *AB*, so streckt er sich auf dieser Seite und wird krumm (Fig. 50b). Durch Hämmern längs der Kante *CD* kann die Krümmung wieder beseitigt werden. Der Streifen ist jetzt länger als vorher und enthält Spannungen. Der nicht gehämmerte Mittelteil ist von den gehämmerten Randteilen zur Vergrößerung der Länge gezwungen worden. Er hat Zugspannungen, während in den gehämmerten Teilen Druckspannungen auftreten. Die beiden Spannungen halten sich das Gleichgewicht. Entfernt man in irgendeinem Querschnitt einen Teil des Materials, z. B. durch einen Ausschnitt (Fig. 50c), so wird das Gleichgewicht gestört, und der Streifen krümmt sich wieder. Schneidet man dagegen die beiden mit Zugspannungen behafteten Streifen parallel zu den

Kanten AB und CD ab, so verkürzt sich der Mittelteil. Das Kaltrecken kann also Spannungen in den Arbeitstücken hervorrufen, die beim Bearbeiten mit Schneidwerkzeugen zu Formänderungen führen können. Hämmert man eine starke Rundeisenstange, so wird der Kern nicht durch die Schlagwirkung gestreckt, sondern dadurch, daß er mit der äußeren Schicht fest verbunden ist. In dem Kern müssen also Zugspannungen auftreten, während die Außenschicht Druckspannungen enthält. Beim Abdrehen des Rundeisens wird eine Verkürzung eintreten. Es ist bekannt, daß kaltgezogene oder schlecht ausgeglühte Wellen sich beim Einfräsen von Keilnuten verziehen; durch das Nuten ist das Gleichgewicht der Spannungen gestört worden.

Die Reckspannungen sind durchaus nicht immer klein. Kommen noch andere Spannungen hinzu, z. B. durch eine äußere Belastung oder ungleichmäßige Erwärmung, so kann der Bruch des kaltbearbeiteten Stückes eintreten. Andere Ursachen für das nachträgliche Reißen sind das Verletzen der Oberfläche und das Ätzen. Kalt

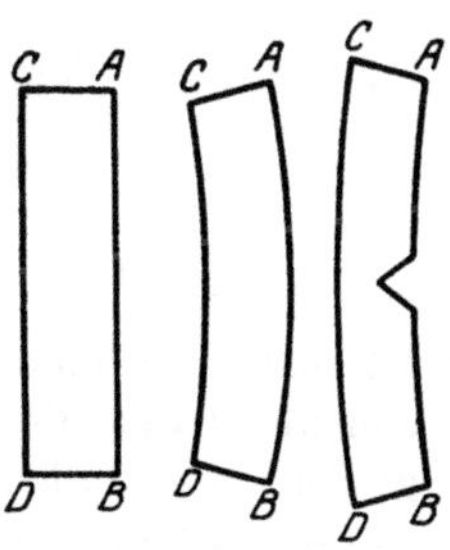

Fig. 50 a—c.

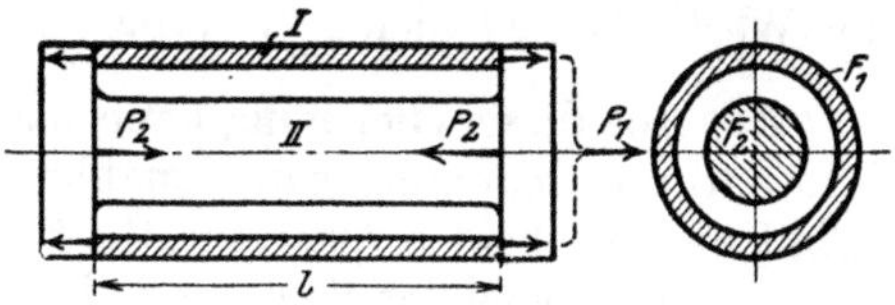

Fig. 51.

gerecktes Messing und Aluminium neigen besonders zum nachträglichen Reißen. Eisen reißt meist schon während des Reckens. An flußeisernen Laugenbehältern ist beobachtet worden, daß Risse fast immer an kalt bearbeiteten Stellen auftraten. Beizt man Eisen mit Schwefelsäure, so wird es spröde (Beizsprödigkeit), weil Wasserstoff aus der Säure vom Eisen aufgenommen wird. Durch Erhitzen des Eisens kann man den Wasserstoff wieder austreiben.

7. **Wärmespannungen** (nach Martens-Heyn, Materialienkunde für den Maschinenbau). a) Ungleichmäßige Erwärmung. Spannungen können auch durch ungleichmäßige Erwärmung der Arbeitsstücke entstehen. Man nennt sie Wärmespannungen.

Die Teile I und II der Fig. 51 bestehen aus Flußeisen. Sie haben gleiche Temperatur und sind spannungslos. Erwärmt man Teil I, während II seine Temperatur behält, so wird die Wärmeausdehnung von I durch den Bolzen II teilweise gehindert. Dabei wird der Bolzen verlängert. Rohrteil II dagegen wird unter die Länge verkürzt, die seiner augenblicklichen Temperatur entspricht. Beide Teile müssen sich auf gleiche Länge einstellen. Im Rohrteil entsteht die Druckspannung σ_1 kg/cm², im Bolzen die Zugspannung σ_2 kg/cm². Bezeichnet man die Querschnitte beider Teile mit F_1 und F_2, so ergeben sich die Kräfte in den Teilen zu $P_1 = F_1 \cdot \sigma_1$ und $P_2 = F_2 \cdot \sigma_2$ kg. Da beide Kräfte im Gleichgewicht sind, ist $F_1 \cdot \sigma_1 = F_2 \cdot \sigma_2$ und $\frac{F_1}{F_2} = \frac{\sigma_2}{\sigma_1}$. Die Spannungen verhalten sich umgekehrt wie die Querschnitte. In gleichen Querschnitten entstehen gleiche Wärmespannungen. Sie sind oft recht beträchtlich. Die beiden Teile sollen bei gleicher Temperatur $l = 100$ mm lang sein. Wird nun I um 100° C erwärmt, so berechnet sich seine Längenänderung aus $\Delta l = \alpha \cdot l \cdot t$[1]), wobei die Wärmeausdehnungszahl $\alpha = \frac{12}{1\,000\,000}$ ist. Damit ergibt sich $\Delta l = \frac{12 \cdot 100 \cdot 100}{1\,000\,000} = 0{,}12$ mm. Beseitigt man diese Ausdehnung durch Druck in der Längsachse vollständig, so ergibt sich aus der Formel für die elastische Verkürzung $\Delta l = \frac{1}{E} \cdot l \cdot \sigma$ eine Spannung $\sigma = \frac{\Delta l \cdot E}{l} = \frac{12 \cdot 2\,000\,000}{100 \cdot 100} = 2400$ kg/cm². Beseitigt man die Ausdehnung nur halb, so wird auch die Spannung nur halb so groß. Setzt man die Werte für Δl gleich, so erhält man $\frac{1}{E} \cdot l \cdot \sigma = \alpha \cdot l \cdot t$ und $\sigma = \alpha \cdot t \cdot E$. Aus dieser Gleichung kann man σ unmittelbar berechnen. Sie zeigt, daß die Spannung ganz unabhängig ist von der Länge der Teile. Sind nun die beiden Querschnitte F_1 und F_2 gleich, so entfallen auf jeden nach vorstehender Rechnung die gleichen Spannungen $\sigma_1 = \sigma_2 = 1200$ kg/cm². Teil I ist um 0,06 mm zu kurz für seine Temperatur, Teil II um denselben Betrag zu lang. Die Spannungen und Längenänderungen für andere Querschnittsverhältnisse lassen sich aus der nebenstehenden Tabelle entnehmen. Man erkennt, daß kleine Temperaturunterschiede beträchtliche Wärmespannungen verursachen können.

Temperaturunterschied = 100°			Länge l = 100 mm	
$\frac{F_1}{F_2}$	Druckspannung σ_1	Zugspannung σ_2	Teil I ist verkürzt um	Teil II ist verlängert um
1	1200 kg/cm²	1200 kg/cm²	0,06 mm	0,06 mm
2	800 „	1600 „	0,04 „	0,08 „
3	600 „	1800 „	0,03 „	0,09 „
5	400 „	2000 „	0,02 „	0,10 „

Auch innerhalb eines einteiligen Körpers, z. B. einer prismatischen Stange, können Wärmespannungen auftreten, wenn die Stange einseitig oder von der Oberfläche her rasch erwärmt wird, so daß Oberfläche und Kern verschiedene Temperaturen haben. Je höhere Temperatur die plötzlich zugeführte Wärmemenge erzeugt, und je langsamer der Wärmeübergang im Material stattfindet, um so größere Temperaturunterschiede müssen auftreten. Glas, das als spröde und als schlechter Wärmeleiter

[1]) Siehe Abschnitt „Wärmelehre".

bekannt ist, neigt sehr zum Zerspringen, Metalle besonders dann, wenn sie kalt gereckt sind, so daß Fließ- und Bruchgrenze dicht beieinander liegen. Wärmespannungen treten auf beim Eintritt von Dampf — besonders Heißdampf — in Rohrleitungen, Ventile und Zylinder. Fig. 52 zeigt ein Rohrstück, dessen Temperatur auf der Innenseite t_1, auf der Außenseite t_2 ist. Der Temperaturabfall von t_1 auf t_2 erfolgt nach einer Geraden. Die augenblickliche Länge des Rohres entspricht einer Temperatur t, die in der Fläche AB herrscht. Oberhalb dieser Fläche ist das Rohr für seine Länge zu kalt und hat demnach Zugspannungen, unterhalb AB dagegen Druckspannungen. Die Zugspannungen können zur Rißbildung führen. Eiserne Gießformen (Kokillen) springen leicht beim Eingießen des Flußeisens. Zylinderwände von Verbrennungsmotoren werden auf der Innenseite von heißen Verbrennungsgasen, außen vom Kühlwasser bespült. Die Spannungen sind hier besonders gefährlich, weil die Verbrennungsvorgänge periodisch auftreten und die Wärmespannungen deshalb fortgesetzt rasch wechseln. Dadurch wirken sie schlagartig.

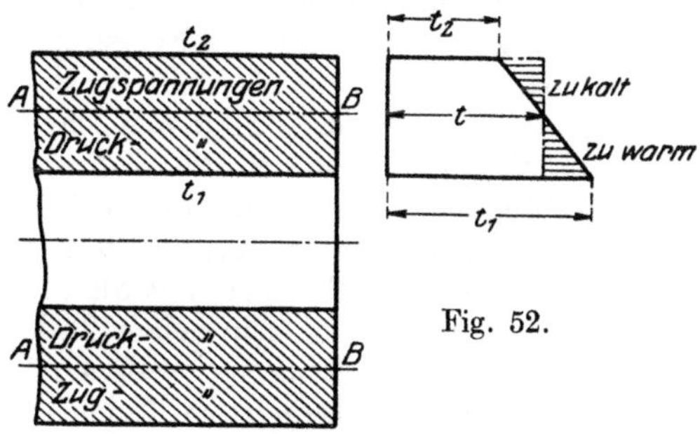

Fig. 52.

In vielen Fällen wird der einseitig erwärmte prismatische Körper den inneren Spannungen dadurch ausweichen, daß er sich biegt. Kessel krümmen sich beim Anheizen, zylindrische Gefäße beim Eingießen heißer Flüssigkeiten, Lineale beim einseitigen Erwärmen mit der Hand. Die Wärmespannungen sind verschwunden, wenn jede Schicht die Länge angenommen hat, die ihrer Temperatur entspricht. Das ist aber nur dann möglich, wenn die Abnahme der Temperatur von der warmen zur kalten Seite nach einer Geraden erfolgt (Fig. 52). Beim Biegen wachsen die Längenänderungen der einzelnen Schichten im Verhältnis zum Abstand dieser Schichten von der neutralen, also ebenfalls nach einer Graden[1]). Trotzdem bewirkt die Krümmung auch in anderen Fällen eine wesentliche Verringerung der Wärmespannungen.

Die bisher beschriebenen Wärmespannungen verlieren sich wieder mit dem Ausgleich der Temperaturunterschiede. Die ungleichmäßige Erwärmung kann aber auch zu Dauerspannungen führen, wenn der Körper an irgendeiner Stelle dauernde Formänderungen erfährt.

Teil I in Fig. 51 werde schnell bis zur Glühhitze erwärmt, während die Temperatur von II nur langsam gesteigert wird. Die Wärmespannungen in II sollen nicht über die Elastizitätsgrenze hinausgehen. Sobald Teil I durch das Glühen aus dem elastischen in den plastischen Zustand übergeht, verschwinden die Wärmespannungen. Teil II stellt sich auf die Länge ein, die seiner Temperatur entspricht, Teil I wird

[1]) Siehe Festigkeitslehre.

gestaucht. Kühlen wir nun beide Teile auf die Anfangstemperatur zurück, so will I eine Länge annehmen, die um den Betrag der Stauchung geringer ist als vorher. Daran wird er durch Teil II gehindert, mit dem er fest verbunden sei. Die Folge sind: Dauernde Zugspannungen in I und Druckspannungen in II. Die Dauerspannungen sind umgekehrt wie die vorübergehenden Spannungen vorher. Sie können in jeder stärkeren Stange entstehen beim raschen Erwärmen auf Glühhitze und ungenügender Glühdauer, in der das Kernmaterial den plastischen Zustand nicht erreichen konnte. Auch nach ungleichmäßiger Erwärmung auf eine niedrigere als die Glühtemperatur werden sich dauernde Spannungen einstellen, wenn die Wärmespannungen während der Erwärmung über die Elastizitäts- und besonders über die Fließgrenze hinausgingen. Erwärmt man I schneller als II, so daß die Druckspannungen in I und die Zugspannungen in II über die Fließgrenze steigen, so ist nur ein Teil der Formänderungen vorübergehend, d. h. elastisch, der andere ist plastisch, d. h. bleibend. Bringt man das Ganze auf die Anfangstemperatur zurück, so können sich die beiden Teile nicht mehr dauernd auf dieselbe Länge einstellen, ohne daß Teil I gewaltsam gestreckt, Teil II dagegen gestaucht wird. Stäbe, die aus nebeneinander liegenden starken und schwachen Teilen bestehen, werden leicht ungleichmäßig erwärmt, weil die Temperatur der schwachen Teile schneller steigt als die der starken. Die hierdurch hervorgerufenen Spannungen werden, wie gezeigt wurde, in den schwächsten Teilen am größten und können leicht die Fließgrenze überschreiten. Nach der Abkühlung hat man dauernde Zugspannungen in den schwachen und dauernde Druckspannungen in den starken Teilen.

b) Ungleichmäßige Abkühlung von hoher Temperatur. Solange die beiden Teile I und II sich im Gebiet der plastischen Formänderung befinden, kann ein Temperaturunterschied keine Spannungen hervorrufen, weil Längenunterschiede sich sofort durch plastische Formänderung ausgleichen. Die beiden Teile haben also gleiche Länge bei verschiedener Temperatur. Sie treten beim Abkühlen nacheinander in das Gebiet der elastischen Formänderung über. Der Einfachheit halber sei angenommen, daß dieser Übergang plötzlich erfolge, in Wirklichkeit geht er allmählich vor sich. Bis zur endgültigen Abkühlung gleichen sich die Temperaturunterschiede aus. Von dem Augenblick an, wo auch der zweite, sich langsamer abkühlende Teil elastisch geworden ist, macht jeder Teil eine andere Längenänderung durch. Die größte Verkürzung hat der Stabteil auszuführen, der infolge seiner höheren Temperatur zuletzt elastisch wurde. Voraussichtlich ist das der stärkere, anfangs sich langsamer abkühlende Teil. In ihm müssen nach der Abkühlung Zugspannungen auftreten, weil er sich mit dem anderen weniger verkürzten Stabe auf gleiche Länge einigen muß. Der schwächere, anfangs sich schneller abkühlende Stabteil enthält also nach der Abkühlung Druckspannungen. Diese Dauerspannungen sind also umgekehrt wie die nach der ungleichmäßigen Erwärmung.

Die Größe der Spannungen hängt vor allem von dem Temperaturunterschiede ab, der beim Übergang des sich langsamer abkühlenden Stabteils in den elastischen Zustand vorhanden ist; in diesem Augenblicke werden die Stabteile gewissermaßen miteinander verkuppelt. Außerdem ist die Größe der Spannungen durch die Wärmeausdehnungszahl α des Baustoffes bedingt. Man hält die Spannungen klein, indem man den erwähnten Temperaturunterschied nach Möglichkeit verringert. Das kann durch eine äußerst langsame Abkühlung geschehen, bei der die Teile Zeit haben, die Temperaturunterschiede auszugleichen. Je größer die Unterschiede in den Querschnitten der Stabteile sind, um so mehr Zeit erfordert der Temperaturausgleich.

Fig. 53 zeigt das Modell einer Drehbankwange. Die starken Prismen werden mit einer Durchbiegung nach unten eingeformt, die etwa 2 mm

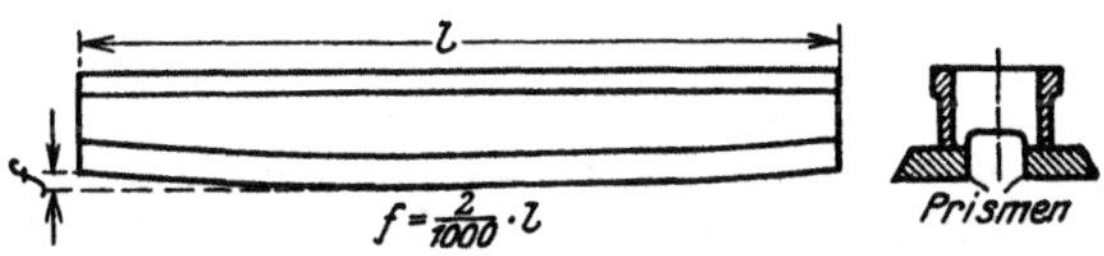

Fig. 53.

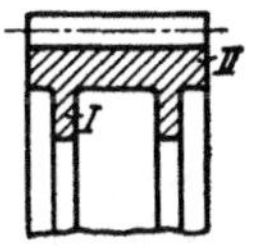

Fig. 54.

auf 1 m Länge beträgt. Infolge der ungleichmäßigen Abkühlung ziehen sich die Prismen des Gußstückes gerade.

In Fig. 54 ist ein Stück aus dem Kranze eines leicht gebauten Zahnrades dargestellt. Der Baustoff ist Flußeisenformguß. Der Kranz des Gußstückes sinkt zwischen den Armen ein, so daß der Drehstahl beim Abdrehen der Stirnfläche zuerst da angreift, wo die Arme stehen. Das erklärt sich ebenfalls aus der ungleichmäßigen Abkühlung der Kranzteile I und II.

Die vorstehende Regel, daß der schneller abgekühlte schwächere Teil Druckspannungen, der langsamer abgekühlte stärkere Teil Zugspannungen behält, gilt nicht ohne Ausnahme. In einem aus Kranz, Armen und Nabe bestehenden Radkörper sollen folgende Verteilungen der Massen betrachtet werden:

Fall	Kranz	Arme	Nabe	Beispiel
1	stark	schwach	stark	Schwungrad
2	schwach	stark	stark	Riemenscheibe
3	schwach	schwache Radscheibe	stark	Riemenscheibe nach Fig. 55

Im Falle 1 erhalten die Arme als schwächste Teile Druck-, der Kranz Zugspannungen. In der Nabe sind Zugspannungen nicht zu erwarten, sie werden von den Druckspannungen aufgehoben, die durch die Arme übertragen werden. Im Fall 2 erhält der schwache Kranz die Druckspannungen, Arme und Nabe dagegen erhalten Zug. Die Arme dürfen nicht zu schwach gemacht werden, damit der schwache Kranz nicht Zugspannungen erhält, außerdem sind sie allmählich in Kranz und Nabe überzuführen. Am richtigsten wäre es natürlich, in allen Fällen die Teile so zu bemessen, daß sie sich gleichmäßig rasch abkühlen. Das ist aber nicht ausführbar.

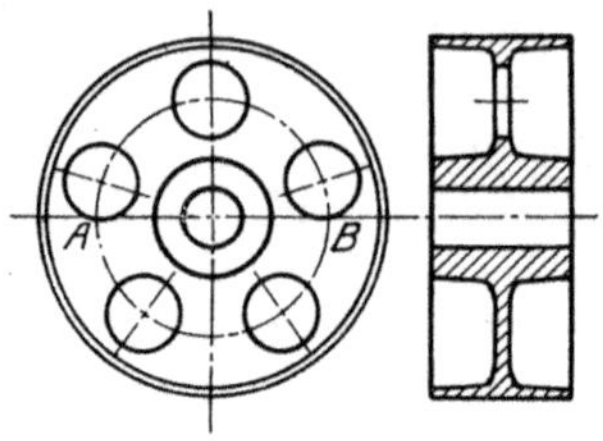

Fig. 55.

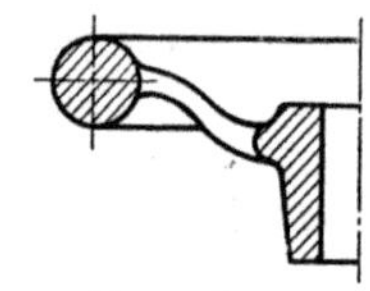
Fig. 56.

Im Falle 3 erhalten Kranz und Radscheibe Druck, die Nabe Zug. Erfahrungsgemäß reißen solche Riemenscheiben gern zwischen den Radscheibenlöchern. Das läßt sich durch die Wärmeabgabe der Nabe erklären. Durch die Nabe erfolgt der Einguß des Eisens in die Gießform, sie erhält also bis zuletzt flüssiges Eisen. Es ist anzunehmen, daß sich die höhere Temperatur der Nabe etwa bis zum Kreise von Durchmesser AB erstreckt (Fig. 55). [Zur Vermeidung oder Minderung von Wärmespannungen

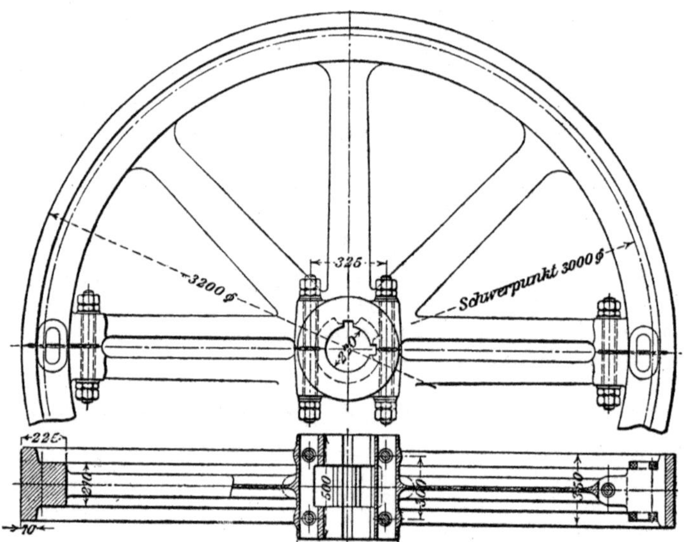

Fig. 57.

werden mannigfaltige Mittel angeordnet. Die stärkeren Teile des glühenden Stückes werden nach dem Guß vom Formmaterial freigelegt, um auf diese Weise eine gleichmäßigere Abkühlung zu erzwingen. Die Wirkung dieses Mittels ist nicht kontrollierbar. Durch Übertreiben der Kühlung kann man die Spannungen, statt sie zu beseitigen, in die entgegengesetzten überführen. Handräder erhalten geschweifte Arme, die weniger steif sind als die geraden. Außerdem bevorzugt man eine ungerade Armzahl (Fig. 56). Schwungräder werden zweiteilig gegossen (Fig. 57). Beim Einformen legt man in zwei gegenüberliegende Arme mit Lehm überzogene Kerneisen. Nach dem Guß werden Kranz und Nabe mit Hilfe von Keilen gesprengt oder auseinandergeschnitten, so daß sich die Spannungen teilweise ausgleichen können. Nachdem die Sprengflächen bearbeitet sind, werden die Radhälften wieder zusammengeschraubt oder durch Schrumpfringe verbunden. Ganz schwere Räder baut man aus Einzelgußstücken zusammen. Der Kranz wird aus Ringstücken zusammengesetzt und mit der gegossenen Nabe durch schmiedeiserne Arme verbunden.

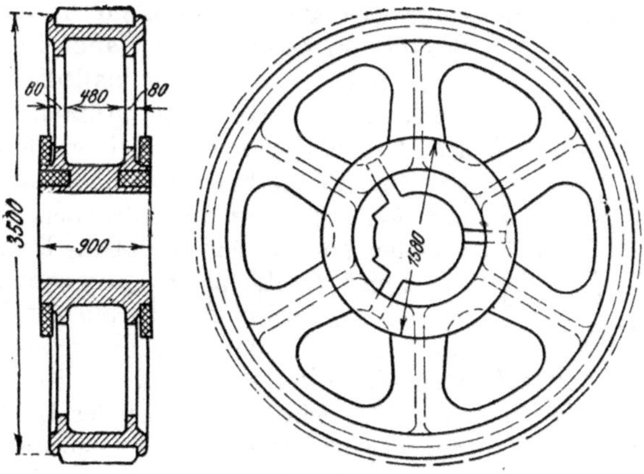

Fig. 58.

Eine andere Lösung ist in Fig. 58[1]) gezeigt. Es handelt sich um ein großes Zahnrad aus Flußeisen. Die Nabe ist 3-teilig gemacht und durch Schrumpfringe zusammengehalten.

Das sicherste Mittel zur Beseitigung von inneren Spannungen aller Art ist das Ausglühen. Es kann seinen Zweck aber nur dann erfüllen, wenn es richtig angewendet wird. Ist ein Gußstück infolge ungleichmäßiger Abkühlung in seinen schwächeren Teilen mit Druckspannungen und in den stärkeren mit Zugspannungen behaftet, und man erwärmt es beim Ausglühen ungleichmäßig, so werden die Spannungen vergrößert. Das Stück kann beim Ausglühen springen. Bringt man es nicht auf die Temperatur, bei der das Material plastische Formänderungen ausführt, so ist ein Spannungsausgleich nicht zu erwarten. Ist dieser erfolgt, so muß die Abkühlung möglichst langsam und gleichmäßig vor sich gehen, damit nicht von neuem Spannungen hervorgerufen werden.

8. **Kerbwirkungen.** (Nach Prof. E. Heyn, Z. 1914.) Eine weitere starke Wirkung auf die Festigkeitseigenschaften von Konstruktions-

[1]) Z. V. d. I. 1919. S. 55.

teilen kann durch Kerbung der Teile hervorgebracht werden[1]). Unter einer Kerbe versteht man allgemein eine Querschnittsverminderung. Eindrehungen, Ausklinkungen, Nuten, Bohrungen, Nietlöcher und Gewinde sind Kerben. Es ist seit langem bekannt, daß die Kerbe das Zerbrechen eines Stabes erleichtert. Der Schmied kerbt die Eisenstange am Umfange mit dem Kaltmeißel, wenn er sie abbrechen will. Die ungekerbte Stange abzubrechen wäre ihm nicht möglich. Er würde sie durch Schläge nur krümmen. Roheisen- und Metallblöcke werden mit Kerben gegossen, damit sie sich leichter teilen lassen.

Durch Zugversuche an Gummistreifen ist festgestellt worden, daß sich die Zugspannungen über den gekerbten Querschnitt nicht gleichmäßig verteilen. Fig. 59a zeigt einen gelochten Gummistreifen mit parallelen Linien, die unter sich gleichen Abstand haben. Derselbe Streifen im belasteten Zustande ist in Fig. 59b dargestellt. Man erkennt, daß die Spannungen im Grunde der Kerbe am größten sein müssen. Die Linien zeigen dort den größten Abstand. Dr. Ing. Preuß hat Flachstäbe aus Flußeisen mit Bohrungen von verschiedenem Durchmesser versehen und so belastet, daß die Beanspruchung für 1 cm^2 des kleinsten Querschnittes (*AB* in Fig. 59) durchschnittlich bei allen Stäben dieselbe war. Die Versuche haben gezeigt, daß die Steigerung der Spannung im Kerbgrunde um so größer wird, je kleiner der Halbmesser der Bohrung ist. Daraus ergibt sich die Gefährlichkeit von Anrissen, die Kerbe von allerkleinsten Krümmungshalbmessern darstellen. Bohrt man Risse an ihrem Ende an, so wird der Halbmesser vielfach vergrößert, und das Weiterlaufen des Risses kann verhindert werden. Beim Glasschneiden macht man sich das Weiterlaufen nutzbar, indem man auf einen mit dem Diamanten erzeugten Riß schwach klopft. Beim Nieten von Dampfkesseln mit der Nietmaschine steht das plastische Nieteisen unter einem hohen Druck, der sich nach allen Seiten fortpflanzt und die Wände des Nietloches belastet. Diese sind in Blauhitze und daher spröde. Der Druck kann Risse verursachen, die später unter den wechselnden Beanspruchungen des Betriebes weiter laufen. Noch schlimmer ist es, wenn die Löcher nicht gebohrt, sondern gestanzt sind. Das Stanzen verursacht ganz feine Risse im Blech. Außerdem wird die Umgebung des Nietloches durch die hohe Beanspruchung spröde.

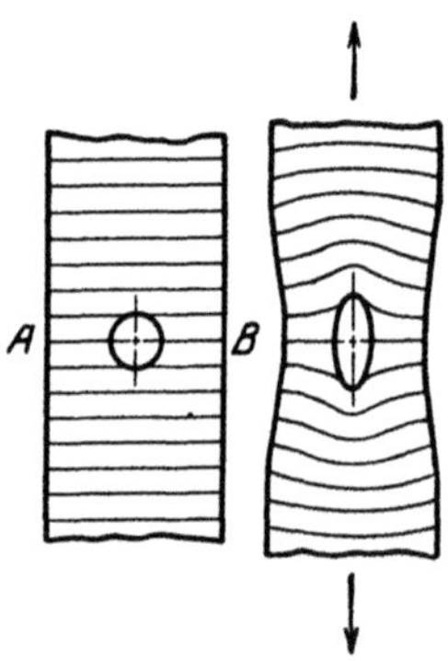

Fig. 59a u. b.

Die bisherigen Betrachtungen zeigen, wie richtig es ist, scharfkantige Übergänge an Konstruktionsteilen zu vermeiden und durch Rundungen von möglichst großem Halbmesser zu ersetzen. Bei der Berechnung gekerbter Teile sind die zulässigen Spannungen vorsichtig zu wählen.

Biegeversuche an gekerbten und ungekerbten Stäben haben gezeigt, daß die Kerbe auch die Materialmenge verringert, die sich an der

[1]) Siehe „Festigkeitslehre“.

Formänderung beteiligt. Dadurch wird die Formänderungsarbeit verringert. Das kommt besonders zur Geltung bei schlagartig auftretenden Belastungen. Hat der Baustoff nicht die Fähigkeit, plötzlich zugeführte Arbeitsbeträge als Formänderungsarbeit aufzuzehren, so wird er sich im gekerbten Zustande als besonders wenig widerstandsfähig (kerbzäh) erweisen. Es wurde schon hervorgehoben, daß solche Materialien beim Zugversuch mit langsam gesteigerter Belastung befriedigende Festigkeitseigenschaften zeigen können. Das oben erwähnte Weiterlaufen der Risse ist eine Erscheinung, die man besonders bei häufig wechselnder Beanspruchung beobachten kann. Es beginnt bei ganz unscheinbaren Materialfehlern oder äußeren Verletzungen und entwickelt sich bei Beanspruchungen, die am gesunden Material niemals zum Bruch führen würden. Die Bildung des ersten Risses wird durch gelegentliche Überlastung, Überhitzung des Materials oder Verwendung von Eisen mit starker Seigerung begünstigt. Eisenbahnachsen sind von einer Stelle aus gebrochen, wo der Abnahmebeamte den Stempel eingeschlagen und das Material dadurch gekerbt und zum Fließen gebracht hatte.

Die Verarbeitung der Metalle.

I. Das Gießen.

Das Gußeisen. Das gewöhnliche graue Gußeisen hat folgende Zusammensetzung. Es enthält 3 bis 4% Kohlenstoff, 1 bis 2,5% Silizium, 0,4 bis 1,5% Phosphor, 0,5 bis 0,8% Mangan und leider auch etwas Schwefel. Gußeisen muß leicht schmelzbar und dünnflüssig sein. Der erstarrte Guß soll möglichst frei von Spannungen, Rissen und Hohlräumen bleiben und sich durch spanabhebende Werkzeuge leicht bearbeiten lassen. Die Gußstücke müssen fest und dicht sein.

Schmelzpunkt. Von Bedeutung ist die obere Grenze im Erstarrungsschaubild (Fig. 10), bei der die Verflüssigung beendet ist. Am leichtesten schmilzt die eutektische Legierung mit 4,2% Kohlenstoff. Man darf den Schmelzpunkt des Gußeisens jedoch nicht allein nach diesem Erstarrungsschaubild beurteilen, weil die übrigen Bestandteile die Erstarrungsgrenzen verschieben. Silizium rückt den eutektischen Punkt auf einen kleineren Kohlenstoffgehalt. Die gegenseitige Beeinflussung der Bestandteile des Gußeisens ist noch nicht aufgeklärt.

Dünnflüssigkeit. Sie ist nötig, damit das Eisen schnell in die Gießform fließt und sie gut ausfüllt. Erfolgt das Gießen bei einer Temperatur, die unter der oberen Erstarrungsgrenze liegt, so beginnt das Eisen Kristalle auszuscheiden und wird dadurch dickflüssig. Da eine Temperaturverminderung während des Gießens unvermeidlich ist, muß man das Eisen überhitzt vergießen. Eine Ausnahme machen Legierungen, die zur Unterkühlung neigen; bei ihnen wird die Bildung von Kristallen verzögert. Diese Eigenschaft hat phosphorhaltiges Gußeisen, es ist deshalb dünnflüssig. Schwefel dagegen macht das Gußeisen dickflüssig. Er verbindet sich außerdem mit dem Eisen zu Schwefeleisen, durch das der Guß hart und spröde wird. Man sucht Schwefel deshalb aus dem Gußeisen fernzuhalten. Erfahrungsgemäß sind manganhaltige Roheisensorten schwefelarm. Man bevorzugt sie deshalb und läßt 0,5 bis 0,8% Mangan im Gußeisen zu.

Spannungen, Risse, Bearbeitbarkeit, Gattierung.

Spannungen entstehen, wenn sich die Teile eines Gußstückes ungleichmäßig abkühlen. Risse können auftreten als Folge der Schwindung des Eisens. Unter Schwindung versteht man den Betrag, um den das Gußstück nach dem Erkalten in jeder Richtung kleiner ist als der Hohlraum, in dem es gegossen wurde. Setzt man die Schwindung a ins Verhältnis zur Länge l des erkalteten Stückes, so erhält man das Schwindmaß $s = \frac{a}{l}$. Bei Grauguß ist das Schwindmaß $\sim 1\%$, bei Hartguß $\sim 1{,}5\%$ und bei Flußeisenformguß $\sim 2\%$. Versuche haben ergeben, daß das Gußeisen sich nach dem Erstarren zuerst ausdehnt. Das hängt wahrscheinlich mit der Ausscheidung des Graphits zusammen. Je mehr Graphit ausgeschieden wird, desto geringer ist die Schwindung. Verhindert man die anfängliche Ausdehnung, z. B. durch eine unnachgiebige Form, so wird die Schwindung größer; verhindert man die Zusammenziehung ganz oder teilweise, so wird die Schwindung geringer.

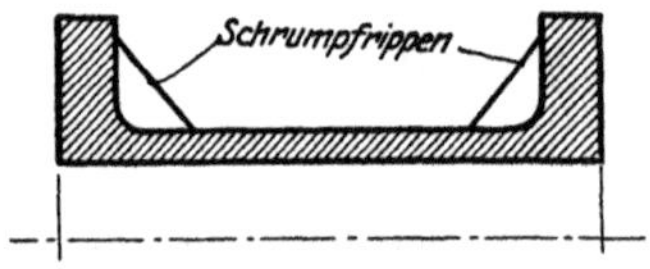

Fig. 60.

Dabei können Warmrisse entstehen, die am erkalteten Gußstück durch die Anlauffarbe der Bruchfläche kenntlich sind. Sie treten bei Flußeisenguß häufiger auf als bei Gußeisen. Warmrisse entstehen, wenn ein Eisenring um ein sehr hartes und festes Kernmaterial gegossen wird, oder wenn sich Vorsprünge des Gußstückes gegen harte Formwände legen und das Zusammenziehen verhindern. Man kommt dem Gußstück zu Hilfe, indem man die Form aufbricht oder sie durch Aussparungen, die mit losem Sand oder Kies gefällt werden, nachgiebiger macht. Liegt ein schwaches Verbindungstück des Gußstückes zwischen zwei starken, so erstarrt das schwache zuerst und schwindet, während die starken eine dünne Wand gebildet haben. Aus dieser kann sich das schwindende Stück herausreißen. Die Gefahr wird vermindert, wenn man allmähliche Übergänge vorsieht (Hohlkehlen) oder dünne Schrumpfrippen anbringt, die schnell erstarren und das Stück versteifen (Fig. 60). Eine weitere Folge der Schwindung ist die Bildung von Lunkern. Man ist deshalb bemüht, die Schwindung klein zu halten.

Manganreiches und schwefelhaltiges Eisen schwinden stark, weil beide Stoffe die Graphit ausscheidung verhindern, während der übliche Siliziumgehalt von 1 bis 2,5% im Gußeisen sie fördert. Auch Phosphor tut das. Starkwandige Gußstücke erhalten einen niedrigeren Siliziumgehalt als schwachwandige. Sie kühlen langsam und würden bei hohem Siliziumgehalt soviel Graphit ausscheiden, daß das Eisen locker und wenig fest würde. Eisen von dieser Beschaffenheit gibt beim Bearbeiten Späne, die in Staub zerbröckeln. Die Arbeitsfläche ist porig, und die Wände des Gußstückes sind undicht. Dünnwandige Gußstücke mit geringem Siliziumgehalt sind dagegen stellenweise unbearbeitbar hart, spröde und in der Bruchfläche weiß.

Das Gußeisen muß also seiner Verwendung gemäß zusammengeschmolzen und das Schmelzgut entsprechend gemischt (gattiert) werden. Nach dem Siliziumgehalt unterscheidet man gewöhnlich bei Gießereiroheisen die Nr. 1,3 und 5. Die Nr. 2 und 4 fallen fort. Nr. 1 soll den höchsten, Nr. 5 den niedrigsten Siliziumgehalt haben. Beim Umschmelzen verbrennen 10 bis 15% des Siliziums. Darauf ist sowohl beim Gattieren des Schmelzgutes als auch beim nochmaligen Einschmelzen von Abfällen, Ausschußstücken usw. zu achten. Zum Gattieren verwendet man noch Luxemburger Roheisen, das sich durch einen hohen Phosphorgehalt auszeichnet (bis 1,8%) und Hämatit, das einen geringen Phosphorgehalt von höchstens 0,1% hat. Die Hüttenwerke übernehmen keine Sicherheit für die Zusammensetzung des Gießereiroheisens, deshalb werden aus jeder Sendung Stichproben entnommen und Bohrspäne davon chemisch untersucht. Gebräuchlicher, aber nicht ganz zuverlässig ist die Beurteilung nach dem Bruchaussehen.

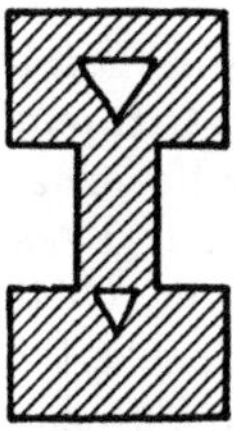

Fig. 61.

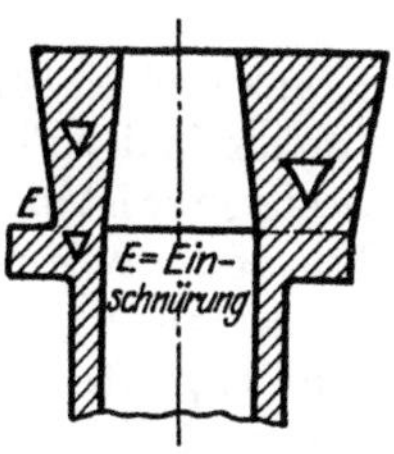

Fig. 62.

Lunker und Gasblasen. Die Ursachen für die Entstehung von Lunkern und Gasblasen sind auf S. 222 und 223 ausführlich erklärt. Die Erfahrung lehrt, daß sich Lunker sowohl bei Gußeisen als auch bei Flußeisenformguß bilden, bei diesem aber in stärkerem Maße, weil die Schwindung größer ist. Es entstehen entweder große Höhlen oder zahlreiche kleine Poren, die dem Gußstück eine schwammartige Beschaffenheit geben. Die Lunker und Gasblasen schwächen das Gußstück und machen es undicht (Zylinder), außerdem kommen sie häufig erst zum Vorschein, nachdem die Bearbeitung weit vorgeschritten ist und viel Kosten verursacht hat. In einem Gußstück können auch mehrere Lunker entstehen (Fig. 61). Der schwache Mittelteil schwindet zuerst und „saugt", Material aus dem darüber liegenden Teile. Dadurch wird die Lunkerbildung hier noch vergrößert. In dicken Metallmassen sind die Lunker immer größer als in dünnen. Ungünstig ist es auch, wenn zwischen der Außenschicht und dem Kern zu große Temperaturunterschiede bestehen; deshalb wird das Eisen auch nicht zu heiß vergossen und die Formwand aus schlechten Wärmeleitern gebildet.. Für Flußeisenformguß sind getrocknete Formen nötig. Es ist zu beachten, daß der Lunker bis an die Stelle reicht, die zuletzt erstarrt. Will man das Gußstück lunkerfrei halten, so muß man über ihm starke Eisenmassen angießen, die man verlorene Köpfe nennt, weil sie nachträglich wieder abgeschnitten werden. Aus ihnen fließt Metall in das Gußstück nach. Der verlorene Kopf muß einen stärkeren Querschnitt haben als das Gußstück. Unter jeder Einschnürungstelle entstehen Lunker. Fig. 62 zeigt rechts die richtige und links die falsche Anwendung des verlorenen Kopfes über einem Zylinder.

In Fig. 63a ist ein Zahnrad mit kreuzförmigem Armquerschnitt und wulstartigem Übergang in Kranz und Nabe dargestellt. Diese Form ist für Gußeisen gebräuchlich. Für Flußeisen ist sie ungeeignet. Die Lunker werden beim Anfräsen der Zähne häufig aufgedeckt, sie schwächen

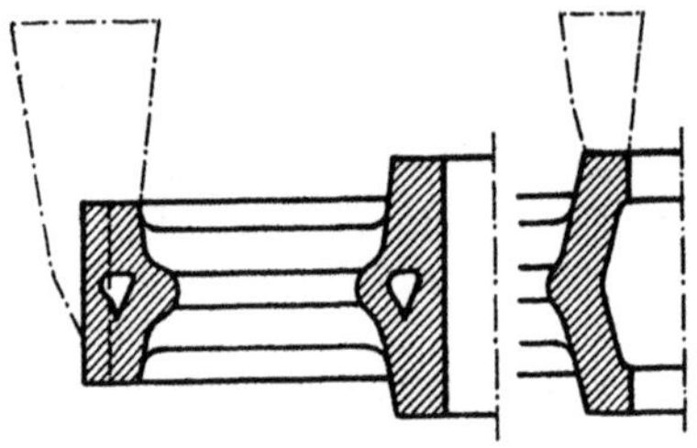

Fig. 63a und b.

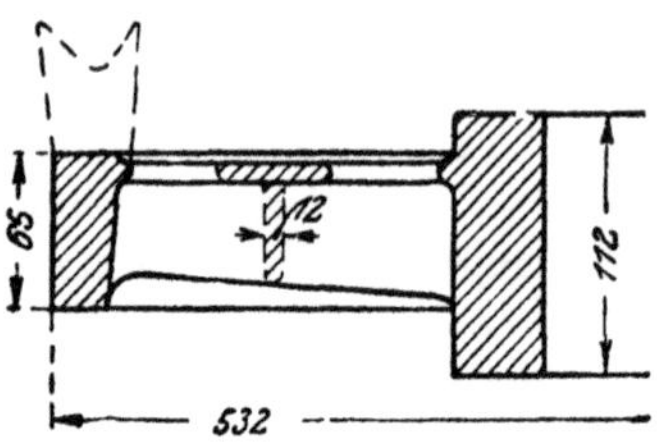

Fig. 63c.

Kranz und Nabe. Ihre Beseitigung erfordert am Kranz verlorene Köpfe von der in der Figur strichpunktierten Form und eine Nabe nach Fig. 63b. Geeigneter ist die Radform nach Fig. 63c mit T-förmigem Armquerschnitt. Ein anderes Mittel zur Bekämpfung der Lunker ist in Fig. 64 gezeigt (nach Osann). In die Gießform sind eiserne, mit Lehm überzogene Schreckplatten *S* eingelegt, die eine raschere Abkühlung der benachbarten Teile des Gußstückes bewirken. „*V*“ ist der verlorene Kopf.

Die Festigkeit des Gußeisens. Die Biegungsfestigkeit wird an unbearbeiteten Stäben von 30 mm Durchmesser, 650 mm Gesamtlänge

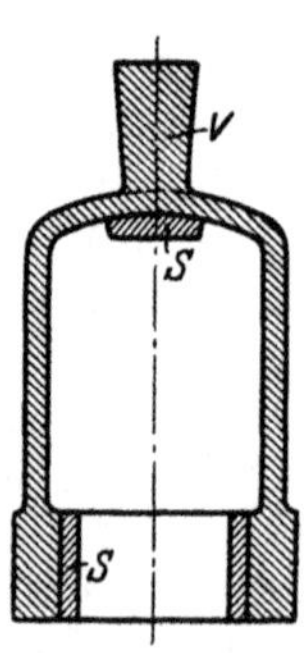

Fig. 64.

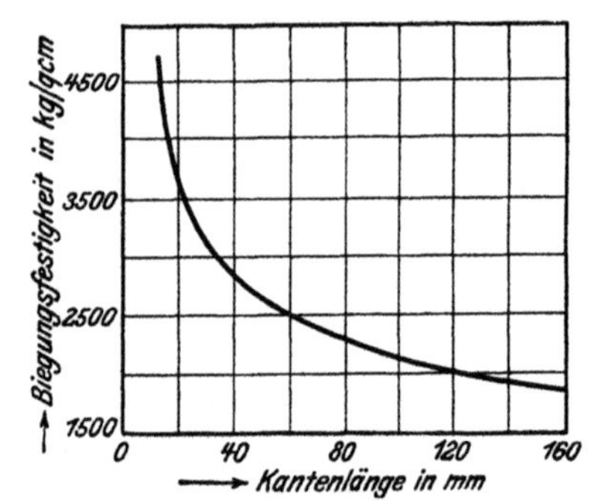

Fig. 65.

und 600 mm zwischen den Stützen bestimmt. Die Last wirkt in der Stabmitte. Zugversuche werden an bearbeiteten Stäben ausgeführt. Außerdem macht man Schlagproben. Die Gußhaut ist fester als der Kern, deshalb geben unbearbeitete Stäbe höhere Biegefestigkeit. Die Festigkeit ist auch sehr stark abhängig von der Temperatur, mit der das Eisen gegossen wurde, und der Geschwindigkeit, mit der es abkühlt. Der schnell abgekühlte Stab ist fester. Fig. 65 zeigt die Ergebnisse eines Versuches von Prof. E. Heyn. Es wurden verschieden starke Probestäbe aus dem gleichen Gußeisen gegossen und der Biegeprobe unterworfen. Man erkennt, wie die rasche Abkühlung der schwachen Stäbe die Festigkeit hebt. Vergleichbare Zahlen lassen sich nur an Probestäben von gleicher Form und Abmessung gewinnen, die unter gleichen Verhältnissen gegossen sind. Auch die Zusammensetzung beeinflußt die Festigkeit. Mangan macht das Gußeisen feinkörnig, fest und im Bruch hellgrau. Silizium und Phosphor machen es dunkel, grobkörnig und weniger fest. Der Einfluß des Phosphors ist aber nicht mit dem auf Schmiedeisen zu vergleichen. Die Zugfestigkeit von Maschinenguß soll 12 bis 24 kg/mm² betragen. Die Bruchdehnung ist sehr gering und bleibt meist unter 1%. Proportionalität ist nicht vorhanden, die Dehnungen wachsen schneller als die Spannungen. In einem auf Biegung beanspruchten Stabe sind also die äußeren Schichten weniger, die inneren mehr gespannt, als man unter Voraussetzung der Proportionalität berechnet. Man kann die zulässigen Biegungsspannungen in der äußersten Faserschicht deshalb höher wählen als die zulässigen Zugspannungen. Das trifft besonders für solche Querschnitte zu, bei denen viel Material um die neutrale Achse angehäuft ist (Kreis, Ellipse, Rechteck). Die Druckfestigkeit beträgt 70 bis 80 kg/mm², die Stauchung etwa 8% der ursprünglichen Länge.

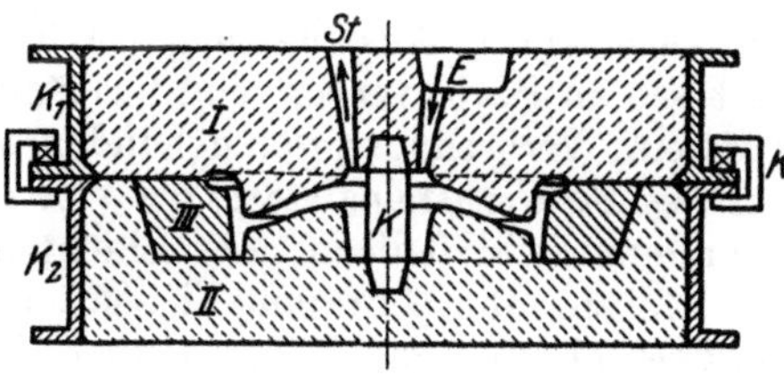

Fig. 66.

Gußeisen ist widerstandsfähiger gegen chemische Einflüsse als Schmiedeisen. Es verrostet nicht so schnell und verbrennt auch weniger leicht im Feuer. Deshalb werden Öfen, Feuertüren, Roststäbe usw. aus Gußeisen hergestellt. Die Widerstandsfähigkeit von feinkörnigem weichem Eisen ist besser als die von grobkörnigem, grauem. Roststäbe stellt man deshalb auch als Hartguß her.

Hartguß. Darunter versteht man Gußstücke, die an einem Teil ihrer Oberfläche besonders hart gemacht sind. Dies geschieht, indem man die Wände der Gießform teilweise aus starken, gußeisernen Ringen (Kokillen) bildet, an denen sich das eingegossene Eisen rasch abkühlt. Die Graphitausscheidung wird dadurch verhindert, und der Guß erhält eine weiße Bruchfläche, die nach dem Innern allmählich in Grau übergehen soll. Die Stärke der weißen Schicht hängt von der Zusammensetzung des Eisens und der Stärke der Kokille ab. Hartguß schwindet stärker als Grauguß. Die fertigen Stücke müssen ganz langsam erkalten, damit sie nicht springen. Gegenstände aus Hartguß sind: Walzen, Eisenbahnräder, Brechbacken u. a. m. Fig. 66 zeigt die Form für ein Hartgußrad. Oberkasten K_1 und Unterkasten K_2 sind durch Klammern *Kl* verbunden. *I* und *II* sind die Formhälften, dazwischen liegt die Kokille *III*. Das Eisen wird durch Einguß *E* eingegossen, die Luft entweicht durch den Steiger *St*. *K* ist ein Kern, der die Bohrung ausbildet.

Temperguß. Das Tempern wird auf Gegenstände angewendet, die sich wegen ihrer Kleinheit nicht aus Flußeisen gießen lassen, aber bessere Festigkeitseigenschaften haben sollen als der gewöhnliche Grauguß. Solche Gegenstände sind: Fenstergriffe, Türdrücker, Schloßteile, Schlüssel, Rohrnippel, Zahnräder, Flansche, Glieder von Transportketten u. a. m. Sie werden aus einem Eisen mit etwa 3% Kohlenstoff gegossen, das nur wenig Silizium enthält. Der Guß schwindet stark, ist im Bruch weiß und muß sehr langsam abgekühlt werden, da er sehr hart und spröde ist. Die weitere Behandlung besteht darin, daß man die Stücke in gußeiserne Töpfe legt und mit einer grobkörnigen Masse von Roteisenstein umgibt, so daß sich die Stücke nicht berühren. Die Töpfe werden in einem Ofen über und neben einander gestellt und in 1—2 Tagen langsam auf etwa 900° C erhitzt, dann 2—5 Tage — je nach der Stärke der Stücke — auf dieser Temperatur gehalten und in 2—3 Tagen wieder langsam abgekühlt. Der Vorgang ist ein doppelter. Einmal zerfällt das Eisenkarbid unter Ausscheidung von Temperkohle (siehe S. 207), wobei das Eisen an Härte verliert und formänderungsfähiger wird. Außerdem findet eine Verbrennung von gebundenem Kohlenstoff durch den Sauerstoff des Roteisensteins statt, die von außen nach innen fortschreitet. Man nimmt an, daß die inneren Schichten ihren Kohlenstoff an die äußeren abgeben. Die Güte und Eigenart der Erzeugnisse hängt auch von dem Ofen ab, in dem das Eisen eingeschmolzen wird. Man benutzt für Erzeugung im kleinen den teuren Tiegel, für den Großbetrieb Flammöfen mit Wärmespeicher. Die Zugfestigkeit von Temperguß ist 20—30 kg/mm^2, die Bruchdehnung beträgt etwa 5%. Guter Temperguß läßt sich kalt biegen, schmieden und elektrisch oder autogen schweißen.

Temperstahlguß ist härtbar. Er hat etwas größere Festigkeit als der Temperguß. Den Außenschichten getemperter Stücke ist der nötige Kohlenstoffgehalt durch Zementieren nachträglich wieder zugeführt.

Die Formmaterialien. Als Form bezeichnet man den Hohlraum, in den das flüssige Metall gegossen wird; er kann in Sand, Masse oder Lehm hergestellt werden. Alle Formmaterialien werden feucht verarbeitet, Masse- und Lehmformen muß man vor dem Guß trocknen. Die Eigenschaften, die ein gutes Formmaterial haben soll, sind folgende: 1. Es muß bildsam sein, d. h. es muß sich leicht in verschiedene Formen bringen lassen und diese beim Guß auch behalten. 2. Es muß gasdurchlässig sein, damit die Gase aus dem Eisen, die Luft aus der Form sowie Dämpfe und Gase, die das Formmaterial abgibt, entweichen können. 3. Es muß feuerbeständig sein und darf bei Berührung mit dem flüssigen Eisen nicht schmelzen.

Formsand. Er besteht aus scharfkantigen Körnchen, die sich nicht leicht gegeneinander verschieben. Schwemmsand mit abgeschliffenen, runden Körnchen ist unbrauchbar. Die Körnchen sollen gleichmäßig groß sein. Grober Sand gibt eine fein ausgeprägte, vielgestaltige Oberfläche des Gußstückes schlecht wieder, für Kunstguß ist er unbrauchbar; feiner Sand ist wenig gasdurchlässig. Bei der plötzlichen Berührung mit dem flüssigen Eisen zerspringen die Körnchen, dadurch wird der

Sand schlechter, und man muß ihn fortgesetzt durch Zusatz von neuem Sande auffrischen. Zur Verbesserung seiner Eigenschaften mischt man bis zu 10% feingemahlene, gasreiche Steinkohle in den Sand hinein. Die Kohle gibt Gase ab, diese hüllen die Sandkörnchen ein und schützen sie, außerdem verhindern sie das Festbrennen der Körnchen am Gußstück. Der natürliche Sand enthält meistens Tonerde, die ihn zwar bildsamer, aber zugleich weniger gasdurchlässig macht. Bei Temperaturen über 400° C verliert die Tonerde ihre Bindekraft und wird gasdurchlässiger. Man bezeichnet den tonerdehaltigen Sand als fetten Sand; durch die Benutzung wird er mager und muß von Zeit zu Zeit wieder mit fettem Sande angereichert werden. Auch die Steinkohle muß ersetzt werden. Diese Arbeiten nennt man Aufbereitung des Sandes. Das Gelingen eines sauberen, fehlerfreien Gusses ist sehr von der Beschaffenheit des Formmaterials abhängig.

Masse ist ein fetter Sand, der nach dem Formen geglüht wird, um ihn genügend gasdurchlässig zu machen. Dabei schwindet die Tonerde und reißt leicht. Deshalb müssen größere Mengen groben Sandes oder gemahlener Schamotte zugesetzt werden, die nicht mit schwinden und das Reißen verhüten. Masseformen sind teurer als Sandformen, aber auch widerstandsfähiger gegen den Schlag des einfallenden Eisens und den Druck der Eisensäule. Sie kühlen das Eisen weniger und entwickeln keine Wasserdämpfe. Man verwendet sie hauptsächlich für Flußeisenguß. Masse dient auch zur Herstellung von Kernen, das sind Teile, die in die Formen eingelegt werden, um Hohlräume im Gußstück auszubilden (siehe Fig. 66). Kerne werden aber auch aus trockenem Schwemmsand und einem Bindemittel gemacht. Als Bindemittel dienen Leinöl, Melasse, Sulfidlauge u. a. Diese Kerne werden nur schwach getrocknet. Beim Gießen vergasen und verbrennen die Bindemittel, die Kerne werden mürbe und lassen sich leicht aus dem Gußstück entfernen.

Lehm. Der Lehm muß frei von Steinen und Stücken sein. Er wird mit Wasser gründlich durchgeknetet, mit Sand vermischt und zu einem Brei angerührt, den der Former auf die Innenfläche einer aus Steinen aufgemauerten Form aufträgt, ähnlich wie der Maurer den Putz auf die Wand. Die fertigen Formen werden getrocknet. Um das Reißen des Lehmes zu verhüten, wird Pferdedünger als Bindemittel zugemischt. Lehmformen sind teurer als Masse- oder Sandformen. Sie werden bei großen Einzelstücken mit kreisrunder Querschnittsform benutzt.

Überkleidungsmaterialien: Die vom Eisen berührten Flächen der Form werden mit einer Schutzschicht überzogen. Bei Sandformen wird Holzkohlenpulver aus einem durchlässigen Beutel über die Form gestäubt. Die Staubschicht wird fest gestrichen oder festgedrückt. Trockne Formen werden mit Schwärze überstrichen, einer dicken Flüssigkeit, die aus Wasser, Holzkohlenpulver, Graphit und Tonmehl als Bindemittel angerührt ist. Nach dem Anstrich können die Formen nachgetrocknet werden. Die Überkleidung hat den Zweck, dem Gußstück eine glatte, sandfreie Oberfläche zu geben.

Die Aufbereitung des Formsandes. Es ergeben sich folgende Arbeiten:

A. Neuer Sand:

1. Trocknen;
2. Aussieben des genügend feinen Sandes;
3. Mahlen des groben Sandes;
4. Vermengen mit Kohlenstaub;
5. Vermengen von neuem und gebrauchtem Sande und Anfeuchten;
6. Gründliches Durchmischen, Auflockern und Durchlüften;
7. Transport an den Arbeitsplatz.

B. Gebrauchter Sand:

1. Zerkleinern der Sandknollen;
2. Ausscheiden von Eisenstücken und Drahtstiften;
3. Aussieben von Holz, Papier, Putzwolle, Steinen, Werkzeugen.

Fig. 67 gibt das Schema einer Aufbereitungsanlage. Die neueren Einrichtungen sind so getroffen, daß der Durchlauf durch die ganze

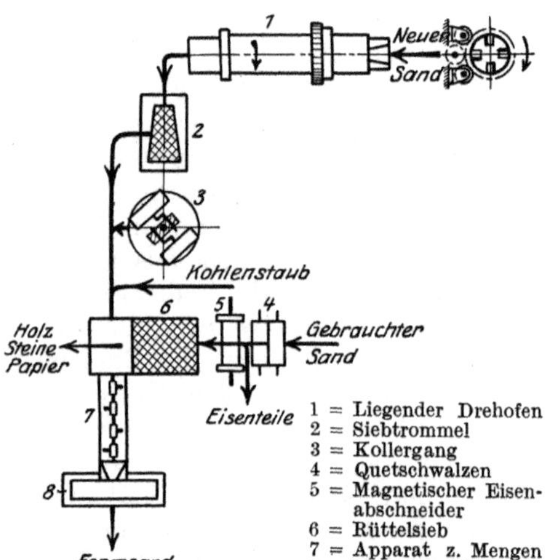

Fig. 67.

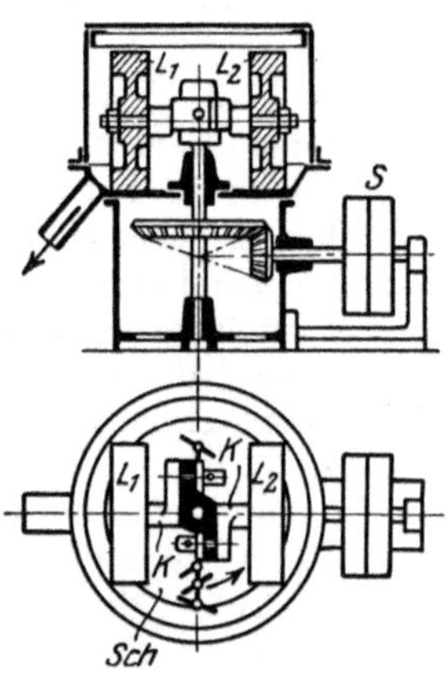

Fig. 68.

Anlage selbsttätig erfolgt und wenig Handarbeit erfordert. Die Überführung von einer Maschine zur anderen wird durch Becherwerke oder Transportschnecken ausgeführt. Das Trocknen erfolgt auf eisernen Platten, die von unten beheizt werden, oder in zylindrischen Öfen. Die Heizgase gehen durch den Ofen, während der Sand bei der Umdrehung des Ofens hochgehoben wird, durch die Heizgase herunterfällt und dabei langsam weiter befördert wird. Die Schaufeln im Ofen stehen schräg zur Drehachse. Der Sand darf nicht verbrennen. Zum Mahlen dient der Kollergang (Fig. 68). Die schweren Hartgußläufer L_1 und L_2 werden von den Schleppkurbeln K mitgenommen und können sich je nach der Dicke der Sandlage heben und senken. Die Läufer wirken durch ihr

Gewicht drückend und durch ihre zylindrische Form reibend. Bewegung ohne gleitende Reibung wäre nur bei kegelförmigen Läufern möglich. Die umlaufenden Schaufeln *Sch* bringen je nach ihrer Stellung den Sand entweder unter die Läufer oder an den Rand des Tellers zur Ausfallöffnung. *S* ist die Antriebscheibe. Der Kollergang kann auch zum Mahlen von Steinkohle benutzt werden. Das Zerkleinern der Knollen erfolgt zwischen zwei Quetschwalzen, von denen die eine nachgiebig gelagert ist. Die Eisenteile werden in einem magnetischen Eisenabscheider nach Fig. 69 auf der Trommel festgehalten und dadurch vom Sande getrennt.

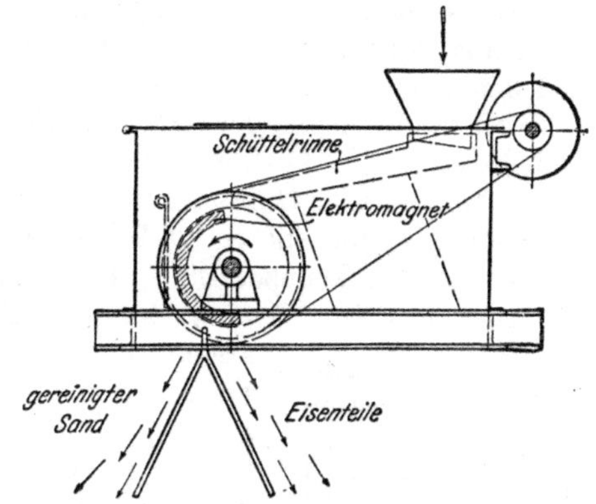

Fig. 69.

Das Mengen des gebrauchten und frischen Sandes geht in einem liegenden Troge vor sich. Die Rührwelle ist mit schraubenförmigen Flügeln besetzt, sie mischen den Sand und schieben ihn gleichzeitig vorwärts. Über dem Trog ist eine Wasserbrause zum Anfeuchten. Eine Mischmaschine ist in Fig. 70 gezeigt. Sie enthält 2 Teller, die mit je 2 Reihen stählerner Schlagstifte besetzt sind und schnell in entgegengesetzter Richtung umlaufen. Zwischen

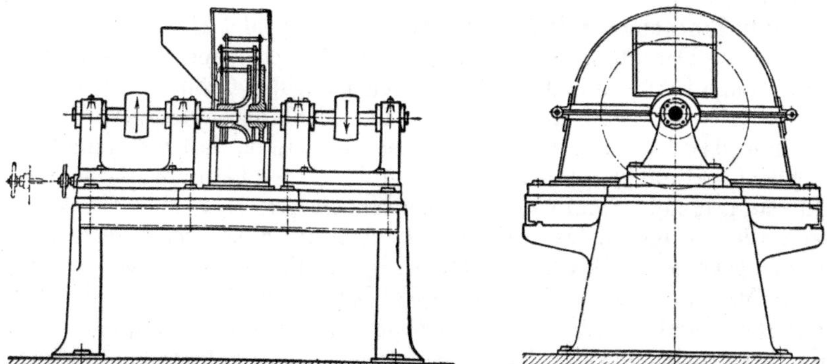
Fig. 70.

den Stiften muß der Sand hindurchfallen. Die gleichmäßige und gründliche Auflockerung des Sandes ist sehr wichtig.

Der Lehm wird zwischen zwei Walzen vorgebrochen, mehrere Tage eingeweicht, mit Sand gemischt und geht dann durch eine Lehmknetmaschine, die ihn gründlich durcharbeitet. Eine solche Maschine besteht aus einem stehenden oder liegenden Zylinder, in dem eine mit

Schraubenflügeln besetzte Welle langsam umläuft. Ist die Arbeit beendet, so öffnet man einen Schieber in der Zylinderwand und drückt den Lehm heraus.

Modelle. Modelle sind Abbilder der Gußstücke und dienen dazu, die Hohlräume im Formmaterial herzustellen. Sie werden meist aus trocknem Nadelholz angefertigt; gekrümmte und gedrehte Teile macht man aus Erlenholz. Die gekrümmten Teile werden aus vielen Holzstücken „verleimt", die so zusammengelegt sind, daß die Teile beim Verziehen gegeneinander arbeiten (Fig. 71). Zum Schutze gegen die Feuchtigkeit des Formmaterials sind die Holzmodelle rot oder gelb lackiert. Löcher im Gußstück werden am Holzmodell mit schwarzer Farbe und Flächen, die später zu bearbeiten sind, durch blaue, gelbe oder weiße Farbe gekennzeichnet. Für dauernden Gebrauch benutzt man Modelle aus Eisen, Messing, Zink oder Aluminium. Alle Modelle müssen außen sehr glatt sein, damit sie leicht aus der Form gehen. Aus demselben Grunde macht man zylindrische Teile schwach konisch und parallele Wände gegeneinander geneigt auch da, wo es in der Zeichnung nicht angegeben ist. Vielfach werden die Modelle mehrteilig hergestellt, um das Einformen und Ausheben zu erleichtern. Der eine Teil erhält Stifte, die in Löcher des andern greifen und die gegenseitige Lage sichern. Der Modelltischler arbeitet mit dem Schwindmaßstab, einem Metermaß, das um die Schwindung größer ist als das normale, aber wie dieses in 1000 gleiche Teile geteilt ist.

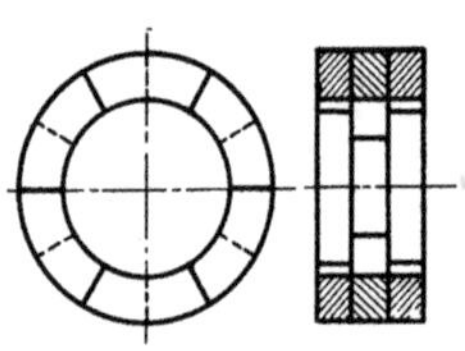

Fig. 71.

Das Einformen mit Modell. Man unterscheidet Herd- und Kastenformerei. Der Herd ist der Fußboden der Gießerei. Er besteht aus einer Lage Formsand, deren Dicke sich nach der Größe der Gußstücke richtet. Grundwasser darf an den Sand nicht herankommen.

Herdform. Die Herstellung beginnt damit, daß man eine Grube aushebt und mit gutgesiebtem Sande füllt, obenauf kommt frischer Sand. In das geebnete Sandbett wird das Modell von oben eingedrückt und von allen Seiten so fest umstampft, daß der Sand später dem Druck des eingegossenen Eisens widerstehen kann. Fig. 72 zeigt das Einformen eines Maschinenfußes. In die Winkel bei *a* muß der Former den Sand mit der Hand sorgfältig hineindrücken. Nach dem Stampfen werden die Oberfläche mit der Kratzleiste geebnet und zahlreiche Luftlöcher von allen Seiten gestochen. Darauf setzt der Former einen gußeisernen Kasten über das Modell und sichert seine Lage durch drei Holzpflöcke. Der Kasten hat eingegossene oder angeschraubte Querrippen, die dem Sande Halt geben sollen. Zu dem gleichen Zwecke werden alle Wände mit Kalk- oder Tonmilch bestrichen, außerdem hängt man bei größeren Formen zahlreiche eiserne Haken über Wände und Rippen, von denen drei in Fig. 72 gezeichnet sind. Bevor man Formsand in den Kasten siebt, muß trockner Streusand oder Lykopodium (Bärlappsamen) auf den Herd gestreut werden. Beide nehmen schwer Wasser an und bilden eine Trennungschicht zwischen dem Sand im Kasten und im Herd. Auf das Modell kommt zunächst frischer Sand, dann gebrauchter. Der Sand wird schichtweise eingestampft. In den Kasten werden drei Holzkegel gestellt und eingestampft, die den Eingußtrichter und zwei Steiger ausbilden. Nachdem man zahlreiche Luftlöcher nach dem Modell hin gestochen und die Oberfläche des Kastens geebnet hat, hebt man den Kasten hoch, kippt ihn um, entfernt die Holzkegel und erweitert den Einguß zu einem Becken. In das freigelegte Modell schraubt man Ösen-

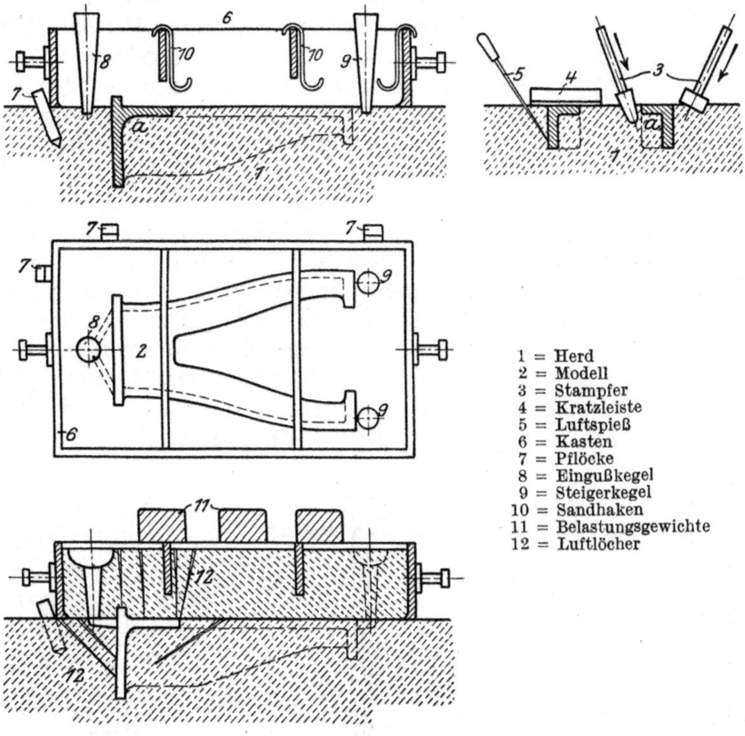

Fig. 72.

schrauben, lockert es durch Schläge und hebt es unter stetem Klopfen vorsichtig aus der Form. Die Schwierigkeit besteht darin, das Modell weder schräg aufwärts zu heben, noch zu kippen und die Form nicht zu verletzen. Zerstörte Stellen müssen geflickt, Sandbrocken festgedrückt oder herausgeblasen werden. Nachdem die Verbindungskanäle zwischen dem Einguß sowie den Steigern und der Form geschnitten sind, kann man die Formhälften bestäuben, die Staubschicht glatt streichen und die Form schließen. Vor dem Guß muß man den Kasten durch Gewichte belasten, damit er nicht auf dem Eisen schwimmt, da Sand viel leichter ist als Eisen. Das Eingießen muß so erfolgen, daß das Eingußbecken stets gefüllt bleibt und Schaum sowie Schlacken, die auf dem Eisen schwimmen, nicht in die Form gelangen können. Die Kanäle zwischen Trichter und Form bekommen deshalb einen kleineren Querschnitt als der Trichter. Große und besonders dünnwandige Gußstücke werden durch mehrere Eingüsse gleichzeitig gegossen. Die Steiger lassen die Luft aus der Form entweichen. Die Form kann deshalb nach dem Steiger hin etwas ansteigen. Außerdem sieht man im Steiger, wann das Gießen verlangsamt werden muß.

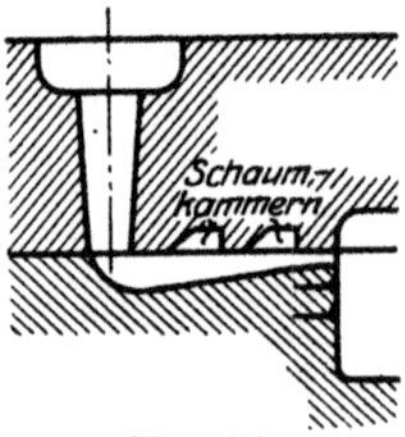

Fig. 73.

Schaumkammern im Einguß nach Fig. 73 dienen zum Abfangen der Unreinigkeiten. Der Zulaufkanal wird dann durch ein Modell ausgebildet; Kanten der Form, über die das Eisen fließt, werden durch Befeuchten mit dem Pinsel und dadurch fester gemacht, daß man zahlreiche Drahtstifte in den Sand steckt.

Kastenform. Alle Teile der Form werden in Formkästen untergebracht. Fig. 74 zeigt zwei zusammengehörige gußeiserne Kästen mit Handgriffen. Die drei Lappen dienen zur Sicherung der gegenseitigen Lage. Die Lappen des einen Kastens tragen Stifte, die in die Lappenbohrungen am andern Kasten greifen. Die Stifte erleichtern das senkrechte Hochheben beim Öffnen der Form. Der Formvorgang ist in Fig. 76 an einem Augenhebel (Fig. 75a und b) gezeigt. Das Modell (Fig. 75c) hat statt der Bohrungen schwarzlackierte Kernmarken und ist zweiteilig. Die eine Hälfte — 2a in Fig. 76a — wird auf ein Formbrett gelegt

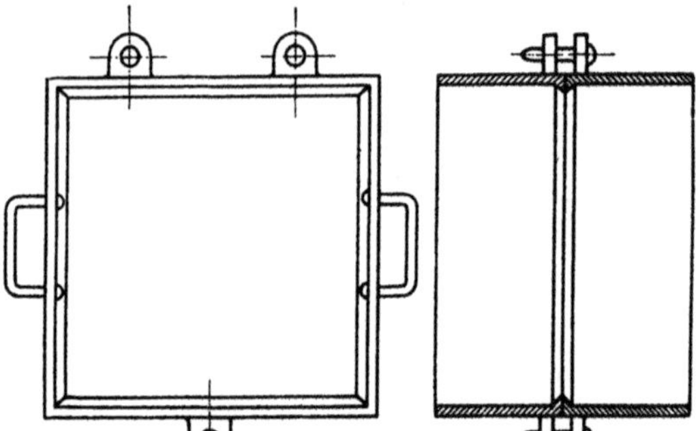

Fig. 74.

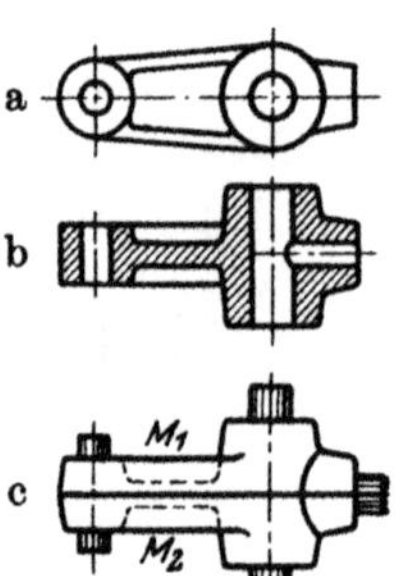

Fig. 75a—c.

und der Unterkasten, das ist der ohne Stifte, umgekehrt daraufgestellt und vollgestampft. Nachdem man reichlich Luftlöcher gestochen und die Oberfläche glatt gestrichen hat, legt man ein zweites Formbrett darauf und kehrt das Ganze um. Bei großen Kästen ist es nötig, die beiden Bretter durch Klammern zu verbinden. Der übrige Vorgang ist wie im vorigen Beispiel. Es wird: Modell 2b aufgelegt, der Oberkasten aufgesetzt, Streusand gestreut, der Eingußkegel aufgestellt, Sand eingesiebt, gestampft, Luftlöcher werden gestochen. Fig. 76b. — Ferner wird der

Oberkasten abgehoben, Modell und Eingußkegel werden entfernt, der Einlauf und das Eingußbecken geschnitten, die Form bestäubt, Kerne eingesetzt. Dann kann man die Form schließen, beschweren und gießen. Fig. 76c.

Die folgenden Beispiele zeigen noch einige schwieriger einzuformende Modelle; Fig. 77 und 78, das bekannte dreiarmige Schuhmachernagel-

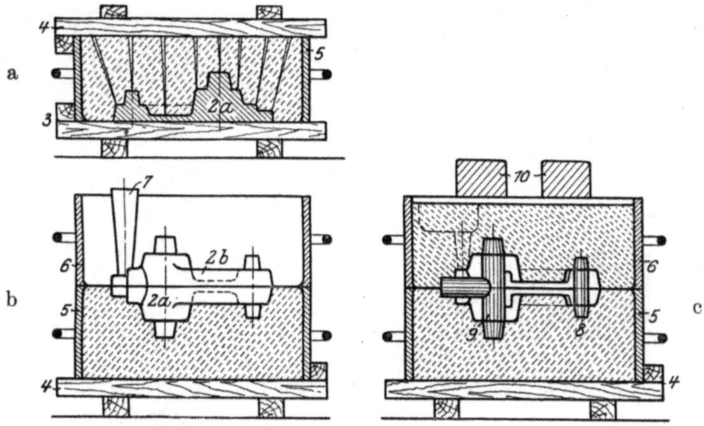

1 = Gußstück
M_1 od. 2a = erste } Modellhälfte
M_2 od. 2b = zweite } Modellhälfte
3 = Formbrett
4 = Formbrett
5 = Unterkasten
6 = Oberkasten
7 = Eingußkegel
8 = Kern
9 = Kern
10 = Belastung

Fig. 76a—c.

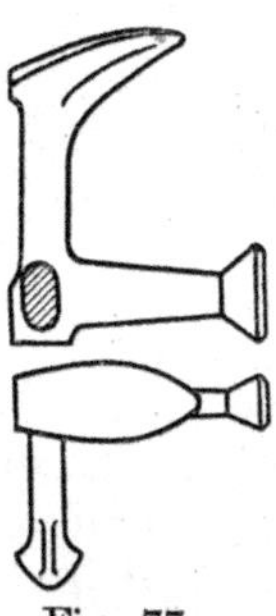

Fig. 77.

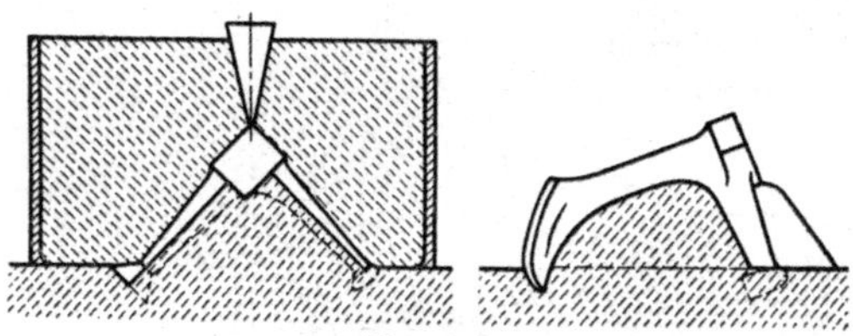

Fig. 78.

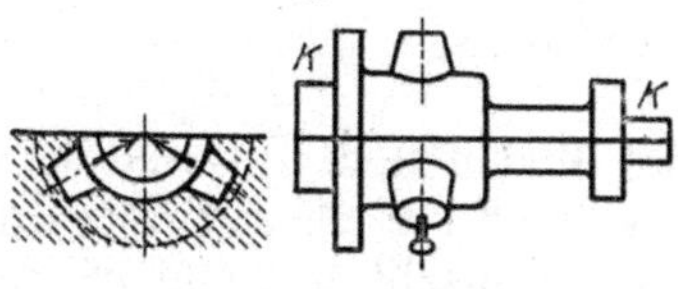

Fig. 79.

eisen. Durch geschickte Gestaltung und Lagerung ist es möglich, das Stück in zweiteiliger Form zu formen.

Fig. 79, zweiteiliges Modell eines Rohrstückes mit drei Warzen. *K* sind die Kernmarken. Zwei von den Warzen sind mit Drahtstiften angeheftet. Sobald das Modell vom Sand umgeben ist, zieht der Former die Drahtstifte mit der Hand heraus. Dadurch ist es möglich, erst das Hauptmodell und dann die Warzenmodelle auszuheben. Da sich Warzenmodelle beim Einstampfen leicht verschieben, wird man Warzen soviel wie möglich vermeiden.

Fig. 80 zeigt zwei verschiedene Formen für eine Seilrolle. Das Modell für Fig. 80a hat statt der Rille eine Kernmarke, die das Lager für den ringförmigen Kern *K* ausbildet. In Fig. 80b ist die Form dreiteilig.

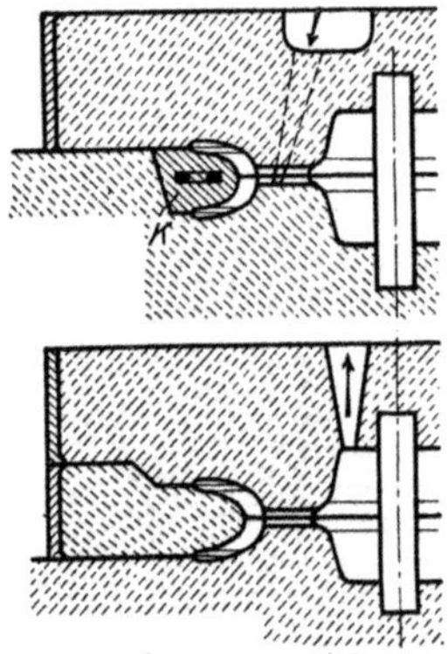

Fig. 80a u. b.

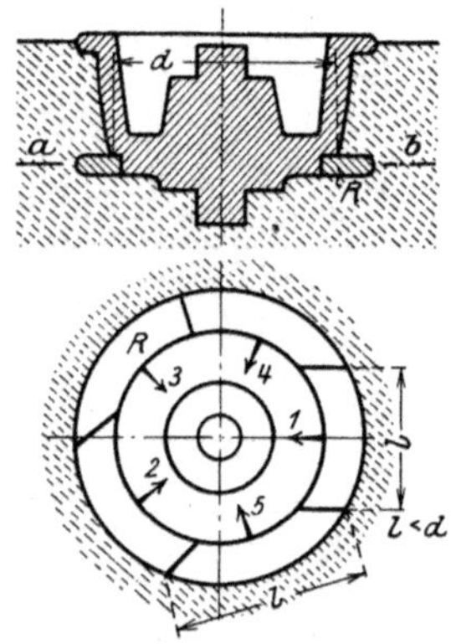

Schnitt a—b.
Fig. 81.

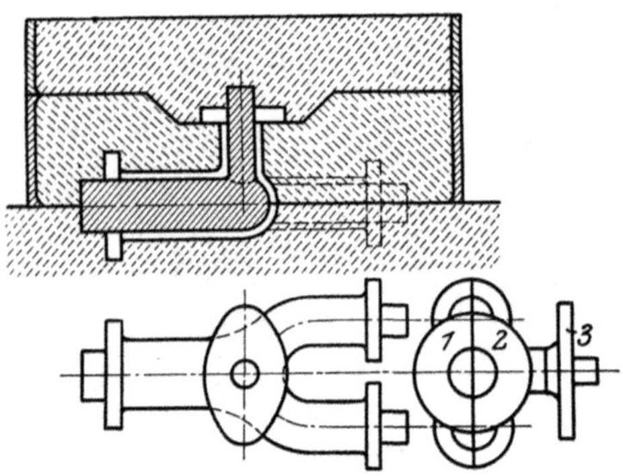

Fig. 82.

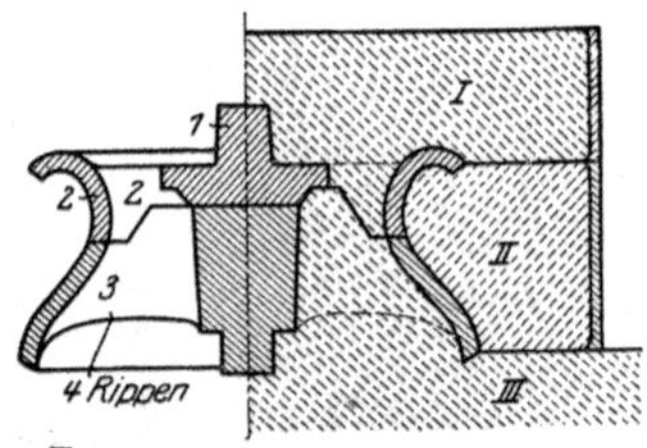

Formvorgang:
a) Kasten I mit den Modellen 1 und 2 abheben
Modell 2 herausnehmen,
Modell 1 „ „
b) Kasten II abheben.
Modell 3 ausheben.

Fig. 83.

Fig. 81 zeigt Modell und Unterteil der Form für eine Randriemenscheibe. Man kommt mit einer zweiteiligen Form aus, weil man den Ring *R* fünfteilig gemacht hat und die Teile einzeln aushebt.

Fig. 82. Dreiteiliges Modell und dreiteilige Form für eine Rohrverzweigung.

Fig. 83. Modell und Form eines Ventilkörpers.

Das Einformen mit Schablone. Fig. 84 zeigt den Schnitt durch einen Kolben, der mit Hilfe von Schablonen eingeformt werden soll. Der festgestampfte Sand wird mit Schablone *I* abgedreht (85a). Auf dem abgedrehten Sandkörper wird der Kasten geformt wie auf einem Modell (Fig. 85b). Der Sand im Herde wird aufgegraben und mit Schablone *II* nachgedreht (Fig. 85c). Fehlt an einer Stelle Sand, so wirft ihn der Former mit der Hand an. Statt der einen Schablone *II* können auch zwei Teilschablonen hintereinander benutzt werden.

Die Schablonen drehen sich um eine Spindel, die in einem gußeisernen Schuh steckt. Die Koksbettung und das Gasrohr in Fig. 85a dienen zum Ableiten der Gase. Ist die Spindel entfernt, so werden die Löcher mit Sand verschlossen.

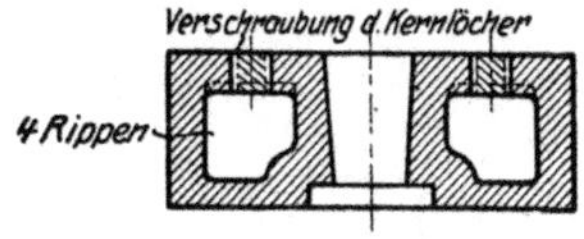

Fig. 84.

Fig. 86 zeigt die geschlossene Form mit den am Kasten angehängten vier Kernen. Auf den Einguß ist ein Becken gesetzt. Es erhöht die Drucksäule und erleichtert das Gießen, weil es eine größere Eisenmenge aufnehmen kann. Bei schweren Stücken macht man das Becken so groß, daß es den ganzen Eisenbedarf aufnehmen kann, schließt den

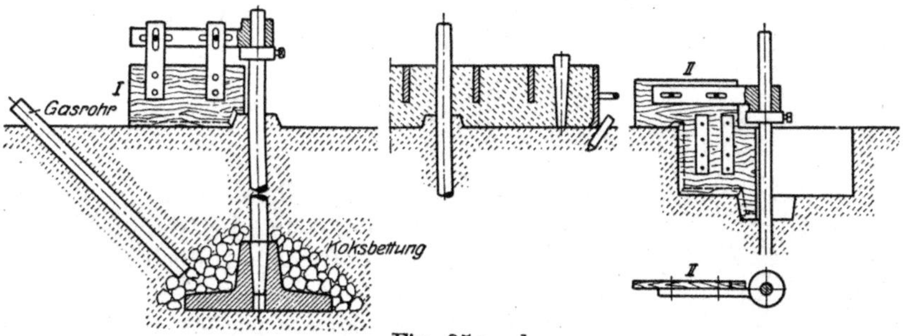

Fig. 85 a—d.

Einlauf durch einen Stöpsel (Fig. 87) und zieht diesen erst, wenn sich das Eisen beruhigt und Unreinigkeiten an der Oberfläche ausgeschieden hat. Auf der Oberseite des Kolbens bleiben vier Kernlöcher, durch die man das Kernmaterial entfernt. Sie werden nachträglich durch vier Schraubenbolzen verschlossen (Fig. 84).

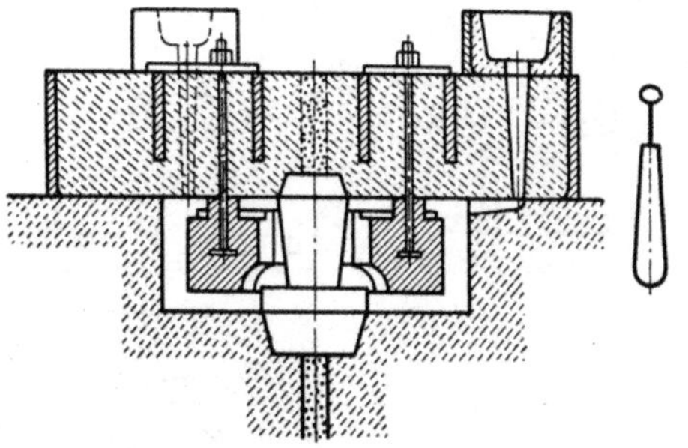

Fig. 86 u. 87.

Herstellen und Einlagen der Kerne. Die Kernmasse wird in mehrteilige Kernkästen aus Holz gestampft, die man zusammenschraubt oder durch Klammern zusammenhält. Der fertige Kern wird herausgenommen, indem man die Kastenteile auseinander nimmt. Größere Kerne erhalten zur Versteifung Einlagen. Dazu dient ein Stück Draht, Flacheisen, ein durchlöchertes Blech — Fig. 57 — oder ein gitterartig gegossenes Kerneisen. Zuweilen werden die Kerne auch aus mehreren Stücken zusammengesetzt und an den Kerneisen mit Draht verbunden. Große Kerne macht man hohl und füllt sie nach dem Trocknen mit Koks oder Kies. Dadurch wird der Kern gasdurchlässiger. — Fig. 88. Kernkasten für einen einfachen prismatischen Kern. Fig. 89. Kernkasten

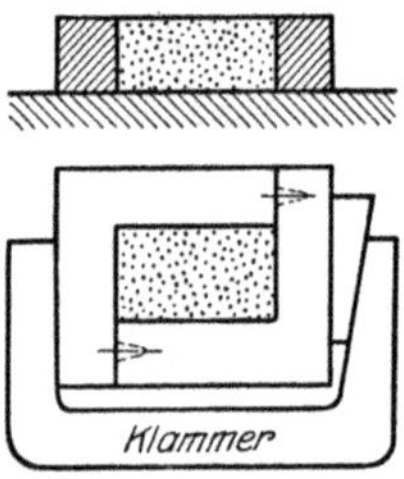

Fig. 88.

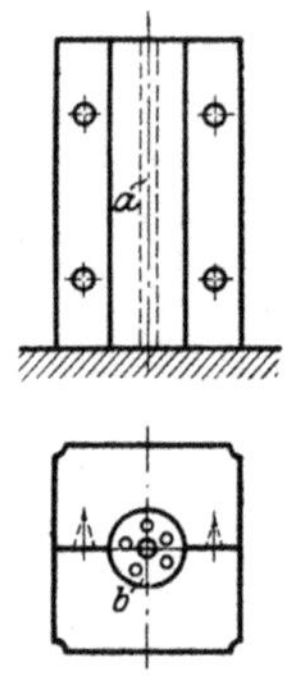

Fig. 89.

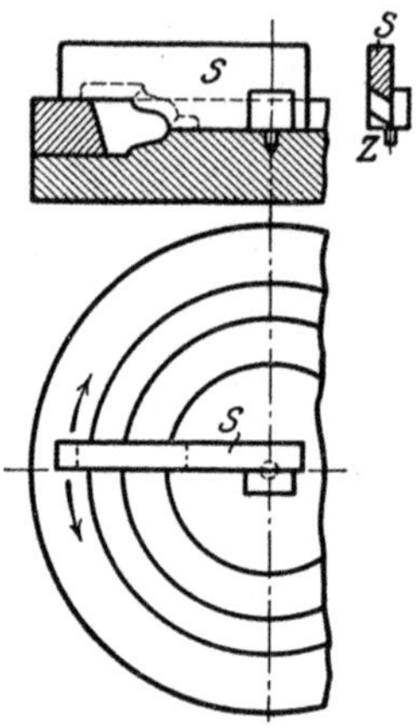

Fig. 90.

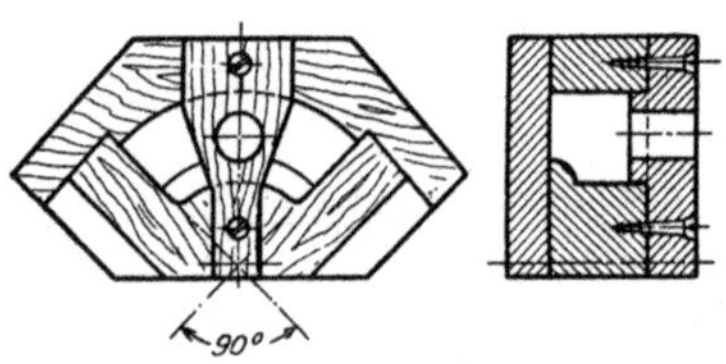

Fig. 91.

mit zylindrischem Kern. *a* ist das Kerneisen, *b* sind Luftlöcher, die mit einem Luftspieß gestochen werden.

Fig. 90 zeigt den Kernkasten zum ringförmigen Kern für Fig. 80. Der Kern wird aufgestampft und mit der Schablone *S* abgedreht, die um den Zapfen *Z* schwingt. — In Fig. 91 ist der Kernkasten für den Kolben Fig. 86 dargestellt. Der Kern läßt sich herausnehmen, wenn man die Verbindungschrauben löst und die Teile des Kastens auseinanderzieht.

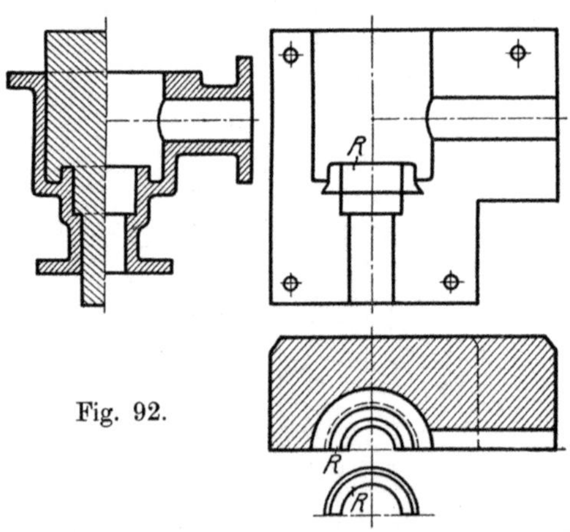

Fig. 92.

Fig. 92. Eckventil mit halbem Kern und zugehörigem Kernkasten. Ring *R* bildet den Ventilsitz aus. Er ist zweiteilig und wird zusammen mit dem Kern aus dem Kasten herausgenommen und dann aus dem Kern entfernt.

L e h m k e r n e. Als Kerneisen benutzt man ein mit vielen Bohrungen versehenes Rohr. Es wird mit Seilen aus Stroh oder Holzwolle bewickelt und dann mit einer Schicht von grobem Lehm überzogen, die man unter ständigem Drehen der Spindel mit der Hand aufträgt und mit einer Schablone abdreht. Fig. 93. Nachdem diese Schicht getrocknet ist, wird eine zweite aufgebracht, die den Kern auf genaues Maß bringt. Der fertiggetrocknete Kern wird glatt gerieben, geschwärzt und nachgetrocknet. Er ist verhältnismäßig leicht, gasdurchlässig und nachgiebig, so daß das Gußstück schwinden kann. Mit Hilfe von Schablonen lassen

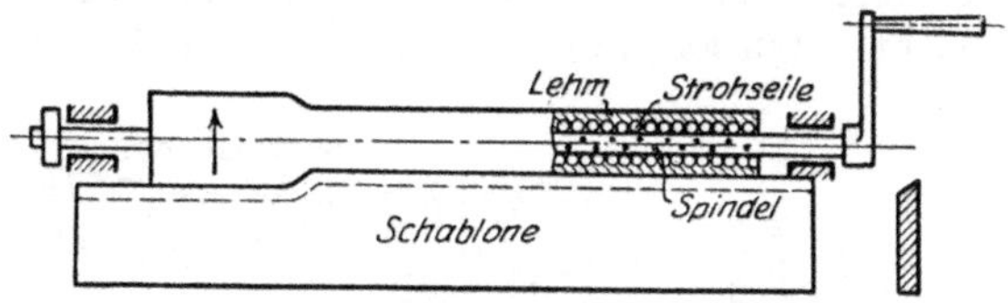

Fig. 93.

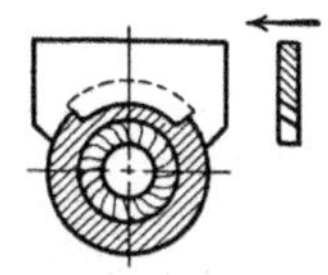

Fig. 94.

sich auch Längsvertiefungen im Kern ausbilden, die am Gußstück eine vorstehende Arbeitsfläche hervorbringen (Fig. 94). Das Schablonieren in Lehm eignet sich besonders für große Kerne.

Einlegen der Kerne. Beim Einlegen ist zu beachten, daß die Gase gut entweichen können und die Kerne ihre Lage nachträglich nicht ändern. Bei langen und bei gekrümmten Kernen genügen die von den Kernmarken des Modells ausgebildeten Lagerstellen meistens nicht. Der Kern wird dann durch eiserne Kernstützen gehalten, die später mit dem Gußeisen verschmelzen sollen. Sie müssen deshalb blank oder, noch besser, verzinnt sein. Beim Abstützen ist zu beachten, daß der Kern anfangs durch sein Gewicht nach unten gebogen, später aber durch den Auftrieb des Eisens nach oben getrieben wird. Der Kern des Rohres

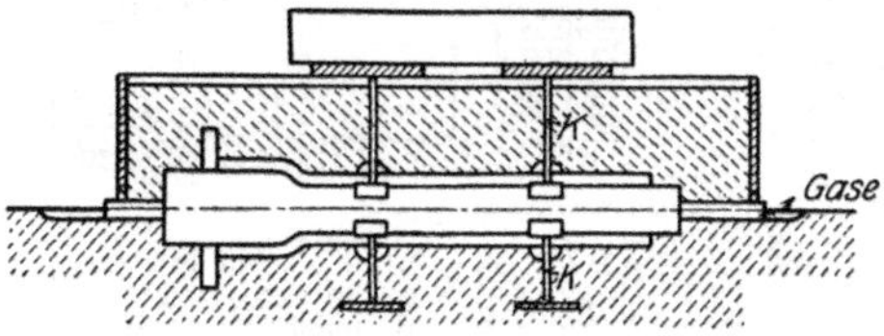

Fig. 95.

Fig. 96.

in Fig. 95 liegt auf zwei Stützen *k*. Diese stehen auf Eisenplatten, die man vorher in den Sand gegraben hat. Die oberen Kernstützen stoßen gegen Eisenplatten, die von den Belastungsgewichten niedergehalten werden. An den Kernstützen ist die Rohrwand verstärkt. Trotzdem sind die Rohre nicht immer dicht. Man gießt sie deshalb besser stehend und spart die Kernstützen. Flache Kerne werden durch Doppelstützen nach Fig. 96 gehalten. Die Höhe *s* entspricht der Wandstärke des Gußstückes. Die Anwendung solcher Stützen ist in Fig. 97 gezeigt beim Einformen eines Dampfzylinders mit Schieberkasten. Die Form ist zweiteilig und wird stehend in den Herd eingegraben. An den Einguß schließen sich mehrere Zweigkanäle. Dadurch wird verhindert, daß der verlorene Kopf das von unten aufsteigende kälteste Eisen erhält und zuerst erstarrt. Beachtenswert ist auch, wie ein Kern in dem andern gelagert ist.

Masseform. Fig. 98a bringt noch das Beispiel einer gebrannten Masseform für Flußeisenguß (nach Osann). Das Gußstück — eine Kurbel mit Gegengewicht — ist in Fig. 98b dargestellt. Der Einguß liegt an der schwächsten Stelle des Gußstückes. Die Verstärkung zwischen den beiden Augen erfordert einen verlorenen Kopf, ebenso die Verstärkung am Gegengewicht. Man kann die verlorenen Köpfe der Form

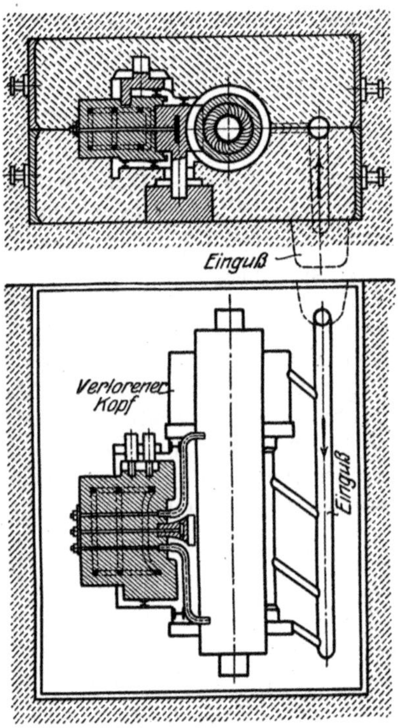

Fig. 97.

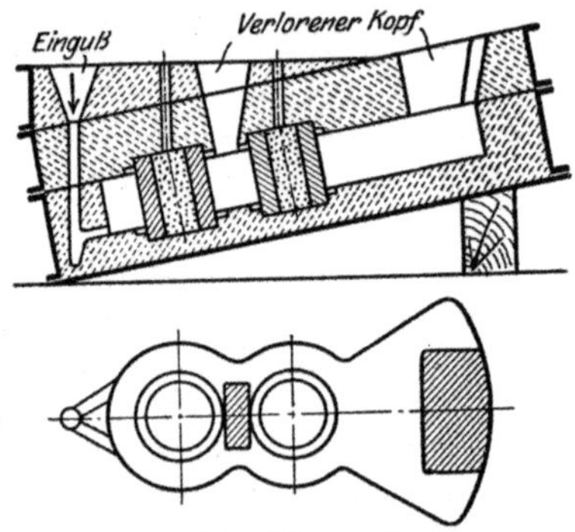

Fig. 98 a u. b.

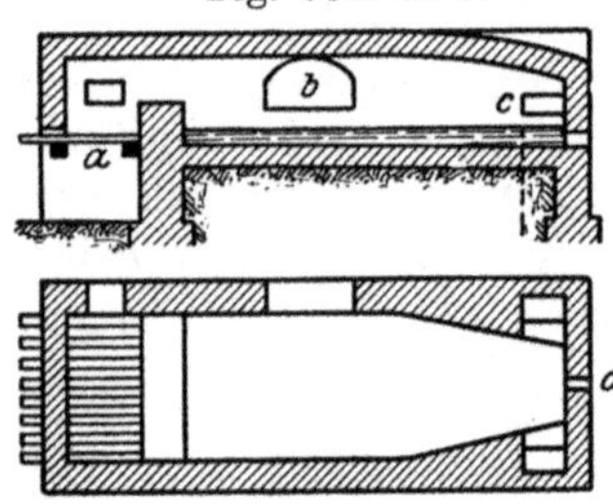

a = Rostfläche
b = Beschickköffnung
c = Abzug der Feuergase
d = Stichloch

Fig. 99.

von oben her mit heißem Flußeisen füllen. Die Kerne sind hohl und mit Koks gefüllt. In ungefüllten Kernen sammelt sich ein Gemisch von Luft und brennbaren Gasen, das sich plötzlich entzünden und die Form zertrümmern kann.

Das Trocknen der Formen und Kerne. Es erfolgt in Trockenkammern oder Öfen, die von den Feuergasen einer Koks- oder Gasfeuerung durchflossen werden. Diese nehmen den Wassergehalt des Trockengutes auf und führen ihn ab. Die Aufnahmefähigkeit der Gase für Wasserdampf steigt mit der Temperatur. Zum Verdampfen des Wassers ist Wärme nötig, die von den Feuergasen abgegeben wird. Dabei sinkt die Temperatur der Feuergase. Große Formen erfordern 1 bis $1^1/_2$ Tage bis zur völligen Durchtrocknung, Kerne nur einige Stunden, ganz kleine Kerne noch weniger. Die Temperatur muß bei Masseformen am höchsten sein (300 bis 500° C), für Kerne genügen 150° C, in Kernen mit Strohwicklung darf die Einlage nicht verbrannt werden. Man regelt die Temperatur, indem man den Feuergasen Frischluft zumischt. Zu rasches Trocknen ist schädlich, das Trockengut wird bröcklich. Schwere Formen werden auf eisernen Wagen hergestellt und in die Trockenkammer geschoben. Es gibt auch tragbare Trockenöfen, deren Feuergase man durch die geschlossene Form leitet.

Das Schmelzen des Roheisens. Es erfolgt in Flammöfen nach Fig. 99 oder in Schachtöfen nach Fig. 100, die man als Kupolöfen bezeichnet. Die Anwendung des Flammofens beschränkt sich auf Gießereien, wo große Gußstücke, z. B. unbrauchbare Walzen, unzerkleinert einzuschmelzen sind. Die Wärmeausnutzung ist schlecht. Die Beheizung erfolgt durch Steinkohle.

Der Kupolofen wird von der Beschicköffnung *a* (Fig. 100) aus abwechselnd mit Koks und Roheisen beschickt. Man rechnet 9 bis 10 kg Koks auf 100 kg Roheisen. Nur dichter Hüttenkoks ist verwendbar, Gaskoks ist ungeeignet. Die Verbrennung des Kohlenstoffes soll vollkommen zu CO_2 erfolgen, damit eine möglichst große Wärmemenge erzielt wird. Doch enthalten die ins Freie abziehenden Gase stets Kohlenoxyd (CO), weil ein Teil des Kohlendioxyds (CO_2) durch den glühenden Koks zu CO reduziert wird — $CO_2 + C = 2\,CO$ — und ein Teil des C überhaupt nur zu CO verbrennt. Beide Vorgänge werden durch die große Oberfläche des porigen Kokses befördert. Auch eine zu große Koksmenge wirkt in diesem Sinne. Am besten sind der rheinisch-westfälische und der niederschlesische Koks, weniger gut der Saarkoks, unbrauchbar ist der oberschlesische. Der Koks soll auch möglichst frei von Schwefel sein. In dieser Beziehung ist der englische Koks sehr gut. Der Schwefel verbrennt nur teilweise, ein Teil wird vom Eisen aufgenommen. Ferner soll der Koks nicht zu feucht sein. Er enthält 10% und mehr Asche, die in Form von flüssiger Schlacke aus dem Ofen aus tritt, ebenso der Sand, der dem Roheisen anhaftet. Um die Schlacke dünnflüssig zu machen, wird ungebrannter Kalk hinter dem Koks aufgegeben — etwa 30% vom Koksgewicht. Schlacke entsteht ferner durch den Abbrand von Mangan und Silizium. Er beträgt 15 bis 20% bei

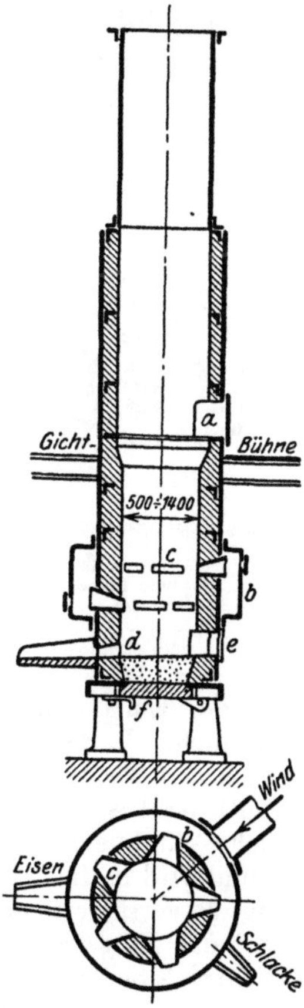

Fig. 100.

Mangan und 10—15% bei Silizium. Der Abbrand steigt, wenn man weniger Koks oder mehr Wind zuführt. Der Wind tritt durch die Ringleitung *b* (Fig. 100) und eine Reihe von Düsen *c* in den Ofen, die sich fächerartig nach innen ausbreiten und den Wind gut auf den Ofenquerschnitt verteilen. Man braucht ungefähr 7 m^3 auf 1 kg Koks. Der Wind ist kalt und hat eine Pressung von 50 cm Wassersäule = $^1/_{20}$ at Überdruck. Zur Erzeugung dienen Ventilatoren oder Kapselgebläse. Die letzteren werden bevorzugt. Fig. 101 zeigt das Kapselgebläse der Firma Enke in Schkeuditz bei Leipzig. Jeder der drei kreisenden Flügel schließt an der Mündung der Saugleitung eine Luftmenge ab, schiebt sie vor sich her und bringt sie zur Druckleitung, wo sie sich mit der gepreßten Luft mischt und dadurch verdichtet wird. Die obere Steuerwalze *c* sorgt dafür, daß der Flügel zur Anfangstellung zurückkehren kann ohne Saug- und Druckleitung in Verbindung zu setzen. Die Windpressung stellt sich selbsttätig ein. Sie steigt, wenn mehr Luft gefördert wird als abfließen kann. Verschlacken z. B. die Winddüsen *c* am Kupolofen, so geht der Winddruck in die Höhe, und der Leistungsverbrauch des Gebläses nimmt zu. Anders verhält sich der Ventilator (Fig. 102). Die Windpressung hängt vom Quadrat der Umfangsgeschwindigkeit des Flügelrades ab. Ein Teil dieser Pressung wird durch die Bewegungswiderstände verbraucht, die der Wind auf seinem Wege zu überwinden hat. Der Rest setzt sich an der Austrittstelle in Geschwindigkeit um. Diese und der Querschnitt der Austrittsöffnung bestimmen die ausfließende Windmenge, die gleiche Windmenge tritt an der Achse des Flügelrades in den Ventilator ein und wird in die Leitung gefördert. Verkleinert man die Austrittsöffnung, so verringert sich die Windmenge, schließt man sie ganz ab, so watet das Flügelrad in der stillstehenden Luft ohne zu fördern. Der Winddruck bleibt unverändert.

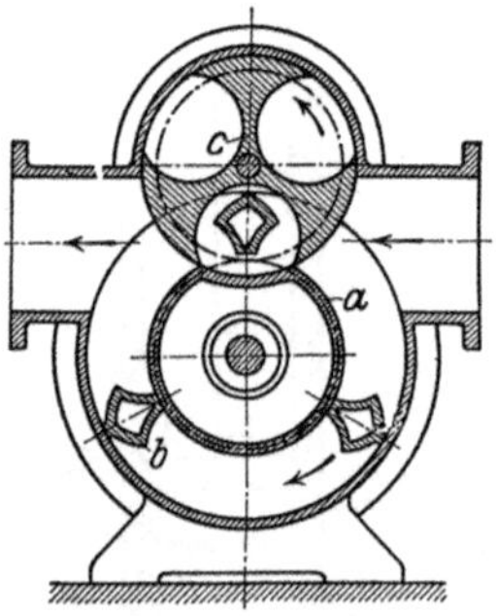

a = feststehende Trommel
b = kreisende Flügel
c = Steuerwalze

Fig. 101.

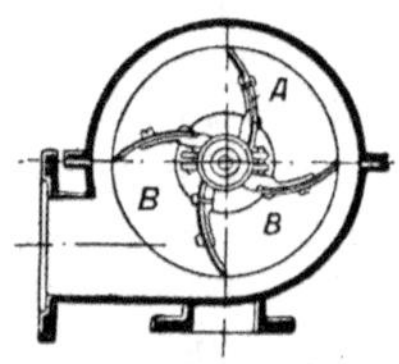

Fig. 102.

Man muß die feuerfeste Ausmauerung des Ofens täglich ausbessern. Der Ofen wird erst langsam angewärmt und dann unter Anwendung des Gebläses auf Glühhitze gebracht. Wenn die Beschickung mit Eisen beginnt, ist der Ofen bis zur Gichtbühne mit glühendem Koks gefüllt. Das schmelzende Eisen tropft durch den Gasstrom nach unten und sammelt sich vor dem Stichloch *d*, das durch einen Tonpfropfen verschlossen wird. Über dem Eisen steht die Schlacke. Der Wind drückt sie durch eine seitliche Öffnung heraus. Die Temperatur des Eisens ist 1200 bis 1400° C, je nach dem Koksaufwand. Nach vorstehendem wird die Verbrennung mit steigender Koksmenge unvollkommener, die Brennstoffverluste steigen, und die Vergrößerung der Koksmenge wird immer unwirksamer. Durch die gegensätzliche Bewegung zwischen Schmelzgut und Feuergasen ist die Wärmeausnutzung gut. Am Ende des Schmelzvorganges bläst man ohne zu beschicken so lange, bis kein Eisen mehr kommt. Dann stellt man den Wind ab, öffnet die Tür *e*, zieht die Schmelzreste aus dem Ofen heraus und löscht sie ab. Der Ofen kühlt über Nacht aus.

Das Gießen: Aus dem Kupolofen läßt man das Eisen von Zeit zu Zeit in Gießpfannen fließen und bringt es darin zu den Formen. Man unterscheidet Handpfannen (Fig. 103) mit 5—15 kg Inhalt, die von einem Mann getragen werden, Gabelpfannen (Fig. 104) mit 15 bis 20 kg Inhalt und Kranpfannen (Fig. 105) mit einem Fassungsvermögen von 500 bis 10000 kg und mehr. Die Gabelpfanne wird von 3 oder 4 Mann getragen. Alle Pfannen sind aus Eisenblech hergestellt, mit feuerfestem Ton ausgekleidet oder mit Steinen ausgemauert und gut getrocknet.

Fig. 103.

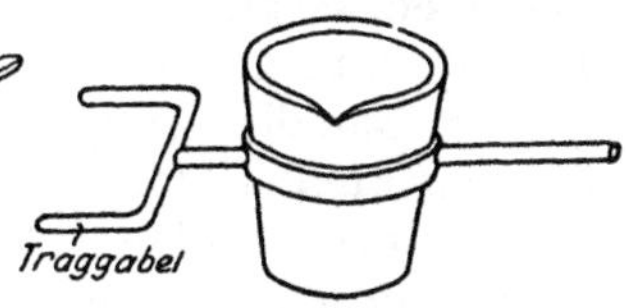

Fig. 104.

Für dünnwandige Güsse ist sehr heißes Eisen nötig, bei dickwandigen läßt man es in der Pfanne abkühlen; dadurch wird die Schwindung geringer und das Eisen kann einen Teil der aufgenommenen Gase abscheiden. Beim Gießen werden Schlacken, Schaum und erstarrte Eisenkrusten durch ein Holzstück zurückgehalten. Das brennende Holz benutzt man zum Entzünden der Gase, die aus der Form entweichen. Kleine Stücke kann man kurze Zeit nach dem Guß aus den Formen nehmen, größere bleiben bis zum andern Morgen, ganz große mehrere Tage in der Form, damit sie langsam und gleichmäßiger abkühlen.

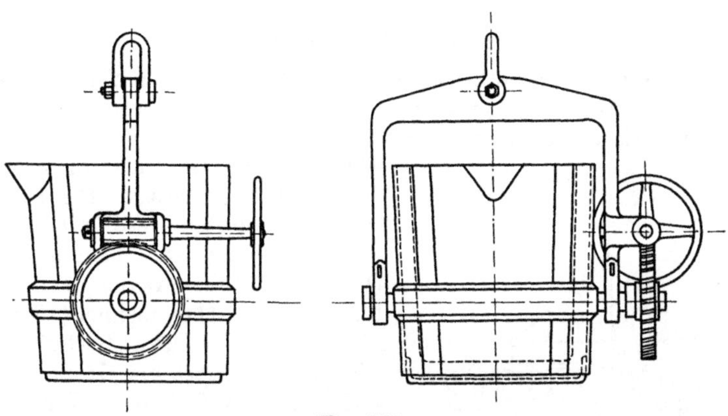

Fig. 105.

Das Fertigmachen der Gußstücke. Eingüsse und Steiger sind zu entfernen. Bei Eisenguß werden sie sofort mit dem Hammer abgeschlagen; Stahlgußtrichter und verlorene Köpfe werden abgesägt oder autogen abgeschnitten. Diese Arbeiten führt man nach dem Putzen aus. Das Putzen besteht darin, daß man die Stücke von anhaftendem oder festgebranntem Sande, Graphit und Drahtstiften befreit und die Kerne entfernt. Am wirksamsten putzt das Sandstrahlgebläse. Trockner, scharfer Sand wird mit Druckluft von 0,5 bis 2 at Überdruck gegen die Stücke geschleudert, die, wenn sie nicht zu schwer sind, auf einem drehbaren oder hin und her gehenden Tische liegen. Die Gußstücke bekommen eine schöne mattgraue Farbe. Die sandfreien Flächen lassen sich gut bearbeiten, sie greifen die Schneidwerkzeuge nicht so an wie sandhaltige. Der beim Putzen entstehende feine Staub muß abgesaugt werden. Auch dort, wo man die Reinigung von Hand mit Meißel und Drahtbürste oder mit dem Preßluftklopfer vornimmt, ist für Staubabsaugung zu sorgen. Kleine Stücke werden in langsam umlaufenden eisernen Scheuerfässern geputzt, in die man sie allein oder mit Sand, Kies und Lederstücken hineinbringt. Sie scheuern sich gegenseitig blank. Weiche Kerne werden mit dem Sandstrahl ausgeblasen, große und harte mit Meißel und Eisenstangen herausgeschlagen. Die Kerneisen werden ganz oder stückweise entfernt. Gußnähte, Bärte und Stümpfe von Eingüssen werden durch Abschleifen auf der Schmirgelscheibe oder durch Abmeißeln beseitigt. Steht Preßluft von 6 bis 8 at zur Verfügung, so wird der Handmeißel vorteilhaft durch den Preßluftmeißel ersetzt.

II. Das Schmieden.

Erhitzen der Arbeitsstücke. Zum Erhitzen der Schmiedestücke dienen Schmiedeherde (Essen) und Flammöfen. Die Herde sind gemauert oder aus Eisen. Feldschmieden sind eiserne Herde mit eingebautem Winderzeuger, die sich an beliebiger Stelle betreiben lassen. Fig. 106 zeigt einen gemauerten Herd mit seitlicher Windzuführung zur Feuergrube.

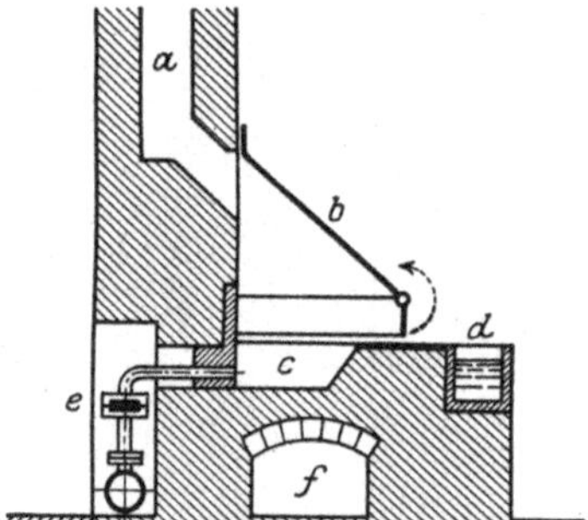

a = Schornstein
b = Rauchhaube
c = Feuergrube
d = Löschtrog
e = Schieber in der Windleitung
f = Kohlenbehälter

Fig. 106.

Der Wind hat eine Pressung von 150 mm Wassersäule. Man rechnet 18 m³ auf 1 kg Kohle. Der Luftüberschuß ist also sehr groß. Je nach der Größe der Esse verbrennt man 6 bis 18 kg Kohle stündlich. Als Winderzeuger werden Ventilatoren bevorzugt, weil der Windverbrauch oft wechselt; nur bei einer großen Zahl von Schmiedefeuern wird er gleichmäßiger. Fig. 107 bringt die Feuerschüssel (Eßeisen) eines eisernen Herdes. Der Wind tritt von unten ein. Dadurch verstopft sich die Düse leichter. Sie wird durch eine bewegliche Zunge freigemacht. Für guten Rauchabzug ist zu sorgen. Die Rauchhaube wird deshalb so dicht wie möglich über dem Herde angeordnet.

Der tischartige Schmiedeherd in Fig. 108 dient zum gleichzeitigen

Warmmachen mehrerer Stangen und ist zur Versorgung von Schmiedemaschinen im Gebrauch. Das Gewölbe *c* ist abnehmbar. Es verringert die Wärmeausstrahlung. Im einfachen Schmiedeherde wird die backende Schmiedekohle zu dem gleichen Zwecke mit Wasser besprengt. Sie soll an der Oberfläche nicht verbrennen, sondern zu einem Gewölbe zusammenbacken. Die Beschickung mit Brennstoff erfolgt von *b* aus; *a* ist der Wind- und Aschenkasten.

Die Flammöfen der Schmiede ähneln den aus der Gießerei bekannten. Man unterscheidet Glüh- und Schweißöfen. Letztere bringen das Eisen auf Schweißhitze, arbeiten mit größerem Brennstoffaufwand und ergeben eine noch geringere Wärmeausnutzung als die Glühöfen. Der Wirkungsgrad läßt sich verbessern, wenn man die Abgase zum Vorwärmen der Verbrennungsluft benutzt. Das kann nach dem System der Wärmespeicherung geschehen, oder indem

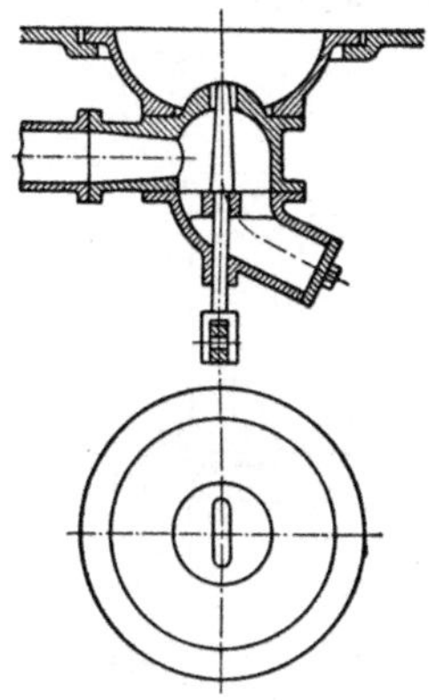

Fig. 107.

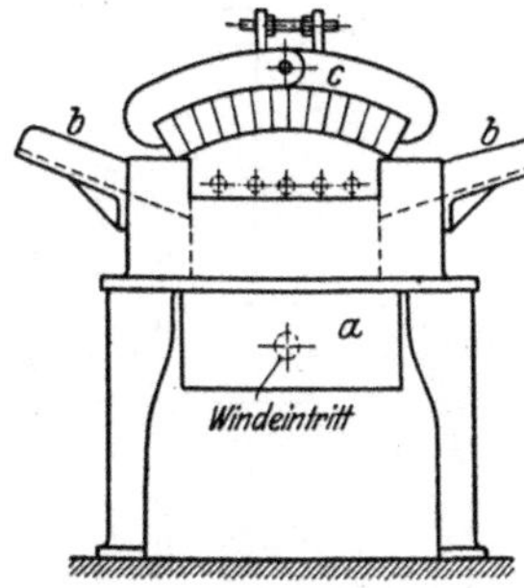

Fig. 108.

man die Abgase durch Kanäle führt, zwischen denen die Kanäle für die eintretende Luft liegen. Diese bestreicht die Trennungswände und bewegt sich den Abgasen entgegengesetzt (Rekuperator). Einen Ofen dieser Art von Wilhelm Ruppmann in Stuttgart zeigt Fig. 109[1]). Vor dem Ofen ist ein Generator zum Vergasen des Brennstoffes. Vorgewärmte Luft und gasförmiger Brennstoff treffen sich vor dem Verbrennungsraum. Der Ofen hat eine geneigte Herdsohle, damit die Schlacke abfließen kann. Sie bildet sich aus dem Oxyd des Eisens und dem Schweißsand, der auf das Eisen gestreut wird.

Als Brennstoff für die Schmiedeherde verwendet man gewaschene Backkohle oder Koks. Zum Glühen von Werkzeugstahl und Kupfer ist Holzkohle nötig. Steinkohle ist wegen ihres Schwefelgehaltes unbrauchbar. Flammöfen werden mit Steinkohle oder mit gasförmigen Brennstoffen betrieben. Die Erwärmung der Schmiedestücke darf nicht zu schnell erfolgen, damit unnötige Wärmespannungen vermieden werden. Sind die Stücke nicht gleichmäßig durchgeglüht, so entstehen

[1]) Z. V. d. I. 1919. S. 1112.

beim Schmieden Reckspannungen und Risse im Innern. Das Schmieden bei zu niedriger Temperatur ist unwirtschaftlich und verursacht ebenfalls Reckspannungen. Die fertigen Schmiedestücke sind selten span-

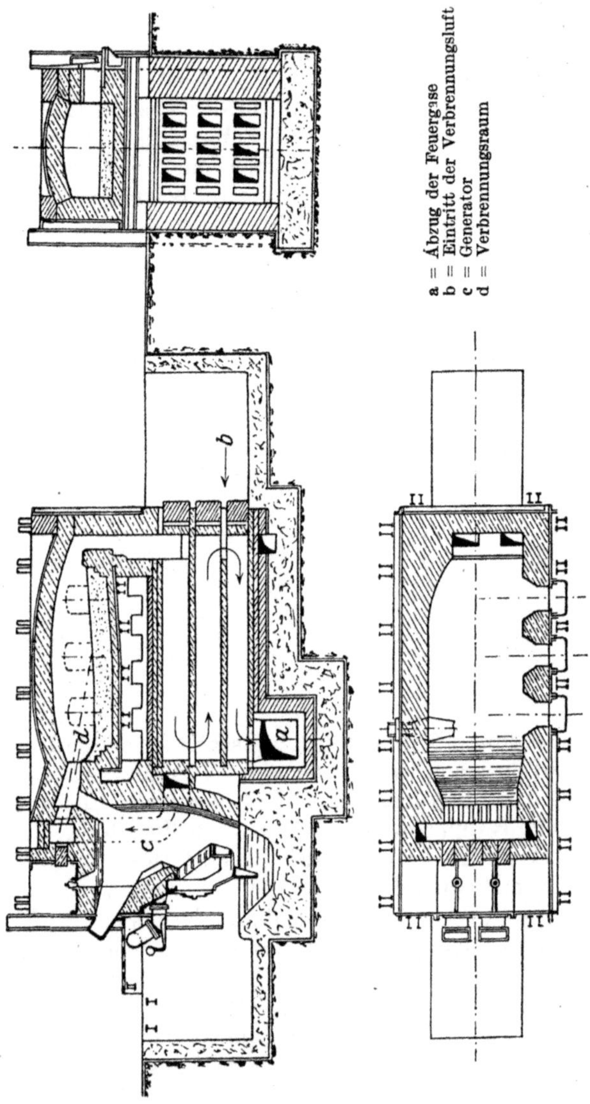

Fig. 109.

nungsfrei, wenn man sie nicht ausglüht. Das Glühen über 1000° C bewirkt Überhitzungserscheinungen, die man durch das Schmieden wieder beseitigt. Häufiges und langes Glühen vergrößert den Verlust durch Abbrand. Der Schmied beurteilt die Temperatur nach den Glühfarben. Bei 500° C ist das Glühen im Dunkeln gerade sichtbar. Eisen ist bei:

700° C dunkelrot	1000° C lachsfarben	1300° C weißglühend
800° C rot	1100° C orange	1400° C schweißwarm.
900° C kirschrot	1200° C zitronengelb	

Das Hämmern. Hebt man einen Hammer vom Gewicht G kg um h m, so braucht man dazu $A_1 = G \cdot h$ mkg Arbeit, die im Hammer aufgespeichert bleibt, solange er in der Höchststellung verharrt. Läßt man den Hammer fallen, so wird die aufgespeicherte Arbeit wieder frei. Nach dem Satze von der lebendigen Kraft ist $A_1 = \frac{m \cdot v^2}{2}$ = der lebendigen Kraft oder Wucht[1]) des Hammers, der mit der Geschwindigkeit v aufschlägt. Sie ist gleich der beim Heben aufgewendeten Arbeit, wenn Hub und Fall ohne Arbeitsverluste vor sich gehen. Ein Fallhammer von gegebenem Gewicht G wird also um so kräftiger schlagen, je größer seine Fallhöhe ist. Mit dieser wachsen aber die Fallzeit und die Hubzeit. Für dicht aufeinanderfolgende kräftige Schläge ist der reine Fallhammer nicht geeignet. Das Ausschmieden kostet mehr Zeit und, weil die Schmiedestücke öfter warm zu machen sind, auch mehr Brennstoff.

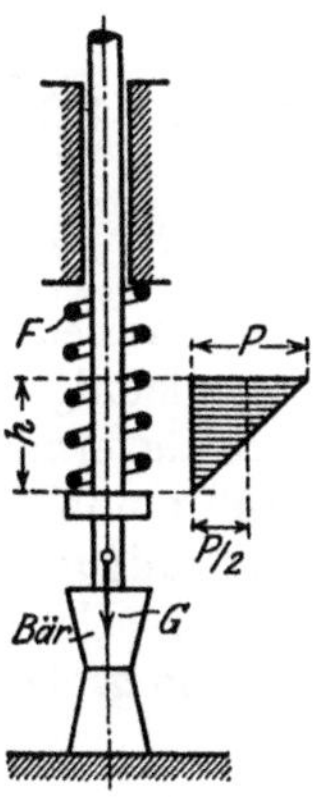

Fig. 110.

Fig. 110 zeigt den Grundgedanken einer Anordnung, die es ermöglicht, dem Hammer eine größere Fallgeschwindigkeit und Schlagenergie zu erteilen, als sie der reine Fallhammer vom Gewicht G und der Fallhöhe h hat. Hebt man den Bär, so wird die Feder F zusammengedrückt. Ihre Spannkraft wächst proportional mit der Zusammendrückung. Ist die mittlere Spannkraft $\frac{P}{2}$, so verbraucht die Feder beim Heben den Arbeitsbetrag $A_2 = \frac{P \cdot h}{2}$, der zur Fallarbeit hinzukommt. Die Energie des Schlages ergibt sich demnach zu $A = A_1 + A_2 = G h + \frac{P \cdot h}{2}$. Aus $A = \frac{m v^2}{2}$ bestimmt sich die Geschwindigkeit, mit der der Hammer aufschlägt, zu $v = \sqrt{\frac{2 A}{m}}$.

Die Schlagzahl läßt sich wesentlich steigern, wenn man den Hammer mit einer schnell umlaufenden Kurbel verbindet. Eine starre Verbindung ist aber nicht möglich, und man legt zwischen Kurbel und Hammer ein federndes Zwischenglied (Fig. 111). Bewegt die Kurbel ihre Schubstange aus der höchsten Stellung a mit zunehmender Geschwindigkeit abwärts, so folgt der Bär dieser Bewegung zunächst nicht. Er muß be-

[1]) Siehe Abschnitt „Physik".

schleunigt werden, und die ungespannte Feder kann die dazu nötige Kraft nicht übertragen, sie wird sich also durchbiegen — Form 1—1 (Fig. 111). Etwa in der Mittelstellung bei b ist der Beschleunigungsvorgang beendet. Der Hammer hat seine größte Geschwindigkeit, die Feder ist wieder entspannt — Lage 2—2 in Fig. 111. Von jetzt an wird die Schubstange verzögert bewegt und mit ihr die Feder. Diese Verzögerung ist stärker, als sie der aufsteigende Hammerbär durch die Schwerkraft erfährt. Er eilt also voran und biegt die Feder nach der andern Seite durch, bis seine Energie aufgezehrt ist — Lage 3—3. Die Schubstange hat nun ihre Tiefstellung (c) erreicht und kehrt ihre Bewegung um. Sie drückt dabei auf die gespannte Feder und treibt den Hammer abwärts, wobei seine Geschwindigkeit bis zur Mittelstellung d wächst. Von da an wird die Feder wieder verzögert bewegt. Der fallende Hammer bewegt sich beschleunigt. Er eilt der Feder voran und verbraucht einen Teil seines Arbeitsvermögens dazu die Feder durchzubiegen — Form 1—1. Je größer nun die Umlaufzahl der Kurbel ist, um so größer wird die Beschleunigung des Hammers und die Durchbiegung der Feder nach beiden Seiten. Um so höher steigt der Hammer. Er erreicht dann beim Fall eine so große Höchstgeschwindigkeit, daß er mit kräftigem Schlage auf das Arbeitstück trifft. Ist die Umlaufzahl der Kurbel dagegen gering, so biegt sich die Feder wenig durch, der Hammer macht kleine Hübe, er erreicht nur geringe Geschwindigkeiten, und die Schlagenergie ist gering, wenn er das Arbeitstück überhaupt berührt. Federhämmer schlagen also um so kräftiger, je schneller sie laufen.

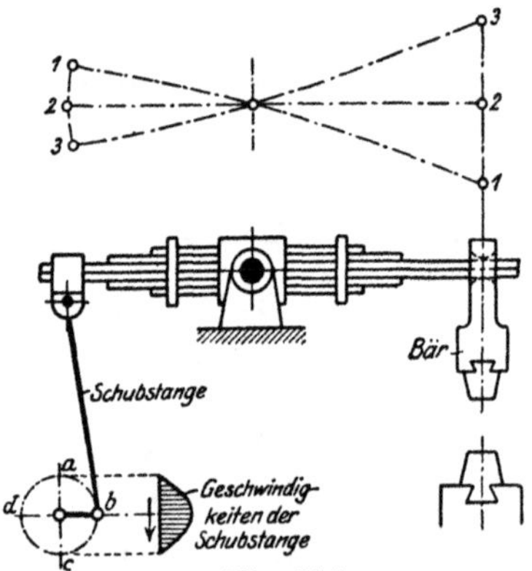

Fig. 111.

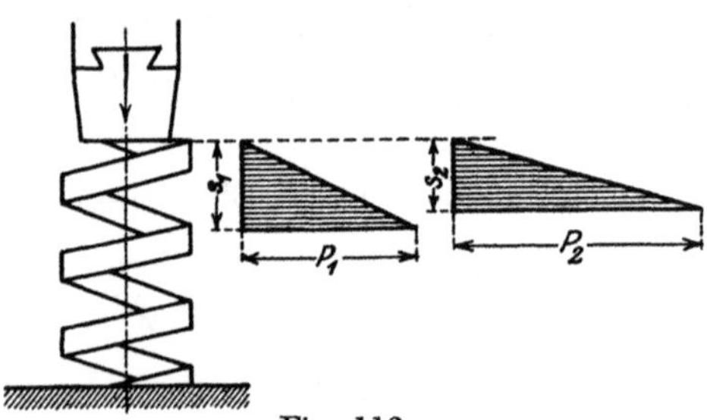

Fig. 112.

Die Wirkung des Schlages. Sie hängt nicht allein von der Bewegungsenergie des schlagenden Hammers ab. Läßt man den Hammer nach Fig. 112 auf eine Feder fallen, so wird diese zusammengedrückt, bis das Arbeitsvermögen A des Hammers verzehrt und in Federungsarbeit umgesetzt ist. Das soll nach einer Zusammendrückung s_1 der Fall sein. Dabei steigt die Federspannkraft bis auf P_1, und die beim Zusammendrücken der Feder geleistete Arbeit ist $A = \frac{P_1 \cdot s_1}{2}$. Bei einer härteren

Feder wäre die Zusammendrückung nur s_2. Der Druck würde dann auf P_2 steigen, das um so größer wird, je kleiner s_2 ist. Hier ist $A = \frac{P_2 s_2}{2}$. Man erkennt daraus, daß beim Hämmern um so größere Drucke auftreten, je kleiner die erzielten Formänderungen sind. Das Hämmern von kalten Metallen und das Schlagen auf gehärtete Stücke (Gesenk, Amboß) verursachen also besonders große Drücke. Die gespannte Feder im vorstehenden Beispiel wirft den Hammer wieder zurück. Bei jedem Auf und Ab treten Arbeitsverluste auf, und nach einigen Sprüngen kommt der Hammer zur Ruhe. Seine Energie ist verbraucht, ohne eine dauernde Formänderung zu hinterlassen. Dasselbe ist der Fall, wenn kaltes Metall so gehämmert wird, daß die auftretenden Drücke die Elastizitätsgrenze nicht überschreiten. Gehen sie über diese und die Fließgrenze, so entstehen neben den elastischen Formänderungen dauernde, und dadurch wird ein Teil der Schlagarbeit zur Formänderung nutzbar gemacht. Dieser Teil wird um so größer, je plastischer das Metall ist, d. h. je höher es erhitzt wurde. Daraus ergibt sich die Unwirtschaftlichkeit des Kaltschmiedens.

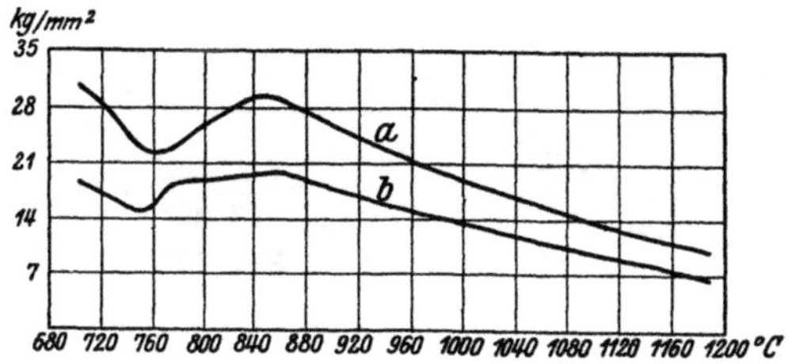

a = Stauchung um 20 %
b = „ „ 10 %
C = 0,9%; Mn = 0,39%: P = 0,02%
$\sigma_B = 39{,}1 \frac{\text{mm}^2}{\text{kg}}$; $\varphi = 29$ %; q = 61,2 %

Fig. 113.

Fig. 113 zeigt die Drücke in kg/mm² des Anfangsquerschnittes, die beim langsamen Stauchen von Flußeisen bei verschiedenen Temperaturen nötig sind. Sie entstammen einem Versuchsbericht von Otto Fuchs, Brünn[1]). Die Zusammensetzung und die Festigkeitzahlen des ausgeglühten Eisens, das zum Versuch benutzt wurde, sind in der Figur angegeben. Bemerkenswert ist, daß die Belastungen erst fallen und dann bis zu Temperaturen von 850° C wieder steigen. Das hängt mit den inneren Umwandlungen des Eisens zusammen. Härteres Eisen erfordert für die gleichen Stauchungen höhere Drücke. Versuche von Riedel[2]) haben gezeigt, daß der Widerstand der Formänderung bezogen auf die Flächeneinheit des wirklich vorhandenen Querschnittes ziemlich unverändert bleibt, nachdem das Fließen erst einmal eingetreten ist. Beim Schmieden sind größere Widerstände zu erwarten als Fig. 113 angibt. Einmal kühlt sich das Eisen am Amboß und Hammer schnell ab, wobei der Widerstand wächst, andrerseits erfordern plötzliche Formänderungen größere Kräfte. In bezug auf den Arbeitsverbrauch ist die langsamer wirkende Presse dem Hammer überlegen. — Man rechnet für 1 mm² Schlagfläche und 1 mm Eindrucktiefe bei sehr heißem Eisen 16 kg,

[1]) Z. V. d. I. 1915. S. 915.
[2]) Z. V. d. I. 1913. S. 845.

bei rotwarmem Eisen 30 kg. Die Eindrucktiefe hängt also bei einer bestimmten Schlagarbeit von der Größe der Schlagfläche ab. Deshalb legt der Schmied das Arbeitstück beim Strecken quer zum Amboß und Hammer (Fig. 114) und beim Schlichten längs (Fig. 115).

Nach Versuchen (von Kick u. Martens) ist bei den üblichen Fallhöhen die Geschwindigkeit, mit der der Hammer aufschlägt, ohne merklichen Einfluß auf die Stauchwirkung, dagegen hat Martens festgestellt, daß ein schwerer Schlag sich nicht durch mehrere leichte von gleicher Gesamtschlagarbeit ersetzen läßt. Der leichte Schlag bringt nur geringe Materialmengen zum Fließen, er dringt nicht in die Tiefe. Mit dem steigenden Gewicht der Arbeitstücke mußten auch die Schlagwirkungen der Hämmer immer mehr vergrößert werden. Der größte Hammer der Welt hatte 125 000 kg Bärgewicht bei rund $3^1/_3$ m Fallhöhe. Diese großen Hämmer genügten auch nicht, um die schwersten Schmiedestücke bis in den Kern hinein gründlich durcharbeiten und ihnen dadurch die Eigenschaften des gegossenen Flußeisens zu nehmen. Sie sind heute durch hydraulische Pressen ersetzt.

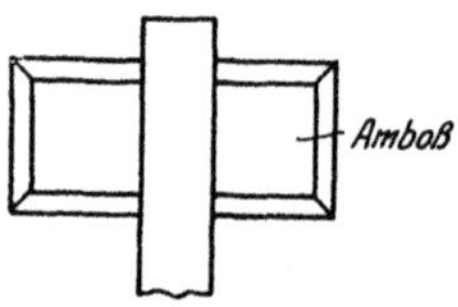

Fig. 114.

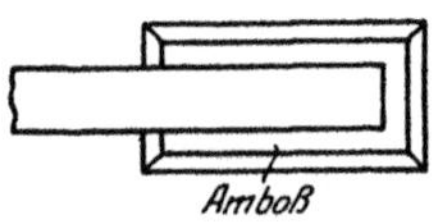

Fig. 115.

Die Berührungsdauer beim Schmieden kalter und warmer Metalle ist sehr kurz. Seehase hat Versuche mit kalten Probekörpern aus Kupfer, weichem Eisen und Stahl von 18 bis 30 mm Durchmesser gemacht (Z. 1914, S. 1317). Der Hammer hatte 56,42 kg Gewicht und 1,772 m Fallhöhe. Die Stauchzeiten betrugen $\frac{1,22}{1000}$ Sek. bei Stahl, $\frac{1,55}{1000}$ Sek. bei Nieteisen und $\frac{1,76}{1000}$ Sek. bei Kupfer. Beim warmen Eisen ist die Berührungsdauer nach Fischer etwa $\frac{5}{100}$ Sek., bei Stahl $\frac{1}{1000}$ Sek. Sie nimmt also ab, wenn das Eisen erkaltet.

Der Amboß. Will man einen Nagel in der Mitte eines langen biegsamen Brettes einschlagen, das an beiden Enden aufliegt, so gelingt das erst, wenn man mit einem schweren Hammer oder einer Eisenstange „gegenhält". Dadurch vergrößert man die Masse, die von dem schlagenden Hammer zu beschleunigen ist. Das gleiche Mittel benutzt man beim Austauschen von Nietköpfen. Je schwerer dabei der gegengehaltene Körper ist, um so mehr von der Schlagarbeit wird in Staucharbeit umgesetzt. Bei Maschinenhämmern verfährt man nach demselben Grundsatz und setzt den Amboß auf einen schweren ein- oder mehrteiligen Amboßkörper, den man Schabotte nennt. Beim Schlagen ändert der Amboß seine Höhenlage. Je geringer die Änderung ist, um so größer müssen die Pressungen beim Schlag werden. Andrerseits gefährdet ein harter Schlag den Bär, Amboß und das Schmiedegesenk. Man mildert die Härte des Schlages, indem man geteerten Eisenfilz zwischen Schabotte und Fundament legt, das aus Beton oder Eisenbeton ist. Fig. 116 bringt ein Beispiel einer bewährten Hammergründung nach Schweißguth[1]). Der Hammer ist ein einfach wirkender Dampfhammer mit torartigem Gestell.

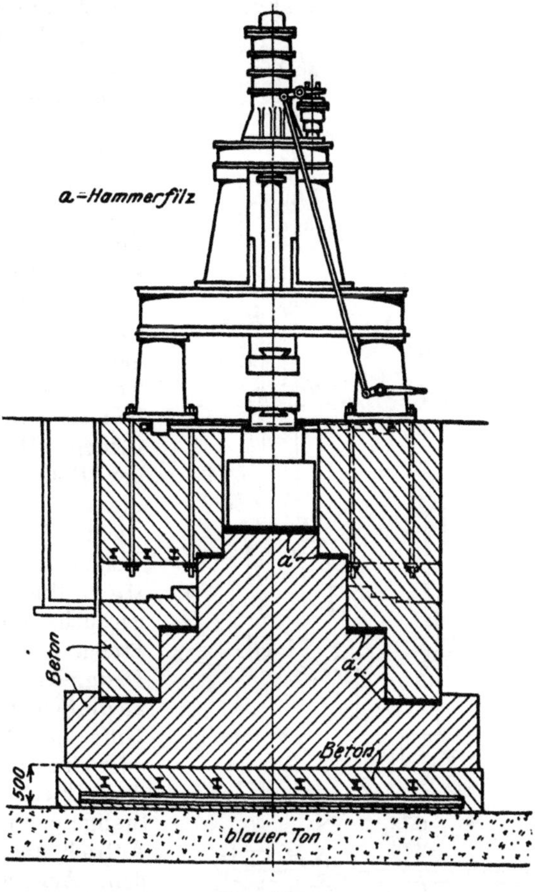

Fig. 116.

Die Schabotten kleinerer Hämmer werden auch auf Zwischenlagen aus verschraubten Holzbalken gelegt. Da sich diese aber mit der Zeit verziehen und verfaulen, stellt sich der Amboß schief. Ein Amboß für das Schmieden von Hand hat etwa 100—200 kg Gewicht und steht auf einem Eichenstamm oder Granitblock.

Die Hämmer. Handhämmer: Die Zuschlaghämmer haben 4 bis 6 kg Gewicht und werden mit zwei Händen geführt, die Bankhämmer von 1 bis 3 kg führt man mit einer Hand. Die quadratische Schlagfläche des Hammers ist die Bahn, die schmale, zugespitzte die Finne.

[1]) Z. V. d. I. 1919. S. 1108.

Maschinenhämmer. Von den einfachen Fallhämmern wird der Stangenfallhammer nach Fig. 117[1]) am häufigsten verwendet. Der Bär *b* hängt an einer Holzschiene *a*, die aus mehreren Lagen verleimt ist, damit sie sich nicht verzieht. Die Schiene geht zwischen zwei gußeisernen Rollen *c* hindurch, die in entgegengesetzter Richtung umlaufen. Drückt man die Rollen gegen die Schiene, so wird die Reibung wirksam und nimmt den Bär hoch; rückt man die Rollen auseinander, so fällt der Bär. Soll er in der Schwebe bleiben, so wird die Klinke *i* eingerückt. Durch einen Tritthebel und die Stange *h* läßt sie sich wieder ausrücken. Das Andrücken der Rollen bewirkt die Stange *e* durch ihr Gewicht. Die Achsen der Rollen liegen in exzentrisch durchbohrten Lagerbuchsen, die durch die Stange *e* gedreht werden. Dadurch rücken die Rollen an die Schiene heran. Mit Hilfe des Handhebels *l* oder eines damit verbundenen Fußtrittes kann die Stange gehoben und der Antrieb ausgerückt werden. Am Bär ist ein Anschlagstift angebracht. Läßt man diesen gegen den Hebel *g* stoßen, so wird der Bär selbsttätig ausgerückt. Zur Regelung der Fallhöhe sind der Hebel *g* und der Mitnehmer *f* in der Höhe verstellbar, ebenso die Sperrklinke *i*. Die Selbststeuerung erfordert noch eine Verriegelung der Stange *e* in der Ausrückstellung, die der

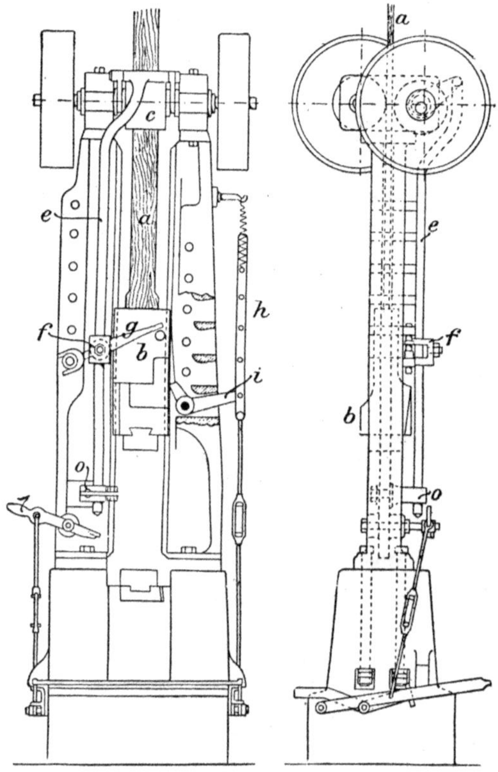

Fig. 117.

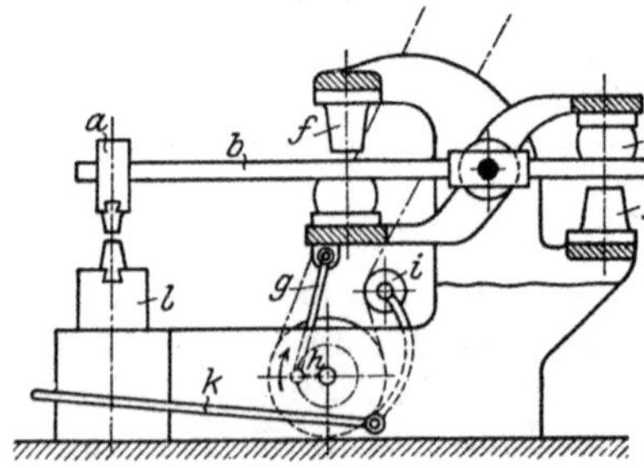

Fig. 118.

[1]) Aus Fischer: „Die Werkzeugmaschinen".

Stift *o* bewirkt. Er wird von der keilförmigen Ansatzfläche am Bär entkuppelt, dann fällt die Stange *e*, der Antrieb wird wieder eingerückt, und der Bär geht hoch. Beim Selbstgang ist der Hebel *l* seitlich verschoben und dadurch unwirksam.

Fig. 118 ist das Schema des Stiel- oder Holmhammers nach Bradley. Der Bär *a* sitzt an einem kräftigen Holzstiel (Holm) *b*, der frei um seine Achse schwingt. Das Anheben erfolgt durch den Schwingarm, der mit seinen Gummipuffern *e* gegen den Holm drückt. Der Arm erhält seine Schwingbewegung durch die Schubstange *g* und die Kurbel *h*. Beide lassen sich in ihrer Länge verändern. Die feststehenden Gummipuffer *f* fangen den Stiel auf und schleudern ihn wieder zurück. Der Hammer wird in Betrieb gesetzt, indem man auf Hebel *k* tritt und den Riemen mit Hilfe der Rolle *i* spannt. Mit zunehmender Riemenspannung wächst die Umlaufzahl (200 bis 425 Uml./min.) und die Schlagstärke. Je nach der Höhe des Arbeitstückes muß der Hammer in größerem oder geringerem Abstand vom Amboß schlagen. Nur in einer Lage stehen die Schlagflächen parallel. Das läßt sich regeln, indem man die Achse des Holmes in der Höhe verstellt. Der Hammer ist besonders für dünne Arbeitstücke geeignet. Das Bärgewicht beträgt 7 bis 90 kg.

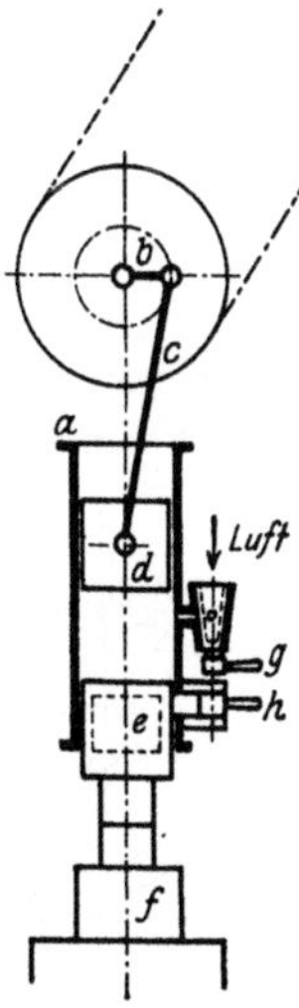

Fig. 119.

Luftfederhämmer. Das Schema eines einfachen Luftfederhammers (nach Arns) ist in Fig. 119 gezeigt. In dem feststehenden Zylinder *a* wird der Kolben *d* mit Hilfe der Kurbel *b* und Schubstange *c* auf und ab bewegt. Beim Aufgang entsteht zwischen Kolben und Bär *e* ein luftverdünnter Raum, so daß der äußere Luftdruck den hohl gegossenen Bär hochhebt. Beim Niedergang des Kolbens wird das Luftkissen zusammengedrückt, der Bär dadurch aufgefangen und durch den Luftdruck abwärts geschleudert. Der Hub des Bärs wird etwas größer als der des Kolbens. Die Schlagzahl dieser Hämmer beträgt je nach ihrer Größe 150 bis 450 in der Minute. Sie läßt sich dadurch etwas vermindern, daß man den Riemen teilweise von der Antriebscheibe rückt. Je schneller der Hammer läuft, um so stärker sind die Schläge. Eine weitere Regelung der Schlagstärke ist dadurch möglich, daß man den Lufthahn *g* ganz oder teilweise öffnet. Bei ganz geöffnetem Hahn bleibt der Bär liegen. Will man ihn in gehobener Stellung festhalten, z. B. beim Nachmessen des Arbeitstückes, so drückt man mit dem exzentrisch gebohrten Hebel *h* ein Klemmstück an.

Die neueren Lufthämmer haben die Luftpumpe nicht über, sondern neben dem Bär. Dadurch wird der Hammer standfester, die Bauhöhe geringer, und der Bärzylinder ist oben geschlossen. In Fig. 120 ÷ 123 ist der Yeakley-Hammer von Billeter & Klunz A.-G. in Aschersleben dargestellt. Bär *h* und Bärzylinder *a* haben rechteckigen Querschnitt. Der Zylinder ist zweiteilig und durch Bügel *g* zusammengehalten, *k* sind Zwischenlagen aus ganz dünnem Blech (0,1 mm). Der Pumpenkolben *c* wird von der Kurbelwelle *d* aus angetrieben, *b* ist der Pumpenzylinder. Beim Saughube des Kolbens *c* geht der Bär hoch, überfliegt den Schlitz *l* und wird durch das von ihm eingeschlossene Luftkissen abgefangen. Steht der Steuerschieber dabei wie in Fig. 122 gezeichnet, so bleibt der Bär in der Höchststellung hängen. Die Lederklappe *i* hat zwar Luft aus dem Zylinder *a* herausgelassen, aber sie verhindert den Rücktritt der zusammengedrückten Luft. Kompressionsräume sind: Der Raum über dem Pumpenkolben und die Kanäle *e*. Die Kompression beginnt aber erst, nachdem der Kolben *c* den Kanal im Ventilkasten *s* überfahren hat. Durch Versetzen des Kastens läßt sich die Höhe der Kompression regeln.

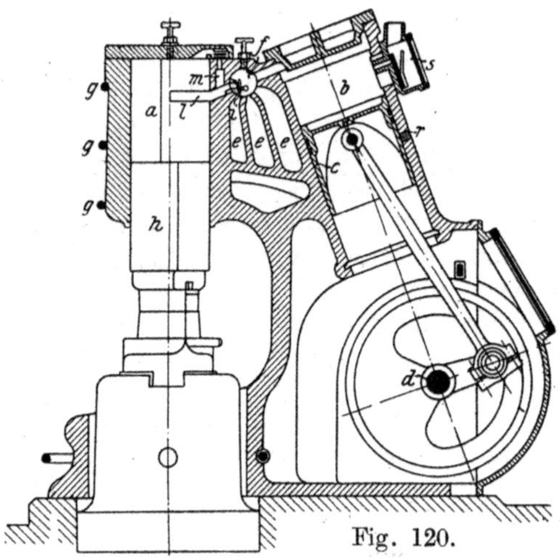

Fig. 120.

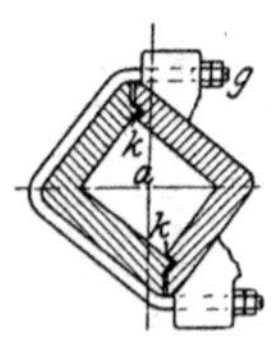

Fig. 121.

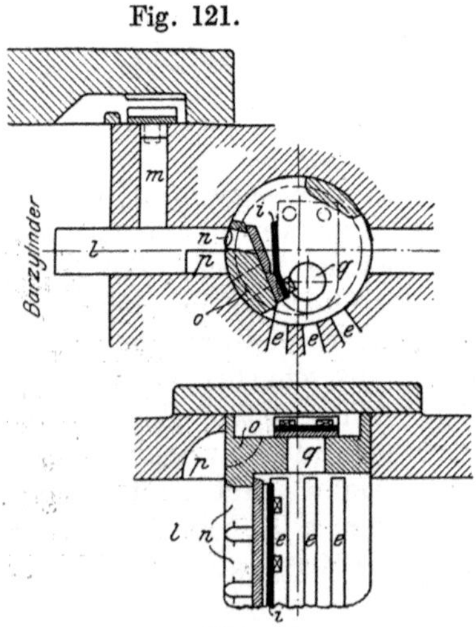

Fig. 122 u. 123.

Will man nun den Hammer schlagen lassen, so dreht man den Steuerschieber durch Handhebel oder Fußtritt so weit nach links herum, daß Druckluft in den Kanal *l* treten kann. Sie fließt zunächst durch den Kanal *m* und das Klappenventil über den Bärkolben, bis dieser den Kanal *l* freigemacht hat. Je weiter man nun den Steuerschieber zurückdreht, desto mehr von den Kanälen *e* werden abgeschlossen, dadurch wächst der Kompressionsdruck, und die Schläge werden kräftiger. Voraussetzung ist, daß sich genügend Luft im Zylinder befindet. Bei *r* (Fig. 120) ist ein vom Steuerschieber aus geregeltes Lufteinlaßventil, durch das um so mehr Luft am Ende des Saughubes in den Zylinder treten kann, je mehr der Steuerschieber auf starken Schlag gestellt ist. Dreht man den Steuerschieber aus der Stellung in Fig. 122 nach rechts, bis der Kanal *n* geschlossen ist, so treten die Kanäle *q*, *o* und *p* in Verbindung. Die Klappe bei *q* bildet ein Druckventil, bleibt also beim Saughub geschlossen. Beim Druckhub wird Luft in den Zylinder *a* gefördert, und der Bär bleibt dauernd in Tiefststellung. Er hält das Schmiedestück wie in einem Schraubstock fest.

D a m p f h ä m m e r. Man unterscheidet einfach wirkende Dampfhämmer und doppelt wirkende oder Hämmer mit Oberdampf. Bei diesen wird

Stellung:
1 2 3 4

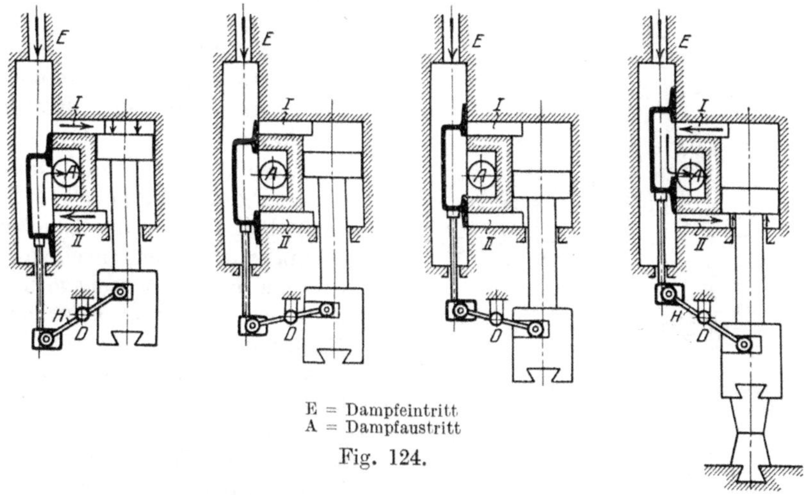

E = Dampfeintritt
A = Dampfaustritt

Fig. 124.

der Dampf nicht allein zum Heben des Fallgewichtes benutzt, sondern auch zum Beschleunigen während des Falles. Sie haben eine hohe Schlagzahl und können infolgedessen nicht mehr von Hand gesteuert werden. Die Fig. 124 gibt das Schema der Selbststeuerung eines Dampfhammers mit Oberdampf an. Die auf- und abgehende sehr kräftige Kolbenstange setzt einen zweiarmigen Hebel *H* in schwingende Bewegung. Der Hebel treibt den Dampfverteilungschieber. Die Fig. zeigen folgendes:

S t e l l u n g 1: Kolben in Höchststellung. Die Abwärtsbewegung beginnt. Kanal I ganz offen für den Dampfeintritt. Kanal II ganz offen für den Dampfaustritt.

S t e l l u n g 2: Kanäle I und II sind eben geschlossen.

S t e l l u n g 3: Kanal I beginnt für den Dampfauslaß zu öffnen (Vorausströmung oben) ebenso Kanal II für den Dampfeinlaß (Voreinströmung unten).

S t e l l u n g 4: Kanäle I und II sind ganz geöffnet. Der Kolben ist in Tiefststellung; falls der Bär nicht vorher auf ein Schmiedestück traf.

Die Aufwärtsbewegung beginnt. Sie erfolgt mit geringerer Beschleunigung und erfordert mehr Zeit als die Abwärtsbewegung. Der Frischdampf drückt nur auf die Kolbenringfläche, der Gegendampf auf die volle Kolbenfläche; außerdem ist das Gewicht zu heben. Nur der Drucküberschuß wirkt beschleunigend. Die beschriebenen Vorgänge spielen sich jetzt umgekehrt ab.

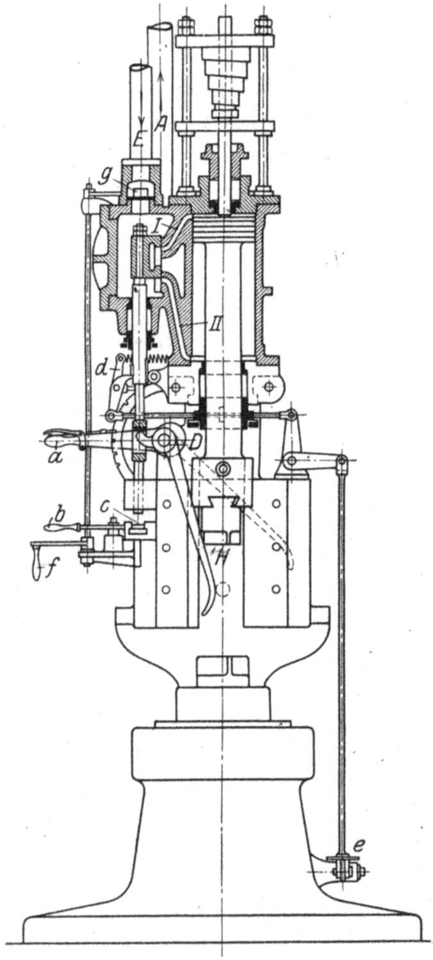

Fig. 125.

Stellung 3: Kanäle I und II eben geschlossen.

Stellung 2: Kanal I beginnt für den Dampfeintritt zu öffnen (Voreinströmung oben), Kanal II für den Austritt (Vorausströmung unten).

Stellung 1: Kolben in Höchststellung. Der eintretende Frischdampf hat den Kolben abgefangen.

Versetzt man den Drehpunkt D des Steuerhebels, z. B. nach oben, so rückt der Schieber ebenfalls nach oben, er schwingt um eine höhere Mittellage und wird deshalb Kanal I für den Dampfeintritt und II für den Austritt früher, d. h. nach einem kürzeren Fallwege des Kolbens, abschließen. (Stellung 2.) Ebenso wird er die Schieberstellung 3 früher erreichen. Man erhält also schwächere Schläge, weil der Einlaß oben und der Auslaß unten verkürzt sind. Der Bär kann sogar vor der Tiefststellung anhalten. Beim Aufgang sind Füllung unten und Ausströmung oben verlängert. Die umgekehrten Verhältnisse ergeben sich, wenn man den Drehpunkt D nach unten verlegt. Sehr kräftige Einzelschläge lassen sich erzielen, wenn man den Drehpunkt D beim Abgang nach unten und beim Aufgang wieder nach oben verstellt. Liegt der Schieber zu tief, so geht der Hammer nicht an. Eine weitere Regelung der Schlagstärke ist dadurch möglich, daß man den Dampfdruck am Einlaß mehr oder weniger abdrosselt. Zu Fig. 124 ist noch zu bemerken, daß der Drehpunkt in Wirklichkeit nicht in der Mitte des Steuerhebels liegt, sondern dicht an der Schieberstange. Dadurch werden die Schieberwege um ein Vielfaches kleiner als die Kolbenwege. Das erfordert wieder viel engere Kanäle I und II und erschwert den Druckausgleich zwischen Zylinder und Schieberkasten oder Auspuffraum.

Fig. 125 zeigt einen Dampfhammer mit Oberdampf der Firma Eulenberg, Moenting & Co. in Schliebusch-Manfort bei Köln a. Rh. *a* ist der Handhebel, mit dem der Drehpunkt *D* verstellt wird. Der Handgriff *b* dient dazu, einen Keil *c* zu verschieben, auf den die Schieberstange bei ihrem Abgange früher oder später stößt. Dadurch werden Kanal I für den Dampfeintritt und Kanal II für den Austritt weniger geöffnet, und der

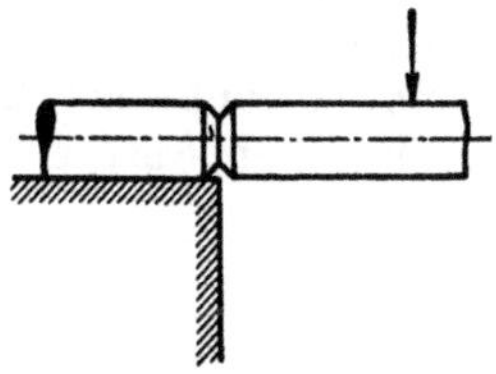

Fig. 127.

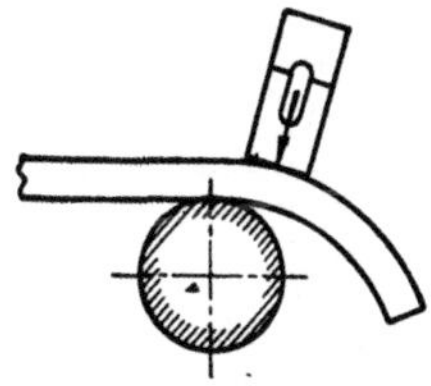

Fig. 128.

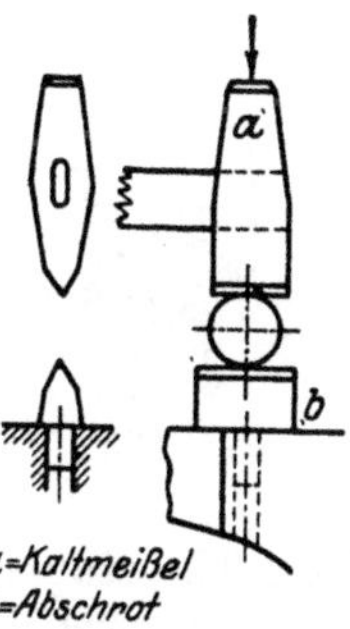

Fig. 126.

Fig. 129.

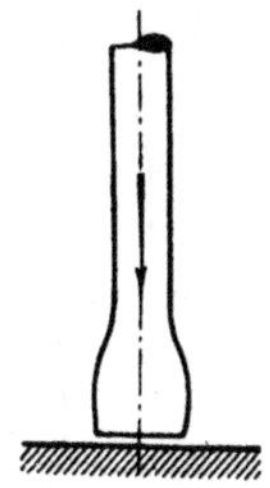

Fig. 130.

Hammer schlägt weniger kräftig. Mit Hilfe der Klinke *d* kann die Schieberstange in gehobener Stellung festgehalten werden. Der Frischdampf strömt durch II unter den Kolben und hält diesen in Höchststellung fest. Tritt man auf den Fußhebel *e*, so gibt die Klinke *d* den Schieber wieder frei. Der einseitige Dampfüberdruck und sein Gewicht treiben den Schieber abwärts. Hebel *f* dient dazu, den Dampfeintritt mittels des Schiebers *g* zu drosseln oder ganz abzusperren. *A* und *E* sind die Auspuff- und Einlaßrohre.

Hämmer mit Selbststeuerung werden für Fallgewichte von 50 bis 1500 kg und für Höhen von 0,15 bis 1 m gebaut. Ihre Schlagzahl beträgt 500 bis 100 in der Minute. Hämmer von 4 bis 15 t arbeiten ohne Oberdampf und werden von Hand gesteuert. Alle Dampfhämmer haben einen großen Dampfverbrauch.

Schmiedearbeiten. 1. Das Abhauen. Das Arbeitstück liegt auf dem Amboß oder dem Abschrot, der in den Amboß gesteckt ist. Man erzeugt mit dem Kaltmeißel eine Kerbe (Fig. 126), die um das Stück herumläuft, und bricht es nach Fig. 127 durch Schläge auf das freie Ende ab. Das Verfahren ist roh und darf bei Werkzeugstahl niemals angewendet werden. Es verursacht Risse, die sich häufig erst beim Härten zeigen. Werkzeugstahl ist abzusägen.

2. Das Biegen. Krümmungen werden auf dem runden Amboßhorn hergestellt. Ringe erzeugt man, indem man dicht neben der Stützstelle schlägt (Fig. 128) und das Arbeitstück langsam vorwärts schiebt. Der Schlag auf den Endpunkt des überstehenden Schmiedestückes ergibt eine Krümmung, deren Halbmesser von der Stütz- zur Schlagstelle wächst. Winklige Biegungen erzielt man über der Amboßkante oder dem eckigen Horn (Fig. 129). Man kann das Stück auch in den Schraubstock spannen und biegen. Die Biegestelle wird außen rund und schwächer als der gerade Teil, weil sich das Material hier streckt. Soll die Biegestelle scharfkantig sein, so muß man Material an ihr anhäufen, z. B. durch Anstauchen.

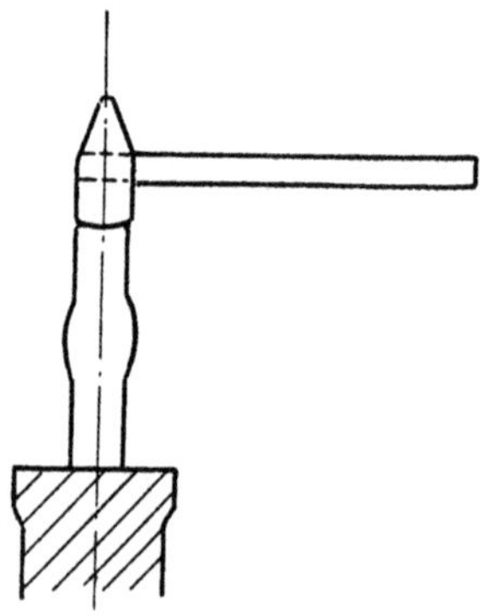

Fig. 131.

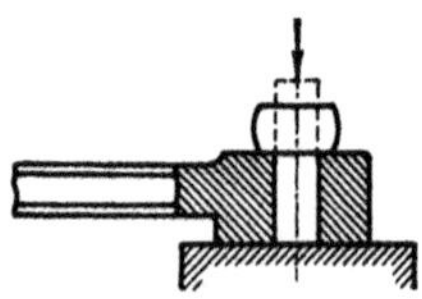

Fig. 132.

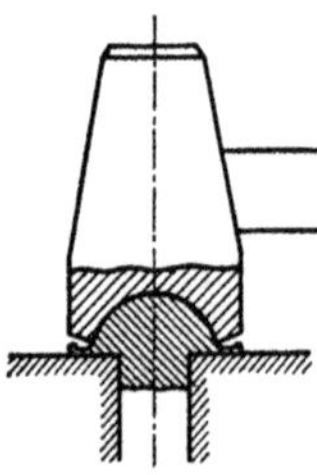

Fig. 133.

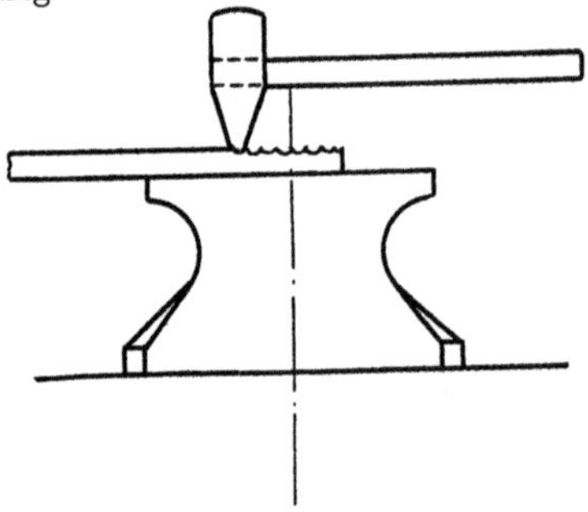

Fig. 134.

3. Das Stauchen. Man staucht, indem man das Arbeitsstück gegen den Amboß oder eine im Boden liegende Platte stößt (Fig. 130). Kurze Stücke werden mit dem Hammer gestaucht (Fig. 131). Die erhitzte Stelle verkürzt sich, ihr Querschnitt nimmt zu. Beim Stauchen öffnen sich unganze Stellen, die beim Auswalzen geschlossen wurden. Werkzeugstahl, der gehärtet werden soll, darf niemals gestaucht werden. Scharf abgesetzte Stauchungen — Köpfe — stellt der Schmied her, indem er das Arbeitstück in eine Lochplatte (Nageleisen) steckt, so daß nur das Stauchende vorsteht (Fig. 132). Nietköpfe werden mit dem Schellhammer gerundet (Fig. 133). Das überschüssige Material fließt unter dem Schellhammer aus und bildet einen Grat.

4. Das Strecken (Fig. 134). Es erfolgt am wirksamsten mit der Hammerfinne auf dem Amboß, der Amboßkante oder einem Setzstock. Der Schlag mit der gewölbten Finne bewirkt hauptsächlich Verlängerung des Arbeitstückes auf Kosten der Höhe, der Schlag mit der Hammerbahn verursacht Zunahme von Länge und Breite, so daß der

Schmied das Stück beim Ausschmieden ständig umkanten muß, um die Breitung wieder zu beseitigen. Dem Strecken folgt das Schlichten mit dem Schlichthammer (siehe „Absetzen."). Über das Strecken und Schlichten unter dem Maschinenhammer siehe auch Fig. 114 und 115. Die Schlagflächen von Bär und Amboß stehen schräg zum Maschinengestell, so daß sie von beiden Seiten zugänglich sind. Einhüftige Gestelle sind bequemer als zweibeinige.

5. Das Lochen erfolgt nach Fig. 135 in der Weise, daß man einen Durchschlag von einer oder beiden Seiten durch das Arbeitstück treibt.

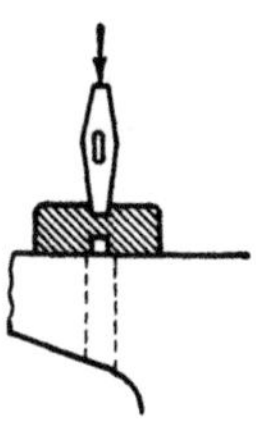
Fig. 135.

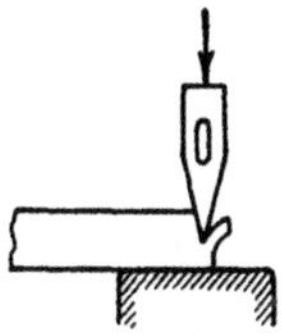
Fig. 136.

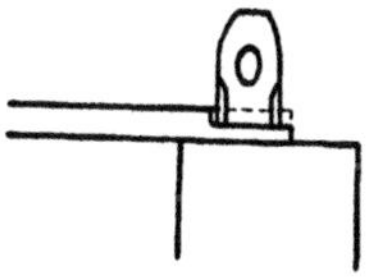
Fig. 137 a.

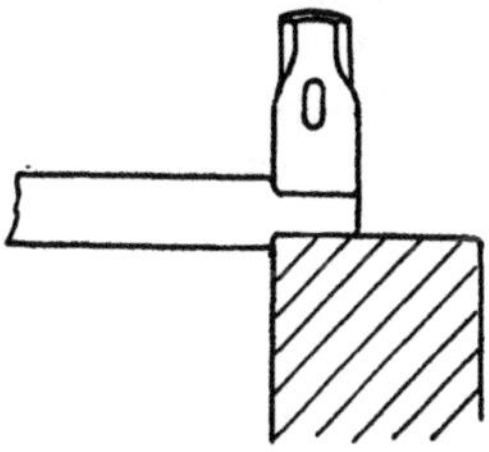
Fig. 137 b.

Das erzeugte Loch kann durch Aufdornen vergrößert werden. Die Lochform kann rund, quadratisch oder länglich sein (Keilloch, Hammerstielloch).

6. Das Abschroten. Es dient dazu, überschüssiges Material in Spänen zu entfernen, z. B., wenn das Schmiedestück etwas zu lang ist oder nicht die rechte Rundung hat. Das Stück wird beschellt. Der

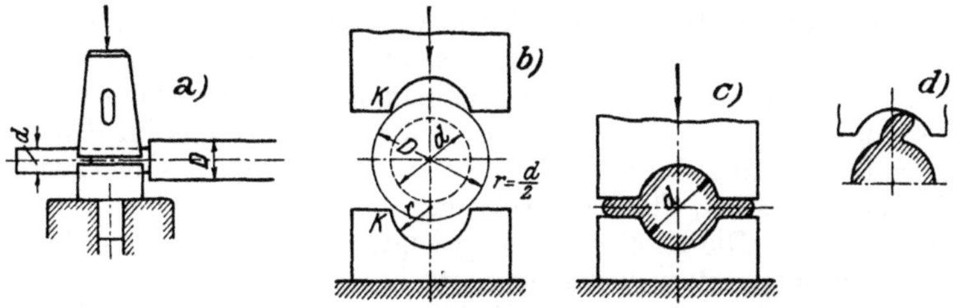

Fig. 138 a—d.

Schrotmeißel unterscheidet sich durch seine schlankere Schneide vom Kaltmeißel (Fig. 136).

7. Das Absetzen (Fig. 137). Rechteckige Stücke werden mit dem Setzhammer abgesetzt. Je nach der Größe der Stützfläche und der Temperatur des Eisens erfolgt das Absetzen von einer Seite (a) oder von beiden (b). Zum Absetzen von Rundeisen auf einen kleinen Durchmesser d benutzt man das Rundgesenk (Fig. 138a). Zu beachten ist die Form des Gesenkausschnittes. Hat dieser (nach b) den Halbmesser $r = \frac{d}{2}$, so drücken sich die Kanten bei k in das Arbeitstück. Das Material wird seit-

lich herausgequetscht (c), so daß ein Grat entsteht. Gleichzeitig wird das Stück in der Länge gestreckt. Ein hoher Grat läßt sich nicht mehr wegdrücken, er legt sich um (d) und wird in das Arbeitstück geschlagen. Der Halbmesser r des Gesenkausschnittes muß also größer als $^1/_2\,D$ sein. Während der Arbeit wird das Stück fortgesetzt gedreht, dadurch ergibt sich die Kreisform. Reicht ein Gesenk nicht aus, so sind mehrere hintereinander anzuwenden. Für genaue Kreisform kann mit einem Fertiggesenk von $r = d/2$ nachgeschlagen werden.

Fig. 139 zeigt das Gesenk für einen Sechskant. Hier muß das Arbeitstück nach jedem Schlage um 60° gedreht werden, damit sich kein Grat bildet.

Unter dem Maschinenhammer erfolgt das Absetzen nach Fig. 140, indem man einen Dreikant a in das Schmiedestück schlägt und den ab-

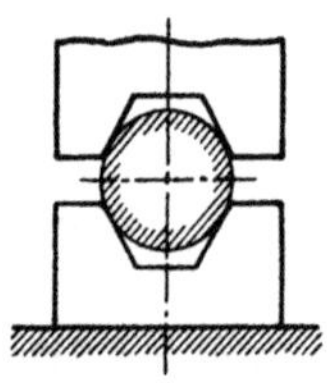

Fig. 139.

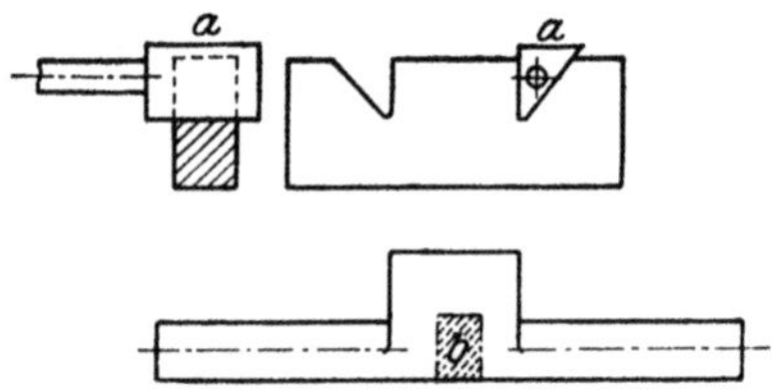

Fig. 140.

gesetzten Teil herunterschmiedet. Die Figur zeigt die Entstehung einer Kurbelwelle. Die Kröpfung entsteht, indem man den Teil b herausschneidet, z. B. autogen.

8. Das Schweißen. Die einfache Feuerschweißung beruht darauf, daß man metallisch reine Eisenflächen im teigartigen Zustande durch Druck oder leichten Schlag so dicht aneinander bringt, daß die Kohäsion[1]) der Metallteile wirksam wird. Beim Erhitzen des Eisens im Schmiedefeuer ist die Bildung einer Oxydschicht an der Oberfläche unvermeidlich. Es ist nicht möglich, die Zunderbildung durch mangelhafte Luftzufuhr zu beschränken. Die Erfahrung hat gezeigt, daß das Eisen dann Kohlenstoff aufnimmt und unschweißbar wird. Zum Gelingen einer guten Schweißung ist die richtige Schweißhitze von größter Wichtigkeit. Teigartig ist das Eisen auch schon bei niedrigeren Temperaturen. Man nimmt an, daß bei Schweißhitze eine rasche Reduktion der Zunderschicht durch die Nebenbestandteile Mangan, Silizium und Phosphor erfolgt, soweit diese nicht bereits oxydiert sind. Zur Durchführung des Reduktionsvorganges ist eine gewisse Zeit nötig, die bei starken Stücken eher vorhanden ist als bei schwachen. Deshalb ist hier auch die Schweißung sicherer. Schweißpulver haben den Zweck, den Zunder aufzulösen und mit ihm eine leicht schmelzbare Schlacke zu bilden, die von den Eisen abgestreift, abgeschleudert oder aus der Schweißfuge herausgequetscht werden kann. Leider gelingt das nicht immer und die Schweißnaht

[1]) Siehe Physik, Teil I.

schließt Schlackenreste ein. Schlackenreiches Schweißeisen läßt sich ohne Schweißpulver schweißen. Als solches benutzt man Sand oder für das Stahlschweißen Borax. Dieser wird bis zum Kochen erhitzt, nach dem Erkalten gepulvert, mit dem gleichen bis halben Volumen Flußeisenspäne gemischt und auf die nahezu schweißwarme Fläche gestreut, nachdem man diese mit der Stahlbürste gesäubert hat. Stahl wird zum Schweißen nur rotwarm gemacht. Beim Verschweißen läßt man die Schlagstelle von der Mitte aus wandern, so daß Schlackenreste noch

Fig. 141.

Fig. 142 a.

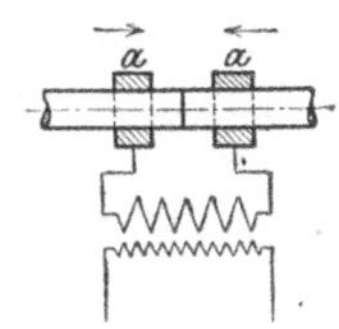

Fig. 142 b.

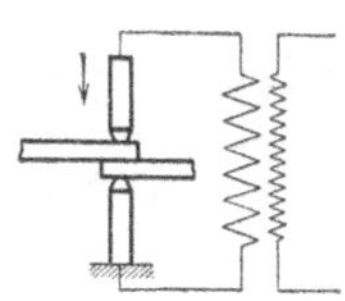

Fig. 143.

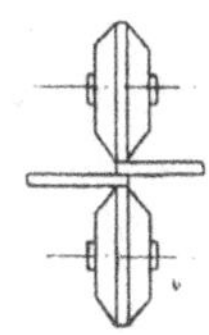

Fig. 144.

herausgedrückt werden, deshalb werden die Schweißenden auch zugespitzt und etwas gebogen (Fig. 141). Die fertige Schweißstelle soll, wenn möglich, dicker sein als die übrigen Teile, damit man sie nachträglich überschmieden kann. Dadurch verliert sich die Sprödigkeit des Eisens, die eine Folge der Überhitzung ist (siehe S. 249). Leichter als durch Schlag gelingt das Schweißen durch Druck. Die schweißwarmen Enden werden schnell in eine Maschine gespannt und aneinandergedrückt. Mit der Maschine kann auch gestaucht werden. Andere Schweißverfahren sind: A. Das elektrische Widerstandschweißen. Man spannt die Stücke in gut passende Backen *a* (Fig. 142 a und b), drückt sie aneinander und leitet Wechselstrom von niedriger Spannung, aber sehr hoher Stromstärke hindurch, der durch Induktion in der Maschine erzeugt wird (Fig. 142 b). Der Leitwiderstand an der Berührungstelle bewirkt, daß sich die Stücke hier in kurzer Zeit auf Schweißhitze erwärmen und dann durch den Druck verschweißen. Feinbleche verbindet man, statt sie zu vernieten, nach dem Punktschweißverfahren. Sie werden zwischen zwei Kupferstifte geklemmt und vom Strom durchflossen. (Fig. 143.) Setzt man die Schweißpunkte sehr dicht, so entsteht eine Schweißnaht. Ein fortlaufendes Nahtschweißen läßt sich ausführen, wenn man die Stifte durch Rollen ersetzt (Fig. 144). B. Das elektrische Lichtbogenverfahren. Hierbei handelt es sich um ein Zusammenschmelzen an der Schweißstelle. Fig. 145 zeigt das Verfahren beim Verschweißen eines Gußfehlers. Das Gußstück ist mit dem + Pol einer Gleichstrommaschine verbunden, der — Pol ist an einen Halter angeschlossen, in den ein Stift gespannt ist. Der Strom hat 40 bis 50 Volt Spannung. Der Stift wird auf das Arbeitsstück gesetzt und wieder abgehoben, dabei

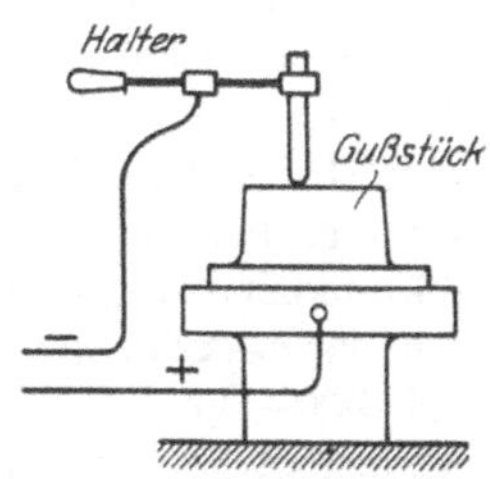

Fig. 145.

entsteht der Lichtbogen, mit dem man die Schweißstelle zum Schmelzen bringt. Zum Ausfüllen der Schweißfuge ist Zusatzmaterial (Schweißdraht) nötig, das man im Lichtbogen verflüssigt. Benardos (1881) benutzt im Halter einen Kohlestift, Slawianoff (1891) dagegen einen Metallstift, den er abschmilzt. Dadurch wird ein besonderer Schweißdraht überflüssig. Zerener verwendet zwei schrägstehende Kohlenstifte. Dazwischen liegt ein Blasmagnet. Dieser streckt den Lichtbogen zu einer Spitze aus, mit der man das Arbeitstück bestreicht. Der Apparat kann auch mit Wechselstrom betrieben werden (Fig. 146). C. Das autogene Schweißen. Auch hier wird das Metall an der Schweißstelle verflüssigt. Dazu wird eine Stichflamme benutzt, die man erzeugt, indem man Wasserstoff oder Azetylengas mit reinem Sauerstoff mischt und in besonderen Brennern verbrennt. Die Verbrennung erfolgt bei Sauerstoffmangel, so daß eine reduzierende Flamme entsteht, und das Metall nicht verbrennt. Die Temperatur beträgt bei Wasserstoff etwa 1900° C, bei Azetylen ungefähr 2400° C. Feinbleche schweißt man mit Wasserstoff, Grobbleche mit Acetylen. Der Versand von Wasser- und Sauerstoff erfolgt in Stahlflaschen, die vor Schlag, Stoß und Erwärmung zu schützen sind. Der Gasdruck beträgt bis 150 at. Verschlußteile von Sauerstoffflaschen dürfen niemals geölt werden. Das Öl kann sich im Sauerstoff entzünden und die Entzündung des Eisens der Flasche verursachen.

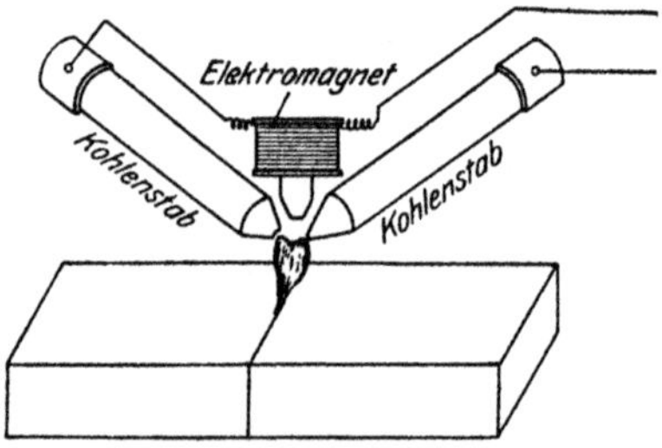

Fig. 146.

Das autogene und das Lichtbogenschweißen sind auf Schmiedeisen, Temperguß, Gußeisen, weichen Stahl, Kupfer, Aluminium u. a. anwendbar. Die Schweißnaht erhält die Eigenschaften von Guß; sie wird also weniger fest und dehnbar als das geschmiedete Metall. Durch Überschmieden bei heller Rotglut werden Schweißnähte von Schmiedeisen sehr verbessert; nicht ganz so wirksam ist ein 2—3 maliges Ausglühen bei 900—950° C. Dampfkesselnähte, die auf Zug und Biegung beansprucht werden, darf man nur dann autogen schweißen, wenn man sie hinterher mit dem Schweißbrenner ausglühen kann. Die Güte der Schweißnaht hängt sehr von der Zuverlässigkeit und Geschicklichkeit des Schweißers ab; auch dem geschicktesten Schweißer gelingt die Schweißung nicht immer gleich gut. Nach dem Widerstandsverfahren lassen sich die vorstehenden Metalle außer Gußeisen schweißen.

Die Fig. 147a bis i zeigen einige Beispiele für das autogene und Lichtbogenschweißen.

Verschweißen dünner Bleche bis etwa 4 mm (*a*). Sie werden stumpf aneinandergelegt, wobei ein Spalt bleiben muß, damit die Bleche sich bei der Ausdehnung der Schweißstelle nicht auseinanderdrücken. Die Schweißfuge ist durch eine Schiene unterstützt. Man beginnt die

Schweißung, indem man einige Stellen heftet. Stärkere Bleche werden unter 60° abgeschrägt (*b*). Ganz starke Bleche (bis 25 mm) erhalten auf beiden Seiten eine Abschrägung. Die Schweißnaht wird in mehreren Lagen aufgetragen (*c*).

Schweißen ganz dünner Bleche (*d*). Ein Rand ist angebördelt, den man herunterschmilzt.

Einschweißen eines Ankers in eine Stirnwand (*e*).

Einschweißen des Bodens in ein Rohr (*f*). Man heftet erst zwei gegenüberliegende Stellen, dann zwei dazwischenliegende usw. Andern-

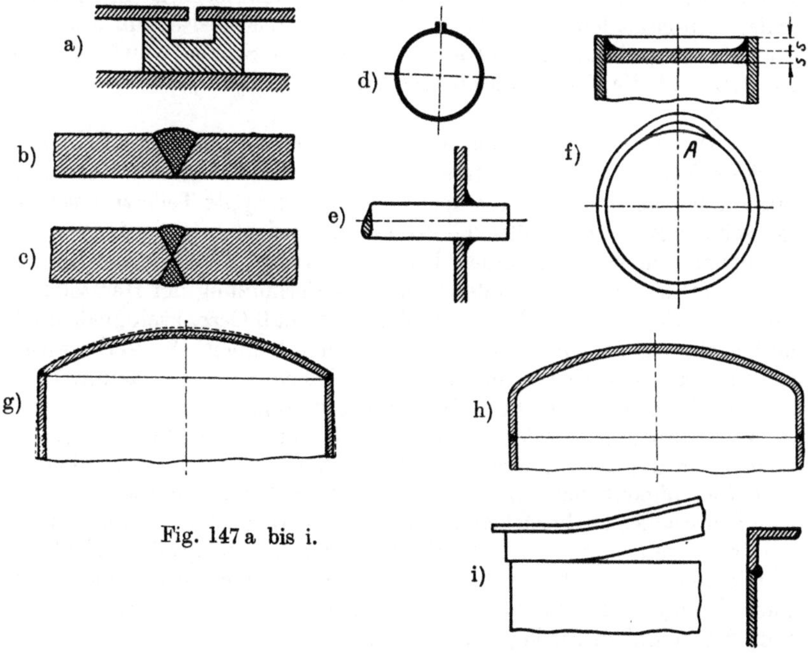

Fig. 147 a bis i.

falls bleibt zum Schluß eine Ausbauchung A infolge der Wärmeausdehnung.

Schweißnähte an einem Dampfdom. Die Naht liegt sehr ungünstig, sie ist auf Zug und Biegung beansprucht (Fig. 147 g). Die Naht ist fast nur auf Zug beansprucht (Fig. 147 h).

Anschweißen eines Winkeleisens an einen Behälter (*i*). Bei einseitiger Erwärmung krümmt sich das Winkeleisen nach oben. Es sind deshalb beide Seiten mit der Schweißflamme zu bestreichen.

9. Das autogene Schneiden beruht darauf, daß Schmiedeisen bei höherer Temperatur in reinem Sauerstoff rasch verbrennt. Die Schneidbrenner bestehen aus einem Schweißbrenner, der das Eisen auf die Entzündungstemperatur bringt, und einer Sauerstoffdüse. Der Sauerstoff trifft das glühende Eisen in einem dünnen Strahl. Die schnell entstehende Verbrennungswärme (1650 kcal für 1 kg Eisen) überträgt

sich auf die darunterliegende Eisenschicht, so daß diese ebenfalls zu verbrennen beginnt. Das verbrannte Eisen wird aus der Fuge herausgeblasen. Die Verbrennung schreitet in der Richtung des Sauerstoffstrahles rasch fort. Man kann in jeder Richtung schneiden, z. B. senkrecht aufwärts. Der Schnitt wird um so sauberer, je ruhiger und gleichmäßiger man den Brenner führt. Zum Schneiden dicker Stücke (bis 1 m) hat man mechanische Leitvorrichtungen. Mit der Stärke wächst der Druck und Verbrauch an Sauerstoff aber schneller als diese. Das autogene Schneiden findet Anwendung beim Abschneiden und Ausklinken von Profileisen, Ausschneiden von Mannlöchern und Kurbelwellen, Abschneiden von verlorenen Köpfen an Flußeisenguß und beim Abbauen von Eisenkonstruktionen. Bei allen Schneid- und Schweißarbeiten sind die Augen durch eine Brille vor Licht und Spritzern zu schützen.

10. Das Schmieden im Gesenk. Der Grundsatz: „Schmiedestücke erfordern viel teure Handarbeit und sind deshalb im Maschinenbau durch gegossene oder aus dem Vollen geschruppte Teile zu ersetzen" hat seine allgemeine Gültigkeit verloren, seitdem man in Gesenken schmiedet, die von Maschinen betätigt werden. Die Vorteile des Gesenkschmiedens sind: 1. Außerordentliche Verkürzung der Herstellungszeit; 2. Erhöhung der Arbeitsgenauigkeit, so daß Gesenkschmiedestücke häufig ohne Nacharbeit verwendet werden können; 3. Verbesserung der Materialeigenschaften durch den Schmiedevorgang und dadurch, daß die phosphorarmen Schichten des Flußeisens erhalten bleiben und nicht heruntergeschruppt werden. Gesenke sind zwei- oder mehrteilige eiserne Formen, in die das glühende Metall geschlagen wird. Sie werden mit einer Genauigkeit bis $^1/_{10}$ mm hergestellt, wobei die Schwindung des Schmiedestückes zu berücksichtigen ist. Die Herstellung ist kostspielig und lohnt nur dort, wo sich die Kosten auf eine größere Zahl von Schmiedestücken verteilen; doch kommt es vor, daß ein Gesenk bei den ersten Schlägen zerbricht. Ursachen dafür sind: Zu niedrige Temperatur der Schmiedestücke, schlechte Auflage des Gesenkes, nicht parallele Lage der Teile und zu starke Schläge. Man verwendet Gesenke in Hämmern, Pressen und Schmiedemaschinen. Die Hammergesenke sind meist aus einem manganhaltigen Stahl (mit 0,6% Kohlenstoff und 0,5 bis 1% Mangan) angefertigt und bleiben ungehärtet. Preßgesenke können auch aus Gußeisen oder Stahlguß angefertigt werden und sind dann billiger, aber weniger ausdauernd. Für kleine und mittlere Arbeitstücke bevorzugt man die Hämmer; schwere Stücke werden auf hydraulischen Pressen geschmiedet. Brauchbar sind nur solche Hämmer, die nicht zu schnell schlagen und den Bär bis zum Aufschlagen führen; das sind Stangenfallhämmer und einfach wirkende Dampfhämmer. Das Gestell muß zweibeinig sein, damit es sich nicht schief stellt. Das Obergesenk wird im Hammerkopf, das Untergesenk in der Schabotte befestigt. Fig. 148 zeigt eine Befestigung mit Doppelkeilen, die das richtige Einstellen des Gesenkes ermöglichen. Das Obergesenk in Fig. 150 ist mit Schwalbenschwanz befestigt. Das Schmieden im Gesenk und

besonders im Hammergesenk erfordert gutes Material. Die plötzliche erzwungene Formänderung bewirkt Spannungen, die sich noch steigern, wenn das Schmiedestück nicht gleichmäßig oder genügend hoch erwärmt ist, und leicht zu Rissen führen. Geeignete Schmiedetemperaturen sind: 1200° C für Eisen, 900° C für Kupfer und Messing, 800° C für Stahl, 400° C für Aluminium.

Arbeitsverfahren. Der einfachste Vorgang besteht darin, daß man eine Stange in das Untergesenk hält und mit dem Obergesenk so oft schlägt, bis das Metall sich in alle Hohlräume des Gesenkes gequetscht hat. Quetschverfahren. Solange die Stange warm ist, lassen sich eine Reihe von Arbeitstücken hintereinander schlagen. Dann wird das fertige Ende abgeschnitten und

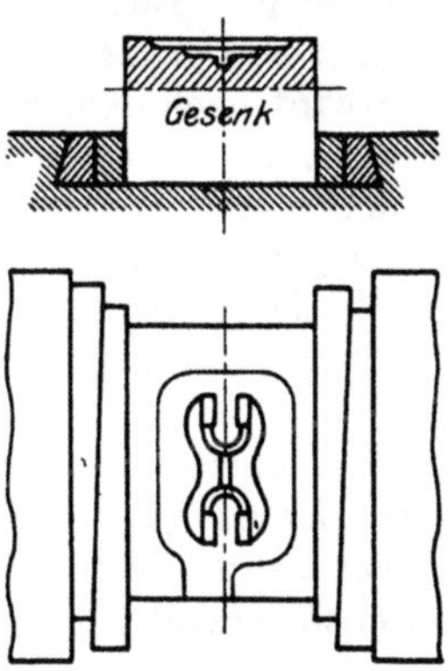

Fig. 148.

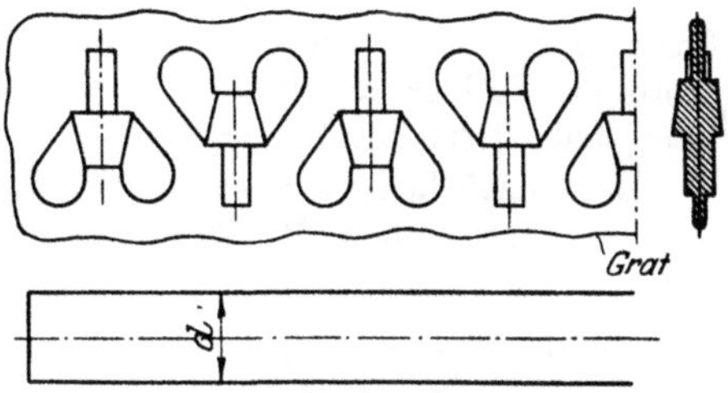

Fig. 149.

die Stange von neuem warm gemacht. Je mehr Formen das Gesenk enthält, desto mehr Stücke werden gleichzeitig fertig. Fig. 149 zeigt das gleichzeitige Schmieden von Flügelschrauben aus der Stange vom Durchmesser d. Das überschüssige Material fließt zwischen den Gesenkhälften heraus. Um die Form des Gesenkes ist eine Vertiefung eingefräst, die das abfließende Material aufnimmt (Fig. 148), oder man gibt den Flächen Fall nach außen (Fig. 150). Die Ecken des Gesenkes bleiben häufig stehen. Stoßen sie aufeinander, so ist die verlangte Stärke des Schmiedestückes erreicht. In jedem offenen Gesenk entsteht also ein Grat, den man nachträglich abschneiden muß. Er wird um so stärker, je größer der Materialüberschuß ist, und verursacht dann einen größeren Arbeitsverbrauch, da man öfter oder stärker schlagen muß. Deshalb bemüht man sich, die Arbeitstücke durch Vorschmieden auf den richtigen Querschnitt zu bringen. Ist dieser zu klein, so wird das Stück unvollkommen. Ein Hochquellen von Material in benachbarte Räume ist nicht zu erwarten, es fließt dahin, wo es den geringsten Widerstand findet, d. h. nach der offenen Fuge zwischen den Gesenkhälften. Der Werdegang einer Rachenlehre ist in Fig. 151 gezeigt.

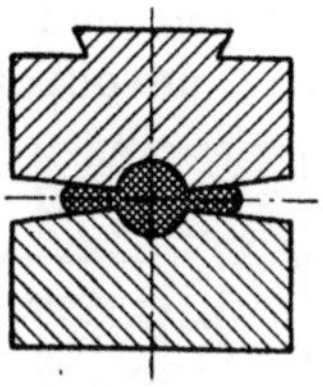

Fig. 150.

(a) Rohling; (b) vorgeschmiedetes Stück, (c) Lehre mit Grat, (d) Lehre nach dem Abgraten.

Das Schmiede- und Abgratgesenk für einen Mutterschlüssel bringt Fig. 152. Der Stempel treibt das Stück durch das Gesenk und schneidet dabei den Grat ab. Die Zunge Z ist besonders eingesetzt, weil sie erfahrungsgemäß leicht ausbricht. Ist das Stück nach dem Abgraten noch zu stark, so wird es in einem Fertiggesenk nachgeschlagen. Bildet sich dabei wieder ein Grat, so wird nach dem Abschneiden desselben nochmals nachgeschlagen. Wenn es die Form des Schmiedestückes gestattet, wird das Fertiggesenk so angeordnet, daß es die restliche Naht wegdrückt. Fig. 153a zeigt ein Vorgesenk, 153b ein Fertiggesenk.

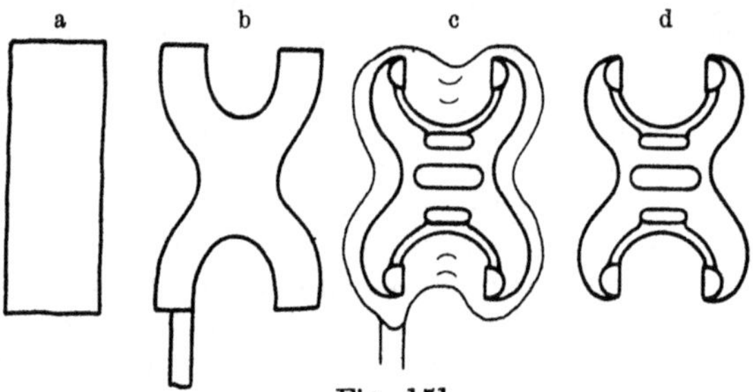

Fig. 151.

Es ist natürlich auch möglich, nur einen Teil des Arbeitstückes im Gesenk zu formen, z. B. das abgesetzte Ende eines Hebels (Fig. 154). Beim Entwerfen von Schmiedestücken für das Gesenk sind hochstehende, dünne Rippen und scharfe Kanten zu vermeiden. Sie werden vom Metall nur unvollkommen ausgefüllt. Senkrechte Flächen erschweren das Ausheben der Stücke aus dem Gesenk; man braucht eine Neigung von 5 bis 7° gegen die Senkrechte.

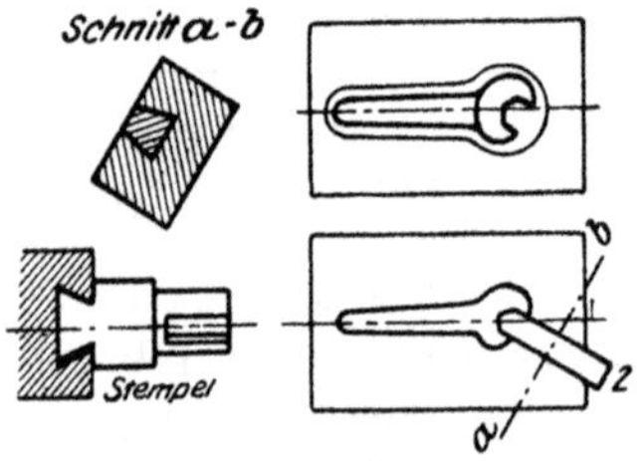

Fig. 152.

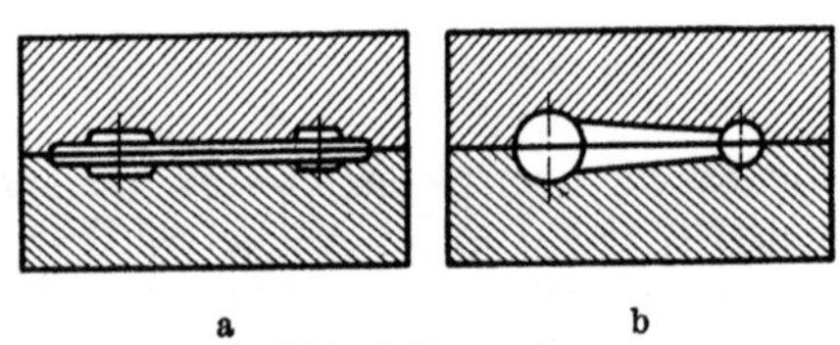

Fig. 153a u. b.

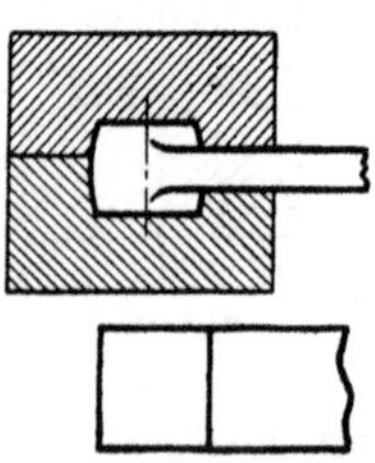
Fig. 154.

Eine andere Arbeitsweise ist in Fig. 155[1]) angewendet. Es handelt sich um das Herstellen eines Kupfer- oder Messingbolzens mit Kopf von großem Durchmesser. Der Kopf wird nicht angestaucht, sondern der Schaft aus dem Rohstück von großem Durchmesser herausgetrieben und dann auf richtige Länge abgestochen. Diese Arbeitsweise wird als Spritzverfahren bezeichnet. Sie ist dadurch möglich, daß das Gesenk geschlossen ist. Als Arbeitsmaschine bevorzugt man für diesen Zweck die Spindelpresse.

Die Spindelpresse (Fig. 156). Auf der wagerechten Antriebswelle sitzen außer der Losscheibe 1 und der Festscheibe 2 die beiden Reib-

[1]) Z. V. d. I. 1913, S. 1384.

teller 3 und 4. Mit Hilfe des Steuerhebels 14, der Steuerstange 12 und des Handhebels 11 läßt sich die Antriebswelle vom Stande des Arbeiters aus in ihren Lagern hin und her schieben, bis einer der Reibteller sich gegen das belederte Schwungrad 5 drückt und es durch Reibung mitnimmt. Dadurch schraubt sich die mehrgängige Spindel 7 in ihrer Mutter auf und ab und verschiebt den Stößel 8 auf

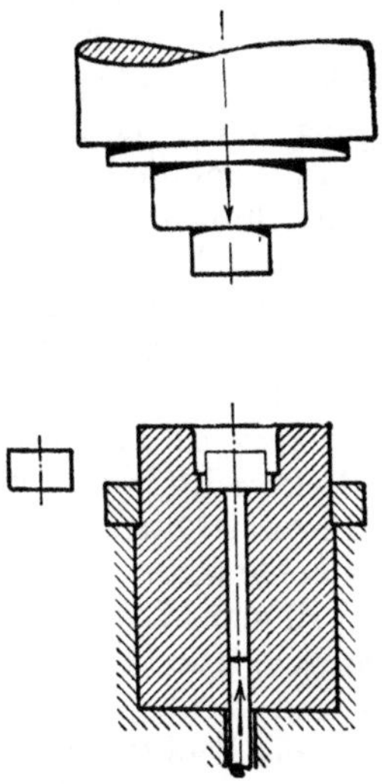

Fig. 155 a.

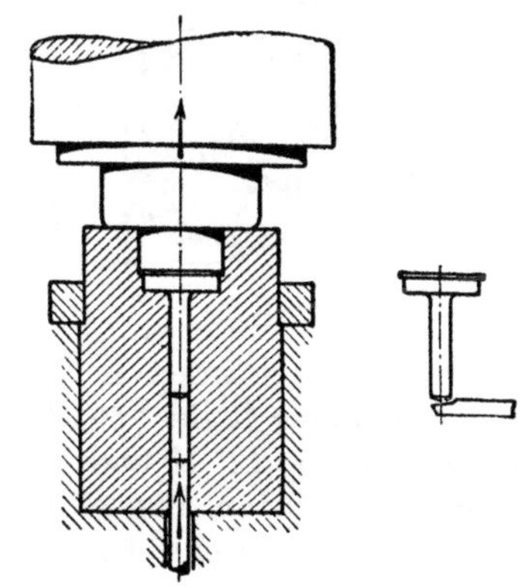

Fig. 155 b.

den Führungen 9. Das Heben des Stößels vermitteln die Tragstangen 6. Das Ausschalten kann in beiden Endlagen selbsttätig erfolgen, indem der Ausrückarm des Stößels gegen einen der beiden verstellbaren Anschläge 15 oder 16 stößt. Die Feder 13 bewirkt, daß der Stößel von selbst hoch geht. Stößt das Obergesenk beim Abgang auf das Arbeitstück, so wird das im Schwungrade aufgespeicherte Arbeitsvermögen zur Formänderungsarbeit

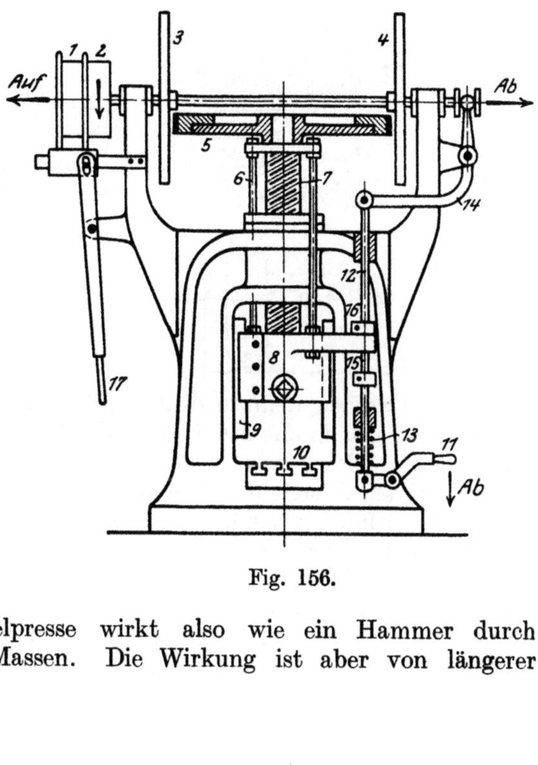

Fig. 156.

gebraucht. Die Spindelpresse wirkt also wie ein Hammer durch die Wucht bewegter Massen. Die Wirkung ist aber von längerer

Dauer, weil die auf Druck und Verdrehung beanspruchte Spindel ein nachgiebiges Zwischenglied bildet. 10 ist der Aufspanntisch, 17 der Ausrückhebel.

Die wagerechte Kurbelpresse (Fig. 157). Sie wird als Schmiedemaschine viel verwendet. Die Antriebscheibe 1 ist als schweres Schwungrad ausgebildet und überträgt ihre Bewegung durch die Zahnradübersetzung 2 auf die Kurbelwelle 3, die den Stauchschlitten 5 hin und her treibt. Der Stempelhalter 6 im Stauchschlitten trägt einen oder mehrere Stempel 7. Das Arbeitstück wird von den beiden Klemmbacken 8 und 9 festgehalten. Backe 8 ist fest, 9 ist beweglich. Bevor der Stempel auf das Arbeitstück trifft, müssen die Klemmbacken geschlossen sein. Der Schluß wird durch eine Reihe von Hebeln bewirkt. 10 und 11 sind feststehende Winkelhebel; 12, 13 und 14 sind Drucklaschen. Die Bewegung wird vom Stauchschlitten abgeleitet. Die Hebel sind so eingerichtet, daß sich die Backen während der ersten 50 bis 60% des Schlittenweges schließen und fast unbeweglich geschlossen bleiben, wenn der Schlitten den Rest des Weges durchläuft. Die Backen müssen mit großer Gewalt

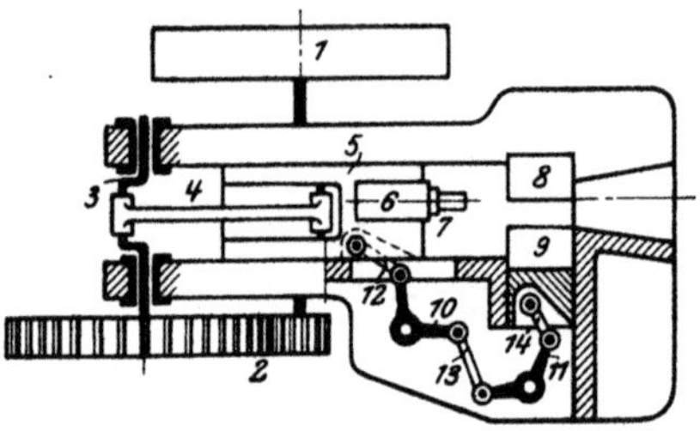

Fig. 157.

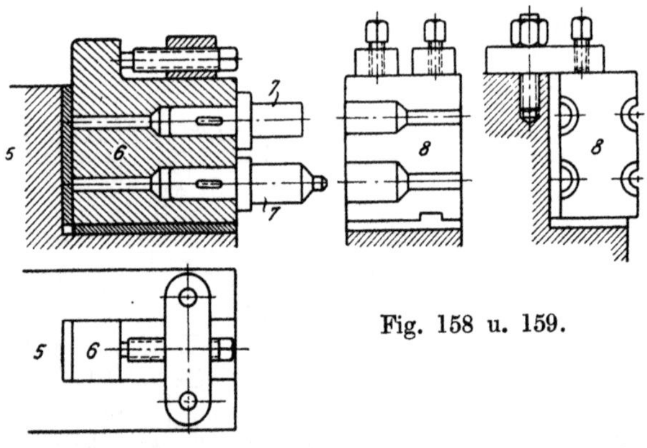

Fig. 158 u. 159.

geschlossen werden, denn sie dienen nicht allein zum Festhalten, sondern auch als Gesenk, in das der Stempel das Material hineintreibt. Stempel und Backen bilden zusammen ein geschlossenes Gesenk, in dem sich das Material nach allen Seiten verdrängen läßt, so daß hier manche Arbeiten ausführbar sind, die im offenen Gesenk nicht gemacht werden können. Dazu kommt noch die längere Wirkungsdauer des Preßdruckes gegenüber dem Hammerschlag. Die Schließkraft der Backen wird auch zum seitlichen Zusammendrücken von Stangen ausgenutzt. Je dichter die Werkzeuge schließen, je fester sie in der Maschine liegen, und je weniger sie abgenutzt sind, um so weniger Grat wird sich an den

Arbeitstücken bilden. Schmiedemaschinen erfordern deshalb ein sehr kräftiges Maschinengestell, breite Lagerung aller beweglichen Teile, sowie genaue Einstellbarkeit und sichere Befestigung der Stempel und Klemmbacken. Die Befestigung ist aus Fig. 158 und 159 ersichtlich. Die Nummern haben dieselbe Bedeutung wie vorher. Zur Einstellung dienen Zwischenlagen von verschiedener Stärke. Die Klemmbacken sind beiderseitig mit Furchen versehen, so daß sie für zwei verschiedene Arbeiten benutzbar sind. Soweit die Gesenkfurchen zum Festhalten der Rundeisenstangen dienen, werden sie gebohrt, nachdem man ein schwaches Blech dazwischengelegt hat. Jede Schmiedemaschine hat noch Sicherungseinrichtungen im Schwungrad und der Schubstange 4, die bei Überlastung zerbrechen und schnell ausgewechselt werden können. Überlastung tritt ein, wenn das Eisen zu kalt ist oder neben die Gesenkfurchen gelegt wird.

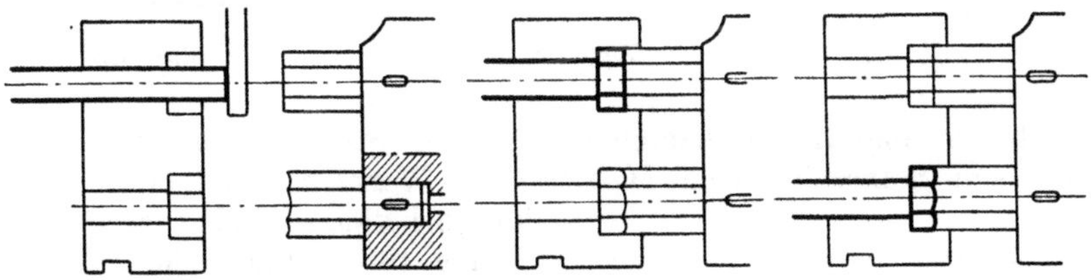

Fig. 160 a bis c.

In den Arbeitspausen werden die Gesenke mit Wasser gekühlt, und der Zunder wird ausgewaschen. Hammergesenke kühlt und reinigt man mit einem Luft- oder Dampfstrahl.

Arbeitsbeispiele. a) Staucharbeiten. Anstauchen eines Sechskantkopfes (Fig. 160). Die erhitzte Eisenstange wird bis zum Anschlag vorgeschoben. Die Backen schließen sich, der Anschlag schwingt zur Seite (*a*); der obere Stempel hat den Kopf angestaucht, die Backen öffnen sich (*b*); das Stück ist in die untere Gesenkfurche eingelegt. Dabei wird es zweckmäßig um 60° gedreht, so daß die Backen den Längsgrat fortdrücken. Der untere Stempel drückt die Abfasung an (*c*).

Anstauchen eines Kugelkopfes in zwei Arbeitstufen (Fig. 161). Der Hub der Maschine reicht nicht aus, um die Stauchung auf einmal auszuführen. Es kann auch sein, daß die freie Länge des Arbeitstückes zu groß ist. Es würde einknicken, und man muß deshalb in mehreren Stufen stauchen. Ähnliche Beispiele zeigen Fig. 162 und Fig. 163. Die Schwellenschraube in Fig. 162 hat einen außergewöhnlich großen Kopf, der nicht in einem Schlage hergestellt werden kann. Hier wählt man ebenfalls den Kegelstumpf als Zwischenform. Man muß möglichst viel Material im Grunde des Stauchgesenkes anhäufen, damit sich die Ecken des Vierkantkopfes gut ausbilden.

Fig. 164. Stauchung mitten in der Stange. Der Stempel ist hohl. In die Bohrung ist ein Stauchdorn gesteckt. Für den beweglichen Anschlag (Fig. 160a) ist kein Platz. Vor der Maschine wird ein fester

Anschlag angebracht, gegen den sich das auf bestimmte Länge zurechtgeschnittene Arbeitstück stützt. Der gezeichneten Endform kann eine Zwischenform vorausgehen.

b) Lochen. (Fig. 165.) Herstellung eines kreisrunden Rohrflansches ohne Materialverlust. Der Flansch wird in mehreren Stufen an-

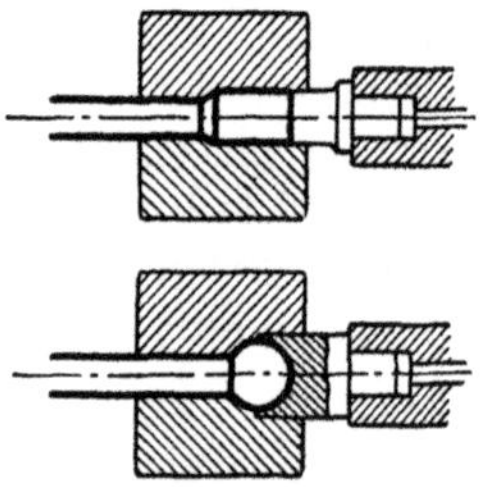

Fig. 161.

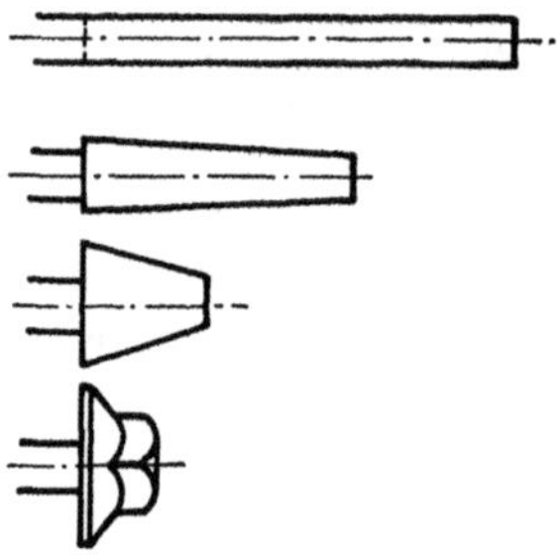

Fig. 162.

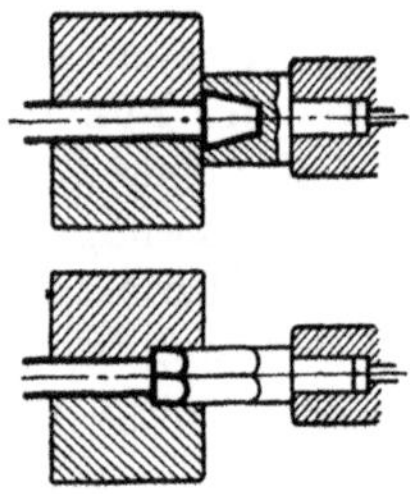

Fig. 163.

gestaucht und in der letzten durch einen Stempel „zurückgelocht", wobei die Stange durch eine Matrize M aus Werkzeugstahl hindurch nach hinten herausgeschoben wird.

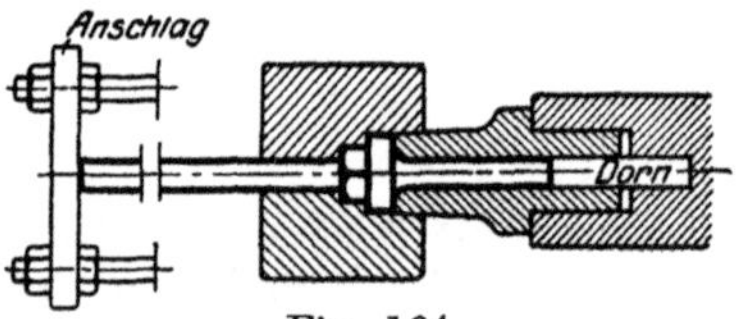

Fig. 164.

Fig. 166. Lochen eines Hebels, der von oben zwischen die Klemmbacken gehalten wird. P sind Lochplatten aus Werkzeugstahl, die Klemmbacken sind aus Stahlguß.

c) Spalten. Fig. 167. An der Stange ist ein langer ovaler Kopf

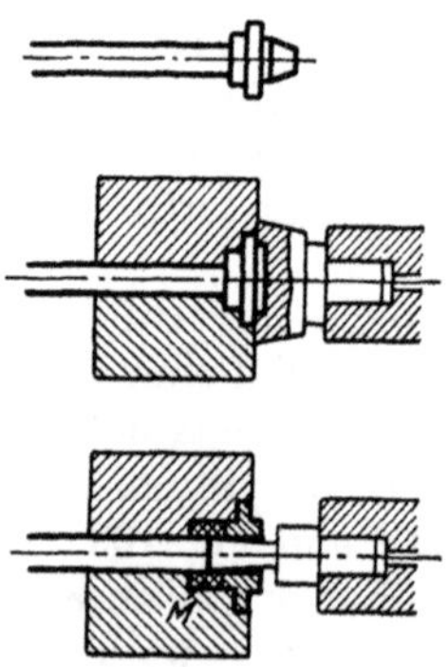

Fig. 165.

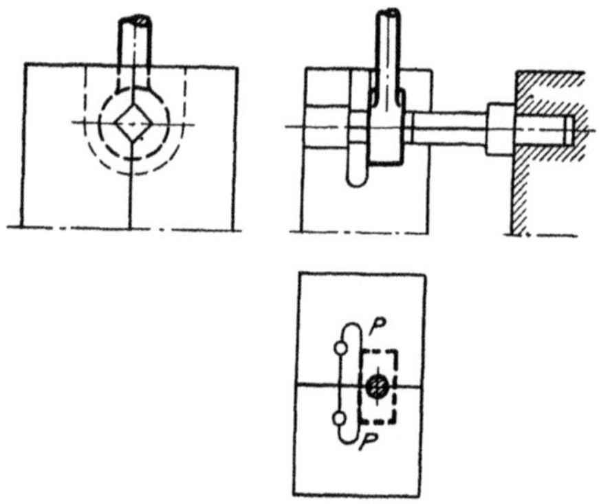

Fig. 166.

anzustauchen. Die Stange wird zuerst gespalten und dann in die richtige Form gepreßt.

d) Schweißen. Fig. 168. Anschweißen eines Rohrflansches. Ein Vierkanteisen wird zum Ring gebogen, auf das Rohrende gesteckt, schweißwarm gemacht und in der Maschine durch Druck geschweißt. Der Dornansatz des Stempels verhindert das Einknicken des Rohres.

Schweißen eines Hebelauges. Fig. 169. Das Flacheisen wird von Hand gebogen und schweißwarm gemacht. Beim Schweißen wird das Auge gleich in die richtige Form gedrückt.

e) Zwei andere Arbeiten, die den Angaben der Fa. de Fries & Co. in Düsseldorf entnommen sind, zeigen die Fig. 170 und 171. Die Stange

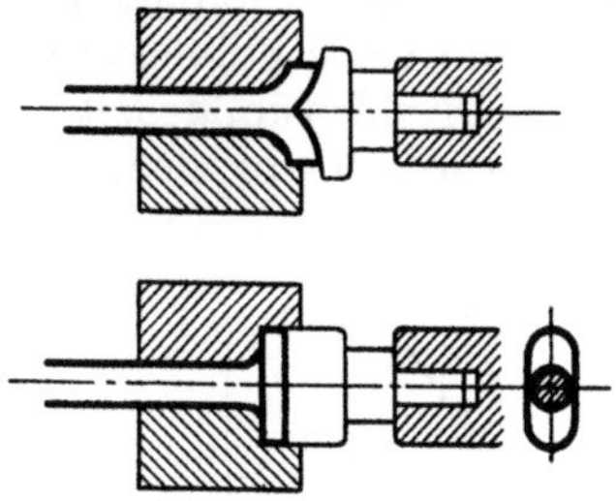

Fig. 167.

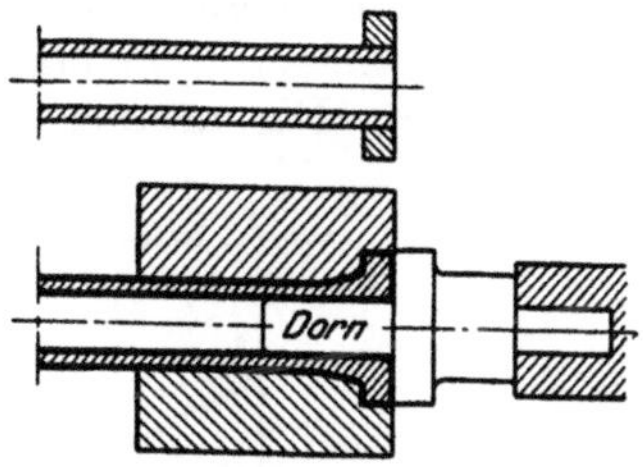

Fig. 168.

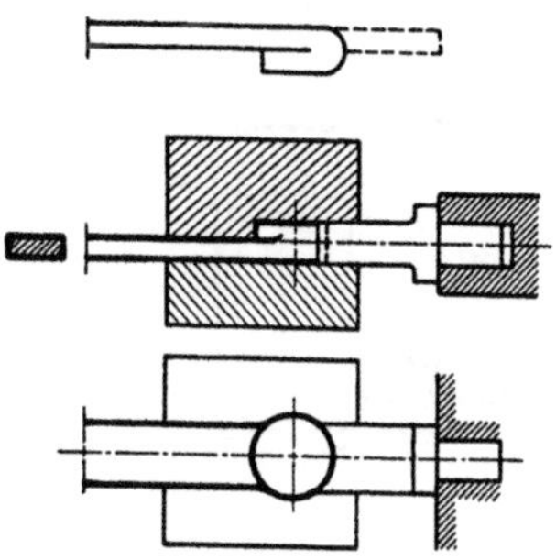

Fig. 169.

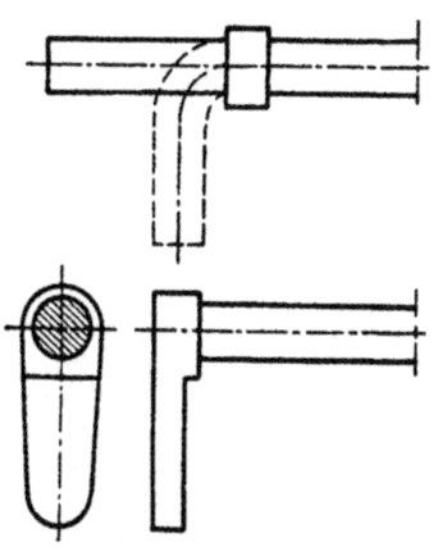

Fig. 170.

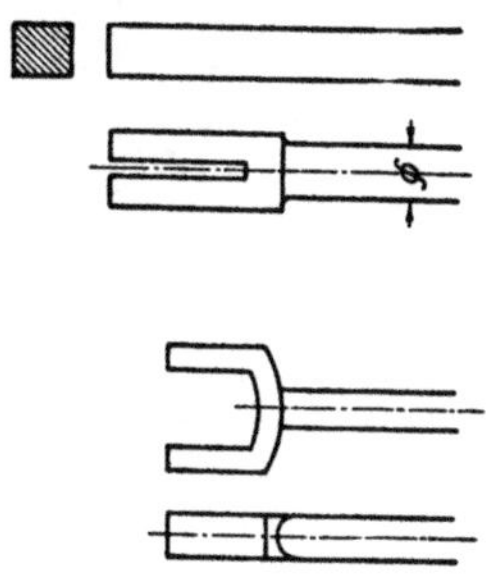

Fig. 171.

in Fig. 170 wird zunächst angestaucht, dann von Hand gebogen und in der Maschine geformt.

Die Stange in Fig. 171 wird zunächst unter dem Hammer rund abgesetzt, am kantigen Ende mit der Warmsäge geschlitzt, aufgebogen und dann zur Gabel gedrückt.

III. Das Härten.

I. Das Härten von Werkzeugstahl (Kohlenstoffstahl).

Dem Härten des Stahles geht das Anwärmen voraus. Es hat den Zweck, das martensitische Gefüge wieder herzustellen. Nach den früheren Darstellungen (S. 248) kann der Schliff eines langsam erkalteten Stahles je nach seinem Kohlenstoffgehalt eines der drei nachstehenden Gefügebilder zeigen:

1. Stahl mit einem Kohlenstoffgehalt unter 0,95%. Im Gefügebilde sieht man α-Ferritkristalle im Perlit. Dieser Stahl wird als untereutektisch bezeichnet;

2. Eutektischer Stahl mit 0,95% Kohlenstoffgehalt. Das Gefüge besteht nur aus Perlit;

3. Stahl mit einem Kohlenstoffgehalt über 0,95%. Er wird übereutektisch genannt und zeigt im Gefügebilde Zementitkristalle im Perlit.

Erwärmt man Stahl Nr. 1 langsam, so verwandelt sich das α-Eisen in γ-Eisen, und dieses löst das vorhandene Eisenkarbid auf, so daß wieder Mischkristalle von Eisen und Eisenkarbid (Martensit) entstehen. Die Auflösung beginnt bei 700° C mit dem Perlit und erfordert nach Fig. 172 eine Temperatursteigerung über die obere Umwandlungsgrenze *DF*. Die Anwärmtemperatur hängt also vom Kohlenstoffgehalt des Stahles ab. Die Lösung geht unter Wärmeverbrauch vor sich.

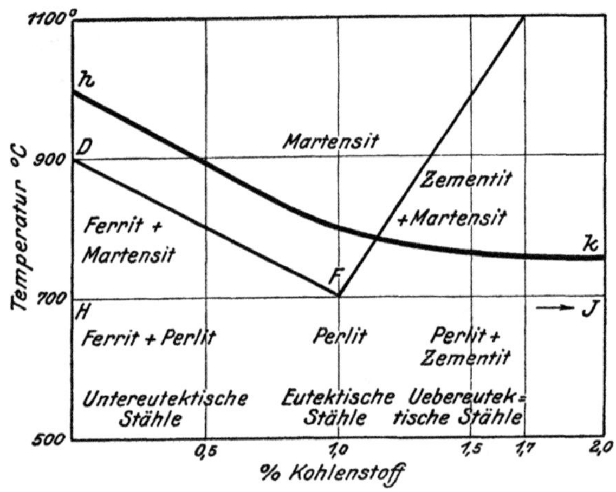

Fig. 172.

Beim eutektischen Stahl — Nr. 2 — erfolgt die Auflösung des Perlits in Martensit in der gleichen Weise und beginnt bei 700° C.

Erwärmt man den übereutektischen Stahl — Nr. 3 —, so geht zunächst bei 700° C die Auflösung des Perlits und bei höheren Temperaturen die des Zementits vor sich, bis der Stahl nur aus Mischkristallen besteht. Hierzu ist wieder eine Temperaturerhöhung über die obere Umwandlungsgrenze nötig.

Jede dieser Auflösungen erfordert eine gewisse Zeit. Sie wird beschleunigt, wenn man den Stahl über die obere Umwandlungsgrenze erhitzt. Ist die Temperatur aber zu hoch, so wird der Stahl verbrannt.

Auf das Anwärmen folgt das Abschrecken. Der Stahl Nr. 1 und 2 bekommt seine größte ihm eigentümliche Härte, wenn es gelingt, das martensitische Gefüge auch bei Lufttemperatur aufrecht zu erhalten. Die Härte wird unvollkommen, wenn das Kühlmittel (Wasser, Öl) nicht genügend rasch wirkt. Sie wird auch bei einem starken Stahlstück unvollkommener als bei einem schwachen von gleicher Glühtemperatur. Bei einer großen Masse geht die Abkühlung langsamer vor sich als bei einer kleinen. Ferner wird die Härte unvollkommen, wenn man abschreckt, bevor die Umwandlung des Stahles in Martensit beendet ist. Eine Ausnahme davon macht nur der übereutektische Stahl. Zementit ist härter als Martensit. Deshalb kann man durch die vollständige Auflösung des Zementits an Härte nichts gewinnen. Nach den vorstehenden Ausführungen ergeben sich folgende Regeln für das Härten:

1. Untereutektische Stähle sind über die obere Umwandlungstemperatur zu erwärmen, eutektische und übereutektische über 700° C.

2. Die Temperatur, bei der die größte der Stahlsorte eigentümliche Härte erreicht werden kann, ist nicht immer die gleiche. Sie hängt ab: a) Von der abschreckenden Wirkung des Kühlmittels; b) von der Masse des zu härtenden Stahlstückes. Starke Stücke sind höher zu erhitzen als dünne. Beim Erwärmen nehmen die schwachen Teile eines Stückes die höhere Temperatur der Umgebung schneller an als die starken, sie haben dann einen höheren Wärmegrad, und man tut gut, das Stück vor dem Abschrecken kurze Zeit in der Luft abzukühlen, um die Verschiedenheit in der Temperatur auszugleichen oder umzukehren. Die schwachen Teile kühlen auch schneller als die starken. Kurve *hk* in Fig. 172 gibt die ungefähren Härtetemperaturen eines Stahlstückes von mittlerer Stärke an. Nach dem Vorstehenden ist es erklärlich, daß diese Angabe nur ungefähr sein kann. Die richtige Härtetemperatur kann nur durch Versuch bestimmt werden. Man erhitze gleichgroße Probestücke des zu prüfenden Stahles auf Temperaturen, die um die Umwandlungstemperaturen herum liegen, schrecke sie ab und ermittele mit der Kugeldruckprobe oder dem Skleroskop (siehe Festigkeitslehre), welche Temperatur die größte Härte ergeben hat. Der Versuch wird zeigen, wieviel man durch falsche Härtetemperatur an Härte verliert.

Anlassen. Dem Abschrecken folgt das Anlassen. Darunter versteht man das Wiedererwärmen auf etwa 200 bis 300° C. Nur ganz weicher Stahl wird nicht angelassen. Das Anlassen hat den Zweck, den gehärteten Stahl zäher und weniger spröde zu machen. Dabei ist ein Verlust an Härte unvermeidlich. Gleichzeitig sollen Spannungen im Stahl ausgeglichen werden. Ist der gewünschte Anlaßzustand erreicht, so wird er durch endgültige Abkühlung festgehalten. Beim Anlassen zerfällt der Martensit. Er geht aber nicht sogleich in Perlit über, sondern es entstehen Zwischenstufen, die von der Höhe der Anlaßtemperatur abhängen. Ihre Härte ist um so geringer, je mehr sie sich dem Perlit nähern. Die Zwischenstufen können auch unmittelbar dadurch erzielt werden, daß man den angewärmten Stahl in einem Kühlmittel von höherer Temperatur abschreckt. Die gewünschte Zwischenstufe bildet sich aber nicht so gleichmäßig aus, und die Härte ist unbefriedigend. Man zieht es deshalb vor, erst schroff abzuschrecken und dann anzulassen, obgleich damit auch manche Schwierigkeiten verbunden sind, besonders bei großen Stücken mit unregelmäßigen Querschnitten.

Volumen- und Gestaltänderungen. Das spezifische Volumen, d. h. das Volumen der Gewichtseinheit, von ausgeglühtem, nicht gehärtetem Werkzeugstahl ist um so größer, je größer der Kohlenstoffgehalt des

Stahles ist. Das spez. Gewicht nimmt also mit steigendem Kohlenstoffgehalt ab. Durch das Abschrecken nimmt das Volumen zu, während das Anlassen im allgemeinen wieder eine Verminderung zur Folge hat. Die Volumenänderung ist bei höher gekohlten Stählen größer als bei niedrig gekohlten. Das Vergrößern des Volumens beim Abschrecken erklärt sich einmal daraus, daß sich die verschiedenen Gefügebestandteile des Stahles im spez. Gewicht unterscheiden. Einen großen Einfluß hat aber auch folgender Umstand: Beim Abschrecken bildet sich die feste Außenschicht über einem glühenden Kern, und nach dem Erkalten nimmt der Stahl ein größeres Volumen ein als ihm zukommt. Daraus folgen Änderungen in der Gestalt des Arbeitstückes, Spannungen und Risse. Nach Versuchen von Dr.-Ing. E. H. Schulz (Z. d. Ver. d. Ing. 1915) nehmen zylindrische Körper von geringer Höhe die in Fig. 173 gezeigte Gestalt an, während sich lange Zylinder nach Fig. 174 verändern. Infolge der guten Wärmeleitung werden die Körper-

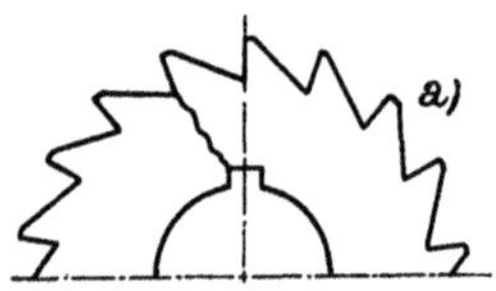

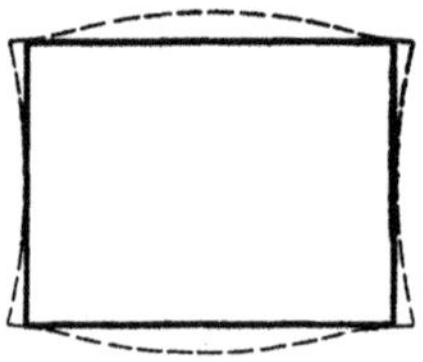

Fig. 173.

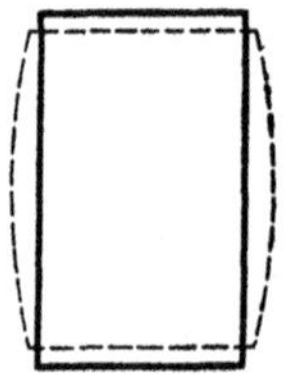

Fig. 174.

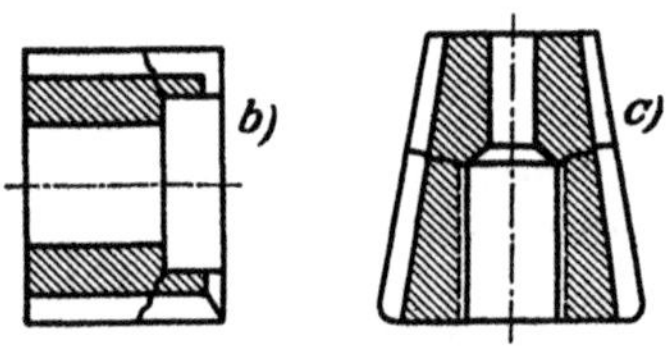

Fig. 175a bis c.

kanten zuerst fest und bieten der Formänderung den größten Widerstand. Die langen Zylinder werden auch kürzer. Beim einseitigen Abschrecken kürzt sich die stärker abgeschreckte Seite mehr und wird hohl, der Stab wirft sich. Ringe werden beim Abschrecken enger, Kugeln werden größer, würfelförmige Körper fallen in den Seitenflächen ein. Die plötzliche Abkühlung verursacht Wärmespannungen, die dann besonders leicht zu Rissen führen, wenn das Arbeitstück schon vor dem Härten Spannungen enthielt. Solche Spannungen entstehen durch Biegen und Richten im kalten Zustande, durch zu rasches Erwärmen, durch Schmieden und durch Stauchen. Auch das Härten in der Schmiedehitze ist ein Fehler. Es empfiehlt sich, Werkzeug- und Schnellstahl vor dem Härten auszuglühen und ganz langsam abzukühlen, z. B. indem man den Ofen abstellt und erkalten läßt. Kleine Stücke werden mit Holzkohlenpulver oder unverrosteten Gußspänen in Blechkästen eingesetzt und dann ausgeglüht. Die Kästen läßt man in Sand oder Asche abkühlen. Härterisse entstehen besonders an einspringenden Kanten, z. B. im Grunde der Fräserzahnlücken und an Stellen, wo der Querschnitt plötzlich in einen anderen, schwächeren übergeht. In den Fig. 175a bis c sind einige Beispiele gezeigt. Massige Stücke sind wegen der ungleichmäßigen Abkühlung stets schwer zu härten. Härterisse gehen oft auch von geringen Materialfehlern aus oder von Rissen, die durch unsachgemäße Behandlung entstehen. Es wurde schon hervorgehoben, daß Werkzeugstahl niemals abgebrochen werden darf, sondern abgesägt werden muß. Dasselbe gilt für Schnellstahl. Häufig sind die Härterisse kaum sichtbar. Man findet sie erst, nachdem das Arbeitstück beim Gebrauch zersprungen ist. Bestreicht man die Oberfläche, auf der man Härterisse vermutet, mit Petroleum, wischt sie ab und streut feines Kreidepulver darauf, so treten die Härterisse hervor.

Auch im Innern eines gehärteten Stückes können Risse dadurch entstehen, daß der Kern sich in der gehärteten Schale zusammenzieht und den Raum nicht mehr ausfüllen kann. So erklärt sich das häufig beobachtete Abspringen der Ecken an Werkstücken. Man darf das Werkstück auch nicht aus der Kühlflüssigkeit nehmen, bevor es durchweg kalt geworden ist. Die Wiedererwärmung der gehärteten Außenschicht und die gleichzeitige Abkühlung des Kernes verursachen ebenfalls Risse im Innern, die sich nach außen hin fortsetzen können. Aber man kann das Arbeitstück nach dem Verschwinden der Glühfarbe aus einer scharf kühlenden Flüssigkeit (Wasser) in eine milder kühlende (Öl) bringen. Dadurch wird der Kern langsamer abgekühlt, und die Spannungen haben mehr Zeit, sich auszugleichen. Das Verfahren wird besonders häufig bei gezahnten Werkzeugen (Fräsern) angewendet, bei denen die Zähne leicht abplatzen.

II. Das Härten von Schnellstahl (siehe auch S. 230).

Durch Zusätze von Mangan, Chrom, Nickel und Wolfram zum Kohlenstoffstahl kann die Umwandlungstemperatur wesentlich erniedrigt und die Umwandlung sehr verlangsamt werden. Legiert man zwei der erwähnten Stoffe mit dem Stahl, z. B. Wolfram und Chrom, so gelingt es, die Umwandlungstemperatur bis unter die normalen Wärmegrade der Luft herabzudrücken. Solche Stähle können beim Erwärmen nicht in einen Zwischenzustand übergehen, und sie werden auch nicht weich, bevor sie sich nicht der Glühtemperatur nähern. Zum Anwärmen vor der Härtung ist eine sehr hohe Temperatur von 1200 bis 1300° C nötig. Die beste Härte erzielt man beim Abkühlen aus einem eng begrenzten Temperaturgebiet. Die richtige Härtetemperatur ist deshalb hier ebenso sorgfältig einzuhalten wie beim Werkzeugstahl. Erhitzter Schnellstahl darf nicht mit Wasser in Berührung kommen. Er reißt. Zum Abschrecken benutzt man einen Luftstrom oder von Kühlflüssigkeiten Petroleum, Öl oder Talg. Schnellstahl kann nach dem Abschrecken bei Temperaturen bis 400° C angelassen werden. Das hat den Zweck, Spannungen auszugleichen. Es ist geraten, Schnellstahl möglichst wenig zu schmieden. Da er teuer ist, werden Schneidstähle nur am Schneidkopf aus Schnellstahl angefertigt, während man den Schaft aus Flußeisen macht. Beide Teile werden zusammengeschweißt, was der Schnellstahl sehr gut verträgt. Das aufzuschweißende Plättchen paßt man auf die Schweißstelle gut auf und erwärmt beide Teile dann getrennt den Schaft dunkelrot, das Plättchen hellrot. Nun reinigt man die Schweißstellen mit einer Drahtbürste, bringt Schweißpulver darauf, legt das Plättchen auf den Schaft und erhitzt beide bis zur Weißglut.

Es ist nötig, den Schnellstahl anfangs höher zu erwärmen, damit beide Teile gleichzeitig auf die Schweißtemperatur kommen. Schnellstahl ist ein schlechterer Wärmeleiter. Das Schweißen erfolgt am besten durch Zusammendrücken mit der Zange oder einer Presse. Fig. 176 zeigt ein aufgeschweißtes Plättchen.

Mittel zum Anwärmen. a) Erhitzen im Schmiedefeuer. Das Verfahren sollte nur für einfache Werkzeuge aus Kohlenstoffstahl, wie Schneidstähle oder Meißel, angewendet werden. Es hat den Nachteil, daß der Stahl leicht überhitzt wird, weil die Temperatur nicht regelbar ist. Sie wird auch nicht gemessen, sondern nach der Glühfarbe des Arbeitstückes geschätzt. Außerdem finden chemische Veränderungen des Stahles statt, der Sauerstoff der Verbrennungsluft und der Feuergase bewirkt eine Oxydation der Oberfläche. Man schützt den Stahl vor dem unmittelbaren Auftreffen des Windstrahles, z. B. durch ein untergelegtes Blech, und erhitzt anfangs bei verminderter Windzufuhr, wobei man den Stahl häufig wendet. Die weitere Erwärmung muß schnell erfolgen, um die Glühdauer abzukürzen. Als Brennstoff dient Holzkohle oder der billigere Koks. Er muß schwefelarm sein. Der Schwefelgehalt geht in den Stahl über und macht ihn weichfleckig. Deshalb ist Steinkohle auch nicht brauchbar.

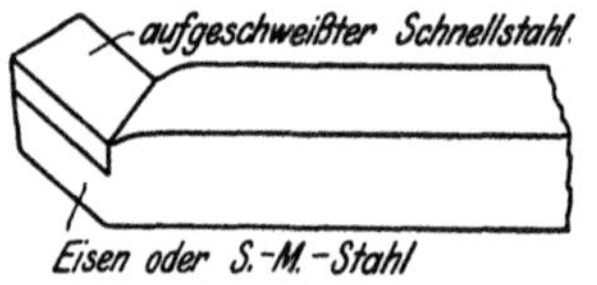

Fig. 176.

b) Erhitzen im Muffelofen (Fig. 177). Schwefelhaltige Brennstoffe lassen sich verwenden, wenn man das Arbeitstück in einer geschlossenen Muffel aus Gußeisen oder feuerfestem Ton erhitzt, die von den Feuergasen umspült wird. Im Fuchs ist ein Schieber eingebaut, mit dem man die Geschwindigkeit der Verbrennung und damit die Ofentemperatur regeln kann. Der Nachteil der Muffelöfen liegt darin, daß sie teuer sind und eine schlechte Wärmeausnutzung ergeben. Die Werkstücke werden nicht auf den Boden der Muffel gelegt, sondern auf einen eisernen Untersatz. Dadurch ist einseitige Überhitzung vermieden.

c) Erhitzen im Gas- oder Ölofen. Man kann auf die Muffel verzichten und erhält kleinere und billigere Öfen mit gleichem Fassungsraum, wenn man flüssige oder gasförmige Brennstoffe verwendet, doch werden solche Öfen auch mit Muffel gebaut. Das Heizöl wird einem Brenner zugedrückt, hier von dem vorgewärmten Winde erfaßt und in fein verteilter Form in den Verbrennungsraum geschleudert. Heizgas (Leucht-, Wasser-, Koksofengas) wird durch den Wind angesaugt und mischt sich mit ihm, oder Gas und Luft werden gemeinsam angesaugt und dem Brenner unter Druck von 700 bis 800 mm Wassersäule zugeführt. Mit Öl lassen sich hohe Temperaturen leichter erzielen. Die Wärmeausnutzung ist besser als bei den Muffelöfen. Trotzdem enthalten die abziehenden Gase noch eine beträchtliche Wärmemenge, die man verwertet, indem man eine zweite Heizkammer zum Vorwärmen der Arbeitstücke anordnet. Schließlich können die Heizgase noch zum Anwärmen der Verbrennungsluft dienen. Bringt man vorgewärmte Stücke in den Glühofen, so verkürzt sich natürlich die Dauer des Anwärmens. Für mehrfach legierte und Schnellstähle ist das Vorwärmen ganz unentbehrlich. Diese Stähle sind infolge ihrer Zusammensetzung schlechtere Wärmeleiter als der Kohlenstoffstahl, dessen Wärmeleitfähigkeit auch schon gering ist und mit steigendem Kohlenstoffgehalt abnimmt. Sie beträgt 0,06 bis 0,12 gegen 0,72 bei Kupfer und 0,4 bei Aluminium.

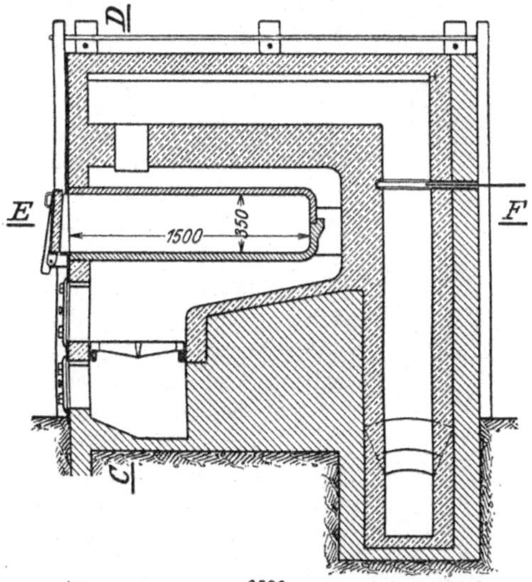

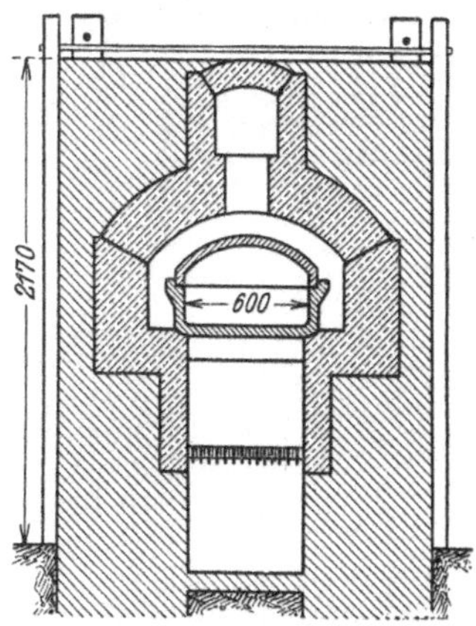

Fig. 177.

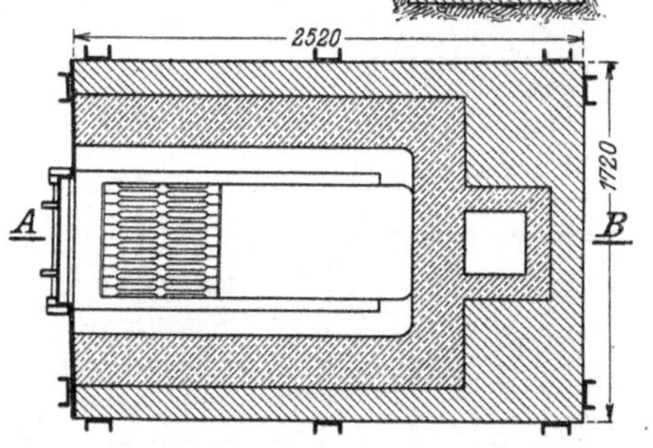

Es ist deshalb nötig, die Stähle bis zur Rotglut langsam anzuwärmen, wo ihnen Wärmespannungen nichts mehr schaden können, und sie dann schnell auf Härtetemperatur zu bringen. Fig. 178 bringt einen Plattenofen mit Gasheizung. Die Gase treten bei *a* ein und bei *b* aus. Die gegenüberliegenden Eintrittsöffnungen sind versetzt, damit die Gasströme sich nicht stoßen. *c* ist die Öffnung zum Einführen eines Pyrometers und *d* der Vorwärmraum. Die Verbrennung kann so geregelt werden, daß die Feuergase reduzierend wirken und Zunderbildung vermieden wird. Fig. 179 bringt einen Plattenofen mit Ölheizung und Vorwärmkammer nach einer Ausführung der Fa. Brüder Boye, Berlin. Das Öl wird durch Wind aus dem Behälter gedrückt. Der Wind ist durch die Abgase vorgewärmt. Öl und Wind treffen sich in dem Brenner vor dem Verbrennungsraum *v*. Ihre Menge ist durch Regelhähne einstellbar. Die Glühkammer ist mit *h*, die Vorwärmkammer mit *k* bezeichnet. Im Abzugrohr ist eine Drosselklappe. Man kann diese so einstellen, daß im Ofen ein schwacher Überdruck herrscht und bei geöffneter Ofentür die Außenluft nicht eintritt. Die Temperaturen sind zwischen 700° C und 1300° C regelbar.

d) Erhitzen im Salzbade. Eine sehr gleichmäßige Erwärmung und vollständigen Luftabschluß erhält man beim Erhitzen der Arbeitsstücke im glühenden Salzbade. Handelt es sich um höhere Temperaturen bis 1300° C, so verwendet man reine Salze, z. B. Chlorbarium (Schmelzpunkt 860° C), während man für die niedrigeren Temperaturen über 700° C Salzgemische benutzt, z. B. Chlorbarium und Chlorkalium oder Chlornatrium. Die Salze werden in eisernen Tiegeln eingeschmolzen, die von außen durch Gas- oder Ölheizung erwärmt werden. Bei hohen Temperaturen ist die Beheizung der Salzbäder durch niedrig gespannten Wechselstrom von hoher Stromstärke sehr beliebt. Gleichstrom ist nicht brauchbar, weil er das Salz zersetzt. Die Gegenstände werden am besten in das Salzbad eingehängt. Sie müssen beim Einsetzen vollständig trocken sein. Feuchte Stücke verursachen explosionsartige Erscheinungen. Beim Herausnehmen bleiben die Teile mit einer dünnen Salz-

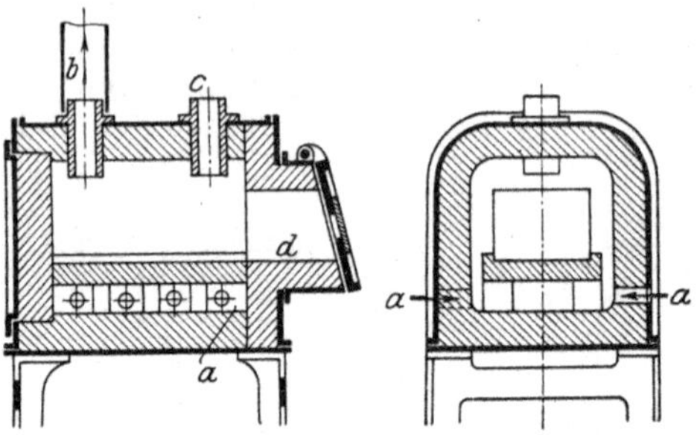

Fig. 178.

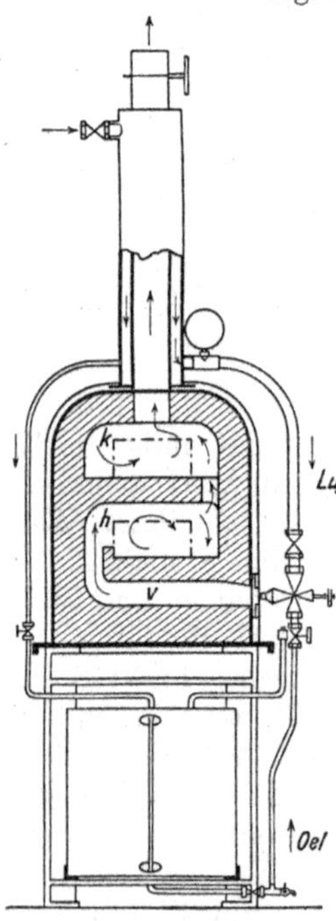

Fig. 179.

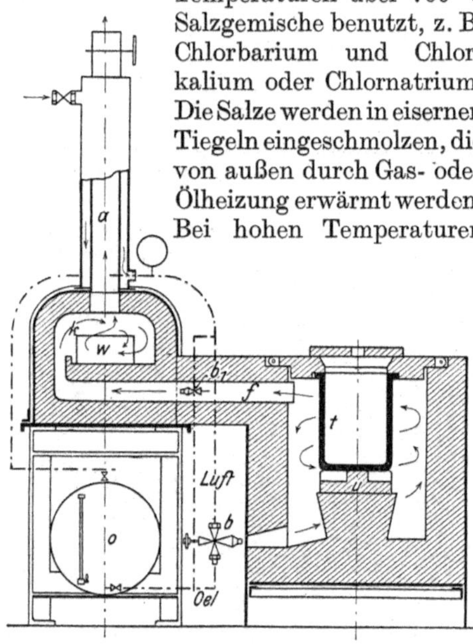

Fig. 180.

schicht überzogen, die sie vor der Außenluft schützt. Sie springt in der Abschreckflüssigkeit sofort ab.

Fig. 180. Salzbadofen mit Ölheizung (Brüder Boye, Berlin). Die Feuergase umspülen den Eisentiegel *t* und ziehen dann durch die Vorwärmkammer *w*. Der Brenner *b* geht tangential in den Heizraum, dadurch erhalten die Feuergase eine kreisende Bewegung.

Fig. 181 und 182. Elektrisch beheizter Salzbadofen. Das Salzbad befindet sich in einem Kasten, der feuerfest ausgekleidet ist. Er steht in einem zweiten Kasten, beide sind durch eine starke, wärmeundurchlässige Schicht getrennt. Die Wärmeentwicklung ist die Folge des Widerstandes, den das flüssige Salz dem Stromdurchgang entgegenstellt. Da der Widerstand gering ist, darf die Stromspannung nicht hoch sein. Die entwickelte Wärmemenge und damit auch die Temperatur lassen sich durch Änderung der Stromstärke regeln. Festes Salz leitet den Strom nicht. Zum Anheizen des Bades legt man nach Fig. 183 ein Stück Bogenlampenkohle an eine Hilfselektrode, bringt die Kohle dadurch zum Glühen und zieht die Hilfselektrode langsam über die Salzmasse. Hinter der Elektrode bleibt ein flüssiger, leitender Streifen, von dem die weitere Verflüssigung ausgeht.

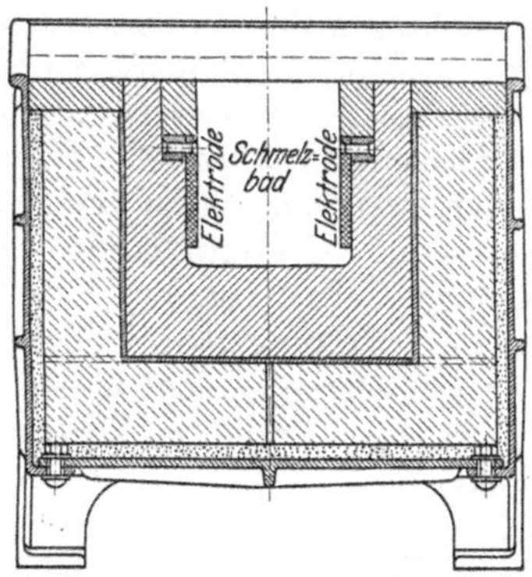

Fig. 181.

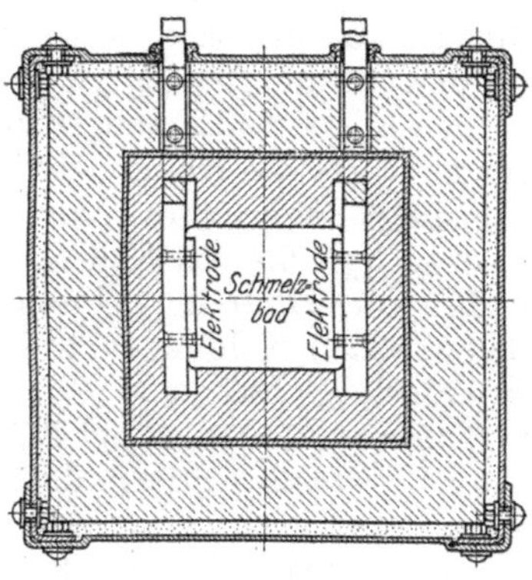

Fig. 182.

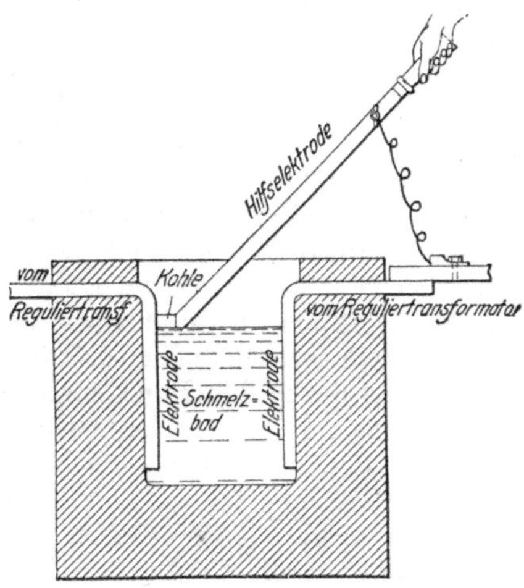

Fig. 183.

Mittel zum Abschrecken. Als Abschreckmittel verwendet man Wasser, Talg, Rüböl, Leinöl, dünne Mineralöle, Petroleum und Luft. Je wirksamer das Mittel ist, um so weiter steht es in dieser Reihe voran.

Wasser härtet demnach am schärfsten. Seine Wirkung läßt sich durch Zusatz von etwas Kochsalz oder Säure, z. B. 3% Schwefelsäure, verstärken. Umgekehrt läßt sie sich abschwächen, wenn man dem Wasser Kalkmilch oder Lehm zusetzt, die das eingetauchte Stück rasch mit einem schwachen Überzug überdecken. Harte, kalkhaltige Wässer sind aber nicht beliebt, ihre Wirkung ist ungleichmäßig. Man bevorzugt Fluß- oder Regenwasser wegen seiner gleichmäßigen Zusammensetzung. Weiter kann man die Abschreckwirkung schwächen, indem man eine dicke Ölschicht (8 bis 10 cm) auf das Wasserbad gießt. Das Öl brennt auf dem glühenden Arbeitstück fest und bildet einen schützenden Überzug. Beim Eintauchen ist Vorsicht geboten, weil das Öl zu brennen beginnt. Noch besser ist eine Mischung von Öl und Glyzerin, die in verschiedenen Mischungsverhältnissen bis zu einem Gehalt von 30% Glyzerin verwendet wird, so daß man die Abschreckwirkung nach Belieben mildern kann. Stark seifenhaltiges Wasser schreckt gar nicht ab. Öle härten milder als Wasser. Es ist leichter, aus einem Stahl von höherem Kohlenstoffgehalt, den man in Öl abschreckt, ein fehlerfreies Stück von genügender Härte zu erzielen als aus niedriger gekohltem Stahl, den man in Wasser härten muß. Die Härtewirkung der Kühlflüssigkeiten hängt von folgenden Umständen ab. 1. Von der Temperatur des Kühlmittels. Kühlwasser darf nicht zu kalt sein, da es sonst zu schroff wirkt; man gibt ihm am besten die Lufttemperatur. Andrerseits darf es bei wiederholter Benutzung nicht zu warm werden, die Härtung würde ungleich. In solchen Fällen ist ein genügender Vorrat an Kühlflüssigkeit oder bei Öl eine künstliche Kühlung unbedingt nötig. Diese kann so erfolgen, daß man Kühlschlangen in das Ölbad legt, die von Kaltwasser durchflossen werden, oder so, daß man den Ölbehälter doppelwandig macht und durch den Raum zwischen den Wänden Kühlwasser treibt. Wasserbehälter sind in der Ausführung einfacher. Das kalte Wasser tritt am Boden durch zahlreiche kleine Öffnungen einer Ringleitung ein und fließt am Spiegel ständig ab. Die zu härtenden Stücke dürfen natürlich nicht auf den Boden geworfen werden. Die Abschreckung würde sonst ungleich. Am besten ist es, die Gegenstände in die Kühlflüssigkeit zu hängen. Auch das Anfassen mit kalten Zangen, die einen Teil der zu härtenden Oberfläche bedecken, ist schädlich. Das Mindeste ist, daß man die Zangen glühend und so dünn wie möglich macht.

2. Von der Dünnflüssigkeit und Wärmeleitfähigkeit. Beide tragen dazu bei, daß sich die Wärme schnell verteilt und die Temperaturunterschiede in der Flüssigkeit sich ausgleichen.

3. Von der Verdampfungswärme der Kühlflüssigkeit. Je geringer diese ist, um so mehr Dampf entwickelt sich. Das ist durchaus unerwünscht, denn Dampf ist ein schlechter Wärmeleiter, so daß Dampfansammlungen auf der Oberfläche des Arbeitstückes vermieden werden müssen. Das geschieht einmal durch langsames Eintauchen des Stückes. Der Dampf bildet sich dann dicht am Flüssigkeitspiegel und kann leicht entweichen, besonders bei dünnflüssigen Kühlmitteln. Eine Ausnahme von vorstehender Regel bilden lange und dünne Arbeit-

stücke, die man schnell abschrecken muß, damit sie an der Luft nicht zu kalt werden. Ein weiteres Mittel gegen Dampfansammlungen ist das vorsichtige Bewegen des Stückes in der Kühlflüssigkeit. Vorsicht ist nötig, damit einseitige Abkühlung vermieden wird und das Stück sich nicht krumm zieht. Anhaftender Schmutz bewirkt ungleiche Abschreckung. Unsaubere Stücke sind mit der Stahlbürste zu säubern.

Teilweises Abschrecken. Es kommt oft vor, daß Stücke nur stellenweise hart werden sollen. Meißel und Schneidstähle z. B. werden nur an den Schneidkanten gehärtet. Der Übergang vom gehärteten zum weichen Teil darf nicht plötzlich sein, wenn man das Abspringen beim Härten oder im Gebrauch vermeiden will. Deshalb bewegt man das Arbeitstück im Wasser hin und her oder auf und ab. Schlagflächen von Hämmern werden mit Hilfe von zwei Brausen abgeschreckt (Fig. 184), konische Bohrungen und andere Innenflächen mittels aufsteigenden Wasserstrahles (Fig. 185). Die bewegten Wassermassen spülen alle Dampfblasen gründlich fort.

Fig. 184.

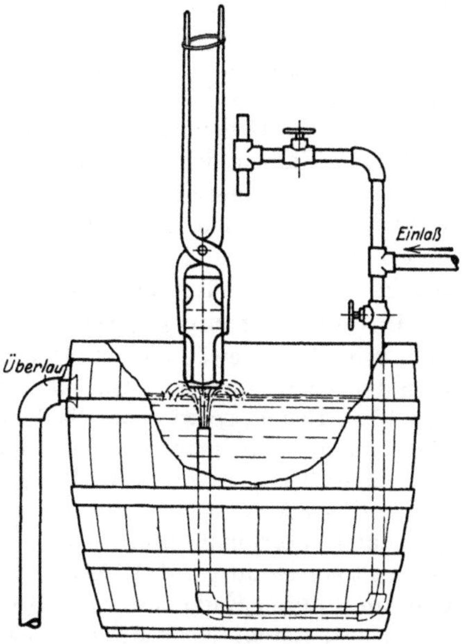

Fig. 185.

Mittel zum Anlassen. 1. Anlassen von innen. Es ist geeignet für einfache, glatte Gegenstände, die nur teilweise abgeschreckt sind. Man läßt die Wärme auf den abgeschreckten Teil überströmen und beurteilt die Temperatur desselben nach den Anlauffarben. Diese erscheinen an blank geriebenen Flächen in folgender Reihenfolge: Hellgelb (220 ° C), dunkelgelb (240 ° C), braun (260 °) C, purpurrot (275 ° C), violett (285 ° C), blau (295 ° C), hellblau (310 ° C), grau (325 ° C). Die eingeklammerten Zahlen geben ungefähr die Temperatur an. Man kann aber nicht mit Sicherheit aus der Farbe auf die Temperatur schließen, denn die Farben erscheinen auch, wenn man das Härtestück dauernd auf derselben Temperatur, z. B. 230 ° C, hält. Allerdings vermindert sich die Härte dabei auch.

2. Anlassen von außen. Hat das Härtestück keine oder ungenügende Eigenwärme, so kann man ihm diese von außen zuführen. Man legt es auf ein glühendes Eisen und wendet es öfter um, schiebt es auf einen glühenden Dorn, erwärmt es auf einem Schutzbleche über

glühenden Kohlen oder steckt das Härtestück senkrecht in heißen Sand. Gewindebohrer z. B. werden mit dem Schaft abwärts in den Sand gestellt. So wird der Schaft am weichsten, die ersten Schneidzähne werden am härtesten.

3. Anlassen in heißen Bädern. Als Anlaßbäder benutzt man am besten Ölbäder, deren Temperatur durch ein eingehängtes Quecksilberthermometer dauernd beobachtet und danach geregelt werden kann. Der Flammpunkt des Öles darf nicht erreicht werden. Für höhere Temperaturen sind Bäder aus Blei oder Blei-Zinn-Legierungen im Gebrauch. Das langsame Anlassen im Ölbade ist aber vorzuziehen. Die Stücke bleiben im Bade, bis sie gleichmäßig durchwärmt sind, dann werden sie in Wasser rasch abgekühlt. Meßwerkzeuge, die glashart bleiben sollen, kocht man 8 bis 10 Stunden in Öl bei Temperaturen bis 150° C, um Spannungen auszugleichen und dadurch nachträgliche Gestaltänderungen zu vermeiden. Dieses Verfahren wird häufig als Tempern bezeichnet. Gestaltsänderungen treten auf, wenn das Gleichgewicht der Spannungen gestört wird, z. B. infolge von Temperaturänderungen beim Gebrauch.

Haben die Gegenstände sich ein wenig verzogen, so kann man sie nach dem Härten richten. Das darf nur in der Anlaßwärme geschehen und erfolgt am besten durch Druck. Lange, schwache Teile, z. B. Gewindebohrer, werden mit den Drehkörnern zwischen Spitzen gespannt und durch den Druck einer Schraubenspindel gerichtet. Flache, dünne Stücke (Sägen) richtet man zwischen Scheiben.

Messen der Temperaturen. Anlaßtemperaturen bis 330° C lassen sich mit dem gewöhnlichen Quecksilberthermometer messen. Füllt man den Raum über dem Quecksilber mit Stickstoff oder Kohlendioxyd von 10 at Druck, so wird der Siedepunkt des Quecksilbers so weit nach oben verlegt, daß man das Thermometer bis 500° C verwenden kann. Für höhere Temperaturen sind besonders zwei Instrumente im Gebrauch: 1. Die thermoelektrischen Pyrometer. Sie bestehen aus zwei ineinandergesteckten Porzellanrohren. Das äußere ist unten geschlossen. Durch beide ist ein Draht geführt. Die Drähte sind aus verschiedenen Metallen und am unteren Ende zusammengeschweißt. Erhitzt man die Schweißstelle, so entsteht ein schwacher elektrischer Strom. Seine Spannung ist von dem Temperaturunterschiede zwischen Lötstelle und Anschlußklammern und dem Metall der Drähte abhängig. Sie wird mit einem Millivoltmeter gemessen, dessen Zifferblatt nach Temperaturgraden geeicht ist. Die Anschlußklemmen sind vor Erwärmung zu schützen; das Instrument ist von Zeit zu Zeit nachzuprüfen, z. B. in schmelzendem reinem Kochsalz. Thermoelemente aus Platin und Platinrhodium sind bis 1600° C verwendbar, Platin und Platiniridium sowie Nickel und Chromnickel bis 1100° C, Eisen und Konstantan bis 800° C. Bei ihrer Verwendung ist zu beachten, daß die Temperatur im Innern des Ofens angezeigt wird und nicht die des Härtestückes. Die Erfahrung muß lehren, wann beide übereinstimmen. 2. die optischen Pyrometer. Sie dienen dazu, die Temperatur des Härtestückes aus seiner Glühfarbe zu beurteilen. Alle Stoffe glühen bei gleicher Temperatur mit gleicher

Farbe. In dem Instrument von Wanner (Fig. 186, nach einer Ausführung von Alfred H. Schütte, Berlin) brennt eine Petroleumflamme von 18 mm Höhe. Ihr Licht fällt durch gefärbte Häutchen, die sich durch Drehen an einer Scheibe vor die Flamme stellen lassen. Durch einen Spiegel wird das farbige Licht in das Auge des Beschauers abgelenkt, der mit dem Fernrohr das Härtestück im Ofen betrachtet. Er sieht auf diesem einen Fleck und dreht so lange an der erwähnten Scheibe, bis der Fleck verschwindet, d. h. bis die Farbe des Fleckes mit der des Härtestückes übereinstimmt. Außen am Instrument liest er dann die Temperatur ab.

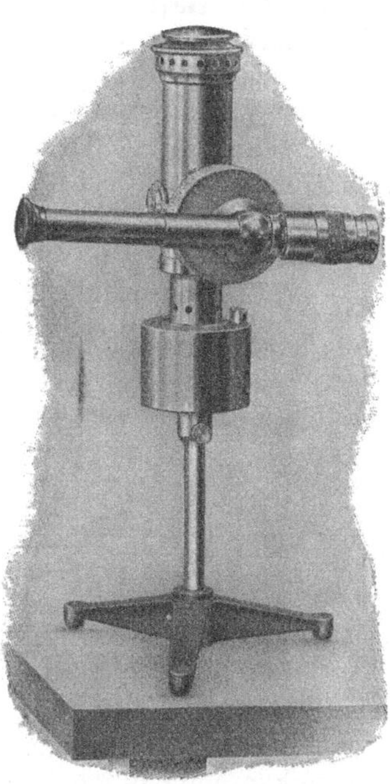

Fig. 186.

Die Einsatzhärtung. Darunter versteht man das Härten von Gegenständen, die durch Einsetzen in kohlende Mittel an der Oberfläche zementiert sind (siehe S. 229). Die Einsatzhärtung wird bei Werkzeugen angewendet, die einer tiefgehenden Härte nicht bedürfen (Lehren) und bei Stücken, die infolge ihrer Größe und Vielgestaltigkeit nicht bloß sehr teuer werden, wenn man sie aus hochgekohltem Stahl herstellte, sondern auch schwer zu härten sind, leicht reißen oder sich verziehen. Außerdem werden Maschinenteile im Einsatz gehärtet, die harte Stellen (Laufflächen) erhalten, im Kern aber weich und zäh bleiben sollen. Als Einsatzmaterial benutzt man sehr reines Eisen mit 0,1 bis 0,2% Kohlenstoffgehalt oder Nickelstahl. Das beste und billigste Einsatzmittel ist ein Gemisch von feingepulverter Holzkohle mit kohlensaurem Barium (Bariumkarbonat $BaCO_3$) im Verhältnis 3 : 2. Reiner Kohlenstoff hat eine sehr geringe Wirkung. Die Gegenstände werden in eisernen Kästen oder Rohren mit dem Härtemittel allseitig fest umstampft, die Gefäße abgedeckt und die Fugen mit Lehm abgedichtet. Dann glüht man die Kästen bei 900 bis 1000° C mehrere Stunden. Die zementierte Schicht wird um so stärker, je länger man glüht; sie kann bis zu 2 mm betragen. Der Kohlenstoff dringt von außen nach innen allmählich ein, und zwar um so schneller, je höher die Temperatur ist. Es ist aber nicht gut, die Temperatur zu hoch zu wählen. Durch das lange Glühen wird das Eisen spröde (überhitzt) und grobkörnig, es bedarf einer Nachbehandlung.

Nachdem die Stücke im Kasten langsam erkaltet sind, werden sie herausgenommen, gesäubert, nochmals bis über die obere Umwandlungstemperatur (900° C) erwärmt und in Wasser abgelöscht oder in der Luft abgekühlt. Dadurch wird der Kern zäh und feinkörnig. Jetzt erst erhitzt man die Stücke auf Härtetemperatur (ca. 750° C) und schreckt sie in Wasser ab, dann werden sie nach Bedarf angelassen. Nur ganz einfache Teile, bei denen die Zähigkeit keine Rolle spielt, werden ohne Nachbehandlung gehärtet, indem man den Glühkasten mit seinem ganzen Inhalt in das Kühlwasser ausschüttet. Oberflächen, die nicht zementiert werden sollen, überzieht man mit einer Lehmschicht oder verkupfert sie galvanisch. Ihre endgültige Bearbeitung erfolgt erst nach dem Einsetzen, aber vor dem Härten. Ist die abzuhebende Materialschicht stärker als die zementierte, so kann man auf den schützenden Überzug verzichten.

Auch das „Abbrennen" von rotwarmen Eisenteilen in gelbem Blutlaugensalz (Eisenzyankalium) hat den Zweck, eine dünne zementierte Schicht zu erzeugen, die bei der Zersetzung des Salzes entsteht. Nach dem Abbrennen im Härtepulver werden die Teile nochmals rotwarm gemacht und dann abgeschreckt.

IV. Bearbeitung mit spanabhebenden Werkzeugen.

S c h l e i f w i n k e l: Fig. 187 zeigt den Kopf eines Schneidstahles. Er ist aus dem Schaft herausgeschliffen. Seine Kanten, Flächen und Winkel haben bestimmte Namen erhalten. Man bezeichnet die Kante *AB* als

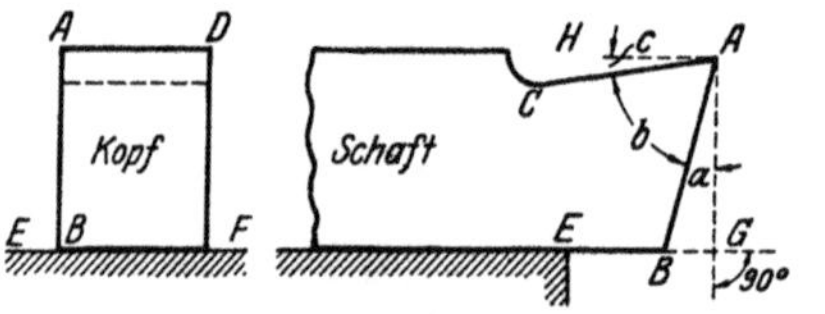

Fig. 187.

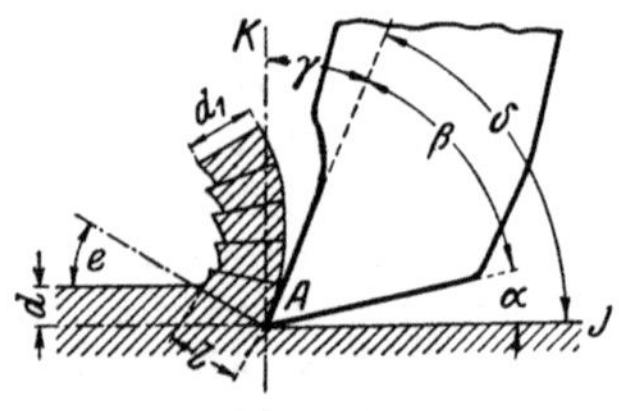

Fig. 188.

Schneidkante, die durch *EF* gehende Fläche als Auflagefläche, die durch *AC* gehende Fläche als Brust des Stahles, die durch *AB* gehende Fläche als Rücken des Stahles, den Winkel *a* zwischen den Flächen durch *AB* und *AG* als Rückenwinkel, den Winkel *b* zwischen Brust und Rücken als Keil- oder Zuschärfwinkel und den Winkel *c* zwischen Brust und der Fläche durch *AH* als Brustwinkel. *AG* steht senkrecht, *AH* parallel zur Auflagefläche.

S c h n e i d w i n k e l. Am schneidenden Werkzeug ergeben sich zwischen den Flächen des Schneidkopfes und der erzeugten Schnittfläche andere Winkel, die für das richtige Arbeiten des Stahles von großer Bedeutung sind. Sie haben besondere Namen erhalten. Es kann vorkommen, daß die Schneidwinkel mit den oben erwähnten Schleifwinkeln übereinstimmen. In Fig. 188 ist ein Hobelstahl dargestellt. Die Schnittfläche *AJ* ist eine wagerechte Ebene. *AK* steht senkrecht dazu. Der Winkel α zwischen Schnittfläche und Rücken heißt Anstellwinkel. Seine Größe wird verändert, wenn man den Stahl anders anstellt, z. B. steiler. Der Winkel γ zwischen Stahlbrust und Fläche *AK* wird Spanwinkel genannt. Er beeinflußt den Abfluß und die Gestalt der Späne. β ist der Keilwinkel b. Er behält seinen Namen. Der Winkel $\delta = \alpha + \beta$ heißt Schnittwinkel.

Zusammenstellung der Winkel:

a = Rückenwinkel
b = Keil- oder Zuschärfwinkel } Schleifwinkel
c = Brustwinkel

α = Anstellwinkel
$\beta = b$ = Keilwinkel
γ = Spanwinkel } Schneidwinkel.
$\delta = \alpha + \beta$ = Schnittwinkel

Die Fig. 189 bis 191 zeigen die Abhängigkeit der Schneidwinkel von der Stellung des Stahles am Arbeitstück.

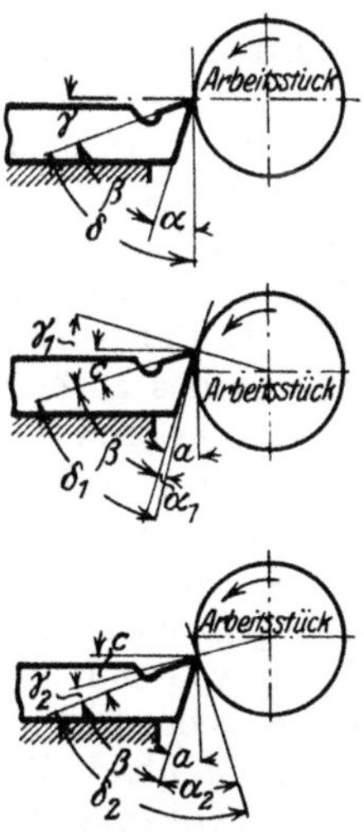

Fig. 189 bis 191.

Fig. 189. Der Anstellwinkel wird gegen die Tangente gemessen, die man imPunkte A an den Kreis gelegt hat, der Spanwinkel gegen die Senkrechte zur Tangente. Fig. 190. Der Stahl steht über Mitte, dann ist Winkel α_1 kleiner als α; Winkel γ_1 dagegen größer als γ. Fig. 191. Der Stahl ist unter Mitte gestellt. Die Wirkung ist umgekehrt wie vorher. Fällt die Tangente mit dem Stahlrücken zusammen, so ist der Anstellwinkel $\alpha_1 = 0°$. Wird α_1 negativ, so berührt der Stahl das Arbeitstück nicht mehr an der Schneidkante, sondern darunter; der Stahl kann nicht mehr schneiden.

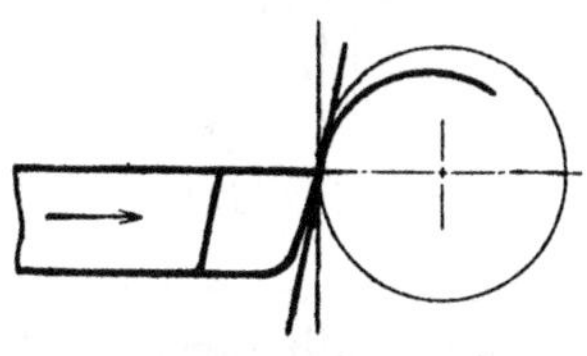

Fig. 192.

Fig. 192. Beim Abstechen ist die Schnittfläche nicht kreisförmig, sondern spiralig gekrümmt. Der Anstellwinkel sollte gegen die Spiralentangente gemessen werden. Mit abnehmendem Radius wächst die Neigung der Spiralentangente. Das ist beim Abstechen nahe an der Mitte zu beachten.

Schneidvorgang. Die genaue Feststellung des Schneidvorganges ist noch nicht gelungen. In Fig. 188 soll eine Schicht von der Dicke d abgehoben werden. Der Schneidstahl verdrängt zunächst das Material, das ihm im Wege steht. Es schiebt sich beim Ausweichen an der Stahlbrust hoch, bis die Spannung im Material die Bruchgrenze erreicht; jetzt erst wird der Span abgerissen. Spröde Metalle, wie Gußeisen und Bronze, springen dabei in Splittern ab. Zähe Metalle, wie Eisen, Kupfer und Aluminium, bilden zusammenhängende Spanlocken, die an der Außenfläche durch den Druck zwischen Span und Stahlbrust geglättet sind. Die Innenseite ist rauh und läßt die einzelnen Spanelemente deutlich erkennen. Hartes Material wird dem Eindringen der Schneide einen großen Widerstand entgegensetzen, bei zähem und festem Material werden die Formänderung und das Abreißen einen hohen Arbeitsbetrag verbrauchen.

Der Winkel e (Fig. 188), unter dem das Absprengen des Spanes erfolgt, ist abhängig vom Schnittwinkel δ. Er nimmt ab, wenn δ wächst. Dabei vergrößert sich die Länge l der Trennfläche und die Dicke d_1 des Spans. Ein großer Schnittwinkel erschwert aber nicht allein das Abtrennen des Spans, sondern auch den Abfluß desselben, er verkleinert den Spanwinkel γ. Wird der Spanwinkel zu klein, so kann die Bildung eines zusammenhängenden Spans verhindert werden. Die obere Grenze für den Schnittwinkel ist $\delta = 90°$. Darüber hinaus geht man beim Schaben, wo eine Schneidwirkung unerwünscht ist. Vgl. Fig. 193.

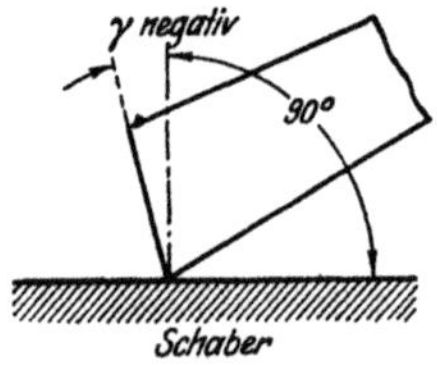

Fig. 193.

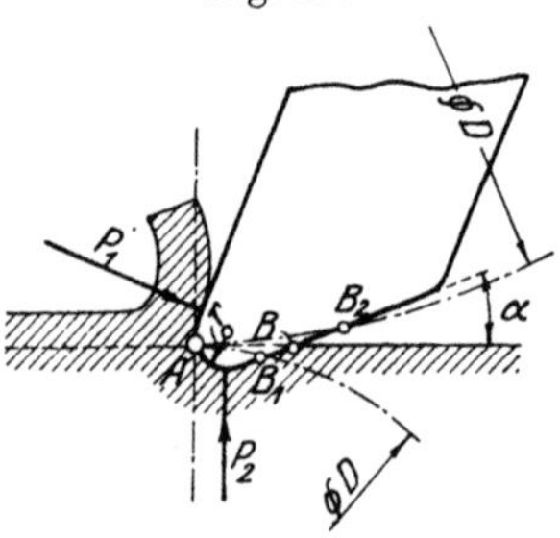

Fig. 194.

K r ä f t e a m S t a h l u n d i h r E i n f l u ß a u f d i e S t a h l w i n k e l. Durch das Abheben des Spans entsteht ein starker Druck P_1 senkrecht zur Stahlbrust (Fig. 194). Er ist bestrebt, die Stahlschneide abzubrechen. Der Stahl weicht dem Drucke P_1 zunächst aus, indem er sich durchbiegt. Dabei dringt der Rücken der Schneide in das zu bearbeitende Material, verdrängt es und ruft einen Gegendruck P_2 hervor, der so lange wächst, bis P_1, P_2 und die innere Spannung des gebogenen Stahlschaftes sich im Gleichgewicht halten. Das Verdrängen von Material unter dem Stahlrücken während des Schneidens ist bei einer geometrischen Schneidkante (Schnitt von zwei ebenen Flächen) nicht vorstellbar. Man muß deshalb annehmen (Fischer, Hannover), daß die Schneidkante nach einem Halbmesser r abgerundet ist, der bei frisch geschliffenen Schneiden natürlich kleiner ausfällt als bei abgenutzten und in Fig. 194 stark übertrieben dargestellt wurde. Punkt A dringt zuerst in das Arbeitstück ein. Ihm gegenüber erfolgt die Trennung. Punkt A bestimmt also die Lage der Schnittfläche. Ist diese eben, so taucht der Stahlrücken auf der Strecke A—B in das Material ein.

A n s t e l l w i n k e l. Man kann Punkt B an A heranschieben und die Länge der Eintauchstrecke verkürzen, indem man den Anstellwinkel α vergrößert. Umgekehrt wirkt eine Verkleinerung von α. Die Lage des Punktes B hängt auch von der Form der Schnittfläche ab. Beim Außendrehen ergibt sich nach Fig. 194 eine Eintauchstrecke AB_1, die kürzer ist als AB, während man beim Innendrehen die längere Eintauchstrecke AB_2 erhält. Auch der Drehdurchmesser D ist von Einfluß auf die Lage der Punkte B_1 und B_2.

Wird der Anstellwinkel zu groß, so weicht der Stahl nach hinten aus, er „hakt ein“ und kann abbrechen; während ein zu kleiner Anstellwinkel die Ursache ist, daß sich der Stahl aus dem Material herausheben will. Er drückt, schneidet schwer und „rattert“. Beim Schlichten wird man mehr darauf achten müssen, daß der Stahl nicht hakt und die Arbeitsfläche unterschneidet als beim Schruppen.

Der Rückenwinkel a liegt zwischen 6 und 12°. Nur ausnahmsweise geht man darüber hinaus. Die kleinsten Rückenwinkel findet man bei Stählen für das Außendrehen kleiner Durchmesser, die größten beim Ausdrehen enger Löcher.

Die beiden Drücke P_1 und P_2 verursachen Gleitwiderstände: G_1 an der Brust und G_2 an der Rückenfläche. Diese vereinigen sich nach Fig. 195 mit P_1 und P_2 zu den Mittelkräften R_1 und R_2, die sich schließlich zu der Mittelkraft R zusammensetzen. Für die Bean-

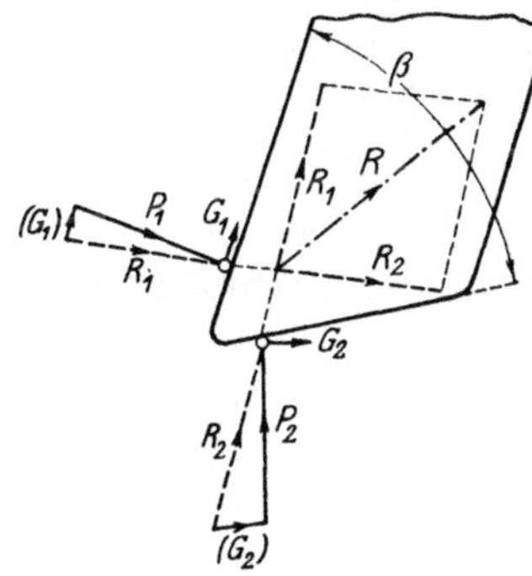

Fig. 195.

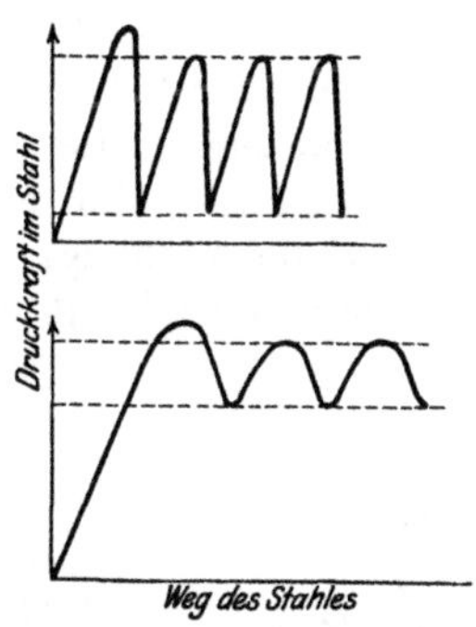

Fig. 196. Schnittwiderstand beim Drehen.
Oben: Sprödes Metall.
Unten: Zähes Metall.

spruchung des Schneidkopfes ist es günstig, wenn R in der Mitte des Stahlquerschnittes verläuft. Man darf sich nun nicht vorstellen, daß die Mittelkraft R ihre Größe und Lage unverändert beibehält. Das ist nach der ganzen Art der Spanbildung ausgeschlossen. Druck P_1 wächst bis zu dem Augenblicke, wo der Span abspringt, um dann plötzlich kleiner zu werden. Abhängig davon wird auch P_2 nach Größe und Lage schwanken. Daraus ergibt sich eine fortgesetzte Veränderung in der Größe und Richtung von R. Fig. 196 zeigt den Unterschied der Schwankungen des Schnittwiderstandes bei zähen und spröden Stoffen.

Keilwinkel. Soll die Mittelkraft R trotzdem innerhalb des Stahlquerschnittes und nahe an seiner Mitte bleiben, so darf der Keilwinkel b nicht zu klein werden. Man macht ihn so groß wie möglich. Die Rücksicht auf ein leichtes Eindringen der Stahlschneide würde einen kleinen Keilwinkel erfordern, sie muß zurücktreten hinter der Rücksicht auf große Widerstandsfähigkeit des Stahlkopfes. Besonders bei harten und spröden Metallen mit den plötzlich abspringenden Spanbrocken wird ein großer Keilwinkel angewendet. (Gußeisen, Hartguß, harter Flußeisenguß, Bronze.) Man findet Keilwinkel von 55 bis 80°.

Der Spanwinkel soll beim Schruppen zäher Metalle nicht zu klein werden, damit die Späne leicht und frei abfließen können; das erfordert einen kleineren Keilwinkel. Schlichtstähle brauchen nur dünne Späne zu nehmen und erhalten deshalb einen kleinen Spanwinkel.

Die schräge Schneide. Bisher stand die Schneidkante immer senkrecht zur Bewegungsrichtung des Stahles (oder Arbeitstückes). In Fig. 197 ist ein Stahl dargestellt, dessen Schneidkante AD schräg zur Bewegungsrichtung des Werkstückes steht. v ist die Geschwindigkeit, mit der das Arbeitstück gegen den feststehenden Stahl anläuft (Hobeln, Drehen). Sie zerlegt sich in die beiden Seitengeschwindigkeiten v_1 und v_2. Die Wirkung ist so, als ob man das Arbeitstück mit v_1 gegen die Schneide bewegt und gleichzeitig mit v_2 an der Schneide entlang zieht. Einen solchen Schnitt bezeichnet man als ziehenden Schnitt im Gegensatz zum rein drückenden, der sich ergibt, wenn v_2 fortfällt. Es ist aus der Erfahrung bekannt, daß man beim ziehenden Schnitt geringere Kräfte braucht. Vielleicht hängt das mit der anderen Erfahrungstatsache zusammen, daß die Reibung in der einen Bewegungsrichtung geringer wird,

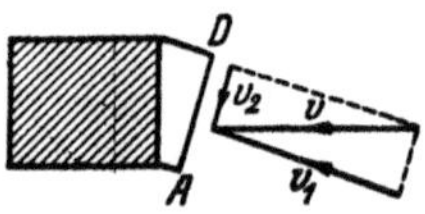

Fig. 197.

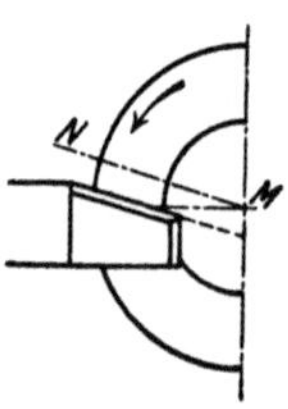

Fig. 198.

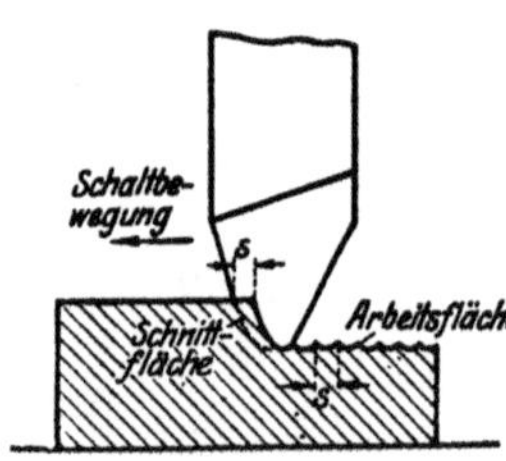

Fig. 199.

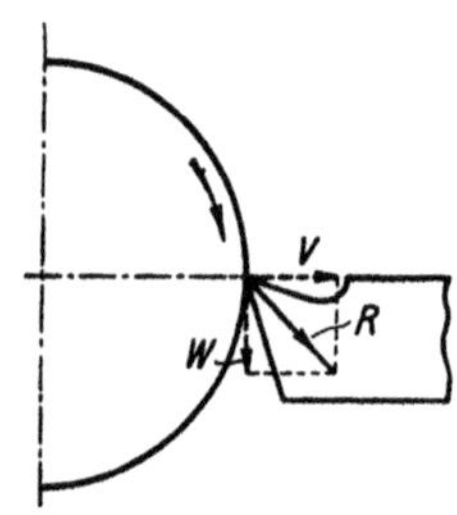

Fig. 200.

wenn man eine zusätzliche Bewegung in anderer Richtung hinzufügt. Die Wirkung des ziehenden Schnittes wird nicht geändert, wenn man den Stahl mit schräger Schneide gegen das stillstehende Arbeitstück bewegt. Fig. 198 zeigt einen Seitenstahl. Rückt man die Schneidkante in den Halbmesser MN, so hört der ziehende Schnitt auf.

Schnittfläche und Arbeitsfläche. Die von der Schneidkante des Stahles erzeugte Fläche heißt Schnittfläche. Sie ist häufig nicht gleichbedeutend mit der Arbeitsfläche. Beim Hobeln nach Fig. 199 ist die Schnittfläche gekrümmt, die Arbeitsfläche ist eine Ebene, die sich aus Resten der Schnittfläche zusammensetzt. Um eine Arbeitsfläche zu erzeugen, sind mindestens zwei Bewegungen nötig: Die Haupt- oder Arbeitsbewegung, mit der man den Span abhebt, und die Schaltbewegung, mit der man neue Materialschichten vor den Schneidstahl bringt. Beide stehen meist senkrecht aufeinander. Jede der beiden Bewegungen kann vom Arbeitstück oder vom Schneidstahl ausgeführt werden. Die Schaltung kann dauernd erfolgen (Drehen, Bohren) oder zeitweise (Hobeln, Stoßen).

In Fig. 200 ist die Mittelkraft *R* an der Schneide eines Stechstahles in zwei Seitenkräfte *W* und *V* zerlegt. *V* fällt in die Richtung der Vorschubbewegung, *W* in die der Hauptbewegung. Man sieht daraus, welche Kräfte bei jeder der beiden Bewegungen zu überwinden oder aufzuwenden sind. Ihre rechnerische Ermittlung ist auf diesem Wege aber nicht möglich, weil *R* unbekannt ist.

Schnittwiderstand. Der Schnittwiderstand *W* ist die Summe aller Widerstände, die beim Abheben des Spans in der Richtung der Hauptbewegung zu überwinden sind. Er ist von folgenden Umständen abhängig: Von den Eigenschaften des zerspanten Materials, den Schneidwinkeln, dem Krümmungshalbmesser *r* der Schneide und der Glätte der Brust und Rückenfläche. Gut abgezogene Werkzeuge schneiden am leichtesten. Außerdem hängt der Schnittwiderstand von der Größe und Form des Spanquerschnittes ab. Versuche haben ergeben (Taylor), daß die Schnittgeschwindigkeit keinen Einfluß auf den Schnittwiderstand hat. Von der größten Bedeutung sind Materialeigenschaft und Spanquerschnitt. Es genügt, diese beiden allein zu berücksichtigen, weil es sich hier nicht um die genaue Berechnung des jeweiligen Widerstandes handelt, sondern um die Ermittlung des Durchschnittswertes aus den fortwährend wechselnden Widerständen. Übrigens ist es auch noch nicht gelungen, eine Formel aufzustellen, die alle Umstände berücksichtigt.

Man setzt $W = f \cdot k$. Hier bedeutet:

k den Widerstand für 1 mm^2 Spanquerschnitt (spez. Schnittwiderstand); f den Spanquerschnitt in mm^2.

Der Spanquerschnitt ist nicht der Querschnitt des abgehobenen Spans, sondern der des abzuhebenden. Beide sind nicht gleich. Das Material wird beim Abheben gestaucht, der Span wird kürzer und dicker. Vgl. d und d_1 in Fig. 188.

Werte von k:

$k =$ 70 bis 140 kg/mm^2 für Gußeisen, je nach Härte,
$k =$ 100 bis 160 kg/mm^2 für Schmiedeisen und weichen Stahl,
$k =$ 160 bis 250 kg/mm^2 für mittelharten und harten Stahl,
$k =$ 60 bis 100 kg/mm^2 für Messing und Bronze.

Der Vorschubdruck *V* kann dem Schnittwiderstande *W* gleichgesetzt werden. $V = W$. Er steht senkrecht zur Schneidkante.

Kühlen der Schneidstähle. Beim Spanabheben wird Arbeit verbraucht und in Wärme umgesetzt. Die Wärme entsteht durch Formänderung und Reibung und wird von dem Arbeitstück, dem Span und dem Schneidstahl abgeleitet. Die Schneide ist der Erwärmung besonders ausgesetzt. Hier staut sich die Wärme um so mehr, je kürzer die Schneidkante, je spitzer der Stahl und je kleiner sein Schaftquerschnitt ist. Kohlenstoffstähle verlieren bei Temperaturen über 200° C ihre Härte sehr rasch und werden schnell stumpf. Schnellstähle vertragen bedeutend höhere Temperaturen, aber sie leiten die Wärme wesentlich schlechter, so daß Wärmestauungen leichter auftreten. Man kann sich nun so helfen, daß man die Schnittgeschwindigkeit und damit die Arbeit verringert, die sekundlich in Wärme umgesetzt wird. Dieses Verfahren ist aber unwirtschaftlicher als das folgende: Man kühlt den Stahl dauernd durch einen Flüssigkeitstrahl. Als Kühlflüssigkeit benutzt man Wasser, in dem kalzinierte Soda, d. i. Soda ohne Kristallwasser, aufgelöst ist. Die Soda verhindert das Rosten der bearbeiteten Eisenteile. Auch Bohröle aus Wasser (100 kg), Soda (3 kg) und grüner Seife (2 kg) werden gern benutzt. Die Mischung wird aufgekocht und dann abgekühlt. Das Kühlwasser ist gut abzufangen, damit es die mitgerissenen feinen Späne nicht in die Führungen der Werkzeugmaschinen schwemmt. Die Kühlung ist am wichtigsten bei dauernd arbeitenden Schneiden. (Drehstahl, Bohrer.) Trotzdem werden auch Schneiden gekühlt, die mit Unterbrechung arbeiten, z. B. von Fräserzähnen. Die Kühlflüssigkeit bringt auch eine geringe Schmierung hervor, aber es ist ausgeschlossen, daß sie bis zur Schneidkante vordringt und sich dort hält. Trotzdem besteht die Tatsache, daß sich beim Schmieren mit fetten Ölen (Rüböl, Schweinefett) besonders saubere Arbeitsflächen ergeben.

Genaue Arbeitsflächen. Die Genauigkeit der erzielten Arbeitsflächen hängt von der Güte der Werkzeugmaschine, der Formänderung des Arbeitstückes und der Abnutzung und Formänderung des schneidenden Werkzeuges ab. Bewegt eine Werkzeugmaschine das Arbeitstück oder Werkzeug nicht geradlinig oder kreisförmig, sondern mit irgendwelchen Abweichungen von der vorgeschriebenen Bahn, so werden sich die Fehler natürlich auf der Arbeitsfläche ausprägen. Drehstücke und Bohrungen werden unrund, Hobel- und Fräsflächen uneben. Abweichungen entstehen auch dadurch, daß die beweglichen Teile mit Spiel auf ihren Führungen gleiten. Ein geringes Spiel ist notwendig, um Schmiermaterial zwischen den Gleitflächen zu halten. Besonders häufig sind Fehler infolge der Formänderung, die alle Teile der Werkzeugmaschine im belasteten Zustande erfahren. Ist die Belastung ruhend, so ist die Formänderung im wesentlichen unveränderlich und kann bei der Herstellung der Maschine berücksichtigt werden. Ist die Belastung aber schwankend, und das ist der häufigere Fall, so beginnt der Maschinenteil Schwingungen auszuführen, die sich bei rasch wechselnden Schwankungen bis zum Zittern der Maschine steigern und auf Arbeitstück und Werkzeug übertragen. Schwer gebaute Maschinen neigen weniger zum Zittern als leichte. Ihre Massen sind schwerer in Schwingungen zu versetzen. Material von ungleicher Härte und Dichte vergrößert die Schwankungen der Stahldrücke.

Die Formänderung des Arbeitstückes wird durch eine sichere Einspannung und gute Lagerung nach Möglichkeit verhindert. Schwache Arbeitstücke, auf die ein starker Schnittdruck einwirkt, sind besonders sorgfältig und dicht an der Arbeitstelle zu unterstützen; Drehstücke und Schleifstücke durch Lünetten, Frässtücke durch Stützböcke oder Einspannvorrichtungen. Durch ungeschicktes Einspannen kann auch viel verdorben werden. Wer ein Rad nach Fig. 201 und eine Lagerschale nach Fig. 202 einspannt, darf sich nicht wundern, wenn beide nach dem Abspannen grobe Fehler zeigen.

Die Abnutzung der Schneidkante bewirkt z. B., daß ein langes zylindrisches Drehstück nach dem zuletzt gedrehten Ende hin stärker wird.

Auch die Formänderung des Werkzeuges hat einen großen Einfluß auf die Genauigkeit der Arbeitsfläche, wie nachstehende Beispiele zeigen.

Fig. 203. Der Stahl wird durch den Schnittwiderstand um die Kante *a* nach unten gebogen. Dabei dringt er ins Material ein und der Drehdurchmesser wird kleiner.

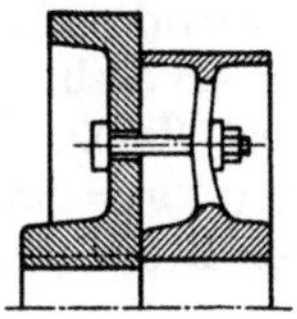

Fig. 201.

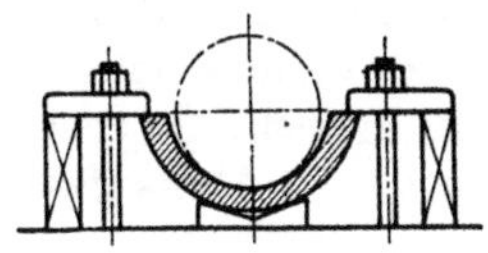

Fig. 202.

Fig. 205. Der Stahl mit schräger Schneide wird durch die Kraft *W* wie vorher und durch die Kraft *V* senkrecht dazu gebogen. Soll er nicht in die Arbeitsfläche einreißen, so muß er nach Fig. 204 angestellt werden.

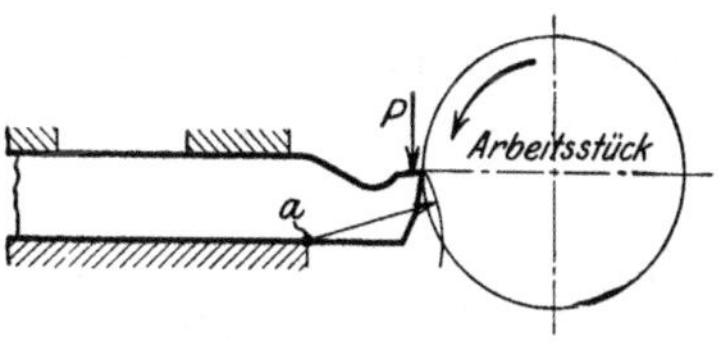

Fig. 203.

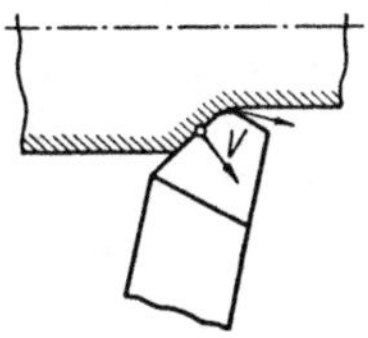

Fig. 204.

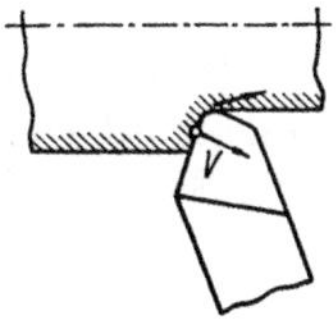

Fig. 205.

Das Drehen.

Schnittwiderstand und Vorschubdruck. Fig. 206 zeigt einen Schruppstahl beim Langdrehen, er hebt eine Materialschicht von t mm Stärke ab. t ist die Schnittiefe und ergibt sich aus $t = \frac{D-d}{2}$. Die augenblickliche Stellung des Stahles ist I. Hat sich das Arbeitstück einmal um seine Achse AB gedreht, so befindet sich der Stahl in II. Er ist um s mm nach links gewandert. s ist der Stahlvorschub für eine Umdrehung des Arbeitstückes. Die kreuz und quer schraffierte Fläche gibt also den Spanquerschnitt an. Der Einfachheit halber stellt man sich diesen als Parallelogramm vor (Fig. 206b). Demnach ist: Spanquerschnitt $f = s \cdot t$ in mm² und Schnittwiderstand $W = f \cdot k = s \cdot t \cdot k$ in kg. Er greift ungefähr in der Mitte der Schneidkante an und steht senkrecht zur Bildfläche. Die Kraft V fällt in die Bildfläche und zerlegt sich nach Fig. 206c in $V_1 = V \cdot \cos u$ und $V_2 = V \cdot \sin u$; dabei ist u der Neigungs-

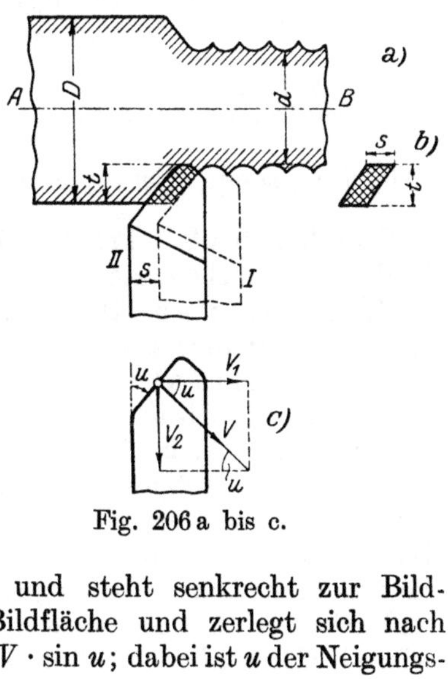

Fig. 206a bis c.

winkel der Hauptschneide. V_1 ist der Vorschubdruck. Setzt man $V = W$, so ist auch $V_1 = W \cdot \cos u$.

Leistungsverbrauch. Die Schnittleistung ergibt sich aus dem Schnittwiderstand und der Schnittgeschwindigkeit. Die letztere wäre an der Angriffstelle des Schnittwiderstandes zu ermitteln, die aber nicht genau bekannt ist. Man ersetzt sie deshalb durch die Umfangsgeschwindigkeit v des Drehstückes. Es ist üblich, die Schnittgeschwindigkeit in *m/min.* zu messen. So erhält man: $v = D\pi \cdot n$ in *m/min.*
n ist die Umlaufzahl des Drehstückes in 1 Min. Damit ergibt sich:

$$\text{die Schnittleistung aus } N = \frac{W \cdot v}{75 \cdot 60} \text{ in PS,}$$

$$\text{die Vorschubleistung aus } N_1 = \frac{V_1 \cdot c}{75} \text{ in PS.}$$

Hierin ist $c = \frac{s}{1000} \cdot \frac{n}{60}$ die Vorschubgeschwindigkeit in *m/sek.*

Beispiel: Ein Drehstück aus Flußeisen von 110 mm Durchmesser macht 40 Umdr./min. Es wird mit 2 mm Vorschub/Umdr. bearbeitet. Die Schnittiefe ist 3 mm. Winkel $u = 45°$.

$$W = s \cdot t \cdot k = 2 \cdot 3 \cdot 150 = 900 \text{ kg},$$
$$V_1 = W \cdot \cos u = 900 \cdot \cos 45° = 900 \cdot 0{,}707 = \sim 636 \text{ kg},$$
$$v = D\pi \cdot n = 0{,}11 \cdot 3{,}14 \cdot 40 = 13{,}82 \text{ m/min}$$
$$N = \frac{W \cdot v}{75 \cdot 60} = \frac{900 \cdot 13{,}82}{75 \cdot 60} = 2{,}76 \text{ PS},$$
$$c = \frac{s \cdot n}{1000 \cdot 60} = \frac{2 \cdot 40}{1000 \cdot 60} = 0{,}00133 \ m/sek.$$
$$N_1 = \frac{V_1 \cdot c}{75} = \frac{636 \cdot 0{,}00133}{75} = 0{,}0113 \text{ PS}.$$

Die Vorschubleistung kommt gegenüber der Spanleistung nicht in Betracht. Nimmt man den Wirkungsgrad der Drehbank zu $\eta = 0{,}7$ an, so ist der gesamte Leistungsverbrauch $N_o = \frac{N}{\eta} = \frac{2{,}76}{0{,}7} = 3{,}95 \sim 4$ PS.

Die Drehbank. Fig. 207 bis 210 bringen eine Leitspindeldrehbank mit einfachem Rädervorgelege.

Hauptantrieb. Die Hauptbewegung wird vom Arbeitstück ausgeführt, das drehbar zwischen den Spitzen im Reitstock *R* und im Spindelstock eingespannt ist und von der Hauptspindel *H* aus mitgenommen wird. Auf dem Arbeitstück ist ein Drehherz *Dr* befestigt. Dieses greift in die Mitnehmerscheibe *Mi*, die auf der Hauptspindel sitzt. Der Antrieb erfolgt von der Stufenscheibe *S* aus. Sie läuft auf der Hauptspindel leer um, ist also nicht verkeilt. Es sind zwei Kraftwege möglich, Fig. 210. Den ersten erhält man, indem man Stufenscheibe *S* und Rad *D* durch Einrücken des Bolzens *Bo* kuppelt und Handgriff *Ha* nach außen schlägt. Rad *D* ist mit der Hauptspindel verkeilt. Diese läuft also jetzt mit derselben Umlaufzahl wie die Stufenscheibe. Der zweite Kraftweg ergibt sich, wenn man die Vorgelegeräder *B* und *C* in ihre Gegenräder *A* und *D* durch Umlegen des Handgriffes *Ha* einrückt und den Bolzen *Bo* zurückzieht. Das Rad *A* ist mit der Scheibe *S* verkeilt und läuft ebenfalls lose auf der Hauptspindel. Die Bewegung überträgt sich von *S* über *A*, *B*, *C* und *D* auf die Hauptspindel, Fig. 207*a*. Zwischen *A* und *B* sowie zwischen *C* und *D* ist eine Übersetzung ins Langsame vorgesehen; die Hauptspindel wird demnach jetzt viel langsamer laufen als vorher.

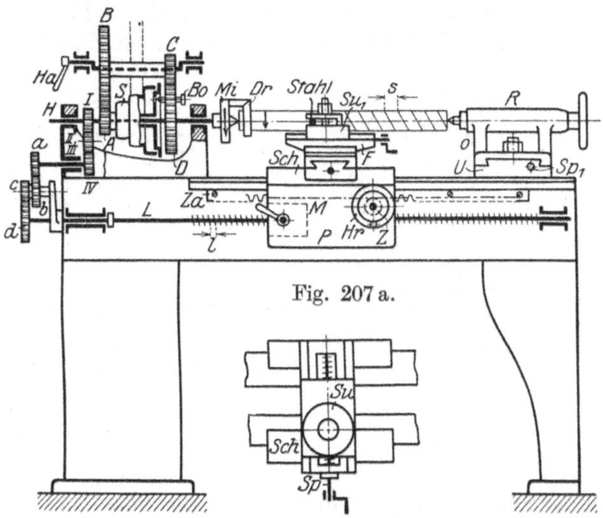

Fig. 207 a.

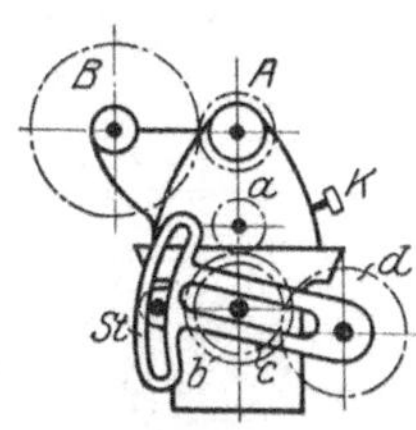

Fig. 207 b.

Fig. 209.

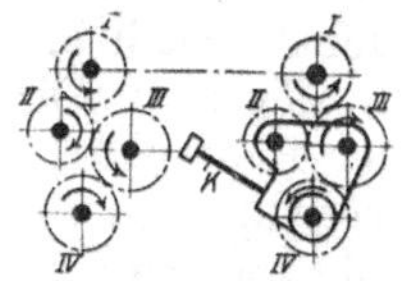

Fig. 208.

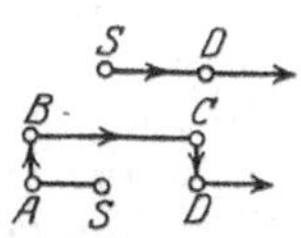

Fig. 210.

Auf diese Weise lassen sich mit der dreistufigen Scheibe sechs verschiedene Umlaufzahlen in der Hauptspindel erreichen. Das Vorgelege liegt in Wirklichkeit nicht über, sondern hinter der Hauptspindel (Fig. 207*b*).

S c h a l t a n t r i e b. Der Schaltantrieb wird vom Rade I abgeleitet, das fest auf der Hauptspindel sitzt. Er geht durch die Rädergruppe I bis IV, eine Umkehrvorrichtung, die man als Wendeherz bezeichnet, und durch die Räder *a*, *b*, *c* und *d* auf die mit Gewinde versehene Leitspindel *L*. Hinter der Räderplatte *P* ist die Mutter *M* befestigt. Dreht sich nun die Leitspindel, so wandert die Mutter hin und her, sie nimmt Räderplatte und Schlitten *Sch* mit und erzeugt dadurch den Vorschub *s*.

Der Vorschub läßt sich ändern, indem man die Räder *a* bis *d* auswechselt und dadurch eine andere Übersetzung zwischen Haupt- und Leitspindel bringt. Die Räder *a* bis *d* werden als Wechselräder bezeichnet. Sie sind auf dem Stelleisen *St* aufgebaut, das sich im Kreise um die Leitspindel verstellen läßt und mit einer Klemmschraube in der Eingriffslage der Wechselräder festgehalten wird. Für das Schalten von links nach rechts muß sich der Drehsinn der Leitspindel auch umkehren lassen. Dazu dient das Wendeherz Fig. 208. Die Umkehr beruht darauf, daß man die Bewegung von I aus entweder durch das Zwischenrad *III* auf *IV* überträgt oder nach Hochheben des Knopfes *K* durch die beiden Zwischenräder *II* und *III*.

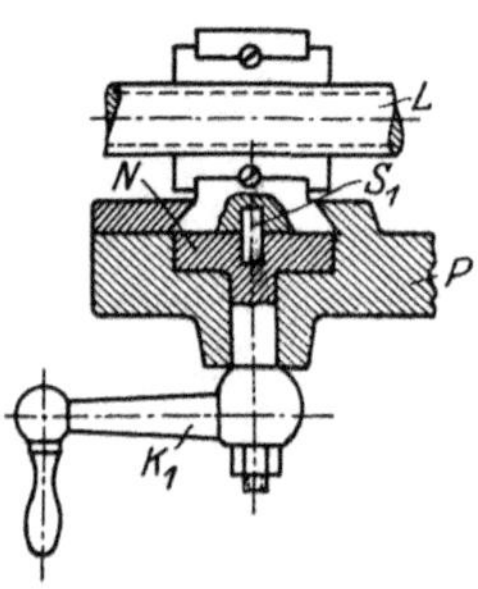

Fig. 211 a u. b.

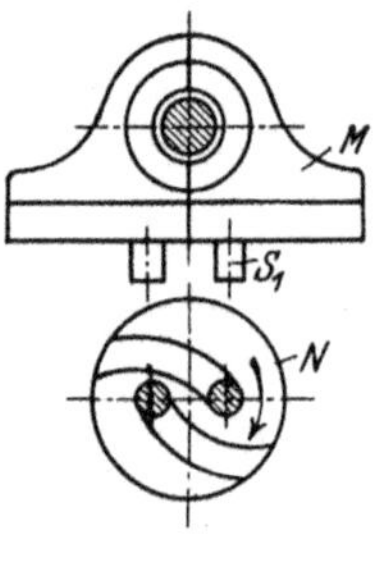

Fig. 212.

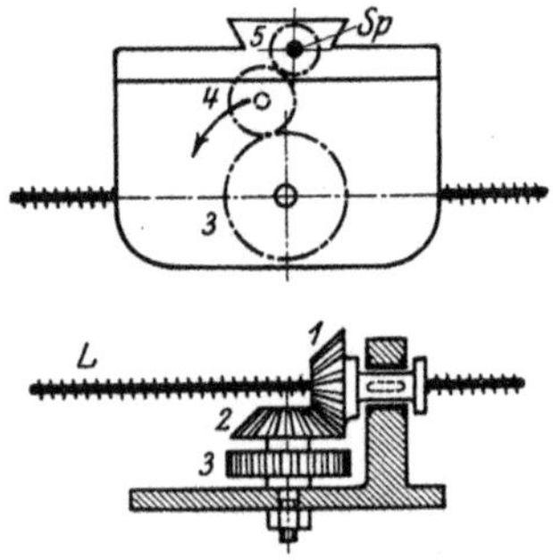

Fig. 213.

Rücklauf. Ist der Stahl am Ende seines Schaltweges angekommen, so könnte man das Wendeherz umlegen und den Stahl leer in seine Anfangstellung zurücklaufen lassen. Das ist aber viel zu zeitraubend. Man löst statt dessen den Selbstgang aus, indem man die Mutter *M* öffnet, und kurbelt den Schlitten von Hand schnell in die Anfangstellung zurück. Die Mutter ist deshalb geteilt (Fig. 211). Die beiden Hälften liegen in Schwalbenschwanzführungen der Räderplatte *P*. Sie greifen mit je einem Stift S_1 in die exzentrisch verlaufenden Nuten der Nutenscheibe *N* (Fig. 212). Zum Öffnen der Mutter wird die Nutenscheibe mit Hilfe des Kugelgriffes K_1 gedreht (Fig. 211a).

Zum schnellen Rückzug dient eine Zahnstange *Za*, die am Bett der Bank festgeschraubt ist. In die Zahnstange greift das Rad *Z*. Es lagert in der Räderplatte und wird mittels des Handrades *Hr* gedreht (Fig. 207a).

Plangang. Die meisten Drehbänke sind so eingerichtet, daß der Quersupport *Su* auf dem Schlitten *Sch* selbsttätig geschaltet werden kann (Fig. 209). Das ist zum sauberen Bearbeiten größerer Stirnflächen nötig. (Planarbeit.) Die Schaltbewegung wird nach Fig. 213 von der genuteten Leitspindel abgeleitet und durch das Kegelräderpaar 1 und 2, sowie die Zwischenräder 3 und 4 auf das Zahnrad 5 übertragen, das auf der Spindel *Sp* sitzt. Die Unterbrechung des Selbstganges erfolgt durch Ausrücken eines der Räder, z. B. Rad 4.

Auf dem Quersupport *Su* befindet sich noch ein Handsupport Su_1, der den Drehstahl trägt (Fig. 207 *a*). Sein Führungsteil *F* läßt sich auf dem Quersupport *Su* (Fig. 209) im Kreise verstellen und in jeder Stellung festklemmen. Für gewöhnlich muß er parallel zur Drehachse stehen.

Dreharbeiten. Das Schruppen. Fig. 214 bis 217 zeigen einige Stähle zum Abnehmen starker Späne beim Außendrehen. Der Rückenwinkel ist $a = 6$ bis $10°$. Der Zuschärfwinkel $b = 60$ bis $65°$. Nur bei Gußeisen und hartem Stahl wählt man $b = 70$ bis $75°$.

Der Stahl nach Fig. 214 ist ohne Schmieden nur durch Schleifen herstellbar und wird deshalb sehr bevorzugt. Die Hauptschneide *DE*

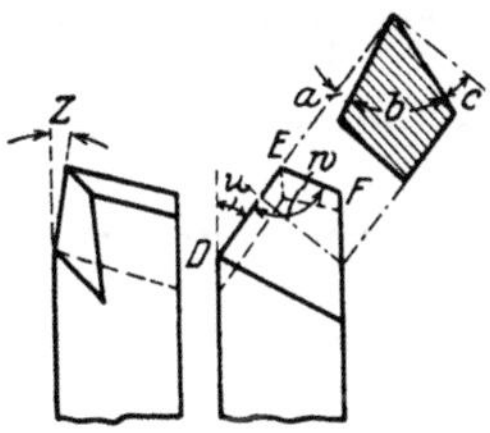

Fig. 214.

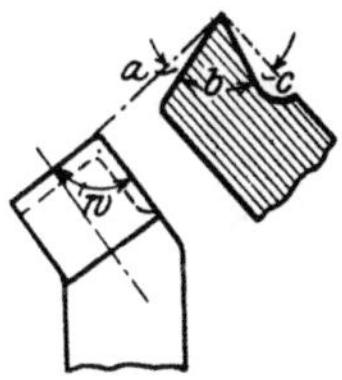

Fig. 215.

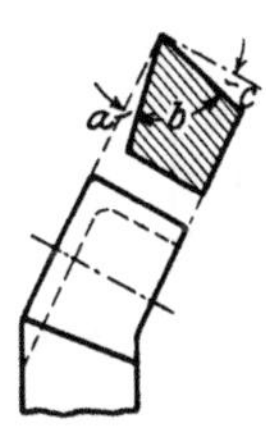

Fig. 216.

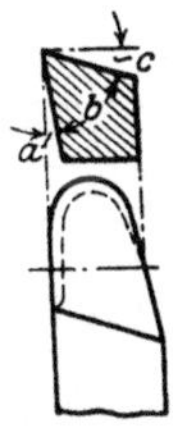

Fig. 217.

verläuft wagerecht oder steigt unter einem ganz kleinen Winkel *z* nach hinten an. *EF* ist die Nebenschneide. Der Winkel *w*, den die beiden Schneiden einschließen, ist meist etwas kleiner als 90°, damit die Hauptschneide noch senkrecht zur Drehachse verwendet werden kann. Die Stellung ist aber nicht vorteilhaft, weil der Span, der senkrecht zur Hauptschneide abfließt, sich dann an der Arbeitsfläche reibt. Für den Winkel *u* werden 45 bis 30° empfohlen, doch ist zu beachten daß sich mit *u* auch der Seitendruck V_2 in Fig. 206 c vergrößert und damit der Rückdruck auf das Arbeitstück. Die großen Winkel *u* können demnach nur bei starken und gut unterstützten Drehstücken angewendet werden. Spitze Stähle leiten die Wärme schlecht, erhitzen sich schnell und werden unbrauchbar. Stähle mit gerundeter Stahlspitze nach Fig. 217 hinterlassen nicht so tiefe Drehfurchen, die Arbeitsfläche wird weniger rauh; aber sie ergeben einen höheren Schnittwiderstand. Diese Stähle werden besonders zum Ausschruppen von Winkeln und Hohlkehlen verwendet. Die gekröpften Stähle nach Fig. 215 und 216 erfordern Schmiedearbeit. Sie sind vielseitiger verwendbar als der gerade Stahl.

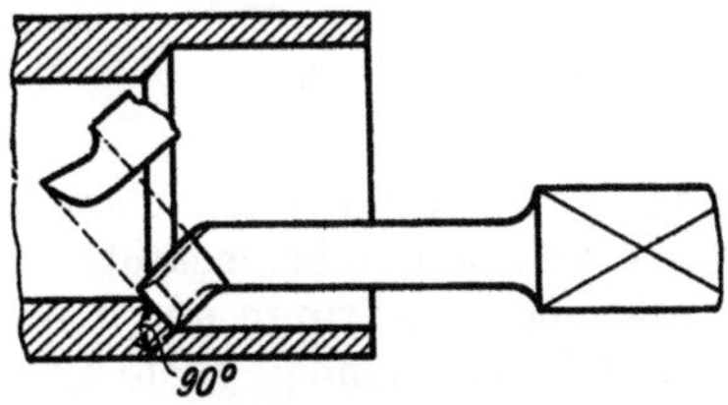

Fig. 218.

Innendrehen. Zum Ausschruppen von Innenflächen benutzt man Stähle nach Fig. 218 für das Langdrehen und nach Fig. 219 für das Plandrehen der Stirnfläche. Die Schaltung beim Plandrehen erfolgt von der Mitte nach außen. Die Stähle erfordern viel Material und

Schmiedearbeit. Hier ist die Verwendung aufgeschweißter Stahlplättchen besonders lohnend. Sehr häufig sind die Bohrstangen nach Fig. 220 und 221, in die man Vierkantstähle einsetzt. Der Innenschruppstahl wird etwas über Mitte angesetzt, um das Einhaken zu vermeiden, das bei großer freitragender Länge des Stahles oder Halters besondere Beachtung verlangt. Schnittgeschwindigkeit und Spantiefe sind klein zu wählen.

Plandrehen: Größere Stirnflächen schruppt man mit den vorstehend erwähnten Stählen für das Außendrehen, indem man diese parallel zur Drehachse einstellt; der Vorschub von innen nach außen wird bevor-

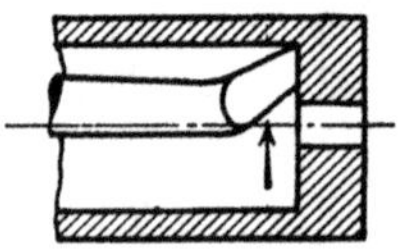

Fig. 219.

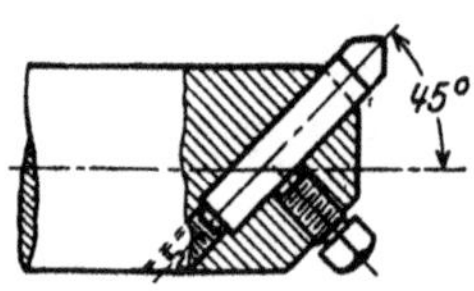

Fig. 220.

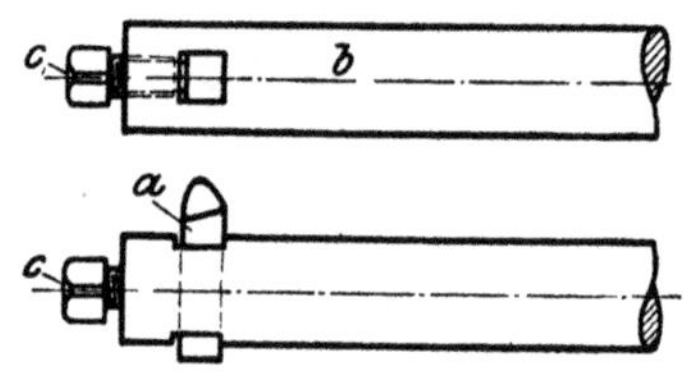

Fig. 221.

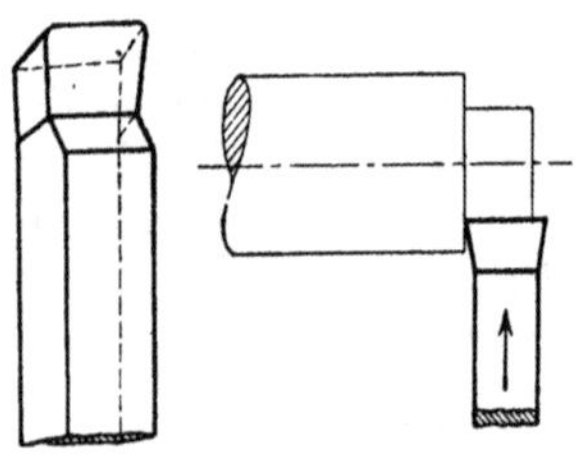

Fig. 222 a u. b.

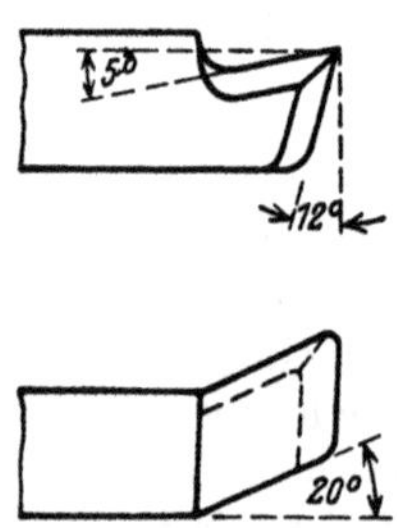

Fig. 223.

Fig. 224.

zugt. Stirnflächen von Wellen und Bolzen, die in Körnern liegen, werden mit einem breiten Stechstahl, dem Kopfstahl, Fig. 222a und b, von außen nach innen geschruppt und dann mit einem rundnasigen Seitenstahl nach Fig. 223 oder einem geraden Seitenstahl nach Fig. 224 sauber nachgearbeitet. Der rundnasige Stahl dient auch zum Schlichten vorgeschruppter Planflächen. Für die Abnahme starker Materialschichten sind rundnasige Stähle nicht geeignet.

An Gußstücken bearbeitet man zuerst die Oberseite, an der die Steiger und verlorenen Köpfe saßen. Hier sind die meisten Gußfehler, und man kann die Ausschußstücke am schnellsten erkennen. Die Gußkruste ist hart und greift jede Schneide an. Sandteilchen verderben auch den härtesten Schneidstahl sehr schnell. Das Beizen der Gußstücke in verdünnter Schwefelsäure (1 : 10) macht die Kruste leichter bearbeitbar. Nach dem Beizen ist gut mit Wasser nachzuspülen. Es ist weit wirtschaftlicher, die Stücke mit reichlicher Materialzugabe für die Bearbeitung zu gießen, als die Werkzeuge dauernd in der harten Kruste arbeiten zu lassen und zu verderben.

Über die Verhältnisse beim Bearbeiten von Flußeisen liegen umfangreiche Versuche von Prof. Ripper in Sheffield vor. Geprüft wurde die Lebensdauer der Schruppstahlschneide. Der Versuchstahl in der Form nach Fig. 214 hatte folgende Winkel: $u = 25°$, $w = 100°$, $a = 5°$, $b = 62°$. Für Schruppstähle aus Werkzeugstahl ergab sich folgendes:

1. Die Lebensdauer nimmt ab, wenn man die Schnittgeschwindigkeit steigert. Für das Verhältnis beider ergaben sich Kurven nach Fig. 225[1]). Man erkennt daraus, daß eine Verringerung der Geschwindigkeit um wenige Meter die Lebensdauer des Stahles bedeutend erhöhen kann.

2. Bei bestimmter Schnittgeschwindigkeit ist die Lebensdauer um so kleiner, je härter das Material ist, das man zerspant.

3. Bei bestimmter Schnittgeschwindigkeit und bestimmtem Material verringert sich die Lebensdauer, wenn man den Spanquerschnitt vergrößert. In Fig. 225 gilt die oberste Kurve für die kleinste Schnittiefe, die unterste Kurve für die größte. Der Vorschub ist in allen Fällen der gleiche.

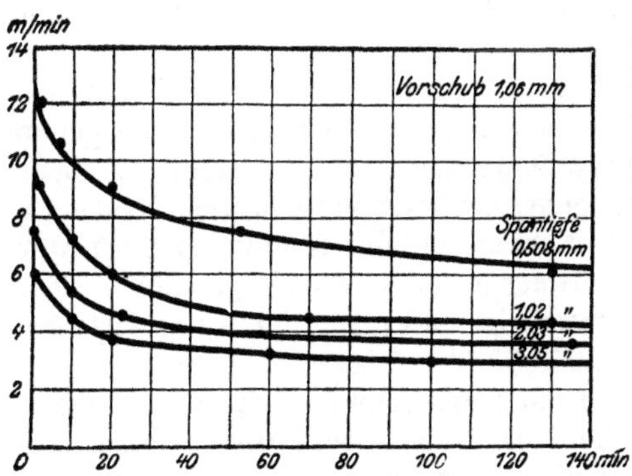

Fig. 225.

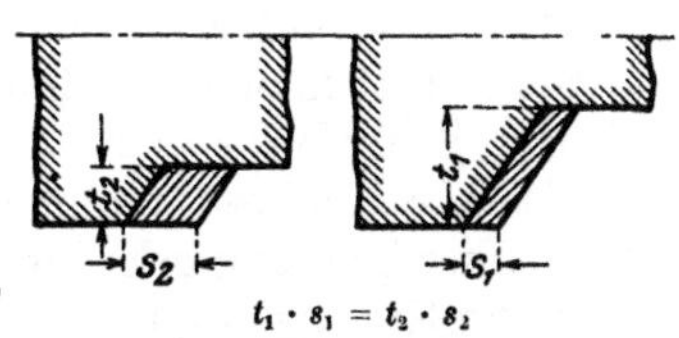

Fig. 226.

4. Unter sonst gleichen Verhältnissen wird die Lebensdauer um so größer, je länger der schneidende Teil der Schneidkante ist. Daraus ergibt sich der Vorteil eines großen Winkels u in Fig. 214 oder einer schrägen Stahlstellung nach Fig. 204.

Beim Schruppen mit Schnellstahl ergaben sich die gleichen Folgerungen; nur sind die Schnittgeschwindigkeiten, die man bei bestimmtem Material und Spanquerschnitt zulassen kann, wesentlich höher. Ferner hat sich folgender Unterschied ergeben: Für die Schnittgeschwindigkeit ist nicht allein die Größe des Spanquerschnittes maßgebend, sondern auch seine Form. Große Schnittiefe und kleiner Vorschub gestatten größere Schnittgeschwindigkeit als die umgekehrte Anordnung bei gleichem Spanquerschnitt. Bei gleicher Schnittgeschwindigkeit zeigte die erste Anordnung größere Lebensdauer. Man kann das so erklären: Die längere Schneidkante leitet die Wärme besser ab, während der breite und dünne Span sich leichter abbiegen läßt. Vergleiche die Fig. 226.

Ein anderes Ziel hatten die Versuche von Streiff und Vogler (W. T. 1907 und 1909). Es sollte festgestellt werden, unter welchen Umständen

[1]) Z. V. d. I. 1914, S. 610.

die verbrauchte Leistung am besten ausgenutzt wird. Dabei ergab sich: Große Vorschübe und kleine Schnittiefen bei steil gestellter Schneidkante ergaben den geringsten Leistungsverbrauch für das Zerspanen einer bestimmten Materialmenge in der Stunde. Starke Abrundung der Stahlspitze erhöht den Verbrauch. Das Ergebnis erklärt sich wahrscheinlich aus der Verkürzung der Trennungslinie.

Handelt es sich darum, große Materialmengen von schweren Arbeitstücken herunterzuholen, so wird man große Spanquerschnitte und mäßige Schnittgeschwindigkeiten wählen. Außerdem wird man den Stahl steil stellen und mit großem Vorschub bei verringerter Schnittiefe arbeiten, wenn die Maschine bis an die Grenze ihrer Leistung beansprucht ist. Bei der Massenherstellung gleichartiger Stücke wird man die Geschwindigkeit größer einstellen und dafür geringere Spanquerschnitte wählen müssen. Die meisten Arbeitstücke halten ohnedies die volle Ausnutzung der Schruppleistung des Schnellstahles nicht aus.

Das Schlichten. Es soll das Arbeitstück auf genauen Durchmesser bringen und ihm saubere Arbeitsflächen geben. Dazu gehört eine genauer arbeitende Drehbank als zum Schruppen. Man verteilt die beiden Arbeiten deshalb da, wo es angeht, auf zwei verschiedene Bänke. Die Schruppbank ist kräftig, weniger genau und der Abnutzung mehr unterworfen. Die Schlichtbank ist schwächer und wird mehr geschont. Neuerdings ersetzt man das Schlichten mehr und mehr durch das wirtschaftlichere Schleifen.

Beim Schlichten nimmt man möglichst schwache Späne und arbeitet mit hoher Schnittgeschwindigkeit. Die Fläche wird aber sauberer, wenn man die Geschwindigkeit nicht übertreibt. Man arbeitet nach zwei Verfahren.

1. Das Breitschlichten. Die Schneidkante des Stahles läuft ein Stück parallel zur Drehachse. Der Vorschub ist groß. Das Verfahren eignet sich für stärkere Stücke, die einen größeren Schnittwiderstand vertragen, und ist besonders bei Gußeisen im Gebrauch. Für Kupfer, Bronze und Messing ist es ungeeignet. Der Stahl reißt ein.

2. Das Schlichten mit kleinem Vorschub. Der Stahl hat eine schwach abgerundete Spitze. Die Schnittgeschwindigkeit ist höher als vorher.

Alle Schlichtstähle arbeiten mit kleinem Anstellwinkel, damit sie nicht einhaken, auch ihr Brustwinkel ist klein. Sie werden auf Mitte eingestellt. Fig. 227 zeigt einen Schlichtstahl zum Breitschlichten von Gußeisen nach Hippler. Der Rücken ist auf 0,5 mm Höhe senkrecht. $\sphericalangle a = 0°$. Beim Schlichten muß man mit Bohröl oder Seifenwasser kühlen, nur Gußeisen wird trocken geschlichtet. Das Feilen und Schmirgeln der Drehstücke ist nur da zulässig, wo es mehr auf das Aussehen der Arbeitstücke als auf die Genauigkeit ankommt.

Einstechen und Abstechen. Das Einstechen von Nuten erfolgt mit dem Kopfstahl (Fig. 222). Ist die Nut breiter als der Stahl, so sticht man mehrmals nebeneinander ein. Der Abstechstahl ist viel schmaler als der Kopfstahl. (Fig. 228.) Dadurch wird der Materialverlust beim Abstechen verringert. Der Stahl trennt den Span von drei Seiten ab und muß deshalb an Stirn- und Seitenflächen Rückenwinkel haben. An den Seitenflächen genügt ein Winkel von 3°, die Stirnfläche braucht einen größeren Rückenwinkel — 12°, weil der Steigungswinkel der

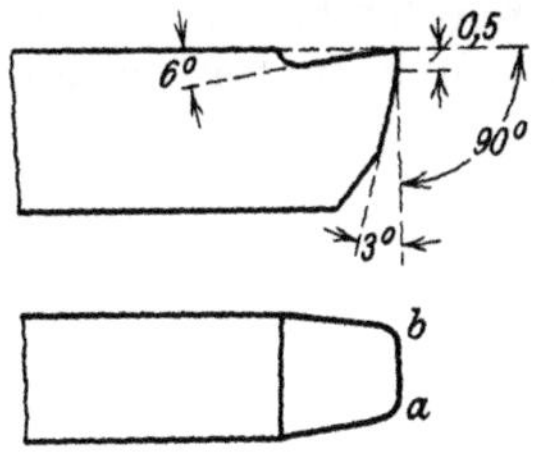

Fig. 227.

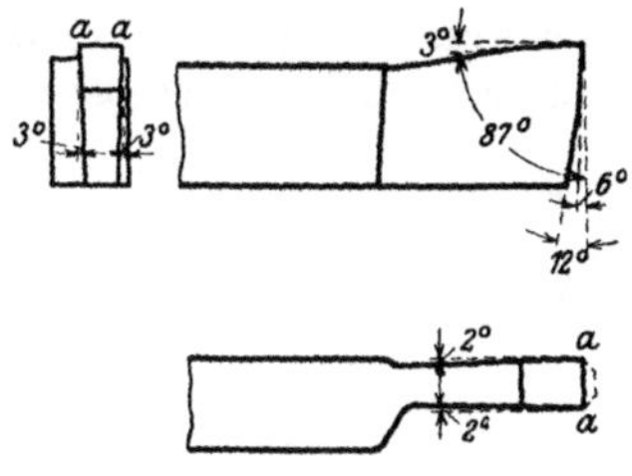

Fig. 228.

spiralförmigen Schnittfläche zu berücksichtigen ist. Vgl. Fig. 192. Der Brustwinkel ist meist klein, ausgenommen beim Abstechen von Kupfer. Nach dem Schaft hin ist der Stechstahl etwas schmaler, damit er in der Nut nicht reibt. Die Arbeitsfläche ist nicht sehr sauber. Der Span staucht sich beim Schneiden und reibt in der Nut. Außerdem steht der schwache Stahl nicht ganz still. Stangen über 175 mm Durchmesser können durch Abstechen nicht mehr zerlegt werden; sie werden auf der Band- oder Kreissäge geteilt oder autogen zerlegt.

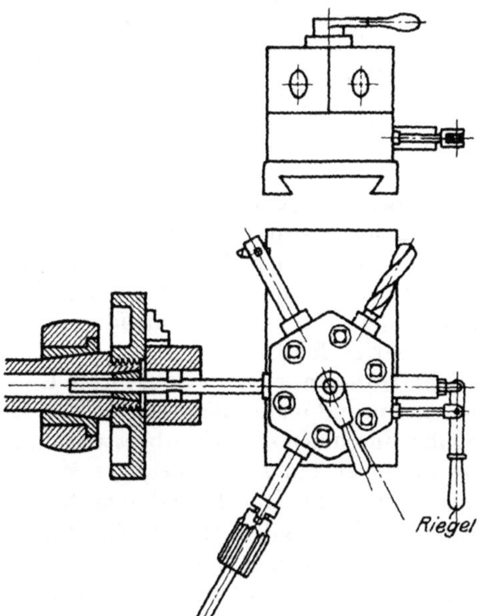

Fig. 229.

Das Bohren genauer Löcher. Das Bohren genauer, austauschbarer Löcher erfordert die Anwendung einer größeren Zahl von Werkzeugen hintereinander, die sich an einer einfachen Drehbank nicht ohne weiteres anbringen und auch nicht schnell genug auswechseln lassen. Für solche Arbeiten bevorzugt man Drehbänke mit Revolverkopf (Fig. 229). Er kann sechs Werkzeuge tragen. Entriegelt man den Kopf, so kann man ihn um die senkrechte Achse schwenken und ein Werkzeug nach dem andern in Arbeitstellung bringen.

a) Bohren aus dem Vollen. Das Loch wird zunächst mit einem Spiralbohrer vorgebohrt. Tiefere Löcher erfordern zwei Spiralbohrer, einen kurzgefaßten, der das Loch möglichst zentrisch anbohrt, und einen langen, der es fertig bohrt. Es kommt darauf an, das Loch von Anfang an möglichst schlagfrei herzustellen. Darauf ist beim Spiralbohrer aber nicht sicher zu rechnen. Man dreht deshalb mit dem Drehstahl nach Fig. 220 nach. Dann wird das Loch mit einem Aufstecksenker nach Fig. 230 soweit nachgearbeitet, daß höchstens 0,2 bis 0,3 mm im Durchmesser stehen bleiben. Diese werden durch Aufreiben entfernt. Das

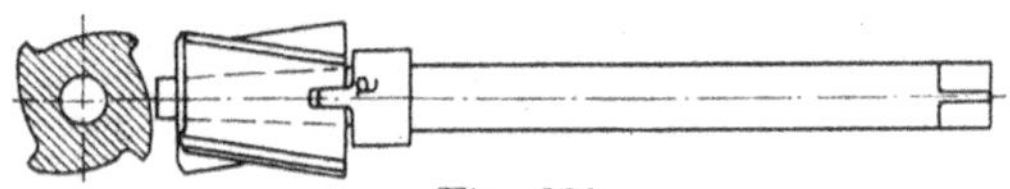

Fig. 230.

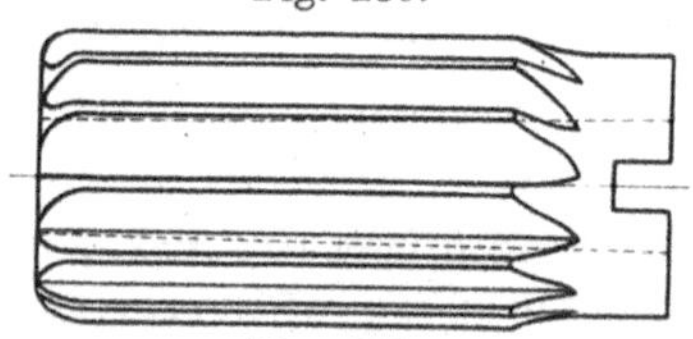

Fig. 231.

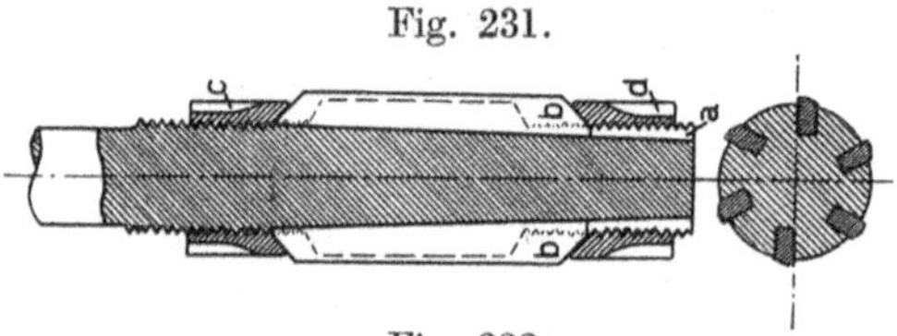

Fig. 232.

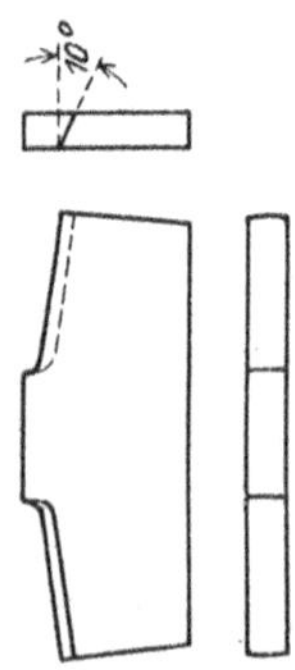

Fig. 233.

Aufreiben erfolgt durch eine Maschinenreibahle nach Fig. 231, der man die nachstellbare Reibahle (Fig. 232) zum Fertigmachen folgen läßt. Diese kann nicht durch bloßes Nachstellen wieder auf den richtigen Durchmesser gebracht werden. Sie ist nach jeder Einstellung nachzuschleifen, damit alle Schneidkanten gleich liegen. Dabei erhält sie das richtige Maß.

b) Bohren von gegossenen Löchern. Das Loch ist von vornherein unrund und schlägt stark. Man kann nicht darauf rechnen, diesen Schlag durch den schlecht abgestützten Drehstahl zu beseitigen. Deshalb benutzt man ein zweischneidiges Messer nach Fig. 233 (nach Hippler), das in einer kräftigen Bohrstange steckt, die noch besonders durch einen Ring in der hohlen Hauptspindel geführt ist. Siehe auch Fig. 229. Mit einem ähnlichen Messer wird vorher die Stirnfläche abgefräst, damit das nachfolgende Messer (Zweischneider) an der harten Gußkruste nicht einseitig stumpf wird. Die weitere Bearbeitung mit Senker und Reibahle erfolgt wie vorher. Statt des Aufstecksenkers kann bei größeren Löchern ein Messer nach Fig. 234 verwendet werden, das mit seinen schneidenden Außenkanten glättend wirkt. Auch die Reibahle kann durch ein solches Messer ersetzt werden. Größere Bohrungen werden nicht mit einem zweischneidigen Messer, sondern mit einem mehrschneidigen Messerkopf nach Fig. 235 bearbeitet. Einzeln lassen sich die vorstehenden Arbeiten auch auf der einfachen Drehbank ausführen.

Zum Einspannen der Werkzeuge benutzt man vorwiegend den Reitstock, wie es die folgenden Figuren zeigen.

Fig. 236. Bohren mit dem Spiralbohrer. Dieser steckt in einer Reduzierhülse, die in die Pinole des Reitstockes paßt. Der Stift *St* hindert das Mitlaufen der Hülse. Zur Führung des Bohrers dient ein Halter,

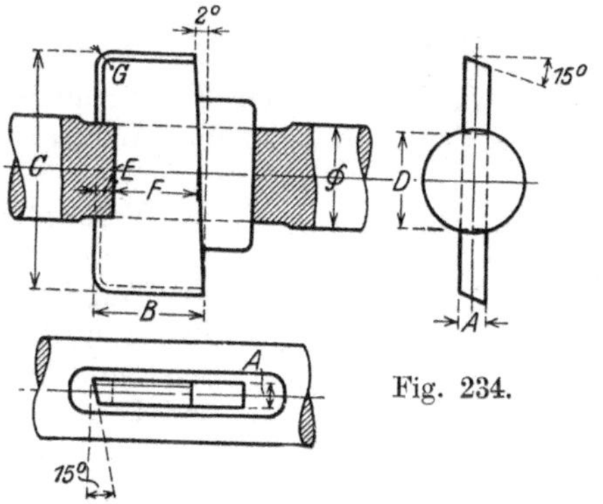

Fig. 234.

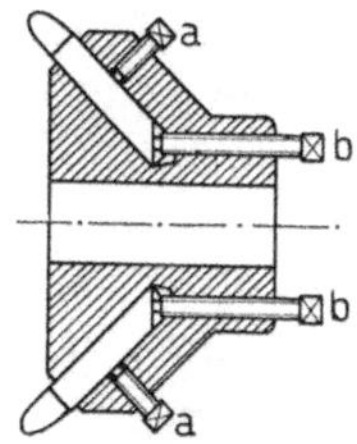

Fig. 235.

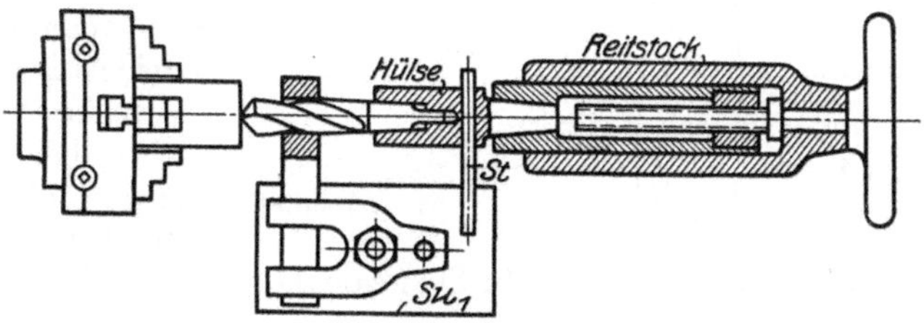

Fig. 236.

der wie ein Drehstahl eingespannt ist. Fig. 237 und 238 zeigen das Ausbohren mit Hilfe der Bohrstange. Das Arbeitstück ist auf dem Drehbankschlitten festgespannt, der Handsupport Su_1 ist abgenommen. In Fig. 237 führt das Arbeitstück die Schaltbewegung aus; die Bohrstange

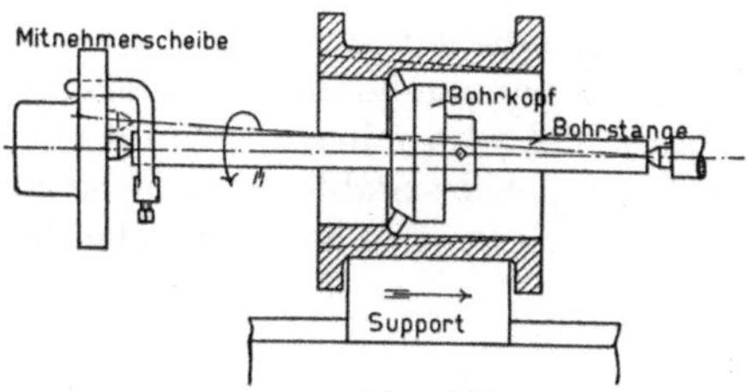

Fig. 237.

muß daher mehr als doppelt so lang sein wie das Arbeitstück. In Fig. 238 wird der Bohrkopf auf der Bohrstange geschaltet. Das Schaltrad am Ende der Schaltspindel schlägt bei jeder Umdrehung gegen einen festen Stift — Faulenzer — vgl. Fig. 252. Arbeiten dieser Art werden nur ausnahmsweise auf der Drehbank ausgeführt. Sie gehören auf Bohrwerke. Fig. 239 zeigt ein solches mit wandernder Bohrspindel. Der Schaltantrieb der Spindel erfolgt durch das Zahnrad *Z* und die Zahnstange *Za*. Die Bohrstange ist auswechselbar. Sie trägt das Bohr-

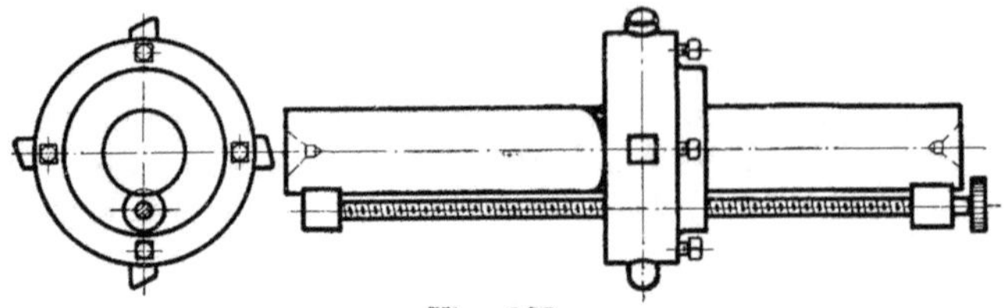

Fig. 238.

messer oder den Bohrkopf. Das Konsol mit dem Kreuzschlitten ist in der Höhe verstellbar. Auf dem Schlitten ruht das Arbeitstück und wird mit ihm eingestellt.

Sämtliche Schneidkanten eines mehrschneidigen Werkzeuges sind auf gleichen Abstand von der Drehachse einzustellen. Andernfalls tritt eine ungleichmäßige Belastung der Schneiden ein. Fig. 240a und b zeigen das für zwei Schneiden *I* und *II*, die im Kreise vom Durchmesser *D* einmal umlaufen. Der Kreis ist in die Ebene gestreckt. In Fig. 240a stehen beide Schneiden gleichhoch; jede nimmt einen Span von der Stärke $s/_2$. In Fig. 240b steht Schneide *II* zurück. Sie nimmt eine Spanstärke, die kleiner ist als $\frac{s}{2}$; für Schneide *I* bleibt dann ein um so stärkerer Span (nach Simon).

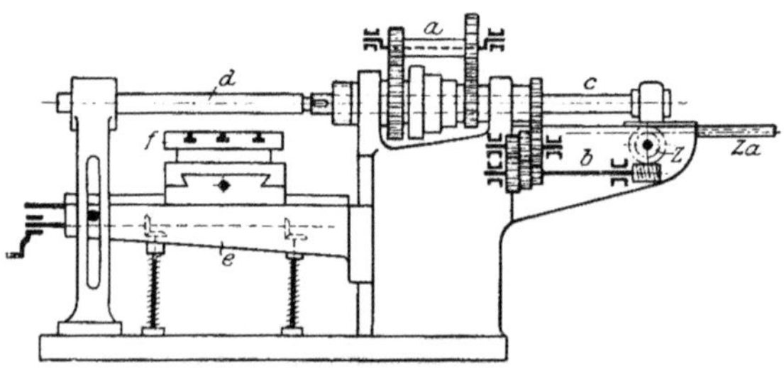

Fig. 239.

a = Rädervorgelege
b = Schaltgetriebe
c = Hauptspindel
d = Bohrstange
e = Konsol
f = Kreuzschlitten

Das Konischdrehen. a) Außenkonen. Konen können auf der Drehbank in mannigfaltiger Weise erzeugt werden. Fig. 241. Der Konus ist kurz und wird mit einem Stahl mit schräger Schneide fertig gemacht. Das Einstellen des Stahles kann an einem Musterkonus von kleinem Durchmesser erfolgen, den man zwischen die Spitzen spannt.

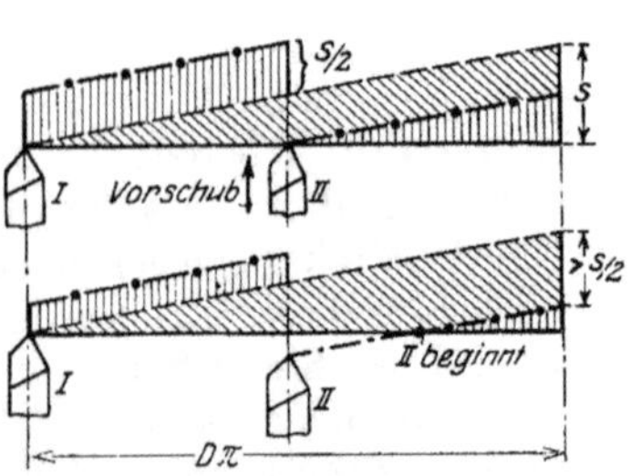

Fig. 240a u. b.

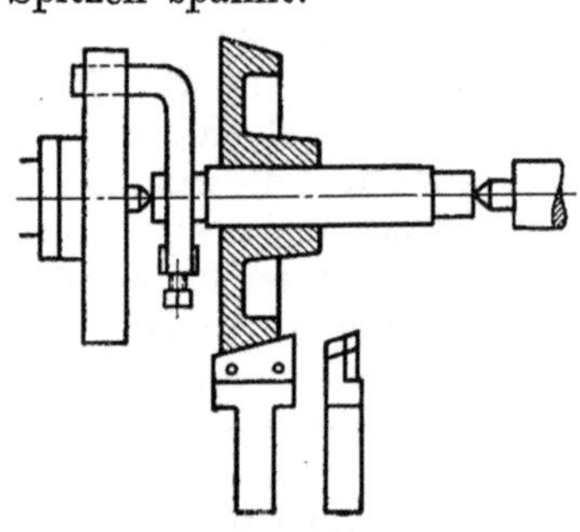

Fig. 241.

Fig. 242. Der Führungsteil F der Drehbank (Fig. 207) ist mit der Drehscheibe D um den Neigungswinkel α der Konusmantellinie geneigt.

Es ist $\operatorname{tg}\alpha = \frac{\frac{d_1}{2} - \frac{d_2}{2}}{l} = \frac{d_1 - d_2}{2l}$. Hat man $\operatorname{tg}\alpha$ berechnet, so entnimmt man α einer trigonometrischen Tafel. Beispiel:

$$d_1 = 120 \text{ mm}, \; d_2 = 90 \text{ mm}, \; l = 125 \text{ mm},$$

$$\operatorname{tg}\alpha = \frac{120 - 90}{2 \cdot 125} = \frac{30}{250} = \frac{3}{25} = 0{,}12; \; \alpha = 6^0\,50'.$$

Das Verfahren ist nur für kurze Konen anwendbar, die Länge hängt von dem Schaltweg ab, den der Handsupport A auf dem Führungsteil machen kann. Dieser sitzt drehbar auf dem Support Su und wird durch zwei Schrauben k festgeklemmt. Der eingestellte Winkel läßt sich auf einer Gradeinteilung am Umfange des kreisförmigen Sitzes ablesen.

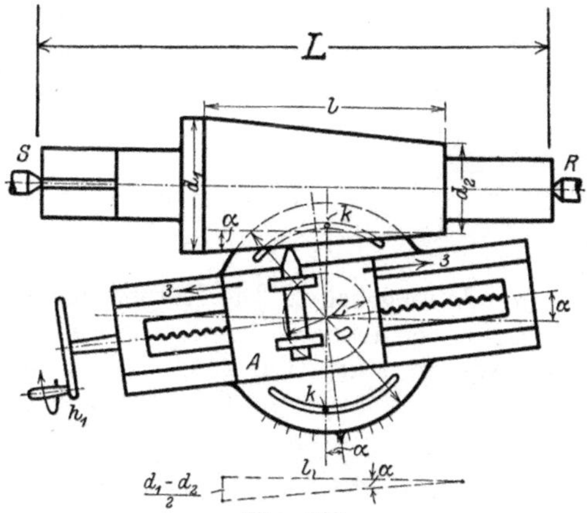

Fig. 242.

Fig. 243. Schlanke Konen von größerer Länge kann man drehen, indem

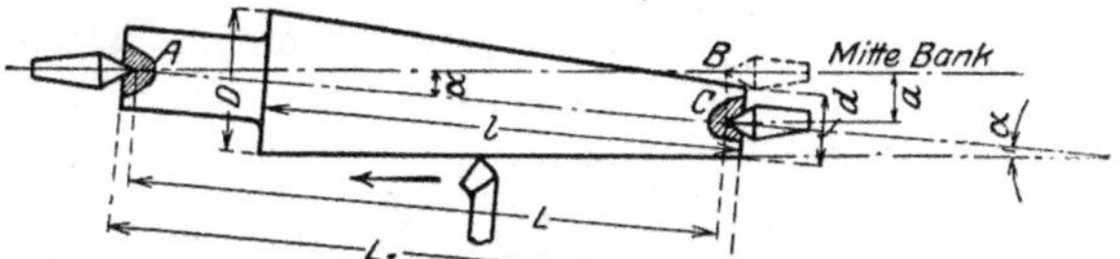

Fig. 243.

man den Reitstockoberteil 0 (Fig. 207) auf dem Unterteil U senkrecht zur Längsrichtung der Bank verstellt. Das geschieht durch Drehen an der Schraubenspindel Sp_1. Der Drehstahl wird immer parallel zur Bank geschaltet. Verschiebt man die Reitstockspitze um a nach vorn, so neigt sich die Drehachse um den Winkel α, der gleichzeitig der Neigungswinkel der Mantellinie des Konus ist. Winkel α ermittelt man wie vorher. Nach Fig. 243 — Dreieck ABC — ist $\sin\alpha = \frac{a}{L}$. Daraus ergibt sich $a = L \cdot \sin\alpha$, wenn L die Entfernung zwischen den Körnerspitzen ist. Sie ist meist nicht genau bekannt und wird durch die äußere Länge L_1 ersetzt. Das führt zu Ungenauigkeiten, die der Dreher mit zeitraubenden Versuchen beseitigt. — Am zylindrischen Drehstück werden die Körner nach Fig. 244 so angebohrt, daß Körner und Bohrung gleiche Spitzenwinkel haben und gut ineinander passen. Die Spitze des Körners soll überhaupt nicht tragen. Bei verstellter Reitstockspitze ist

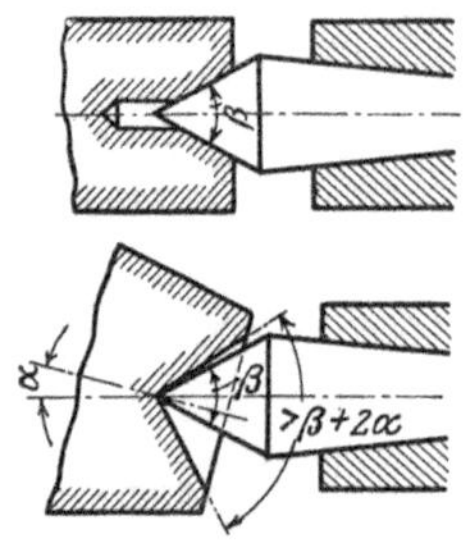

Fig. 244 u. 245.

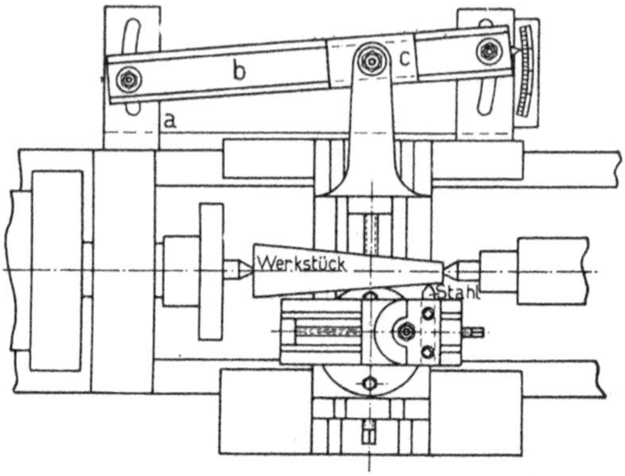

Fig. 246.

es gerade umgekehrt. Die Körnerbohrung muß einen größeren Spitzenwinkel haben als der Körner. Die Auflage findet dann nur an der Spitze des Körners statt (Fig. 245). Andernfalls würgt das Arbeitstück um den Körner, wobei sich die Bohrung erweitert. Deshalb wird das Verfahren nur bei kleinen Winkeln α angewendet.

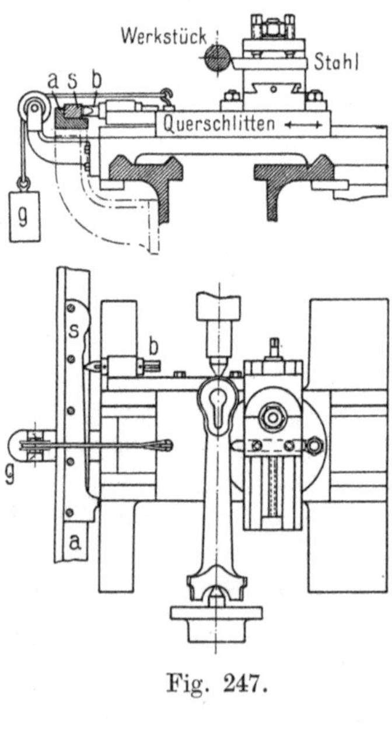

Fig. 247.

Fig. 246 zeigt das Drehen mit dem Konuslineal; das ist eine Sondervorrichtung an der Drehbank, die in verschiedenen Ausführungen auf den Markt kommt. Zwei Aufspannwinkel *a* sind am Bett der Bank befestigt. Sie tragen das Führungslineal *b*, auf dem das Gleitstück *c* entlang geht. Es ist gelenkig mit dem Quersupport verbunden. Dieser muß frei beweglich sein. Man erreicht das z. B., indem man die Supportspindel herausnimmt. Eine andere Ausführung, die auch zum Profildrehen benutzt werden kann, bringt Fig. 247. Der Schlitten mit dem Stift *b* wird durch das Gewicht *g* ständig an die Schiene *s* gedrückt. Die Supportspindel ist wieder herausgenommen. Die Einrichtung ist anwendbar für Winkel bis 15°.

Beim Konischdrehen muß der Stahl genau auf Mitte eingestellt werden. Jede andere Stellung ergibt Drehkörper mit gekrümmter

Mantellinie. Fig. 248 läßt das erkennen. Der Stahl steht um h über Mitte. Die Stahlspitze verschiebt sich auf der Geraden MN.

Die Konen werden nach dem Verhältnis $\frac{d_1 - d_2}{l}$ benannt (Fig. 242). Ein Konus $\frac{1}{20}$ verändert seinen Durchmesser um je 1 mm auf 20 mm Länge.

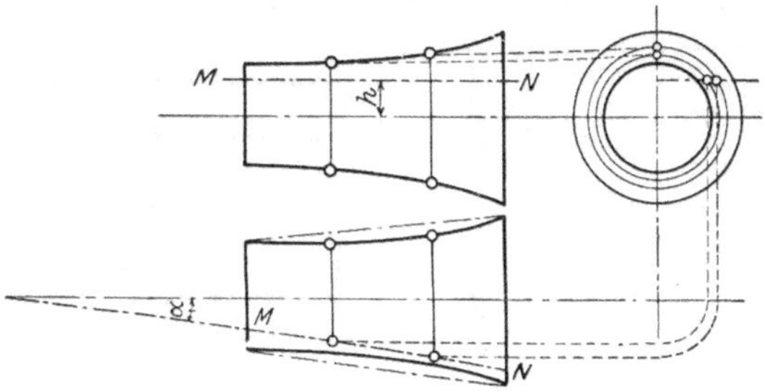

Fig. 248.

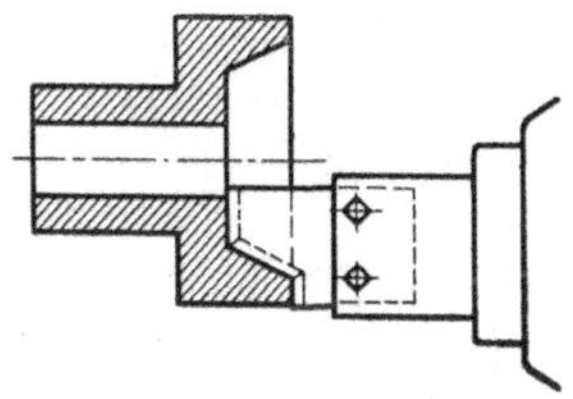

Fig. 249.

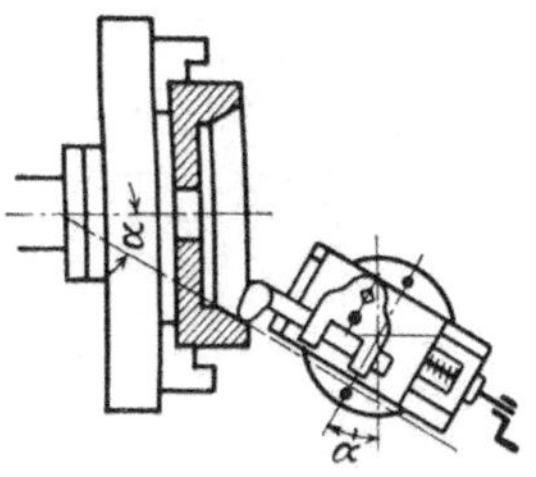

Fig. 250.

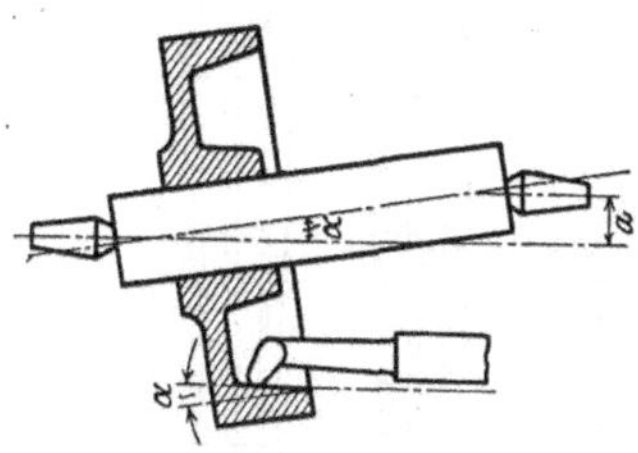

Fig. 251.

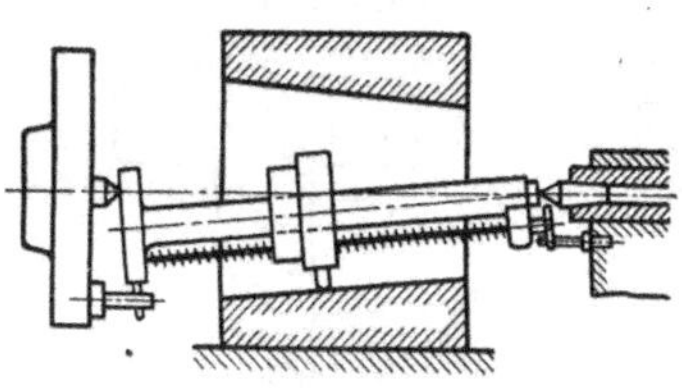

Fig. 252.

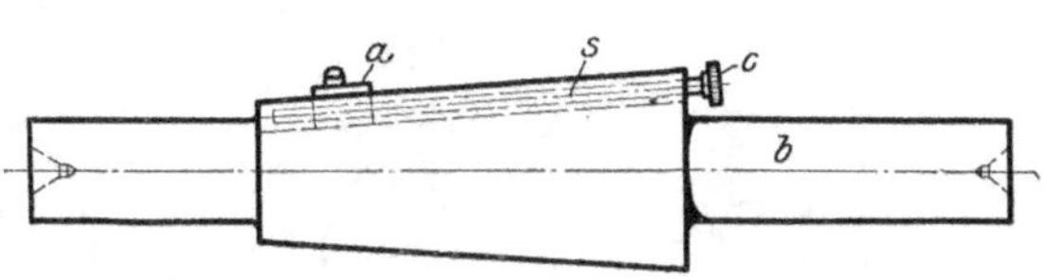

Fig. 253.

Innenkonen. Es zeigen:

Fig. 249 das Ausdrehen eines Innenkonus mittels eines Formmessers. Diese Bearbeitungsart finden wir besonders bei Revolverbänken. Der Stahlhalter ist auf eine der 6 Flächen des Revolverkopfes geschraubt.

Fig. 250 das Ausdrehen mit verstelltem Handsupport;

Fig. 251 das Ausdrehen mit verstellter Reitstockspitze;

Fig. 252 das Ausdrehen mit schief gestellter Bohrstange;

Fig. 253 eine Sonderbohrstange.

Konische Löcher von kleinem Durchmesser werden zylindrisch gebohrt und mit Hilfe von Reibahlen in die konische Form gebracht. Die

Schruppreibahle Fig. 254, 1 arbeitet ein abgestuftes Loch aus, ihre Zähne sind hinterdreht. Reibahlen 2 und 3 machen das Loch fertig.

Formdrehen (Profildrehen) kann in dreierlei Weise erfolgen. 1. Die Supporte *Su* und Su_1 werden von Hand bewegt, und die Form wird herausgedreht unter ständigem Vergleich mit einer Blechschablone. 2. Der Support *Su* wird durch ein Leitlineal gesteuert wie beim Konischdrehen. Fig. 247 zeigt ein Leitlineal für eine Pleuelstange.

Die Drehstähle für 1 und 2 sind vorn abgerundet, damit sie nach allen Seiten schneiden können (Fig. 255).

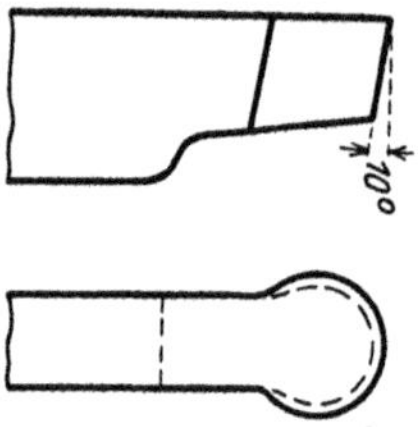

Fig. 255.

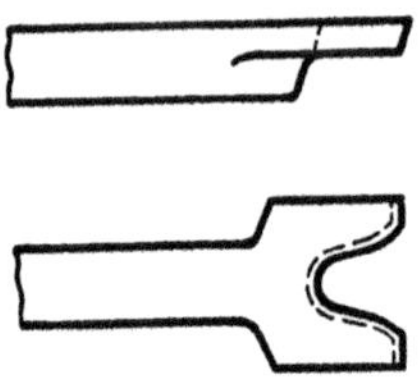

Fig. 256.

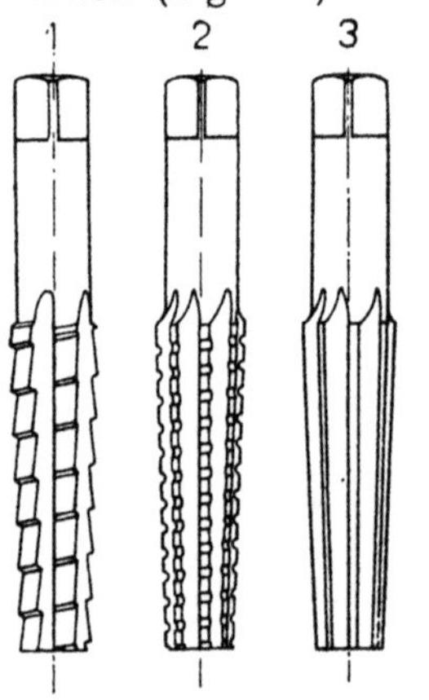

Fig. 254.

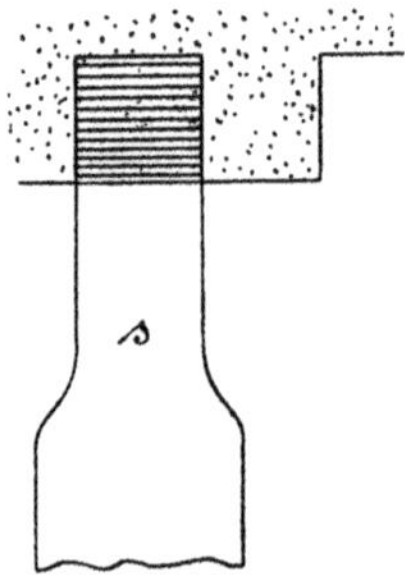

Fig. 257.

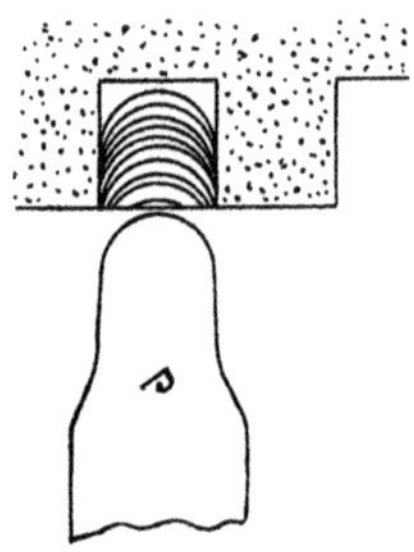

Fig. 258.

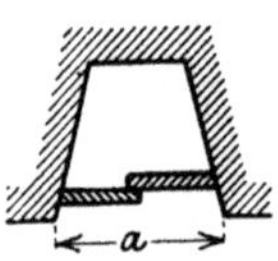

Fig. 259.

Fig. 260.

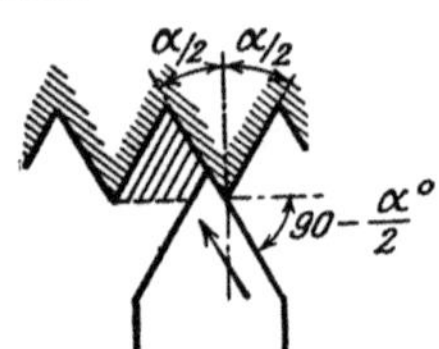

Fig. 261.

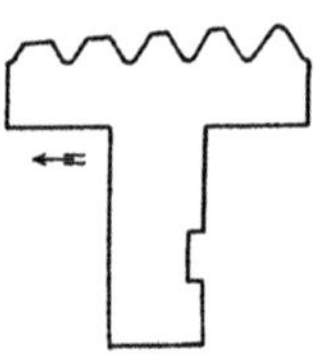

Fig. 262.

3. Man benutzt einen Drehstahl mit ausgearbeitetem Profil (Fig. 256).

Das Gewindeschneiden. Das Gewindeschneiden auf der Leitspindelbank kommt hauptsächlich für genaue Gewinde in Betracht. Der Arbeitsvorgang ist so, daß man die Gewindefurche erst vorarbeitet und dann auf genaue Form und auf Maß bringt. Flach- und Trapezgewinde erfordern für beide Arbeiten besondere Stähle. Für Spitzgewinde genügt im allgemeinen ein Stahl. Fig. 257 bis 258 erläutern das Vorarbeiten von Flachgewinde. Der Stahl wird nach jedem Arbeitsgang senkrecht zur Achse des Drehstückes nachgestellt. Saubere Seitenflächen ergeben sich hier ebensowenig wie beim Einstechen. Trapezgewinde wird abwechselnd rechts und links eingestochen (Fig. 259). (Nach Hippler.)

Bei Spitzgewinde erfolgt das Nachstellen entweder nach Fig. 260 oder seltener in Richtung der rechten Gewindeflanke nach Fig. 261. Diese Art gibt besonders saubere Arbeitsflächen und gestattet größere Spanquerschnitte. Sie erfordert aber das Verstellen des Handsupports um $\left(90 - \frac{\alpha}{2}\right)^\circ$ gegen die Drehachse, wobei α der Spitzenwinkel des Gewindes ist.

Ein drittes Verfahren besteht darin, daß man das Nachstellen erspart und mit dem Strehler (Fig. 262) vorarbeitet. Der Strehler enthält mehrere Schneidzähne hintereinander. Jeder folgende schneidet das Gewinde tiefer als der vorhergehende. Der letzte Zahn macht es fertig. Genaues Gewinde muß mit dem Einzelstahl nachgeschnitten werden, weil der Strehler beim Härten in der Steigung ungenau wird.

Die Herstellung von genauem Gewinde bietet sehr viel Schwierigkeiten, und es sind folgende Bedingungen zu erfüllen: 1. Der Gewindestahl muß den genauen Spitzenwinkel des Gewindes haben. Es ist Sache besonders dafür eingerichteter Fabriken, solche Stähle herzustellen.

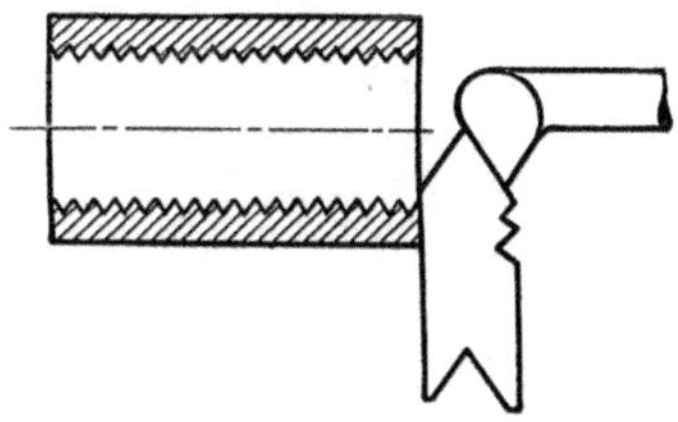

Fig. 263.

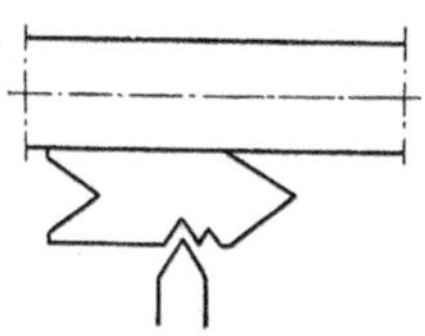

Fig. 264.

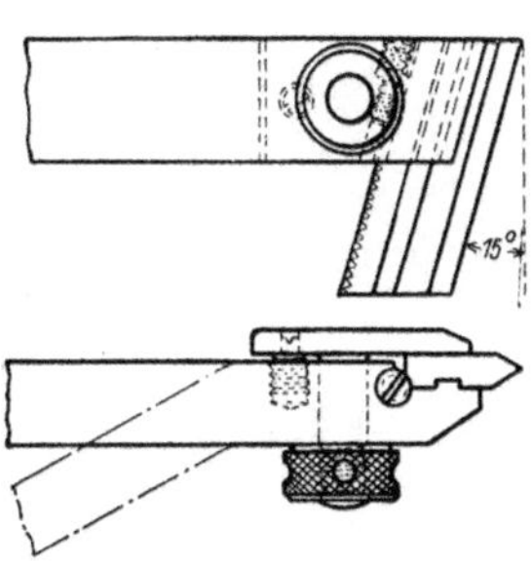

Fig. 265.

2. Der Stahl muß richtig angestellt werden. Dabei können folgende Fehler gemacht werden : a) Der Stahl steht nicht senkrecht zur Drehachse; das Gewindedreieck wird ungleichschenklig. Man prüft die richtige Stellung mit Hilfe einer Schablone nach Fig. 263 und 264.

b) Der Stahl steht nicht auf Mitte.

c) Der Stahl steht mit der Spitze auf Mitte, weicht aber von der radialen Richtung nach oben oder unten ab. Die Folge der Fehler unter *b* und *c* ist eine Verzerrung des Gewindeprofils. Man bekämpft sie am besten, indem man den Stahl in einem guten Stahlhalter befestigt. (Fig. 265).

3. Die Gewindesteigung muß richtig sein. Dieser Fehler kann seine Ursache in Steigungsfehlern der Leitspindel haben, z. B. wegen ungleichmäßiger Abnutzung derselben. Das Arbeitstück kann beim Drehen zu sehr erwärmt, oder es können auch falsche Wechselräder aufgesteckt sein. (Die Berechnung der Räder folgt.)

4. Das Gewinde muß die richtigen Durchmesser erhalten.

Bei der Formgebung des Gewindestahles ist der Steigungswinkel der Gewindeflanken zu beachten. Der Stahl muß mit diesen Flächen richtige Anstell- und Schnittwinkel einschließen. Hat das Gewinde nur wenige Grad Steigungswinkel wie bei Spitzgewinde, so genügt es, den Stahl kräftig vom Gewinde zurückzuneigen. Vgl. hierzu Fig. 265 mit $\alpha = 15°$. Der Schnittwinkel δ_r in Fig. 266 Furche I wird aber stets ungünstig groß, und deshalb ist es besser, den Spitzgewindestahl nach Fig. 261 nachzustellen und mit der linken Kante schneiden zu lassen — Gewinde von höherer Steigung erfordert zum Schruppen schräggestellte Stähle. Vgl. Furche *II* in Fig. 266. Dabei wird der Schneidkopf schräg angearbeitet (Fig. 267 a und b), oder der Stahl erhält einen runden Schaft nach Fig. 267 c, so daß er sich leicht einstellen läßt. Die Schrägstellung erfolgt senkrecht zum mittleren Steigungswinkel des Gewindes.

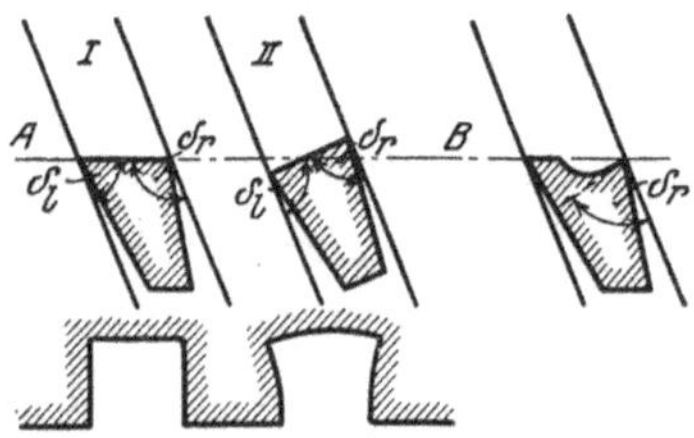

Schnitt A—B.

Fig. 266. Fig. 266 a.

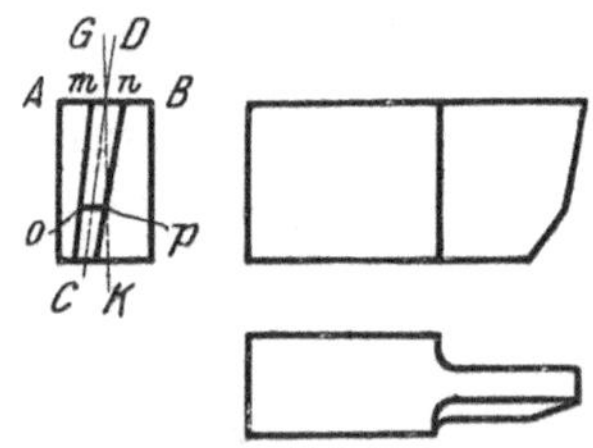

Fig. 267 a u. b.

Fig. 267 c.

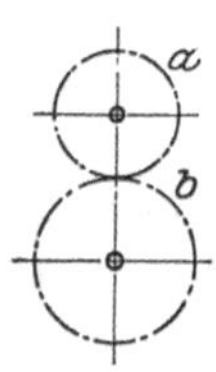

Fig. 268.

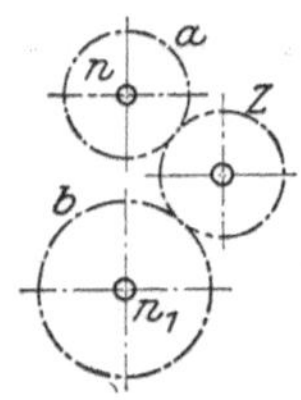

Fig. 269.

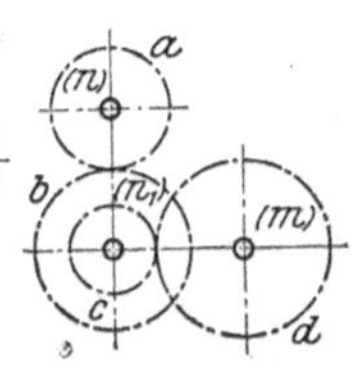

Fig. 270.

Der rechteckige Stahlkopf erzeugt dabei ein verzerrtes Gewindeprofil (siehe Fig. 266, Schnitt *AB*, Furche *II*). Für den Schruppstahl macht das nichts aus, der Fertigstahl dagegen muß mit wagerechter Brust arbeiten. Man kann ihn nach Fig. 226 a anschleifen oder jede Flanke des Gewindes einzeln mit einem besonderen Stahl fertigmachen.

Die Wechselräder. Zwischen zwei Zahnrädern, die ineinandergreifen, besteht ein Übersetzungsverhältnis, das man kurz als Übersetzung bezeichnet. Zwischen zwei Zahnrädern, die auf derselben Welle sitzen, besteht keine Übersetzung. Sind *a* und *b* die Zähnezahlen der beiden Räder in Fig. 268, so ist die Übersetzung $\frac{a}{b}$, wenn *a* das treibende Rad ist, und $\frac{b}{a}$, wenn *b* treibt. Beispiel: $a = 30$, $b = 50$ Zähne, dann ist $\frac{a}{b} = \frac{30}{50}$. Die Übersetzung $\frac{30}{50}$ kann man in verschiedener Weise ausdrücken; z. B. $\frac{a}{b} = \frac{30}{50} = \frac{3}{5} = \frac{6}{10} = \frac{12}{20} = \frac{18}{30} = \frac{24}{40} = \frac{48}{80}$. Man kann also den Bruch $\frac{a}{b}$ nach Belieben kürzen, d. h. im Zähler und Nenner durch dieselbe Zahl teilen, oder erweitern, d. h. im Zähler und Nenner mit derselben Zahl malnehmen (multiplizieren), ohne seinen Wert zu verändern. Es kommt gar nicht darauf an, daß die Zähnezahlen grade 30 und 50 sind, sie können auch 24 und 40 oder 48 und 80 sein. Der Bruch muß nur den Wert $\frac{3}{5}$ haben, dann ist nichts geändert. Baut man zwischen die Räder a und b ein Zwischenrad z (Fig. 269), so bleibt die Übersetzung, wie sie war. Ist a kleiner als b, so hat man eine Übersetzung ins Langsame; bei einer Übersetzung ins Schnelle muß a größer als b sein. Ist die Übersetzung $\frac{3}{5}$ und die Umlaufzahl der treibenden Welle $n = 50$, so muß die Umlaufzahl der getriebenen Welle $n_1 = \frac{3}{5} \cdot 50 = 30$ sein. Folgt auf die Übersetzung $\frac{a}{b}$ noch eine zweite Übersetzung $\frac{c}{d}$ (Fig. 270), so wird die Umlaufzahl n_1 nochmals verändert. Ist $\frac{c}{d} = \frac{1}{2}$, so macht das Rad d und seine Welle nur $m = \frac{1}{2} n_1 = \frac{1}{2} \cdot 30 = \frac{1}{2} \cdot \frac{3}{5} \cdot 50 = 15$ Umdrehungen. Zwischen m und n besteht also die Übersetzung $\frac{m}{n} = \frac{3}{5} \cdot \frac{1}{2} = \frac{3}{10} = \frac{15}{50}$. Demnach erhält man die Gesamtübersetzung, wenn man die Übersetzungen der einzelnen Räderpaare miteinander multipliziert. Umgekehrt kann man eine Gesamtübersetzung wieder in zwei Teilübersetzungen zerlegen, wenn man den Zähler und den Nenner so in zwei Teilwerte zerlegt, daß die Gesamtübersetzung beim Multiplizieren der Teilübersetzungen wieder herauskommt. Beispiel: $\frac{m}{n} = \frac{10}{21} = \frac{2 \cdot 5}{3 \cdot 7} = \frac{2}{3} \cdot \frac{5}{7}$ oder auch $= \frac{2}{7} \cdot \frac{5}{3}$.

Bei der Drehbank liegen zwischen der Hauptspindel H (Fig. 207) und der Leitspindel L auch mehrere Räderpaare hintereinander. Was man nun berechnet, ist nicht die Zähnezahl dieser Räder, sondern ihre Übersetzung. Dann wählt man die passenden Räder aus dem vorhandenen Satze aus. Nach Fig. 207 bedeuten: l die Steigung der Leitspindel; m die Umlaufzahl der Leitspindel in einer Minute. Dann ist der Schaltweg des Schlittens bei einer Leitspindeldrehung $= l$ und in einer Minute $= m \cdot l$.

Ferner bedeuten: s die Steigung der zu schneidenden Schraube, n ihre Umlaufzahl in einer Minute. Dann ist der Weg des Gewindestahles bei einer Umdrehung $= s$ und in einer Minute $= n \cdot s$. Der Stahl ist auf dem Schlitten aufgespannt. Folglich müssen Stahlweg und

Schlittenweg gleich sein. Also: $m \cdot l = n \cdot s$ oder $\frac{m}{n} = \frac{s}{l}$. Die Übersetzung ergibt sich demnach aus dem Verhältnis: $\frac{\text{Schraubensteigung}}{\text{Leitspindelsteigung}}$.

Im Wendeherz liegt noch eine Übersetzung $\frac{Z_I}{Z_{IV}}$. Diese ist unveränderlich und sei mit i bezeichnet. Die Zwischenräder II und III sind wieder ohne Einfluß. So erhält man die Gesamtübersetzung durch Multiplizieren der drei Einzelübersetzungen: $\frac{a}{b} \cdot \frac{c}{d} \cdot i = \frac{s}{l}$. Daraus berechnet sich $\frac{a}{b} \cdot \frac{c}{d} = \frac{s}{l \cdot i}$.

a, b, c und d sind die Zähnezahlen der Wechselräder; Z_I und Z_{II} die Zähnezahlen der Räder im Wendeherz. Ist statt der Steigungs- die Gangzahl gegeben, so beachte man: Bei 12 Gang auf 1 Zoll ist die Steigung $\frac{1}{12}$ Zoll, bei $3^1/_2$ Gang auf 1″ ist $s = \frac{1}{3^1/_2} = \frac{1}{^7/_2} = \frac{2''}{7}$. Ferner ist zu beachten: Man teilt durch einen Bruch, indem man mit dem umgekehrten Werte multipliziert. $\frac{1}{12}$ geteilt durch $\frac{1}{2} = \frac{1}{12} \cdot \frac{2}{1} = \frac{1}{6}$.

Den folgenden Beispielen sei nachstehender Rädersatz zugrunde gelegt: 24, 32, 36, 40, 44, 48, 51, 56, 64, 72, 80, 80, 88, 96, 104, 112, 120, 127.

1) $l = {^1/_2}''$; $s = {^1/_7}''$; $i = {^1/_2}$

$$\frac{a}{b} \cdot \frac{c}{d} = \frac{s}{l \cdot i} = \frac{1}{7} \cdot \frac{2}{1} \cdot \frac{2}{1} = \frac{4}{7}$$

$a = 4 \cdot 16 = 64$ Zähne angenommen, $d = 7 \cdot 16 = 112$ Zähne; dazu ein Zwischenrad oder die beiden Räder mit 80 Zähnen nebeneinander als Ersatz für b und c.

2) $l = {^1/_4}''$; $i = 1$. Eine Schraube mit $4^1/_2$ Gang auf 1″ ist zu schneiden.

$$s = \frac{1}{4^1/_2} = \frac{1}{^9/_2} = \frac{2''}{9}; \quad \frac{a}{b} \cdot \frac{c}{d} = \frac{s}{l \cdot i} = \frac{2 \cdot 4}{9 \cdot 1 \cdot 1} = \frac{8}{9}.$$

Lösung A: Zwei Räder und ein Zwischenrad. $a = 8 \cdot 8 = 64$ Zähne; $d = 9 \cdot 8 = 72$ Zähne.

Lösung B: 4 Räder: $\frac{8}{9} = \frac{2 \cdot 4}{3 \cdot 3}$

$$\frac{a}{b} = \frac{2}{3}; \; a = 2 \cdot 24 = 48; \; b = 3 \cdot 24 = 72 \text{ Zähne}$$

$$\frac{c}{d} = \frac{4}{3}; \; c = 4 \cdot 38 = 112, \; d = 3 \cdot 32 = 96 \text{ Zähne.}$$

3) $l = 12$ mm; $s = 6{,}5$ mm; $i = {^3/_4}$.

$$\frac{a}{b} \cdot \frac{c}{d} = \frac{6{,}5 \cdot 4}{12 \cdot 3} = \frac{26}{36} = \frac{13}{18} = \frac{2 \cdot 6{,}5}{3 \cdot 6}.$$

$$\frac{a}{b} = \frac{2}{3}\,; \; a = 2 \cdot 24 = 48, \; b = 3 \cdot 24 = 72 \text{ Zähne}$$

$$\frac{c}{d} = \frac{6{,}5}{6} = \frac{13}{12}\,; \quad c = 13.8 = 104; \quad d = 12 \cdot 8 = 96 \text{ Zähne.}$$

In den bisherigen Beispielen hatten Zähler und Nenner die gleiche Benennung. Dadurch kürzen sich die Benennungen fort, und die Übersetzung wird eine unbenannte Zahl (Verhältniszahl). Hat die Leitspindel Zollsteigung, die Schraube Millimetersteigung oder umgekehrt, so setzt man 1″ engl. = 25,4 mm und verwandelt die Zoll in mm. Es sind $l'' = l \cdot 25{,}4$ mm.

4) $l = {}^1/_2{}''$; $i = {}^3/_4$; $s = 3{,}5\,\text{mm}$; $\frac{a}{b} \cdot \frac{c}{d} = \frac{s}{(l'' \cdot 25{,}4)} \cdot \frac{4}{3} = \frac{3{,}5 \cdot 2 \cdot 4}{25{,}4 \cdot 1 \cdot 3}$.

Den Wert 25,4 bringt man auf eine ganze Zahl, indem man ihn mit 5 multipliziert. Zum Ausgleich muß man den Zähler auch mit 5 multiplizieren. Es ist $5 \cdot 25{,}4 = 127$. Deshalb braucht man in jedem Rädersatz das Rad mit 127 Zähnen. Alle Ersatzräder sind weniger genau. — In obigem Beispiel wird:

$$\frac{a}{b} \cdot \frac{c}{d} = \frac{3{,}5 \cdot 2 \cdot 4 \cdot 5}{127 \cdot 3}\,; \qquad \frac{a}{b} = \frac{2 \cdot 4 \cdot 5}{127} = \frac{40}{127}\,;$$

$$\frac{c}{d} = \frac{3{,}5}{3} = \frac{7}{6} = \frac{7 \cdot 16}{6 \cdot 16} = \frac{112}{96}$$

oder

$$\frac{a}{b} \cdot \frac{c}{d} = \frac{3{,}5 \cdot 2 \cdot 4 \cdot 2 \cdot 2{,}5}{127 \cdot 3}\,; \qquad \frac{a}{b} = \frac{3{,}5 \cdot 2 \cdot 4 \cdot 2}{127} = \frac{56}{127}\,;$$

$$\frac{c}{d} = \frac{2{,}5}{3} = \frac{5}{6} = \frac{5 \cdot 16}{6 \cdot 16} = \frac{80}{90}.$$

5) Ein zweigängiges Flachgewinde ist zu schneiden mit 20 mm Steigung $l = \frac{1''}{2}$; $i = 1$; $\frac{a}{b} \cdot \frac{c}{d} = \frac{s}{l \cdot i} = \frac{20 \cdot 2}{25{,}4 \cdot 1 \cdot 1} = \frac{40}{25{,}4} = \frac{40 \cdot 5}{127}$ $= \frac{5 \cdot 8 \cdot 5}{127} = \frac{5 \cdot 8 \cdot 5 \cdot 3}{127 \cdot 3}$; $\frac{a}{b} = \frac{5}{3} = \frac{5 \cdot 16}{3 \cdot 16} = \frac{80}{48}$; $\frac{c}{d} = \frac{5 \cdot 8 \cdot 3}{127}$ $= \frac{120}{127}$. Man kann $\frac{120}{127}$ nicht als erste Übersetzung nehmen. Das Rad 127 würde in die Leitspindel stoßen; aber man kann die treibenden Räder vertauschen. Also $\frac{a}{b} = \frac{120}{48}$; $\frac{c}{d} = \frac{80}{127}$. Die Zähnezahl des Rades *a* muß durch 2 teilbar sein, weil die Schraube zweigängig sein soll. Ist der erste Gang geschnitten, so macht man über die Räder *a* und *b* an der Eingriffstelle einen Kreidestrich, senkt das Stelleisen, bis *b* außer Eingriff mit *a* ist, und dreht das Arbeitstück samt Hauptspindel um 180° weiter, indem man vorsichtig am Riemen zieht. Die richtige Drehung erkennt man daran, daß die Eingriffstelle von Rad *a* um die Hälfte der

Zähnezahl vom Kreidestrich aus weiter gewandert ist, deshalb muß die Zähnezahl durch 2 teilbar sein. Wäre die Übersetzung i nicht $\frac{1}{1}$, sondern $\frac{1}{2}$, so müßte a um $\frac{1}{4}$ seiner Zähne weiter gedreht werden.

Schnecken haben häufig Modulsteigung, d. h. die Steigung ist ein Vielfaches von π. Allgemein sei $s = m \cdot \pi$ mm, dann wird $\frac{a}{b} \cdot \frac{c}{d} = \frac{m \cdot \pi}{l \cdot i}$. Man hat nun zwei Fälle:

I. Die Leitspindel hat Millimetersteigung. Dann muß π durch einen unechten Bruch ersetzt werden. Der bekannteste ist $\pi = \frac{22}{7}$, viel genauer, aber meist nicht anwendbar, ist $\pi = \frac{245}{78}$, am ungenauesten ist $\pi = \frac{157}{150}$.

Beispiel 6: $l = 12$ mm, $s = 9\pi$. Schnecke dreigängig, $i = 1$.

$$\frac{a}{b} \cdot \frac{c}{d} = \frac{9\pi}{l \cdot i} = \frac{9 \cdot \pi}{12 \cdot 1} = \frac{3}{4} \cdot \frac{22}{7} = \frac{3 \cdot 11}{2 \cdot 7}; \qquad \frac{a}{b} = \frac{3}{2} = \frac{72}{48};$$
$$\frac{c}{d} = \frac{11}{7} = \frac{88}{56}.$$

a ist durch 3 teilbar. Die Steigung ist nicht mit der Ganghöhe zu verwechseln. Die Ganghöhe, d. h. die Entfernung von Gang zu Gang, beträgt nur $3 \cdot \pi$ mm.

II. Die Leitspindel hat Zollsteigung. Dann wird $\frac{a}{b} \cdot \frac{c}{d} = \frac{m \cdot \pi}{(25{,}4 \cdot l'')\, i} = \frac{\pi}{25{,}4} \cdot \frac{m}{l''\, i}$. Der Wert $\frac{\pi}{25{,}4}$ ist wieder durch einen unechten Bruch zu ersetzen. Man wählt: $\frac{\pi}{25{,}4} = \frac{12}{97}$ oder seltener das genauere $\frac{\pi}{25{,}4} = \frac{47}{380}$. Wenig genau ist $\frac{23}{186}$. Auf jeden Fall braucht man noch ein besonderes Rad.

Beispiel 7: $l = 1/2''$; $i = 1$. Schnecke zweigängig, $s = 4\pi$ mm.

Lösung A: $\frac{a}{b} \cdot \frac{c}{d} = \frac{12}{97} \cdot \frac{4 \cdot 2}{1} = \frac{12}{97} \cdot \frac{8}{1} = \frac{96}{97}$; $a = 96$, $d = 97$ Zähne, 1 Zwischenrad.

Lösung B: $\frac{a}{b} \cdot \frac{c}{d} = \frac{47}{380} \cdot \frac{8}{1} = \frac{47 \cdot 2}{95} = \frac{94}{95}$; $a = 94$, $d = 95$ Zähne, 1 Zwischenrad.

Es sei hier noch die Frage besprochen, wann man das Mutterschloß (Fig. 211) beim Gewindeschneiden öffnen kann, um den Schlitten von Hand rasch in die Anfangstellung zurückzukurbeln.

Angenommen, wir beginnen die Arbeit damit, den Schlitten zurückzukurbeln, bis er an den Reitstock oder an einen Anschlag stößt, der an der Bank festgeklemmt ist. Diese Stellung läßt sich immer schnell wiederfinden. Die Drehbank stehe still. Das Mutterschloß läßt sich jetzt schließen, wenn die Gewindefurchen der Leitspindel zufällig den Gewindegängen der Mutter gegenüberstehen. Ist das nicht der Fall, so müssen wir die Leitspindel etwas drehen, z. B. durch Ziehen am Antriebsriemen. In unserer Schlittenstellung läßt sich das Schloß demnach nur in einer bestimmten Lage der Leitspindel schließen. Diese Lage kann man sich kennzeichnen, indem man über die Leitspindel und ihr Lager hinweg einen Kreidestrich macht (K_1 in Fig. 271). Wir setzen die Maschine nun in Gang, schneiden den ersten Schnitt, ziehen den Stahl aus der Furche, öffnen das Mutterschloß und kurbeln den Schlitten in die Anfangstellung zurück. Das Schloß läßt sich für den zweiten Schnitt in dem Augenblick schließen, wo die Leitspindel die gekennzeichnete Stellung hat. Die Frage ist nun: Fährt der Stahl wieder in die zuerst geschnittene Furche? Das hängt von der Übersetzung $\frac{a}{b} \cdot \frac{c}{d} \cdot i$ zwischen Arbeitstück und Leitspindel ab. Ist diese z. B. 1 : 2, d. h. läuft das Arbeitstück doppelt so schnell wie die Leitspindel, so kann man das Schloß unbesorgt schließen. Jedesmal, wenn die Leitspindel wieder in der gekennzeichneten Stellung ist, hat das Arbeitstück zwei volle Umdrehungen gemacht, und der Anfang der Gewindefurche steht vor dem Stahl. Dasselbe gilt für die Übersetzungen 1 : 1; 1 : 3 usw. Es gilt aber nicht für die Übersetzung 2 : 1 oder 3 : 1. Macht das Arbeitstück halb soviel Umdrehungen wie die Leitspindel, so kann die Mutter schon nach $^1/_2$ Drehung des Arbeitstückes wieder geschlossen werden. Dabei würde der Stahl in B einsetzen (Fig. 272) und nicht im Anfangspunkt A der ersten Gewindefurche. Ähnliches gilt für Übersetzungen $\frac{2}{3}$; $\frac{3}{4}$ usw. Man muß sich jetzt auch die Stellung des Arbeitstückes kennzeichnen, bei der das Mutterschloß zugedrückt werden kann. Dies geschieht durch einen zweiten Kreidestrich K_2 (Fig. 271) über das Vorgelegerad D und das Verkleidungsgehäuse desselben. Die Striche K_1 und K_2 müssen natürlich gleichzeitig gemacht werden bei geschlossener Mutter, und wenn der Schlitten an seinem Anschlag anliegt. Ist die Übersetzung, z. B. $\frac{60}{127}$, so nützen auch die Kreidestriche nichts. Der Augenblick des

Fig. 271.

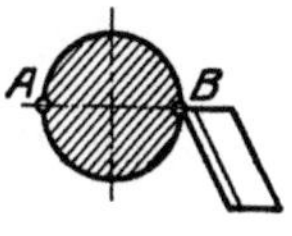

Fig. 272.

Schlusses ist nicht mehr richtig zu erkennen. Hat man ihn verpaßt so muß man 127 Umläufe des Rades D abwarten, bis er wiederkommt. Es ist dann besser, die ganze Bank rückwärts laufen zu lassen. Zu diesem Zwecke hat das Deckenvorgelege außer dem offnen noch einen gekreuzten Riemenantrieb, der es umgekehrt antreibt. Diesen gekreuzten Riemen rückt man ein.

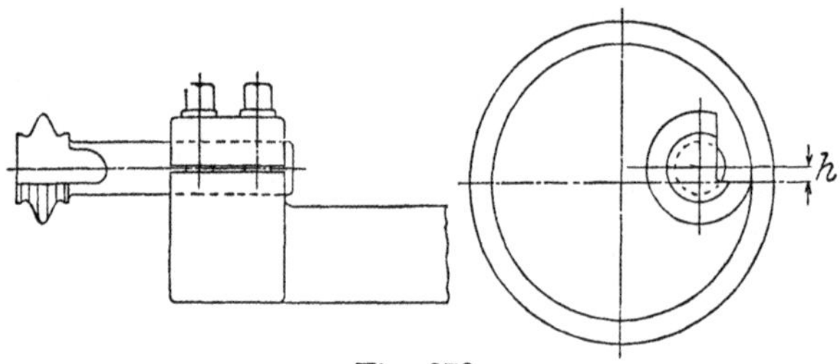

Fig. 273.

Innengewinde. Es wird mit geschmiedeten Stählen nach Fig. 263 geschnitten oder mit runden Einsatzstählen und Bohrstange ähnlich wie in Fig. 221. Auch Rundstähle kommen zur Anwendung (Fig. 273). Der Rundstahl in Fig. 274 ist als Strehler ausgebildet. Die Gänge des Strehlers können parallel oder schraubenförmig sein; im letzten Falle muß der Strehler für Rechtsgewinde linksgängig sein, damit seine Gewindeneigung mit der des Arbeitstückes gleiche Richtung hat. Über das Anstellen der Stähle und die Schneidwinkel gilt dasselbe wie bei Außengewinde. Innengewinde unter 80 mm Durchmesser wird am besten mit dem Gewindebohrer nachgeschnitten. Man kann den Bohrer wie den Rundstahl in Fig. 273 einspannen, man kann ihn aber auch wie ein

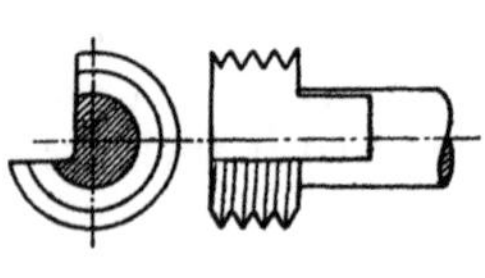

Fig. 274.

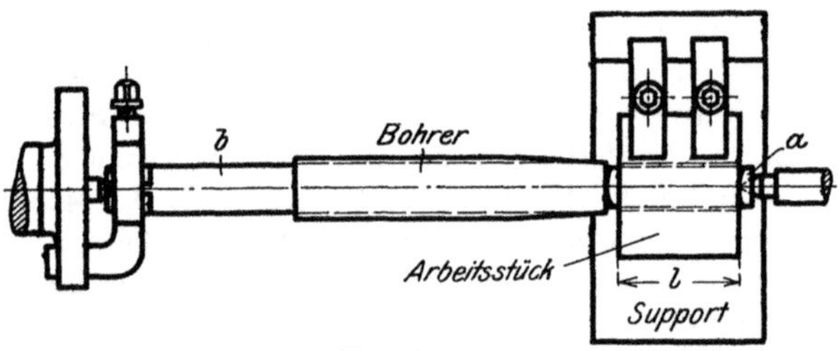

Fig. 275.

Drehstück zwischen die Spitzen nehmen, das Arbeitstück auf dem Drehbankschlitten befestigen und gegen den laufenden Bohrer schalten. Für diesen Zweck braucht man Maschinenbohrer, die vor und hinter dem Gewindeteil einen langen Hals haben (Fig. 275).

Auf Revolverbänken ist es üblich, kleinere Innengewinde bis etwa 20 mm Durchmesser bei Eisen und 30 mm Durchmesser bei Messing mit dem Bohrer in einem Schnitt fertig zu machen; Außengewinde mit dem Schneideisen. — Größere Gewinde erfordern zwei Schnitte mit Vor- und Nachschneider oder Gewindestahl und Schneideisen. Die Bohrer und Schneideisen stecken in einem selbst auslösenden Halter, der im Revolverkopf befestigt ist. (Fig. 276a und b.) Dabei kann man den Revolverschlitten von Hand schalten, ohne das Gewinde zu verderben. Am Ende des Schaltweges stößt der Schlitten an einen Anschlag und bleibt stehen. Der Vorderteil des Halters läuft weiter, bis die federnden Knaggen (Fig. 276b) an der schrägen Fläche der feststehenden abgleiten. Jetzt läßt man die Bank rückwärts laufen und zieht den Schlitten langsam zurück, so daß die Knaggen nicht außer Eingriff kommen. Kann die Bank nicht rückwärts laufen, oder will man das Werkzeug schneller zurückbringen, so verwendet man selbstöffnende Schneidköpfe.

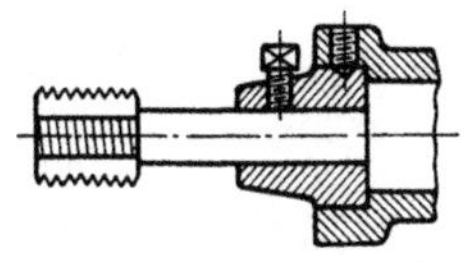

Fig. 276a.

Soll Gewinde mit einem Schnitt hergestellt werden, so ist folgendes zu beachten. Schraubenbolzen müssen um etwa 2/10 bis 4/10 der Gewindetiefe schwächer sein als die Gewindetabellen angeben, Mutternlöcher erhalten einen Durchmesser, der um den gleichen Betrag größer ist als der vorgeschriebene Kerndurchmesser. Das hat seinen Grund darin, daß die Gewindebohrer mit 0° Anstellwinkel und 90° Schnittwinkel arbeiten. Sie drücken deshalb, und das Material quillt zwischen den Zähnen hoch. Das gilt besonders für weiche und zähe Metalle (Kupfer, Aluminium, weiches Eisen). Trägt man diesen Umständen nicht Rechnung, so schneiden die Werkzeuge schwer und die Gänge reißen leicht aus. Das fertige Gewinde hat natürlich nicht die volle Tiefe, die man mit Vor-, Mittel- und Nachschneider erzielt.

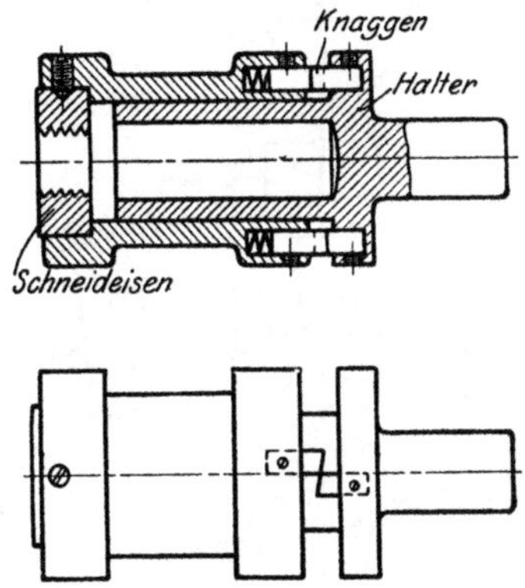

Fig. 276b.

Das Aufspannen der Drehstücke erfolgt:

a) Zwischen Spitzen (Fig. 207 u. 243).
b) Auf der Planscheibe (Fig. 201 u. 250).
c) Auf dem Dorn (Fig. 241 u. 251).
d) Im selbstzentrierenden Spannfutter (Fig. 236).
e) Auf dem Schlitten (Fig. 237, 252).

Das Bohren.

Schnittwiderstand beim Bohren. In Fig. 277 ist ein Spitzbohrer von d mm Durchmesser dargestellt. An jeder der beiden Schneiden treten die Widerstände W und V auf. Sie greifen etwa in der Mitte der Schneidkante an. W ist im Grundriß nicht sichtbar; es steht senkrecht zur

Zeichenebene. V liegt parallel zur Zeichenebene und steht gleichzeitig senkrecht zur Schneidkante. Es zerlegt sich in die beiden Seitenkräfte V_1 und V_2. Die beiden Kräfte V_1 heben sich gegenseitig auf, die beiden Kräfte V_2 müssen durch den Vorschubdruck P überwunden werden. Der Mindestwert des Vorschubdruckes ist also: $P = 2\,V_2$.

Der Schnittwiderstand W ergibt sich wieder aus dem Querschnitt f des Spanes, den jede Schneide abhebt. Ist s der Vorschub in mm, den der Bohrer bei einer Umdrehung ausführt, so nimmt jede Schneide eine Materialschicht von der Stärke $s/2$, vorausgesetzt, daß der Bohrer richtig angeschliffen ist. Demnach ist $f = \frac{s}{2} \cdot \frac{d}{2}$ mm² und $W = f \cdot k$ in kg. Die beiden Schnittwiderstände W bilden ein Kräftepaar, sie üben also keinerlei Seitendruck auf den Bohrer aus, ebensowenig wie die beiden Kräfte V_1. Dazu ist aber notwendig, daß die beiden Schneidkanten genau gleich lang und gleich geneigt sind, so daß sie gleich belastet werden. Vgl. hierzu Fig. 240. Bei einem freihändig geschliffenen Bohrer wird das meistens nicht zutreffen, und der Bohrer verläuft unter dem Einfluß der Seitendrücke, d. h. das Loch wird größer und schief. Man erkennt, weshalb die Bohrer auf Schleifmaschinen zu schärfen sind. Das gilt besonders für den Spiralbohrer, bei dem sich an den vorstehenden Berechnungen nichts ändert. Treiben wir nun den Bohrer an, so müssen wir das Kräftepaar der Schnittwiderstände überwinden. Daraus ergibt sich das Antriebsmoment $M = W \cdot \frac{d}{2} = f \cdot k \cdot \frac{d}{2}$ in cmkg. Der Vorschubdruck war bestimmt zu $P = 2\,V_2$, nach Fig. 277 ist $V_2 = V \cdot \sin\frac{\varepsilon}{2}$, also $P = 2\,V \cdot \sin\frac{\varepsilon}{2}$. Nun ist ε meistens 116°. Setzt man $V = W$, so wird $P = 2 \cdot W \sin 58° = 2 \cdot 0{,}85\,W = \sim 1{,}7\,W$.

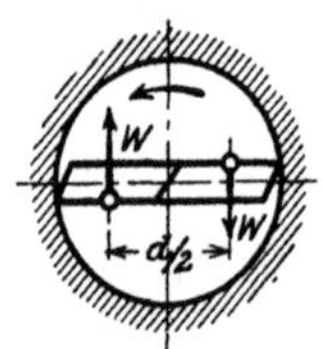

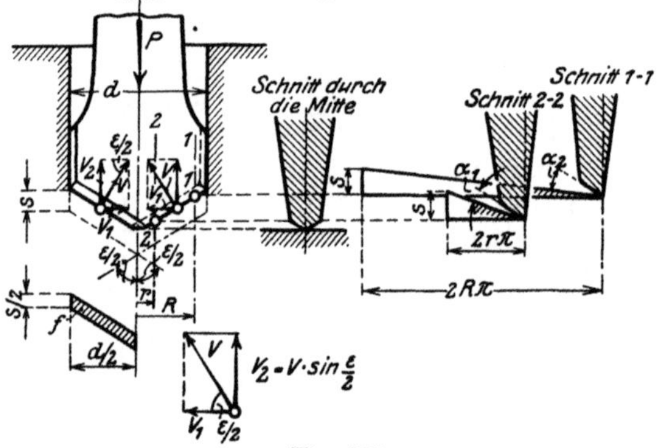

Fig. 277.

Beispiel: Ein Spiralbohrer von 25 mm Durchmesser aus Werkzeugstahl bohrt in Gußeisen mit 9 m/min Umfangsgeschwindigkeit und $s = 0{,}2$ mm für eine Umdrehung. Berechne W, M, P und den Leistungsverbrauch am Bohrer. $W = \frac{s}{2} \cdot \frac{d}{2}\,k = \frac{0{,}2 \cdot 25 \cdot 120}{2 \cdot 2} = 150$ kg;

$$M = W \cdot \frac{d}{2} = \frac{150 \cdot 2{,}5}{2} = 187{,}5 \text{ cmkg}; \; P = 1{,}7\,W = 1{,}7 \cdot 150 = 255 \text{ kg}.$$

Leistungsverbrauch: Ist die Umfangsgeschwindigkeit $v = 9$ m/min, so ist sie am halben Durchmesser $\frac{v}{2} = 4{,}5$ m/min. Folglich ist $L = 2 \cdot W \cdot \frac{v}{2} \cdot \frac{1}{60} \; \frac{\text{mkg}}{\text{sek}}$ und $N = \frac{2 \cdot W \cdot v}{2 \cdot 60 \cdot 75} = \frac{W \cdot v}{60 \cdot 75}$ in PS; $N = \frac{150 \cdot 9}{60 \cdot 75} = 0{,}3$ PS. Die Vorschubleistung ist infolge der kleinen Vorschubgeschwindigkeit sehr gering und braucht nicht berücksichtigt zu werden.

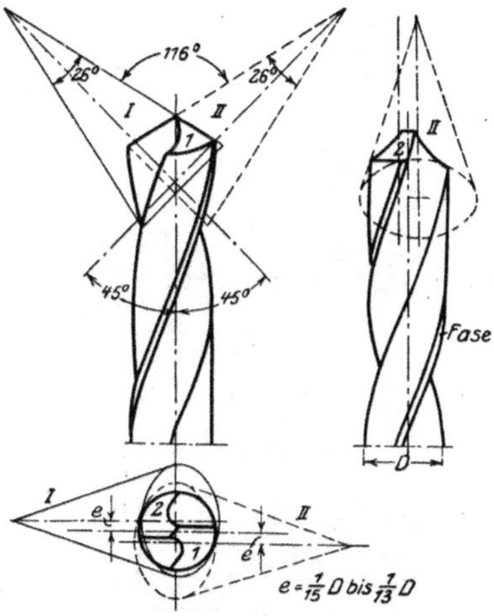

Fig. 278.

Dort, wo sich die beiden Rückenflächen der Bohrerschneiden treffen, entsteht ein Grat, der keine richtigen Schneidwinkel hat. Der Schnitt durch die Bohrermitte (Fig. 277) läßt das deutlich erkennen. Der Grat kann deshalb nur schaben und beeinflußt den Vorschubdruck stark. Tritt die Bohrerspitze durch das Arbeitstück, so nimmt der Gegendruck plötzlich ab. Das kann dazu führen, daß der Bohrer jetzt einen viel stärkeren Span faßt und dabei abgebrochen wird. Auch das gilt für den Spiralbohrer ebenso wie für den Spitzbohrer. Es ist allgemein üblich, den Grat am Spiralbohrer durch seitliches Anschleifen der Bohrerlippe zu verkürzen (Fig. 279c). Je stärker der Bohrer ist, desto länger wird natürlich auch der Grat. Deshalb ist es gut, Löcher von größerem Durchmesser erst mit einem schwachen Bohrer vorzubohren. Zum Vergleich sind in Fig. 277 noch die Schnitte 1—1 und 2—2 gezeigt. Denkt man sich diese Schnitte kreisförmig mit den Halbmessern R und r durch den Grund des Bohrloches geführt und die Schnittlinien in die Ebene gestreckt, so ergibt sich die Steigung der Schnittfläche des Bohrers. Gegen diese sind die Anstellwinkel α_1 und α_2 gemessen.

Der Spiralbohrer. Die Schneidkanten sind dadurch gebildet, daß zwei schraubenförmige Nuten, in der Werkstatt als „Spiralnuten" bezeichnet, durch die Bohrerspitze hindurchlaufen. Die Spitze ist aus Teilen von zwei Kegelmänteln gebildet. Über die Stellung und Winkel der Kegel gibt Fig. 278 Aufschluß. Die Schneidkanten liegen wie beim Spitzbohrer etwas außerhalb der Mittellinie, so daß zwischen den Spiralnuten ein Steg bleibt. Dieser ist aber schwach und platzt leicht auf, wenn man den Bohrer überlastet. Die Achse der erwähnten Kegel liegt noch vor den Schneidkanten. Dadurch erhalten die Rückenflächen Hinterschliff und die Schneiden den nötigen Anstellwinkel. Fläche 1 ist ein Teil des Kegelmantels I; Fläche 2 ein Teil von II. Die Durchdringung der beiden Kegelmäntel ist der Grat. Er soll im Grundriß so stehen, daß er mit der Schneidkante einen Winkel von 55° einschließt (Fig. 279a). Ist der Winkel kleiner (Fig. 279b), so deutet das einen zu starken Hinterschliff an. Die Anstellwinkel werden zu groß. Ist der Winkel größer, so ist der Hinterschliff zu klein.

Durch die Spiralnut fließen die Späne ab. Es empfiehlt sich, den Bohrer aus tiefen Bohrlöchern von Zeit zu Zeit herauszunehmen, um die Späne zu entfernen. Der Bohrer liegt nur mit einer schmalen Fase am Umfange des Bohrloches an (siehe auch Spitzbohrer). Außerdem ist er nach dem Schaft hin ein wenig verjüngt, damit er nicht im Bohrloche klemmt. Das Arbeitstück ist an der Arbeitstelle warm und zieht sich beim Abkühlen zusammen. Die Zuführung von Kühlflüssigkeit zur Bohrerspitze durch eingelötete Röhrchen (Fig. 279a) ist nur bei stillstehendem Bohrer und umlaufendem Arbeitstück gebräuchlich. Das Öl wird unter Druck zugeführt (3 bis 50 at) und hat gleichzeitig die Aufgabe, die Späne herauszuschwemmen.

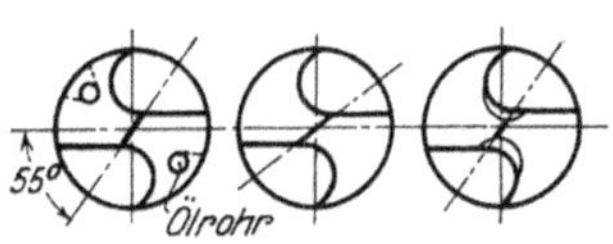

Fig. 279a bis c.

Die Bohrmaschine. Fig. 280 zeigt eine kräftige Senkrechtbohrmaschine mit einfachem Rädervorgelege.

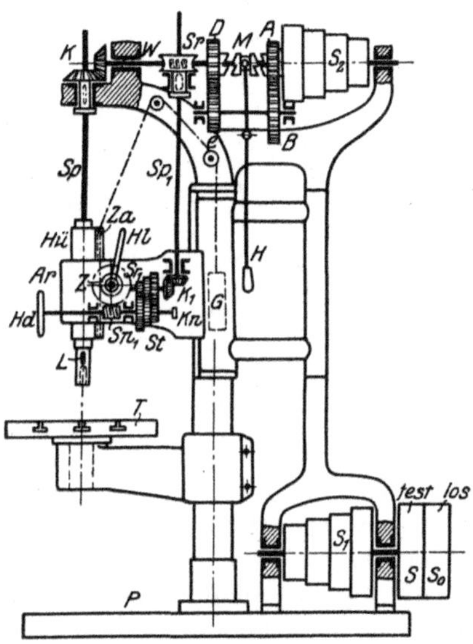

Fig. 280.

Hauptantrieb. Die vierstufige Scheibe S_1 am Fuße des Gestelles wird vom Deckenvorgelege aus durch Vermittlung der Festscheibe S in Bewegung gesetzt. Schiebt man den Antriebsriemen von S auf S_0, so wird der Antrieb ausgerückt. Die Umschaltung kann vom Stande des Arbeiters aus vorgenommen werden. Die vierstufige Gegenscheibe S_2 und das Zahnrad A sitzen lose auf ihrer Welle W, sind aber fest miteinander verbunden. Auch das Rad D sitzt lose auf W, dagegen ist die verschiebbare Kuppelmuffe M mit W verkeilt und wird durch den Hebel H verstellt. Rückt man M in A ein, so wird je nach der Riemenlage eine der vier Umlaufzahlen von S_2 auf die Welle W übertragen; kuppelt man M mit D, so treibt man W durch Vermittlung des Rädervorgeleges B—C an und erhält vier niedrigere Umlaufzahlen. Das Kegelräderpaar K überträgt die Bewegung weiter auf die genutete

Bohrspindel *Sp*. Diese steckt in der verschiebbaren Hülse *Hü*, die wieder in dem Arme *Ar* geführt ist. Der Arm läßt sich am Maschinengestell in verschiedener Höhe festklemmen. Die Lagerung der Hauptspindel in einer Hülse, die selbst verschoben wird, ist unsicherer als die der Hauptspindel bei der Drehbank. Daraus ergibt sich eine geringere Genauigkeit der erzielten Bohrarbeit.

Schaltantrieb. Die Schaltbewegung wird von der Welle *W* abgeleitet und durch das Schneckengetriebe *Sr* auf die Spindel Sp_1 übertragen. Die Bewegung geht weiter durch das Kegelräderpaar K_1 und das dreistufige Getriebe *St* zur Schnecke Sn_1. Diese treibt das Schneckenrad Sr_1 und damit das Zahnrad *Z*, das in die Zahnstange *Za* der Hülse *Hü* greift und so den Vorschub der Bohrspindel bewirkt. Die Größe des Vorschubes für 1 Spindeldrehung läßt sich durch Umschalten des Stufenrädergetriebes *St* ändern. Zu diesem Zweck ist Knopf *Kn* einzustoßen oder herauszuziehen. Die Einrichtung des Schaltgetriebes ist so getroffen, daß man auch von Hand schalten kann mit Hilfe des Handrades *Hd* oder schneller mit Hilfe des Hebels *Hl*. Den Rückzug des Bohrers bewirkt man immer von Hand, damit er schnell erfolgt.

Die Spindel wird durch das Gegengewicht *G* ständig nach oben gezogen. Auf der Seite des Gegengewichtes ist also ein Gewichtsüberschuß und zwar aus folgendem Grunde. Vermindert sich der senkrechte Gegendruck V_2 beim Durchtritt der Bohrerspitze durch das Arbeitstück, so kann die Bohrspindel nicht plötzlich um das Spiel zwischen den Zähnen des Zahnrades *Z* und der Zahnstange *Za* herunterfallen und den Bohrer dadurch zum Abheben eines Spanes zwingen, der für ihn zu stark ist, so daß der Bohrer platzt. Die Rückfederung des Aufspanntisches *T* verstärkt den Span noch. Zur Aufnahme des Bohrers hat die Bohrspindel eine konische Bohrung, in die der Gegenkonus des Spiralbohrers genau paßt. Beide müssen rundlaufen. Außerdem geht das Keilloch *L* durch die Bohrspindel. In dieses greift der Lappen am Schaft des Spiralbohrers, dadurch wird der Bohrer mitgenommen (vgl. Fig. 236). Es ist eine schädliche Unsitte, den Bohrer durch seitliche Schläge in seinem Sitz zu lockern. Das Herausnehmen soll geschehen, indem man einen schlanken Keil in das Keilloch *L* und damit hinter den Bohrer treibt; dann werden Spindelkonus und Bohrer auch dauernd rund laufen.

Bohrarbeiten. Die Stelle, wo das Bohrloch hinkommen soll, wird durch einen Körnerschlag festgelegt. Um den Körner wird ein Kreis vom Durchmesser des Bohrloches und ein etwas größerer Kontrollkreis mit dem Zirkel vorgerissen und durch einige Körner im Umfange festgehalten. Das Loch wird angebohrt und mit dem Nutenmeißel zurecht gerückt, falls die Anbohrung einseitig war. Auf diese Weise ist ein genau sitzendes Loch natürlich nicht zu erreichen. Außerdem ist das Anreißen sowohl wie das Ausrichten zeitraubend. Man verwendet deshalb überall da, wo sich die Anschaffung lohnt, Bohrlehren mit glasharten Büchsen, durch die der Bohrer geführt wird. Die Lehren werden entweder auf dem Arbeitstück befestigt (Bohrschablone), oder das Stück wird in die Lehre gelegt und darin festgespannt. Die Bohrbüchsen sollen bis dicht an das Arbeitstück heranreichen, damit sie gut führen und die Späne gut ableiten.

Fig. 281 zeigt eine Bohrschablone für das Bohren von Flanschen. Auf der linken Hälfte sieht man eine der Bohrbüchsen, auf der rechten

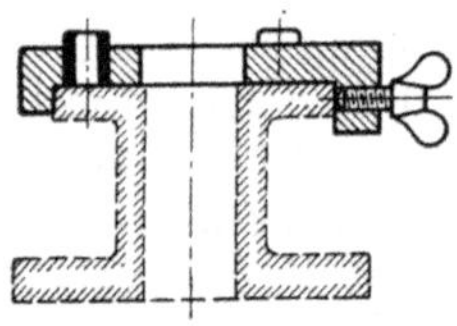

Fig. 281.

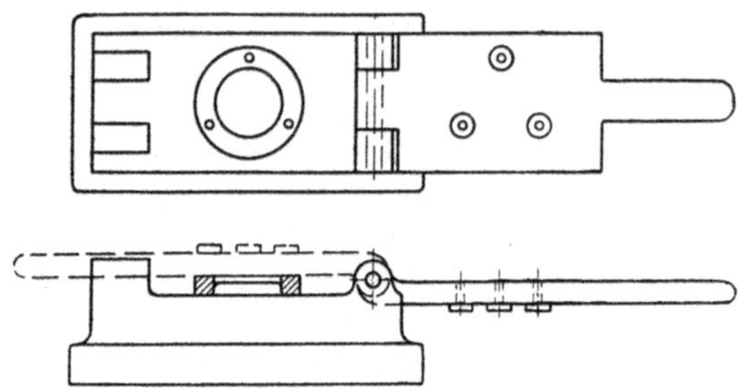

Fig. 282.

eine Klemmschraube. Dreht man die Flügelschraube zurück, so kann man die Schablone abheben. Fig. 282 bringt eine Bohrlehre für Ringe. Die drei Bohrbüchsen sitzen im Deckel. Sind die Durchmesser der zu bohrenden Löcher verschieden, so benutzt man am besten eine mehrspindelige Bohrmaschine, um den zeitraubenden Boherwechsel zu vermeiden. Ist eine solche nicht vorhanden, so hilft man sich mit einer Schnellwechseleinrichtung nach Fig. 283. Jeder Bohrer steckt in einer Hülse *H*. Hebt man den Ring *R* hoch, so werden die Klinken *Kl* in der Pfeilrichtung bewegt und geben die Hülse frei. Ist die neue eingesetzt, so läßt man den Ring *R* wieder herunter. Sehr kleine und große Löcher lassen sich nicht auf derselben Maschine bohren. Die kleinen Bohrer erfordern eine höhere Umfangsgeschwindigkeit und brauchen sehr hohe Umlaufzahlen, die meistens nicht vorhanden sind. Es gibt aber Bohrvorrichtungen, die man wie einen Bohrer in die Spindel steckt und durch einen Anschlagstift am Drehen hindert. Der eingespannte Bohrer macht dann 3 bis 4 mal soviel Umdrehungen wie die Bohrspindel.

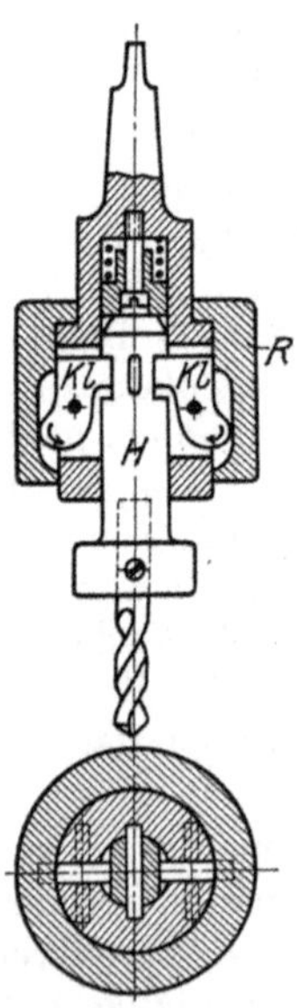

Fig. 283.

Schnellstahlbohrer kann man nur auf besonders dafür gebauten Maschinen gut ausnutzen. Sie arbeiten mit Umfangsgeschwindigkeiten, die 2 bis 3 mal so groß sind wie bei Werkzeugstahl. Bei gleichem Vorschub würde sich der Leistungsverbrauch verdreifachen. Die Vorschübe können aber 2 bis 4 mal so groß sein. Schnittwiderstand und Vorschubdruck wachsen im gleichen Verhältnis, und der Leistungsverbrauch steigt demnach auf das $3 \cdot 4 = 12$fache. Der hohe Vorschubdruck verlangt sehr kräftige Maschinengestelle und Aufspanntische. Es ist auch zu beachten, ob das Arbeitstück den hohen Druck aushält. Ähnlich liegen die Verhältnisse beim gleichzeitigen Bohren mehrerer Löcher auf einer mehrspindligen Bohrmaschine, z. B. beim Bohren von Schraubenlöchern in Flanschen. Auch hier wird der gesamte Vorschubdruck sehr groß, oder man muß den Vorschub gegenüber dem eines Einzelbohrers verkleinern.

Auf der Bohrmaschine können noch folgende Arbeiten ausgeführt werden:

1. Das Versenken. Es erfolgt mit dem Kopfsenker, der sich mit dem Zapfen im vorgebohrten Loche führt (Fig. 284).

2. Das Anschneiden und Abfräsen von Warzen und Augen mit dem Zapfensenker (Fig. 285). Das Messer und die aufgesteckte Führungs-

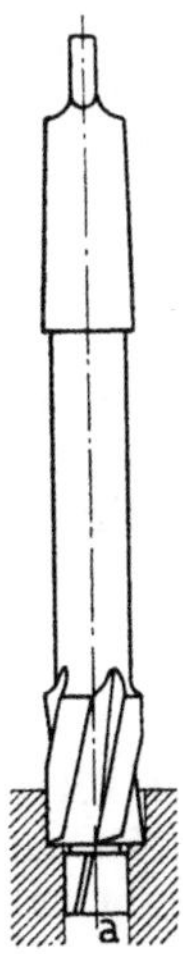

Fig. 284.

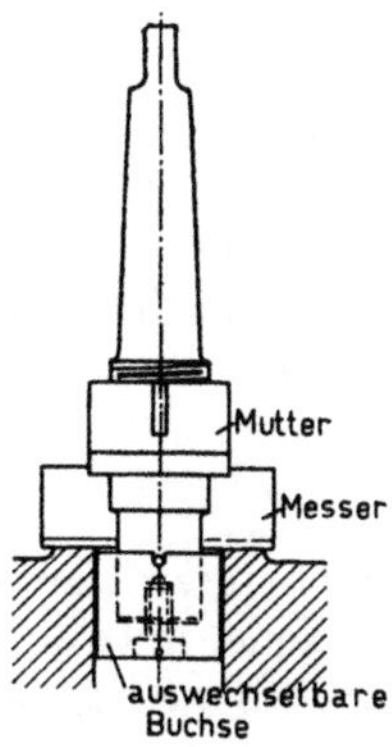

Fig. 285.

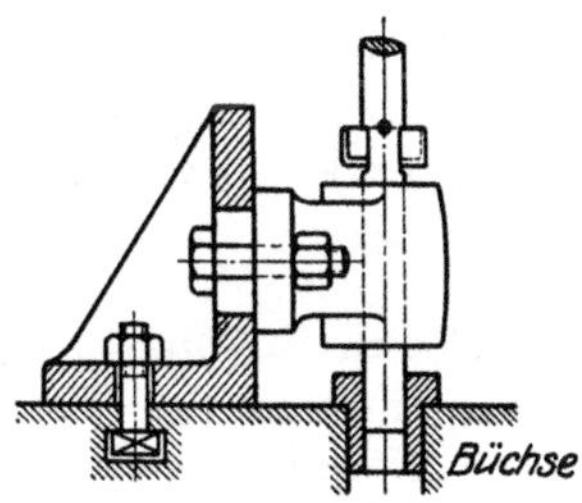

Fig. 286.

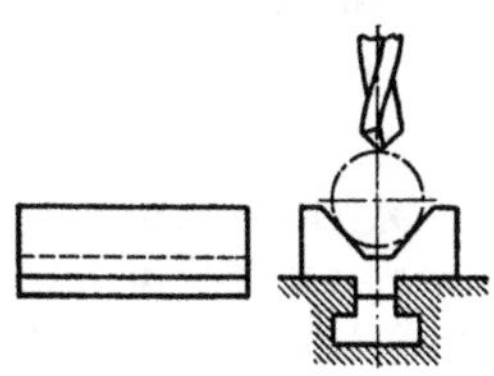

Fig. 287.

büchse sind auswechselbar. Der Zapfensenker kann auch zum Versenken größerer Löcher benutzt werden.

3. Das Ausbohren mit der Bohrstange (Fig. 286). Die Büchse im Aufspanntisch führt die Bohrstange.

4. Das Gewindeschneiden. Mit Hilfe eines Zweibackenfutters spannt man den Gewindebohrer in die Maschine und schaltet die Spindel von Hand, bis der Bohrer gefaßt hat. Der weitere Vorschub erfolgt so, daß der Bohrer sich selbst ins Material hineinschraubt. Muttern werden am besten geschnitten, indem man den langhalsigen Maschinenbohrer verwendet. Man läßt die fertigen Muttern auf dem langen Halse, bis dieser gefüllt ist. Dann spannt man den Bohrer aus und nimmt die Muttern herunter. In Maschinenteile kann man Gewinde schneiden, wenn die Spindel der Bohrmaschine rückwärtslaufen kann und den Bohrer zurückschraubt. Auch für diesen Zweck gibt es besondere Bohrvorrichtungen, die man in die Bohrspindel einsetzt. Ist die gewünschte Bohrtiefe erreicht, so wird die Vorrichtung durch einen

Anschlag umgeschaltet, und der Bohrer läuft mit erhöhter Umlaufzahl zurück. Ist das Material des Arbeitstückes hart oder zäh, so besteht die Gefahr des Bohrerbruches. Man baut deshalb eine Reibkupplung in die Vorrichtung, die bei Überlastung nachgibt.

Aufspannen der Arbeitstücke. Die Arbeitstücke nur mit der Hand festzuhalten ist fehlerhaft. Der Zug der Hand überträgt sich auf den Bohrer und drängt ihn zur Seite, so daß er verläuft oder abbricht. Es empfiehlt sich, die Arbeitstücke fest zu spannen oder wenigstens so zu lagern, daß sie sich gegen Anschläge stützen und nicht drehen können. So werden zylindrische Stücke in V-Nuten gelagert (Fig. 287). Zum Festspannen dienen die Aufspannuten des Tisches *T* in Fig. 280, Parallelschraubstöcke und bei radförmigen Teilen auch Dreibackenfutter. Sehr vielseitig verwendet werden Aufspannwinkel für senkrechte und schräge Bohrungen (Fig. 288 und 289). Der Winkel in Fig. 289 ist verstellbar.

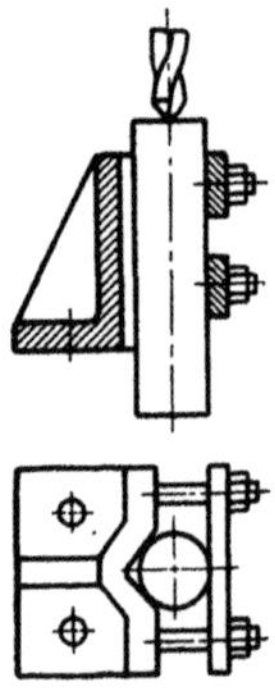

Fig. 288.

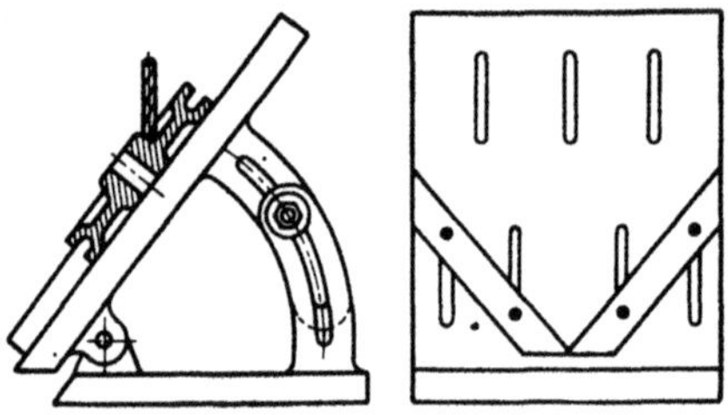

Fig. 289.

Das Fräsen.

Die Fräser unterscheidet man nach ihrer Herstellung in 2 Arten: Fräser mit gefrästen Zähnen und solche mit hinterdrehten Zähnen. Die gefrästen Zähne, auch spitze Zähne genannt, werden am

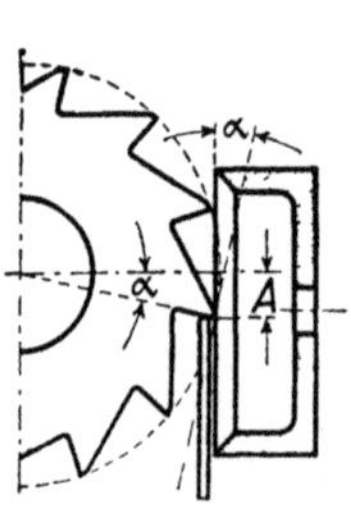

Fig. 290.

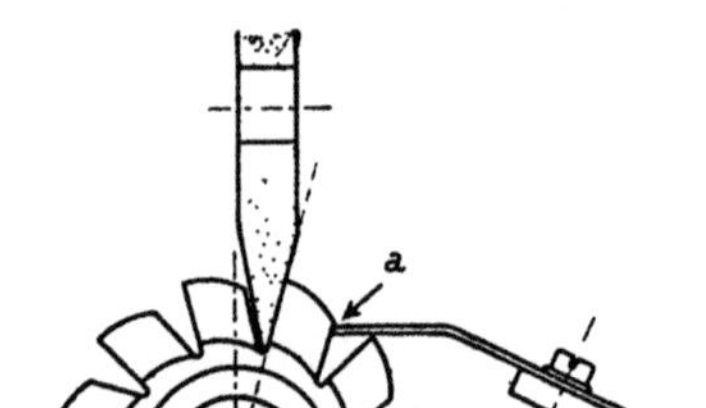

Fig. 291.

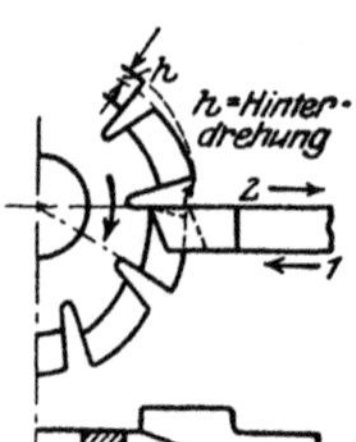

Fig. 292.

äußeren Umfange nachgeschliffen (Fig. 290)[1]). Das hat den Vorteil, daß die Fräser gut rund laufen, beim Schneiden gleichmäßig belastet werden und genaue Arbeitsflächen ergeben. Es hat aber den Nachteil, daß die Zahnlücken immer kleiner werden. Bietet die Lücke den abgehobenen Spänen nicht genügend Platz, so keilen sich diese fest, der Fräser drückt und schneidet schwer. Fräser mit hinterdrehten

[1]) Siehe auch S. 401.

Zähnen müssen an der Zahnbrust nachgeschliffen werden (Fig. 291). Dadurch wird die Zahnlücke bei jedem Schleifen größer, der Zahn aber schwächer. Das Hinterdrehen der Zähne erfolgt nach Fig. 292 so, daß man den Drehstahl genau auf Mitte stellt und der Drehachse um die Hinterdrehung *h* nähert — Pfeil 1 — während der Fräser sich langsam um eine Zahnteilung dreht. In der Zahnlücke springt der Drehstahl zurück — Pfeil 2 — und wiederholt seine Bewegungen am nächsten Zahne. Durch das Hinterdrehen erhält der Fräser die Rückenwinkel. Das so geschnittene Profil steht immer in der Richtung des Fräserhalbmessers. Schleift man die Zahnbrust in anderer Richtung, so wird das Profil verzerrt. Der Brustwinkel ist also 0°. Die richtige Stellung von Schleifscheibe und Zahnbrust läßt sich durch die Schleiflehre in

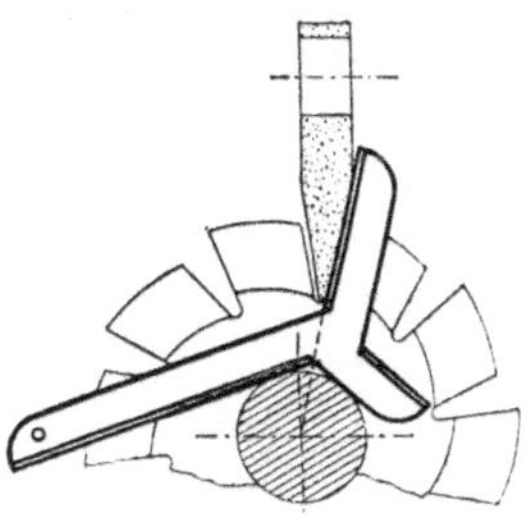

Fig. 293.

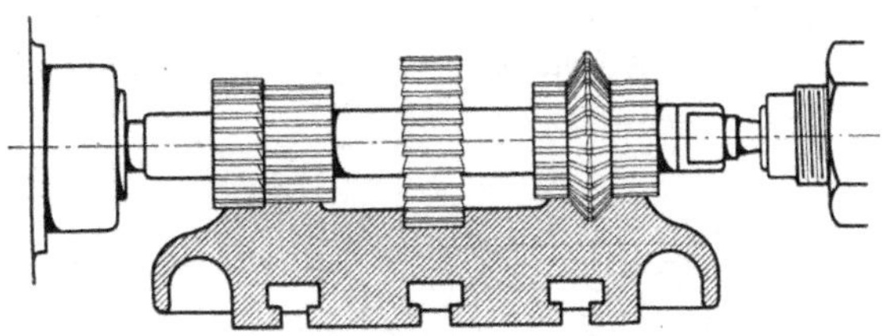

Fig. 294.

Fig. 293 prüfen. — Beim Härten entstehen ebenfalls Veränderungen, sowohl in der kreisrunden Form des Fräsers als auch in der Stellung der Zähne. Sie werden durch das Nachschleifen nicht beseitigt. Der hinterdrehte Fräser wird deshalb nicht so gut rundlaufen wie der gefräste.

Aus der Art der Herstellung und des Nachschleifens ergeben sich die Verwendungsgebiete der beiden Fräserarten. Fräser mit gerader Mantellinie, d. h. also Fräser in der Form eines Zylinders oder Kegelstumpfes, erhalten vorwiegend gefräste Zähne. Das Nachschärfen derselben bietet keine Schwierigkeiten. Dagegen werden Fräser mit gekrümmten und gebrochenen Mantellinien hinterdreht. Man umgeht so die Schwierigkeiten beim Fräsen und Nachschleifen der Zähne. Profile aus gebrochenen Linien lassen sich aber auch mit gefrästen Fräsern bearbeiten, wenn man mehrere Fräser zu einem Satz vereinigt (Fig. 294). Beim hinterdrehten Fräser finden wir den Fräsersatz ebenfalls. Durch das Teilen werden mancherlei Vorteile erreicht. Das Härten großer Stücke ist besonders schwierig. Mißlingt ein Stück, so ist nicht der ganze Fräser verloren. Dasselbe gilt für den Fall, daß ein Zahn ausbricht. Ist ein Fräser des Satzes stumpf, so müssen natürlich alle gleichzeitig nachgeschliffen werden. Alle Teilfräser erhalten gleiche Nutenzahl und Hinterdrehung. Beim Schleifen liegen die Nuten in gleicher Richtung, beim Arbeiten werden sie versetzt. Das ergibt eine gleichmäßigere Belastung des Fräsers, weil die Zähne zu verschiedenen Zeiten arbeiten. Steht ein Teil des Profils in einem hinterdrehten Fräser senkrecht, so ergibt sich trotz des Hinterdrehens kein Rückenwinkel. Die senkrechten Flächen bleiben in der Stirnfläche des Fräsers. Dem hilft man durch seitliches Hinterdrehen ab. Dabei nähert man den Hinterdrehstahl der Drehachse in schräger Richtung. (Fig. 295.) Der Abstand der schräg hinterdrehten Kanten wird beim Nachschleifen des Fräsers in Fig. 295 natürlich größer. Deshalb ist der Fräser geteilt und zwischen die Teile ist ein Ring gelegt, den man schmaler schleifen kann.

Für die Verwendung der Fräser sind folgende Regeln zu beachten.

1. Der Fräser ist oft zu schärfen, besonders der hinterdrehte. Geschieht dies nicht, so nutzt er sich am Rücken ab. Beim Schärfen ist die abgenutzte Schicht zu entfernen, und der Materialverlust wird sehr groß.

2. Der Fräser muß gut rund laufen und darf nicht seitlich schlagen. Aufgeschraubte Fräser schärfe man auf ihrem Dorn und lasse sie darauf. Die Fräsdorne seien so kurz wie möglich.

3. Das Arbeitstück ist gut festzuspannen, ohne es zu verspannen.

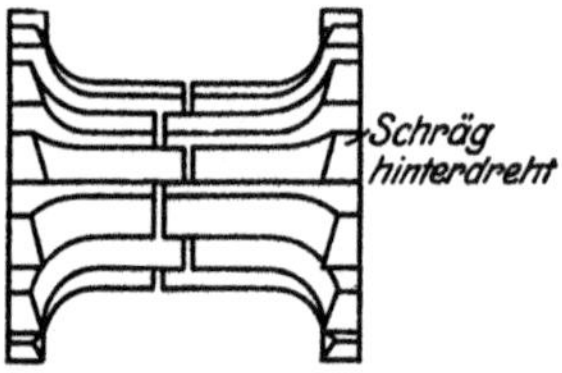

Fig. 295.

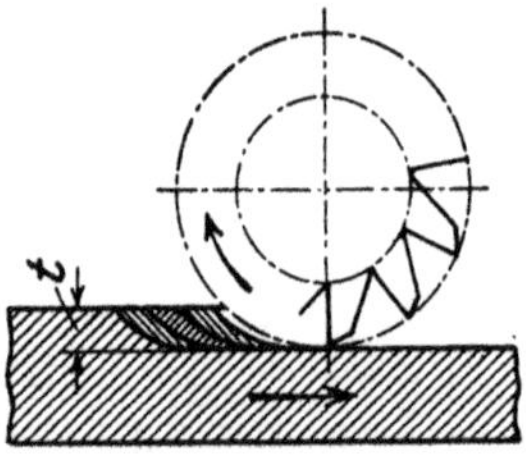

Fig. 296.

4. Man benutze alle vorhandenen Mittel, um die Führungsteile des Frästisches (Schlitten, Konsol) starr mit der Maschine zu verbinden, denn die Schnittdrücke sind beim Fräsen sehr veränderlich.

Das Arbeiten des Fräsers. Der Fräserzahn nimmt einen kammartigen Span. (Fig. 296). Die Drehrichtung des Fräsers muß so sein, daß der Span vom schwachen nach dem starken Ende hin abgehoben wird und nicht umgekehrt. Um den Drehsinn zu benennen, betrachtet man den Fräser von der Antriebseite aus. Ein rechtsschneidender Fräser läuft im Sinne des Uhrzeigers. Ist die Schnittiefe t (Fig. 296) gering und die Teilung des Fräsers grob, so verläßt der schneidende Zahn das Material, bevor der nächste eingreift. Das ergibt eine sehr ungleichmäßige Belastung des Fräsers, die man verbessert, indem man die Fräserzähne schraubenförmig windet. „Spiralzähne" Fig. 297a und b. Der Steigungswinkel der Spiralen ist meistens 15 bis 25° gegen die Fräserachse, doch gibt es auch Fräser mit bedeutend höherer Steigung, Hochleistungsfräser (Fig. 297c). Weitere Vorteile der Spiralzähne sind der ziehende Schnitt und die Verkleinerung des Keilwinkels senkrecht zum Fräserzahn. Winkel b_1 im Schnitt 1—1 der Fig. 298 ist kleiner als Winkel b_2 im Schnitt 2—2. Als Nachteil ergibt sich der Seitendruck W_1 in Richtung der Fräserachse auf Fräser und Arbeitstück (Fig. 297a). Er darf den Fräsdorn und die Frässpindel in ihren Konen nicht lockern. Deshalb bekommen linkslaufende Fräser rechtssteigende Spiralen und umgekehrt. Schmale Fräser erhalten gerade Zähne, der Seitendruck würde sie verbiegen. Zweiteilige Fräser kann man so anordnen, daß sich die Seitendrücke aufheben (Fig. 297c). Auch bei konischen Fräsern mit geraden Zähnen treten Seitendrücke auf. Die Fräser sind so aufzuspannen, daß sie ins Lager drücken (Fig. 299).

Fig. 300. Die Schneidkante von Zahn *I* wandert auf dem Bogen *OAN*, die von Zahn *II* auf dem Bogen *PAM*. Die beiden Bahnen

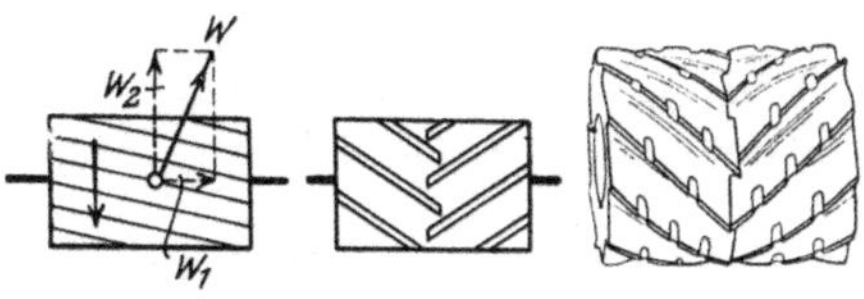

Fig. 297a bis c.

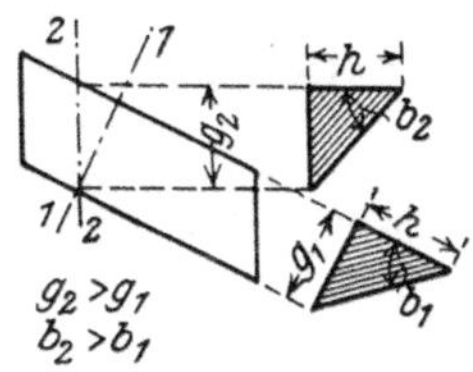

Fig. 298.

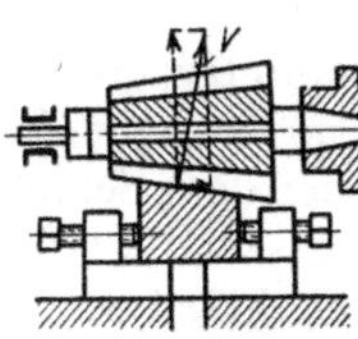

Fig. 299.

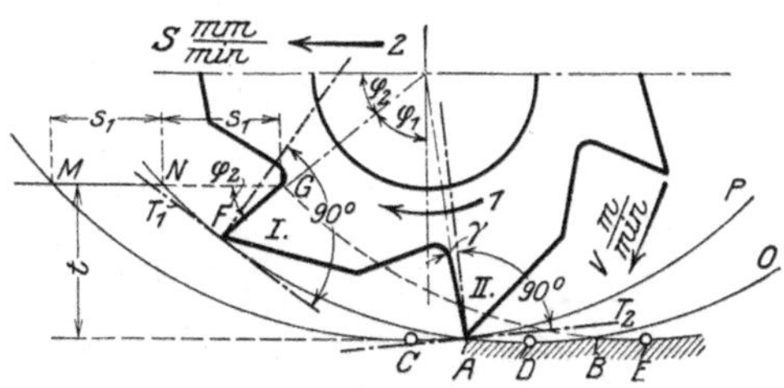

Fig. 300.

treffen sich in *A*. Hier beginnt der Zahn *II* zu arbeiten. Man sieht: Der Zahn schneidet schon vor seiner Tiefststellung. Das trifft für jeden Zahn zu. *II* wird seine tiefste Stellung in *C* erreichen, für Zahn *I* war der Punkt *D* der tiefste. In *B* fing Zahn *I* zu schneiden an. Der erwähnte Umstand ist ungünstig für das Anschneiden des Zahnes. Der Schnittwinkel in *A* ist größer als 90°. T_2 ist die Tangente an die Bahn *PAM* in *A*. Zum Vergleich ist die Tangente T_1 im Punkte *F* der Bahn *OAN* eingezeichnet. Hier ist der Schnittwinkel günstig. Man erkennt, warum die Fräser scharf gehalten werden müssen, und warum sie leicht stumpf werden und drücken. Die Kurven *PAM* und *OAN* sind keine Kreisbögen, sondern Rollkurven. Der Fräser dreht sich nicht allein um seine Achse (Pfeil 1), er wird auch gleichzeitig im Sinne von Pfeil 2 geschaltet.

Führt das Arbeitstück die Schaltbewegung aus, so ändert das an den Fräserbahnen im Arbeitstück nichts. *ACMN* ist der Spanquerschnitt. Der Vorschub ist übertrieben groß angenommen.

Schnittwiderstand. Infolge der Kommaform des Spanes ist der Schnittwiderstand veränderlich. Seinen größten Wert erreicht er in der Zahnstellung *FG* (Fig. 300). Diese Stellung ist aber nur für grob gezahnte Fräser mit geraden Zähnen von Bedeutung; aus ihr ergibt sich der größte Schnittwiderstand $W_{max} = b \cdot d \cdot k$ in kg. $d = FG$ ist die Spandecke und b die Fräsbreite. In der Figur bedeuten weiter: s den minutlichen Fräservorschub in mm; s_1 den Vorschub zwischen dem Austritt von 2 Zähnen aus der Oberfläche des Arbeitstückes; t die Schnittiefe; v die Umfangsgeschwindigkeit in m/min.

Durchschnittlicher Schnittwiderstand. Fig. 301 zeigt die Spanmenge, die der Fräser in 1 Min. abhebt. Man denkt sich diese Spanmenge durch einen Hobelstahl abgehoben. Dann ist der Schnittwiderstand $W' = b \cdot t \cdot k$ in kg und der Leistungsverbrauch

$$L = \frac{W' \cdot s}{60 \cdot 1000} = \frac{b \cdot t \cdot k \cdot s}{60 \cdot 1000} \text{ in } \frac{\text{mkg}}{\text{sek}}.$$

Derselbe Leistungsverbrauch entsteht nach unsrer Rechnungsweise am Fräser, dessen durchschnittlicher Schnittwiderstand W ist. Folglich gilt $L = \frac{W \cdot v}{60}$ in $\frac{\text{mkg}}{\text{sek}}$. Durch Gleichsetzen der beiden Werte für L ergibt sich $W = \frac{b \cdot t \cdot k \cdot s}{1000 \cdot v}$ und damit der Leistungsverbrauch am Fräser $N = \frac{W \cdot v}{75 \cdot 60}$ in PS. Der durchschnittliche Schnittwiderstand kommt bei spiralgenuteten und fein gezahnten Fräsern in Betracht. Der Druck V kann wieder dem Schnittwiderstande gleichgesetzt werden. Beide belasten den Fräsdorn auf Biegung und ergeben die Mittelkraft $R = \sqrt{W^2 + V^2} = \sqrt{2\,W^2} = 1{,}41\,W$. Das Drehmoment am Fräser ist $M = W \cdot r$ in cmkg (Fig. 302).

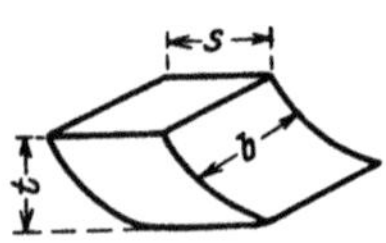

Fig. 301.

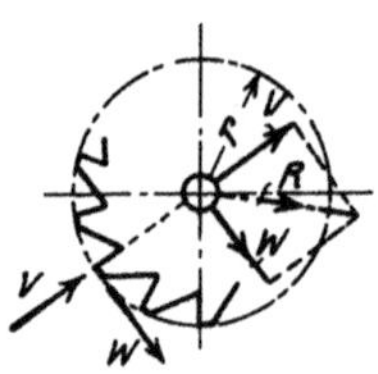

Fig. 302.

Beispiel. Ein Fräser von 100 mm Breite und 80 mm Durchmesser bearbeitet Schmiedeisen; Schnittiefe $t = 4$ mm, Vorschub $s = 90$ mm/min, Schnittgeschwindigkeit $v = 25$ m/min.

Schnittwiderstand $W = \frac{b \cdot t \cdot k \cdot s}{1000 \cdot v} = \frac{100 \cdot 4 \cdot 150 \cdot 90}{1000 \cdot 25} = 216$ kg.

Leistungsverbrauch $N = \frac{216 \cdot 25}{60 \cdot 75} = 1{,}2$ PS;

Moment am Fräser $M = 216 \cdot 4 = 864$ cmkg.

Mittelkraft $R = 1{,}41\,W = \sim 305$ kg.

Die Fräsmaschine. Fig. 303a und b zeigen eine Fräsmaschine mit wagerechter Frässpindel (Horizontal-Fräsmaschine). Der Hauptantrieb erfolgt wie bei der Drehbank von der Stufenscheibe S aus entweder unmittelbar auf das Rad D und damit auf die Hauptspindel oder über Zahnrad A und ein Rädervorgelege, das hier nicht sichtbar ist, — vergleiche aber Fig. 336 — auf das Rad D, das mit der Hauptspindel verkeilt ist. In der konischen Bohrung der Hauptspindel steckt der Fräsdorn. Das andere Ende des Dorns ruht im Gegenhalter H, der sich um seine Längsachse nach oben ausschwenken läßt, wenn er nicht gebraucht wird.

Der Schaltantrieb. Er ist von der Hauptspindel abgeleitet und geht über die Stufenscheiben S_1 und S_2, das vierstufige Rädergetriebe St und die ausziehbare Welle W auf die Schnecke Sn und das Schneckenrad Sr, das im Schlitten drehbar gelagert ist. Es treibt die genutete

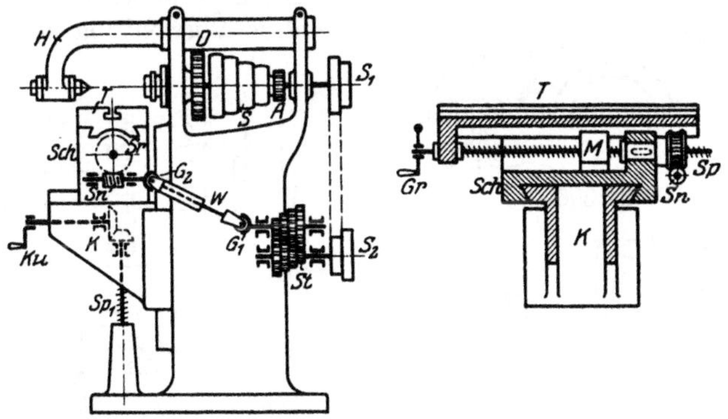

Fig. 303 a u. b.

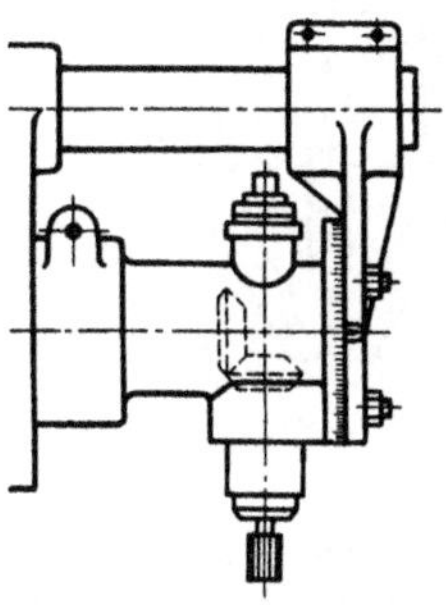

Fig. 304.

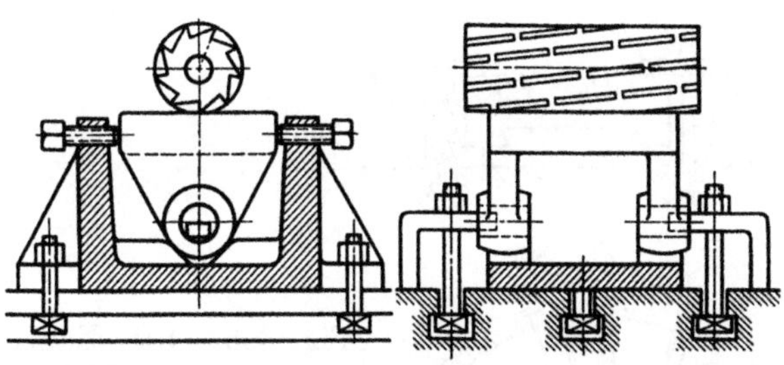

Fig. 305.

Tischspindel Sp an (Fig. 303b). Die Spindel schraubt sich in die feststehende Mutter M hinein oder aus ihr heraus und bewegt dadurch den Frästisch T im Schlitten hin und her. Rückt man die Schnecke aus dem Schneckenrade aus, so hört der Selbstgang auf, und man kann den Tisch von Hand schnell zurückkurbeln, indem man am Griff Gr dreht. Der Tisch ruht auf dem Konsol K, das sich am Ständer der Maschine heben und senken läßt. Dazu dienen Kurbel Ku und Spindel Sp_1 Bei der Höhenverstellung nimmt die Schaltwelle W eine andere Lage und Länge an; deshalb muß die Drehbewegung durch zwei Kardangelenke G_1 und G_2 übertragen werden.

Fräsarbeiten. Bearbeitung ebener Flächen. Die Bearbeitung kann mit wagerechter und mit senkrechter Frässpindel erfolgen.

Entweder hat man eine Fräsmaschine mit senkrechter Spindel (Vertikalfräsmaschine), oder man schaltet einen Fräskopf nach Fig. 304 vor die wagerechte Frässpindel. Die Spindel des Kopfes läßt sich unter beliebigem Winkel einstellen.

Fig. 305. Schruppen der Grundfläche eines Lagerbockes. Die Arbeitsfläche liegt wagerecht, ebenso die Frässpindel. Der Schruppfräser ist grob gezahnt und hat Spanbrechernuten, die den breiten Span zerteilen. Das Stück ist in eine besondere Vorrichtung gespannt.

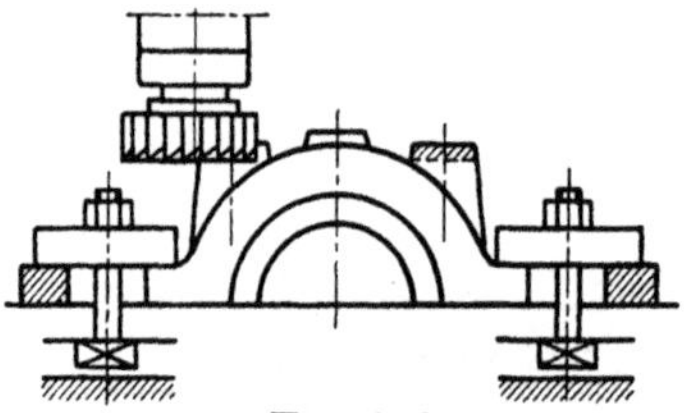

Fig. 306.

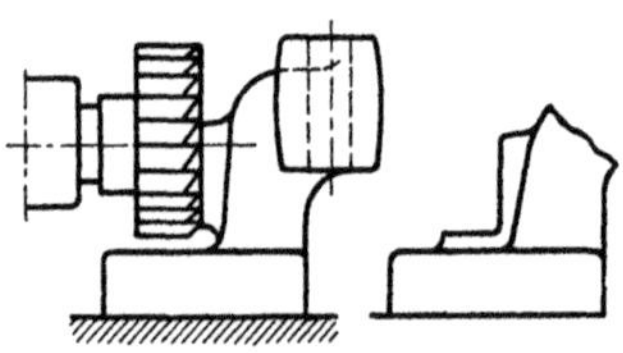

Fig. 307 a u. b.

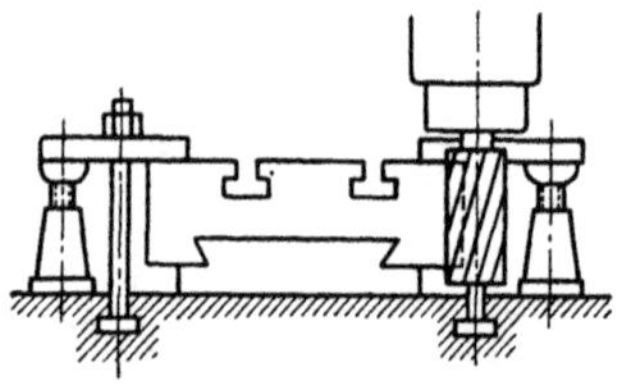

Fig. 308.

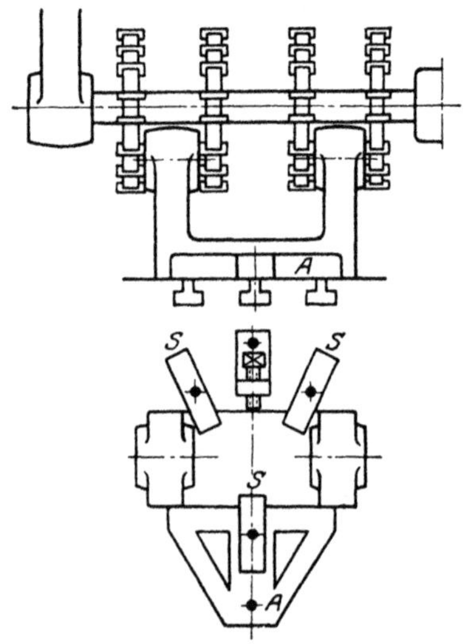

Fig. 309.

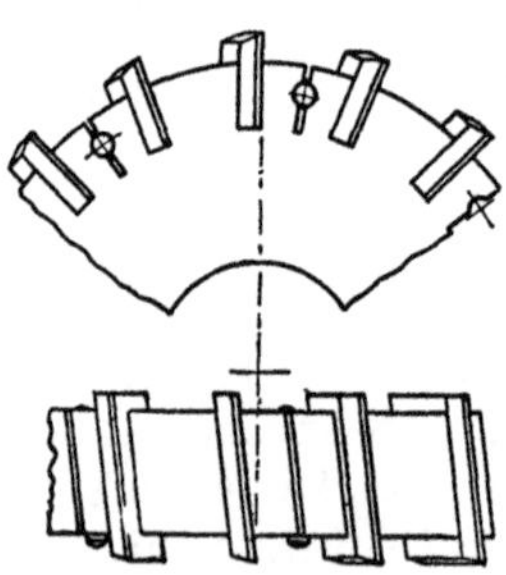

Fig. 310.

Fig. 306. Die Naben eines Lagerdeckels werden mit dem Walzenstirnfräser bearbeitet. Der Fräser ist am Umfang und an der Stirnfläche verzahnt.

Fig. 307. Die senkrechte Ansatzfläche eines Lagerarmes wird durch einen gleichen Fräser auf wagerechter Spindel abgefräst. Eine anschließende wagerechte Fläche nach Fig. 307b ließe sich gleichzeitig bearbeiten.

Fig. 308. Der Schaftfräser fräst die Außenfläche eines Aufspanntisches.

Fig. 309. Die vier parallelen Flächen des Lagerbockes werden gleichzeitig gefräst. Als Werkzeuge sind Messerköpfe benutzt. In den gußeisernen Fräserkörper sind auswechselbare Messer eingesetzt. Das ist in Fig. 310 genauer dargestellt.

Zwischen zwei Fräsern lassen sich nicht allein parallele Flächen bearbeiten. Dreht man das Arbeitstück nach jedem Arbeitsgang um 90, 60 oder 45°, so kann man Vier-, Sechs- und Achtkante anfräsen.

Geneigte Flächen können in verschiedener Weise gefräst werden. Entweder wird das Arbeitstück schräg eingespannt oder man neigt die Frässpindel. Außerdem kann man mit konischen Fräsern arbeiten. Zum Einspannen bevorzugt man den Parallelschraubstock, er wird

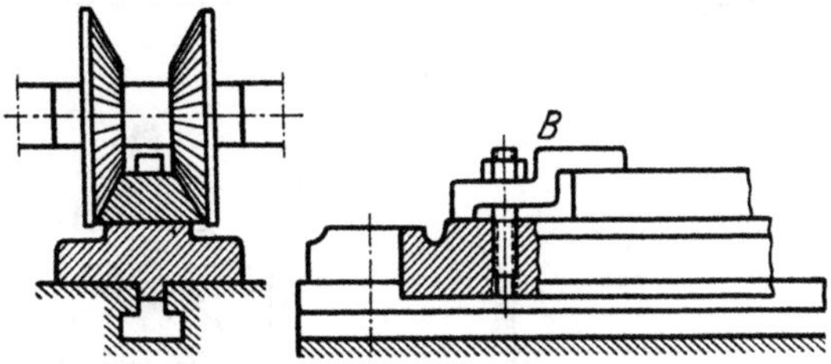

Fig. 311.

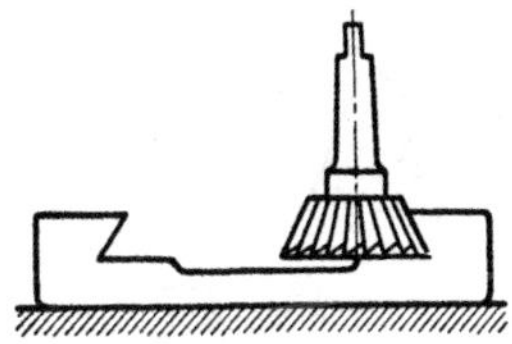

Fig. 312.

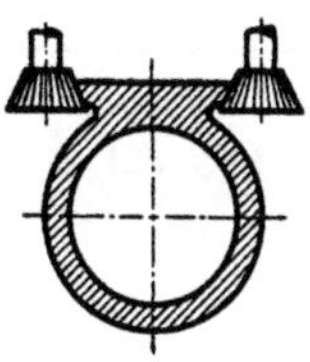

Fig. 313.

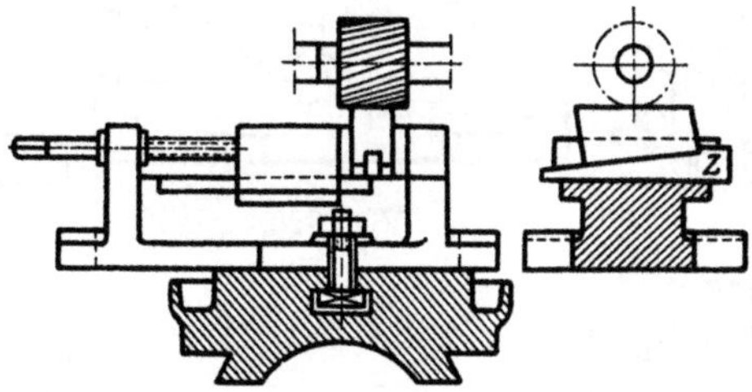

Fig. 314.

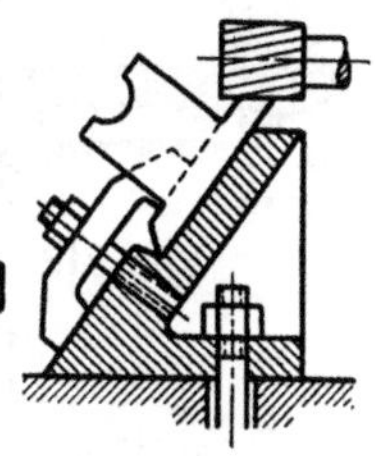

Fig. 315.

vielseitig anwendbar, wenn man ihn in wagerechtem und senkrechtem Kreise verstellbar macht. Das Fräsen mit konischem Fräser wurde schon in Fig. 299 gezeigt. Weitere Beispiele sind:

Fig. 311. Fräsen einer konischen Nachstelleiste. Die Leiste ist mit zwei Bügeln *B* auf die Fräsvorrichtung gespannt.

Fig. 312. Fräsen einer Schwalbenschwanzführung.

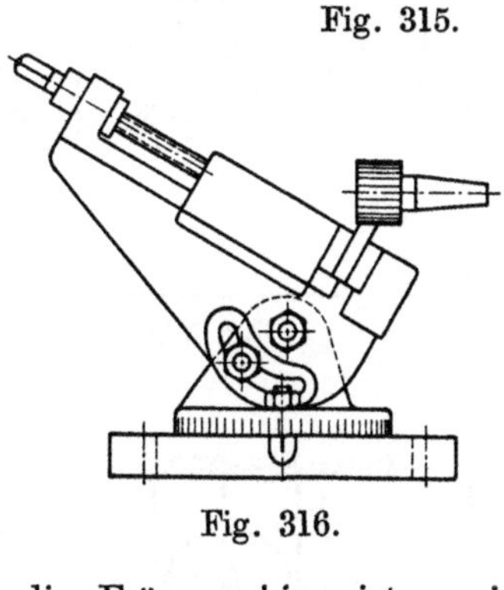

Fig. 316.

Fig. 313. Fräsen der Gegenführung, die Fräsmaschine ist zweispindlig.

Fig. 314 bis 317. Die Arbeitstücke sind schräg eingespannt.

Fig. 314. Fräsen eines Keilstückes. Das Stück ist in den Schraubstock gespannt. Das Zwischenstück *Z* gibt ihm die richtige Lage.

Fig. 315. Das Arbeitstück ist auf einen Winkel gespannt.

Fig. 316. Fräsen eines Messers im verstellbaren Schraubstock.

Fig. 317. Der Schraubstock ist im wagerechten Kreise verstellbar.

Fig. 318. Der Fräser ist schräg eingespannt.

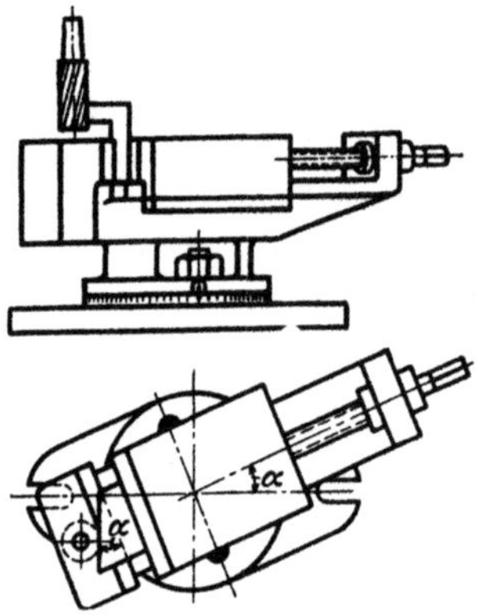

Fig. 317.

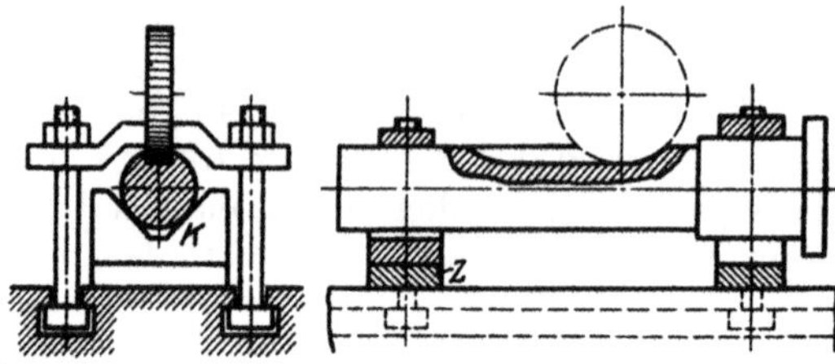

Fig. 319.

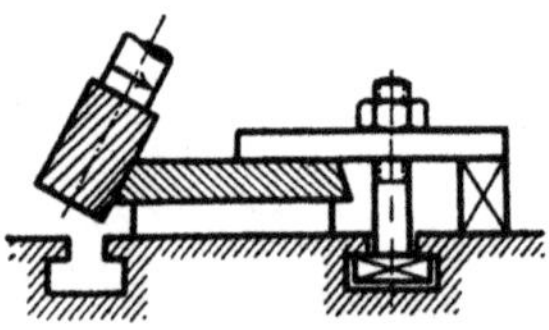

Fig. 318.

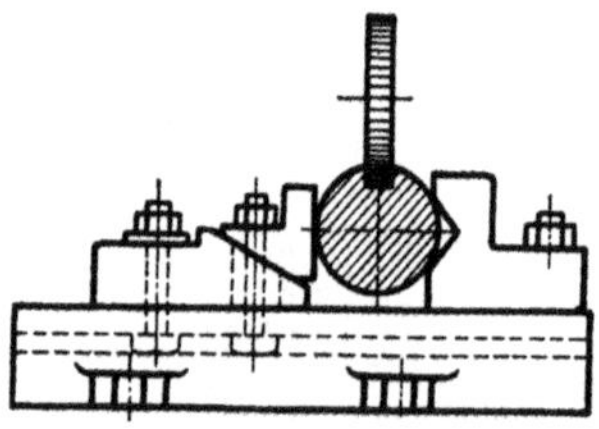

Fig. 320.

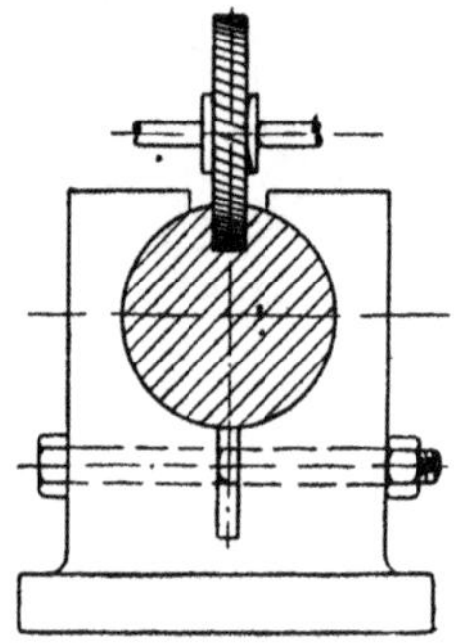

Fig. 321.

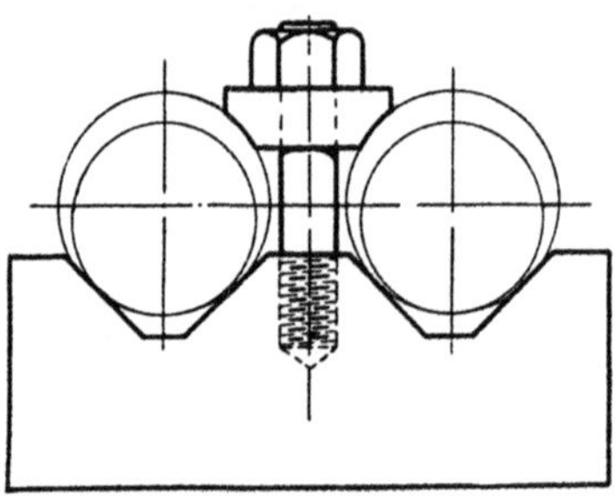

Fig. 322.

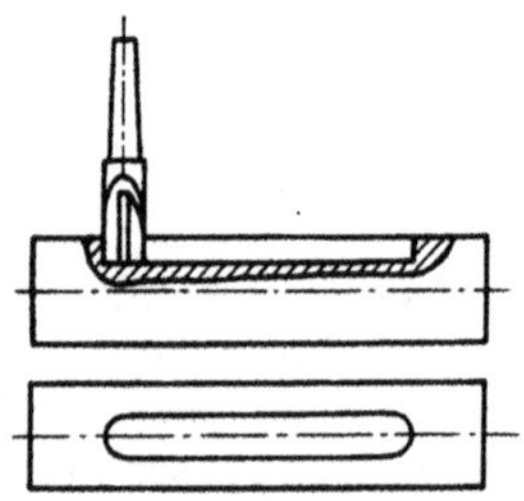

Fig. 323.

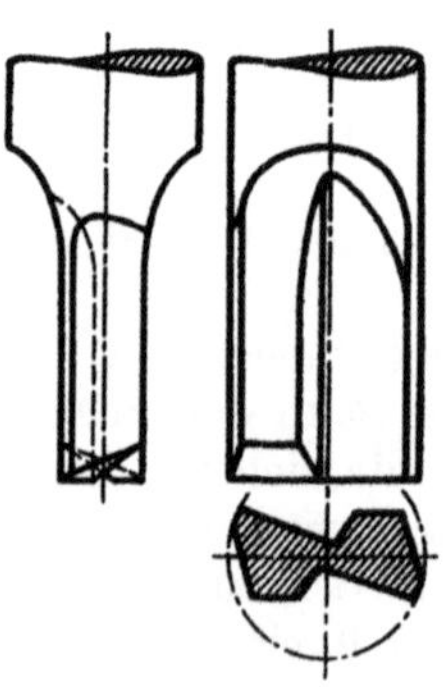

Fig. 324.

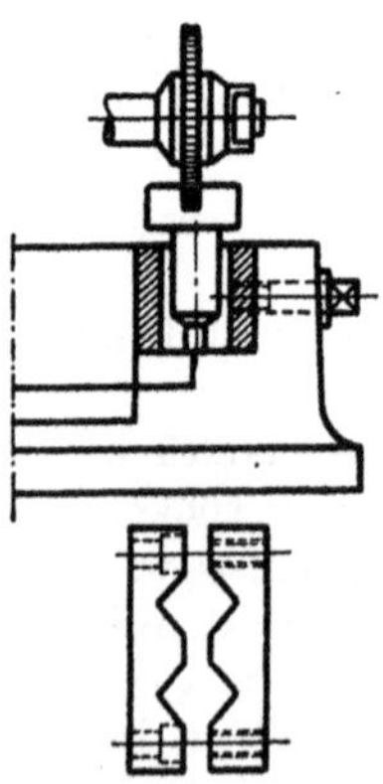

Fig. 325 u. 325 a.

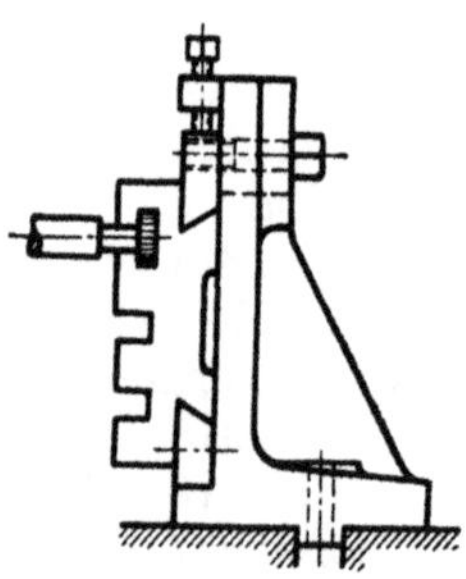

Fig. 326.

Fräsen von Nuten.

Fig. 319 zeigt das Einfräsen einer Keilnut in einen abgesetzten Bolzen. Dieser ruht auf zwei Klötzen K mit V-förmigem Ausschnitt. Am schwachen Bolzenende ist der Klotz durch ein Zwischenstück Z gehoben. Die wagerechte Lage des Bolzens kann durch Parallelreißer, Fühlhebel oder Wasserwage geprüft werden. Soll die Nut über die ganze Länge der Welle gehen, so kann man die Einspannung nach Fig. 320 oder 321 vornehmen.

Fig. 322. Zwei Wellen werden gleichzeitig genutet.

Keilnuten mit halbkreisförmigen Enden werden nach Fig. 323 gefräst. Die Nut ist überall gleich tief. Der Fräser ist in Fig. 324 dar-

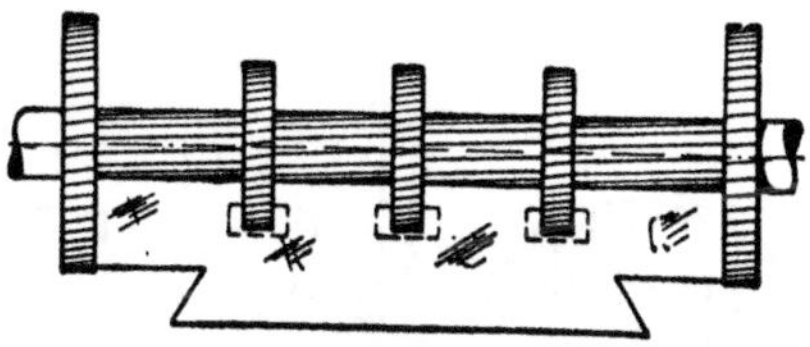

Fig. 327.

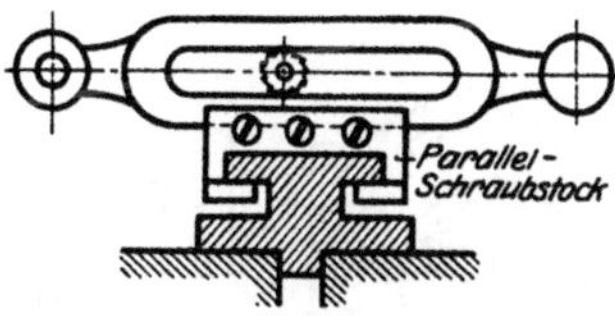

Fig. 328.

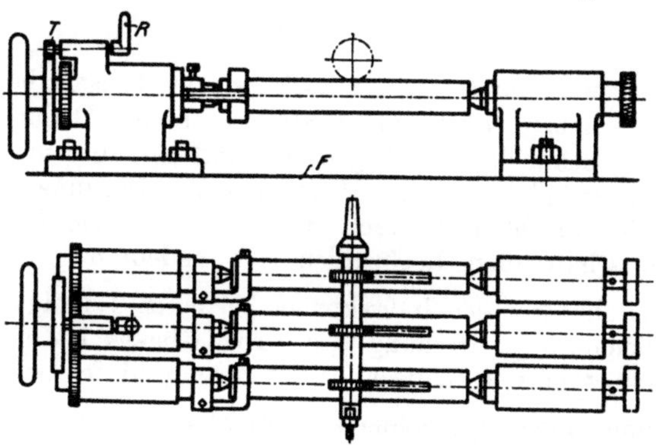

Fig. 329 u. 330.

gestellt. Mit dem gleichen Fräser können Nuten hergestellt werden, die durch die Welle hindurchgehen. — Fig. 325 zeigt das Schlitzen von Schrauben. Zum Einspannen dienen besondere Backen nach Fig. 325b, die in dem Parallelschraubstock befestigt werden.

Fig. 326. Fräsen von T-Nuten in einem Aufspanntisch mit Hilfe eines Schaftfräsers. Die Nuten sind rechteckig vorgefräst nach Fig. 327. Das Nuten einer Schwinge zeigt Fig. 328. — Soll ein Arbeitstück, z. B. eine Reibahle, mit Längsnuten versehen werden, die im Umfange gleichen Abstand haben, so benutzt man eine einfache Teilvorrichtung nach Fig. 329 und spannt das Arbeitstück drehbar zwischen Spitzen. Auf der Spindel der Teilvorrichtung sitzt eine Teilscheibe T, die durch den Riegel R festgestellt ist. Ist eine Nut gefräst, so kurbelt man den

Frästisch T zurück, entriegelt die Scheibe T und dreht Arbeitstück, Spindel und Teilscheibe um die gewünschte Teilung weiter. Hat die Teilscheibe z. B. 12 Löcher, so kann man Teilungen in 2, 3, 4, 6 und 12 Teile vornehmen. Die Teilscheibe ist auswechselbar.

Der Spitzenapparat mit 3 Teilvorrichtungen nebeneinander (Fig. 330) dient zum gleichzeitigen Nuten von 3 Arbeitstücken in der Massenherstellung. Es gibt auch Apparate mit 5 Spindeln, von denen die mittelste die Teilscheibe trägt. Beim Teilen wird die Drehung durch Zahnräder auf die benachbarten Spindeln übertragen.

Für größere Teilzahlen benutzt man statt der einfachen Teilvorrichtung einen Teilkopf mit Schneckenradübersetzung. Fig. 331. Die Teilscheibe T steht fest. Die Indexkurbel J sitzt auf der Schnecken-

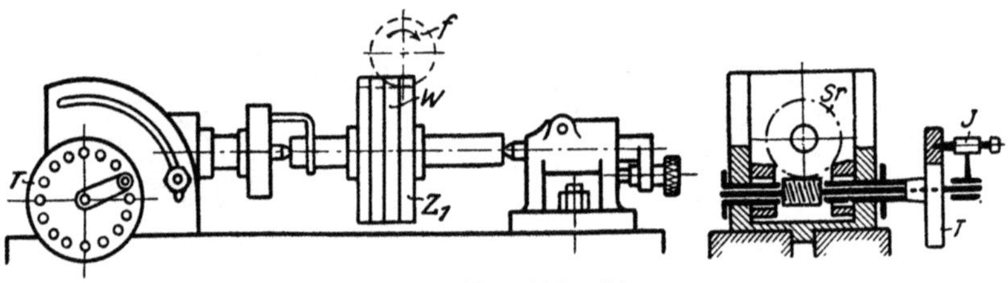

Fig. 331 a bis c.

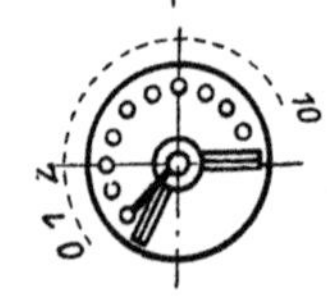

welle und kann im Lochkreis der Teilscheibe um eine beliebige Lochzahl verstellt werden. Dadurch wird das Schneckenrad Sr gedreht und mit diesem die Teilkopfspindel sowie das Werkstück W. Die innere Einrichtung des Teilkopfes ergibt sich auch aus Fig. 335. Wie berechnet man nun die zu schaltenden Lochzahlen? Es bedeuten:

n_J die Drehungen der Indexkurbel bei einer Teilung,
n die gleichzeitige Drehung des Arbeitstückes bei einer Teilung,
m die Gangzahl der Schnecke, z die Zähnezahl des Schneckenrades.

Läuft eine eingängige Schnecke einmal um, so rückt der Umfang des Schneckenrades um eine Teilung weiter. Es ist also $n = \frac{1}{z}$. Hat die Schnecke m Gänge, so wird die Drehung des Rades m mal so groß, d. h. $n = \frac{m}{z}$. Das gilt für eine Umdrehung der Schneckenwelle und Teilkurbel. Für n_J Umdrehungen wird die Drehungzahl des Rades n_J mal so groß, also: $n = \frac{m}{z} \cdot n_J$. Daraus ergibt sich

$$n_J = \frac{n \cdot z}{m}.$$

B e i s p i e l 1. Es sind vier Zahnräder mit 62 Zähnen gleichzeitig zu fräsen. Die Räder werden nebeneinander auf einen Dorn gespannt (Fig. 331). Der Teilkopf hat eine eingängige Schnecke und 40 Zähne im Schneckenrade. Es ist also: $n = \frac{1}{62}$; $n_J = \frac{1}{62} \cdot \frac{40}{1} = \frac{20}{31}$, d. h. im Lochkreis 31 der Teilscheibe sind 20 Löcher zu schalten.

Die Teilscheibe hat meistens 8 bis 9 verschiedene Lochkreise auf jeder Seite, sie läßt sich abnehmen und umkehren. Die Kurbel kann auf jeden Lochkreis eingestellt werden. Wir finden gewöhnlich die Lochzahlen: 15 bis 20, 21, 23, 27, 29—31, 33, 37, 39—41, 43, 47, 49.

Beispiel 2. Der Sechskantkopf einer Schraube ist auf obigem Teilkopf zu fräsen. Die Schraube ist mittels Backenfutters im Teilkopf befestigt. Das Fräsen von je zwei parallelen Flächen erfolgt mit zwei Fräsern gleichzeitig,

$$n = \frac{1}{6};$$

$$n_J = \frac{1}{6} \cdot \frac{40}{1} = \frac{20}{3} = 6\,{}^2/_3,$$

d. h. die Kurbel macht 6 Volldrehungen und außerdem z. B. im Lochkreis 15 noch 10 Löcher. Damit man sich beim Teilen nicht verzählt, sind zwei Anschlagwinkel vorgesehen, die man so stellt, daß sie die „berechnete Lochzahl + 1" zwischen sich einschließen. Sie werden durch Federdruck auf der Teilscheibe gehalten und nach jeder Schaltung gemeinsam weiter gerückt, bis der andere Schenkel wieder am Indexstift anliegt. Obige Schaltung um 10 Löcher (richtiger 10 Teile!) ist in Fig. 331 c dargestellt. Das erste Loch ist mit 0 bezeichnet, weil der Indexstift in diesem steckt.

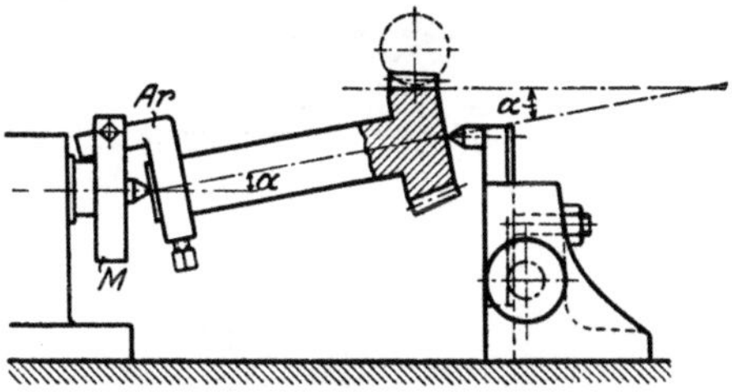

Fig. 332.

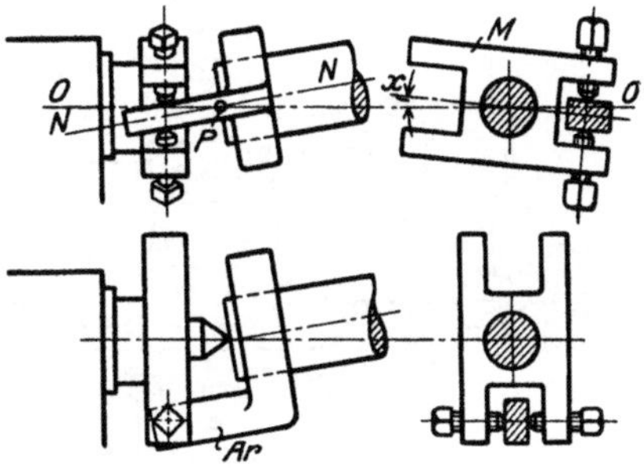

Fig. 333 u. 334.

Fräsen von Nuten in konische Teile. Die Arbeitstücke müssen geneigt eingespannt werden, so daß der Grund der Nut wagerecht liegt. Fig. 332 zeigt das für das Vorfräsen eines Kegelrades. Der Antrieb des Werkstückes erfolgt durch einen Mitnehmer nach Art eines Drehherzes. Dieser Antrieb ist fehlerhaft, weil er die Drehung der Teilkopfspindel nicht gleichmäßig auf das Arbeitstück überträgt. Der Fehler ist aus Fig. 333 und 334 ersichtlich. Die Mittellinie $N—N$ des Mitnehmerarmes *Ar* schneidet sich mit der Mittellinie $O—O$ der Teilkopfspindel im Punkte P, in dem sich auch die Mittellinie des Arbeitstückes mit der Mittellinie $O—O$ schneidet. Der Arm hat sich also gegen Fig. 332 um 90° gedreht. Fig. 333 zeigt, daß der Mitnehmer M und die Teilkopfspindel sich gleichzeitig um $(90 + x)°$ gedreht haben. Nach einer Drehung von 180° ist der

Fehler wieder ausgeglichen (Fig. 334). Man beachte auch die verschiedenen Lagen des Armes *Ar* im Mitnehmer *M*.

Fig. 335 zeigt eine fehlerfreie Einspannung im Dreibackenfutter. Der Teilkopf und der Halter des Gegenkörners sind um $\alpha°$ geneigt: $\operatorname{tg}\alpha = \frac{D-d}{2l}$. (Vgl. S. 339.)

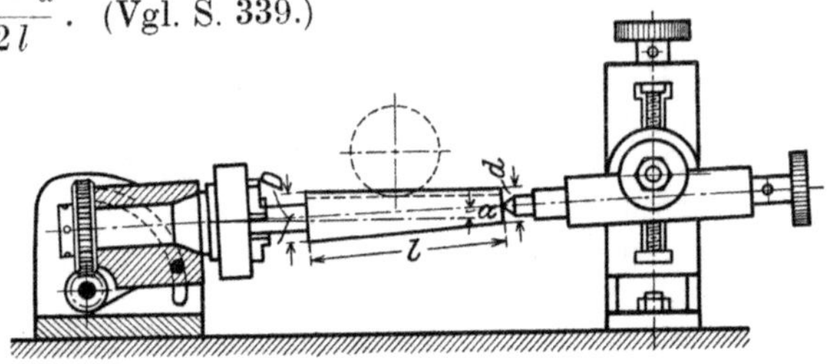

Fig. 335.

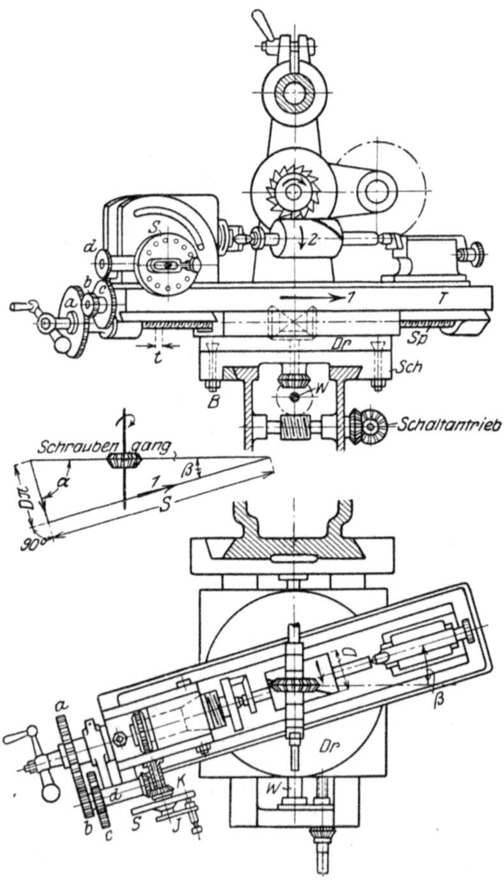

Fig. 336 a u. b u. Fig. 337.

Fräsen von Spiralnuten. Das Fräsen von Spiralzähnen an Fräsern ist nur auf der Universalfräsmaschine möglich (Fig. 336). Sie unterscheidet sich von der einfachen Fräsmaschine dadurch, daß der Frästisch *T* um eine senkrechte Achse verstellbar ist. Zu diesem Zwecke liegt auf dem Schlitten *Sch* ein Drehtisch *Dr*. Er trägt die Führung für den Frästisch und läßt sich mittels der Schraubenbolzen *B* auf dem Schlitten festklemmen. Der Antrieb der Tischspindel erfolgt nicht mehr vom Spindelende, sondern vom Konsol aus zunächst auf eine wagerechte Welle *W* und von hier durch Kegelräder auf die genutete Tischspindel *Sp*, die sich in einer feststehenden Mutter vor- oder zurückschraubt. Die Drehbewegung der Tischspindel wird durch die auswechselbaren Räder a, b, c und d auf das Kegelräderpaar K, auf die Teilscheibe S und von dieser durch die Indexkurbel J auf das Schneckengetriebe des Teilkopfes übertragen und damit auf das Arbeitstück. Das letzte macht also zwei Bewegungen. Es wandert in der Pfeilrichtung 1 mit dem Frästisch und dreht sich gleichzeitig in der Pfeilrichtung 2 um seine Längsachse. Dadurch entsteht die Schraubenform der gefrästen Nut. Die beiden Bewegungen sind so gegeneinander abzustimmen, daß der Tisch um die Steigung S des Schraubenganges (Spirale) verschoben ist, wenn sich das Arbeitstück einmal umgedreht hat (Fig. 337). Danach werden die Wechselräder a bis d berechnet.

Tischstellung. Der Tisch ist so einzustellen, daß der Fräser in der Richtung der Spirale liegt. Nach Fig. 337 ergibt sich der Neigungswinkel β aus $\operatorname{tg} \beta = \frac{D\pi}{S}$, wobei D der äußere Durchmesser des Arbeitstückes ist.

Wechselräder. Ist t die Steigung der Tischspindel; u ihre Umlaufzahl in 1 Minute; S die Steigung der Spirale; n die Umlaufzahl des Arbeitstückes in 1 Minute, so gilt wie bei der Drehbank $S \cdot n = u \cdot t$ und $\frac{n}{u} = \frac{t}{S}$. Nun ist $\frac{n}{u}$ die Gesamtübersetzung zwischen Tischspindel und Arbeitstück. Sie ist das Produkt aus den Übersetzungen der hintereinandergeschalteten Einzelgetriebe.

1. Räderpaar: Übersetzung	$= \frac{a}{b}$	Gesamtübersetzung $= \frac{a}{b} \cdot \frac{c}{d} \cdot \frac{m}{z} = \frac{n}{u}$
2. „ : „	$= \frac{c}{d}$	Im Kegelräderpaar K ist die Übersetzung 1 : 1.
Schneckengetriebe: „	$= \frac{m}{z}$	

Folglich ist auch $\frac{a}{b} \cdot \frac{c}{d} \cdot \frac{m}{z} = \frac{t}{S}$ und $\frac{a}{b} \cdot \frac{c}{d} = \frac{t}{S} \cdot \frac{z}{m}$.

Ist eine Nut gefräst, so wird die Maschine angehalten und das Arbeitstück mit Hilfe des Teilkopfes und der Indexkurbel um eine Zahnteilung weiter geschaltet.

Beispiel: Ein Walzenfräser von 120 mm Durchmesser soll 30 Spiralzähne erhalten. Die Spirale hat 32″, die Tischspindel $^1/_4$″ Steigung. Im Teilkopf liegt eine Übersetzung $\frac{m}{z} = \frac{1}{40}$. Berechne die Wechselräder, die Tischstellung und die zum Teilen nötige Lochzahl.

Tischstellung: $\operatorname{tg} \beta = \frac{D\pi}{S} = \frac{120 \cdot \pi}{32 \cdot 25{,}4} = 0{,}4639$; $\beta = 24° \, 50'$.

Wechselräder:

$$\frac{a}{b} \cdot \frac{c}{d} = \frac{t}{S} \cdot \frac{z}{m} = \frac{1}{4} \cdot \frac{40}{32} = \frac{5}{16} = \frac{2 \cdot 2{,}5}{4 \cdot 4} = \frac{1}{2} \cdot \frac{5}{8} = \frac{35}{70} \cdot \frac{50}{80}.$$

Lochzahl: $n_J = \frac{n \cdot z}{m} = \frac{1}{30} \cdot \frac{40}{1} = \frac{4}{3} = 1^1/_3$.

Im Lochkreis 24 sind eine Volldrehung + 8 Löcher zu schalten.

Das Einfräsen von Spiralnuten erfolgt mit einem Fräser, der nach beiden Seiten konisch ist (Fig. 338). Er muß am Arbeitstück so eingestellt werden, daß die Zahnbrust *AB* des gefrästen Zahnes in der Richtung des Halbmessers liegt.

Zum Einstellen verwendet man eine Lehre nach Fig. 339, oder man macht sich einen Riß auf die Stirnfläche des Arbeitstückes in Richtung des Halbmessers und rückt den Frästisch mit dem Arbeitstück so lange hin oder her, bis die Flanke einer vorgefrästen Versuchsnut in diesen Riß fällt. Benutzt man einen Fräser, der nur einseitig konisch ist, so wird die Brustfläche des gefrästen Zahnes unterschnitten (Fig. 340). Ein Fräser oder eine Schleifscheibe ist in die fertige Nut senkrecht von oben eingesenkt. Dann sind drei kreisförmige Schnitte 1—1 bis 3—3 gemacht und in die Ebene gestreckt. Wie üblich wurde der Fräser in die Richtung des äußersten Steigungswinkels α_1 der Nut gestellt. Man erkennt an den Schnitten 2 und 3, daß der Fräser (Schleifscheibe) die Brustfläche des Zahnes anschneidet.

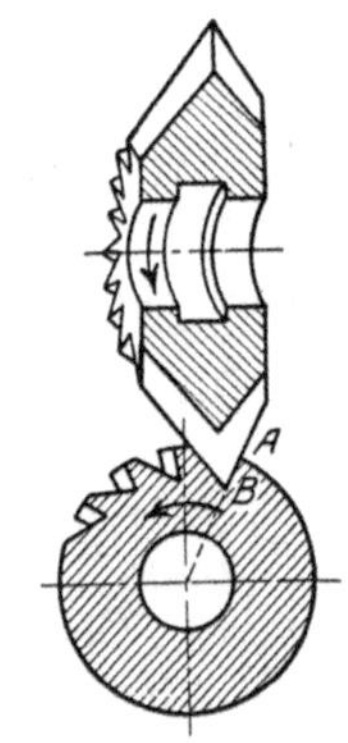

Fig. 338.

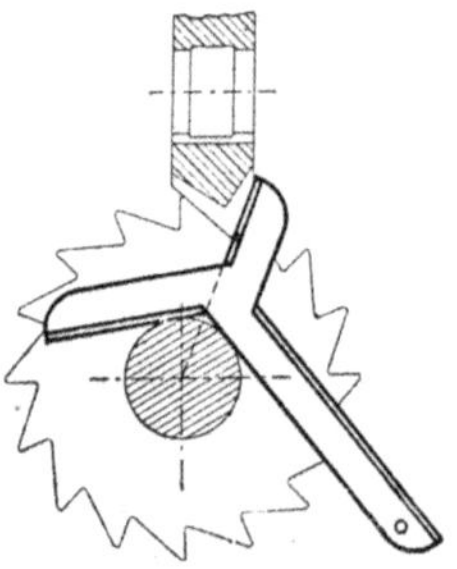
Fig. 339.

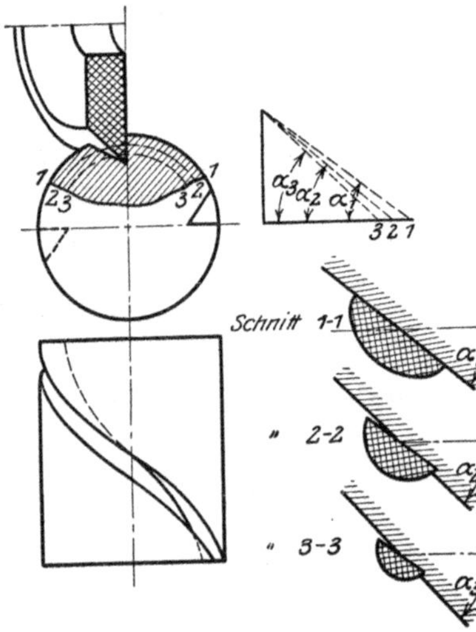

Fig. 340.

Gewindefräsen. Es erfolgt meist auf besonderen Fräsmaschinen, kann aber auch auf der Universalfräsmaschine ausgeführt werden. Im Verhältnis zu den vorstehend beschriebenen Spiralen ist die Steigung gering. Die Übersetzung zwischen Tischspindel und Arbeitstück wird also nicht so weit von 1 : 1 entfernt sein, daß man die starke Übersetzung im Schneckengetriebe des Teilkopfes braucht. Deshalb umgeht man das Schneckengetriebe, rückt die Schnecke aus und überträgt durch die Wechselräder unmittelbar auf eine Verlängerung der Teilkopfspindel (Fig. 341). Soll ein mehrgängiges Gewinde gefräst werden, so muß die

Zähnezahl des letzten Wechselrades d durch die Gangzahl des Gewindes teilbar sein. Die Übersetzung der Wechselräder ergibt sich wie vorher aus:

$$\frac{a}{b} \cdot \frac{c}{d} = \frac{t}{s}.$$

Beispiel: $t = 1/4''$, $s = 15$ mm Steigung.

$$\frac{a}{b} \cdot \frac{c}{d} = \frac{1}{4} \cdot \frac{25{,}4}{15} = \frac{25{,}4 \cdot 5}{60 \cdot 5} = \frac{127}{60 \cdot 5} = \frac{127 \cdot 2}{2 \cdot 60 \cdot 5} = \frac{127}{120} \cdot \frac{2}{5}$$

$$= \frac{127}{120} \cdot \frac{32}{80} \qquad \begin{matrix} a = 32 & c = 127 \text{ Zähne} \\ b = 80 & d = 120 \quad ,, \end{matrix}$$

Der Drehsinn des Arbeitstückes stimmt bei vier Wechselrädern mit dem der Tischspindel überein. Soll er umgekehrt sein, so ist noch ein Zwischenrad anzuordnen. Der Fräskopf ist so eingestellt, daß der Fräser in der Steigungsrichtung des Gewindes steht. Flachgewinde

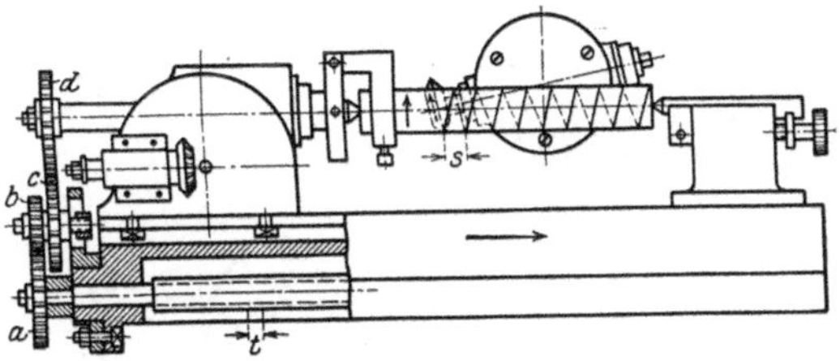

Fig. 341.

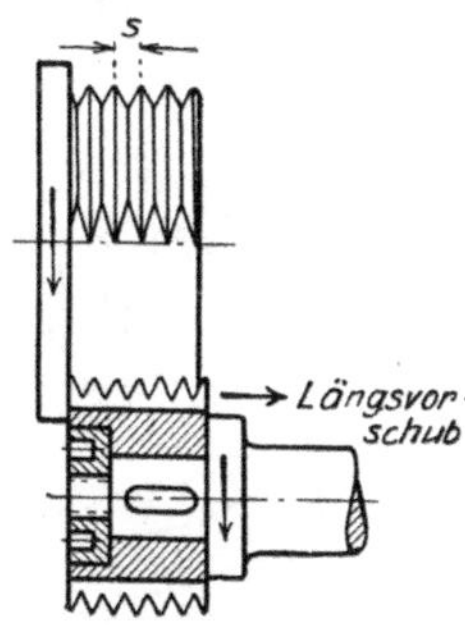

Fig. 342.

läßt sich nicht fräsen. Ein Fräser von rechteckigem Querschnitt schneidet keine rechteckige Gewindenut (vgl. Fig. 266). Auch gefrästes Trapezgewinde ist nicht genau geradflankig. Der verwendete Fräser hat gerade Schneidkanten, da er aber in der Richtung der Gewindefurche steht, so erhält das Gewinde in der Längsrichtung der Schraube eine verzerrte Querschnittsform. Man verfährt vielfach so, daß man das Gewinde vorfräst und auf der Drehbank nachschneidet, wenn es auf genaue Gewindeform ankommt.

Spitzgewinde von geringer Länge wird nach Fig. 342 mit hinterdrehten Fräsern hergestellt. Wegen der geringen Steigung des Gewindes haben die Fräserfurchen keine Steigung.

Während sich das Arbeitstück einmal umdreht, wird der Fräser um eine Steigung s weitergeschaltet, dann ist das Gewinde fertig. Das gleiche Verfahren läßt sich auch auf Innengewinde anwenden.

Das Fräsen von Zahnrädern. Zu dem Fräsen von Nuten gehört auch das Fräsen von Zahnrädern. Stirnräder werden entweder nach dem Teilverfahren oder nach dem Abwälzverfahren gefräst. Für beide hat man besondere selbsttätige Fräsmaschinen gebaut; sie können aber auch auf der Universal-Fräsmaschine ausgeführt werden.

Das Teilverfahren. Es erfordert keine besonderen Einrichtungen und ist schon in Fig. 331 angedeutet. Dort sind vier Räder nebeneinander auf einen Dorn aufgespannt. Dadurch werden Aufspann- und Bearbeitungszeit kürzer, als wenn man jedes Rad einzeln fräst. Außerdem stützen sich die Räder gegenseitig. Fig. 343 zeigt einen hinterdrehten Fräser bei der Arbeit. Der Fräser steht unterhalb des Rades, und die Späne fallen aus der Zahnlücke. Diese Anordnung läßt sich in Fig. 331 dadurch erreichen, daß man Teilkopf und Reitstock auf Untersätze stellt. Ist eine Lücke gefräst, so kurbelt man den Tisch zurück, schaltet das Werkstück mittels der Teilvorrichtung um eine Zahnteilung weiter und stellt den Selbstgang wieder ein. Die Genauigkeit der Zahnform hängt von mancherlei Umständen ab. Die Räder und der Fräser müssen auf ihren Dornen genau rund laufen, kein Teil darf sich unter dem Frädrucke durchbiegen oder zittern. Fräser und Werkstück dürfen auch nicht zu warm werden und sich da-

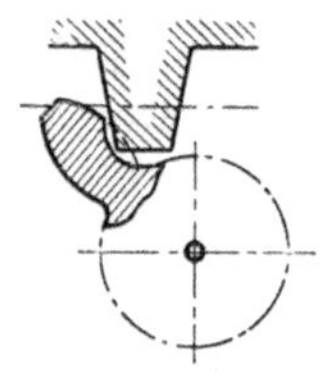

Fig. 344.

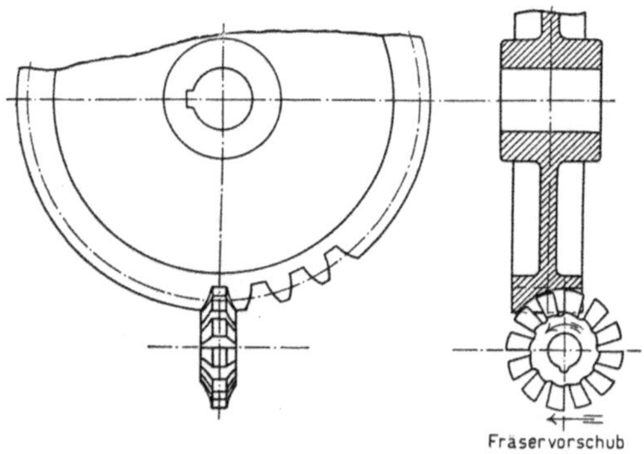

Fig. 343.

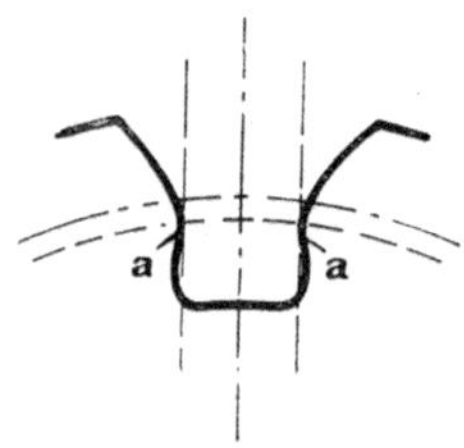

Fig. 345.

durch verziehen. Der Fräser muß genau auf Mitte Rad stehen und richtig angeschliffen sein. Vor allem ist aber die Genauigkeit der Form des Fräsers von Einfluß. Ein genauer Fräser ist sehr schwer herzustellen und sollte nur von ersten Firmen bezogen werden. Je mehr die Zahnform mit der theoretischen Zahnkurve (Evolvente) übereinstimmt, um so gleichförmiger überträgt sich die Drehung des treibenden Rades auf das getriebene, und um so ruhiger und geräuschloser ist der Gang selbst bei hoher Umfangsgeschwindigkeit. Es werden fast ausschließlich Evolventenverzahnungen gefräst. Das Evolventenrad kann mit jedem Rade beliebiger Zähnezahl, aber gleicher Teilung richtig arbeiten, ausgenommen, wenn die Zähnezahl des einen Rades kleiner als 32 wird. Dann dringt der Zahnkopf des Gegenrades in die Fußkurve, und diese muß unterschnitten werden (Fig. 344), damit der Zahnkopf Platz bekommt. Die Zahnlücke wird vom Teilkreis nach dem Fußkreise hin weiter und läßt sich mit dem hinterdrehten Scheibenfräser nicht fräsen (Fig. 345). Im Teilverfahren ist sie nur mit dem schlecht nachzuschleifenden Schaftfräser nach Fig. 346 herstellbar. Deshalb war es nötig, die Kopfform zu verändern und von der Evolventenform abzuweichen oder den Steigungswinkel der Erzeugenden von 15° auf 20° zu vergrößern. Das letzte ist empfehlenswerter, wird aber trotzdem nicht häufig getan. Mit den käuflichen Fräsern lassen sich Räder mit 12 Zähnen als kleinste Zähnezahl fräsen. Für jede Teilung und jede Zähnezahl braucht man genau genommen einen besonderen Fräser. Das erfordert aber einen sehr großen Vorrat an Fräsern, und man begnügt sich deshalb mit einem Fräsersatz von 8 oder 15 Fräsern für jede Teilung, der für alle Zähnezahlen ausreichen muß. Der achtteilige Satz kommt für die kleineren Teilungen bis Modul 9 in Anwendung, darüber hinaus benutzt man den 15teiligen. Auf jedem Fräser ist angegeben, für welche Zähnezahlen er brauchbar ist. Am genauesten ist der Fräser gewöhnlich für die kleinste angegebene Zähnezahl. Größere Zahnlücken über Modul 6 schneidet man meistens mit einem hinterdrehten Fräser vor und mit dem Formfräser fertig. Man schont dadurch den Fertigfräser und erhält genauere Arbeit. Beim Nachschnitt werden Vorschub und Schnittgeschwindigkeit gesteigert. Bei Teilungen über 20 π ersetzt man das Vorfräsen durch ein Vorarbeiten auf der Stoßmaschine nach Fig 347. Keil c fällt heraus.

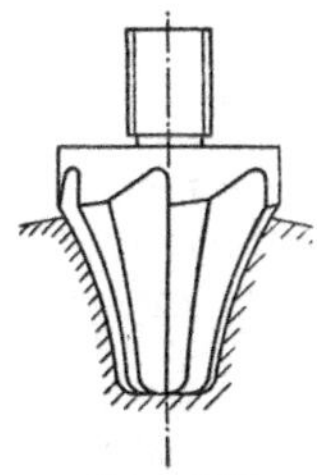

Fig. 346.

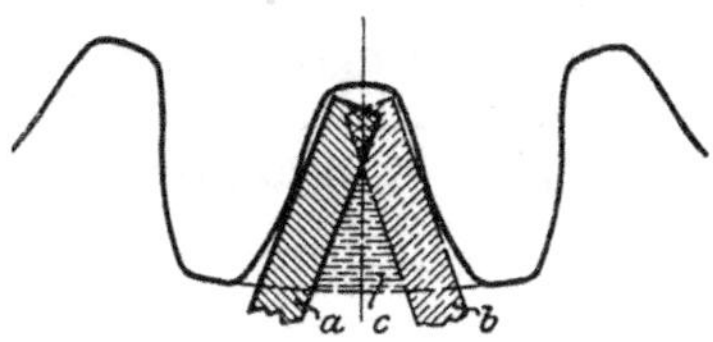

Fig. 347.

Das Abwälzverfahren. Die Zahnlücken eines Rades lassen sich nicht allein durch Fräsen, sondern auch durch Hobeln herstellen. Gibt man dem Hobelstahl die Form der Zahnlücke und rückt ihn nach jedem Hin- und Hergang näher an die Achse des stillstehenden Arbeitstückes heran, so wird er allmählich die Zahnlücke herausarbeiten. Dieses Verfahren ist nicht im Gebrauch. Man kann dem Hobelstahl auch die Form des Gegenzahnes geben, der später in die Lücke greifen soll, und ihn während des Hobelns so bewegen, als wäre er ein Zahn des Gegenrades. Dreht man gleichzeitig das Arbeitstück um seine Achse, als würde es von diesem Zahne angetrieben, so hobelt der Zahn in den verschiedenen Stellungen, die er zum Rade einnimmt, die Zahnlückenform nach und nach heraus. Das ist die Grundlage des Abwälzverfahrens. Es kommt nun darauf an, die Form des schneidenden Zahnes recht genau herzustellen, und das läßt sich bei der Trapezform des Zahnstangenzahnes am leichtesten machen. Siehe auch Fig. 344.

In Fig. 348 sehen wir einen solchen Zahn in verschiedenen Stellungen beim Ausarbeiten einer Zahnlücke. Der Zahn wandert natürlich auf einer Geraden, die Zahnlücke im Kreise. Statt eines Zahnes kann man vorteilhafter eine ganze Zahnstange anwenden und mehrere Zahnlücken gleichzeitig aushobeln. Trotzdem bleibt noch der Nachteil, daß man die Zahnstange, die ja nicht unendlich lang sein kann, von Zeit zu Zeit ausheben und um einige Teilungen zurückschieben muß. Das läßt sich umgehen, wenn man die Schneidzähne schraubenförmig um einen Zylinder herum anordnet, so daß die senkrechte Entfernung der Schraubengänge, d. h. die Entfernung in Richtung a—b (Fig. 349), mit der

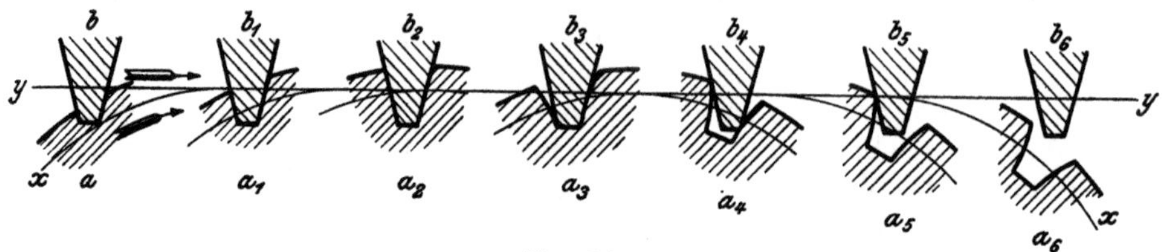

Fig. 348.

Teilung *t* des zu schneidenden Rades übereinstimmt. Man kommt damit zu dem Schneckenfräser nach Fig. 350. Dieser Fräser wird zunächst wie eine eingängige Schnecke aus einem Stahlstück gedreht, nur mit dem Unterschiede, daß die Trapezform des Ganges nicht in der Längsrichtung der Schnecke vorhanden ist, sondern in jedem Schnitt senkrecht

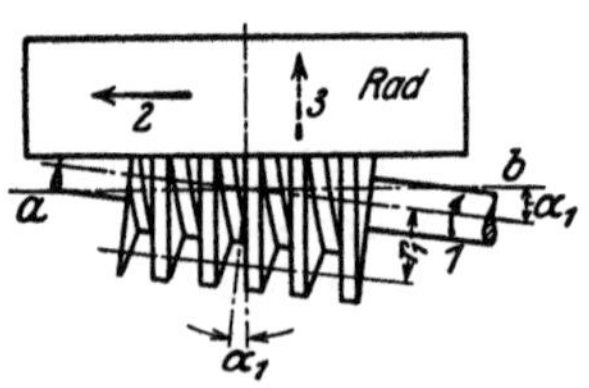

Fig. 349.

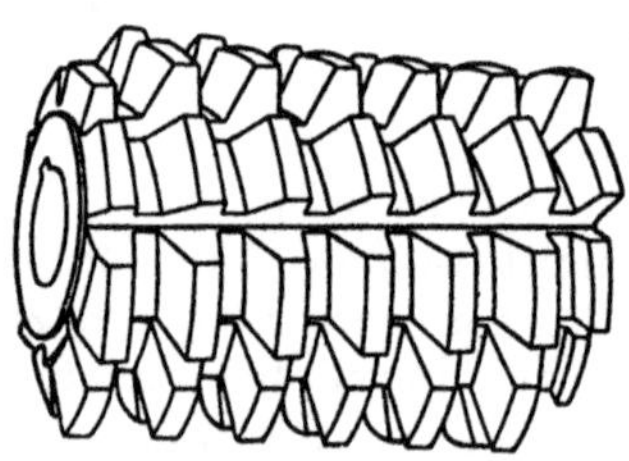

Fig. 350.

zum mittleren Steigungswinkel α_1 des Schneckengewindes, also wieder in der Richtung *a*—*b* (Fig. 349). Die Schneidkanten der Zähne erhält man durch Einfräsen von Spiralnuten, die senkrecht zum mittleren Steigungswinkel α_1 des Schneckengewindes verlaufen (Fig. 351) und die notwendigen Rückenwinkel durch schraubenförmiges Hinterdrehen der einzelnen Zähne. Der Fräser dreht sich schnell um seine Achse,

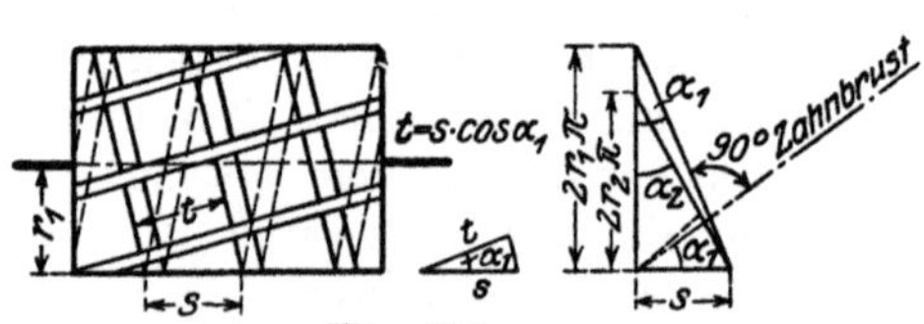

Fig. 351.

Hauptbewegung 1 (Fig. 349); dabei wird er langsam gegen das Arbeitstück vorgeschoben, Schaltbewegung 3. Gleichzeitig dreht sich das Arbeitstück um seine Achse, als wenn es vom Fräser angetrieben wäre, Schaltbewegung 2. Die Übersetzung zwischen Fräser und Rad ist $\frac{1}{z}$. Das Rad macht eine Umdrehung, wenn der Fräser sich *z* mal umgedreht hat *z* ist die Zähnezahl des Rades. Die Fräserachse ist um den mittleren Steigungswinkel α_1 des Schneckengewindes gegenüber der Stirnfläche des Rades geneigt. Dadurch kommen die Fräserzähne in die Richtung der Zahnlücken des Rades. Aus Fig. 351 ergibt sich $\operatorname{tg} \alpha_1 = \frac{s}{2 r_1 \pi}$. Dabei bedeutet r_1 den mittleren Radius. Aus Fig. 351 erhält man weiter $t = s \cdot \cos \alpha_1$, wobei t die Radteilung und s die Schneckensteigung bedeuten.

Der Vorteil des Abwälzverfahrens liegt darin, daß alle Räder derselben Teilung mit demselben Schneckenfräser hergestellt werden können. Der Fräser schneidet auch die unterschnittene Zahnform der kleinen Zähnezahlen. Allerdings ist der Fräser teuer. Die Zähne werden nicht immer gleichmäßig abgenutzt, sie müssen trotzdem gleichmäßig nachgeschliffen werden. Bei Rädern mit kleinen Zähnezahlen kommen die Endgänge eines langen Fräsers nicht mehr zum Eingriff. Man fertigt deshalb lange und kurze Schneckenfräser an. Die Genauigkeit der abgewälzten Zähne ist nicht unbedingt besser als die der nach dem Teilverfahren gefrästen. Ursachen dafür sind:

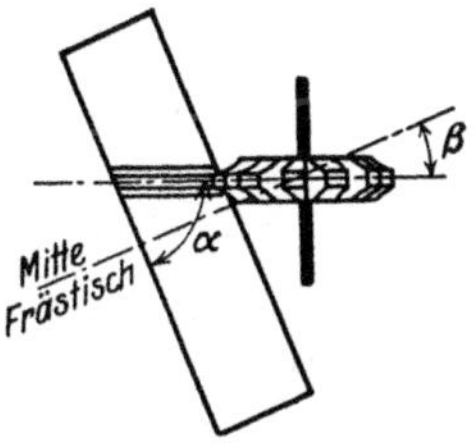

Fig. 352.

1. Der Fräser verzieht sich beim Härten.

2. Beim Nachschleifen wird sein Halbmesser infolge der Hinterdrehung kleiner, z. B. r_2. Der mittlere Steigungswinkel nimmt zu auf α_2 in Fig. 351, und die Zahnbrust steht nicht mehr senkrecht dazu.

3. Die Zahnbrust wird durch eine Schraubenfläche gebildet. Steht diese im mittleren Halbmesser senkrecht zum Schneckengange, so wird sie außerhalb desselben von der Senkrechten abweichen, weil ihr Steigungswinkel sich ebenfalls mit dem Durchmesser verändert. Dadurch entstehen Verzerrungen. Die Schneidkanten sind keine geraden Linien mehr.

Aus dem Vorstehenden ergibt sich, daß es nicht möglich ist, ein Zahnrad, das nach dem Teilverfahren gefräst ist, mit einem andern, das abgewälzt ist, arbeiten zu lassen. Dazu kommt noch, daß die Steigungswinkel der Erzeugenden in den beiden Werkzeugen verschieden sein können (14,5°; 15° oder 20°). Es empfiehlt sich, das abgewälzte Rad in derselben Richtung umlaufen zu lassen, in der es bei der Herstellung umlief.

Das Fräsen von Schraubenrädern. Die Zahnlücken von Stirnrädern mit schraubenförmig gewundenen Zähnen können auf der Universalfräsmaschine wie Spiralnuten gefräst werden. Der Frästisch mit dem Arbeitstück wird um den Winkel β geneigt (Fig. 352), so daß der Fräser in der Richtung des Schraubenganges steht. Für die Winkel α und β ist der Teilkreisdurchmesser des Rades maßgebend. Man unterscheidet die Stirnteilung t_s und die Normalteilung t_n. Die letzte steht senkrecht zum Zahn des Rades. Zwischen beiden besteht nach Fig. 353 die Beziehung $t_n = t_s \cdot \cos\beta$. Die Stirnteilung ist maßgebend für den Teilkreisdurchmesser d des Rades, die Normalteilung für den Fräser. Sie ist demnach als Modulteilung zu wählen. Der Fräser wird nicht nach der wirklichen Zähnezahl ausgewählt, sondern nach einer gedachten (ideellen), die man wie folgt bestimmt. Schneidet man das Schraubenrad in Richtung der Fräserachse oder Normalteilung, so ergibt sich als Schnittkurve durch den Teilkreis eine Ellipse, deren Krümmungsradius im Scheitel $Ri = \frac{a^2}{b}$ ist, wobei a und b die Halbachsen der Ellipse bedeuten. Nun ist nach Fig. 353: $b = \frac{d}{2}$ und $a = \frac{d/2}{\cos\beta}$ (Dreieck ABC). Damit ergibt sich

$$Ri = \frac{a^2}{b} = \frac{d^2}{4 \cdot \cos^2\beta} \cdot \frac{2}{d} = \frac{d}{2\cos^2\beta} \quad \text{und} \quad Di = 2\,Ri = \frac{d}{\cos^2\beta}.$$

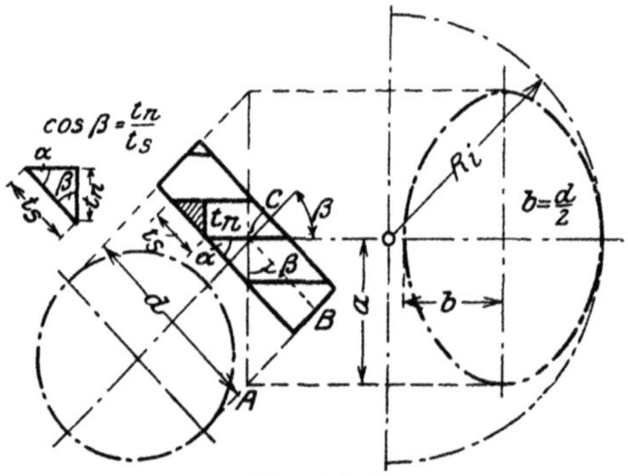

Fig. 353.

Di ist der Durchmesser, nach dem eine Zähnezahl Zi des Rades berechnet wird, die für die Auswahl des Fräsers maßgebend ist. Wie bei allen Zahnrädern gilt $Zi = \frac{Di}{m} = \frac{d}{\cos^2\beta \cdot m}$; m = Modul. Nun ist $d = \frac{z \cdot t_s}{\pi}$ und $t_s = \frac{t_n}{\cos\beta}$, folglich wird $d = \frac{z \cdot t_n}{\pi \cdot \cos\beta}$ und $Zi = \frac{z\,t_n}{\pi \cdot \cos^3\beta \cdot m}$. Da nun $t_n = m\pi$ ist, so wird $Zi = \frac{z}{\cos^3\beta}$.

Beispiel: Ein Schraubenrad mit 40 Zähnen ist zu fräsen. Die Steigung der Zähne ist $\alpha = 63^\circ\,26'$. Normalteilung $t_n = 3\pi$; $m = 3$. $\beta = 90 - \alpha = 90 - 63^\circ\,26' = 26^\circ\,34'$; $\cos\beta = 0{,}8944$; $\cos^3\beta = 0{,}7155$; $t_s = \frac{t_n}{\cos\beta} = \frac{3\pi}{0{,}8944} = 3{,}354\,\pi$ mm.

$$\text{Teilkreisdurchmesser } d = \frac{z \cdot t_s}{\pi} = 40 \cdot 3{,}354 = 134{,}16 \text{ mm}.$$

$$Zi = \frac{40}{0{,}7155} = 56 \text{ Zähne.}$$ Der Fräser für 56 Zähne ist zu wählen.

Steigung der Spirale: Es war

$$\operatorname{ctg}\beta = \frac{S}{d\pi}, \quad S = d\pi \cdot \operatorname{ctg}\beta; \quad \operatorname{ctg} 26^\circ\,34' = 2.$$

$$S = 134{,}16 \cdot \pi \cdot 2 = 843 \text{ mm} = 33^3/_{16}'' = \frac{531''}{16}.$$

Wechselräder für die Spirale:

$$\frac{a}{b}\cdot\frac{c}{d}=\frac{t\cdot z}{S\cdot m}=\frac{1}{4}\cdot\frac{16\cdot 40}{531\cdot 1}\,;\qquad t=\frac{1''}{4}\,;\qquad \frac{m}{z}=\frac{1}{40}\,.$$

$$\frac{a}{b}\cdot\frac{c}{d}=\frac{16\cdot 10}{531}=\frac{160}{9\cdot 59}=\frac{4\cdot 40}{9\cdot 59}=\frac{32}{72}\cdot\frac{40}{59}\,.$$

Teilscheibe:

$$n_J=\frac{n\cdot z}{m}=\frac{1}{40}\cdot\frac{40}{1}=1\,.$$

Jede Teilung erfordert eine Volldrehung.

Häufiger werden die Schraubenräder nach dem Abwälzverfahren auf der Räderfräsmaschine angefertigt. Der Fräser ist nicht allein um den Steigungswinkel α_1 der Schneckengänge, sondern auch um den Steigungswinkel β der Radzähne zu neigen. Die Gesamtneigung muß so sein, daß die Gänge des Fräsers in die Richtung der Radzähne fallen. In Fig. 354 sind Rad und Fräser rechtsgängig, die Fräserneigung beträgt $(\beta-\alpha_1)^\circ$. Fig. 355 zeigt einen linksgängigen Fräser in dem gleichen Rade, der Fräser ist um $(\beta+\alpha_1)^\circ$ geneigt. Beim linksgängigen Rade erfordert der linksgängige Fräser die kleinere Steigung $\beta-\alpha_1$. Der Vorschub des Fräsers erfolgt in der Richtung der Radachse (Pfeil 1). Gleichzeitig dreht sich der Fräser um seine Achse im Sinne von Pfeil 2, während sich das Rad an der Arbeitstelle im Sinne von Pfeil 3 bewegt. Die Übersetzung zwischen der eingängigen Schnecke und dem Rade wäre wieder $\frac{1}{z}$. Da der Fräser aber senkrecht abwärts geschaltet wird, so muß das Rad eine Zusatzbewegung ausführen, damit die Zähne den Neigungswinkel β erhalten. s ist der Schaltweg des Fräsers für eine Fräserdrehung, dann ist nach Fig 356 $s_1=s\cdot\operatorname{tg}\beta$ die gleichzeitige Zusatzbewegung des Rades. Sie kann mit der Schaltbewegung 3 gleichlaufen (Fig. 355) oder gegen diese gerichtet sein (Fig. 354). In Fig. 357 bedeutet A den senkrechten Abstand zwischen 2 Radzähnen.

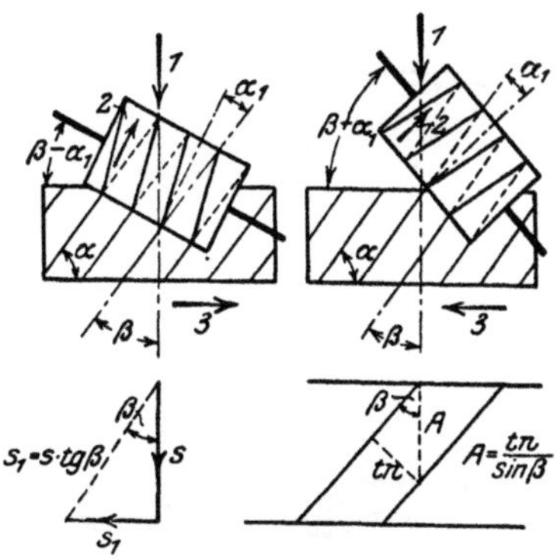

Fig. 354 bis 357.

Er berechnet sich aus der Normalteilung t_n zu $A=\frac{t_n}{\sin\beta}$. Ist der Fräser um A vorwärts geschaltet, so muß das Arbeitstück sich um einen Zahn zusätzlich weiter gedreht haben. Auf dem Schaltwege A macht der Fräser $x=\frac{A}{s}$ Umdrehungen. Gleichzeitig hat sich das Rad nicht um

x, sondern um $x \pm 1$ Zähne weiter gedreht und $\frac{x \pm 1}{z}$ Umdrehungen gemacht. Das Minuszeichen gilt für die Anordnung nach Fig. 354. Folglich ist die Übersetzung:

$$\frac{\text{Umlaufzahl des Arbeitstückes}}{\text{Fräserumlaufzahl}} = \frac{\frac{x \pm 1}{z}}{x} = \frac{x \pm 1}{z \cdot x} = \frac{1 \pm \frac{1}{x}}{z}.$$

Man muß den Fräservorschub so wählen, daß $x = \frac{A}{s}$ eine ganze, kürzbare Zahl wird.

Beispiel: Beim vorstehend berechneten Schraubenrade war: $z = 40$; $t_n = 3\,\pi$ mm; $\beta = 26°\,34'$. Es ist: $\sin\beta = 0{,}4472$; $A = \frac{t_n}{\sin\beta} = \frac{3 \cdot \pi}{0{,}4472} = 21{,}03$; $s = 0{,}7$ mm angenommen. $x = \frac{A}{s} = \frac{21{,}03}{0{,}7} = \sim 30$.

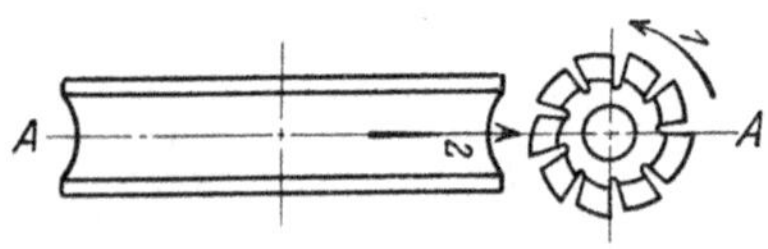

Fig. 358.

Übersetzung nach Fig. 355

$$= \frac{1 + \frac{1}{x}}{z} = \frac{1 + \frac{1}{30}}{40} = \frac{31}{30 \cdot 40} = \frac{31}{1200}.$$

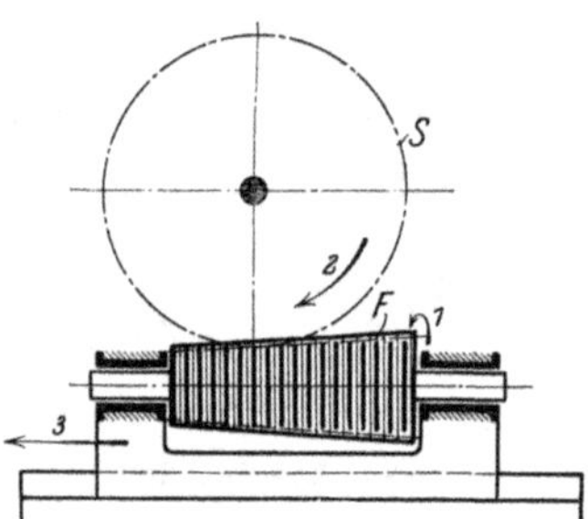

Fig. 359.

Liegt im Schaltantrieb des Rades ein Schneckengetriebe mit eingängiger Schnecke und einem Rade mit 120 Zähnen, so ist noch eine Übersetzung $\frac{31}{10} = \frac{62}{20}$ davor zu schalten. Gesamtübersetzung $= \frac{1 \cdot 31}{120 \cdot 10} = \frac{31}{1200}$.

Schneckenräder werden nach drei Verfahren gefräst.

1. Fräsen auf der Universalfräsmaschine. Der Tisch wird um den mittleren Steigungswinkel des Ganges der zugehörigen Schnecke verstellt. Der Vorfräser ist ein hinterdrehter Scheibenfräser, gegen den das Arbeitstück langsam angehoben wird. Ist die Frästiefe erreicht, so senkt man den Tisch wieder und schaltet mittels des Teilkopfes um eine Teilung weiter. Sind alle Lücken vorgefräst, so ersetzt man den Vorfräser durch den Schneckenfräser, stellt den Tisch wieder auf 0° Steigungswinkel ein und so, daß der Fräser auf Mitte Rad steht, und läßt das Arbeitstück mit seinem Aufspanndorn lose zwischen den Spitzen laufen. Hebt man nun den Tisch langsam gegen den Fräser, so greift dieser in die vorgefrästen Lücken, schaltet das Arbeitstück selbst weiter und fräst allmählich bis zur vollen Zahntiefe nach. Der Schneckenfräser

zeigt die richtige Trapezform in einem Schnitt durch die Längsachse und nicht — wie die bisherigen — senkrecht zum Schraubengang des Gewindes.

2. Fräsen auf der selbsttätigen Stirnräderfräsmaschine. Der Schneckenfräser steht genau auf Mitte Rad, das langsam gegen den Fräser vorgeschoben wird (Fig. 358), während es sich zwangläufig dreht. Es macht m Umläufe auf z Umdrehungen des Fräsers entsprechend der Übersetzung $\frac{m}{z}$ des fertigen Schneckengetriebes mit z Zähnen im Rade und $m =$ gängiger Schnecke.

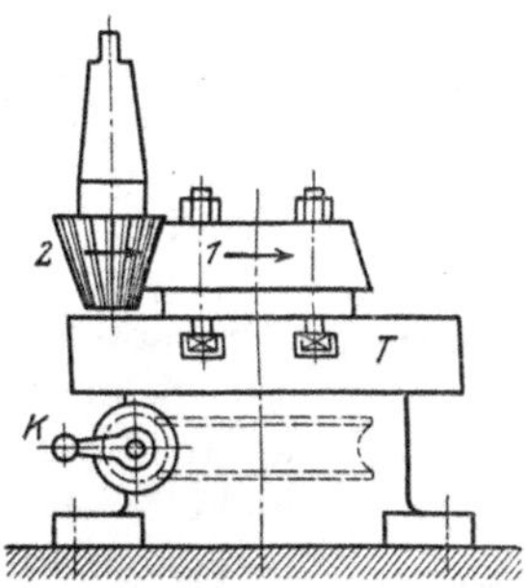

Fig. 360.

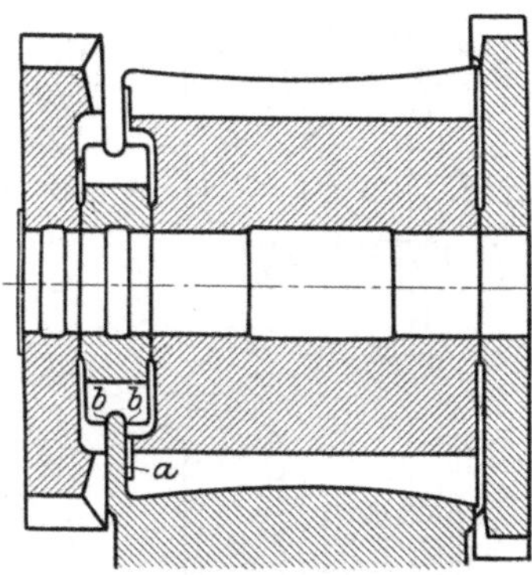

Fig. 361.

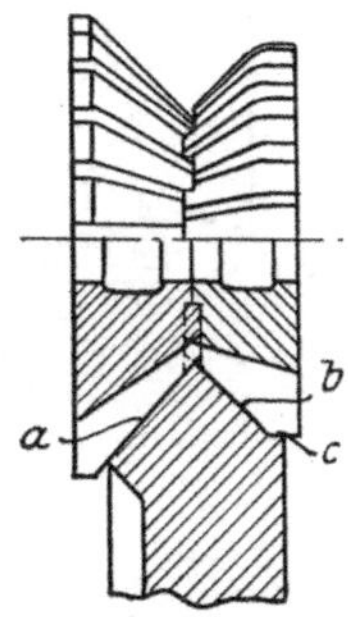

Fig. 362.

3. Fräsverfahren nach Reinecker, Chemnitz. Man benutzt einen Schneckenfräser, der nach Art der Gewindebohrer konisch zugespitzt ist (Fig. 359) und sich nicht allein um seine Achse dreht — Pfeil 1 —, sondern gleichzeitig langsam in seiner Längsrichtung gegen das Arbeitstück vorgeschoben wird — Pfeil 3 —, während sich dieses dreht — Pfeil 2. — Das Rad ist fertig, wenn die unverkürzten Schneckengänge durchgegangen sind.

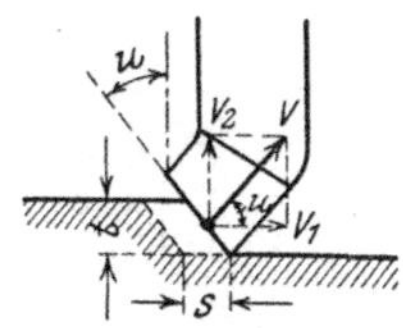

Fig. 363.

Das Rundfräsen. In Fig. 360 ist das Rundfräsen auf einer Senkrechtfräsmaschine gezeigt. Das Arbeitstück ist auf dem Rundtisch T aufgespannt, der mit Hilfe der Kurbel K im Sinne des Pfeiles 1 geschaltet wird, während sich der Fräser nach Pfeil 2 dreht. Für häufige Rundfräsarbeiten benutzt man besondere Rundfräsmaschinen mit wagerechter Spindel. Auch hier wird das Arbeitstück, das wie ein Drehstück aufgespannt ist, in langsame Drehung versetzt, während der Fräser schnell kreist. Man kann sowohl Außen- als Innenflächen rundfräsen. Fig. 361 zeigt einen Fräser für das Rundfräsen von Randriemenscheiben. In Fig. 362 ist das Rundfräsen eines Kegelrades vorgeführt.

Das Hobeln und Stoßen. Schnittwiderstand und Vorschubdruck. Nach Fig. 363 ist: $W = f \cdot k$ und $f = s \cdot t$. Dabei bedeutet s

den Vorschub für einen Doppelhub, t die Schnittiefe. Nur der Hingang des Hobelstahles ist Arbeitsgang, der Rücklauf ist Leerlauf. Um den damit verbundenen Zeitverlust zu verkürzen, wird der Rücklauf stets beschleunigt, d. h. die Rücklaufgeschwindigkeit ist 2 bis 4 mal größer als die des Hinlaufes. Der Druck $V = W$ steht senkrecht zur Schneidkante und zerlegt sich in die beiden Seitenkräfte $V_1 = V \cdot \cos u$ und $V_2 = V \cdot \sin u$. Das Schalten erfolgt am Anfange des neuen Arbeitshubes. Man läßt den Stahl am Ende des Rückganges so weit über das Arbeitstück überlaufen, daß die Schaltung beendet ist, bevor der Stahl einsetzt.

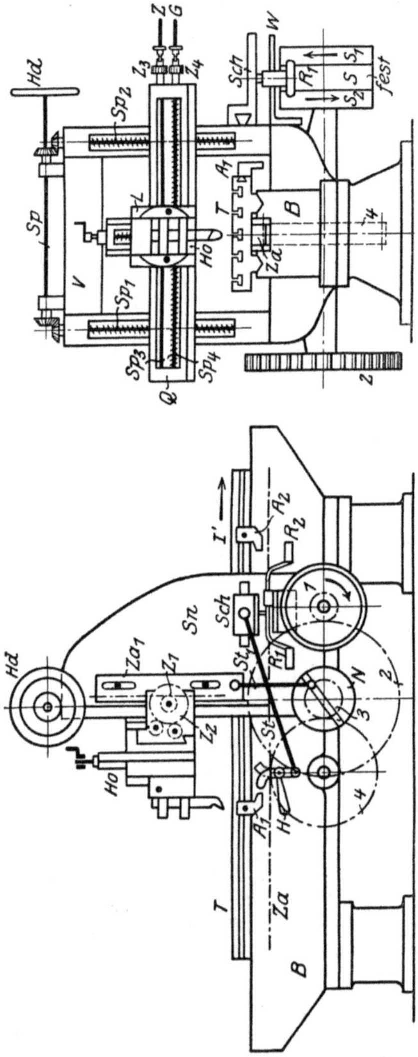

Fig. 365 u. 366.

Die Hobelstähle gleichen in ihrer Form den Drehstählen. Die Schneidkante steht nicht senkrecht, sondern schief zur Hubrichtung; dadurch wächst die Belastung beim Einsetzen allmählich in dem Maße, wie die Schneidkante zur Wirkung kommt. Man findet sowohl gerade als gekrümmte Schneidkanten. Siehe auch Fig. 370 und 371. Die Schruppstähle haben meistens einen geraden und sehr kräftigen Schaft, damit sie nicht um die Kante A ausbiegen und nach hinten einhaken. Pfeil 1 in Fig. 364. Dem Einhaken ließe sich dadurch begegnen, daß man den Stahl kröpft, wie es die gestrichelte Form in Fig. 364 zeigt. Diese Ausführung finden

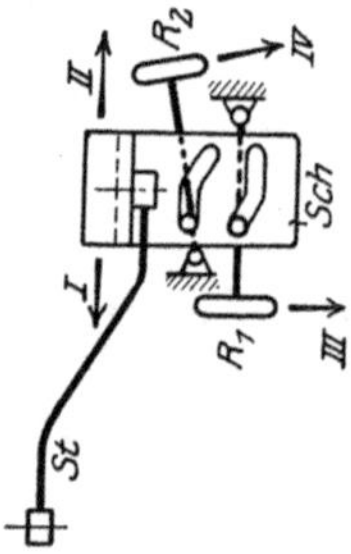

Fig. 367.

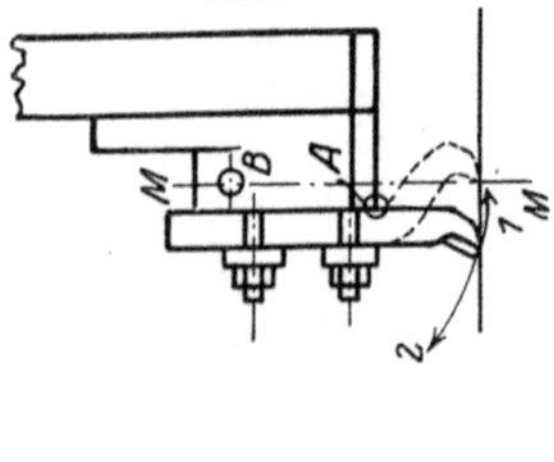

Fig. 364.

wir bei Schlichtstählen. Die Kröpfung darf nicht über die senkrechteMittellinie $M-M$ des Bolzens B hinausgehen. Beim Rücklauf wird der Stahl von der Arbeitsfläche abgehoben, damit er nicht auf dieser schleift und reibt. Zu dem Zweck ist der Stahl in einen Stahlhalter gespannt, der sich im Sinne des Pfeiles 2 um den Bolzen B hochklappen läßt. Das ist beim übermäßig gekröpften Stahle nicht möglich, ohne daß der Stahl vorher mit Gewalt in die Arbeitsfläche gedrückt wird. Beim Schlichten unterscheidet man wieder das Schlichten mit kleinem und großem Vorschub. Das letzte ist bei Gußeisen im Gebrauch und erfordert — wie beim Drehen — einen Stahl mit gerader Schneidkante.

Die Hobelmaschine. In den Fig. 365 bis 367 ist eine Tischhobelmaschine dargestellt.

Der Hauptantrieb. Auf der Losscheibe S_1 liegt der offene Riemen, auf der Losscheibe S_2 der gekreuzte. Die beiden Scheiben drehen sich dauernd im entgegengesetzten Sinne. Der gekreuzte Riemen läuft schneller. Die Umlaufzahl von S_2 ist also größer als die von S_1. Schiebt man nun einen der Riemen auf die Festscheibe S, so treibt man den Hobeltisch T durch Vermittlung der Vorgelegeräder 1 bis 4 an. Rad 4 greift in die Zahnstange Za, die unter dem Hobeltisch befestigt ist. Bei der Übertragung findet eine Übersetzung ins Langsame statt. Am Tische sind 2 Anschläge A_1 und A_2 festgeklemmt. A_1 stößt gegen Ende des Arbeitshubes an eine Nase des Umsteuerhebels H und legt diesen um. Dabei wird durch Vermittlung der Schubstange St der Schieber Sch nach links bewegt. — Pfeil I in Fig. 367. — Der Schieber enthält zwei geknickte Nuten. In jede greift von unten her je ein Stift, der an einem der Riemenführer R_1 und R_2 befestigt ist. Die Riemenführer sind auf dem Winkel W drehbar gelagert. Durch die Bewegung des Schiebers in Richtung I wird zunächst der Riemenführer R_1 nach außen gedrängt — Pfeil III — und nimmt den offenen Riemen mit auf die Losscheibe S_1. Daran anschließend wird der Führer R_2 nach innen gedrängt — Pfeil IV — und bringt seinen Riemen auf die Festscheibe S. Die Richtung des Hubes wird umgekehrt. Am Ende des Rücklaufes schlägt der Anschlag A_2 gegen den Umsteuerhebel H, der Schieber Sch wird im Pfeilsinn II verschoben. Der gekreuzte Riemen kehrt auf die Losscheibe S_2 zurück, und der offene Riemen kommt auf die Festscheibe.

Der Schaltantrieb. Die Schaltbewegung wird von der Welle abgeleitet, auf der die Antriebräder 2 und 3 sitzen. Em Ande dieser Welle befindet sich eine Nutenscheibe N, die durch Reibung so lange mitgenommen wird, bis sie gegen einen Anschlag stößt und stehen bleiben muß. Erst wenn der Rücklauf der Welle beginnt, kehrt die Nutenscheibe in die Ausgangstellung zurück, wo sie gegen einen zweiten Anschlag stößt. Die Hin- und Herbewegung der Nutenscheibe wird durch die Stange St_1 und die Zahnstange Za_1 auf das Zahnrad Z_1 übertragen. Die Drehung dieses Rades wird durch die Hülse $Hü$ in Fig. 368 und die Sperrklinke Kl auf das Zahnrad Z_2 und von hier auf die Räder Z_3 oder Z_4 weiter geleitet. Kuppelt man nun eins dieser Räder mit seiner Spindel, so kann man entweder die genutete Spindel Sp_3 (Fig. 366) antreiben und eine senkrechte Schaltung des Stahles erzielen, oder man versetzt die Gewindespindel Sp_4 ruckweise in Drehung und verschiebt den Hobelschlitten H_0 dadurch wagerecht auf dem Querbalken Q.

Jn der Fig. 368 ist die Anordnung so eingestellt, daß die Schaltung beim Niedergange der Zahnstange Za_1 erfolgen muß. Beim Aufgange springt die Klinke *Kl* federnd über die Innenzähne des Rades Z_2, die Feder *F* sichert das Zurückspringen der Klinke. Mit Hilfe des Knebels *Kn* läßt sich die Sperrklinke ausrücken oder umlegen. Das letztere ist nötig, wenn man die umgekehrte Schaltrichtung einstellen will. Man schaltet dann beim Aufgange der Zahnstange und versetzt den Zapfen in der Nutenscheibe *N* nach der andern Seite, wenn die Schaltung wieder in den Anfang des Arbeitshubes fallen soll.

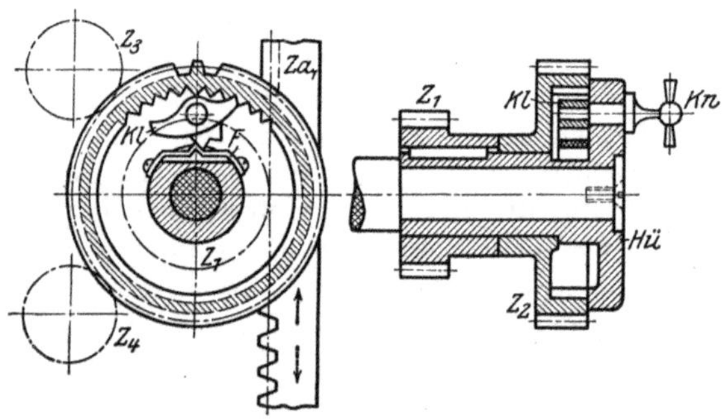

Fig. 368.

Der Querbalken mit dem Hobelschlitten läßt sich durch die Spindeln Sp_1 und Sp_2 heben oder senken. Die Spindeln liegen in den beiden Ständern *Sn* (Fig. 366) und werden von oben her mittels des Handrades *Hd* und der Spindel *Sp* angetrieben. Zwischen den Ständern liegt das Verbindungsstück *V*.

Der Hobelschlitten. Er ist in Fig. 369 genauer dargestellt. Auf dem Querbalken *Q* liegt zunächst der wagerecht verschiebbare Schlitten *W*, der mit Hilfe der Gewindespindel Sp_4 geschaltet wird. Auf *W* ist ein Teil *L* gelagert, den man als Lyra bezeichnet. Er ist auf *W* drehbar, läßt sich senkrecht oder schräg einstellen und in der gewählten Lage mit den Schrauben Sch_1 und Sch_2 festspannen. Die Lyra trägt den Support *Su* mit der Mutter *M*. In diese greift die Gewindespindel Sp_5. Die Höhenverstellung des Supports kann sowohl von Hand als von der längsgenuteten Spindel Sp_3 aus selbsttätig erfolgen. Auf dem Schlitten *Su* liegt ein zweiter Drehteil *D*, der sich um den Bolzen *Bo* drehen und mit der Schraube Sch_3 feststellen läßt. Der Teil *D* trägt die Klappe *K*, die um den Bolzen *B* drehbar ist. Auf *K* ist der Stahl festgespannt. Der Zweck der Klappe ist vorstehend erläutert.

Hobelarbeiten. Wagerechte Flächen werden bearbeitet, indem man den ganzen Hobelschlitten längs des Querbalkens *Q* verschiebt, vgl. Fig. 366. Bei der Bearbeitung senkrechter Flächen schaltet man den Support *Su* auf der Lyra *L*. Beim Rücklauf hebt sich der Stahl wohl ab, aber er bleibt in der Ebene der Arbeitsfläche. Um ihn daraus zu entfernen, neigt man den Drehteil *D* gegen die Hobelfläche (Fig. 370). Dasselbe gilt für das Hobeln schräger Flächen (Fig. 371). Hier wird die Lyra um den Steigungswinkel der Arbeitsfläche verstellt, der Drehteil darüber hinaus. In beiden Figuren liegt a—b parallel zur Arbeitsfläche. Pfeil I steht senkrecht zur Achse *d—d* des Bolzens *B* der Klappe.

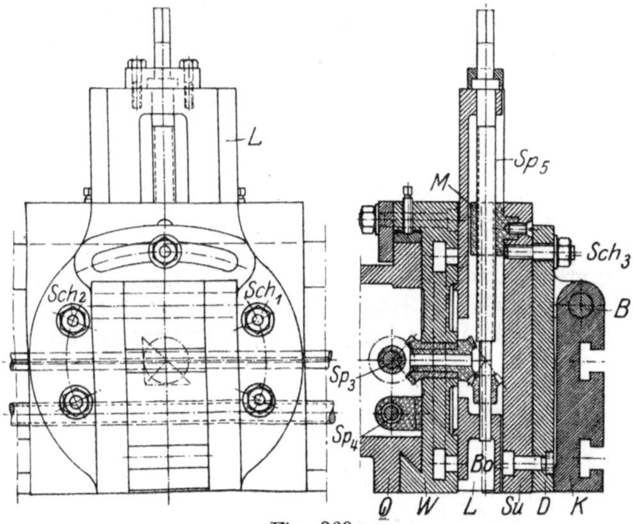

Fig. 369.

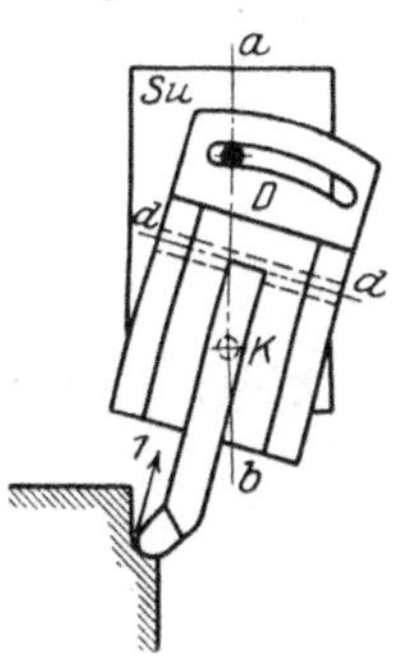

Fig. 370.

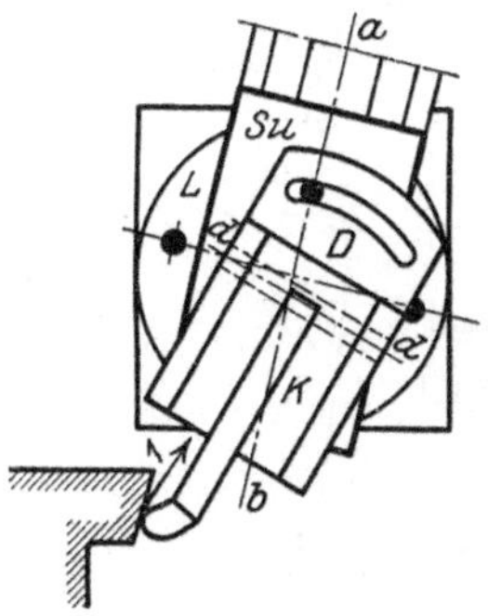

Fig. 371.

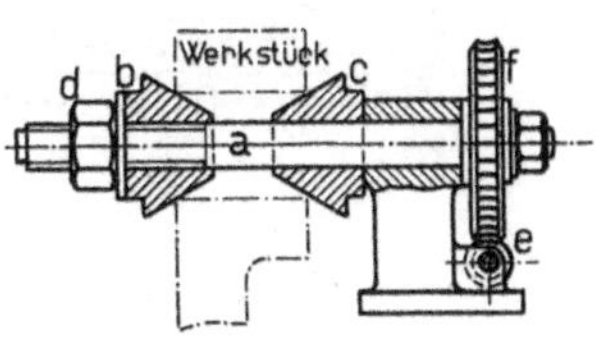

Fig. 372.

Das Rundhobeln. Zum Rundhobeln braucht man eine besondere Vorrichtung, in die man das Arbeitstück spannt (Fig. 372) und während des Hobelns um seine Längsachse dreht. Das Rundhobeln ist da am Platze, wo Teile von Zylinderflächen zu erzeugen sind, die nicht gedreht werden können. Der Apparat kann auch zum Teilen eingerichtet werden, so daß man Nuten und Zahnlücken einhobeln und Vielecke herausarbeiten kann.

Nuten. Sie werden mit einem Nutenstahl nach Art des Stechstahles gehobelt. Fig. 373 zeigt das Hobeln einer T-Nut mit dem Hakenstahl. Auch Formstähle werden beim Hobeln verwendet.

Das Stoßen. Es ist ein Hobeln senkrecht abwärts und kommt besonders für die Bearbeitung von Innenflächen in Anwendung.

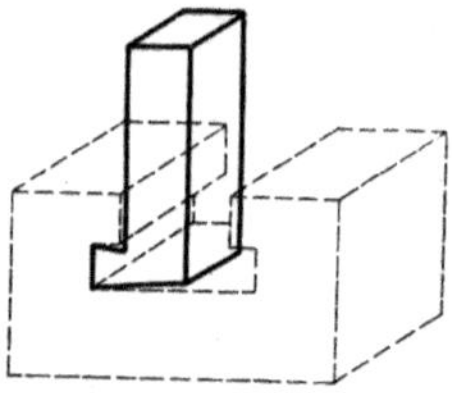

Fig. 373.

Eine Stoßmaschine üblicher Bauart ist in Fig. 374 und 375 dargestellt. Der Hauptantrieb erfolgt von der Stufenscheibe S über die Vorgelegeräder A und B und die Welle W auf den Kurbeltrieb K. Dieser bewegt den Stößel St auf und ab. Nur der Abwärtsgang ist Arbeitshub. Löst man die Mutter M, so kann man den Stößel auf eine höhere oder tiefere Arbeitstellung einstellen. Der Stößelhub ist ebenfalls veränderlich. Sch ist das Schwungrad, G das Gegengewicht für den Stößel.

Der Schaltantrieb ist von Rad B abgeleitet. In die Steuernut N desselben greift eine Rolle des Winkelhebels H_1. Sobald die Ausweichstelle der Nut über die Rolle hinwegläuft, macht H_1 eine Bewegung im Sinne von Pfeil 1 und zurück. Diese überträgt sich durch die Stange

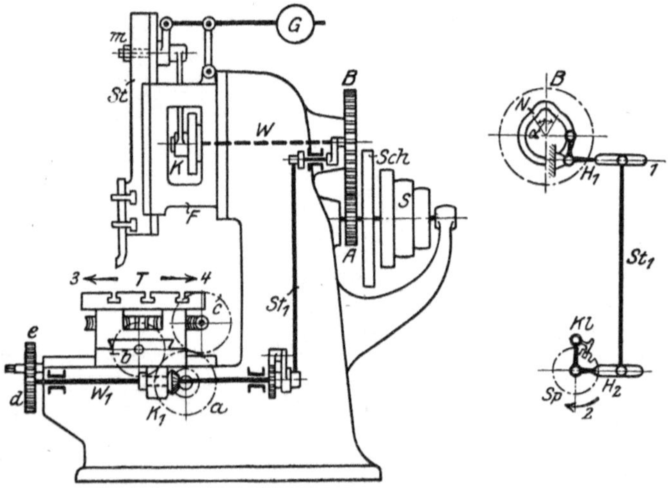

Fig. 374 u. 375.

St_1 auf den Hebel H_2, der mit seiner Klinke Kl das Sperrad Sp im Sinne von Pfeil 2 vorstößt und die Klinke wieder zurückzieht. Dadurch wird die längsgenutete Welle W_1 in Drehung versetzt. Diese Drehung kann vom Schaltrade d auf ein dahinter liegendes Rad e weitergegeben werden. Das ist der Fall, wenn der Schlitten eine Schaltung im Sinne der Pfeile 3 oder 4 ausführen soll. Sie kann aber auch durch die Kegelräder K_1 auf das Rad a und von diesem auf b oder c übertragen werden Durch b

wird die Schlittenbewegung senkrecht zur Bildebene hervorgebracht. Rad *c* schaltet den Tisch *T* im Kreise um seine senkrechte Mittelachse (Rundtisch). Die nicht gebrauchten Schalträder werden auf ihrer Welle verschoben und dadurch außer Eingriff gebracht. Die Schaltung erfolgt am Ende des Rücklaufes. Sie ist beendet, wenn Rad *B* sich um den Winkel α gedreht hat. Die Größe des Vorschubes wird durch seitliches Verstellen der Stange St_1 geregelt.

Stoßstähle und Stoßarbeiten. Die wichtigsten Stoßarbeiten sind das Schruppen und Schlichten senkrechter Flächen, das Rundstoßen mit Hilfe des Rundtisches, das Durchstechen und das Nuten.

Die Schruppstähle haben eine stark gerundete Schneidkante (Fig. 377). Je höher das Arbeitstück ist, um so größer wird die freie

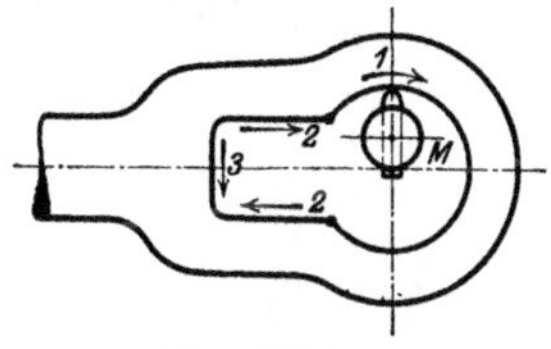

Fig. 378.

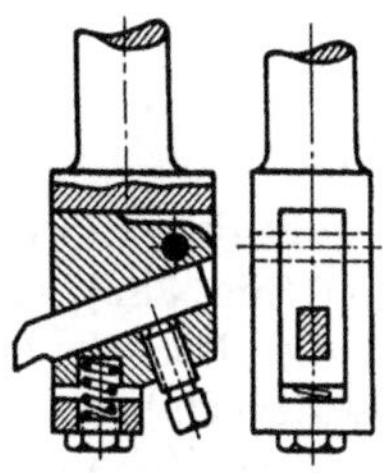

Fig. 376.

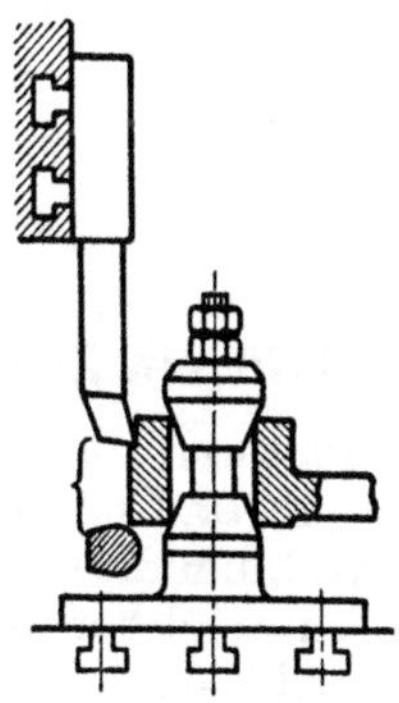

Fig. 377.

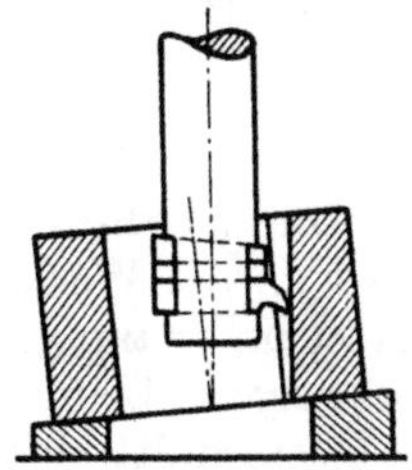

Fig. 379.

Länge, und um so stärker wird der Schaft des Stahles. Das erfordert viel Material und Schmiedearbeit. An beiden läßt sich hier viel sparen, wenn man eiserne Schäfte mit aufgeschweißten Stahlschneiden verwendet oder Stahl halter mit Einsatzstählen (Fig.379). Größere Stahlhalter werden mit einer Klappe ausgerüstet (Fig. 376), so daß der Stahl sich beim Rücklauf von der Arbeitsfläche abheben kann. Im Stößel ist eine Einrichtung dafür nicht vorgesehen, deshalb reiben die Stähle beim Rücklauf an der Arbeitsfläche, erwärmen sich und nutzen sich ab. Fig. 378 zeigt das Ausstoßen eines Stangenkopfes. Für diese Arbeit müssen die vorhin erwähnten drei Schaltungen des Aufspanntisches *T* nacheinander benutzt werden. Das Rundstoßen eines Hebelauges ist in Fig. 377 gezeigt, das Stoßen einer Nute in Fig. 379. Das Arbeitstück liegt auf einer keilförmigen Unterlage, damit die Nut Anzug erhält. Geneigte und keglige Flächen können auch gestoßen werden, indem man die Stößelführung unter dem Neigungswinkel einstellt. Zu diesem Zweck läßt sich bei manchen Stoßmaschinen der Führungsteil *F* (Fig. 374) im Kreise um die Welle *W* verstellen. Fig. 380 bringt noch ein Beispiel für das Durchstoßen beim Ausschneiden einer Kurbelkröpfung. Der Stechstahl ist an der Schneide etwas verbreitert, damit er in der Nut frei geht.

Der Stoßstahl kann auch als Profilstahl ausgebildet werden. Das ist z. B. nötig beim Ausstoßen von Winkeln. Die Schneidkanten des Stahles nach Fig. 381 schließen einen rechten Winkel miteinander ein, wenn die Stahlbrust wagerecht verläuft. Schleift man sie nach *a—b*, so schneidet der Stahl einen spitzen Winkel aus.

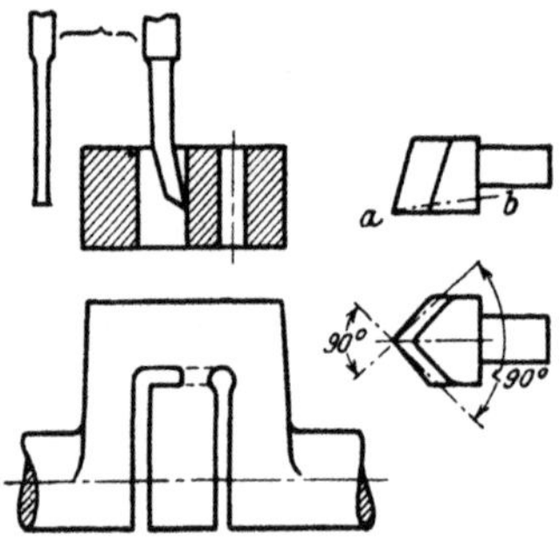

Fig. 380 u. 381.

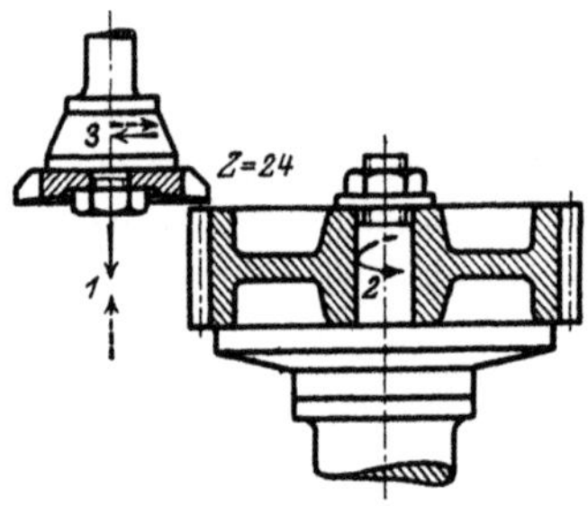

Fig. 382.

Stoßen und Hobeln von Zahnrädern.

1. Das Stoßen von Stirnrädern nach dem Verfahren von Fellows. Als Werkzeug dient ein Rad mit 24 Zähnen (Fig. 382), das gehärtet und dann geschliffen wird, um die unvermeidlichen Härtefehler zu beseitigen. Beim Nachschleifen wendet man das Abwälzverfahren an. Der Querschnitt der Schleifscheibe entspricht wieder der Zahnform der zugehörigen Zahnstange (vgl. S. 375). Trotz der kleinen Zähnezahl 24 ist die Zahnform des Werkzeuges nicht unterschnitten, weil die Erzeugende der Evolvente nicht unter 15°, sondern unter 20° geneigt ist. Durch dieses Mittel wird es auch möglich, noch kleinere Räder mit nicht unterschnittenen Zähnen zu stoßen, die nicht bloß mit 24zähnigen, sondern mit beliebig größeren Gegenrädern, selbst mit der Zahnstange, anstandslos arbeiten. Das kleinste Rad, das so mit der Zahnstange arbeiten kann, ist das 15zähnige.

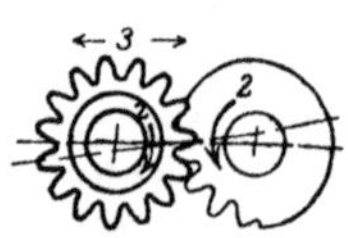

Fig. 383.

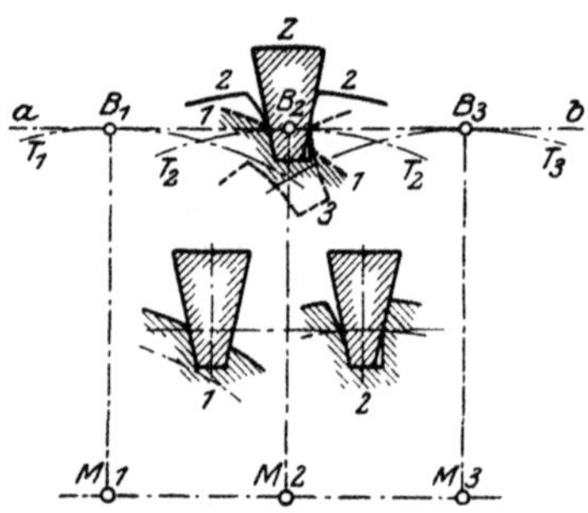

Fig. 384.

Das Stoßen der Zahnlücken erfolgt nach dem Abwälzverfahren. Das Werkzeug bewegt sich auf und ab — Hauptbewegung 1. Vor jedem neuen Arbeitshube werden Werkzeug und Arbeitstück um den gleichen Teilkreisbogen weiter gedreht — Schaltbewegung 2. (Fig. 383.) Damit das Werkzeug in den gestoßenen Zahnlücken reibungsfrei zurückläuft, wird es vor dem Rückgang etwas zurückgezogen und vor dem Arbeitsgang wieder angesetzt — Pfeil 3.

2. Das Hobeln von Zahnrädern. a) Das Hobeln nach dem Abwälzverfahren. Es ist besonders für die Herstellung genauer Kegelräder von Bedeutung. Nach der auf S. 375 geschilderten unvollkommenen Art des Abwälzens verwendet man als Werkzeug nicht eine Zahnstange, sondern einen Einzelzahn, der als Hobelstahl ausgebildet ist. Für das Hobeln der Kegelräder käme auch die Zahnstange gar nicht in Betracht. Bei einzelnen Verfahren wandert der Hobelstahl wie der Zahnstangenzahn, während sich das Arbeitstück dreht; bei andern steht er still, und das Arbeitstück macht die drehende und fortschreitende Bewegung, d. h. es rollt sich auf dem Teilriß der Zahnstange oder des Planrades ab. In Fig. 384 ist a—b der Teilriß der Zahnstange, Z der Schneidzahn. Es sind drei Lagen des bearbeiteten Stirnrades herausgezeichnet. M_1 bis M_3 sind die Radmittelpunkte, B_1 bis B_3 die Berührungspunkte des Teil-

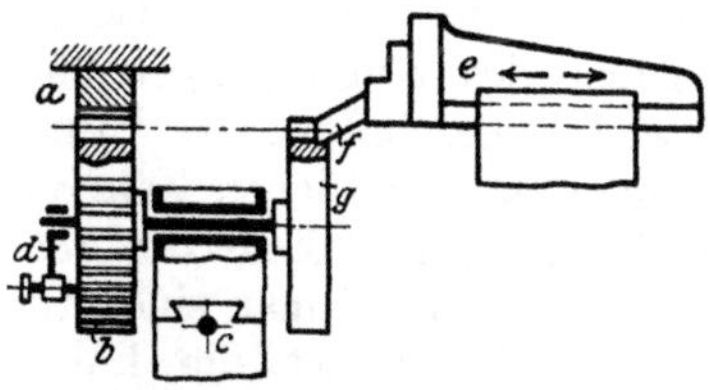

a = feststehende Zahnstange
b = Wälzrad
c = Maschinengestell mit Schlitten
d = Indexkurbel z. Teilen
e = Stößel
f = Stahl
g = Arbeitstück

Fig. 385.

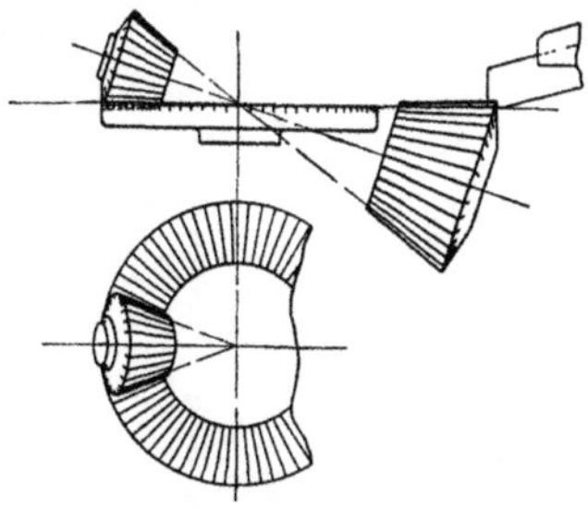

Fig. 386.

kreises in seinen drei Stellungen T_1, T_2 und T_3. Die Arbeitstufen der Zahnlücke wurden mit 1 bis 3 bezeichnet; Stufe 1 und 2 sind der Deutlichkeit halber nochmals herausgezeichnet. Für ein Stirnrad kann man sich die Ausführung dieses Gedankens nach Fig. 385 vorstellen, für ein Kegelrad nach Fig. 386. Die letzte Ausführung enthält den Grundgedanken der Kegelradhobelmaschine von Bilgram, die von J. E. Reinecker in Chemnitz ausgeführt wird. Das kleine Kegelrad — links oben — rollt auf dem feststehenden Planrade, das man sich als eine in den Kreis gebogene Zahnstange vorstellen kann. Die Zahnform ist trapezförmig, aber die Zähne sind nach innen hin verjüngt. Beim Rollen dreht sich das Arbeitstück um seine Achse y—y (Fig. 387) und wandert gleichzeitig im Kreise um die Achse x—x. In Wirklichkeit verwendet man statt des Wälzrades einen elliptischen Rollbogen (Fig. 387), der ein Stück des Wälzkegels darstellt und auf einer glatten Schiene abrollt. Das Gleiten wird durch zwei dünne Stahlbänder verhindert, die um den Rollbogen geschlungen und an der Schiene befestigt sind. Zu jeder Maschine gehört ein Satz solcher Rollbögen, deren Spitzenwinkel von 5 zu 5° abgestuft ist. Hat das zu hobelnde Rad einen andern Spitzenwinkel als der zum Rollbogen zugehörige Rollkegel, so verringert sich die Genauigkeit des Erzeugnisses.

Das gleichzeitige Aushobeln der beiden Flanken der Zahnlücke eines Kegelrades ist deshalb nicht möglich, weil sich die Lücke nach der Kegelspitze hin verjüngt und der Schneidzahn durch die geringste Lückenweite noch hindurch muß. Man hobelt die Zahnlücke deshalb vor und schneidet dann jede Flanke nach. Dabei verfährt man bei der Bilgrammaschine so, daß man erst einen Schnitt an sämtlichen rechten Flanken der Lücken ausführt, indem man das Arbeitstück samt seiner Aufnahmespindel nach jedem Arbeitshube selbsttätig um eine Teilung weiter rückt, ohne den Rollbogen zu beeinflussen. Ist dieser mittels des Schneckengetriebes in Fig. 387 weiter geschaltet, so kann der zweite Schnitt an sämtlichen Zähnen der Reihe nach erfolgen. Sind die rechten Flanken fertig, so spannt man einen andern Stahl ein und bearbeitet die linken in gleicher Weise.

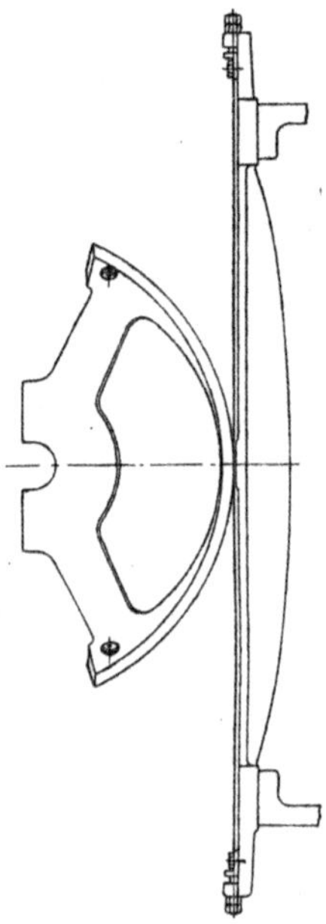

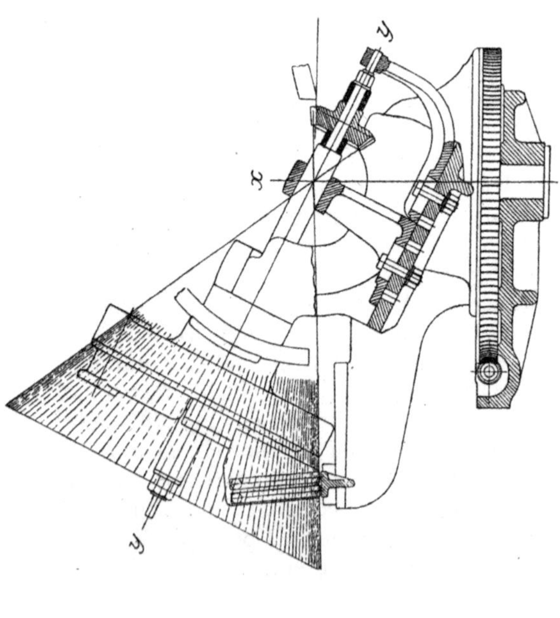

Fig. 387.

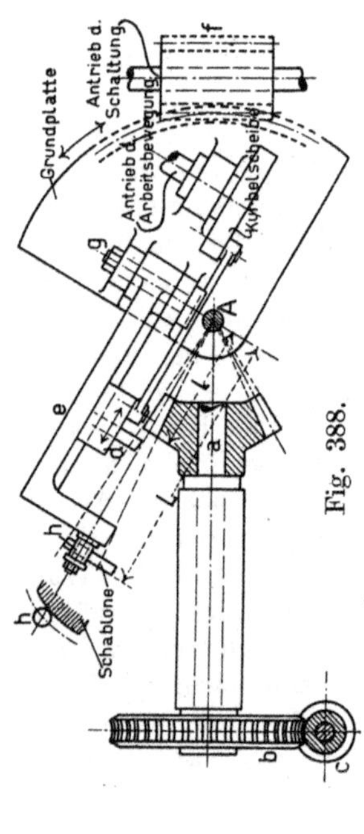

Fig. 388.

Es gibt auch Abwälzmaschinen, die beide Flanken desselben Zahnes mit 2 Messern gleichzeitig hobeln. Dadurch entsteht ein bedeutender Zeitgewinn.

b) Das Hobeln nach Schablone. Eine Kegelradhobelmaschine, die nach Schablone arbeitet, ist in Fig. 388[1]) schematisch dargestellt (Gleason). d ist der hin und her gehende Hobelstahl, e seine Gleitbahn. Sie ist um die durch A gehende senkrechte Achse im wagerechten Kreise schwenkbar und außerdem in der Höhe um die Achse $A-g$ verstellbar. Die Gleitbahn wird durch eine Schablone geführt, auf der die Leitrolle h läuft. Der Stahl schneidet von außen nach innen. Das Arbeitstück ist so einzustellen, daß die Kegelspitze in den Punkt A fällt. Die Abmessungen der Schablone verhalten sich zu denen des größten Zahnprofils wie $L:l$.

Das Schleifen.

Schleifarbeit. Das Schleifen beschränkt sich seit langem nicht mehr auf das Schärfen von Werkzeugen. Es ist ein Arbeitsverfahren, das sich seinen Platz neben dem Drehen, Fräsen und Hobeln erobert hat und um so mehr an Bedeutung gewinnt, je größer die Anforderungen an die Genauigkeit der Arbeitstücke werden.

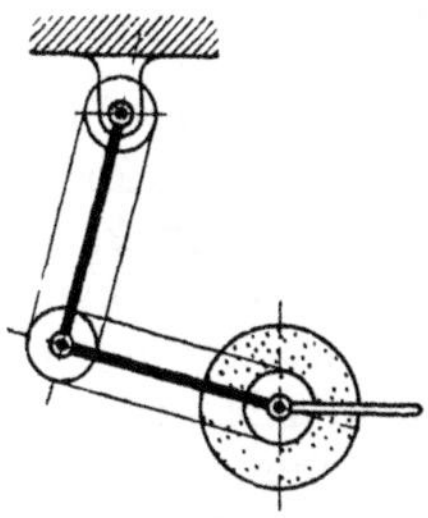

Fig. 389.

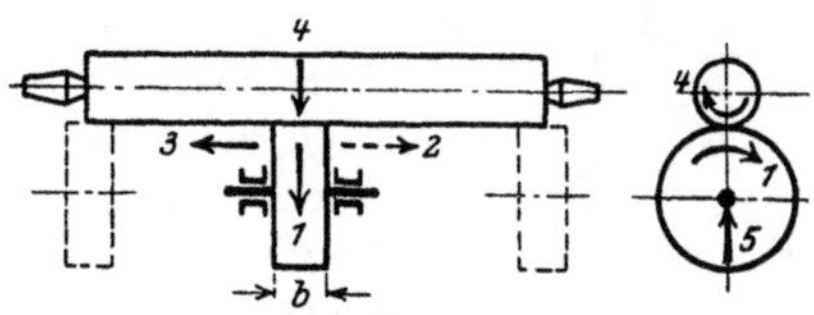

Fig. 390.

Man unterscheidet einfache und selbsttätige Schleifmaschinen. Auf den einfachen Maschinen erfolgt das Schleifen von Hand. Man drückt das Arbeitstück sanft gegen den Umfang der schnell umlaufenden Schleifscheibe, deren Umfangsgeschwindigkeit bis 25 m/sek beträgt. Das Arbeitstück stützt sich auf eine Vorlage, die man möglichst dicht an die Schleifscheibe heranrücken soll, damit das Stück nicht eingeklemmt wird und die Scheibe zertrümmert. Schwere Arbeitstücke schleift man mit beweglichen Handschleifvorrichtungen (Fig. 389). Beim Schleifen mit der selbsttätigen Maschine sind die wichtigsten Verfahren das Rundschleifen außen und innen und das Flächenschleifen. Die Scheibengeschwindigkeit wird bis zu 35 m/sek gesteigert.

Das Außenrundschleifen (Fig. 390). Es erfolgt meistens so, daß man das langsam umlaufende Arbeitstück in Richtung der Pfeile 2 und 3 an der schnell kreisenden Scheibe vorbeiführt (Norton). Nach jedem einfachen oder doppelten Arbeitsgang wird die Scheibe näher an das Arbeitstück herangerückt — Beistellung nach Pfeil 5. Scheibe

[1]) Herm. Meyer, Leitfaden d. Werkzeugmaschinenkunde.

und Arbeitstück bewegen sich an der Berührungstelle gegeneinander — Pfeile 1 und 4. Der seitliche Vorschub für eine Umdrehung des Arbeitstückes muß kleiner als die Scheibenbreite b sein, damit die Schleifspuren sich überdecken. Das geschilderte Verfahren erfährt manche Abänderung. So wird die hin- und hergehende Bewegung auch von der Schleifscheibe ausgeführt (Landis). Das ist besonders bei langen Arbeitstücken angebracht. Bei kurzen Schleifstücken und Absätzen steht die Scheibe still und wird nur in der Richtung 5 geschaltet. Dieses Einstechen kann man auch mehrfach nebeneinander wiederholen, bis die ganze Länge geschruppt ist, dann wird in der oben geschilderten Weise geschlichtet. Zur Bearbeitung kommen Stücke, die auf der Drehbank mit einer Zugabe von $^1/_4$ bis 1 mm vorgeschruppt sind; man schleift aber auch rohe Stangen oder geschlichtete Wellen. Das Schleifen ist der letzte Arbeitsvorgang und muß z. B. auf das Nuten folgen, damit die Arbeitstücke sich nach dem Schleifen nicht mehr verziehen. Sehr wichtig für eine genaue und saubere Rundschleifarbeit sind eine reichliche Zuführung von Kühlwasser (2% Soda) und die gute Unterstützung des Arbeitstückes durch zahlreiche Setzstöcke mit Backen aus Holz, Eisen oder Bronze. Die Backen sollen dicht an die Schleifscheibe reichen (Fig. 391). Schleifbar ist jedes Material, das auf der Drehbank bearbeitet werden kann.

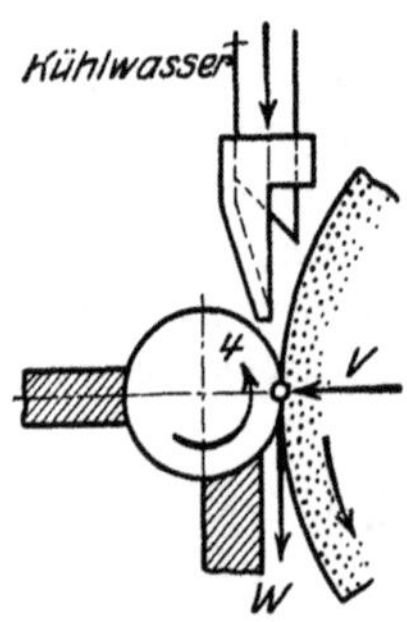

Fig. 391.

Auch beim Schleifen unterscheidet man Schruppen und Schlichten. Die Schruppleistung ist natürlich nicht mit der eines anderen Schneidwerkzeuges zu vergleichen. Die Nachstellung beträgt einige Hundertstel bis $^1/_{10}$ mm. Für das Schlichten ist sie etwa $^1/_{100}$ mm. Bei diesen kleinen Nachstellungen machen sich die Drücke W und V (Fig. 200) noch deutlich bemerkbar, obgleich sie bedeutend kleiner sind als beispielsweise bei der Drehbank. Die Drücke verursachen elastische Formänderungen der Maschinenteile, die man am Ende der Schleifarbeit zur Entspannung bringen muß — Ausschleifen. Zu diesem Zweck läßt man die Schleifscheibe ohne Beistellung zwei- bis viermal hin und her gehen. Je schwächer die Maschine gebaut ist, um so größer werden die Formänderungen und die Zahl der Leergänge beim Ausschleifen.

Über die Größe der Drücke W und V kann man sich in folgender Weise ein Bild machen. Es sei angenommen, daß der Leistungsverbrauch für 1 kg Späne stündlich 1 PS beträgt. Diese Zahl läßt sich aber nicht verallgemeinern. Sie kann auf das Drei- bis Vierfache steigen, z. B. beim Schleifen mit geringer Beistellung. Hat nun eine Scheibe 500 mm Durchmesser und 50 mm Breite, so kann sie bei jeder Werkstückumdrehung $s = 40$ mm Seitenvorschub ausführen. Die Beistellung sei $t = 0{,}05$ mm, die Umfangsgeschwindigkeit des Arbeitstückes $v = 15$ m/min. d ist der Durchmesser des Arbeitstückes aus Gußeisen. Aus $v = d\pi n$ ergibt sich seine Umlaufzahl $n = \dfrac{v}{d\pi}$; die minutlich bearbeitete Oberfläche wird $0 = d\pi \cdot n \cdot s\,\mathrm{mm}^2 = d\pi \cdot \frac{v}{d\pi} s \cdot = v \cdot s\,\mathrm{mm}^2$ und daraus die abgehobene Materialschicht. $Q = v \cdot s \cdot t\,\mathrm{mm}^3 = \frac{v \cdot s \cdot t}{1000}\,\mathrm{cm}^3$. Demnach ist das minutliche Spangewicht

$$G = Q \cdot \gamma = \frac{v \cdot s \cdot t}{1000} \cdot \gamma = \frac{15000 \cdot 40 \cdot 0{,}05 \cdot 7{,}2}{1000} = 216\,\frac{\mathrm{gr.}}{\mathrm{min}} = \frac{216 \cdot 60}{1000}$$

$= \sim 13$ kg/st. Das entspricht einem Leistungsverbrauch von 13 PS.

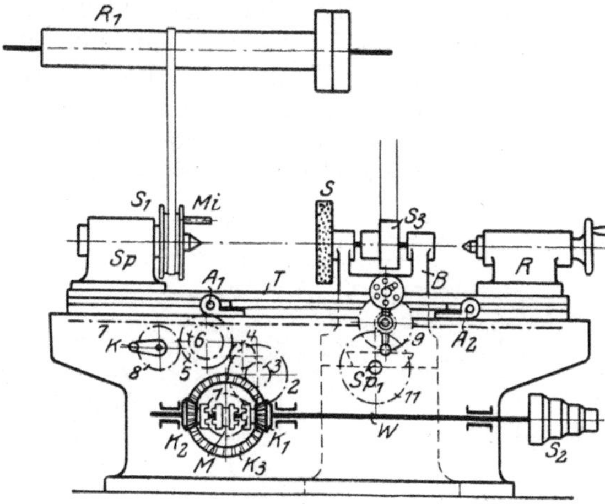

Fig. 392.

Die Scheibe hat 25 m/sek Umfangsgeschwindigkeit. Aus $N = \frac{W \cdot v}{75}$ findet man $W = \frac{N \cdot 75}{v} = \frac{13 \cdot 75}{25} = 39$ kg. Der Vorschubdruck V hat sich 1,5 bis 3 mal so groß ergeben. $V = 3 \cdot 39 = 117$ kg.

Die Rundschleifmaschine. In Fig. 392 ist eine Rundschleifmaschine schematisch dargestellt unter Anlehnung an die Ausführung der Firma Ludw. Loewe & Co., Berlin. — Das Arbeitstück wird zwischen die Spitzen des Spindelstockes Sp und des Reitstockes R gespannt. Beide Spitzen sind tot, d. h. sie stehen still. Das Schleifstück wird von dem Mitnehmer Mi der Antriebscheibe S_1 mitgenommen und dreht sich auf den Spitzen. Die Erfahrung hat gelehrt, daß die Schleifarbeit zwischen toten Spitzen am genauesten wird. Der Antriebsriemen der Scheibe S_1 wandert mit dem Schleiftisch T hin und her. Er läuft dabei auf der Riementrommel R_1.

Der Hauptantrieb. Er geht von der Stufenscheibe S_2 über die Welle W auf die verschiebbare Kuppelmuffe M, die man in eins der beiden losen Kegelräder K_1 oder K_2 einrücken kann. Dadurch wird das Kegelrad K_3 rechts oder links herum angetrieben. Es überträgt seine Drehung durch die Räder 1 bis 6 auf die Zahnstange 7, die am Schleiftisch T befestigt ist. In der gezeichneten Stellung ist die Muffe M ausgerückt, und man kann den Tisch mittels der Kurbel K von Hand verstellen. Die Drehung überträgt sich durch die Räder 8, 5, 6 auf die Zahnstange. — Die Umschaltung am Hubende erfolgt durch die beiden Anschläge A_1 und A_2. Sie ist in Fig. 393 erläutert. Die Muffe M greift in das Kegelrad K_2. Der Tisch bewegt sich nach Pfeil I bis der Anschlag A_2 gegen den Hebel H_1 stößt und ihn umlegt. Dadurch rückt M in K_1 und der Rücklauf beginnt.

Der Schaltantrieb. Die Beistellung der Schleifscheibe wird vom Hebel H abgeleitet. Er nimmt die Stange St mit und bewegt dadurch die Klinke Kl auf oder ab. Die Klinke stößt das Zahnrad 9 im Sinne des Pfeiles II vor. Diese Drehung wird durch die Räder 10 und 11 auf die feingängige Gewindespindel Sp_1 übertragen und so die Beistellung des Schleifbockes B und der Schleifscheibe S bewirkt. Die Größe der

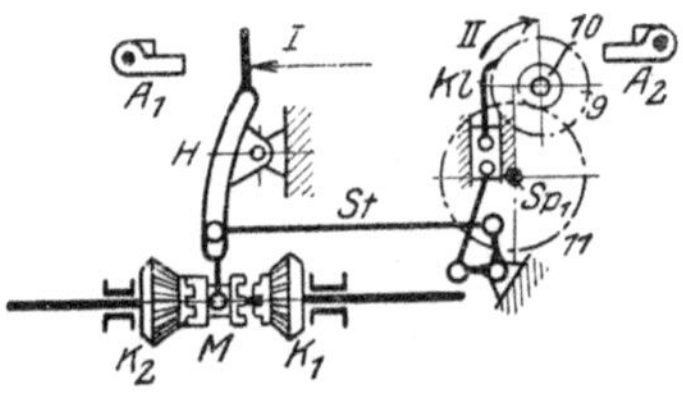

Fig. 393.

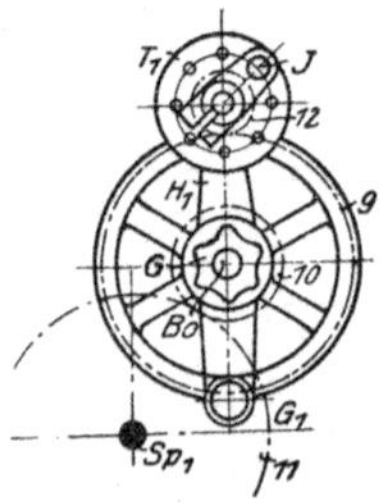

Fig. 394.

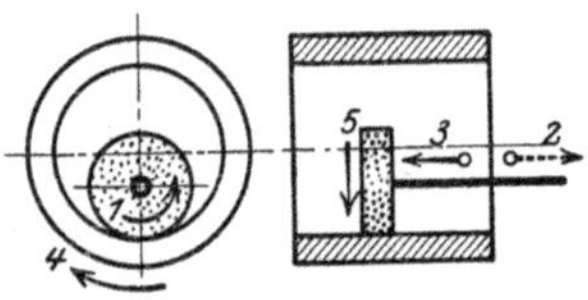

Fig. 395.

Beistellung läßt sich verändern, indem man den Gelenkbolzen der Stange St im Hebel H verstellt. Die Beistellung kann auch von Hand erfolgen, indem man die Indexkurbel J auf der Teilscheibe T_1 um ein oder mehrere Löcher weiter dreht und dadurch die Räder 12 und 9 in Drehung versetzt (Fig. 394). Der Verstellung von J um ein Loch entspricht eine Drehung des Rades 9 um einen Zahn und eine Beistellung von $^1/_{100}$ mm. Die Teile J, T_1 und 12 liegen im Hebel H_1, der lose aut dem Bolzen Bo sitzt — ebenso wie die Räder 9 und 10. Der Hebel H_1 ist durch Anziehen des Sterngriffes G aut Bo festgeklemmt. Löst man die Verbindung, so läßt sich der Hebel mit Hilfe des Griffes G_1 von Hand verstellen. Dadurch wird der Schleifbock B rasch vor oder zurück geschoben.

S_3 ist die Antriebscheibe für die Schleifscheibe S. Sie ist zwei- oder dreistufig, damit auch eine abgenutzte Scheibe S mit der richtigen Umfangsgeschwindigkeit angetrieben werden kann. Die Schleifmaschine arbeitet beim Hin- und Rückgang und ist in dieser Beziehung sogar der Drehbank überlegen.

Das Innenrundschleifen ist in Fig. 395 dargestellt. Das Arbeitstück führt die langsam kreisende Bewegung (4) aus, die übrigen Bewegungen machen Spindel und Schleifscheibe. Sperrige Stücke, die man nicht umlaufen lassen kann oder will, werden so geschliffen, daß Schleifspindel und Scheibe alle Bewegungen allein ausführen. Fig. 396 zeigt eine solche Ausführung (Z. d. V. d. I. 1915). Die Spindel erhält ihre kreisende Bewegung durch die langsam umlaufende Büchse *B*, in der sie gelagert ist. Die Umlaufbewegung hat nur dann Zweck, wenn die Spindel nicht durch die Mitte der Büchse geht. Der Halbmesser des Kreises, in dem die Spindel wandert, muß veränderlich sein. Deshalb ist der Zylinder *C* vorgesehen, der außerachsig in der Büchse *B* liegt und sich in ihr drehen läßt. Da-

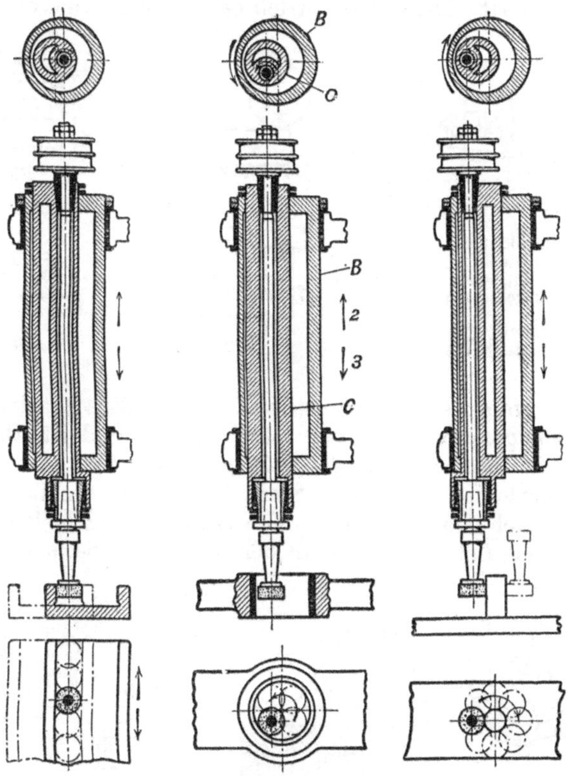

Fig. 396.

durch wird die Stellung der Spindel zur Mitte der Büchse verändert. Das ist notwendig zum Einstellen der Maschine und zum Beistellen während der Arbeit. Die Fig. 396 zeigt 3 Stellungen der Spindel und dazugehörige Arbeiten. Das Getriebe heißt Planetengetriebe. Es lagert in einem Schlitten, der sich senkrecht verstellen läßt (Pfeil 2 und 3).

Außenkonen werden so geschliffen, daß man den Aufspanntisch der Maschine zweiteilig macht und den Oberteil auf dem Unterteil verstellt (Fig. 397). Innenkonen erfordern eine Verstellung des Arbeitstückes oder der Schleifspindel um den Neigungswinkel der Mantellinie des Konus.

Flächenschleifen. Das Flächenschleifen ist in Fig. 398 dargestellt. Das Arbeitstück liegt auf dem Schleiftisch und erhält eine langsame Vor- und Rückbewegung — Pfeil 4. Der Schlitten mit der Schleifscheibe wird in Richtung der Pfeile 2 und 3 hin und her geschoben. Die Beistellung 5 bewirkt man von Hand. Die Schleifspuren sind am Arbeitstück angedeutet. Die Flächenschleifmaschine gleicht in ihrem Aufbau einer Tischhobelmaschine, deren Hobelstahl durch die Schleifscheibe ersetzt ist. Der Schaltantrieb erfolgt nicht ruckweise, sondern

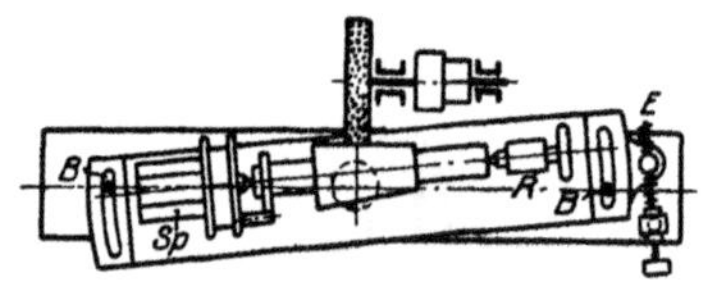

Sp = Spindelstock
R = Reitstock
B = Klemmbolzen
E = Einstellschraube

Fig. 397.

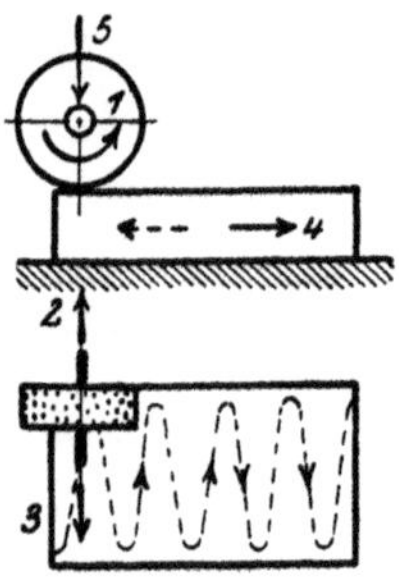

Fig. 398.

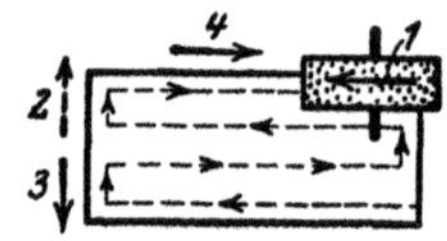

Fig. 399.

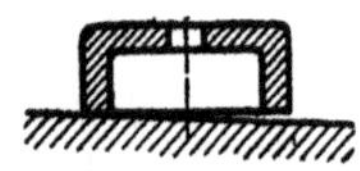

Fig. 400.

dauernd z. B. vom Deckenvorgelege aus. Eine andere Art der Schaltung ist in Fig. 399 gezeigt. Der Tisch führt die Vor- und Rückbewegung 4 aus und am Ende jedes Hubes die Vorschubbewegung 2 oder 3. Die Beistellung 5 verbleibt der Scheibe. Statt des Schleifrades kann auch eine Topfscheibe nach Fig. 400 verwendet werden. Die Schleifspindel steht etwas gegen das Lot geneigt, damit der Abschliff zwischen Scheibe und

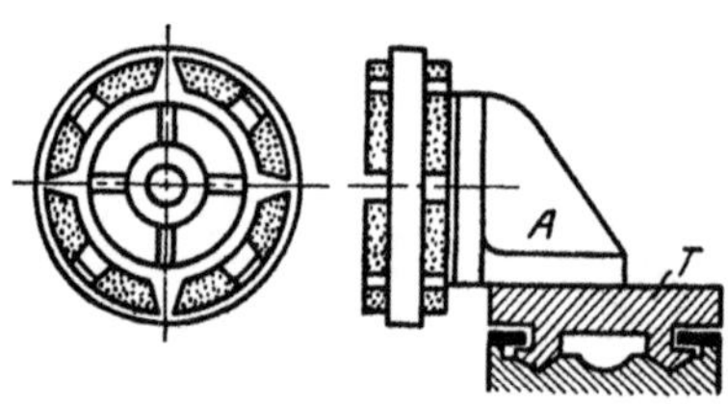

Fig. 401.

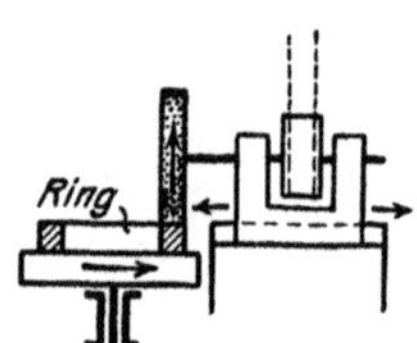

Fig. 402.

Arbeitstück heraus kann und die Berührungsflächen nicht zu groß werden. So schleift man, wenn die Schliffflächen besonders sauber aussehen sollen. Man kann auch den Tisch neigen. Besser als die Topfscheibe ist die Segmentscheibe. Fig. 401 zeigt eine solche beim Abrichten winkelrechter Flächen. Die Schleifspindel ist wagerecht gelagert und macht außer der umlaufenden die Beistellbewegung; das Arbeitsstück *A* geht mit dem Schleiftisch *T* hin und her.

Stirnflächen von Ringen werden mit der Topfscheibe auf Senkrechtschleifmaschinen oder nach Fig. 402 geschliffen. Der Aufspanntisch kreist um seine senkrechte Achse. Zum Festspannen des Arbeitstückes dient ein magnetisches Spannfutter.

Die Schleifscheiben. Die wichtigste Voraussetzung für wirtschaftliche Schleifarbeit ist eine leistungsfähige Schleifscheibe. Um diese herzustellen, hat man sich zunächst nach einem harten und schneidfähigen Mineral umgesehen und den Korund dafür ausgewählt. Korund ist kristallisierte Tonerde (Al_2O_3) und steht in seiner Härte nur dem Diamanten nach, dessen Härtegrad 10 ist. Korund findet sich auf der griechischen Insel Naxos (Naxosschmirgel), an einigen Stellen in Kleinasien und in Kanada. Der natürliche Korund ist aber mehr oder weniger durch Eisenerze verunreinigt, und darunter leidet seine Härte. Am reinsten und teuersten ist der kanadische Korund, er hat die Härte 9, Naxosschmirgel die Härte $7^1/_2$ bis 8. Man ist dazu übergegangen, Korund künstlich im elektrischen Ofen aus reiner Tonerde zu erschmelzen. Diese Erzeugnisse führen verschiedene Namen: Alundum, Elektrit, Elektrorubin, Diamantin, Korubin. Ihre Härte liegt zwischen 9 und $9^1/_2$. Sie zerspringen beim Zerkleinern in scharfkantige Körnchen. Auch in dieser Beziehung sind sie dem natürlichen Korund überlegen, und das ist sehr wichtig, denn jedes Körnchen soll als kleine Schneide aus der Schleifscheibe herausragen, damit die Scheibe ein schneidendes Werkzeug wird und nicht ein schabendes oder reibendes. Tatsächlich hebt eine richtig gewählte Schleifscheibe auch lange, schmale Metallspäne ab, wovon man sich durch Beobachtung des Schleifabfalls unter einem Vergrößerungsglase leicht überzeugen kann. Die Zahl dieser Schneiden ist natürlich sehr groß. Nimmt man an, daß die Körnchen einer groben Scheibe $^1/_2$ mm Abstand haben, so stehen auf der Oberfläche einer Scheibe von 500 mm Durchmesser und 50 mm Breite $500\,\pi \cdot 50 \cdot 2 \cdot 2 =$ 314 000 Schneiden. Macht diese Scheibe 1000 Umdrehungen minutlich, so gehen in einer Sekunde $\frac{314\,000 \cdot 1000}{60} = \sim 5{,}2$ Millionen Schneiden am Arbeitstück vorbei. Jede dieser Schneiden kann natürlich nur einen ganz winzigen Span abheben, und daraus ergibt sich schon, daß es ganz falsch wäre, die Scheibe mit einem großen Vorschubdruck gegen das Arbeitstück zu treiben. Die Körnchen werden überlastet und brechen aus der Scheibe aus, bevor sie stumpf sind. Leider liegen nicht alle Körnchen so, daß eine scharfe Kante vorsteht, auch die Schneidwinkel sind durchaus nicht immer günstig. Solche Körner werden natürlich mehr oder weniger schaben oder reiben, bevor sie ausbrechen. Dadurch erhöht sich der Arbeitsbedarf der Schleifscheibe gegenüber dem anderer spanabhebender Werkzeuge und steigt leicht auf das 10- bis 15fache. Trotzdem kann die Schleifarbeit billiger ausfallen als die schneidende, so z. B., wenn man ein Gußstück mit ganz geringer Materialzugabe gießt und dann schleift, statt eine dicke Materialzugabe herunterzudrehen. Das Abdrehen der dünnen Schicht ist nicht wirtschaftlich, weil der Drehstahl in der harten Gußkruste rasch verdirbt. An gehärteten Flächen ist das Schleifen die einzig mögliche Bearbeitungsart.

Ein anderes künstliches Schleifmittel ist das Siliziumkarbid — SiC — das aus reinem Quarzsand, Koks und einigen Hilfsstoffen im elektrischen

Ofen hergestellt wird. Es ist noch härter als künstlicher Korund — $9^3/_4$ — erhält aber beim Zerkleinern eine ungünstigere Kornform. Seine Handelsnamen sind: Karborundum, Karbosilit, Krystolon. Die Karbidscheiben eignen sich besonders für das Abschleifen harter Gußkanten.

Die Korngröße des Schleifmaterials wird nach Nummern bestimmt. Die Nummer entspricht der Maschenzahl auf 1 Zoll Länge des Siebes. Danach ist Nr. 10 bis 16 sehr grob, Nr. 20 bis 36 grob, Nr. 46 bis 80 mittel, Nr. 100 bis 150 fein und Nr. 150 bis 200 sehr fein. Eine grobe Scheibe ist natürlich leistungsfähiger als eine feine, und wenn es auf die Spanleistung ankommt, wählt man die Scheibe lieber zu grob als zu fein. Grobe Körnung wird zum Schruppen mit großen Scheiben auf rohen oder vorgearbeiteten Stücken benutzt. Mittlere Körnung verwendet man zum Schleifen mit mittleren und kleinen Scheiben und zum Schärfen von Werkzeugen, feine zum Abziehen und zum Mattpolieren. Das Aussehen der Schleiffläche ist nicht allein von der Korngröße abhängig. Je größer Vorschub und Schnittiefe (Beistellung) sind, um so unsauberer wird die Fläche. Umgekehrt wirken große Umfangsgeschwindigkeit der Scheibe und reichliche Wasserkühlung. Hartes Material verträgt gröbere Scheiben.

Als Härte der Scheiben bezeichnet man den Widerstand gegen das Ausbrechen der Körnchen. Sie hängt von der Bindung ab, d. h. von dem Bindemittel, das die Körnchen der Scheibe zusammenhält, und von dem Drucke, unter dem die Scheibe geformt wurde. Man unterscheidet drei verschiedene Bindungen:

1. Die elastische Bindung mit Öl, Harzen, Gummi oder Kautschuk. Scheiben mit dieser Bindung sind nicht so spröde wie die anderer Art. Sie werden da angewendet, wo die Breite der Scheibe im Verhältnis zum Durchmesser sehr gering sein muß.

2. Die mineralische Bindung mit Magnesiazement. Die Scheiben werden nach dem Trocknen nicht gebrannt. Sie erhärten allmählich und haben den Nachteil, daß sie durch die Aufnahme von Wasser beim Schleifen an Festigkeit verlieren. Diese Scheiben dürfen nur mit 15 m/sek Umfangsgeschwindigkeit laufen.

3. Die keramische Bindung. Als Bindemittel dient Ton- oder Porzellanerde. Die Scheibe wird unter 100 bis 200 at geformt und dann bei 1200 bis 1400° C gebrannt. Diese Scheiben haben mannigfaltige Vorzüge. Ihre Härte läßt sich in ziemlich weiten Grenzen verändern, sie sind poröser als andere Scheiben und unempfindlich gegen Feuchtigkeit. Außerdem sind sie sehr fest, aber auch spröde, so daß sie seitliche Stöße nicht vertragen.

Der Härtegrad wird bei keramischer und mineralischer Bindung durch die großen Buchstaben des Alphabetes gekennzeichnet (Deutsche Norton-Ges. m. b. H.). Es bedeuten:

A — *D*	Außergewöhnlich weich	*J* — L	Weich	*U* — *X*	Sehr hart
E — *H*	Sehr weich	*M* — P	Mittel	*Y* — *Z*	Außergewöhnlich hart
		Q — T	Hart		

Die Mittelgruppe wird am häufigsten verwendet. Die Härte der Scheibe kann mit einem Schraubenzieher untersucht werden, der aufgesetzt und dessen Widerstand beim Drehen erprobt wird. Über die Verwendung der verschiedenen Härtegrade läßt sich folgendes sagen: Hartes Material erfordert weiche Scheiben, weiches und zähes Material dagegen harte. Verfährt man umgekehrt, wählt man also für zähes Material weiche Scheiben, so werden die Körner herausgerissen, ehe sie genügend stumpf sind, und der Scheibenverbrauch wird sehr groß. Ist die Scheibe nur wenig zu weich, so kann man die Abnutzung der Scheibe durch erhöhte Umlaufzahl oder verringerte Beistellung verkleinern. Bei der harten Scheibe auf hartem Material ist der Verschleiß zunächst gering. Die Körner werden stumpf, aber sie brechen nicht aus. Die Zwischenräume setzen sich voll Abschliff, die Scheibe wird blank und schmiert, d. h. sie reibt auf dem Arbeitstück, verbraucht viel mechanische Arbeit und erwärmt sich und das Arbeitstück ohne zu schneiden. Man muß die Scheibe mit Hilfe eines in einen Stahlhalter eingesetzten Diamanten aufrauhen und verliert dabei wieder schneidfähiges Scheibenmaterial (Fig. 403). Der Diamant dient auch zum Runden der Scheiben, die infolge ungleicher Abnutzung schlagen.

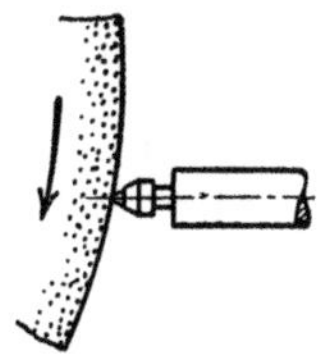

Fig. 403.

Ist die Scheibe nur wenig zu hart, so kann sie durch Verringerung der Umlaufzahl oder erhöhte Beistellung offen gehalten werden. Beide Mittel wirken dahin, daß die Körnchen mehr belastet werden und ausbrechen. Scheiben mit mineralischer und besonders mit elastischer Bindung neigen mehr zum Schmieren als die keramisch gebundenen. Das Bindemittel füllt die Zwischenräume mehr aus. Das geht auch aus dem höheren Raumgewicht dieser Scheiben hervor. Feine Scheiben schmieren wieder mehr als grobe. Feine Körnung erfordert deshalb unter gleichen Umständen weichere Scheiben als grobe Körnung.

Von Einfluß auf die Härte der Scheibe und ihre Leistungsfähigkeit ist auch die Größe der Berührungsfläche zwischen Scheibe und Arbeitstück. Diese ist beim Außenrundschleifen kleiner als beim Innen- und Flächenschleifen. Die große Berührungsfläche hält den Schleifstaub fest, dadurch verschmieren sich die Scheiben leicht. Man hat deshalb die Bedingung aufgestellt: Je größer die Berührungsfläche, um so gröber das Korn oder um so weicher die Scheibe! Die Topfscheibe für das Flächenschleifen muß sehr weich sein und verliert dadurch bedenklich an Festigkeit. Die früher erwähnte Segmentscheibe bietet mehr Sicherheit gegen das Zerspringen, ihre Zwischenräume nehmen den Schleifstaub auf, so daß auch die Gefahr des Verschmierens verringert ist. Sollen größere Auflageflächen an Gußstücken durch Schleifen abgerichtet werden, so empfiehlt es sich, schmale Auflageleisten vorzusehen und nur diese zu schleifen. Rauhe Dreh- und Hobelflächen (vgl. Fig. 199 und 206) erhöhen die Angriffsfähigkeit der Scheiben. Zunder und Oxydschichten begünstigen das Verschmieren; man entfernt sie deshalb vor dem Schleifen durch ein Sandstrahlgebläse. Reichliche Wasserkühlung verringert die Gefahr des Schmierens ebenfalls. Beim Trockenschliff ist der für die Lungen schädliche Schleifstaub abzusaugen.

Je größer man die Umfangsgeschwindigkeit der Scheiben wählt, desto weicher kann die Scheibe sein. Mit der Umfangsgeschwindigkeit steigt die Leistungsfähigkeit der Maschine.

Alle Schleifscheiben müssen in der Regel von einer Schutzhaube aus zähem Baustoff umgeben sein. Die Befestigung erfolgt zwischen Flanschen von gleichem Durchmesser, die man so groß wie möglich macht und mit einer Mutter zusammenzieht, aber nicht all zu fest. Zwischen Scheibe und Flansch legt man weiche Scheiben aus Pappe, Gummi oder Blei

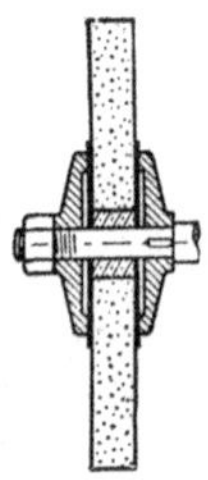

Fig. 404.

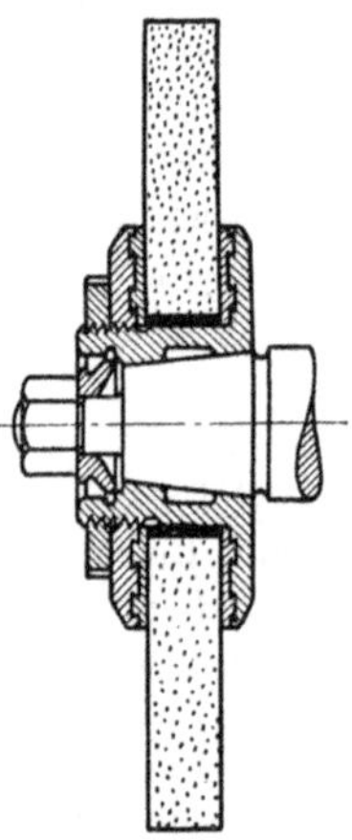

Fig. 405.

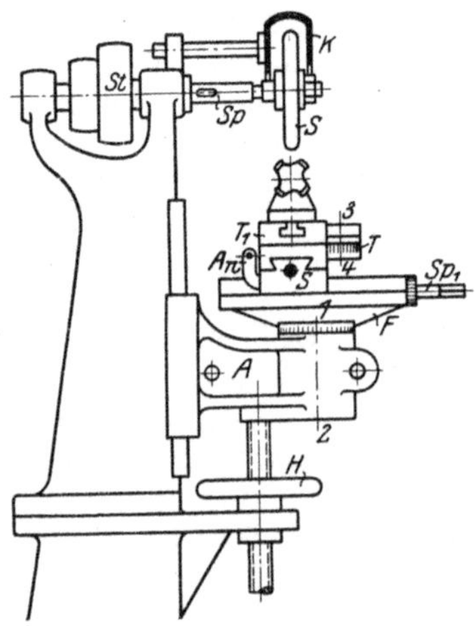

Fig. 406.

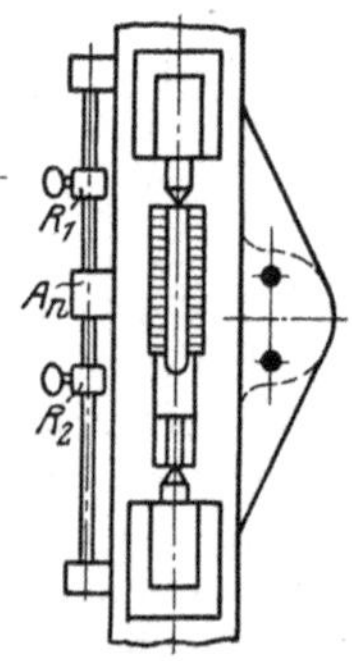

Fig. 407.

(Fig. 404 und 405). Die Schleifscheibe muß leicht auf die Welle gehen und genau rund laufen.

Das Schleifen von Werkzeugen. Die allgemeine Werkzeugschleifmaschine ähnelt in ihrem Aufbau der einfachen Fräsmaschine. Die Ausführung ist meistens leichter, die Schaltungen werden von Hand bewirkt, doch gibt es auch schwerere Schleifmaschinen mit Selbstgang. Die Erzeugnisse der verschiedenen Fabriken zeigen keine übereinstimmende Form. Jn Fig. 406 wird die Schleifspindel *Sp* von der Stufenscheibe *St* aus angetrieben. *S* ist die Schleifscheibe und *K* die Schutzkappe. Der Arm *A* trägt die Schlitten, er läßt sich mit Hilfe des Handrades *H* in der Höhe verstellen. Der Führungsteil *F* für den Schlitten *S* ist um die Achse 1—2 schwenkbar, so daß man den Schleiftisch *T* auch schräg oder parallel zur Schleifspindel einstellen kann. Zum genauen Einstellen dient eine Gradeinteilung am Teile *F*. Auch die Spindel Sp_1 ist mit einem Skalenring versehen. Der Aufspanntisch ist zweiteilig. Tisch T_1 läßt sich auf dem Tisch *T* um die Achse 3—4 schwenken. Diese Einrichtung dient zum Schleifen konischer Werkzeuge. Die Schleifmaschinen müssen fest auf dem Boden stehen und durch einen weichen, genähten Riemen angetrieben werden, damit sie ohne Erschütterung arbeiten. Die Gleitflächen der Maschine leiden sehr unter dem Schleifstaub und werden deshalb bei guten Ausführungen verdeckt, das konnte in Fig. 406 nicht gezeichnet werden. Die Spindellager sind staubdicht. Die Maschine ist oft zu reinigen und reichlich zu schmieren.

Die Schleifscheiben laufen mit 20 bis 25 m/sek Umfangsgeschwindigkeit, sie sind aus natürlichem oder künstlichem Korund.

Schleifarbeiten. Schleifen eines Gewindebohrers. Nach Fig. 406 und 407 wird der Bohrer frei zwischen die Spitzen gespannt und in den Nuten mittels einer profilierten Scheibe nachgeschliffen. Zur Begrenzung des Schaltweges kann man die Ringe R_1 und R_2 auf der Stange feststellen und gegen den festen Anschlag *An* stoßen lassen. Eine Führung des Bohrers ist nicht nötig. Wird die Nut nicht ganz gerade, so schadet das dem Bohrer nichts.

Schleifen von Mantelzähnen an Fräsern.

I. Schleifen mit der Topfscheibe. Das Verfahren ist in Fig. 290 dargestellt. Der Fräserzahn muß um den Abstand *A* unter Mitte stehen, damit der Rückenwinkel $a = 5$ bis $7°$ entsteht. Nach der Fig. ist $A = r \cdot \sin a$, wobei r den Fräserhalbmesser bedeutet. Der Zahn stützt sich beim Schleifen auf einen federnden Stellfinger, der zur Seite gebogen wird, wenn man den folgenden Zahn in Arbeitstellung bringt. Es empfiehlt sich nicht, einen Zahn nach dem andern fertig zu machen, sondern jeden erst vor- und dann ein bis zweimal nachzuschleifen. Dadurch wird auch der weniger abgenutzte Zahn schonend geschliffen und nicht unter starkem Druck, wobei er sich erwärmt und ausglüht. Das gilt für jede Art des Werkzeugschleifens.

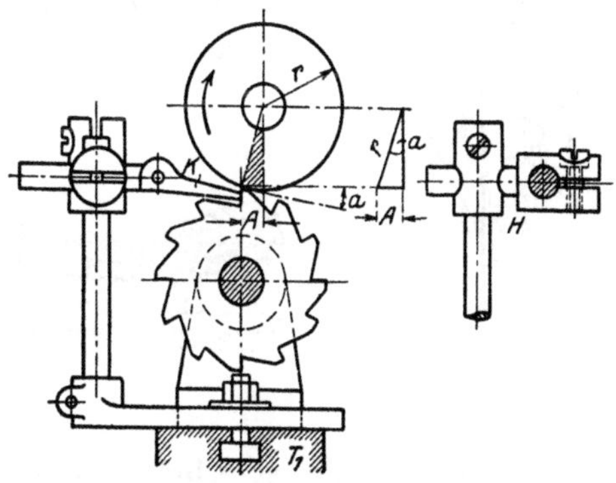

Fig. 408.

II. Schleifen mit der flachen Scheibe. Fig. 408. Der Nachteil dieses Verfahrens liegt darin, daß die Zahnrücken etwas hohl werden. Man verwendet deshalb große Scheiben, wobei zu beachten ist, daß man die folgende Schneidkante nicht anschleift. Der Fräser ist gegen die Scheibenmitte um *A* versetzt, das sich aus $A = r \cdot \sin a$ berechnet. r ist hier der Scheibenhalbmesser. Der Schleiftisch T_1 steht parallel zur Schleifspindel, der Fräserzahn stützt sich gegen einen Finger mit Klinkzahn *K*, der in dem einstellbaren Halter *H* steckt. Dieser ist auf dem Schleiftisch festgeschraubt, er geht also mit dem Arbeitstück mit. Sind die Fräserzähne schraubenförmig gewunden, so muß der Halter still stehen. Er wird dann am Schlitten *S*, am Führungsteile *F* oder am Gestell der Maschine befestigt. Die Drehrichtung der Schleifscheibe ist — wie üblich — so gewählt, daß der Fräser gegen den Stützfinger gedrückt wird. Die umgekehrte Drehrichtung soll eine bessere Schneidkante ergeben. Sie läßt sich umwenden, wenn man einen Riemen um den Aufspanndorn des Fräsers wickelt und ein Gewicht anhängt, das ihn gegen den Stützfinger drückt.

Schleifen konischer Werkzeuge. Fig. 409 zeigt das Schleifen einer konischen Reibahle. Der Tisch T_1 ist um die Achse 3—4 (Fig. 406) so eingestellt, daß eine Schneidkante des Fräsers parallel zur Bewegungsrichtung des Tisches T liegt. Auch der Führungsteil F wird ein wenig um die Achse 1—2 verstellt, damit die Topfscheibe nur auf einer Seite faßt.

Eine andere Art, konische Reibahlen zu schleifen, ist in Fig. 410 gezeigt. Der Zahn wird an der Brust nachgeschliffen und nicht am Rücken. Die

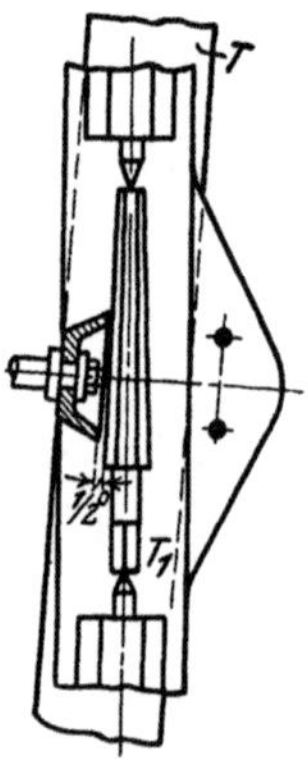

Fig. 409.

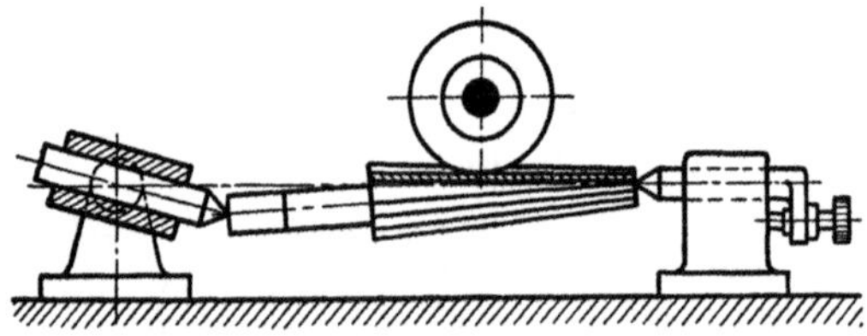

Fig. 410.

Achse der Reibahle ist schräg eingestellt. Dazu benutzt man einen Stützbock nach Fig. 411, der um die Achse 5—6 einstellbar ist. Die Teilscheibe S macht einen Stützfinger überflüssig. Der Stützbock läßt sich auch um die Achse 7—8 verstellen. Manche Maschinen sind so eingerichtet, daß sich der Tisch T_1 um eine wagerechte Achse gegen die Wagerechte schräg stellen läßt. Damit kann man konische Reibahlen sowohl am Zahnrücken als an der Brust schleifen. Konische Fräser werden nach Fig. 412 auf einen Dorn gesetzt und in den Stützbock (Fig. 411) gespannt.

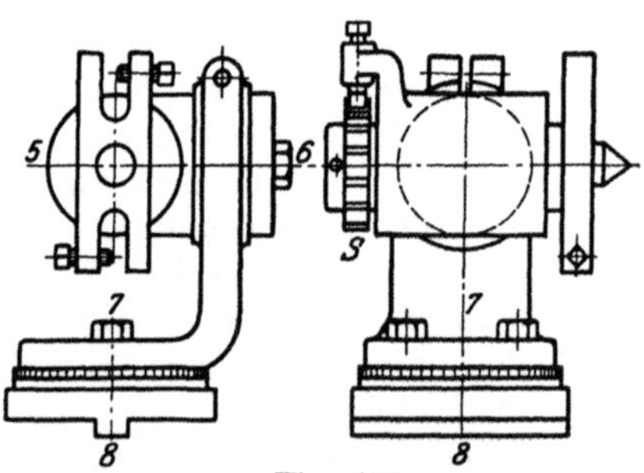

Fig. 411.

In der gleichen Weise werden Stirnzähne von Fräsern und Messerköpfen geschliffen. Vgl. Fig. 413 und 414.

Schleifen hinterdrehter Fräser. In Fig. 291 wurde gezeigt, wie die hinterdrehten Zähne an der Brustfläche geschliffen werden. Die Schlifffläche muß in die Richtung des Fräserhalbmessers fallen; geht sie anders, so wird die Zahnform verzerrt. Der federnde Finger stützt den zu schleifenden Zahn. Es gilt als falsch, einen andern Zahn zu stützen. Beim Härten verzieht sich der Fräser, die Teilungen können ungleich werden, und diese Ungleichheiten bewirken, daß man die Zähne verschieden stark nachschleift. Fräser mit geraden Nuten können ohne Stellfinger geschliffen werden. Man spannt sie wie zum Fräsen ein (siehe Fig. 331 und 335) und schaltet mit der Teilscheibe. Fräser mit gewundenen Zähnen lassen sich nur dann ohne Stellfinger schleifen, wenn die Teilkopfspindel mit der Tischspindel in Verbindung steht (Fig. 336). Schleift man mit Stellfinger, so darf dieser nicht mehr mit dem Tisch wandern.

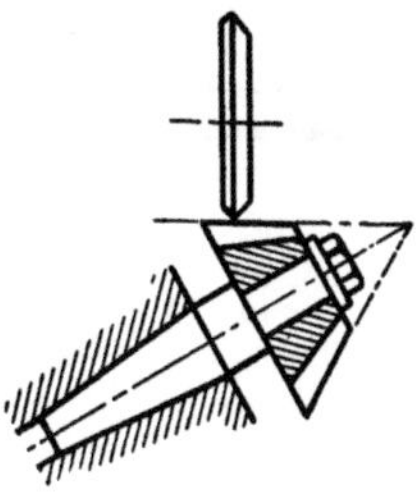

Fig. 412.

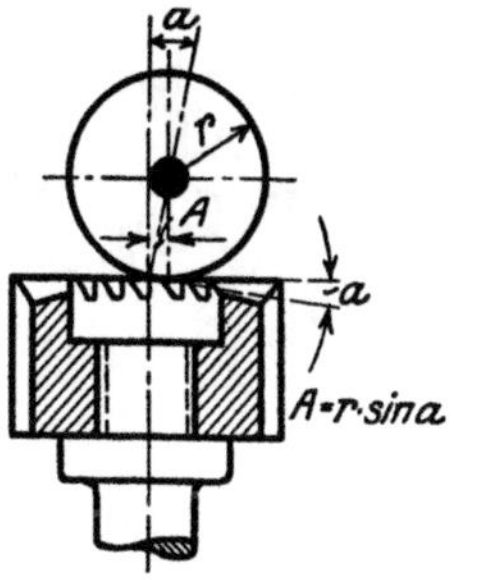

Fig. 413.

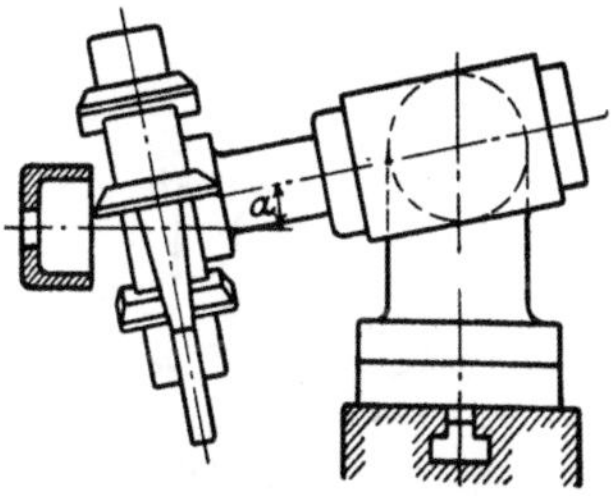

Fig. 414.

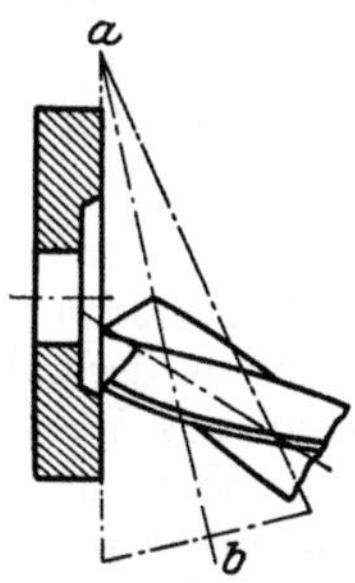

Fig. 415.

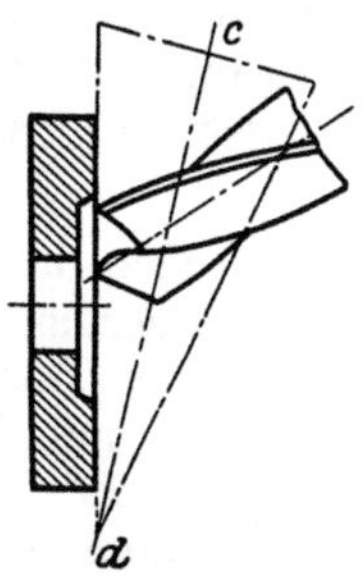

Fig. 416.

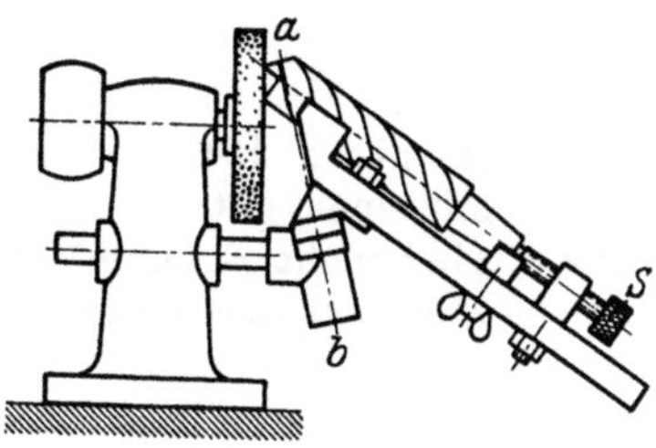

Fig. 417.

Schleifen von Spiralbohrern. Die Kegelmantelflächen der Bohrerspitze werden nach zwei Verfahren erzeugt. Fig. 415: Der Bohrer ist nach aufwärts geneigt und schwingt um die Achse *a—b*. Fig. 416: Der Bohrer ist nach abwärts geneigt und schwingt um die Achse *c—d*.

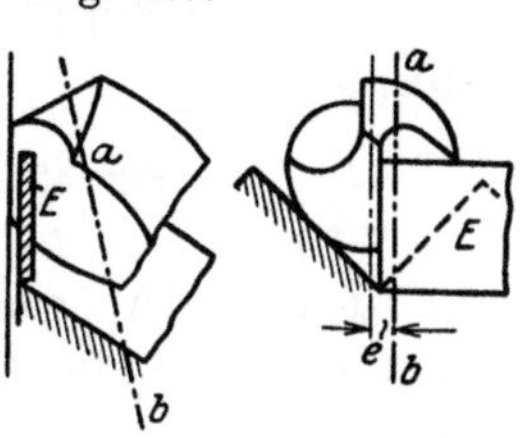

Fig. 418 u. 419.

Eine Maschine für das erste Schleifverfahren bringt Fig. 417. Diese Ausführung ist die gebräuchliche. Der Bohrer liegt in einer *V*-förmigen Nut und stützt sich gegen die Schraube *S*, mit der er nachgestellt werden kann. Die Einlage *E* in Fig. 418 und 419 gibt der Schneidkante die richtige Lage zur Achse *a—b*, die um *e* von der Bohrermitte entfernt ist (vgl. auch Fig. 278).

Die Maschine der anderen Bauart ist seltener. Man rühmt ihr nach, daß das Spritzwasser nicht am Bohrer zurückläuft.

Das Messen. Einen Gegenstand messen, heißt seine Abmessungen mit einer bekannten Länge vergleichen. Als Vergleichslänge benutzen wir das Meter (vgl. Abschnitt Physik). Seine Länge ist bei allen Temperaturen die gleiche.

Maßstäbe. An einem guten Maßstabe sind die Teilstriche dünn, und ihr Abstand ist überall gleich. Bei dicken Maßstäben ergeben sich Ablesefehler (Fig. 420). Je nachdem, ob man in der Richtung $I-1$ oder $II-2$ blickt, wird man den Teilstrich T nach vorn oder zurück

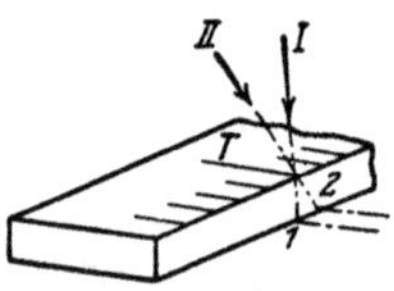

Fig. 420.

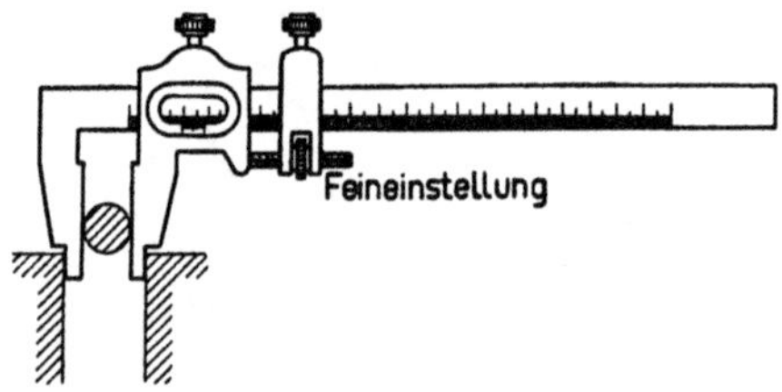

Fig. 421.

verlegen. Zum unmittelbaren Ablesen benutzt man deshalb ganz dünne Stahlmaßstäbe oder Holzmaßstäbe von dreieckigem Querschnitt, deren Teilstriche bis an die Kanten gehen. Die Genauigkeit der Ablesung ist trotzdem nicht sehr groß. Der Zollstock ist für genauere Messungen ganz ungeeignet.

Meßgeräte. Der Taster. Er ist als Außen- und Innentaster bekannt. Mit einem guten Taster lassen sich sehr geringe Maßunterschiede fühlen, aber nicht zahlenmäßig bestimmen. Der Taster dient deshalb zum Vergleichen der Maße eines Probestückes mit denen des Werkstückes. Er kann aber nicht dazu benutzt werden eine Länge vom Maßstab abzugreifen und sie auf das Arbeitstück zu übertragen.

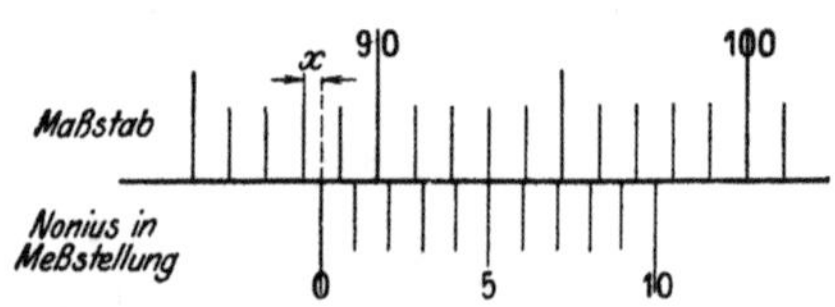

Fig. 422.

Die Schublehre (Fig. 421) besteht aus einem Maßstabe und zwei parallelen Meßschenkeln, von denen der eine verschiebbar ist. Seine Entfernung vom festen Schenkel kann nach dem Maßstabe eingestellt werden. Einstellen und Ablesen von $\frac{1}{10}$ mm ist mit Hilfe des Nonius möglich. Die Teilung auf dem Läufer ist 9 mm lang und in 10 Teile geteilt. Jeder Teil mißt also $\frac{9}{10}$ mm. Maßgebend ist derjenige Teilstrich des Nonius, der sich mit irgendeinem Strich des Maßstabes deckt. In Fig. 422 deckt sich Teilstrich 5. Das gesuchte Maß ist $(88 + x)$ mm. Länge x ergibt sich als Unterschied zwischen den $5 \cdot \frac{9}{10}$ mm auf dem

Nonius und den $5 \cdot \frac{10}{10}$ mm auf dem Maßstab. Nun ist $5 \cdot \frac{10}{10} - 5 \cdot \frac{9}{10} = 5 \cdot \frac{1}{10} = \frac{5}{10}$ mm. Das gesuchte Maß heißt also 88,5 mm. Außer der Millimeterteilung findet man häufig noch eine Zollteilung auf dem Maßstabe. Im Nonius sind $\frac{7''}{16}$ in acht Teile geteilt. Jeder Teil mißt $\frac{7}{16 \cdot 8} = \frac{7''}{128}$, während der Maßstab in $\frac{1}{16} = \frac{8''}{128}$ geteilt ist. Der Teil des Nonius ist demnach um $\frac{1''}{128}$ kleiner, und man kann $\frac{1''}{128}$ ablesen.

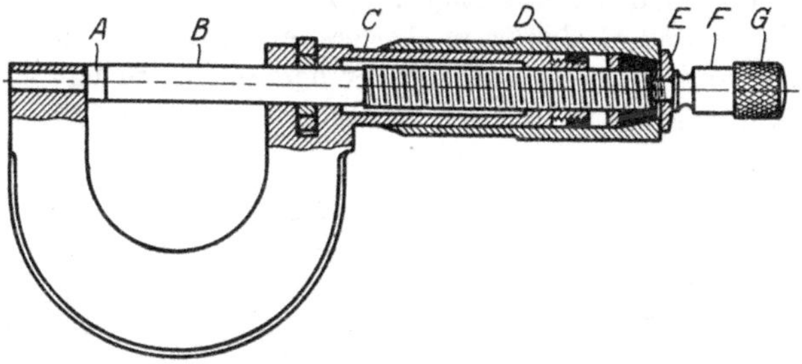

Fig. 423.

Die Genauigkeit der Schublehre ist abhängig: 1. von der Güte des Maßstabes; 2. von der parallelen Lage der Meßflächen in jeder Stellung; 3. von der guten Führung des Läufers. Abnutzung läßt sich nicht ausgleichen.

Die Schraublehre oder Mikrometerschraube Fig. 423 zeigt eine Ausführung der Hommelwerke, Mannheim. Die Meßweite zwischen der festen Meßfläche *A* und der Meßschraube *B* wird durch Drehen am Meßzylinder *D* oder am Knopfe *G* eingestellt. Die Meßschraube hat $^1/_2$ mm Steigung. Dem entsprechend trägt der Ansatz *C* einen eingeritzten Maßstab von $^1/_2$ mm Teilung (Fig. 436). Der Meßzylinder *D* ist an seinem abgeschrägten Rande in 50 gleiche Teile geteilt. Die Drehung um einen Teilstrich ergibt also eine Verstellung der Meßweite um $^1/_{50}$ von $^1/_2 = {}^1/_{100}$ mm. Die Genauigkeit der Meßweite hängt von der Genauigkeit und Gleichmäßigkeit der Steigung im Gewinde der Meßschraube ab. Um die Fehler genügend klein zu halten, beschränkt man sich auf einen Meßbereich von 25 mm. Es gibt also Lehren mit den Meßbereichen 0 — 25; 25 — 50; 50 — 75 mm usw. Die Kontrolle der kleinsten Lehre erfolgt, indem man die Meßflächen zusammenschraubt und feststellt, ob die Lehre 0,00 mm anzeigt. Ist das nicht der Fall, so muß man den Meßzylinder auf der Schraube anders einstellen, dazu ist die Druckscheibe *E* zu lüften.. Größere Lehren werden mit einem genau geschliffenen Ringe geprüft, den man zwischen die Meßflächen stellt. Sein Durchmesser entspricht der kleinsten Meßweite. Bei Messungen von $^1/_{100}$ mm spielt der Druck eine Rolle, mit dem man die Meßflächen andrückt. Man hält ihn gleichmäßig, indem man an dem Knopfe *G* (Gefühlsratsche) dreht, der den Meßzylinder durch ein Gesperre mit federndem Sperrzahne mitnimmt.

Feste Lehren: Fig. 424 und 425 zeigen einen Normalkaliberring und einen Normalkaliberbolzen. Beide enthalten das Nennmaß (20 mm) möglichst genau. Der Zweck dieser Geräte ist, jeden Zweifel über die Größe des Nennmaßes zu beseitigen. Man benutzt sie heute vorwiegend in der Werkzeugmacherei zum Einstellen und Nachprüfen. Ursprünglich wollte man die Austauschbarkeit der hergestellten Teile damit erreichen. Die Massenanfertigung gestattet nicht Maschinen so zu bauen, daß man erst einen Teil anfertigt und dann den zweiten bei der Bearbeitung so lange ändert, bis er in den ersten paßt. Man muß viele Teile gleichzeitig und getrennt voneinander herstellen. Bringt man sie dann beim Zusammenbau ineinander, so sollen sie passen. Diese Forderung

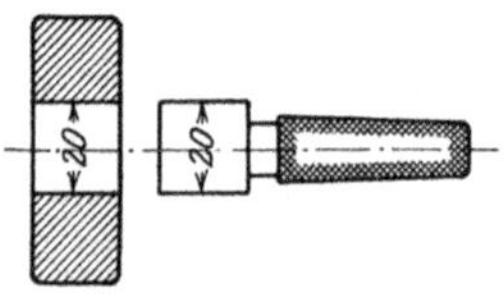

Fig. 424 u. 425.

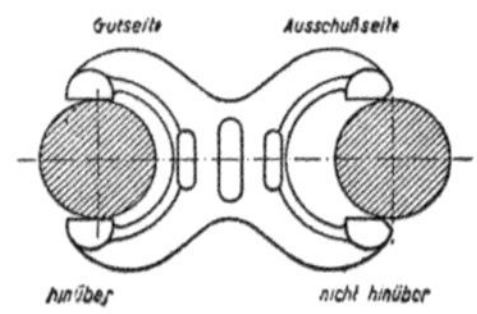

Fig. 426.

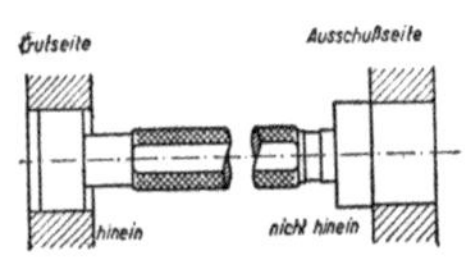

Fig. 427.

ist sehr schwer zu erfüllen. Sie gestattet auch für einen verlorenen oder unbrauchbar gewordenen Teil Ersatz zu liefern. Die Austauschbarkeit ist heute nicht als Kennzeichen der Massenanfertigung anzusehen, sondern als Kennzeichen guter Werkstattarbeit. Sie ließ sich aber mit den Normal-Meßgeräten nicht in allen Fällen erreichen. Der Grund ist folgender: Geht das Arbeitstück in den Kaliberring, so ist es schwächer als die Ringbohrung. Geht der Kaliberdorn in eine Bohrung, so ist diese größer als der Dorn. Es ergeben sich also Unterschiede zum Nenndurchmesser. Diese sind nicht allein zulässig sondern sogar nötig; aber die Über- und Untermaße müssen begrenzt werden, und dazu braucht man Grenzlehren.

Die Toleranz- oder Grenzlehren. Zu jeder Messung gehören zwei Lehren, die in einem Meßgerät vereinigt sein können. In Fig. 426 ist eine Grenzrachenlehre dargestellt. Die Gutseite ist etwas weiter und geht über das Arbeitstück, die Ausschußseite ist enger und darf nicht herüber. Geht sie doch über das Arbeitstück, so ist dieses Ausschuß. Die Ausschußseite ist durch die verkürzten Meßbacken und einen roten Farbanstrich im Grunde des Rachens kenntlich. Ähnlich ist es mit dem Kaliberbolzen in Fig. 427. Der Meßzylinder der Ausschußseite ist kürzer, sein Durchmesser größer als der auf der Gutseite. Bohrungen über 80 mm Durchmesser werden mit dem Flachkaliber geprüft. Die Meßflächen sind auf Teile des Zylindermantels verringert. Fig. 428. Bei Durchmessern über 260 mm benutzt man das Kugelendmaß, das nur noch auf zwei Kreisbögen in der Bohrung des Arbeitstückes anliegt. Fig. 429. Die Gutlehre erhält als Kennzeichen eine Eindrehung, die Ausschußlehre zwei. Die Messungen mit Vollkaliber, Flachkaliber und Endmaß sind nicht ganz gleichwertig. Durch die Einführung der Grenzlehren ist die Arbeit verbilligt worden. Die Teile können ja niemals mathematisch genau werden. Sie müssen untereinander verschieden sein; der Fehler muß aber begrenzt werden. Man bezeichnet den Unterschied zwischen dem größten und kleinsten noch zulässigen Maße als Toleranz; und man wird die Toleranz in jedem Falle so groß wie möglich machen. Daraus ergibt sich die Verbilligung der Arbeit.

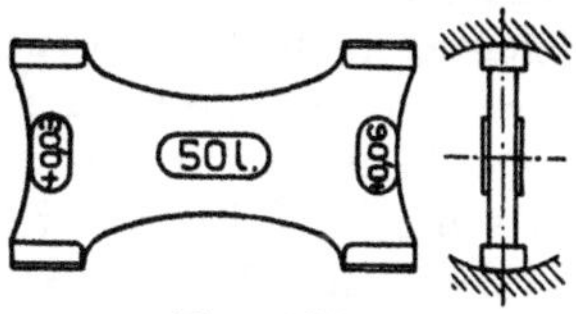

Fig. 428.

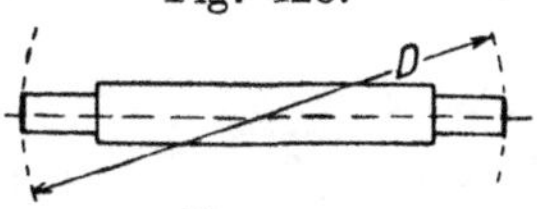

Fig. 429.

Größe der Toleranz. Sie ist von folgenden Umständen abhängig:

1. Vom Durchmesser des Arbeitstückes. Wie die Erfahrung gezeigt hat, kann die Toleranz mit dem Durchmesser wachsen.
2. Vom Gütegrade der Arbeit (Passung).
3. Von der Art des Sitzes.

Passungen. Man unterscheidet vier Gütegrade der Fertigarbeit, die man Passungen nennt, weil sie die Art des Zusammenpassens kennzeichnen. Der Normenausschuß der deutschen Industrie hat einheitliche Grundlagen geschaffen, die in den folgenden Ausführungen beachtet sind. Danach heißen die vier Passungen: Edelpassung, Feinpassung, Schlicht- und Grobpassung. Als Passungseinheit bezeichnet man den Wert $p = 0{,}005 \sqrt[3]{d}$, wobei d der Nenndurchmesser in Millimetern ist. Beispiel: $d = 125$ mm, $p = 0{,}005 \sqrt[3]{125} = 0{,}025$ mm. Die nachfolgende Tafel zeigt die Toleranzunterschiede.

	Einheitswelle	Einheitsbohrung	Erkennungsfarbe
Edelpassung	$-1\,p$	$+1\,p$	Kornblumenblau
Feinpassung	$-1\,p$	$+1{,}5\,p$	Schwarz
Schlichtpassung	$-3\,p$	$+3\,p$	Hellbraun
Grobpassung	$-9\,p$	Nicht ausgeführt	Saftgrün

Die Lehre ist in der Erkennungsfarbe gestrichen, oder sie trägt einen entsprechenden Farbenring. Die vorstehende Welle von 125 mm Durchmesser kann bei Schlichtpassung bis zu $3 \cdot 0{,}025 = 0{,}075$ mm kleiner sein als 125 mm, eine Bohrung von 125 mm darf um den gleichen Betrag größer werden.

Edel- und Feinpassungen sind für den Feinmaschinen-, Werkzeugmaschinen- und Werkzeugbau. Schlichtpassung kommt für die Herstellung mit geringerer Genauigkeit in Betracht. (Hebezeuge, Transmissionen.) Die Austauschbarkeit wird fehlen, wenn z. B. größter Bolzendurchmesser und kleinstes Loch zusammentreffen; man kann sich aber durch Auswechseln eines Teiles helfen. Grobpassung ist da anzuwenden, wo geringe Genauigkeit genügt.

Toleranzlehren werden auch für Schrupparbeit angewendet. Dadurch verringert man die Unterschiede in der Materialzugabe für die nachfolgende Fertigarbeit. (Schleifen).

Sitze. Man unterscheidet bewegliche und ruhende Sitze.

Bewegliche Sitze sind die verschiedenen Arten der Laufsitze. Bei diesen lassen sich die geschmierten Teile leicht ineinander bewegen. Dazu gehört, daß zwischen den Teilen genügend Spiel für Schmiermaterial bleibt. Der Normenausschuß unterscheidet: Weiten Laufsitz, leichten Laufsitz, Laufsitz und engen Laufsitz. Die beiden ersten Sitze kommen besonders für mehrfach gelagerte Wellen zur Anwendung, der enge Laufsitz für die genauesten Werkzeugmaschinen, z. B. Schleifmaschinen, Teilvorrichtungen.

Bei den ruhenden Sitzen unterscheidet der Normenausschuß: Gleitsitz, Schiebesitz, Haftsitz und Festsitz. Diese Sitze machen die meisten Schwierigkeiten. Die Toleranz ist sehr gering. Die vorstehende Einteilung bedingt so geringe Maßunterschiede, daß sie für die Schlicht- und Grobpassung nicht in Frage kommt. Die Fabriken, die mit Edel- und Feinpassung arbeiten, werden sich mit den am häufigsten vorkommenden Sitzarten begnügen, um die Zahl der Meßgeräte zu beschränken. Der Unterschied in den Sitzarten ergibt sich aus der Größe des Druckes, der beim Ein- und Ausbau der Teile aufzuwenden ist. Gleitsitze lassen sich mit der Hand zusammenbauen, Schiebesitze mit leichten Hammerschlägen. Festsitze erfordern den Druck einer Presse.

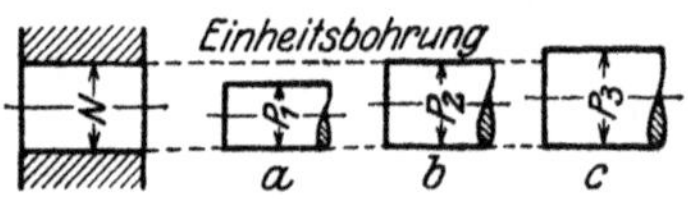

Fig. 430.

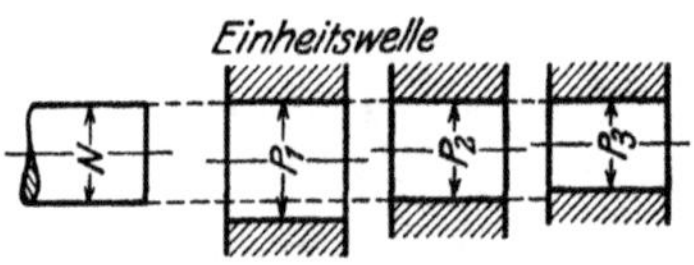

Fig. 431.

Zu den ruhenden Sitzen gehört auch der Gewaltsitz, der vom Normenausschuß noch nicht genormt ist. Die Teile werden unter großem Druck, z. B. einer Wasserdruckpresse, vereinigt, oder der Außenteil wird erwärmt und dann auf den Innenteil geschoben (Aufschrumpfen). Beim Gewaltsitz ist die Toleranz wieder größer.

Entstehung der Sitze. Die verschiedenen Sitzarten können natürlich nicht dadurch entstehen, daß man die Toleranz größer oder kleiner macht. Die Toleranz ist umgekehrt eine Folge der Sitzart. Soll ein Laufsitz hergestellt werden, so muß der Wellenzapfen schwächer sein als die Lagerbohrung. Ist der Nenndurchmesser 100 mm, so kann die Bohrung diesen Durchmesser erhalten und der Zapfen schwächer werden; umgekehrt kann man auch den Zapfen mit 100 mm Durchmesser ausführen und die Bohrung vergrößern. Dasselbe gilt für die andern Sitzarten. Dadurch kommt man zu zwei verschiedenen Systemen. Das erste heißt Einheitsbohrung, das zweite Einheitswelle. Die beiden Systeme sind in Fig. 430 und 431 veranschaulicht und verglichen. *N* ist das Nennmaß, P wird als Paßmaß bezeichnet. Die Toleranzen sind nicht angedeutet. Es bedeuten a Laufsitz, b Haftsitz, c Gewaltsitz.

Will man diese drei Sitze nach dem System der Einheitsbohrung ausführen, so braucht man einen Kaliberbolzen und drei Rachenlehren für jeden Nenndurchmesser, der zur Ausführung kommt. Beim Kaliberbolzen liegt die Toleranz über dem Nenndurchmesser, bei den Rachenlehren um das Paßmaß herum. Für das System der Einheitswelle ist es umgekehrt. Man braucht eine Rachenlehre und drei Kaliberbolzen für jeden Durchmesser. Die Toleranz der Rachenlehre liegt unter dem Nenndurchmesser.

Normaldurchmesser. Um die Zahl der Meßgeräte zu verringern, hat man gewisse Durchmesser festgelegt, die zur Ausführung kommen dürfen, alle dazwischenliegenden sind zu vermeiden. Das Verzeichnis dieser Normaldurchmesser sowie Tafeln über Paßmaße und Toleranzen sind vom Normenausschuß der deutschen Industrie, Berlin NW 7, Sommerstraße 4a, zu beziehen.

Einheitswelle oder Einheitsbohrung? Jedes der beiden Systeme hat seine Vor- und Nachteile und seine bestimmten Anwendungsgebiete. Es war deshalb nicht möglich, eins ganz auszuschalten. Die Anschaffungskosten sind bei der Einheitsbohrung geringer. Man braucht für die verschiedenen Sitzarten mehr Rachenlehren als Lehrbolzen. Die Rachenlehren sind billiger. Außerdem braucht man auch eine geringere Zahl verschiedener Reibahlen. Die Unterhaltungskosten sind bei beiden Systemen ziemlich gleich. Die Kosten der Fertigung sind beim System der Einheitswelle geringer, weil man glatte Wellen verwenden kann, die sich billiger schleifen lassen. Für Schlicht- und Grobpassung können gezogene Wellen benutzt werden. Nach dem System der Einheitsbohrung müssen die Wellen abgesetzt und alle Löcher ebenso genau hergestellt werden. Dagegen sind die Instandsetzungskosten nach der Einheitsbohrung meist billiger. Es genügt, den abgesetzten Bolzen an der Laufstelle nachzuschleifen und das darauf laufende Rad auszubuchsen. Der glatte Bolzen muß auf der ganzen Länge nachgeschliffen werden und sämtliche Lagerstellen sind auszubuchsen. Auch das Arbeiten auf Vorrat ist nach der Einheitsbohrung erleichtert. Vorratsteile enthalten vielfach Bohrungen, die rund laufen müssen und sich deshalb nicht nacharbeiten lassen. Die Welle kann leichter der Sitzart angepaßt und nachgearbeitet werden. Auch beim Ausprobieren geeigneter Sitzarten ist es leichter, die Welle nachzuarbeiten und ihr Endmaß genau festzustellen. Die Verwendung der Einheitsbohrung ist häufiger.

Normaltemperatur. Die Normaltemperatur ist diejenige, bei der das Meßgerät mit den Abmessungen des internationalen Meters übereinstimmt. Man hat sich auf die Temperatur $+20\,^{\circ}$C geeinigt, weil diese Temperatur der am nächsten liegt, bei der die Arbeitsstücke gemessen und benutzt werden.

Das Messen von Gewinde. Die Schwierigkeiten, die bei der Herstellung des Gewindes bestehen[1]), wiederholen sich beim Messen. Fehler können an folgenden Stellen auftreten: Im Außen-, Kern- und Flanken-

[1]) S. 343.

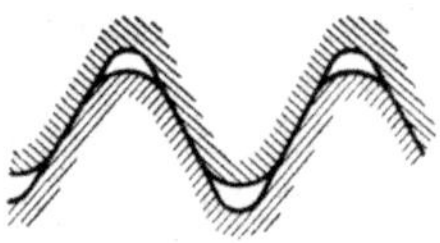
Fig. 432.

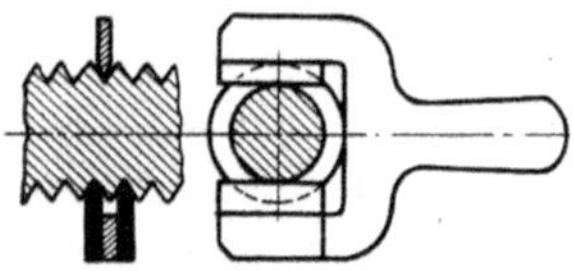
Fig. 435.

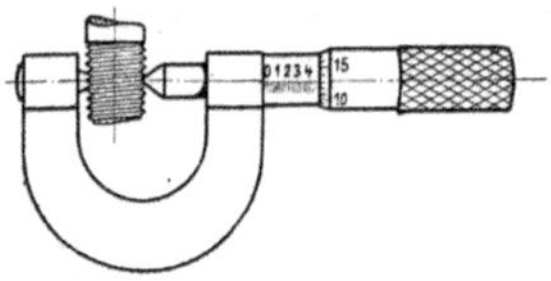
Fig. 436.

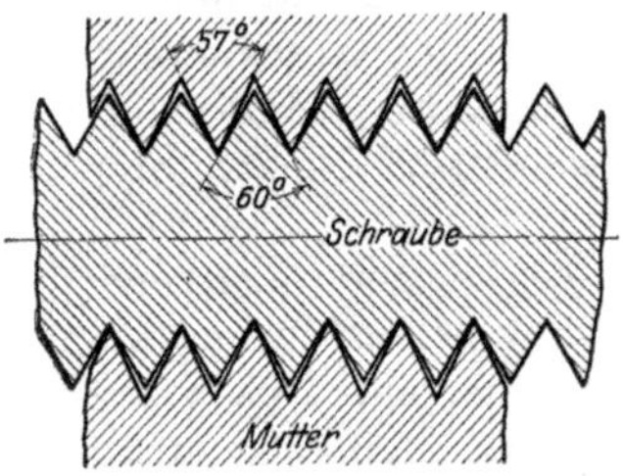

Fig. 433.

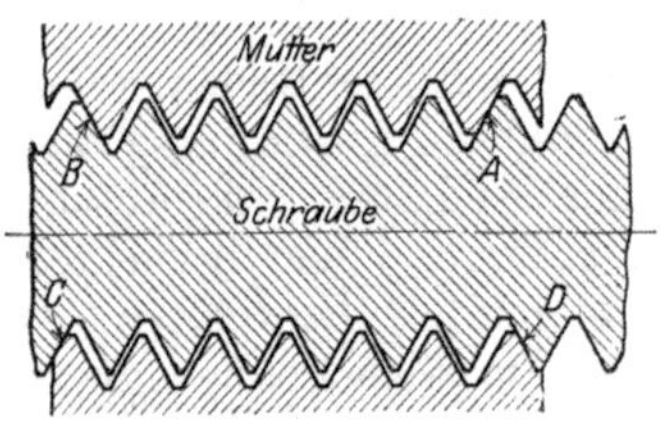

Fig. 434.

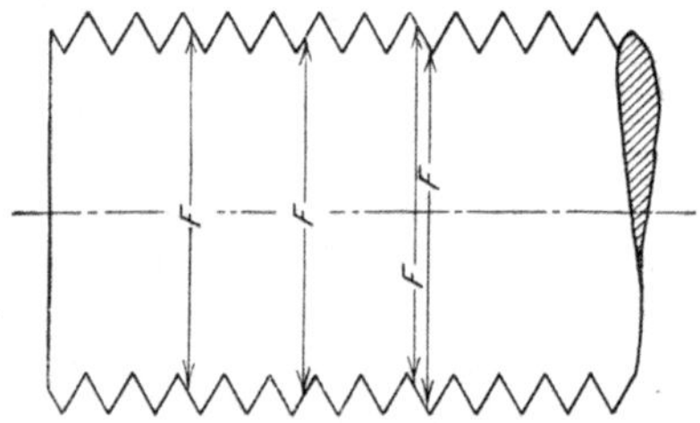
Fig. 437.

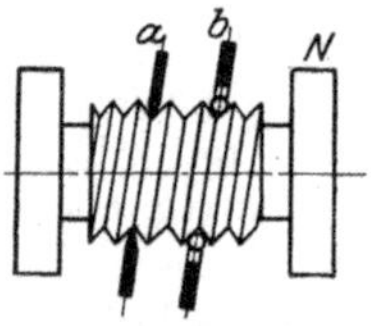

a = Taster mit schneidenartigen Spitzen
b = Kugeltaster
N = Schutzscheiben

Fig. 438.

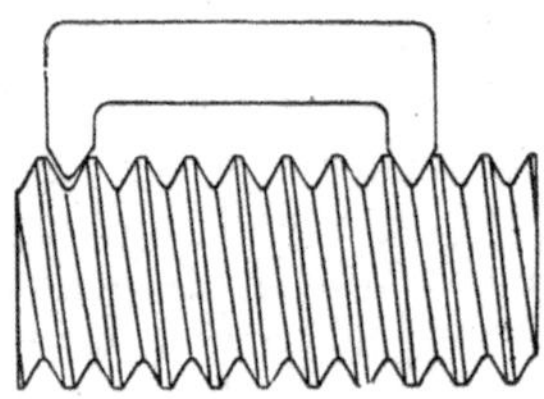
Fig. 439.

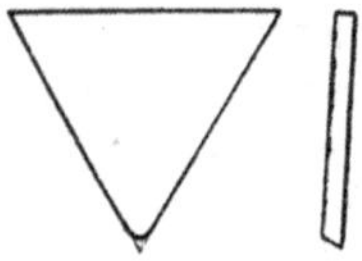
Fig. 440.

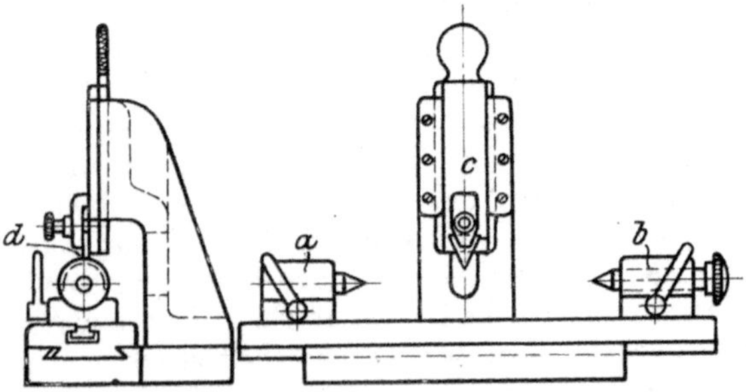

a u. b = verstellbare Stützböckchen für die zu prüfende Schraube
d = Schablone
c = Halter für d

Fig. 441.

durchmesser, in der Gewindeform und in der Steigung. In der Werkstatt begnügt man sich meistens damit, das Arbeitstück in eine gehärtete und geschliffene Lehrmutter oder auf einen gleichen Lehrdorn zu schrauben, um festzustellen, ob das Gewinde paßt. Ein passendes Gewinde braucht aber nicht in allen Stücken ein richtiges Gewinde zu sein. So können Außen- und Kerndurchmesser falsch sein, weil die Gewindegänge und Furchen zu viel oder zu wenig abgerundet (Whitworth) oder abgeflacht sind (S. J. Gew.). Das Gewinde liegt nur auf einem Teil der Flanken an (Fig. 432). „Passendes" Gewinde kann auch eine falsche Gewindeform haben. Ist das Schraubengewinde z. B. zu spitz, so trägt es nur an den Spitzen, ist es zu stumpf, so trägt das Muttergewinde nur mit den Spitzen (Fig. 433). Dieser Fehler ist viel schwerwiegender als der vorhergehende, weil sich das Gewinde leicht verbiegen wird. Auch bei falscher Steigung kann das Gewinde „passen", wie Fig. 434 zeigt. Dabei tragen aber nur zwei Gewindegänge. Will man die einzelnen Größen eines Gewindes prüfen, so kann man folgende Geräte benutzen. Eine Rachenlehre für den Außendurchmesser; eine Flachlehre nach Fig. 435 für den Kerndurchmesser; eine Schraublehre nach Fig. 436 für das Flankenmaß. Unter Flankenmaß versteht man den Abstand der parallelen Gewindeflanken (Fig. 437). Das Flankenmaß ist der wichtigste der drei Durchmesser.

Hat man ein sehr genaues Gewinde, so kann man die Abmessungen mit geeigneten Tastern abgreifen und auf die zu untersuchende Schraube übertragen. Lehren mit sehr genauem Gewinde werden von den Werkzeugfabriken als Normalgewindelehren geliefert. Zum Abtasten des Kernes benutzt man Taster oder Schublehren mit schneidenartigen Spitzen, zum Abtasten der Flanken Taster mit kugligen Enden (Fig. 438).

Die Steigung kann mit einer Lehre nach Fig. 439 geprüft werden, die Gewindeform mit einem genau geschliffenen Dreieck nach dem Lichtspaltverfahren (Fig. 440). Eine Vorrichtung, mit der man dieses Dreieck fehlerfrei in das Gewinde hineinstellen kann, ist in Fig. 441 gezeigt. Paßt das Dreieck in ein Gewinde mit richtigem Flankenmaß, so wird auch der Kerndurchmesser richtig sein.

GPSR Compliance

The European Union's (EU) General Product Safety Regulation (GPSR) is a set of rules that requires consumer products to be safe and our obligations to ensure this.

If you have any concerns about our products, you can contact us on ProductSafety@springernature.com

In case Publisher is established outside the EU, the EU authorized representative is:

Springer Nature Customer Service Center GmbH
Europaplatz 3
69115 Heidelberg, Germany

Batch number: 10682323

Printed by Printforce, the Netherlands